Springer

Berlin
Heidelberg
New York
Barcelona
Hongkong
London
Mailand
Paris
Singapur
Tokio

Ekbert Hering · Jürgen Gutekunst · Rolf Martin

Elektrotechnik für Maschinenbauer

Grundlagen

Mit 318 Abbildungen

Unter Mitarbeit von:

Dipl.-Ing. Klaus Bressler
Dipl.-Ing. Alois Vogt

 Springer

Prof. Dr. rer. nat. Dr. rer. pol. Ekbert Hering
Fachhochschule Aalen
Im Bürglesbühl 41
73540 Heubach-Lautern

Dipl.-Ing. Jürgen Gutekunst
Eichenweg 18
72622 Nürtingen

Prof. Dr. Rolf Martin
Fachhochschule Esslingen
Wolf-Hirth-Weg 7
73257 Köngen

ISBN 3-540-62671-9 Springer-Verlag Berlin Heidelberg New York

Die Deutsche Bibliothek – CIP-Einheitsaufnahme

Hering, Ekbert:
Elektrotechnik für Maschinenbauer : Grundlagen / Ekbert Hering ;
Jürgen Gutekunst ; Rolf Martin – Berlin ; Heidelberg ; New York ;
Barcelona ; Budapest ; Hongkong ; London ; Mailand ; Paris ;
Singapur ; Tokio : Springer, 1999
  (VDI-Buch)
  ISBN 3-540-62671-9

Springer-Verlag Berlin Heidelberg 1999
Printed in Germany

Einbandgestaltung: Struve & Partner, Heidelberg
Herstellung: ProduServ GmbH Verlagsservice, Berlin
Satz: Fotosatz-Service Köhler GmbH, Würzburg
SPIN: 10568408   68/3020 – 5 4 3 2 1 0 – Gedruckt auf säurefreiem Papier

Vorwort

Im Maschinenbau hält die Elektrotechnik und die Elektronik immer mehr Einzug. Deshalb ist grundlegendes Wissen in diesem Bereich unerläßlich. Das vorliegende Werk bietet in seinem ersten Band diese Grundlagen in bewährter strukturierter und praxisorientierter Form.

Das Kapitel A befaßt sich mit den physikalischen Grundlagen der Elektrotechnik, einschließlich der Grundlagen der Leitungsmechanismen. Kapitel B gibt eine kompakte Übersicht über die elektrische Meßtechnik und deren praktische Einsatzgebiete. Im Kapitel C wird ausführlich die Halbleitertechnik besprochen, neben den elektronischen Bauelementen werden die Eigenschaften und Anwendungen der analogen integrierten Schaltungen und der Optoelektronik abgehandelt. Das Kapitel D ist den Bauelementen der Leistungselektronik und deren Anwendungen gewidmet. Im abschließenden Kapitel E des Grundlagenbandes werden die Sensoren und Aktoren in ihrer Funktionsweise und ihrem Anwendungsspektrum vorgestellt.

Jedes Kapitel enthält Übungsaufgaben, mit denen der Leser seine Kenntnisse überprüfen und vertiefen kann und verweist auf die entsprechende, vertiefende Literatur. Das Buch schließt mit den Lösungen der Übungsaufgaben.

Jeder Abschnitt ist in gleicher Weise gegliedert: Eine strukturierte Übersicht zeigt die Zusammenhänge auf, Beispiele verdeutlichen die Rechnungen und die Gedankengänge, Diagramme und Fotos geben Hinweise für den praktischen Einsatz.

Der nachfolgende zweite Band wird die maschinenbaulichen Anwendungen der Elektrotechnik behandeln und insbesondere einen Schwerpunkt bei den elektrischen Maschinen und Anlagen setzen.

Zu danken haben wir zahlreichen Firmen für die Bereitstellung aktueller Fotos und Praxisbeispiele. Ganz besonderer Dank gebührt dem Springer-Verlag, speziell Herrn *Thomas Lehnert* und Herrn Dr. *Hubertus v. Riedesel*, die in hervorragender Weise dieses Werk betreut haben. Ein herzliches Dankeschön entbieten wir Frau *Regina Peters* von ProduServ, die in bewährter Weise die komplizierten Bilder gestaltete und für einen professionellen Umbruch sorgte. Nicht vergessen möchten wir unsere Ehefrauen und Kinder, die uns mit viel Verständnis bei der Arbeit begleitet haben.

Wir hoffen, daß dieses Werk den Studierenden der Ingenieurwissenschaften eine gute Hilfe bei der Erarbeitung des Wissens bietet und den Ingenieuren in der Praxis bei ihrer täglichen Arbeit wertvolle Kenntnisse vermittelt. Gerne nehmen wir Kritik und Verbesserungsvorschläge aus dem Leserkreis entgegen.

Heubach, Nürtingen und Esslingen   *Ekbert Hering*
August 1998   *Jürgen Gutekunst*
          Rolf Martin

Inhalt

A Grundlagen der Elektrotechnik

A.1
Physikalische Grundgesetze und Definitionen

A.1.1
Ladung

Die elektrischen Erscheinungen gehen zurück auf die Existenz elektrischer Ladungen. Ob ein Körper elektrisch geladen ist kann man beispielsweise daran erkennen, daß er auf andere geladene Körper eine Kraft ausübt oder daß er in elektrischen und magnetischen Feldern eine Kraft erfährt.

Es gibt zwei Arten elektrischer Ladungen, die als *positive* und *negative* Ladung bezeichnet werden. Zwischen den verschiedenen Ladungstypen treten folgende Wechselwirkungen auf:

Gleichnamige Ladungen stoßen sich ab, ungleichnamige Ladungen ziehen sich an.

Die elektrische Ladung ist quantisiert, das bedeutet, daß die Ladung Q, die ein Körper trägt, immer ein ganzzahliges Vielfaches der *Elementarladung e* ist:

$$Q = N e \qquad\qquad\qquad\qquad\qquad\qquad (A-1)$$

mit $e = 1{,}60217733 \cdot 10^{-19}\,\mathrm{C}$.

Die Maßeinheit der Ladung ist das *Coulomb* oder die *Ampère-Sekunde*: $[Q] = 1\,\mathrm{C} = 1\,\mathrm{As}$.

Die elektrische Ladung ist stets an Materie gebunden. Die Träger der elektrischen Ladung sind die Elementarteilchen, aus denen die Atome aufgebaut sind. Beispielsweise tragen die *Protonen* im Atomkern jeweils eine *positive* Elementarladung, während die *Elektronen* in der Atomhülle jeweils eine *negative* Elementarladung tragen. Insgesamt ist ein Atom elektrisch neutral, da die Zahl der positiven Elementarladungen im Kern so groß ist wie die Zahl der negativen in der Elektronenhülle.

> Ist ein Körper geladen, so bedeutet das stets, daß dieses Gleichgewicht gestört ist und zusätzliche Ladungen aufgebracht bzw. Ladungen von dem Körper entfernt wurden. Wird beispielsweise ein Glasstab mit einem Leder kräftig gerieben, dann werden Elektronen abgestreift und der Glasstab bleibt positiv geladen zurück (Vorzeichendefinition nach *B. Franklin*).

A.1.2
Spannung

Eine räumlich verteilte Ansammlung elektrischer Ladungen spannt ein *elektrisches Feld* auf, d.h. ein Raumgebiet, in dem auf eine Ladung eine Kraft ausgeübt wird (mehr zum Feldbegriff in Abschn. A.3). Die Kraft auf eine *positive Probeladung* Q_0 wird bestimmt durch die elektrische *Feldstärke E* am Ort der Probeladung:

$$F = Q_0\, E \tag{A-2}$$

Wird die Ladung Q_0 von einem Ort 1 längs einer beliebigen Kurve zum Ort 2 verschoben, dann erfordert dies die Arbeit

$$W_{12} = - \int_1^2 F\,\mathrm{d}s = - Q_0 \int_1^2 E\,\mathrm{d}s \tag{A-3}$$

Ist diese Arbeit positiv, dann liegt der Punkt 2 auf höherer potentieller Energie als der Punkt 1, wobei gilt:

$$E_{\mathrm{pot},2} - E_{\mathrm{pot},1} = W_{12}. \tag{A-4}$$

Die Verschiebearbeit W_{12} ist nach Gl. (A-3) abhängig von der Probeladung Q_0. Eine Größe, die nur abhängig ist vom vorhandenen elektrischen Feld ist die *elektrische Spannung*

$$U_{12} = \int_1^2 E\,\mathrm{d}s = - \frac{W_{12}}{Q_0} \tag{A-5}$$

$$= \frac{E_{\mathrm{pot},1}}{Q_0} - \frac{E_{\mathrm{pot},2}}{Q_0} = \varphi_1 - \varphi_2.$$

Die elektrische Spannung zwischen zwei Punkten 1 und 2 ist also identisch mit der Arbeit, welche die Feldkräfte verrichten, wenn sie die Ladungsmenge $Q = 1$ C von 1 nach 2 bewegen. Die Einheit der Spannung ist das Volt: $[U] = 1$ V $= 1$ J/C $= 1$ J/(As).

Mit φ_1 und φ_2 bezeichnet man die *Potentiale* der Punkte 1 und 2. Deren Absolutwert kann willkürlich festgelegt werden. Die Spannung als Potentialdifferenz zwischen zwei Punkten des elektrischen Feldes ist unabhängig vom Absolutwert des Potentials. Ist das Potential φ_1 des Punktes 1 höher als das Potential φ_2 des Punktes 2, dann ist die Spannung U_{12} positiv.

> In einer Schaltung wird meist einem Punkt das Bezugspotential
> $\varphi = 0$ zugeordnet. Dieser Punkt wird auch als *Masse* bezeichnet. In
> der Regel ist die Masse mit dem Gehäuse des elektrischen Gerätes
> verbunden, das seinerseit *geerdet* ist, also auf gleichem Potential
> wie die Erde liegt. Dies verhindert, daß gefährliche Potentialunter-
> schiede zwischen Gehäuse und Benutzer entstehen können.

Aufgrund einer Spannung zwischen zwei Punkten werden sich bewegliche positive Ladungsträger vom Ort des höheren Potentials (höhere potentielle Energie) zum Ort des niedrigeren Potentials (niedrigere potentielle Energie) bewegen: es fließt ein elektrischer Strom.

A.1.3
Strom

Ladungsträger, die sich beispielsweise durch einen Leiter bewegen, bilden einen elektrischen Strom. Bewegt sich an einer bestimmten Stelle des Leiters in der Zeit t gleichmässig die Ladungsmenge Q vorbei, dann fließt ein *Gleichstrom* der *Stromstärke* (meist kurz *Strom*)

$$I = \frac{Q}{t}. \tag{A-6}$$

Die Einheit der Stromstärke ist das Ampère: $[I] = 1$ A. Sie ist eine Basiseinheit im SI-System:

> 1 Ampère ist die Stärke eines zeitlich unveränderlichen Stromes, der, durch zwei im Vakuum parallel im Abstand von 1 Meter voneinander angeordnete, geradlinige, unendlich lange Leiter von vernachlässigbar kleinem kreisförmigem Querschnitt fließend, zwischen diesen Leitern je 1 Meter Leiterlänge die Kraft $2 \cdot 10^{-7}$ Newton hervorruft.

Fließt die Ladung nicht gleichmäßig, so ist die Stärke eines zeitlich veränderlichen Stromes

$$i(t) = \frac{dQ}{dt}.$$ (A-7)

Für die zwischen den Zeitpunkten t_1 und t_2 transportierte Ladung gilt:

$$Q = \int_{t_1}^{t_2} i(t)\,dt.$$ (A-8)

Wird die Stromstärke I auf den Querschnitt A bezogen, durch den der Strom fließt, dann ergibt sich die *Stromdichte*

$$j = \frac{I}{A},$$ (A-9)

mit der Einheit $[j] = 1$ A/m^2.

Die Stromdichte in einem Draht darf einen bestimmten Grenzwert nicht überschreiten. Hinweise zur *Strombelastbarkeit* von Kabeln finden sich in DIN 57100, Teil 430 sowie DIN VDE 0298, Teil 4.

Der *Richtungssinn* des elektrischen Stromes stimmt nach DIN 5489 mit der Bewegungsrichtung *positiver* Ladungsträger überein. Diese Richtung wird auch als *technische Stromrichtung* bezeichnet. Durch diese an sich willkürliche Festlegung ergibt sich, daß in metallischen Leitern bei denen der Ladungstransport auf der Bewegung negativ geladener Elektronen beruht, die Bewegung der Ladungsträger entgegengesetzt zum Richtungssinn des Stromes erfolgt.

In einer Schaltung wird für den Strom ein *Bezugssinn* gewählt, der durch einen Bezugspfeil in den Schaltplan eingezeichnet wird (Bild A-1). Ist der Strom positiv, dann stimmen Bezugssinn und Richtungssinn überein. Bei negativem Strom ist die Stromrichtung dem Bezugspfeil entgegengesetzt gerichtet.

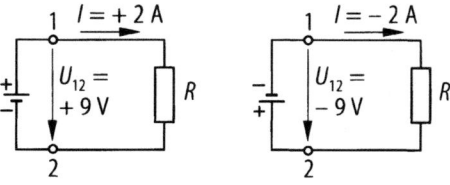

Bild A-1. Pfeile und Vorzeichen für Strom und Spannung

A.1.4
Ohmsches Gesetz

G. S. Ohm fand durch viele Experimente, daß bei metallischen Leitern der Strom I proportional zur angelegten Spannung U wächst (lineare Kennlinie). Dieser Sachverhalt wird als Ohmsches Gesetz bezeichnet:

$$I \sim U,$$

$$I = GU = U/R.$$ (A-10)

Die Proportionalitätskonstanten im Ohmschen Gesetz sind:

- R: *Widerstand*,
- G: *Leitwert*.

Das Ohmsche Gesetz ist für Metalle und Elektrolyte bei konstanter Temperatur gut erfüllt. Für andere Werkstoffe und Bauteile ist die Strom-Spannungs-Kennlinie nicht linear.

A.1.5
Widerstand

Der elektrische Widerstand ist ein Maß für die Hemmung des Ladungsträgertransportes durch ein Bauteil. Durch Umformung von Gl. (A-10) folgt:

$$R = \frac{1}{G} = \frac{U}{I}$$ (A-11)

Der elektrische Widerstand beträgt 1 Ohm, wenn zwischen zwei Punkten eines Leiters beim Spannungsabfall 1 Volt der Strom 1 Ampère fließt.

Die Einheit des Widerstandes ist das *Ohm*:
$[R] = 1 \ \Omega = 1 \ \text{V/A};$

die Einheit des Leitwerts ist das *Siemens*:
$[G] = 1 \ \text{S} = 1 \ \Omega^{-1} = 1 \ \text{A/V}.$

Im Schaltplänen wird der Widerstand durch ein offenes Rechteck symbolisiert (Bild A-1).

Beispiel
A-1: Wie groß ist der Widerstand in der Schaltung von Bild A-1?

Lösung:

$$R = \frac{U_{12}}{I} = \frac{9 \ \text{V}}{2 \ \text{A}} = 4,5 \ \Omega, \quad \text{oder}$$

$$R = \frac{-9 \ \text{V}}{-2 \ \text{A}} = 4,5 \ \Omega.$$

Hinweis: Nach DIN 1324 ist der Widerstand stets positiv.

Ist der Widerstand eines Bauteils nicht konstant, dann kann ein differentieller Widerstand (Kehrwert der Steigung im I-U-Diagramm) definiert werden:

$$r = \frac{dU}{dI}.$$ (A-12)

Der Widerstand eines *linearen* Leiters (konstanter Querschnitt A, Länge l) ist

$$R = \varrho \frac{l}{A}.$$ (A-13)

Die materialabhängige Proportionalitätskonstante ϱ ist der *spezifische Widerstand* oder die *Resistivität*. Zahlenwerte ausgewählter Werkstoffe sind in Tabelle A-1 zusammengestellt.

Tabelle A-1. Spezifischer elektrischer Widerstand ϱ, Leitfähigkeit κ und Temperaturkoeffizient α bei $\vartheta = 20\,°C$

Werkstoff	ϱ in $\Omega mm^2/m$	κ in Sm/mm^2	α in $10^{-3}\,K^{-1}$
Aluminium	0,028	36	3,8
Blei	0,21	4,8	4
Eisen	0,10	10	4,5
Gold	0,023	43	3,8
Grauguß	0,80	2,0	1,9
Konstantan	0,50	56	0,03
Kupfer	0,0178	12	3,9
Messing	0,07 bis 0,08	bis 14	1,6
Nickelin	0,43	62	0,1
Silber	0,016	62	4,2
Stahl (0,1 % C, 0,5 % Mn)	0,13	7,7	4,5
Zink	0,063	9,1	4,2
Zinn	0,11	9,1	4,6

Für den Leitwert gilt:

$$G = \kappa \frac{A}{l},$$ (A-14)

dabei ist $\kappa = 1/\varrho$ die elektrische *Leitfähigkeit*.

Der spezifische elektrische Widerstand ϱ und damit auch der Widerstand R ist temperaturabhängig. Für metallische Leiter gilt näherungsweise:

$$\varrho(\vartheta) \approx \varrho_{20}\,[1 + \alpha\,(\vartheta - 20\,°C)],$$
$$R(\vartheta) \approx R_{20}\,[1 + \alpha\,(\vartheta - 20\,°C)].$$ (A-15)

R_{20} bzw. ϱ_{20} sind Widerstand bzw. Resistivität bei $\vartheta = 20\,°C$, α ist der *Temperaturkoeffizient* des Widerstandes (Tabelle A-1). Der Temperaturkoeffizient gibt die relative Widerstandsänderung pro $\Delta T = 1\,K$ Temperaturänderung an:

$$\alpha = \frac{\Delta R}{R \Delta T} = \frac{\Delta \varrho}{\varrho \Delta T} \,. \qquad\qquad\qquad\qquad\qquad\qquad\qquad (A\text{-}16)$$

Nichtmetallische Werkstoffe und Flüssigkeiten zeigen eine andere Abhängigkeit des Widerstandes von der Temperatur. Insbesondere bei Halbleitern fällt der Widerstand mit steigender Temperatur.

A.1.6
Arbeit und Leistung

Wenn sich ein Ladungsträger in einem elektrischen Feld bewegt und dabei die Potentialdifferenz oder Spannung U durchquert, so hat nach Gl. (A-5) das Feld an der Ladung die Arbeit $W = QU$ verrichtet. Fließt ein Strom der Stärke $i(t)$, dann ist mit Gl. (A-7) die Arbeit

$$W = U \int i(t)\,\mathrm{d}t \qquad\qquad\qquad\qquad\qquad\qquad\qquad\qquad (A\text{-}17)$$

und speziell bei Gleichstrom:

$$W = UIt, \qquad\qquad\qquad\qquad\qquad\qquad\qquad\qquad\qquad (A\text{-}18)$$

mit der Einheit $[W] = 1\,\text{J} = 1\,\text{VAs}$.
   Die umgesetzte Leistung ist mit $P = \mathrm{d}W/\mathrm{d}t$

$$P = UI, \qquad\qquad\qquad\qquad\qquad\qquad\qquad\qquad\qquad (A\text{-}19)$$

mit der Einheit $[P] = 1\,\text{W} = 1\,\text{J/s} = 1\,\text{VA}$.
   In einem stromdurchflossenen Widerstand geben die Ladungsträger die ihnen zugeführte Energie durch Stöße an das Kristallgitter ab, d. h. es wird Wärme erzeugt. Durch Einsetzen des Ohmschen Gesetzes Gl. (A-10) in Gl. (A-19) kann diese *Joulesche Wärme* wie folgt berechnet werden:

$$P = I^2 R = \frac{U^2}{R} \qquad\qquad\qquad\qquad\qquad\qquad\qquad (A\text{-}20)$$

Beispiel
A-2: Welche Wärmeleistung wird im Widerstand der Schaltung von Bild A-1 erzeugt?

Lösung:

$P = U I = 9\,\text{V} \cdot 2\,\text{A} = 18\,\text{W}, \quad$ oder

$P = I^2 R = (2\,\text{A})^2 \cdot 4{,}5\,\Omega = 18\,\text{W}, \quad$ oder

$P = U^2/R = (9\,\text{V})^2/4{,}5\,\Omega = 18\,\text{W}.$

A.1.7
Kirchhoffsche Regeln

Knotenregel
Treffen verschiedene Leitungen eines Netzwerkes an einem *Knoten* zusammen (Bild A-2), dann muß aus Gründen der Ladungserhaltung die Summe der zufließenden

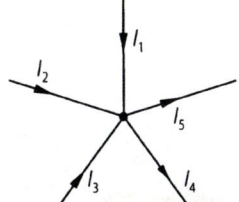

Bild A-2. Knoten eines Netzes

Ströme gleich der Summe der abfließenden sein. Für den Knoten in Bild A-2 gilt also:

$$I_1 + I_2 + I_3 = I_4 + I_5.$$

Versieht man die Ströme mit Vorzeichen (z.B. positiv für zufließende, negativ für abfließende), dann lautet das *erste Kirchhoffsche Gesetz*:

$$\sum_k I_k = 0 \qquad\qquad\qquad\qquad (A\text{-}21)$$

Die Summe aller vorzeichenbehafteten Ströme, die in einen Knoten münden, ist null.

Für den Knoten in Bild A-2 gilt damit:

$$I_1 + I_2 + I_3 - I_4 - I_5 = 0.$$

Maschenregel

Ausgehend von einem Netzknoten kann man immer auf einem geschlossenen Weg zum Ausgangspunkt zurückkehren, ohne daß ein Pfad zweimal durchlaufen wird. Ein solcher geschlossener Weg wird als *Masche* bezeichnet.

In der Masche von Bild A-3 seien die Potentiale der vier Eckpunkte φ_a, φ_b, φ_c und φ_d. Nach Gl. (A-5) gilt für die Spannungen zwischen den Eckpunkten:

$$U_{ab} = \varphi_a - \varphi_b\,,$$
$$U_{bc} = \varphi_b - \varphi_c\,,$$
$$U_{cd} = \varphi_c - \varphi_d\,,$$
$$U_{da} = \varphi_d - \varphi_a\,.$$

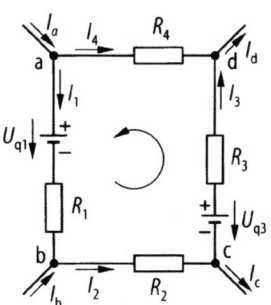

Bild A-3. Masche eines Netzes

Die Summe aller Spannungen ist damit:

$U_{ab} + U_{bc} + U_{cd} + U_{da} = 0$.

Für beliebige Maschen gilt das *zweite Kirchhoffsche Gesetz*:

$$\sum_k U_k = 0 .$$ (A-22)

Die Summe aller vorzeichenbehafteten Spannungen in einer Masche ist null.

Für die Anwendung der Maschenregel muß jeder Zweig mit einem willkürlich wählba-
ren Bezugspfeil für den Richtungssinn des Stromes versehen werden. Alle Spannungsquellen erhalten Spannungspfeile, die vom Plus- zum Minuspol weisen. Von einem will-
kürlichen Knoten aus wird in beliebig wählbarem Umlaufsinn die Masche durchlaufen.
Alle Spannungen, die in Zählrichtung zeigen, werden positiv, die anderen negativ in Gl.
(A-22) eingesetzt.
   Für die Masche in Bild A-3 ergibt sich:

$U_{ab} = U_{q1} + I_1 R_1$,

$U_{bc} = I_2 R_2$,

$U_{cd} = - U_{q3} + I_3 R_3$,

$U_{da} = - I_4 R_4$.

Nach Gl. (A-22) gilt also für die *Umlaufspannung*:

$U_{q1} + I_1 R_1 + I_2 R_2 - U_{q3} + I_3 R_3 - I_4 R_4 = 0$.

Beispiel
A-3: Wie groß ist die Spannung U_{ac} zwischen den Punkten a und c der Masche in Bild
A-3?

Lösung:
Für die Masche, die gebildet wird aus dem linken und dem unteren Zweig sowie der
Diagonale von a nach c (Bild A-3) gilt:

$U_{q1} + I_1 R_1 + I_2 R_2 - U_{ac} = 0$ und

$U_{ac} = U_{q1} + I_1 R_1 + I_2 R_2$.

ÜBUNGSAUFGABEN

Ü A.1-1: Wieviele Elektronen fließen pro Sekunde durch ein Strommeßgerät,
wenn ein Strom von $I = 1$ A gemessen wird?

Ü A.1-2: Im rechten Teilbild von Bild A-1 wird dem Punkt 2 das Potential $\varphi_2 = 0$
(Masse) zugewiesen. Welches Potential φ_1 hat der Punkt 1?

Ü A.1-3: Eine Kupferleitung hat $d = 0,5$ mm Durchmesser und $l = 20$ m Länge.
Wie groß ist der Widerstand R_{20} bzw. R_{50} bei $\vartheta = 20°C$ bzw. 50°C? Welche
Ströme I_{20} und I_{50} fließen bei diesen Temperaturen und welche Leistungen P_{20} und
P_{50} werden umgesetzt, wenn die Leitung an eine Konstantspannungsquelle mit
$U = 3$ V angeschlossen wird?

Ü A.1-4: In der Masche von Bild A-3 seien die Ströme $I_a = I_b = I_c = I_d = 0$ und die Widerstände $R_1 = 4\ \Omega$, $R_2 = 6\ \Omega$, $R_3 = 8\ \Omega$ und $R_4 = 6\ \Omega$. Berechnen Sie den Strom I in der Masche, wenn $U_{q1} = 12$ V und $U_{q3} = 6$ V sind. Welche Richtung hat der Strom? Welches Potential hat der Pluspol der Spannungsquelle 3, wenn das Potential des Punktes b $\varphi_b = 0$ ist?

A.2
Gleichstromkreise mit linearen Komponenten

A.2.1
Zweipolquellen

Eine Quelle, die unabhängig von der Belastung eine konstante Spannung U_s hält, wird als *ideale Spannungsquelle* bezeichnet. Bild A-4 zeigt das Schaltzeichen nach DIN 5489. Die *eingeprägte* Spannung wird häufig auch als *Urspannung* bezeichnet.

Die *ideale Stromquelle* gibt unabhängig von der Belastung den eingeprägten Strom oder *Urstrom* I_s ab (Bild A-4).

Bei einer realen Quelle zeigt sich, daß mit zunehmender Stromentnahme die Klemmenspannung abnimmt. *Lineare* Quellen besitzen eine lineare $U(I)$-Kennlinie, die auch

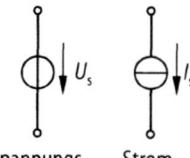

Spannungs-   Strom-
quelle   quelle   **Bild A-4.** Ideale Quellen

als *Arbeitsgerade* oder *Belastungskennlinie* bezeichnet wird (Bild A-5). Eine solche Kennlinie läßt sich durch zwei äquivalente Ersatzschaltungen beschreiben, die in Bild A-5 dargestellt sind.

Die *Ersatz-Spannungsquelle* besteht aus einer idealen Spannungsquelle, die in Reihe zu einem Innenwiderstand R_i geschaltet ist. Durch Anwenden der Maschenregel ergibt sich die Kennliniengleichung (A-23). Die *Ersatz-Stromquelle* besteht aus einer idealen Stromquelle, der ein Innenleitwert G_i parallel geschaltet ist. Durch Anwenden der Knotenregel folgt die Kennliniengleichung (A-24).

Im Leerlauf (offene Klemmen, $I = 0$) ist die *Leerlaufspannung* U_L nach Gl. (A-25) bzw. (A-26) abgreifbar. Im Kurzschlußbetrieb ($U = 0$) fließt der *Kurzschlußstrom* I_K nach Gl. (A-27) bzw. (A-28).

Beide Ersatzschaltungen haben denselben Innenwiderstand:

$$R_i = \frac{1}{G_i} = \frac{U_L}{I_K} \qquad\qquad (A-29)$$

Der Arbeitspunkt P auf der Kennlinie unterteilt im Falle der Spannungsquelle die maximale Spannung $U_L = U_s$ in die Klemmenspannung U und die Spannung IR_i, die über dem Innen-

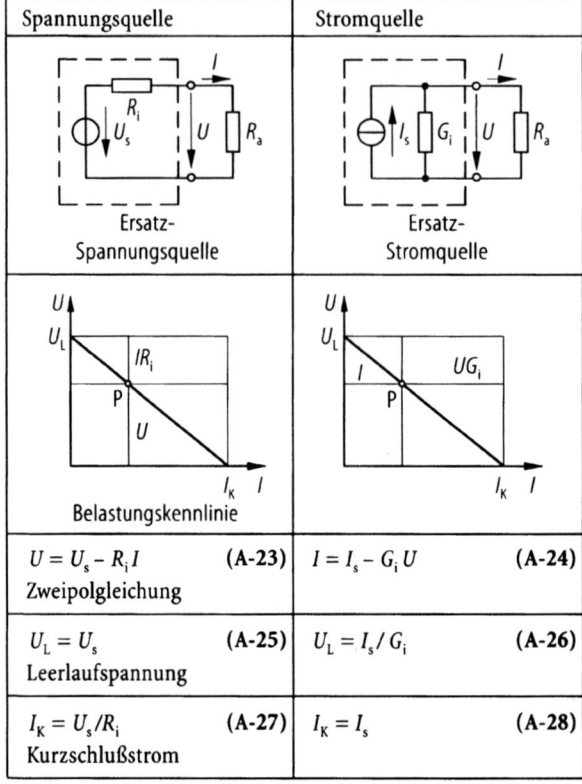

Bild A-5. Reale Quellen

widerstand abfällt. Im Falle der Stromquelle wird der maximale
Strom $I_K = I_s$ unterteilt in den Anteil I, der durch den Außenkreis
fließt und den Strom $G_i U$, der über den parallel geschalteten
Innenwiderstand fließt.

Häufig stellt sich die Frage, wie groß der Widerstand R_a im Außenkreis gewählt werden
muß, damit eine maximale Leistung aus der Quelle entnommen werden kann.
    Die Leistung im Außenwiderstand ist mit Gl. (A-20)

$$P_a = I^2 R_a = \frac{U_s^2 R_a}{(R_i + R_a)^2},$$

oder mit $v = R_a/R_i$ als Widerstandsverhältnis:

$$P_a = \frac{U_s^2}{R_i} \cdot \frac{v}{(1 + v)^2}$$

Diese Leistung wird maximal, wenn die Ableitung $dP_a/dv = 0$ ist. Daraus folgt für den
optimalen Außenwiderstand bei *Leistungsanpassung*:

$$v = \frac{R_a}{R_i} = 1 \quad \text{oder} \quad R_a = R_i \,. \qquad\qquad\qquad\text{(A-30)}$$

Die maximale Leistung ist

$$P_{a,max} = \frac{1}{4}\frac{U_s^2}{R_i} = \frac{1}{4} I_s^2 R_i \,. \qquad\qquad\qquad\text{(A-31)}$$

Die gleiche Leistung wird im übrigen innerhalb der Quelle am Innenwiderstand umgesetzt und führt zur Erwärmung der Quelle.

Beispiel

A-4: An einem NiCd-Akku wird bei einer Stromentnahme von $I_1 = 0{,}5$ A die Klemmenspannung $U_1 = 5{,}9$ V gemessen. Beim Strom $I_2 = 1{,}0$ A sinkt die Spannung auf $U_2 = 5{,}8$ V.
Wie groß ist der Innenwiderstand R_i der Ersatzspannungsquelle bzw. der Innenleitwert G_i der Ersatzstromquelle? Wie groß ist die Leerlaufspannung U_L und der Kurzschlußstrom I_K?

Lösung:

Durch Einsetzen der Spannungen und Ströme in die Zweipolgleichungen (A-23) bzw. (A-24) folgt:

$$R_i = \frac{U_1 - U_2}{I_2 - I_1} = \frac{5{,}9\,\text{V} - 5{,}8\,\text{V}}{1{,}0\,\text{A} - 0{,}5\,\text{A}} = 0{,}20\,\Omega \quad \text{und}$$

$$G_i = 5\,\text{S}.$$

Für die Leerlaufspannung ergibt sich:

$$U_L = U_s = U_1 + R_i I_1 = 5{,}9\,\text{V} + 0{,}20\,\Omega \cdot 0{,}5\,\text{A} = 6{,}0\,\text{V}.$$

Der Kurschlußstrom beträgt:

$$I_K = I_s = \frac{U_s}{R_i} = \frac{U_L}{R_i} = \frac{6\,\text{V}}{0{,}2\,\Omega} = 30\,\text{A}\,.$$

Schaltung von Spannungsquellen

Zur Erhöhung der Spannung und/oder des Stromes kann man Spannungsquellen zusammenschalten. Bild A-6 zeigt die Zusammenhänge, wenn n Quellen hintereinander bzw. parallel geschaltet werden.

Aus den Gleichungen (A-35) und (A-38) folgt, daß die Parallelschaltung geeignet ist, um große Ströme, die Serienschaltung, um große Spannungen zu erzeugen.

Werden n Quellen hintereinander und m solcher Reihen parallel geschaltet, so liegt eine *Gruppenschaltung* vor. Die Stromstärke durch den Außenwiderstand R_a ist:

$$I = \frac{n U_s}{R_a + \frac{n}{m} R_i} \,. \qquad\qquad\qquad\text{(A-40)}$$

Reihenschaltung	Parallelschaltung
$I = \dfrac{nU_s}{R_a + nR_i}$ (A-32) Strom	$I = \dfrac{U_s}{R_a + R_i/n}$ (A-33)
$I_K = \dfrac{U_s}{R_i}$ (A-34) Kurzschlußstrom	$I_K = n\,\dfrac{U_s}{R_i}$ (A-35)
$U = nU_s\,\dfrac{R_a}{R_a + nR_i}$ (A-36) Spannung	$U = U_s\,\dfrac{R_a}{R_a + R_i/n}$ (A-37)
$U = nU_s$ (A-38) Leerlaufspannung	$U = U_s$ (A-39)

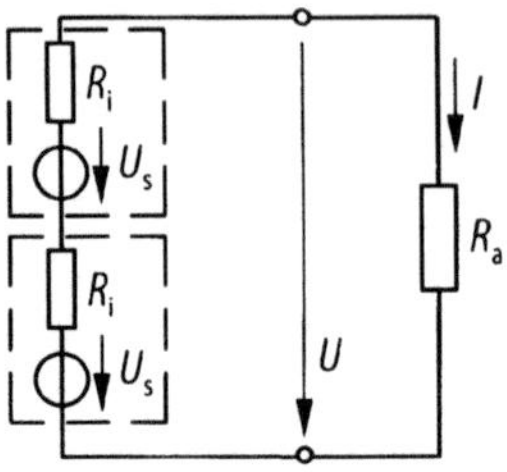

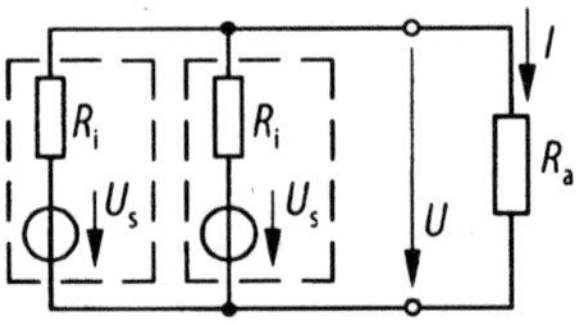

Bild A-6. Schaltung von Spannungsquellen

A.2.2
Reihenschaltung von Widerständen

Eine *Reihen-* oder *Serienschaltung* liegt vor, wenn alle Widerstände vom gleichen Strom I durchflossen werden (Bild A-7).

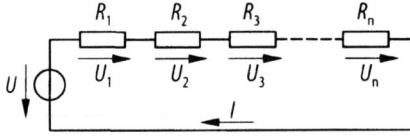

Bild A-7. Reihenschaltung

Nach der Maschenregel gilt für die Spannungen

$$U_1 + U_2 + U_3 + \ldots + U_n - U = 0.$$

Mit dem Ohmschen Gesetz ergibt sich

$$U = I\,R_1 + I\,R_2 + I\,R_3 + \ldots + I\,R_n$$

oder

$$U = I\,(R_1 + R_2 + R_3 + \ldots + R_n) = I\,R.$$

R ist der *Ersatz-* oder *Gesamtwiderstand*, der anstelle der Reihenschaltung in den Stromkreis eingebaut werden könnte:

$$R = R_1 + R_2 + R_3 + \ldots + R_n \qquad \text{(A-41)}$$

Der Ersatzwiderstand einer Reihenschaltung ist gleich der Summe der Teilwiderstände.
Für das Verhältnis von Spannungen gilt:

$$\frac{U_1}{U_2} = \frac{I\,R_1}{I\,R_2} = \frac{R_1}{R_2},$$

oder allgemein:

$$\frac{U_k}{U_m} = \frac{R_k}{R_m} \quad \text{bzw.} \quad \frac{U_k}{U} = \frac{R_k}{R} \qquad \text{(A-42)}$$

$$m, k = 1, 2, 3, \ldots, n$$

Die Spannungen verhalten sich bei einer Reihenschaltung wie die Widerstände (*Spannungsteilerregel*).

A.2.3
Parallelschaltung von Widerständen

Wenn mehrere Widerstände an derselben Spannung liegen, sind sie parallel geschaltet (Bild A-8).

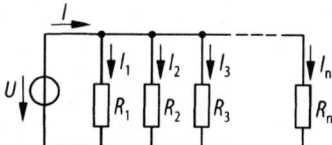

Bild A-8. Parallelschaltung

Nach der Knotenregel gilt für die Ströme:

$$I = I_1 + I_2 + I_3 + \ldots + I_n.$$

In jedem Zweig ist nach dem Ohmschen Gesetz

$$I_1 = \frac{U}{R_1}, \quad I_2 = \frac{U}{R_2} \quad \text{usw.}$$

Damit ergibt sich

$$I = \frac{U}{R_1} + \frac{U}{R_2} + \frac{U}{R_3} + \ldots + \frac{U}{R_n} = \frac{U}{R}.$$

R ist der *Ersatzwiderstand*, der bei gegebener Spannung U denselben Strom I aus der Quelle aufnimmt wie die ganze Parallelschaltung:

$$\frac{1}{R} = \frac{1}{R_1} + \frac{1}{R_2} + \frac{1}{R_3} + \ldots + \frac{1}{R_n} \qquad \text{(A-43)}$$

Der Kehrwert des Ersatzwiderstandes in einer Parallelschaltung ist gleich der Summe der Kehrwerte aller Teilwiderstände.

Eine einfachere Formulierung ist mit den Leitwerten möglich:

$$G = G_1 + G_2 + G_3 + \ldots + G_n \qquad\qquad\qquad\qquad\qquad \text{(A-44)}$$

Der Gesamtleitwert einer Parallelschaltung ist gleich der Summe der Teilleitwerte.

Für das Verhältnis von Strömen gilt:

$$\frac{I_1}{I_2} = \frac{U R_2}{R_1 U} = \frac{R_2}{R_1} = \frac{G_1}{G_2}, \quad \text{oder allgemein}$$

$$\frac{I_k}{I_m} = \frac{R_m}{R_k} = \frac{G_k}{G_m} \quad \text{bzw.} \qquad\qquad\qquad\qquad\qquad \text{(A-45)}$$

$$\frac{I_k}{I} = \frac{R}{R_k} = \frac{G_k}{G}; \quad m, k = 1, 2, 3, \ldots, n$$

Die Ströme verhalten sich bei einer Parallelschaltung wie die Leitwerte oder umgekehrt wie die Widerstände (*Stromteilerregel*).

A.2.4
Gemischte Schaltungen

Häufig kommen in Netzen Kombinationen von Parallel- und Hintereinanderschaltungen von Widerständen vor. Die auftretenden Ströme und Spannungen lassen sich bestimmen, wenn die verschiedenen Widerstandsgruppen zusammengefaßt und durch ihren Ersatzwiderstand beschrieben werden.

Beispiel
A-5: Für die Schaltung von Bild A-9 soll der Gesamtstrom I sowie die Ströme I_2, I_3 und I_4 durch die Widerstände R_2, R_3 und R_4 bestimmt werden. Welche Wärmeleistungen treten an den Widerständen auf?
Daten: $U_s = 12\,\text{V}$, $R_1 = 4\,\Omega$, $R_2 = 16\,\Omega$, $R_3 = 4\,\Omega$, $R_4 = 8\,\Omega$.

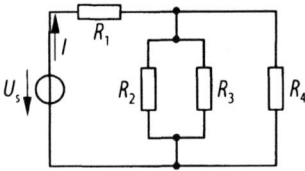

Bild A-9

Lösung:
Die beiden Parallelwiderstände R_2 und R_3 lassen sich ersetzen durch

$$R_{23} = \frac{R_2 R_3}{R_2 + R_3} = 3{,}20\,\Omega.$$

R_4 liegt parallel zu R_{23}, für beide zusammen ist der Ersatzwiderstand:

$$R_{234} = \frac{R_{23} R_4}{R_{23} + R_4} = 2{,}29\,\Omega.$$

R_1 liegt in Reihe zu R_{234}, so daß sich als Ersatzwiderstand der ganzen Schaltung ergibt:

$R = R_1 + R_{234} = 6,29\ \Omega$.

Der Gesamtstrom ist damit:

$$I = \frac{U_s}{R} = 1,91\ \text{A} .$$

Nach der Spannungsteilerregel Gl. (A-42) ist die Spannung, die über R_2, R_3 und R_4 abfällt

$$U_{234} = \frac{R_{234}}{R}\, U_s = \frac{2,29\ \Omega}{6,29\ \Omega} \cdot 12\ \text{V} = 4,36\ \text{V} .$$

Für die Ströme folgt mit dem Ohmschen Gesetz:

$$I_2 = \frac{U_{234}}{R_2} = 0,273\ \text{A}, \quad I_3 = \frac{U_{234}}{R_3} = 1,09\ \text{A},$$

$$I_4 = \frac{U_{234}}{R_4} = 0,546\ \text{A} .$$

Die Leistungen betragen:

$P_1 = I^2 R_1 = 14,6\ \text{W}, P_2 = I_2^2 R_2 = 1,19\ \text{W},$

$P_3 = I_3^2 R_3 = 4,76\ \text{W}, P_4 = I_4^2 R_4 = 2,38\ \text{W}.$

Die Gesamtleistung ist

$P = P_1 + P_2 + P_3 + P_4 = I^2 R = 22,9\ \text{W}.$

Durch systematische Anwendung von Knoten- und Maschenregel lassen sich auch komplizierte Netzwerke berechnen.

Beispiel
A-6: In der Schaltung nach Bild A-10 wird der Akku mit $U_{s2} = 12\ \text{V}$ und $R_{i2} = 0,2\ \Omega$ vom Netzgerät mit $U_{s1} = 24\ \text{V}$ und $R_{i1} = 0,5\ \Omega$ aufgeladen. Der Außenwiderstand ist $R_a = 1,0\ \Omega$. Gesucht sind alle Ströme.

Lösung:

Knotenregel:

$I_1 = I_2 + I_3$ (1)

Maschenregel, linke Masche:

$R_{i1}\, I_1 + R_{i2}\, I_2 + U_{s2} - U_{s1} = 0$ (2)

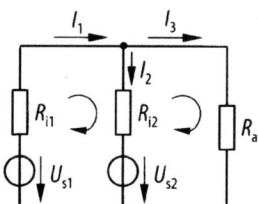

Bild A-10

Maschenregel, rechte Masche:

$$R_a I_3 - U_{s2} - R_{i2} I_2 = 0 \tag{2}$$

Durch Umstellung ergibt sich das lineare Gleichungssystem

$$I_1 \quad - I_2 \quad - I_3 = 0$$
$$R_{i1} I_1 + R_{i2} I_2 \qquad = U_{s1} - U_{s2}$$
$$\qquad - R_{i2} I_2 + R_a I_3 = U_{s2},$$

das nach bekannten mathematischen Verfahren gelöst werden kann. Es ergibt sich:

$$I_1 = \frac{R_{i2} U_{s1} + R_a (U_{s1} - U_{s2})}{R_{i1} R_{i2} + R_a (R_{i1} + R_{i2})} = 21 \text{ A},$$

$$I_2 = \frac{R_a (U_{s1} - U_{s2}) - R_{i1} U_{s2}}{R_{i1} R_{i2} + R_a (R_{i1} + R_{i2})} = 7,5 \text{ A},$$

$$I_3 = \frac{R_{i1} U_{s2} + R_{i2} U_{s1}}{R_{i1} R_{i2} + R_a (R_{i1} + R_{i2})} = 13,5 \text{ A}.$$

Stern-Dreieck-Transformation

Es ist nicht immer möglich, Widerstandsgruppen in Schaltungen mit Hilfe der Regeln für Serien- und Parallelschaltung zu vereinfachen. Beispielsweise läßt sich die *Brückenschaltung* in Bild A-11 nicht auf eine Kombination von Parallel- und Reihenwiderstände zurückführen. Die drei oberen Widerstände bilden ein *Dreieck*, das in Bild A-12 umgezeichnet ist. Es zeigt sich, daß dieses Dreieck in einen *Stern* umgewandelt werden kann, so daß zwischen den Knotenpunkten 1, 2 und 3 jeweils die gleichen Widerstände wie beim Dreieck wirksam sind. Die Gleichungen für die erforderlichen Widerstände für die Stern-Dreieck-Transformation sind in Bild A-12 angegeben.

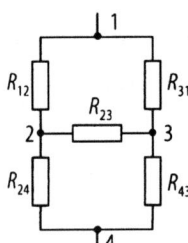

Bild A-11. Brückenschaltung

Beispiel

A-7: In einer Dreieckschaltung haben alle Widerstände den Wert $R_D = 100 \, \Omega$. Wie groß sind die äquivalenten Sternwiderstände R_S?

Lösung:

Aus Symmetriegründen sind alle Widerstände gleich. Nach Gl. (A-49) ist

$$R_S = \frac{R_D^2}{3 R_D} = \frac{1}{3} R_D = 33,3 \, \Omega.$$

Dreieck	Stern
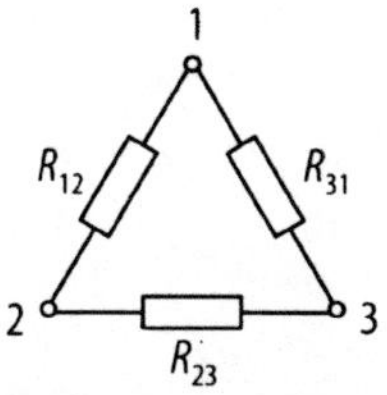 1 R_{12} R_{31} 2 R_{23} 3	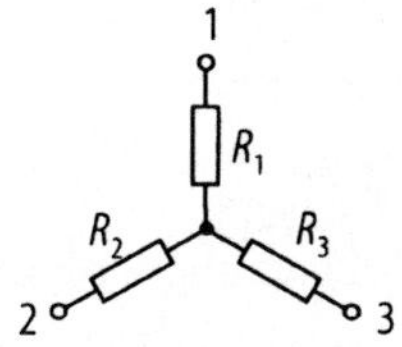 1 R_1 R_2 R_3 2 3
Umwandlung von Stern in Dreieck:	Umwandlung von Dreieck in Stern:
$R_{12} = R_1 + R_2 + \dfrac{R_1 R_2}{R_3}$ (A-46)	$R_1 = \dfrac{R_{12} R_{31}}{R_{12} + R_{23} + R_{31}}$ (A-49)
$R_{23} = R_2 + R_3 + \dfrac{R_2 R_3}{R_1}$ (A-47)	$R_2 = \dfrac{R_{23} R_{12}}{R_{12} + R_{23} + R_{31}}$ (A-50)
$R_{31} = R_3 + R_1 + \dfrac{R_3 R_1}{R_2}$ (A-48)	$R_3 = \dfrac{R_{31} R_{23}}{R_{12} + R_{23} + R_{31}}$ (A-51)

Bild A-12. Stern-Dreieck-Transformation

Spannungsteiler

Mit Hilfe der *Potentiometerschaltung* von Bild A-13 läßt sich eine gegebene Spannung U unterteilen. Häufig wird wie im linken Teilbild ein Schiebewiderstand R_s entsprechend der Stellung des Schleifers in die Teilwiderstände R_1 und R_2 unterteilt, mit

$$R_2 = R_x = \frac{x}{l} R_s . \tag{A-52}$$

Beim *unbelasteten Spannungsteiler* ist nach der Spannungsteilerregel Gl. (A-42) über dem Widerstand R_2 die Spannung

$$U_2 = \frac{R_2}{R_s} U = \frac{R_2}{R_1 + R_2} U \tag{A-53}$$

abgreifbar. Wird der Spannungsteiler mit dem Lastwiderstand R_L *belastet*, der parallel zu R_2 liegt, dann ergibt sich für die abgreifbare Spannung:

$$U_2' = \frac{R_2 R_L}{R_1 R_2 + R_L (R_1 + R_2)} U \tag{A-54}$$

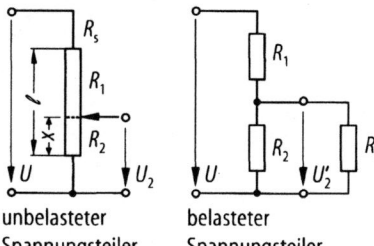

unbelasteter
Spannungsteiler

belasteter
Spannungsteiler

Bild A-13. Potentiometerschaltung

Beispiel

A-8: An einem Schiebewiderstand mit $R_s = 8\,\Omega$ steht der Schleifer auf der Stellung $x = l/4$ (Bild A-13). Die Versorgungsspannung beträgt $U = 24\,V$. Wie groß ist die abgreifbare Spannung im unbelasteten Zustand und bei Belastung mit $R_L = 100\,\Omega$?

Lösung:

Der untere Teilwiderstand beträgt

$$R_2 = \frac{1}{4}\,R_s = 2\,\Omega.$$

Damit ist $U_2 = \dfrac{2\,\Omega}{8\,\Omega} \cdot 24\,V = 6\,V$

bzw. $U_2' = \dfrac{2\,\Omega \cdot 100\,\Omega}{6\,\Omega \cdot 2\,\Omega + 100\,\Omega \cdot 8\,\Omega} \cdot 24\,V = 5{,}91\,V.$

A.2.5
Messung elektrischer Größen

In diesem Abschnitt sollen einige grundlegende Schaltungen zum Messen von Strom, Spannung und Widerstand vorgestellt werden. Weitere Informationen insbesondere auch zur Funktion der Meßgeräte finden sich in Abschnitt B.

A.2.5.1
Strommessung

Zur Messung des elektrischen Stromes muß der Strommesser (*Ampèremeter*) in den Stromkreis eingebaut und von dem zu messenden Strom durchflossen werden (Bild A-14). Weil durch den Einbau des Strommessers der Gesamtwiderstand des Kreises erhöht wird, verringert sich bei gegebener Spannung U der fließende Strom. Um den Meßfehler gering zu halten, muß der Innenwiderstand R_i des Ampèremeters möglichst klein sein, d.h. es muß gelten: $R_i \ll R$.

Meßbereichserweiterung

Soll mit dem Ampèremeter ein größerer Strom gemessen werden als der maximal meßbare Strom I_m des Meßwerks, dann wird durch Parallelschaltung eines Widerstandes R_p (*Nebenschlußwiderstand* oder *Shunt*) ein Teil des Stromes am Meßgerät vorbeigeführt (Bild A-14). Ist beispielsweise der zu messende Strom das k-fache des Maximalstroms ($I = k \cdot I_m$), dann muß der Strom durch den Parallelwiderstand

$$I_p = k\,I_m - I_m = (k - 1)\,I_m$$

betragen. Nach der Stromteilerregel Gl. (A-45) gilt für das Stromverhältnis

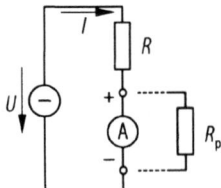

Bild A-14. Strommessung mit Meßbereichserweiterung

$$\frac{I_\mathrm{p}}{I_\mathrm{m}} = \frac{R_\mathrm{i}}{R_\mathrm{p}} \, .$$

Der erforderliche Parallelwiderstand ist

$$R_\mathrm{p} = \frac{R_\mathrm{i}}{k-1} \, . \tag{A-55}$$

A.2.5.2
Spannungsmessung

Die Spannung zwischen zwei Punkten 1 und 2 einer Schaltung wird gemessen, indem der Spannungsmesser (*Voltmeter*) an die beiden Punkte angeschlossen wird (Bild A-15). Weil durch die Parallelschaltung des Voltmeters mit Innenwiderstand R_i zum vorhandenen Widerstand R der Gesamtwiderstand abnimmt, wird im allgemeinen ein größerer Strom aus der Quelle entnommen als ohne Meßgerät. Nach den Erläuterungen von Abschn. A.2.1 sinkt dadurch die Klemmenspannung der Quelle, so daß die Messung verfälscht wird. Der Meßfehler ist tolerierbar, wenn der Innenwiderstand des Voltmeters sehr groß ist, d.h. wenn gilt: $R_\mathrm{i} \gg R$.

Meßbereichserweiterung
Soll eine Spannung U gemessen werden, die die maximal anzeigbare Spannung U_m um den Faktor k übersteigt ($U = \mathrm{k} \cdot U_\mathrm{m}$), dann muß dafür gesorgt werden, daß die Spannung $U - U_\mathrm{m} = (\mathrm{k} - 1) U_\mathrm{m}$ an einem Vorwiderstand R_v abfällt (Bild A-15). Nach der Spannungsteilerregel Gl. (A-42) gilt für das Spannungsverhältnis

$$\frac{U_\mathrm{v}}{U_\mathrm{m}} = \frac{R_\mathrm{v}}{R_\mathrm{i}} \, .$$

Der erforderliche Vorwiderstand ist

$$R_\mathrm{v} = R_\mathrm{i} \, (k-1) \, . \tag{A-56}$$

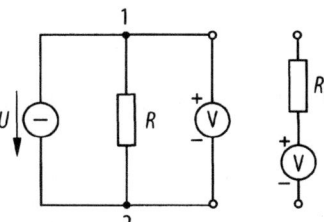

Bild A-15. Spannungsmessung mit Meßbereichserweiterung

A.2.5.3
Widerstandsmessung

Ohmmeter
Ein *Ohmmeter* besteht nach Bild A-16 aus einer Batterie der Spannung U, an die ein Ampèremeter und ein Vorwiderstand R_v angeschlossen sind (R_v soll auch den Innenwiderstand der Batterie sowie des Ampèremeters enthalten).

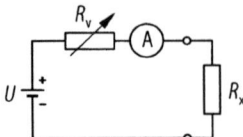

Bild A-16. Ohmmeter

Normalerweise wird durch Verstellen des Vorwiderstandes der Zeigerausschlag a bei Kurzschluß ($I_K = U/R_v$) auf a_{max} eingestellt, bei Leerlauf ($I = 0$) auf null. Damit ist der Ausschlag wenn ein zu messender Widerstand R_x angeschlossen wird:

$$a_x = a_{max}\frac{R_v}{R_v + R_x}\,.$$

Umgekehrt ergibt sich aus dem Zeigerausschlag a_x der Widerstand

$$R_x = R_v\left(\frac{a_{max}}{a_x}\right) - 1\,. \tag{A-57}$$

Die Skala des Meßgerätes kann also mit einer *nichtlinearen* Widerstandsskala versehen werden.

Strom- und Spannungsmessung
Der Wert eines Widerstandes kann mit Hilfe des Ohmschen Gesetzes berechnet werden, wenn der Strom I, der durch den Widerstand fließt, sowie die Spannung U, die am Widerstand anliegt, gemessen werden: $R = U/I$.

Spannungsfehlerschaltung	Stromfehlerschaltung
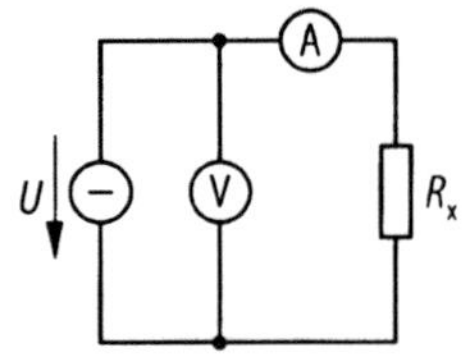	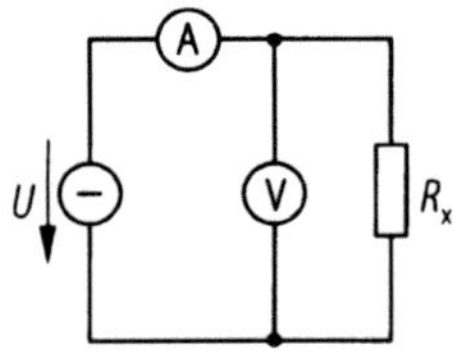
$R_x = \dfrac{U}{I} - R_{i,A}$ (A-58)	$R_x = \dfrac{1}{\dfrac{I}{U} - \dfrac{1}{R_{i,V}}}$ (A-59)

Bild A-17. Widerstandsbestimmung durch Strom- und Spannungsmessung

Nach Bild A-17 gibt es zwei Meßmöglichkeiten. Bei der *Spannungsfehlerschaltung* wird der Spannungsabfall am Ampèremeter mit Innenwiderstand $R_{i,A}$ mitgemessen. Bei der *Stromfehlerschaltung* wird der Nebenschlußstrom durch das Voltmeter mit Innenwiderstand $R_{i,V}$ mitgemessen. Die korrigierten Widerstandswerte werden nach Gl. (A-58) und (A-59) berechnet.

Wheatstonesche Brücke
Eine präzisere Bestimmung des Widerstandes als mit den bisherigen Methoden ermöglicht die *Wheatstonesche Brücke* (Bild A-18).

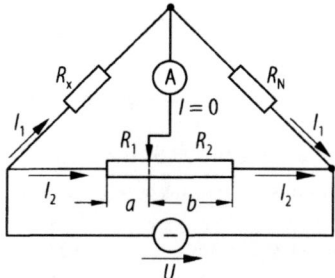

Bild A-18. Wheatstonesche Brücke

Die Brücke wird *abgeglichen*, indem der Gleitkontakt auf einem Widerstandsdraht so lange verschoben wird, bis über das empfindliche Strommeßgerät kein Strom mehr fließt (Nullabgleich). In diesem Fall wird der zu messende Widerstand R_x und der *Normalwiderstand* R_N vom gleichen Strom I_1, die Widerstände R_1 und R_2 vom Strom I_2 durchflossen. Die Maschenregel liefert:

$$I_1 R_x = I_2 R_1 \quad \text{und}$$

$$I_1 R_N = I_2 R_2 .$$

Durch Division ergibt sich:

$$\frac{R_x}{R_N} = \frac{R_1}{R_2} \quad \text{und}$$

$$R_x = R_N \frac{R_1}{R_2} = R_N \frac{a}{b} . \tag{A-60}$$

Anstelle des Schiebewiderstandes werden oft auch die beiden Widerstände R_1 und R_2 als diskrete verstellbare Präzisionswiderstände ausgeführt.

ÜBUNGSAUFGABEN

Ü A.2-1: Eine Batterie hat die Leerlaufspannung $U_L = 9,3$ V und die Kurzschluß-stromstärke $I_K = 2,9$ A. a) Wie groß ist der Innenwiderstand R_i? b) Wie groß muß der Außenwiderstand R_a eines Verbrauchers mindestens sein, damit die Klemmenspannung nicht unter $U = 8$ V absinkt?

Ü A.2-2: Zehn Mono-Zellen mit Leerlaufspannung $U_L = 1,58$ V und Innenwiderstand $R_i = 160$ mΩ werden an einen Verbraucher mit $R_a = 33$ Ω angeschlossen. Wie groß ist der Strom I bei a) Reihenschaltung, b) Parallelschaltung und c) Gruppenschaltung 2 × 5 bzw. 5 × 2?

Ü A.2-3: Die Brückenschaltung von Bild A-11 besitzt die Widerstände $R_{12} = R_{31} = 100$ Ω, $R_{23} = 50$ Ω, $R_{24} = 80$ Ω und $R_{43} = 120$ Ω. Wie groß ist der Ersatzwiderstand R_{14} der Schaltung zwischen den Punkten 1 und 4?

Ü A.2-4: Bei einem *Umkehrspannungsteiler* (*Leonard*-Spannungsteiler) hat ein Schiebewiderstand mit $R = 50$ Ω einen festen Mittenabgriff M (Bild A-19). Die Versorgungsspannung beträgt $U_0 = 12$ V. Berechnen Sie die Spannung U_L, die über dem Lastwiderstand $R_L = 200$ Ω anliegt in Abhängigkeit von der Schieberstellung *x*. Welche Spannung ergibt sich für *x* = 0, *l*/2 und *l*? Verifizieren Sie die grafische Kennlinie von Bild A-19. Wie ist der Verlauf $U_L(x)$ für den unbelasteten Spannungsteiler, d. h. für $R_L \rightarrow \infty$?

Ü A.2-5: Ein Spannungsmesser mit Innenwiderstand R_i = 1,5 kΩ zeigt bei U_m = 3 V Vollausschlag. Welche Vorwiderstände sind erforderlich, wenn mit diesem Gerät Spannungen von U_1 = 6 V, U_2 = 15 V und U_3 = 30 V gemessen werden sollen?

Ü A.2-6: Durch Strom- und Spannungsmessung soll der Wert eines Widerstandes bestimmt werden. In Spannungsfehlerschaltung (Bild A-17) werden folgende Werte gemessen: *U* = 23,8 V, *I* = 71,5 mA. Wie groß ist R_x, wenn der Innenwiderstand des Ampèremeters $R_{i,A}$ = 3 Ω beträgt? Wie groß ist der prozentuale Fehler, wenn mit der unkorrigierten Beziehung $R_x = U/I$ gerechnet wird?

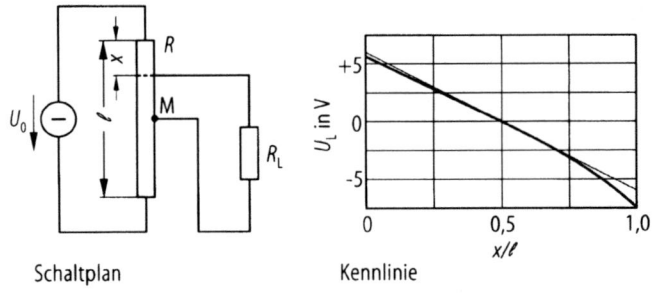

Schaltplan   Kennlinie

Bild A-19

A.3
Elektrisches Feld

A.3.1
Feldbegriff

Ist in einem bestimmten Raum ein elektrisches Feld vorhanden, dann werden auf Ladungen, die in dieses Gebiet gebracht werden, Kräfte ausgeübt. Die Richtung und Stärke der Kraft kann durch *Feldlinien* veranschaulicht werden. Bild A-20a zeigt das Feld, das durch eine isoliert aufgestellte Metallkugel erzeugt wird, welche die positive Ladung Q trägt. Die Kraft auf eine positive *Probeladung* Q_0, die sich im Abstand *r* von der Ladung Q befindet, ist nach dem Coulombschen Gesetz:

$$F = \frac{1}{4\pi\varepsilon_0} \frac{Q\,Q_0}{r^2}, \tag{A-61}$$

ε_0 = 8,854 · 10^{-12} As/Vm ist die *elektrische Feldkonstante*.

Die *Feldstärke* am Ort der Probeladung ist die Kraft auf die Probeladung dividiert durch die Größe der Probeladung:

$$E = \frac{F}{Q_0}. \tag{A-62}$$

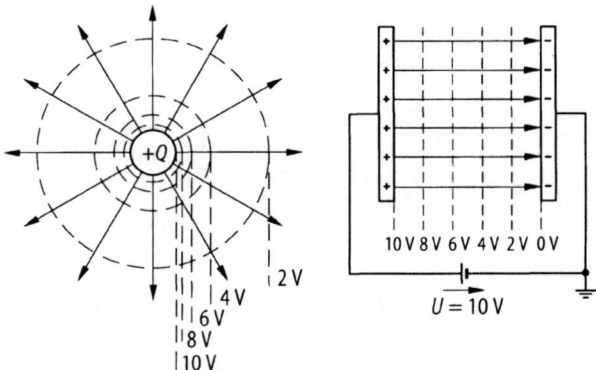

a inhomogenes Feld (Radialfeld)   **b** homogenes Feld

Bild A-20. Feldlinien und Äquipotentialflächen(-linien)

Für das Feld von Bild A-20a gilt damit

$$E(r) = \frac{Q}{4\pi\varepsilon_0\, r^2}\,. \tag{A-63}$$

Die in Bild A-20a eingezeichneten Feldlinien geben die Richtung der Kraft auf die Probeladung an (in diesem Fall radial nach außen gerichtet). Die Dichte der Linien ist ein Maß für die Feldstärke. Es handelt sich hier um ein *inhomogenes* Feld.

Äquipotentialflächen, also Flächen konstanter potentieller Energie bzw. konstanten Potentials, sind Kugeln. Für das Potential folgt mit Gl. (A-5)

$$\varphi(r) = \frac{1}{4\pi\varepsilon_0}\,\frac{Q}{r}\,. \tag{A-64}$$

Der Nullpunkt des Potentials liegt dabei im Unendlichen.

Im Innern des *Plattenkondensators* herrscht ein homogenes Feld (Bild A-20b), d.h. die Feldstärke ist an jedem Punkt gleich nach Größe und Richtung. Äquipotentialflächen sind Ebenen parallel zu den Platten des Kondensators. Das Potential steigt linear an vom Wert $\varphi = 0$ auf der geerdeten Platte bis auf $\varphi = U$. Zwischen der Spannung U, die an den Platten anliegt und der Feldstärke E im Innenraum gilt nach Gl. (A-5) der Zusammenhang

$$U = E \cdot d\,, \tag{A-65}$$

wenn d der Abstand der Platten ist.

A.3.2
Kondensator

Eine beliebige Anordnung zweier isoliert aufgestellter Leiter, zwischen denen mit Hilfe einer Spannungsquelle Ladung verschoben werden kann, wird als Kondensator bezeichnet.

Im Aufbau von Bild A-21 „pumpt" beispielsweise eine Batterie Elektronen vom linken auf den rechten Leiter. Dadurch werden beide Leiter mit der Ladung Q mit jeweils

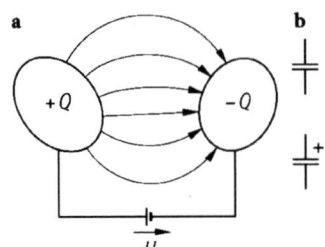

Bild A-21. Kondensator, a) prinzipielle Anordnung, b) Schaltzeichen nach DIN 40900, allgemein bzw. gepolt (z. B. Elektrolyt-Kondensator)

entgegengesetztem Vorzeichen aufgeladen. Die auf den *Elektroden* des Kondensators gespeicherte Ladungsmenge ist stets proportional zur angelegten Spannung.

$$Q = CU. \tag{A-66}$$

C ist die *Kapazität* des Kondensators. Ihre Maßeinheit ist das *Farad*: $[C] = 1 \dfrac{\text{AS}}{\text{V}} = 1 \text{ F}.$

Die Kapazität beschreibt die Fähigkeit eines Kondensators, Ladung zu speichern. Sie hängt lediglich ab von der Elektrodengeometrie und den Materialeigenschaften des isolierenden Mediums. Bei einem Plattenkondensator mit Plattenfläche A und Plattenabstand d (Bild A-20b) in Luft (korrekter: Vakuum) beträgt die Kapazität

$$C = \frac{\varepsilon_0 A}{d}. \tag{A-67}$$

Wird ein Kondensator, der die Ladung Q trägt und von der Spannungsquelle abgetrennt ist, mit einem Isolierstoff (*Dielektrikum*) gefüllt, dann werden unter der Einwirkung der elektrischen Feldkräfte die Ladungen des Dielektrikums so verschoben, daß an der Oberfläche, die der positiven Platte gegenübersteht negative, an der anderen Oberfläche positive Ladungen auftreten (Bild A-22).

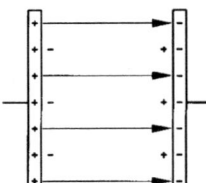

Bild A-22. Plattenkondensator mit Dielektrikum

Durch diese *Polarisation* wird ein Teil der Ladungen auf den Elektroden kompensiert, so daß die Feldstärke im Innern des Isolators von ursprünglich E_0 (Vakuum) auf E_0/ε_r abnimmt. ε_r ist die *relative Permittivitätszahl* (relative Dielektrizitätszahl) des Isolierstoffs (Tabelle A-2). Die Spannung zwischen den Platten ist nach Gl. (A-65) ebenfalls reduziert um den Faktor ε_r. Da die Ladung Q aber konstant ist, folgt aus Gl. (A-66), daß die Kapazität des Kondensators um ε_r zugenommen hat. Für die Kapazität eines Plattenkondensators gilt demnach

$$C = \frac{\varepsilon_r \varepsilon_0 A}{d}. \tag{A-68}$$

Tabelle A-2. Relative Permittivitätszahlen

Isolierstoff	ε_r
Aluminiumoxid	12
Epoxidharz	3,7
Glimmer	≈ 8
Kondensatorpapier	4,0 ... 6,0
Polyethylen (PE)	2,2 ... 2,7
Polypropylen (PP)	2,3
Polystyrol (PS)	2,5 ... 2,8
Polyvinylchlorid (PVC)	3,1
Transformatorenöl	2,5
Wasser	81

Das Produkt aus elektrischer Feldkonstante und relativer Permittivitätszahl ist die *Permittivität*

$$\varepsilon = \varepsilon_r \varepsilon_0 . \tag{A-69}$$

Das Produkt aus Permittivität und elektrischer Feldstärke wird als *Verschiebungsdichte* bezeichnet:

$$D = \varepsilon_r \varepsilon_0 E . \tag{A-70}$$

Durch Anwendung der Gleichungen (A-65) bis (A-67) ergibt sich, daß der Betrag der Verschiebungsdichte identisch ist mit der Ladungsdichte auf den Kondensatorplatten:

$$|D| = D = \frac{Q}{A} . \tag{A-71}$$

Schaltung von Kondensatoren

Werden n Kondensatoren parallel geschaltet (Bild A-23), dann liegen alle an der selben Spannung U. Die insgesamt gespeicherte Ladung Q_{ges} ist die Summe der Ladungen auf den einzelnen Kondensatoren und die Gesamtkapazität C_{ges} ist die Summe der Einzelkapazitäten.

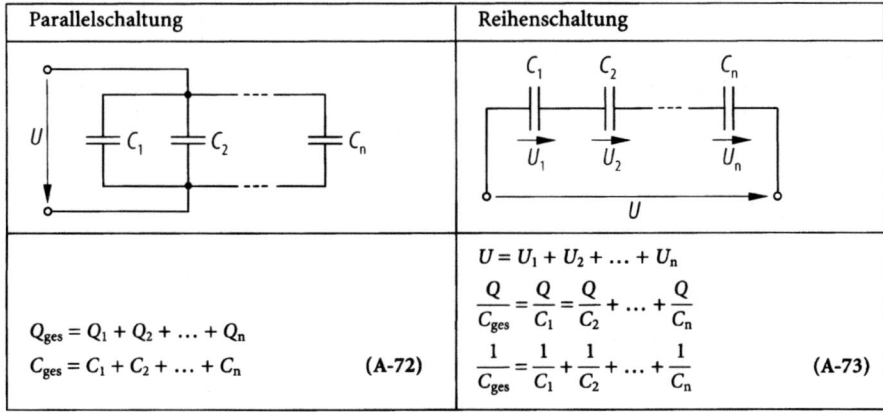

Parallelschaltung	Reihenschaltung
$Q_{ges} = Q_1 + Q_2 + ... + Q_n$ $C_{ges} = C_1 + C_2 + ... + C_n$ (A-72)	$U = U_1 + U_2 + ... + U_n$ $\dfrac{Q}{C_{ges}} = \dfrac{Q}{C_1} = \dfrac{Q}{C_2} + ... + \dfrac{Q}{C_n}$ $\dfrac{1}{C_{ges}} = \dfrac{1}{C_1} + \dfrac{1}{C_2} + ... + \dfrac{1}{C_n}$ (A-73)

Bild A-23. Ersatzkapazität von Kondensatorschaltungen

Bei der Reihenschaltung ist der Verschiebestrom durch alle Kondensatoren und damit die gespeicherte Ladung auf allen Kondensatoren gleich. Die Gesamtspannung ist die Summe der Einzelspannungen. Damit addieren sich die Kehrwerte der Kapazitäten C_n zur Gesamtkapazität C_{ges}.

Beispiel
A-9: Drei Kondensatoren mit jeweils $C = 15\ \mu F$ werden parallel an eine Spannungsquelle mit $U = 12$ V gelegt. Welche Ladung Q_{ges} ist auf den Kondensatorplatten gespeichert?

Lösung:
Die Gesamtkapazität beträgt $C_{ges} = 3\ C = 45\ \mu F$. Die Ladung ist $Q_{ges} = C_{ges}\ U = 5.4 \cdot 10^{-4}$ As $= 54$ mC.

A.3.3
Laden und Entladen von Kondensatoren

In einem aufgeladenen Kondensator fließt kein Strom. Lediglich beim Laden oder Entladen fließt ein Lade- bzw. Entladestrom. Während des Ladens oder Entladens ändert sich die Spannung u_C am Kondensator. Mit den Gl. (A-7) und (A-66) ergibt sich der Zusammenhang zwischen Strom und Spannungsänderung:

$$i = \frac{dq}{dt} = \frac{d(Cu_C)}{dt} = C\,\frac{du_C}{dt}\,. \tag{A-74}$$

Für diese zeitabhängigen Größen ist es in der Elektrotechnik üblich Kleinbuchstaben zu verwenden. Die Beziehungen beim Ein- und Ausschalten eines R-C-Gliedes zeigt Bild A-24. Von zentraler Bedeutung für das Zeitverhalten ist die *Zeitkonstante*

$$\tau = RC \tag{A-79}$$

Nach Ablauf der Zeit τ ist ein Lade- bzw. Entladevorgang zu $1 - e^{-1} = 63{,}2\%$ abgeschlossen, nach der Zeit $t = 5\ \tau$ zu $1 - e^{-5} = 99{,}3\%$.

Beispiel
A-10: Ein Kondensator mit $C = 15\ \mu F$ wird in Reihe mit einem Widerstand $R = 1$ MΩ an eine Spannungsquelle gelegt. Wie lange dauert der Ladevorgang?

Lösung:
Die Zeitkonstante ist $\tau = R\,C = 15$ s. Nach $t = 5 \cdot 15$ s $= 75$ s ist der Ladevorgang praktisch abgeschlossen.

A.3.4
Energieinhalt des elektrischen Feldes

In jedem elektrischen Feld ist Energie gespeichert, also auch im Feld eines Kondensators. Zur Berechnung dieser Energie werde der Entladevorgang eines Kondensators betrachtet (Bild A-24). Die gesamte im Kondensator gespeicherte Energie wird beim Entladen im Widerstand R in Joulesche Wärme umgesetzt. Mit Gl. (A-20) und (A-76) gilt für die Wärmeleistung

$$p(t) = i^2 R = \frac{U^2}{R}\,e^{-2t/\tau}\,,$$

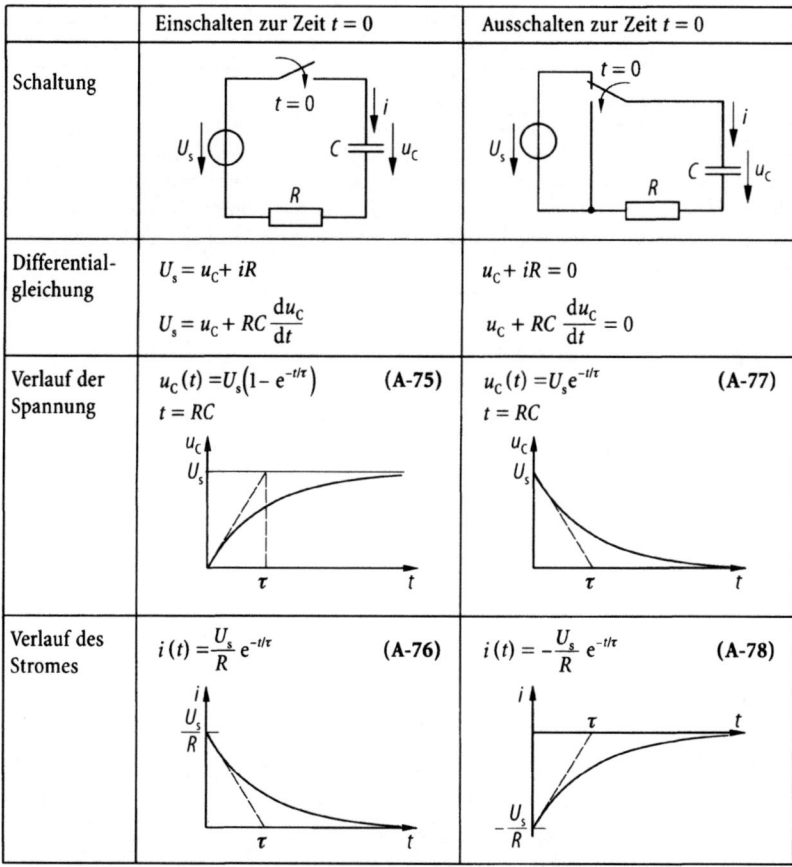

	Einschalten zur Zeit $t = 0$	Ausschalten zur Zeit $t = 0$
Schaltung		
Differential-gleichung	$U_s = u_C + iR$ $U_s = u_C + RC \dfrac{du_C}{dt}$	$u_C + iR = 0$ $u_C + RC \dfrac{du_C}{dt} = 0$
Verlauf der Spannung	$u_C(t) = U_s \left(1 - e^{-t/\tau}\right)$ (A-75) $t = RC$	$u_C(t) = U_s e^{-t/\tau}$ (A-77) $t = RC$
Verlauf des Stromes	$i(t) = \dfrac{U_s}{R} e^{-t/\tau}$ (A-76)	$i(t) = -\dfrac{U_s}{R} e^{-t/\tau}$ (A-78)

Bild A-24. Zeitverhalten beim Laden und Entladen von Kondensatoren

wenn U die Spannung am Kondensator ist. Die gesamte Energie wird damit zu

$$W = \int_0^\infty p(t) = \frac{1}{2} C U^2. \tag{A-80}$$

Mit Hilfe der Gl. (A-65), (A-68) und (A-70) folgt für die *Energiedichte*, d.h. die Energie pro Volumen in einem elektrischen Feld:

$$w = \frac{dW}{dV} = \frac{1}{2} \varepsilon_r \varepsilon_0 E^2 = \frac{1}{2} E D. \tag{A-81}$$

ÜBUNGSAUFGABEN

Ü A.3-1: Vier punktförmige elektrische Ladungen $Q_1 = +1 \cdot 10^{-8}$ C, $Q_2 = -2 \cdot 10^{-8}$ C, $Q_3 = -3 \cdot 10^{-8}$ C und $Q_4 = +4 \cdot 10^{-8}$ C sind an den Ecken eines Quadrats angeordnet (Bild A-25). Der Abstand der Ladungen vom Zentrum beträgt $r = 30$ cm. Wie groß ist die elektrische Feldstärke im Zentrum? Welche Richtung hat der Vektor *E*?

Ü A.3-2: Drei Kondensatoren mit den Kapazitäten $C_1 = 2\,\mu\text{F}$, $C_2 = 4\,\mu\text{F}$ sowie $C_3 = 1\,\mu\text{F}$ sind nach der Schaltung von Bild A-26 mit einer Spannungsquelle der Spannung $U_s = 110$ V verbunden. Nach Schließen des Schalters S werden die Kondensatoren aufgeladen. a) Welche Gesamtladung ist in den Kondensatoren gespeichert? b) Wie verteilt sich die Gesamtladung auf die einzelnen Kondensatoren und welche Spannungen liegen an ihnen an? c) Nach welcher Funktion $i(t)$ verläuft der Strom während des Ladevorganges, wenn der Widerstand $R = 1\,\text{k}\Omega$ beträgt? d) Welche Energie W_C steckt in den aufgeladenen Kondensatoren? e) Welche Energie W_s wurde während des Ladevorgangs aus der Quelle aufgenommen?

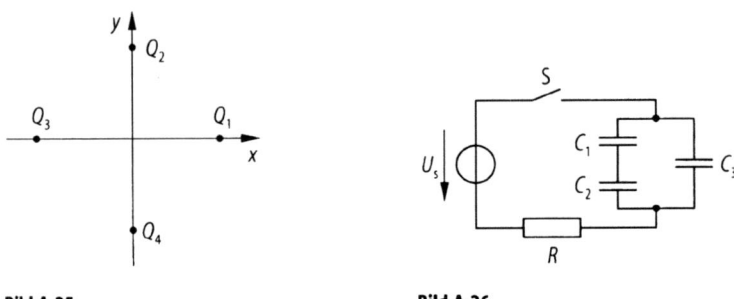

Bild A-25   **Bild A-26**

A.4
Magnetisches Feld

A.4.1
Feldbegriff

Die Wirkung magnetischer Kräfte zwischen Permanentmagneten (z.B. Magneteisenstein, Fe_3O_4) sind schon seit dem Altertum bekannt. Bei einem langen Stabmagneten lagern sich Eisenfeilspäne an den Enden, den *Polen* des Magneten an. Offenbar existieren zweierlei Pole, die mit *Nord-* und *Südpol* bezeichnet werden, wobei wie bei elektrischen Ladungen festgestellt wird, daß sich gleichnamige Pole abstoßen, ungleichnamige anziehen. Ein drehbar aufgehängter Stabmagnet (eine Kompaßnadel) stellt sich mit der Längsachse auf die Nord-Süd-Richtung ein und zwar so, daß sein Nordpol zum geographischen Nordpol zeigt. Die Erde ist demnach von einem Magnetfeld umgeben, dessen Südpol sich in der Nähe des geographischen Nordpols und dessen Nordpol sich in der Nähe des geographischen Südpols befindet.

Magnetfelder können mit Hilfe von Eisenfeilspänen sichtbar gemacht werden (Bild A-27). Die Feldlinien treten am Nordpol aus dem Stab aus und treten am Südpol wieder ein. Die Feldrichtung verläuft also im Außenraum des Magneten von Nord nach Süd.

Das Feldlinienbild erweckt den Anschein, als ob an jedem Ende des Stabes ein Pol säße, an dem die Feldlinien beginnen und enden wie im Fall der elektrischen Feldlinien, die an Ladungen beginnen und enden. Tatsächlich lassen sich aber einzelne Magnetpole, sogen. *Monopole* nicht isolieren. Wenn man einen

Stabmagnet, d. h. einen *Dipol*, in zwei Stücke bricht, dann zeigt jedes Bruchstück für sich wieder einen Nord- und einen Südpol, ist also wieder ein Dipol. Dieses Zerbrechen kann bis in atomare Dimensionen fortgeführt werden und man findet immer nur Dipole.

Im Gegensatz zu den elektrischen Feldlinien haben deshalb die magnetischen Feldlinien keinen Anfang und kein Ende, sondern sind in sich geschlossene Kurven. Beim Stabmagnet von Bild A-27 muß man sich die Feldlinien im Innern des Materials fortgesetzt denken. Die geschlossenen Feldlinien sind klar sichtbar bei den Elektromagneten (Bild A-28 bis 30).

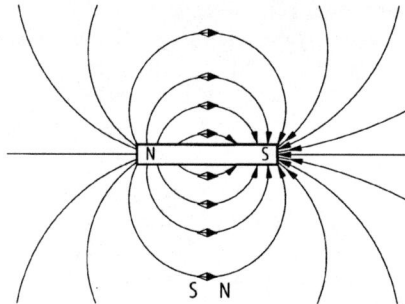

Bild A-27. Magnetfeld eines Stabmagneten (Dipol)

Die magnetischen Feldlinien geben die Richtung der magnetischen Feldstärke in jedem Punkt des Raumes an. Ein magnetischer Nordpol (Nordpolende eines Stabmagneten, dessen Südpolende weit entfernt ist) erfährt in dieser Richtung eine Kraft. Kleine drehbar gelagerte Kompaßnadeln stellen sich längs der Feldlinien ein. Die Dichte der Linien ist ein Maß für die Größe der Feldstärke.

Von *Oersted* wurde festgestellt, daß stromdurchflossene Leiter von einem Magnetfeld umgeben sind. Tatsächlich lassen sich alle Magnetfelder (auch die der Dauermagnete) auf die Wirkung elektrischer Ströme, also bewegter elektrischer Ladungen zurückführen.

Durchflutungsgesetz

Ein gerader stromdurchflossener Leiter weist ein Magnetfeld auf, dessen Feldlinien konzentrische Kreise in Ebenen senkrecht zum Leiter sind (Bild A-28). Die Magnetfeldrichtung ist der Stromrichtung gemäß der Rechtsschraubenregel zugeordnet. Die in Bild

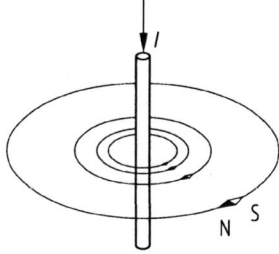

Bild A-28. Magnetfeld eines geraden stromdurchflossenen Leiters

A-28 gezeichneten Kompaßnadeln können aus ihrer Gleichgewichtsstellung tangential zu den Feldlinien herausgedreht werden z.B. in eine Stellung senkrecht zu den Feldlinien. Das hierzu benötigte Drehmoment ist ein Maß für die Feldstärke H.

Experimentell wird festgestellt, daß die Feldstärke proportional zum Strom I aber umgekehrt proportional zum Abstand r vom Leiter ist: $H \sim \dfrac{I}{r}$.

Die Feldstärke oder *magnetische Erregung* H wird so definiert, daß gilt:

$$H = \frac{I}{2\pi r}.$$

(A-82)

Die Maßeinheit der magnetischen Feldstärke ist: $[H] = 1$ A/m.

Durch Umformung von Gl. (A-82) ergibt sich, daß das Produkt aus Feldstärke und Länge einer beliebigen Feldlinie dem Strom durch den Leiter entspricht: $H \cdot 2\pi r = I$. Diese Gleichung ist ein Spezialfall der allgemein gültigen Beziehung, die als *Durchflutungsgesetz* oder *Ampèresches Gesetz* bezeichnet wird:

$$\oint_C H \, ds = \Theta = \int_A j \, dA = \sum_{k=1}^{n} I_k.$$

(A-83)

Das Linienintegral der magnetischen Feldstärke über einen beliebigen geschlossenen Weg C ist gleich dem gesamten durch die umfahrene Fläche A fließenden Strom.

In Anlehnung an die Definition der elektrischen Spannung $U = \int E \, ds$ wird das Integral über die magnetische Feldstärke als *magnetische Spannung* bezeichnet:

$$V_m = \int H \, ds.$$

(A-84)

Im Fall des Ringintegrals von Gl. (A-83) ist die magnetische Randspannung gleich der *Durchflutung* Θ, also der Summe aller Ströme, welche die umfahrene Fläche durchfließen. Die Durchflutung Θ kann entweder durch Integration der ortsabhängigen Stromdichte $j = \dfrac{I}{A}$ oder bei diskreten Leitern durch vorzeichenrichtige Addition der einzelnen Ströme I_k bestimmt werden.

Umschließt der Integrationsweg keinen Leiter bzw. ist die Summe aller Ströme null, dann gilt:

$$\oint H \, ds = 0.$$

(A.85)

Das Durchflutungsgesetz ist eine spezielle Formulierung der allgemeineren *ersten Maxwellschen Gleichung*, welche neben dem Strom auch den Verschiebungsstrom $\dot{D} = \dfrac{dD}{dt}$ als Ursache eines Magnetfeldes ausweist:

$$\oint_C H \, ds = \int_A (j + \dot{D}) \, dA.$$

(A-86)

Jede Änderung der Verschiebungsdichte D eines elektrischen Feldes ist demnach mit der Existenz eines magnetischen Wirbelfeldes verknüpft. So ist beispielsweise während des Ladevorgangs eines Kondensators im Kondensator selbst ein Magnetfeld vorhanden, so wie auch die Zuleitungen zum Kondensator von einem Magnetfeld umgeben sind (Bild A-29).

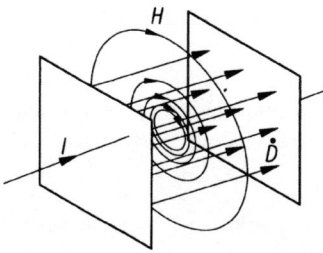

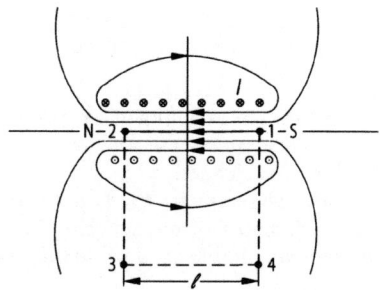

Bild A-29. Magnetische Feldlinien um
einen Verschiebungsstrom

Bild A-30. Magnetfeld eine Zylinderspule

Magnetische Feldstärke im Innern einer Zylinderspule

Das Magnetfeld im Innern einer langen zylindrischen Spule ist annähernd homogen (Bild A-30). Die Berechnung der Feldstärke erfolgt mit Hilfe des Durchflutungsgesetzes (A-83). Wird das Ringintegral längs der Figur 1 2 3 4 gebildet, dann ergibt sich:

$$\oint H \, ds = \int_1^2 H \, ds + \int_2^3 H \, ds + \int_3^4 H \, ds + \int_4^1 H \, ds = H \cdot l.$$

Die letzten drei Integrale sind näherungsweise null, weil im Innenraum der Spule H und ds senkrecht aufeinander stehen und im Außenraum die Feldstärke vernachlässigbar klein ist. Liegen im Innern des Integrationsweges N Windungen, dann ist die Durchflutung $\Theta = N I$. Damit ist die magnetische Feldstärke (Erregung) im Innern einer Spule:

$$H = \frac{N I}{l}. \tag{A-87}$$

A.4.2
Kraftwirkungen im Magnetfeld

Ein stromdurchflossener Leiter erfährt in einem Magnetfeld eine Kraft. Wird in einer Anordnung nach Bild A-31 die Kraft auf ein Leiterstück gemessen, so gewinnt man folgende Erkenntnisse:

Die Kraft ist proportional

- zum Strom I,
- zur Länge l des Leiters,

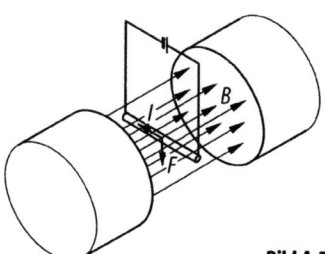

Bild A-31. Kraft auf einen stromdurchflossenen Leiter im Magnetfeld

- zum Sinus des Winkels zwischen der Stromrichtung und der Feldrichtung,
- zur magnetischen Feldstärke.

Also gilt $F \sim I\,l\,H\,\sin(I, H)$.

Quantitative Messungen zeigen, daß die Proportionalitätskonstante im gesuchten Kraftgesetz den Wert $\mu_0 = 4\pi \cdot 10^{-7}$ Vs/Am beträgt. Sie wird als *magnetische Feldkonstante* bezeichnet.

Damit erhalten wir: $F = I\,l\,\mu_0\,H\,\sin(I, H)$.

Das Produkt aus magnetischer Feldkonstante und magnetischer Feldstärke wird als *magnetische Flußdichte* oder *Induktion* bezeichnet:

$$B = \mu_0 H. \tag{A-88}$$

Die Maßeinheit der Flußdichte ist das *Tesla*:
$[B] = 1\ \text{Vs/m}^2 = 1\ \text{T}.$

Gleichung (A-88) ist nur im materiefreien Raum gültig. In Materie gilt die Beziehung

$$B = \mu_r \mu_0 H \tag{A-89}$$

mit der *relativen Permeabilitätszahl* μ_r. Für die meisten Substanzen ist $\mu_r \approx 1$, lediglich in *ferromagnetischen Stoffen* (Abschn. A.4.3) ist $\mu_r \gg 1$. Jedenfalls gilt in jeder Umgebung, daß die Kraft auf ein stromdurchflossenes Leiterstück proportional zur magnetischen Flußdichte ist:

$$F = I\,l\,B\,\sin(I, B). \tag{A-90}$$

Da sowohl die Kraftwirkungen im Magnetfeld als auch die Induktionseffekte (Abschn. A.4.5) von der Flußdichte abhängen, hat die Flußdichte B eine größere Bedeutung für die Beschreibung magnetischer Felder als die Feldstärke H.

Gleichung (A-90) läßt sich vektoriell schreiben, wenn die Länge des Leiters als Vektor l definiert wird, wobei die Richtung des Vektors in Richtung des Stromes weist. Damit ergibt sich schließlich für die Kraft auf einen stromführenden Leiter im Magnetfeld.

$$F = I\,l \times B. \tag{A-91}$$

Beispiel

A-11: In einem Drehspulinstrument dreht sich ein Weicheisenkern auf den $N = 100$ Windungen einer quadratischen Schleife gewickelt sind (Bild A-32). Die Drahtlänge (Kantenlänge des Quadrats) ist $l = 3$ cm. Das Magnetfeld verläuft zwischen den Polen in radialer Richtung, die Flußdichte beträgt $B = 2{,}5$ T. Die drehbare Spule wird mit Hilfe einer Spiralfeder in die Ruhelage zurückgedreht. Die Winkelrichtgröße beträgt $c^* = 1{,}72$ Nm/rad.

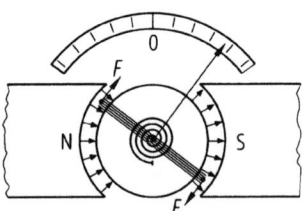

Bild A-32

Wie lautet der allgemeine Zusammenhang zwischen Drehwinkel φ und Strom I? Welcher Winkel stellt sich für $I = 4{,}8$ A ein?

Lösung:

Die Kraft F, die jeweils tangential an der Spule angreift, ist nach Gl. (A-91):

$F = N I l B.$

Das Drehmoment, das den Kern dreht ist $M = F l = N I B l^2.$
Statisches Gleichgewicht stellt sich ein, wenn das Rückstellmoment der Spiralfeder gleich ist dem Moment der magnetischen Kräfte:

$M_{rück} = c^* \varphi = N I B l^2.$

Damit ergibt sich eine lineare Abhängigkeit des Drehwinkels vom Strom:

$$\varphi = \frac{N B l^2}{c^*} I.$$

Für die gegebenen Werte ergibt sich:
$\varphi = 0{,}628$ rad $= 36°.$

Kraft zwischen zwei parallelen stromdurchflossenen Leitern
Zwei parallele Leiter, die in gleicher Richtung vom Strom durchflossen sind, ziehen sich an.

In der Anordnung nach Bild A-33 wird vom Leiter 1 am Ort des Leiters 2 ein Magnetfeld der Flußdichte

$$B = \frac{I_1 \mu_0}{2 \pi r}$$

erzeugt. Nach Gl. (A-91) wirkt dann auf den Leiter 2 der Länge l die Anziehungskraft

$$F = I_2 l \frac{I_1 \mu_0}{2 \pi r}.$$

Nach actio = reactio wirkt die gleiche Kraft auch vom Leiter 2 auf den Leiter 1. Damit gilt für die Kraft pro Länge zwischen zwei stromdurchflossenen Leitern:

$$\frac{F}{l} = \frac{\mu_0 I_1 I_2}{2 \pi r}. \tag{A-92}$$

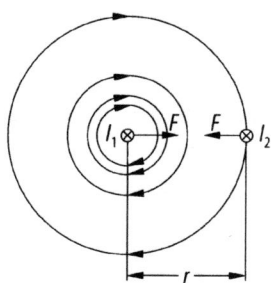

Bild A-33. Kraft zwischen parallelen Leitern

Fließen die Ströme in den beiden Leitern in entgegengesetzter Richtung, dann stoßen sich die beiden Leiter ab.

Beispiel

A-12: Mit Hilfe von Gl. (A-92) soll die in Abschn. A.1.3 angegebene Ampère-Definition verifiziert werden.

Lösung:

Beim Strom $I = I_1 = I_2 = 1$ A ist bei einem Abstand von $r = 1$ m die Kraft pro Meter Länge

$$\frac{F}{l} = \frac{\mu_0 I^2}{2\pi r} = \frac{4\pi \cdot 10^{-7} \frac{\text{Vs}}{\text{Am}} \cdot 1\,\text{A}^2}{2\pi \cdot 1\,\text{m}} = 2 \cdot 10^{-7}\,\text{N}.$$

Lorentz-Kraft

Die mit Gl. (A-91) beschriebene Kraft auf ein Leiterstück hat ihre Ursache darin, daß auf alle bewegten Ladungen im Magnetfeld eine Kraft ausgeübt wird. In diesem Falle sind es also die bewegten Elektronen im Leiter, welche die Kraft erfahren. Von großem Interesse ist die Kraft, die auf einen einzelnen Ladungsträger wirkt, die sogen. *Lorentz-Kraft*.

Im Leiterstück (Bild A-31) seien N bewegliche Ladungsträger vorhanden. Dann ist der Strom

$$I = \frac{\Delta Q}{\Delta t} = \frac{Nq}{l/v},$$

wenn q die Ladung eines Trägers und v die Geschwindigkeit der Träger ist. Setzt man diese Beziehung in Gl. (A-91) ein, so folgt für die Gesamtkraft

$$F = Nq\, \boldsymbol{v} \times \boldsymbol{B}$$

und für die Kraft auf einen Ladungsträger, also die Lorentz-Kraft:

$$F_L = q\,\boldsymbol{v} \times \boldsymbol{B}. \tag{A-93}$$

Die Ladung ist vorzeichenrichtig einzusetzen, d.h. für Elektronen ist $q = -e$. Die Bewegungsrichtung der Elektronen läuft der Stromrichtung entgegen.

A.4.3
Materie im Magnetfeld

Die Flußdichte B hängt mit der magnetischen Erregung H zusammen gemäß

$$B = \mu H. \tag{A-94}$$

Die *Permeabilität* μ ist das Produkt aus relativer Permeabilitätszahl μ_r und magnetischer Feldkonstante μ_0:

$$\mu = \mu_r \mu_0. \tag{A-95}$$

Die relative Permeabilitätszahl hängt vom atomaren Aufbau der Materie ab. Bei den meisten Substanzen ist $\mu_r \approx 1$, wobei in *diamagnetischen* Stoffen $\mu_r < 1$ (z.B. Cu:

$\mu_r = 0{,}99999$) und in *paramagnetischen* Stoffen $\mu_r > 1$ (z. B. Al: $\mu_r = 1{,}000024$). Lediglich in *ferro-* (*ferri-, antiferro-*) *magnetischen* Stoffen ist $\mu_r \gg 1$. In ferromagnetischen Substanzen (Fe, Co, Ni, Gd, Er, viele Legierungen) besitzen die Atome permanente Dipole, d. h. sie verhalten sich magnetisch wie winzige Stabmagnete (Bild A-27). Infolge zwischenatomarer Austauschkräfte sind diese Dipole innerhalb relativ großer Bereiche (*Weißsche Bezirke*) parallel eingestellt. Durch Anlegen eines äußeren Feldes an eine solche Probe werden mit steigender Erregung die Magnetisierungsrichtungen der Weißschen Bezirke zunehmend in Feldrichtung ausgerichtet. Im Endeffekt verstärken also die atomaren Dipole das von außen angelegte Magnetfeld.

Der Beitrag der atomaren Dipole zur Flußdichte in einer Probe wird als magnetische *Polarisation J* bezeichnet:

$$B = \mu_0 H + J. \tag{A-96}$$

Die parallele Ausrichtung der atomaren Dipole wird mit steigender Temperatur gestört, bis oberhalb der *Curie-Temperatur* (Tabelle A-3) der Ferromagnetismus verschwindet und die Substanz sich wie ein Paramagnet verhält.

Der Zusammenhang zwischen Flußdichte B und Feldstärke H in Gl. (A-94) ist nicht linear, d. h. μ ist keine Konstante. In Bild A-34 ist gezeigt, wie bei einer erstmaligen Magnetisierung (Neukurve N) die Flußdichte zunächst steil ansteigt und für größere Feldstärken sättigt. Wenn alle Elementarmagnete parallel zu den Feldlinien ausgerichtet sind, ist die *Sättigungspolarisation* J_s erreicht. Wird die Erregung reduziert, so folgt

Tabelle A-3. Ferromagnetische *Curie-Temperatur* einiger Werkstoffe

Stoff	$\vartheta_C/°C$
Fe	770
Co	1075
Ni	358
CrO_2	119
AlNiCo 160	720
Heuslersche Legierungen	60 ... 380

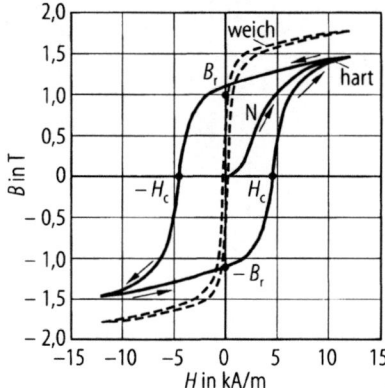

Bild A-34. Hystereseschleife

die Kurve $B(H)$ nicht mehr der Neukurve sondern verläuft oberhalb. Bei $H = 0$ bleibt die *Remanenzflußdichte* B_r in der Probe zurück. Das bedeutet, daß ein Teil der parallelen Ausrichtung der Elementarmagnete erhalten bleibt. Durch Anlegen eines Gegenfeldes wird die Remanenz abgebaut, bis sie bei $-H_c$ (*Koerzitivfeldstärke*) verschwindet. Eine weitere Steigerung des Gegenfeldes führt schließlich zu negativen Flußdichten mit derselben Sättigung wie oben beschrieben. Die Kurve in Bild A-34 wird also in Pfeilrichtung auf dem Hin- und Rückweg auf unterschiedlichen Wegen durchlaufen. Dieses Verhalten wird als *Hysterese* bezeichnet, die Kurve heißt deshalb *Hysteresekurve*.

Substanzen, die eine große Koerzitivfeldstärke H_c besitzen, werden als magnetisch *hart*, solche mit kleiner Koerzitivfeldstärke als magnetisch *weich* bezeichnet. Die Tabellen A-4 und A-5 zeigen einige Materialparameter.

Die Fläche der Hysteresekurve ist ein Maß für die Energie, die zur Ummagnetisierung nötig ist (Abschn. A.4.8). Da bei Wechselstrombetrieb in jeder Periode einmal die Hystereseschleife durchfahren wird, entstehen Wärmeverluste, die sogen. *Hystereseverluste*. Um diese möglichst klein zu halten, verwendet man für Transformatorenbleche

Tabelle A-4. Eigenschaften weichmagnetischer Werkstoffe. J_s: Sättigungspolarisation, H_c: Koerzitivfeldstärke, $\mu_{r,max}$: maximale Permeabilitätszahl

Stoff	J_s/T	$H_c/\dfrac{A}{m}$	$\mu_{r,max}$
Reineisen	2,15	40	8 000
Fe mit 3 % Si	2,00	16	8 000
Dynamoblech IV (4 % Si)	2,00	60	9 000
Nickeleisen (50 % Ni, 50 % Fe)	1,55	4	80 000
Permalloy (79 % Ni, 5 % Mo, 16 % Fe)	0,65	0,4	300 000
Mn-Zn-Ferrit (J5)	0,40	20	4 000

Tabelle A-5. Eigenschaften hartmagnetischer Werkstoffe (Dauermagnete). B_r: Remanenzflußdichte, H_c: Koerzitivfeldstärke, $(BH)_{max}$: maximales BH-Produkt nach DIN 17410

Stoff	B_r/T	$H_c/\dfrac{kA}{m}$	$\dfrac{(BH)_{max}}{kJ/m^3}$
Stahl mit 1 % C	0,70	5	1,6
AlNiCo 9/5 (12 % Al, 25 % Ni, 5 % Co, 3 % Cu, Rest Fe)	0,55	44	9
AlNiCo 52/6 (8 % Al, 15 % Ni, 25 % Co, 4 % Cu, Rest Fe)	1,25	55	52
Hartferrit 20/28	0,32	220	20
SECo 112/100 (SE: Sm, Ce)	0,75	520	112

und ähnliches weichmagnetische Materialien. Hohe Energiedichten $(BH)_{max}$ haben dagegen die hartmagnetischen Werkstoffe, die als Permanentmagnete verwendet werden.

Zum *Entmagnetisieren* magnetischer Teile (Beseitigung der Remanenz) wird ein magnetisches Wechselfeld angelegt, dessen Amplitude gegen null geregelt wird. Dies geschieht z. B. dadurch, daß ein Teil aus dem Innern einer Spule nach außen gezogen wird. Damit werden im $B(H)$-Diagramm immer kleinere Hystereseschleifen durchlaufen bis zum Nullpunkt.

Die Kurve, die die Umkehrpunkte aller Hysteresen verbindet, wird als *Magnetisierungskurve* oder *Kommutierungskurve* bezeichnet.

Bei weichmagnetischen Werkstoffen kann auf die Darstellung der Hystereseschleife verzichtet werden. Es genügt die Magnetisierungskurve als mittlere Kurve (Bild A-35).

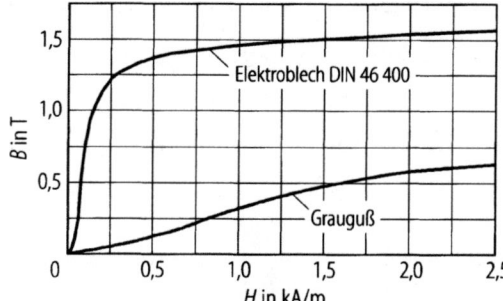

Bild A-35. Magnetisierungskurven: a) Elektroblech DIN 46 400, b) Grauguß

Wird ein gedrungenes Eisenstück in einen Magneten geschoben und mit dieser Anordnung eine Hysteresekurve $B(H)$ aufgenommen, dann weicht die gemessene Kurve unter Umständen erheblich von den aus der Literatur bekannten Kurven (Bild A-34) ab. Der Grund liegt an der entmagnetisierenden Wirkung der Magnetpole an den Enden des Eisenkerns. Sie erzeugen nämlich im Innern der Probe ein Magnetfeld, was dem äußeren entgegengesetzt gerichtet ist, so daß das Magnetfeld H' in der Probe kleiner ist als das angelegte. Man macht lediglich dann keinen Fehler, wenn geschlossene (ringförmige) Eisenkerne verwendet werden oder lange dünne Proben (s. **Stabmagnet**).

Beispiel

A-13: Eine Ringspule (Toroid) hat einen mittleren Durchmesser von $d = 240$ mm. Sie besitzt $N = 500$ Windungen, die von einem Strom von $I = 0,8$ A durchflossen werden. Die Spule ist mit einem geschlossenen Ring aus Elektroblech gefüllt. Wie groß ist die Flußdichte B in der Spulenmitte?

Lösung: Nach dem Durchflutungsgesetz (A-83) gilt

$$d\,\pi H = N\,I \quad \text{oder} \quad H = \frac{N\,I}{d\pi} = \frac{500 \cdot 0,8 \text{ A}}{0,24 \text{ m} \cdot \pi} = 530,5 \frac{\text{A}}{\text{m}}$$

Aus Bild A-35 folgt für die Flußdichte bei $H = 0,53$ kA/m: $B = 1,38$ T.

A.4.4
Magnetischer Kreis

Magnetischer Fluß
Die Flußdichte B ist ein Maß für die Dichte der magnetischen Feldlinien. Der magnetische Fluß Φ, der eine Fläche A, die senkrecht zu den Feldlinien orientiert ist, durchsetzt, ist bei einem homogenen Feld gegeben durch das Produkt aus Flußdichte und Fläche:

$$\Phi = B\,A. \tag{A-97}$$

Die Maßeinheit des Flusses ist:
$[\Phi] = 1\text{ T m}^2 = 1\text{ Vs }) 1\text{ Wb }(Weber).$
Anschaulich interpretiert ist der Fluß ein Maß für die Gesamtzahl der Feldlinien, die eine Fläche senkrecht durchsetzt.

Ist das Feld inhomogen und steht die Fläche nicht senkrecht zu den Feldlinien, dann gilt

$$\Phi = \int_A B\,\mathrm{d}A. \tag{A-98}$$

Das Flächenelement $\mathrm{d}A$ hat hier Vektorcharakter; der Vektor steht senkrecht auf der Fläche.

Elektromagnete
Elektromagnete bestehen meist aus einer Spule, die mit einem ferromagnetischen Material gefüllt ist, in dem sich ein *Luftspalt* befindet (Bild A-36).

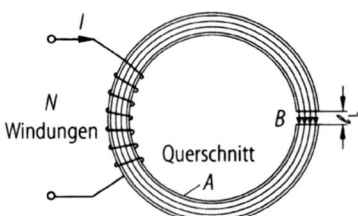

Bild A-36. Elektromagnet mit Luftspalt

Aus der Tatsache der Quellenfreiheit des magnetischen Feldes (die magnetischen Flußlinien sind geschlossen) folgt, daß die Normalkomponente der Flußdichte B Grenzflächen stetig durchsetzt. Mit anderen Worten: Die Flußdichte B und der Gesamtfluß Φ ist im Eisenkern genau so groß wie im Luftspalt.

Tatsächlich geht ein gewisser *Streufluß* verloren, was hier zunächst nicht weiter verfolgt werden soll.

Unter diesen Voraussetzungen ist

$$B_{\mathrm{Fe}} = B_{\mathrm{L}} = B \quad \text{und}$$
$$\Phi_{\mathrm{Fe}} = \Phi_{\mathrm{L}} = \Phi \tag{A-99}$$

Nach dem Durchflutungsgesetz (A-83) gilt:

$$V_{\mathrm{m}} = \oint H\,\mathrm{d}s = H_{\mathrm{Fe}}\,l_{\mathrm{Fe}} + H_{\mathrm{L}}\,l_{\mathrm{L}} = \Theta = NI \tag{A-100}$$

V_m wird nach Gl. (A-84) als magnetische Spannung bezeichnet. Mit Hilfe der Gl. (A-94) und (A-97) folgt:

$$V_m = \frac{B l_{Fe}}{\mu_{Fe}} + \frac{B l_L}{\mu_L} = \Theta$$

und mit $\mu_L = \mu_0$:

$$V_m = \Phi \left(\frac{l_{Fe}}{\mu_{Fe} A} + \frac{l_L}{\mu_0 A} \right). \tag{A-101}$$

Gleichung (A-101) hat formale Ähnlichkeit mit dem Ohmschen Gesetz $U = I R$, wobei die magnetische Spannung V_m die Rolle der elektrischen Spannung U spielt, der Fluß Φ den Strom I ersetzt und der Klammerausdruck $\left(\frac{l_{Fe}}{\mu_{Fe} A} + \frac{l_L}{\mu_0 A} \right)$ schließlich den gesamten *magnetischen Widerstand* des Kreises darstellt. Der Gesamtwiderstand ist in diesem Fall die Summe der magnetischen Widerstände des Eisens und des Luftspaltes. Die Analogien zwischen den Beziehungen im elektrischen und magnetischen Kreis sind in Tabelle A-6 zusammengestellt.

Gleichung (A-101) läßt sich auch schreiben:

$$\Phi (R_{m,Fe} + R_{m,L}) = V_{m,Fe} + V_{m,L} = \Theta. \tag{A-102}$$

Um die für einen gewünschten Fluß Φ erforderliche Durchflutung Θ zu berechnen ist die Kenntnis der Permeabilität μ_{Fe} des Eisens notwendig. μ_{Fe} ist aber im allgemeinen nicht bekannt sondern durch die Magnetisierungskennlinie $B(H)$ gegeben.

Tabelle A-6. Analogien zwischen elektrischem und magnetischem Kreis nach DIN 5489

Elektrischer Kreis			Magnetischer Kreis		
Benennung	Formelzeichen, Beziehungen	Ein-heit	Benennung	Formelzeichen, Beziehungen	Ein-heit
Spannung	U	V	magnetische Spannung	V_m	A
Stromstärke	I	A	magnetischer Fluß	Φ	Wb
Widerstand, Resistanz	$R = \dfrac{l}{\kappa A}$	Ω	magnetischer Wider-stand, Reluktanz	$R_m = \dfrac{l}{\mu A}$	H^{-1}
elektrischer Leitwert, Konduktanz	$G = \dfrac{1}{R}$	S	magnetischer Leitwert, Permeanz	$\Lambda = \dfrac{1}{R_m}$	H
elektrische Leitfähig-keit, Konduktanz	κ	S/m	Permeabilität	μ	H/m
Ohmsches Gesetz	$U = I R$			$V_m = \Phi R_m$	
Maschensatz	$\sum U = 0$			$\sum V_m = N I = \Theta$	
Knotensatz	$\sum I = 0$			$\sum \Phi = 0$	

Beispiel

A-14: Bild A-37 zeigt einen aus Dynamoblechen zusammengesetzten Eisenkern in dessen Luftspalt ein Fluß von $\Phi = 0{,}5$ mWb erzeugt werden soll. Die Höhe des Blechpaketes beträgt einheitlich $h = 2$ cm.

Lösung:

Flußdichte im Luftspalt:

$$B = \frac{\Phi}{A} = \frac{0{,}5 \cdot 10^{-3}\,\text{Wb}}{4 \cdot 10^{-4}\,\text{m}^2} = 1{,}25\ \text{T}.$$

Werden Streuflüsse vernachlässigt, so liegt dieselbe Flußdichte auch im Eisen vor. Aus der Magnetisierungskurve für Elektroblech (Bild A-38) folgt für die Permeabilität

$$\mu_{\text{Fe}} = \frac{B}{H_{\text{Fe}}} = \frac{1{,}25\ \text{T}}{280\ \text{A/m}} = 4{,}46 \cdot 10^{-3}\ \frac{\text{Vs}}{\text{Am}}.$$

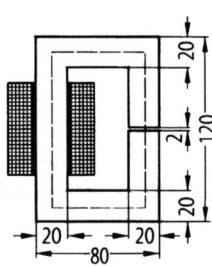

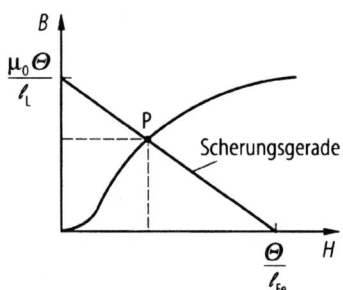

Bild A-37

Bild A-38. Arbeitspunkt eines Elektromagneten

Für die Durchflutung folgt mit Gl. (A-102):

$$\Theta = \Phi\,(R_{\text{m,Fe}} + R_{\text{m,L}}) = \Phi\left(\frac{l_{\text{Fe}}}{A\,\mu_{\text{Fe}}} + \frac{l_{\text{L}}}{A\mu_0}\right) = 89\ \text{A} + 1989\ \text{A} = 2078\ \text{A}.$$

Der überwiegende Anteil der erforderlichen Durchflutung entfällt also auf den Beitrag des Luftspalts. Eine Verkleinerung des Luftspalts hätte eine kleinere Durchflutung zur Folge.

Nun gilt für die Durchflutung: $\Theta = NI$. Wird also beispielsweise die Spule mit $N = 4000$ Windungen hergestellt, dann ist der erforderliche Strom $I = \Theta/N = 0{,}52$ A.

Um bei gegebener Durchflutung $\Theta = N\,I$ die sich einstellende Flußdichte B zu bestimmen, kann folgendes Verfahren benutzt werden: Gleichung (A-102) kann mit Hilfe von (A-97) und (A-94) umgeformt werden in

$$H_{\text{Fe}}\,\frac{l_{\text{Fe}}}{\Theta} + B\,\frac{l_{\text{L}}}{\mu_0\,\Theta} = 1 \qquad\qquad\qquad (A\text{-}103)$$

Dieser lineare Zusammenhang zwischen B und H_{Fe} wird als *Scherungsgerade* in das $B\,(H)$-Diagramm eingetragen (Bild A-38). Der Schnittpunkt mit der Magnetisierungskurve liefert den Arbeitspunkt P, d.h. die bei der Erregung H_{Fe} sich einstellende Flußdichte B.

Dauermagnete

Ein dauermagnetischer Kreis kann prinzipiell genau so behandelt werden wie ein elektromagnetischer. Wird beispielsweise in einer Anordnung nach Bild A-36 ein hartmagnetischer Werkstoff mit Hilfe der Spule sättigungsmagnetisiert und anschließend die Spule entfernt, so bleibt im Luftspalt eine remanente Flußdichte zurück. Anstelle von Gl. (A-100) liefert das Durchflutungsgesetz (keine Durchflutung):

$$H_M l_M + H_L l_L = 0. \tag{A-104}$$

H_M ist die Feldstärke und l_M die Länge im Magneten. Der Fluß und die Flußdichte sind im Luftspalt und im angrenzenden Magneten gleich groß: $B_L = B_M = B$.

Mit $H_L = \dfrac{B_L}{\mu_0} = \dfrac{B_M}{\mu_0}$ wird aus Gl. (A-104)

$$H_M l_M + \frac{B_M}{\mu_0} l_L = 0.$$

Dieser lineare Zusammenhang zwischen B_M und H_M kann als *Scherungsgerade*

$$B_M = -\mu_0 \frac{l_M}{l_L} \cdot H_M \tag{A-105}$$

in den zweiten Quadranten der Hystereseschleife eingetragen werden (Bild A-39). Der Schnittpunkt mit der *Entmagnetisierungskurve* $B(H)$ liefert den Arbeitspunkt P und die Werte der Flußdichte B_M und der Feldstärke H_M, die sich im Magneten einstellen.

Es ist erwähnenswert, daß die sich einstellende Flußdichte deutlich geringer ist als die Remanenzflußdichte B_r. Hierbei gilt: Je größer der Luftspalt, um so geringer ist die Flußdichte.

In der Praxis werden Dauermagnetsysteme nicht nach Art von Bild A-36 gebaut, sondern so wie es Bild A-40 zeigt. Zwei weichmagnetische Polschuhe leiten den magnetischen Fluß vom Dauermagneten zum Luftspalt, in dem die magnetische Energie genutzt werden soll.

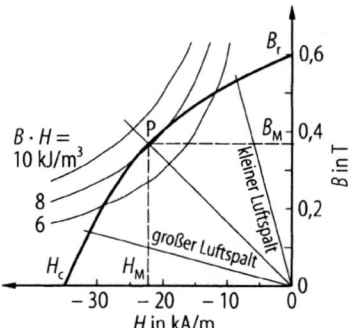

Bild A-39. Arbeitspunkt eines Permanentmagneten

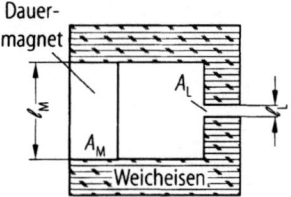

Bild A-40. Dauermagnetsystem

Der magnetische Spannungsabfall in den weichmagnetischen Teilen und unmagnetischen Zwischenräumen (Klebe- und Isolationsschichten) wird mit Hilfe des *Spannungsfaktors* γ bei der magnetischen Spannung des Luftspalts berücksichtigt (in der Praxis gilt für den Spannungsfaktor: $1,1 \leq \gamma \leq 1,3$). Das Durchflutungsgesetz lautet damit:

$$H_M\, l_M + \gamma\, H_L\, l_L = 0 \quad \text{oder}$$

$$H_M\, l_M = -\,\gamma\, H_L\, l_L\,. \tag{A-106}$$

Die Erhaltung des magnetischen Flusses liefert die Gleichung

$$B_M\, A_M = \sigma\, B_L\, A_L \tag{A-107}$$

mit B_M und B_L als Flußdichte im Magneten bzw. Luftspalt sowie A_M und A_L als zugehörige Querschnittsflächen. Der *Streufaktor* σ ($\sigma > 1$) berücksichtigt, daß nicht der gesamte Fluß des Magneten als Nutzfluß im Luftspalt ankommt, sondern daß durch Streufluß Verluste auftreten.

Aus den Gl. (A-106) und (A-107) folgt die Scherungsgerade

$$B_M = -\,\mu_0\, \frac{\sigma}{\gamma}\, \frac{A_L\, l_M}{A_M\, l_L}\, H_M\,, \tag{A-108}$$

deren Schnitt mit der Entmagnetisierungskurve den Arbeitspunkt des Magneten ergibt (Bild A-39).

Werden die Gl. (A-106) und (A-107) miteinander multipliziert, dann ergibt sich

$$-\,(B_M\, H_M)\, V_M = \gamma\, \sigma\, (B_L\, H_L)\, V_L\,. \tag{A-109}$$

Hier ist V_M das Magnetvolumen, V_L das Volumen des Luftspalts. Die im Luftspalt vorhandene magnetische Energie $\frac{1}{2}\, B_L\, H_L\, V_L$ (Abschn. A.4.8) ist demnach proportional zum Magnetvolumen V_M und zum Produkt $(B_M\, H_M)$ im Arbeitspunkt (Bild A-39). Je größer $(B_M\, H_M)$ ist, desto weniger Magnetmaterial ist demnach für eine ganz bestimmte Energie bzw. Flußdichte im Luftspalt erforderlich. Der Arbeitspunkt P in Bild A-39 ist der *optimale Arbeitspunkt*, weil an diesem Punkt das Produkt $(B_M\, H_M)$ maximal ist. Um diesen Punkt leichter zu finden, sind in den Datenblättern der Hersteller außer der Entmagnetisieurngskurve häufig einige Kurven $B \cdot H = const$ eingezeichnet. Tabelle A-5 zeigt für einige hartmagnetische Werkstoffe die $(B \cdot H)_{max}$-Werte.

Beispiel

A-15: Ein Dauermagnetsystem nach Bild A-40 soll so dimensioniert werden, daß im Luftspalt der Größe $A_L = 2$ cm², $l_L = 2$ mm die Flußdichte $B_L = 0,7$ T vorliegt. Die Entmagnetisierungskurve des Magnetwerkstoffs ist in Bild A-39 dargestellt. Es soll ein möglichst kleines Magnetvolumen angestrebt werden.

Wie groß muß der Magnet sein, wenn der Spannungsfaktor zu $\gamma = 1,1$ und der Streufaktor zu $\sigma = 1,5$ abgeschätzt wird?

Lösung:

Der optimale Arbeitspunkt des Werkstoffs liegt nach Bild A-39 bei $H_M = -22$ kA/m und $B_M = 0,37$ T. Aus Gl. (A-107) folgt damit für die erforderliche Fläche des Magneten

$$A_M = \sigma A_L\, \frac{B_L}{B_M} = 1,5 \cdot 2\ \text{cm}^2 \cdot \frac{0,7\ \text{T}}{0,37\ \text{T}} = 5,68\ \text{cm}^2\,.$$

Gl. (A-108) liefert die Länge des Magneten:

$$l_M = -\frac{\gamma B_M A_M l_L}{\sigma H_M A_L \mu_0} = 55,7 \text{ mm}.$$

Stabmagnete

Wird mit einem stabförmigen Magnetwerkstoff eine Magnetisierungskurve aufgenommen, so kann diese je nach Geometrie des Stabes unter Umständen erheblich von der Magnetisierungskurve abweichen, die man mit einem geschlossenen Ring desselben Materials mißt.

Der Grund liegt in der entmagnetisierenden Wirkung der Magnetpole an den Stabenden. Diese erzeugen ein entmagnetisierendes Feld H'', das dem von außen angelegten Feld $H' = \frac{NI}{l}$ entgegengesetzt gerichtet ist und dieses schwächt. Im Innern der Probe ist deshalb die Feldstärke H kleiner als die Feldstärke des äußeren Feldes: $H = H' - H''$. Das entmagnetisierende Feld ist um so größer, je größer die Polarisation in der Probe ist: $H'' = N\frac{J}{\mu_0}$. N wird als *Entmagnetisierungsfaktor* bezeichnet. Er hängt nur von der Probengeometrie ab (Tabelle A-7).

Tabelle A-7. Entmagnetisierungsfaktor N für ausgewählte Geometrien

Probenform	Feldrichtung	N
dünne Platte	in Plattenebene	0
	senkrecht zur Plattenebene	1
langer Stab	in Längsrichtung	0
	in Querrichtung	1/2
Kugel		1/3

Für die wahre Feldstärke im Innern der Probe gilt damit

$$H = H' - N\frac{J}{\mu_0}, \quad \text{oder mit Gl. (A-96)}$$

$$H = \frac{H' - N\frac{B}{\mu_0}}{N-1}. \tag{A-110}$$

Bild A-41 zeigt den ersten und zweiten Quadranten einer gemessenen Hystereseschleife $B(H')$ (ausgezogen gezeichnet) und die mit Hilfe von Gl. (A-110) *zurückgescherte* Hysteresekurve $B(H)$ (gestrichelt gezeichnet) für einen Entmagnetisierungsfaktor von $N = 0,01$. Offensichtlich ist die Remanenz B_r' im Stab wesentlich niedriger als die Remanenz B_r in einem ringförmigen geschlossenen Magneten. Bild A-42 zeigt den Zusammenhang für das Material von Bild A-41.

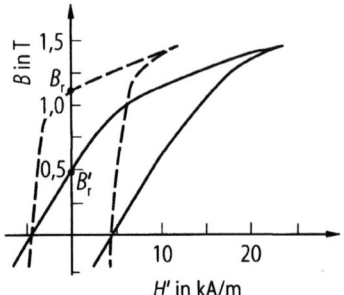

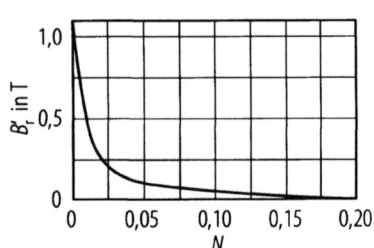

Bild A-41. Scherung der Magnetisierungskurve

Bild A-42. Remanenzflußdichte in Abhängigkeit vom Entmagnetisierungsfaktor

Zugkraft eines Magneten

Elektromagnete werden in der Technik vielfältig eingesetzt, beispielsweise als Lastmagnete, in elektromagnetischen Kupplungen, elektromagnetischen Spannplatten, als Schwingmagnete sowie als Schaltschütze und Relais.

In Richtung der magnetischen Flußlinien wird in einem Elektromagneten (Bild A-43) auf einen beweglichen Anker eine Kraft ausgeübt, die ihn an den Spulenkern zieht. Die Anzugskraft des Magneten kann folgendermaßen berechnet werden: Die magnetische Feldenergie im Luftspalt ist (Abschn. A.4.8)

$$W = \frac{1}{2} HBV_{\mathrm{L}} = \frac{1}{2} \frac{B^2}{\mu_0} Al_{\mathrm{L}} \, .$$

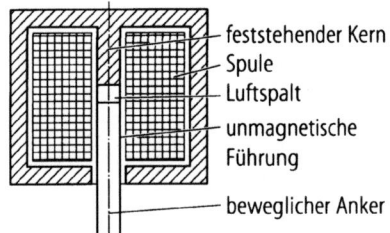

feststehender Kern
Spule
Luftspalt
unmagnetische
Führung

beweglicher Anker   **Bild A-43.** Elektromagnet

Wird der Luftspalt um die Länge $\mathrm{d}l$ vergrößert, so vergrößert sich die Feldenergie um

$$\mathrm{d}W = \frac{1}{2} \frac{B^2}{\mu_0} A \, \mathrm{d}l \, ,$$

wenn näherungsweise B als konstant angenommen wird. Nach dem Energieprinzip stammt die Zunahme der Energie von der zugeführten mechanischen Arbeit $\mathrm{d}W = F \, \mathrm{d}l$:

$$\frac{1}{2} \frac{B^2}{\mu_0} A \, \mathrm{d}l = F \, \mathrm{d}l \, .$$

Damit gilt für die Zugkraft:

$$F = \frac{B^2 A}{2\mu_0}.$$ (A-111)

Da die Flußdichte im Luftspalt nicht konstant ist, sondern von der Länge des Luftspaltes abhängt, ist die Zugkraft nicht konstant. Sie hat den größten Wert, wenn der bewegliche Anker am Kern anliegt und nimmt mit zunehmendem Abstand ab.

A.4.5
Elektromagnetische Induktion

Wird in der Anordnung von Bild A-44 ein Drahtbügel mit der Geschwindigkeit v nach rechts durch ein Magnetfeld der Flußdichte B gezogen, dann beobachtet man an den Enden der Leiterschleife eine Spannung, die *Induktionsspannung* u_{ind}.

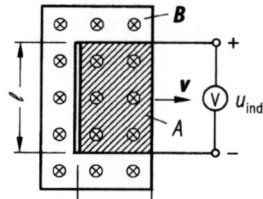

Bild A-44. Induktionsspannung durch Bewegung einer Leiterschleife im Magnetfeld

Die Ursache der Spannung ist die *Lorentz-Kraft*, die an den bewegten Elektronen angreift und sie nach unten drückt. Dadurch entsteht am unteren Leiterende ein Elektronenüberschuß und am oberen Ende ein Elektronenmangel. Es wird also ein elektrisches Feld der Stärke E im Leiter aufgebaut, das von oben nach unten weist.

Der Betrag der Lorentz-Kraft ist nach Gl. (A-93)

$$F_L = evB.$$

Die Bewegung der Elektronen im Leiter kommt zum Erliegen, wenn die elektrische Feldkraft der Lorentz-Kraft das Gleichgewicht hält:

$$eE = evB.$$

Die Feldstärke im Leiter ist demnach

$$E = vB.$$

Damit gilt für die Induktionsspannung nach Gl. (A-5):

$$u_{ind} = El \quad \text{oder}$$

$$u_{ind} = vBl.$$ (A-112)

Von *M. Faraday* wurde eine geniale Beschreibung des Induktionsvorganges gefunden, die für beliebige Induktionsexperimente gültig ist. Er fand, daß immer dann an einer

Schleife eine Induktionsspannung auftritt, wenn der magnetische Fluß durch die Schleife sich ändert.

Für unser Beispiel (Bild A-44) gilt für den Fluß durch die Schleife $\Phi = Bls$. Die Änderungsgeschwindigkeit des Flusses ist $\dfrac{d\Phi}{dt} = bl\dfrac{ds}{dt} = -Blv$.

Dies entspricht aber der Induktionsspannung nach Gl. (A-112). Also gilt für die induzierte Spannung:

$$u_{ind} = -\frac{d\Phi}{dt}.$$ (A-113)

Jede Flußänderung durch eine Leiterschleife ruft eine Induktionsspannung hervor.
Falls die Flußänderung bei einer Spule mit N Windungen wirksam wird, gilt

$$u_{ind} = -N\frac{d\Phi}{dt}.$$ (A-114)

Das Minuszeichen im Induktionsgesetz erinnert an die *Lenzsche Regel*: Der in einem geschlossenen Kreis induzierte Strom ist stets so gerichtet, daß er der Ursache seiner Entstehung entgegen wirkt.

Das Faradaysche Induktionsgesetz wurde von Maxwell erweitert, der zeigte, daß jede Flußänderung durch eine beliebige geschlossene Kurve C im Raum ein elektrisches Wirbelfeld zur Folge hat, wobei gilt:

$$\oint_C E\,ds = -\frac{d}{dt}\int_A B\,dA.$$ (A-115)

Dies ist die *zweite Maxwellsche Gleichung* der Elektrodynamik.

Für die Entstehung der Induktionsspannung an einer Leiterschleife ist es unerheblich, wodurch die Flußänderung $\dfrac{d\Phi}{dt} = -\dfrac{d}{dt}\int B\,dA$ zustande kommt.

Es gibt mehrere Möglichkeiten:

- Änderung der Flußdichte B,
- Änderung der Größe der Fläche,
- Änderung der Richtung zwischen Magnetfeld und Flächennormale.

Beispiel
A-16: In der Anordnung von Bild A-45a werde ein Rechteckrahmen mit den Abmessungen $l = 3\,cm$, $b = 2\,cm$ mit der Geschwindigkeit $v = 0,5\,m/s$ durch ein Magnetfeld bewegt. Das homogene Magnetfeld wird von einem Magneten mit quadratischen Polschuhen der Kantenlänge $a = 4\,cm$ gebildet und hat die Flußdichte $B = 1,5\,T$.
Welcher Spannungsverlauf in Abhängigkeit von der Zeit ergibt sich, wenn sich zur Zeit $t = 0$ der rechte Draht der Schleife gerade am linken Rand des Magnetfeldes befindet?

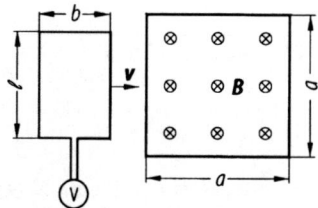 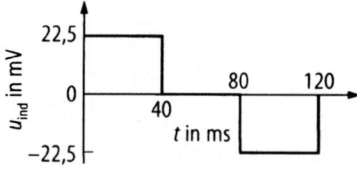

a experimentelle Anordnung   **b** Spannungsverlauf

Bild A-45

Lösung:

Während des Eintauchens der Schleife in das Magnetfeld wächst die durchflossene Fläche linear mit der Zeit an. Es gilt:

$A = lvt$ und $\Phi = BA = Blvt$.

Die induzierte Spannung ist $u_{\text{ind}} = \dfrac{\mathrm{d}\Phi}{\mathrm{d}t} = Blv$,

$$u_{\text{ind}} = 1{,}5\,\frac{\text{Vs}}{\text{m}^2} \cdot 0{,}03\ \text{m} \cdot 0{,}5\,\frac{\text{m}}{\text{s}} = 22{,}5\ \text{mV}.$$

Wenn die Schleife vollständig innerhalb des Magneten ist, ändert sich der Fluß nicht mehr, so daß keine Spannung induziert wird. Beim Verlassen des Magnetfeldes tritt dieselbe Spannung wie vorher auf, allerdings mit umgekehrtem Vorzeichen (Bild A-45 b).

Rotatorische Spannungserzeugung

Wenn sich eine Spule mit N Windungen mit konstanter Winkelgeschwindigkeit ω in einem homogenen Magnetfeld dreht (Bild A-46), dann gilt für den Fluß, der eine Windung durchsetzt

$$\Phi = B\,A = BA \cos \alpha = BA \cos(\omega t + \varphi).$$

Damit ist die induzierte Spannung, die in der Spule erzeugt wird:

$$u_{\text{ind}}(t) = NBA\,\omega \sin(\omega t + \varphi)$$
$$= \hat{u} \sin(\omega t + \varphi) \tag{A-116}$$

Es entsteht also eine *sinusförmige Wechselspannung*.

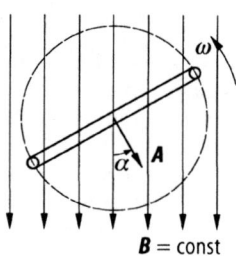

$B = \text{const}$ **Bild A-46.** Rotation einer Schleife im Magnetfeld

Wirbelströme

Wird ein ausgedehnter leitender Körper von einem zeitabhängigen Magnetfeld durchsetzt, so bilden sich um die Magnetfeldlinien wirbelförmige elektrische Felder, welche im Leiter *Wirbelströme* hervorrufen. Die Stromrichtung ist nach der Lenzschen Regel stets so gerichtet, daß das durch sie erzeugte Magnetfeld der sie verursachenden Flußänderung entgegenwirkt (Bild A-47).

Bei der *Wirbelstrombremse* (Bild A-48) wird die Bewegung eines durch ein Magnetfeld gezogenen Körpes gehemmt. Für die entstehende Reibungskraft gilt (s. *Ü A.4-10*):

$$F_{\text{reib}} \sim B^2\, v\,. \tag{A-117}$$

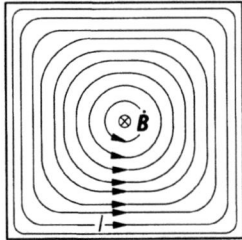

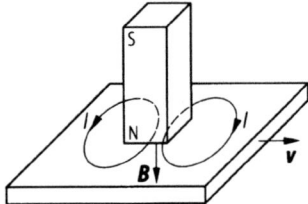

Bild A-47. Stromrichtung von Wirbelströmen. Die verursachende Flußdichteänderung $\dot{B} = \mathrm{d}B/\mathrm{d}t$ weist in die Zeichenebene hinein

Bild A-48. Wirbelstrombremse

Wirbelströme werden technisch ausgenutzt bei

- Dämpfung von Zeigermeßinstrumenten,
- Bremsscheibe im elektrischen Haushaltszähler,
- Wirbelstrom-Tachometer,
- induktiver Heizung.

In elektrischen Maschinen (Transformatoren, Generatoren, Motoren) sind Wirbelströme unerwünscht. Zur Vermeidung werden anstelle von massiven Spulenkernen *lamellierte* Kerne aus geschichteten Elektroblechen, die gegeneinander isoliert sind, verwendet. Spulen für hohe Frequenzen versieht man häufig mit einem *Ferritkern*. Ferrite besitzen einen so großen spezifischen Widerstand, daß sich keine nennenswerten Wirbelströme ausbilden können.

A.4.6
Selbstinduktion

Nach dem Induktionsgesetz Gl. (A-113, 114) tritt an den Enden einer Leiterschleife oder Spule immer dann eine Induktionsspannung auf, wenn der Fluß durch die Schleife sich ändert. Dabei ist es unerheblich, wodurch die Flußänderung zustande kommt. So tritt auch eine Induktionsspannung auf, wenn der Strom durch eine Spule und damit der Fluß durch die Spule sich ändert. Da dieser Induktionsvorgang vom Magnetfeld verursacht wird, das die Spule selbst erzeugt, spricht man von *Selbstinduktion* im Gegensatz zur *Fremdinduktion*, die dann vorliegt, wenn die Flußänderung in einer Spule durch äußere Maßnahmen erzeugt wird.

Sind in der Umgebung des Leiter ausschließlich unmagnetische Stoffe vorhanden, dann ist der Gesamtfluß, der den Leiter durchsetzt, proportional zum Augenblickswert i des Stromes:

$$\Phi_{\text{ges}} = N\Phi = Li.$$ (A-118)

L ist die von der Geometrie abhängige *Induktivität* des Stromkreises. Die Maßeinheit der Induktivität ist das *Henry*:

$$[L] = 1 \text{ Wb/A} = 1 \text{ Vs/A} = 1 \text{ } \Omega\text{s} = 1 \text{ H}.$$

Bei Stromänderung entsteht im Stromkreis eine induzierte Spannung

$$u_{\text{ind}} = -N\frac{d\Phi}{dt} = -L\frac{di}{dt}.$$

Die Spannung ist so gerichtet, daß der Stromänderung entgegengewirkt wird. Die Spule wehrt sich also sozusagen gegen Änderungen des Stromes. Sie hat gewisse Trägheitseigenschaften wie die träge Masse in der Mechanik. Wird wie bei einem Ohmschen Verbraucher eine Spannung u_L eingeführt, deren Zählrichtung mit der Stromrichtung übereinstimmt (Bild A-49), dann gilt

$$u_L = L\frac{di}{dt}.$$ (A-119)

Für die Induktivität einer langen Zylinderspule mit N Windungen, Fläche A und Länge l gilt mit Gl. (A-118)

$$L = \frac{N^2\mu A}{l}.$$ (A-120)

Für Spulen mit Eisenkern ist die Induktivität nicht konstant sondern vom Strom abhängig.

Anhand der Magnetisierungskurve läßt sich bei gegebenem Strom die Flußdichte und damit die Permeabilität μ und die Induktivität bestimmen.

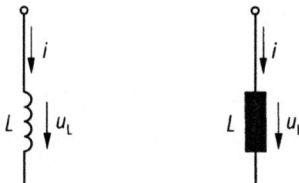

Bild A-49. Schaltzeichen nach DIN 40 900 sowie Bepfeilung nach DIN 5489 für ideale induktive Zweipole

A.4.7
Ein- und Ausschalten von Stromkreisen mit Induktivitäten

An einer idealen Spule, die keinen Ohmschen Widerstand besitzt, liegt keine Spannung an, wenn sie von einem Gleichstrom durchflossen wird. Erst wenn der Strom sich ändert, tritt nach Gl. (A-119) eine Selbstinduktionsspannung auf. Die auftretenden Spannungen und Ströme beim Schalten von Stromkreisen mit Induktivitäten zeigt Bild A-50.

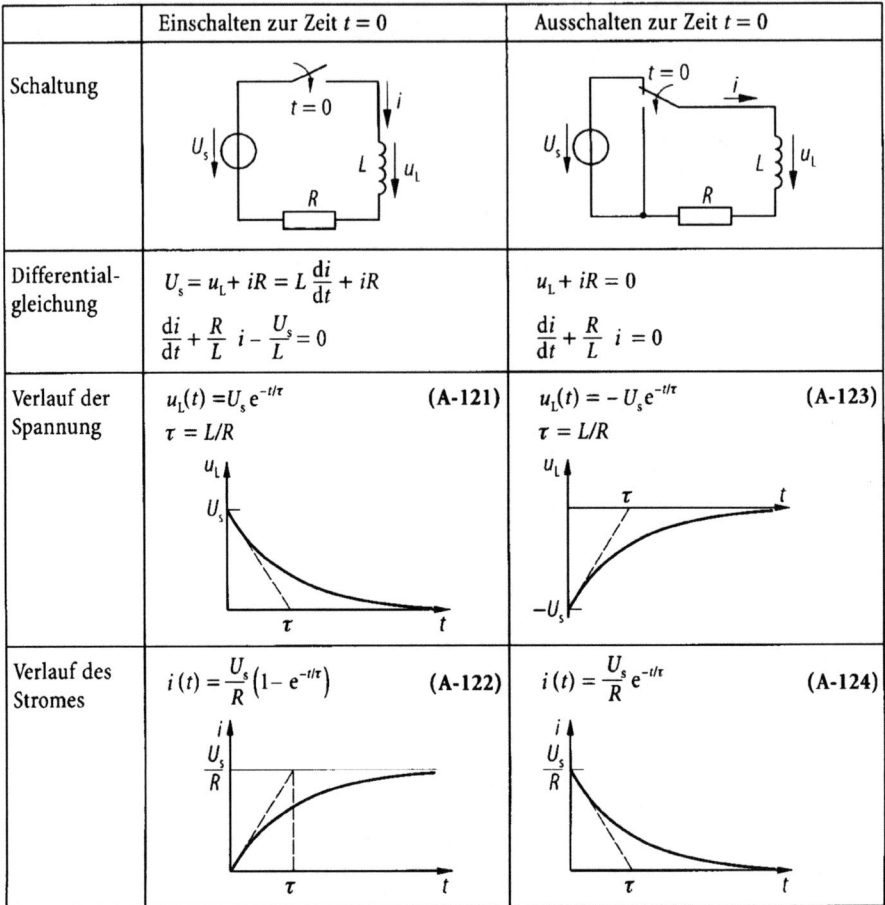

	Einschalten zur Zeit $t = 0$	Ausschalten zur Zeit $t = 0$
Schaltung		
Differential-gleichung	$U_s = u_L + iR = L\dfrac{di}{dt} + iR$ $\dfrac{di}{dt} + \dfrac{R}{L}\, i - \dfrac{U_s}{L} = 0$	$u_L + iR = 0$ $\dfrac{di}{dt} + \dfrac{R}{L}\, i = 0$
Verlauf der Spannung	$u_L(t) = U_s e^{-t/\tau}$ (A-121) $\tau = L/R$	$u_L(t) = -U_s e^{-t/\tau}$ (A-123) $\tau = L/R$
Verlauf des Stromes	$i(t) = \dfrac{U_s}{R}\left(1 - e^{-t/\tau}\right)$ (A-122)	$i(t) = \dfrac{U_s}{R}\, e^{-t/\tau}$ (A-124)

Bild A-50. Zeitverhalten bei Auf- und Abbau des magnetischen Feldes in Spulen

Von zentraler Bedeutung für das Zeitverhalten ist die *Zeitkonstante*

$$\tau = L/R. \tag{A-125}$$

Wird ein Stromkreis abgeschaltet, der eine große Induktivität enthält, dann kann wegen der großen Stromänderung di/dt eine so große Induktionsspannung auftreten, daß es an der Unterbrecherstelle zu einem Durchschlag (Lichtbogen, Abreißfunke) kommt. Um Beschädigungen der Spule oder der Schaltung zu verhindern, verbindet man bei Spulen mit großer Induktivität vor dem Abschalten die Spulenenden über einen Widerstand. Bei Transistorschaltern wird zum Schutz des Transistors eine *Freilaufdiode* parallel geschaltet.

A.4.8
Energieinhalt des magnetischen Feldes

In jedem Magnetfeld ist Energie gespeichert, so auch im Magnetfeld einer stromdurchflossenen Spule. Um diese Energie zu berechnen, soll der Abschaltvorgang eines Stromkreises mit einer Induktivität betrachtet werden (Bild A-50). Die gesamte Feldenergie
wird beim Abschalten im Widerstand R in Joulesche Wärme umgewandelt. Für die
Wärmeleistung gilt $p(t) = i^2 R = I^2 R e^{-2t/\tau}$, wenn I der Gleichstrom ist, der vor dem
Abschalten durch die Spule floß. Die gesamte Energie ist dann:

$$W = \int\limits_0^\infty p(t)\,\mathrm{d}t = \frac{1}{2}LI^2. \qquad (A\text{-}126)$$

Mit Hilfe der Gl. (A-120) wird die Energiedichte, d.h. die Energie pro Volumen im
Magnetfeld

$$w = \frac{\mathrm{d}W}{\mathrm{d}V} = \frac{1}{2}\mu_r\mu_0 H^2 = \frac{1}{2}HB. \qquad (A\text{-}127)$$

ÜBUNGSAUFGABEN

Ü A.4-1: Berechnen Sie mit Hilfe des Durchflutungsgesetzes den Feldstärkever-
lauf $H(r)$ im Inneren eines kreisrunden geradlinigen Drahtes mit Radius R, der
vom Strom I durchflossen wird.

Ü A.4-2: Ein *Bittermagnet* zur Erzeugung hoher Magnetfeldstärken enthält eine
wassergekühlte Spule, die vom Strom $I = 10\,000$ A durchflossen wird. Die Spule ist
$l = 50$ cm lang und hat $N = 200$ Windungen. Wie groß ist die Feldstärke H und die
Flußdichte B im Innern der eisenlosen Spule?

Ü A.4-3: Ein Elektronenstrahl, der senkrecht zu den Feldlinien in einem homogenen Magnetfeld steht, wird durch die *Lorentz-Kraft* zu einem Kreis gebogen.
Berechnen Sie den Radius r des Kreises und die Umlauffrequenz f, wenn die Elek-
tronengeschwindigkeit $v = 10^7$ m/s und die Flußdichte $B = 8 \cdot 10^{-4}$ T beträgt.

Ü A.4-4: Eine Zylinderspule mit $N = 1000$ Windungen hat die Länge $l_S = 20$ cm,
der Spulenstrom beträgt $I = 2,5$ A. In der Mitte der Spule befindet sich ein Leiter
der Länge $l_L = 3$ cm, der senkrecht zu den Feldlinien steht. Welche Kraft erfährt der
Leiter, wenn er vom Strom $I_L = 5$ A durchströmt wird?

Ü A.4-5: Beim Elektromagnet von Beispiel A-14 (Bild A-37) soll der Luftspalt auf
die Länge $l_L = 3$ mm vergrößert werden bei sonst gleicher Geometrie. Welcher
Strom I muß jetzt durch die Spule fließen ($N = 4000$ Windungen), wenn wieder ein
Fluß von $\Phi = 0,5$ mWb im Luftspalt vorliegen soll?

Ü A.4-6: Aus einem Dauermagnetwerkstoff, dessen Entmagnetisierungskurve
durch Bild A-39 gegeben ist, soll ein Magnet der Art von Bild A-40 gebaut
werden.
Daten: Fläche $A_L = A_M = A = 4$ cm², Länge des Luftspaltes $l_L = 4$ mm, Spannungsfaktor $\gamma = 1,1$, Streufaktor $\sigma = 1,5$, Länge des Magneten $l_M = 30$ mm.
Welche Flußdichte B_L stellt sich im Luftspalt ein?

Ü A.4-7: Wie groß ist die Anzugskraft des Ankers an das Joch (Bild A-51) bei geschlossenem Luftspalt? Die Spule hat $N = 2 \times 1000$ Windungen, der Strom ist $I = 0,5$ A, die Fläche des Jochs ist $A = 4$ cm², die mittlere Feldlinienlänge im Eisen ist $l_{Fe} = 40$ cm. Die Magnetisierungskurve des Eisens ist in Bild A-35 dargestellt. Der magnetische Fluß soll vollständig innerhalb des Eisens verlaufen.

Ü A.4-8: In einer Anordnung nach Bild A-44 wird ein Leiterstück durch ein Magnetfeld der Flußdichte B gezogen. An der Stelle des Voltmeters befindet sich ein Ohmscher Widerstand R, so daß in der Schleife ein Induktionsstrom fließt. Mit welcher Kraft muß man an dem Leiter ziehen, wenn er mit der konstanten Geschwindigkeit v bewegt wird?

Ü A.4-9: Eine Luftspule mit $N = 1000$ Windungen hat die Fläche $A = 20$ cm² und die Länge $l = 10$ cm. Sie besitzt einen Ohmschen Widerstand von $R = 22\ \Omega$. Diese Spule wird an eine Konstantspannungsquelle mit $U_S = 12$ V gelegt. Nach welcher Funktion $i(t)$ steigt der Strom in der Spule an? Wie groß ist die Zeitkonstante τ und der Endwert I_∞ des Stromes? Welche magnetische Feldenergie W ist in der Spule gespeichert?

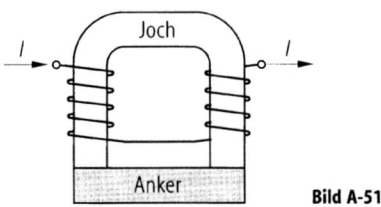

Bild A-51

A.5
Wechselstromkreise

A.5.1
Benennungen und Definitionen

Sind die Augenblickswerte von Strom oder Spannung *periodische* Funktionen der Zeit und ist die *Periodendauer* T, so ist die *Frequenz*

$$f = \frac{1}{T}.$$ (A-128)

Die Maßeinheit der Frequenz ist das *Hertz*:
$[f] = 1\ \text{s}^{-1} = 1\ \text{Hz}$.

Nach DIN 40110 sind die *arithmetischen Mittelwerte* (Gleichwerte) von Strom und Spannung

$$\bar{i} = \frac{1}{T} \int_0^T i(t)\,dt, \quad \bar{u} = \frac{1}{T} \int_0^T u(t)\,dt.$$ (A-129)

Ist der Gleichwert $\bar{i}$ bzw. $\bar{u}$ null, dann liegt ein *Wechselstrom* bzw. eine *Wechselspannung* vor.

Ein zeitabhängiger Strom, dessen Gleichstromanteil $\bar{i}$ ungleich null ist, wird als *Mischstrom* bezeichnet, entsprechend heißt die Spannung mit $\bar{u} \neq 0$ *Mischspannung* (Gleichspannung mit überlagerter Wechselspannung).

Unter *Halbschwingungsmittelwert* wird der größte Wert verstanden, den der über eine halbe Periode der Wechselgröße genommene arithmetische Mittelwert annehmen kann:

$$I_h = \frac{2}{T} \int_t^{t+T/2} i\, dt, \quad U_h = \frac{2}{T} \int_t^{t+T/2} u\, dt. \tag{A-130}$$

Der Maximalwert von Wechselstrom und Wechselspannung $\hat{i}$ bzw. $\hat{u}$ wird als *Scheitelwert* bezeichnet. Bei sinusförmigem Verlauf heißt der Scheitelwert *Amplitude*.

Der *Gleichrichtwert* einer Wechselgröße ist der über eine Periode genommene arithmetische Mittelwert der *Beträge* der Wechselgröße:

$$|\bar{i}| = \frac{1}{T} \int_0^T |i|\, dt, \quad |\bar{u}| = \frac{1}{T} \int_0^T |u|\, dt. \tag{A-131}$$

Wird beispielsweise eine sinusförmige Wechselspannung gleichgerichtet (Bild A-52), dann ist der arithmetische Mittelwert der positiven Halbwellen identisch mit dem Gleichrichtwert. Bei sinusförmiger Spannung $u(t) = \hat{u} \sin(\omega t)$ gilt

$$|\bar{u}| = \frac{2\hat{u}}{\pi} = 0{,}6366\,\hat{u}. \tag{A-132}$$

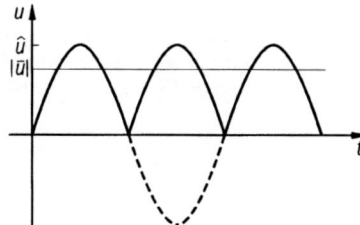

Bild A-52. Gleichgerichtete sinusförmige Wechselspannung und Gleichrichtwert $|\bar{u}|$

Ein Wechselstrom $i(t)$ ruft an einem Ohmschen Widerstand eine zeitabhängige Leistung $P_t = i^2 R$ hervor. Der Mittelwert dieser Leistung ist

$$\bar{P}_t = P = \frac{1}{T} \int_0^T i^2 R\, dt. \tag{a}$$

Die Stromstärke I eines Gleichstroms, der dieselbe Leistung

$$P = I^2 R \tag{b}$$

hervorbringt, wird als *Effektivwert* des Wechselstroms bezeichnet. Aus (a) und (b) folgt für die Effektivwerte:

$$I = \sqrt{\frac{1}{T} \int_0^T i^2\, dt}, \quad U = \sqrt{\frac{1}{T} \int_0^T u^2\, dt}. \tag{A-133}$$

Bei sinusförmiger Zeitabhängigkeit gilt:

$$I = \frac{\hat{i}}{\sqrt{2}} \quad \text{und} \quad U = \frac{\hat{u}}{\sqrt{2}}.$$
(A-134)

Der *Scheitelfaktor* (Crestfaktor) einer Wechselgröße ist der Quotient aus Scheitelwert und Effektivwert:

$$k_s = \frac{\hat{u}}{U} \quad \text{bzw.} \quad k_s = \frac{\hat{i}}{I}.$$
(A-135)

Bei sinusförmigem Verlauf gilt $k_s = \sqrt{2}$.

Der *Formfaktor* einer Wechselgröße ist das Verhältnis des Effektivwertes zu einem Mittelwert. Bei Verwendung des *Gleichrichtwertes* gilt

$$F_g = \frac{I}{|\bar{i}|} \quad \text{bzw.} \quad F_g = \frac{U}{|\bar{u}|},$$
(A-136)

bei Verwendung des *Halbschwingungsmittelwertes* ist

$$F_h = \frac{I}{I_h} \quad \text{bzw.} \quad F_h = \frac{U}{U_h}.$$
(A-137)

Für sinusoidale Größen gilt

$$F_g = F_h = \frac{\pi}{2 \cdot \sqrt{2}} = 1,11.$$

Beispiel
A-17: Ein Sägezahngenerator liefert eine Wechselspannung, die linear von $-\hat{u} = -10$ V auf $\hat{u} = 10$ V ansteigt (Bild A-53). Wie groß sind arithmetischer Mittelwert $\bar{u}$, Halbschwingungsmittelwert U_h, Effektivwert U, Scheitelfaktor k_s und Formfaktor F_g bzw. F_h?

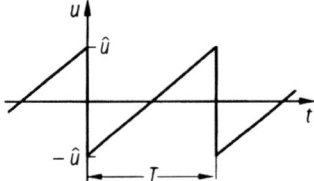

Bild A-53

Lösung:
Die Zeitfunktion der Spannung lautet:

$$u(t) = -\hat{u} + \frac{2\hat{u}}{T} t \quad \text{für} \quad 0 \leq t \leq T.$$

Der arithmetische Mittelwert ist $\bar{u} = 0$, weil die Fläche, die die Kurve mit der Zeitachse einschließt oberhalb und unterhalb der Achse gleich groß ist.

Halbschwingungsmittelwert (Fläche eines Dreiecks oberhalb der Zeitachse):

$$U_h = \frac{2}{T} \int_{T/2}^{T} u\, dt = \frac{1}{2} \hat{u} = 5 \text{ V},$$

Gleichrichtwert:

$$|\bar{u}| = \frac{1}{T}\left[-\int\limits_0^{T/2} u\,\mathrm{d}t + \int\limits_{T/2}^{T} u\,\mathrm{d}t\right] = \frac{1}{2}\,\hat{u} = 5\,\mathrm{V},$$

Effektivwert:

$$U = \sqrt{\frac{1}{T}\int\limits_0^T u^2\,\mathrm{d}t} = \sqrt{\frac{1}{3}\,\hat{u}^2} = \sqrt{\frac{1}{3}}\,\hat{u} = 5{,}77\,\mathrm{V},$$

Scheitelfaktor: $k_s = \dfrac{\hat{u}}{U} = \sqrt{3}$,

Formfaktor: $F_g = \dfrac{U}{|\bar{u}|} = \dfrac{2}{\sqrt{3}} = 1{,}155 = F_h$.

A.5.2
Sinusförmige Ströme und Spannungen

Nach DIN 40110 werden die Augenblickswerte von sinusförmigen Strömen und Spannungen folgendermaßen dargestellt:

$$u(t) = \hat{u}\cos(\omega t + \varphi_u) = U\sqrt{2}\cos(\omega t + \varphi_u)$$

$$i(t) = \hat{\imath}\cos(\omega t + \varphi_i) = I\sqrt{2}\cos(\omega t + \varphi_i) \tag{A-138}$$

Dabei sind $\hat{u}$ bzw. $\hat{\imath}$ die *Amplituden*, die nach Gl. (A-134) mit den *Effektivwerten* U und I verknüpft sind, sowie

$$\omega = 2\pi f = 2\pi/T \tag{A-139}$$

die *Kreisfrequenz*.
φ_u und φ_i sind die *Nullphasenwinkel* und

$$\varphi = \varphi_u - \varphi_i \tag{A-140}$$

ist der *Phasenverschiebungswinkel der* Spannung gegen den Strom (Bild A-54a). Die Spannung eilt dem Strom um φ vor, wenn $0 < \varphi < \pi$ und sie eilt um φ nach, wenn $-\pi < \varphi < 0$.
Der Augenblickswert der *Leistung* ist:

$$P_t = ui = 2UI\cos(\omega t + \varphi_u)\cos(\omega t + \varphi_i)$$

$$= UI\cos\varphi + UI\cos(2\omega t + \varphi_u + \varphi_i)$$

$$= P + S\cos(2\omega t + \varphi_u + \varphi_i). \tag{A-141}$$

Die Leistung oszilliert also mit doppelter Frequenz um einen Mittelwert (Bild A-54b). Der Mittelwert ist die *Wirkleistung*

$$P = \frac{1}{T}\int\limits_0^T ui\,\mathrm{d}t = UI\cos\varphi. \tag{A-142}$$

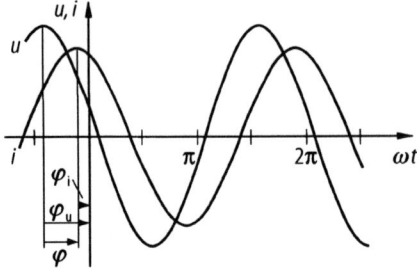

a Strom und Spannung

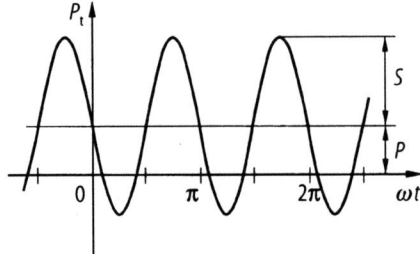

b Wirkleistung P und Scheinleistung S

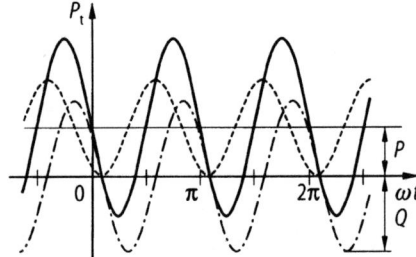

c Wirkleistung P und Blindleistung Q

Bild A-54. Zeitabhängigkeit von Strom, Spannung und Leistungen

Die Amplitude der oszillierenden Leistung wird als *Scheinleistung* bezeichnet:

$$S = UI. \tag{A-143}$$

Mit Hilfe von Gl. (A-140) kann der Augenblickswert der Leistung Gl. (A-141) auf folgende Form gebracht werden:

$$P_t = P[1 + \cos(2\omega t + 2\varphi_u)] \tag{A-144}$$

$$+ Q\sin(2\omega t + 2\varphi_u).$$

Dabei wird

$$Q = U\,I \sin \varphi = S \sin \varphi \qquad\qquad\qquad\qquad\qquad\qquad \text{(A-145)}$$

als *Blindleistung* bezeichnet.

Die Momentanleistung kann also aus einer stets positiven Funktion

$$P[1 + \cos(2\omega t + 2\varphi_\mathrm{u})] = 2P \cos^2(\omega t + \varphi_\mathrm{u})$$

und einer um die Zeitachse pendelnden Funktion

$$Q \sin(2\omega t + 2\varphi_\mathrm{u})$$

zusammengesetzt werden (Bild A-54c).

Für die drei Leistungen gilt:

$$S^2 = Q^2 + P^2\,, \qquad\qquad\qquad\qquad\qquad\qquad\qquad\qquad \text{(A-146)}$$

sie können in einem rechtwinkligen Dreieck dargestellt werden (Bild A-55). Alle Leistungen werden nach DIN 40110 in Watt angegeben. Für die Scheinleistung ist auch *Voltampere* ([S] = 1 VA) und für die Blindleistung *Var* ([Q] = 1 var) gebräuchlich.

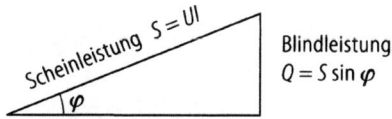

Blindleistung
$Q = S \sin \varphi$

Bild A-55. Leistungsdreieck

Die trigonometrischen Funktionen des Phasenverschiebungswinkels φ im Leistungsdreieck Bild A-55 werden folgendermaßen bezeichnet:

$$\cos \varphi = \frac{P}{S} \qquad\qquad\qquad\qquad\qquad\qquad\qquad\qquad \text{(A-147)}$$

ist der *Leistungsfaktor* oder *Wirkfaktor*,

$$\sin \varphi = \frac{Q}{S} \qquad\qquad\qquad\qquad\qquad\qquad\qquad\qquad \text{(A-148)}$$

ist der *Blindfaktor*.

A.5.3
Zeigerdiagramm

Eine besonders einfache Beschreibung sinusförmiger Wechselgrößen bietet ihre Darstellung als *Zeiger* in einem *Zeigerdiagramm*. So ergibt sich beispielsweise eine Wechselspannung der Form

$$u(t) = \hat{u} \cos(\omega t + \varphi_\mathrm{u}),$$

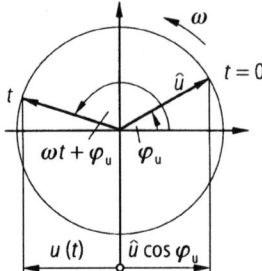

Bild A-56. Zeigerdiagramm einer sinusförmigen Wechselspannung

wenn ein Zeiger der Länge $\hat{u}$, der mit der Winkelgeschwindigkeit ω im Gegenuhrzeigersinn rotiert, auf die horizontale Achse projiziert wird (Bild A-56). Zur Zeit $t = 0$ ist der Winkel von der Bezugsachse zum Zeiger der Nullphasenwinkel φ_u. In analoger Weise kann mit einem Stromzeiger ein sinusförmiger Wechselstrom dargestellt werden.

In der Wechselstromtechnik ist es üblich, *Effektivwertzeiger* zu verwenden. Deren Länge entspricht dem Effektivwert der Wechselgröße und nicht der Amplitude. Im Zeigerdiagramm werden Effektivwertzeiger durch Unterstreichen gekennzeichnet.

Beim Addieren von Spannungen (z. B. in einer Masche) oder Strömen (z. B. an einem Knoten) ist das Zeigerdiagramm besonders vorteilhaft. Die Größen müssen dabei *vektoriell* addiert werden.

Beispiel

A-18: Zwei sinusförmige Wechselströme mit den Effektivwerten $I_1 = 3$ A und $I_2 = 2,2$ A sollen addiert werden. Die Nullphasenwinkel sind $\varphi_{i,1} = 25°$ und $\varphi_{i,2} = -45°$. Welchen Effektivwert und welchen Nullphasenwinkel besitzt der resultierende Strom?

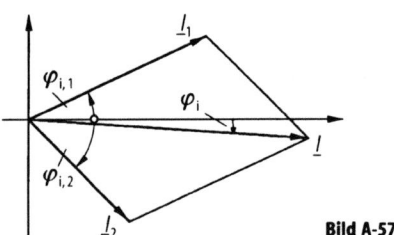

Bild A-57

Lösung:

Bild A-57 zeigt die Zeiger im Zeigerdiagramm. Die geometrische Addition kann entweder zeichnerisch oder rechnerisch geschehen. Beispielsweise ergibt sich unter Anwendung des Cosinus-Satzes $I = 4,28$ A und mit Hilfe des Sinus-Satzes $\varphi_i = -3,85°$ $= -0,067$ rad.

Zeitdarstellung: $i(t) = 4,28$ A $\cdot \sqrt{2} \cos(\omega t - 0,067)$.

Komplexe Rechnung

Eine besonders praktische Behandlung von Wechselstromnetzen ist möglich mit Hilfe der komplexen Rechnung. Der bereits besprochene Zeiger rotiert hier im Gegenuhrzeigersinn mit der Winkelgeschwindigkeit ω in der *Gaußschen* Zahlenebene. Nach DIN 5483 (Teil 3) läßt sich eine Sinusgröße $a(t)$ durch einen komplexen Augenblickswert $\underline{a}(t)$ darstellen:

$$\underline{a}(t) = \hat{a}\, e^{j(\omega t + \varphi_a)}$$

$$= \underbrace{\hat{a}\cos(\omega t + \varphi_a)}_{\text{Realteil}} + \underbrace{j\hat{a}\sin(\omega t + \varphi_a)}_{\text{Imaginärteil}}.$$

(A-149)

Dabei wurde Gebrauch gemacht von der *Eulerschen* Formel

$$e^{j\alpha} = \cos\alpha + j\sin\alpha.$$

(A-150)

Die Sinusgröße $a(t)$ ergibt sich durch Projektion des Drehzeigers auf die reelle Achse (Bild A-58):

$$a(t) = \mathrm{Re}(\underline{a}(t)) = \hat{a}\cos(\omega t + \varphi_a).$$

(A-151)

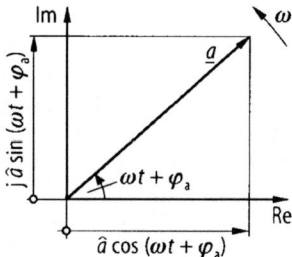

Bild A-58. Zeigerdiagramm mit komplexem Drehzeiger $\underline{a}(t)$

Mit Hilfe des *konjugiert komplexen* Drehzeigers

$$\underline{a}^*(t) = \hat{a}\, e^{-j(\omega t + \varphi_a)},$$

(A-152)

der im Uhrzeigersinn in der komplexen Ebene umläuft, ist folgende Darstellung einer Sinusgröße möglich:

$$a(t) = \frac{1}{2}\,[\underline{a}(t) + \underline{a}^*(t)] = \hat{a}\cos(\omega t + \varphi_a).$$

(A-153)

Zur *Addition* bzw. *Subtraktion* zweier komplexer Größen werden zweckmäßigerweise die Real- und Imaginärteile getrennt addiert bzw. subtrahiert. Ist a' der Realteil und a'' der Imaginärteil der komplexen Zahl

$$\underline{a} = a' + j a'',$$

dann gilt für die Addition zweier Zahlen $\underline{a}_1$ und $\underline{a}_2$:

$$\underline{a} = \underline{a}_1 + \underline{a}_2 = (a_1' + a_2') + j(a_1'' + a_2'').$$

(A-154)

Beispiel

A-19: Die zwei Zeiger von Beispiel A-18 sollen komplex addiert werden.

Lösung:

Da das Ergebnis nicht von der Zeit abhängt, wird die Berechnung zur Zeit $t = 0$ durchgeführt.

Komplexe Ströme:

$\underline{I}_1 = I_1\,e^{j\varphi_{i,1}} = I_1 \cos\varphi_{i,1} + jI_1 \sin\varphi_{i,1} = 2{,}719\ \text{A} + j\,1{,}268\ \text{A}$.

$\underline{I}_2 = I_2\,e^{j\varphi_{i,2}} = I_2 \cos\varphi_{i,2} + jI_2 \sin\varphi_{i,2} = 1{,}556\ \text{A} + j\,1{,}556\ \text{A}$.

Resultierender Strom:

$\underline{I} = \underline{I}_1 + \underline{I}_2 = 4{,}275\ \text{A} - j\,0{,}288\ \text{A}$.

Betrag: $|\underline{I}| = I = \sqrt{I'^2 + I''^2} = 4{,}28\ \text{A}$,

Nullphasenwinkel:

$$\varphi_i = \arctan\frac{I''}{I'} = -3{,}85° = -0{,}067\ \text{rad}.$$

Strom in Exponentialschreibweise:

$\underline{I} = 4{,}28\ \text{A} \cdot e^{-j0{,}067}$.

Bei der *Division* zweier Zeiger gleicher Frequenz ergibt sich eine zeitunabhängige komplexe Größe, d. h. ein *ruhender* Zeiger. Bild A-59 erläutert dies am Beispiel des *komplexen Widerstandes* $\underline{Z}$ und des *komplexen Leitwerts* $\underline{Y}$ eines Zweipols.

Die *Multiplikation* zweier Zeiger ist vor allem interessant für die Berechnung der Leistung als Produkt aus Strom und Spannung.

Ist die komplexe Spannung (Effektivwert)

$\underline{U} = U\,e^{j(\omega t + \varphi_u)}$

und der komplexe Strom

$\underline{I} = I\,e^{j(\omega t + \varphi_i)}$,

dann ist das Produkt

$\underline{U} \cdot \underline{I} = U\,I\,e^{j(2\omega t + \varphi_u + \varphi_i)}$.

Es stellt einen Zeiger dar, der mit doppelter Kreisfrequenz in der komplexen Ebene rotiert und stellt in komplexer Form die der Wirkleistung überlagerte Leistungsschwingung dar (Bild A-54 b). Einen *ruhenden* Zeiger erhält man, wenn man bei der Produktbildung anstelle des Stromes $\underline{I}$ den konjugiert komplexen Strom $\underline{I}^*$ verwendet:

$\underline{U} \cdot \underline{I}^* = U\,e^{j(\omega t + \varphi_u)} \cdot I\,e^{-j(\omega t + \varphi_i)} = U\,I\,e^{j(\varphi_u - \varphi_i)} = U\,I\,e^{j\varphi}$.

Die Länge (Betrag) diese Zeigers ist $U\,I$, also nach Gl. (A-143) die *Scheinleistung*.

Damit ist die *komplexe Scheinleistung*

$$\underline{S} = \underline{U}\,\underline{I}^* = U\,I\,e^{j\varphi} = P + jQ, \tag{A-170}$$

	komplexer Widerstand	komplexer Leitwert
komplexe Effektivwerte von Spannung und Strom	$\underline{U} = U\mathrm{e}^{j(\omega t + \varphi_\mathrm{u})}$ $\underline{I} = I\mathrm{e}^{j(\omega t + \varphi_\mathrm{i})}$ (A-155)	
Definition	$\underline{Z} = \dfrac{\underline{U}}{\underline{I}}$ $\underline{Z} = \dfrac{U}{I}\,\mathrm{e}^{j(\varphi_\mathrm{u} + \varphi_\mathrm{i})} = \dfrac{U}{I}\,\mathrm{e}^{j\varphi}$ (A-156)	$\underline{Y} = \dfrac{\underline{I}}{\underline{U}} = \dfrac{1}{\underline{Z}}$ $\underline{Y} = \dfrac{I}{U}\,\mathrm{e}^{j(\varphi_\mathrm{i} - \varphi_\mathrm{u})} = \dfrac{I}{U}\,\mathrm{e}^{-j\varphi}$ (A-157)
Zeigerdiagramm	 $\underline{Z} = R + jX$ (A-158)	 $\underline{Y} = G + jB = \dfrac{1}{\underline{Z}} = \dfrac{R - jX}{R^2 + X^2}$ (A-159)
Scheinanteil	Scheinwiderstand (Impedanz) $Z = \lvert \underline{Z} \rvert = \dfrac{U}{I}$ (A-160)	Scheinleitwert (Admittanz) $Y = \lvert \underline{Y} \rvert = \dfrac{I}{U} = \dfrac{1}{Z}$ (A-161)
Wirkanteil	Wirkwiderstand (Resistanz) $R = \mathrm{Re}\,(\underline{Z}) = Z \cos \varphi$ (A-162) $= \dfrac{P}{I^2}$	Wirkleitwert (Konduktanz) $G = \mathrm{Re}\,(\underline{Y}) = Y \cos \varphi$ (A-163) $= \dfrac{R}{R^2 + X^2} = \dfrac{P}{U^2}$
Blindanteil	Blindwiderstand (Reaktanz) $X = \mathrm{Im}\,(\underline{Z}) = Z \sin \varphi$ (A-164) $= \dfrac{Q}{I^2}$	Blindleitwert (Suszeptanz) $B = \mathrm{Im}\,(\underline{Y}) = Y \sin(-\varphi)$ (A-165) $= -\dfrac{X}{R^2 + X^2} = -\dfrac{Q}{U^2}$
Beträge	$Z^2 = R^2 + X^2$ (A-166)	$Y^2 = G^2 + B^2$ (A-167)
Phasenverschiebungswinkel	$\varphi = \varphi_\mathrm{u} - \varphi_\mathrm{i},\ \tan \varphi = \dfrac{X}{R}$ (A-168)	$\varphi = \varphi_\mathrm{u} - \varphi_\mathrm{i},\ \tan \varphi = -\dfrac{B}{G}$ (A-169)

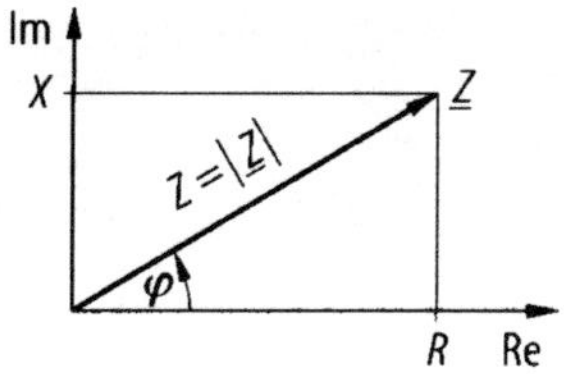

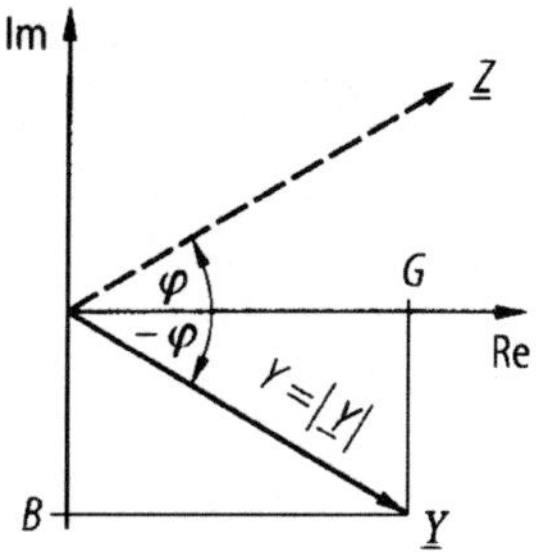

Bild A-59. Komplexer Widerstand und Leitwert

mit dem Betrag

$$S = |\underline{S}| = U\,I \qquad\qquad\qquad\qquad\qquad\qquad\text{(A-171)}$$

und der Richtung $\varphi = \varphi_\mathrm{u} - \varphi_\mathrm{i}$.
Der Realteil ist die *Wirkleistung*

$$P = \mathrm{Re}(\underline{S}) = S\cos\varphi, \qquad\qquad\qquad\qquad\quad\text{(A-172)}$$

der Imaginärteil ist die Blindleistung

$$Q = \mathrm{Im}(\underline{S}) = S\sin\varphi. \qquad\qquad\qquad\qquad\quad\text{(A-173)}$$

Wirk-, Blind- und Scheinleistung bilden wieder ein rechtwinkliges Dreieck (Bild A-60),
für das Gl. (A-146) gültig ist.

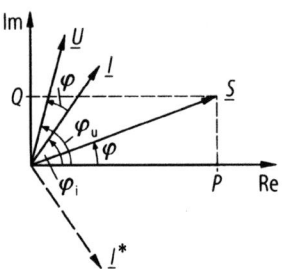

Bild A-60. Wechselstrom und -spannung sowie Leistungen im Zeigerdiagramm

Beispiel
A-20: An einem Zweipol liegt die Spannung $U = 230$ V, mit dem Nullphasenwinkel
$\varphi_\mathrm{u} = 80°$. Er wird von einem Strom durchflossen mit $I = 3$ A und $\varphi_\mathrm{i} = 60°$. Wie groß
sind die Leistungen?

Lösung:

Die komplexe Scheinleistung ist

$$\underline{S} = \underline{U}\,\underline{I}^* = 230\,\text{V} \cdot 3\,\text{A} \cdot e^{\,j\,0{,}349}.$$

Beträge:
Scheinleistung $S = 690$ VA,
Wirkleistung $P = S\cos\varphi = 648$ W,
Blindleistung $Q = S\sin\varphi = 236$ var.

Leistungsfaktor: $\cos\varphi = P/S = 0{,}940$,
Blindfaktor: $\sin\varphi = Q/S = 0{,}342$.

A.5.4
Widerstand, Spule und Kondensator bei sinusförmigem Wechselstrom

Bild A-61 zeigt die Zusammenhänge zwischen sinusförmigen Spannungen und Strömen
bei Widerstand, Spule und Kondensator. Durch alle drei Bauelemente soll der Strom

	Ohmscher Widerstand (Wirkwiderstand)	Spule (induktiver Blindwiderst.)	Kondensator (kapazitiver Blindwiderst.)
Schalt-zeichen	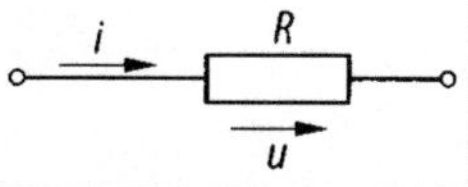	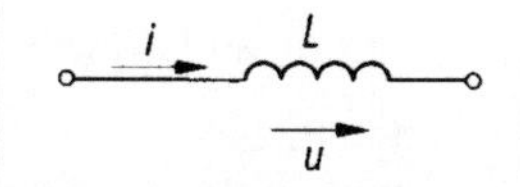	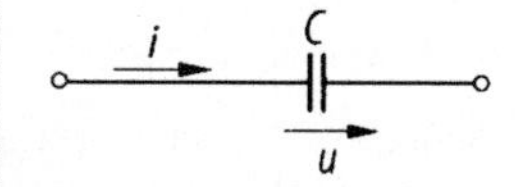
Strom	$i(t) = \hat{\imath} \cos \omega t = I\sqrt{2}\,\cos \omega t$ $\underline{I} = I\,e^{j\omega t}$		
Spannung	$u = i\,R$ $\qquad$ **(A-10)** $u(t) = \hat{\imath}\,R \cos \omega t$ $\qquad = \hat{u} \cos \omega t$ $\underline{U} = \underline{I}\,R$ $\qquad$ **(A-174)** $U = I\,R$ $\qquad$ **(A-177)**	$u = L\,di/dt$ $\quad$ **(A-119)** $u(t) = -\hat{\imath}\,\omega L \sin \omega t$ $\qquad = \hat{u} \cos (\omega t + \pi/2)$ $\underline{U} = j\omega L\,\underline{I}$ $\qquad$ **(A-175)** $U = I\omega L = I\,X_L$ $\quad$ **(A-178)**	$u = \dfrac{1}{C}\displaystyle\int i\,dt$ $\quad$ **(A-74)** $u(t) = \dfrac{1}{\omega C}\,\hat{\imath} \sin \omega t$ $\qquad = \hat{u} \cos (\omega t - \pi/2)$ $\underline{U} = -\dfrac{j}{\omega C}\,\underline{I}$ $\quad$ **(A-176)** $U = I/\omega C = I\left|X_C\right|$ **(A-179)**
Zeit-diagramm	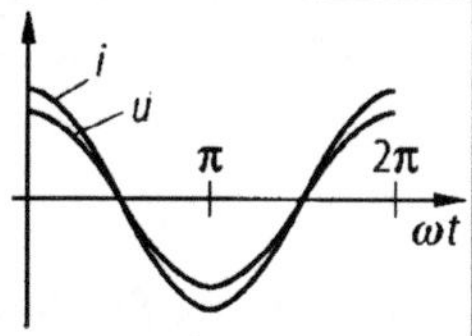 $\varphi = \varphi_u - \varphi_i = 0$	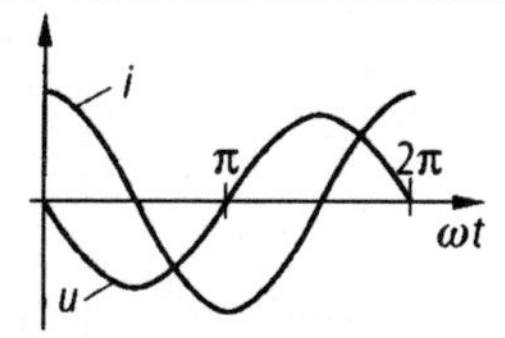 $\varphi = \varphi_u - \varphi_i = \pi/2$	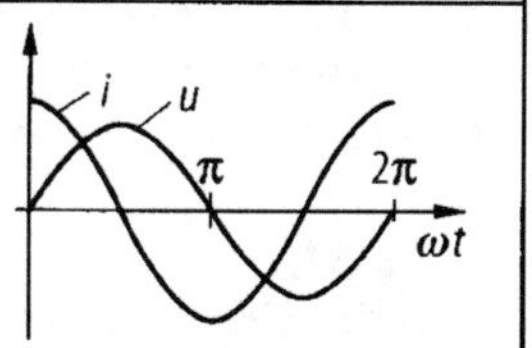 $\varphi = \varphi_u - \varphi_i = -\pi/2$
Zeiger-diagramm	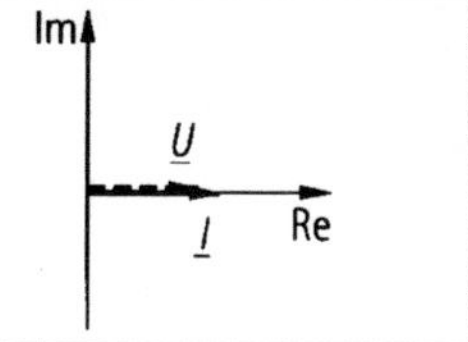	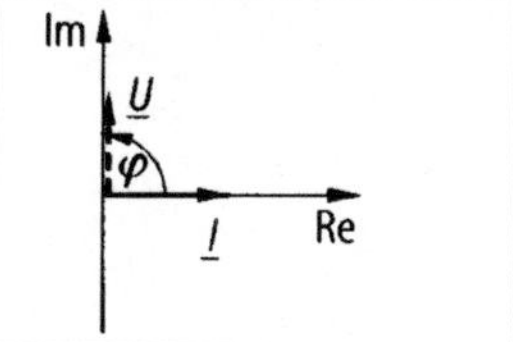	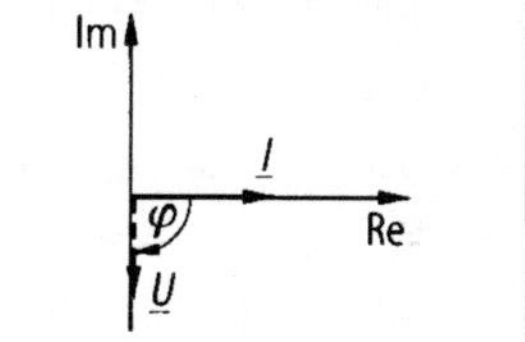
komplexer Widerstand $\underline{Z} = R + jX$ und Leitwert $\underline{Y} = G + jB$	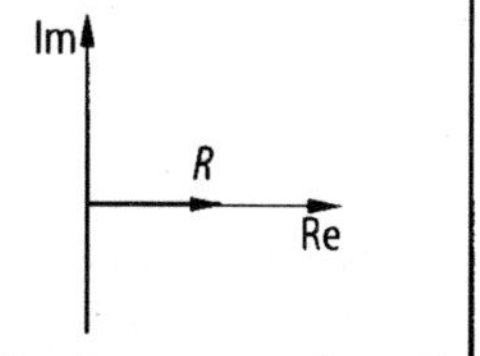 $\underline{Z} = R$ $\qquad$ **(A-180)** $\underline{Y} = G = 1/R$	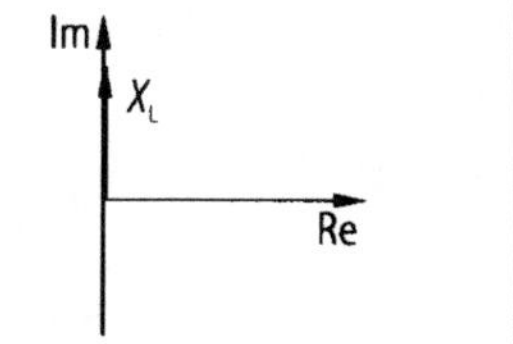 $\underline{Z} = jX_L = j\omega L$ $\quad$ **(A-181)** $\underline{Y} = jB_L = -j/\omega L$	$\underline{Z} = jX_C = -\dfrac{j}{\omega C}$ $\quad$ **(A-182)** $\underline{Y} = jB_C = j\omega C$
Frequenz-abhängig-keit	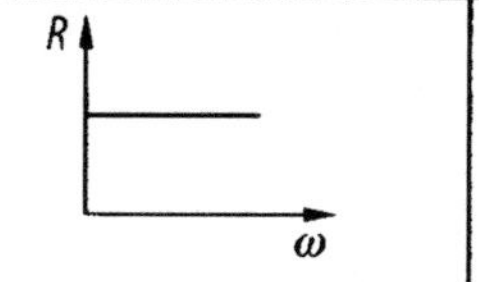 $R = \text{const}$	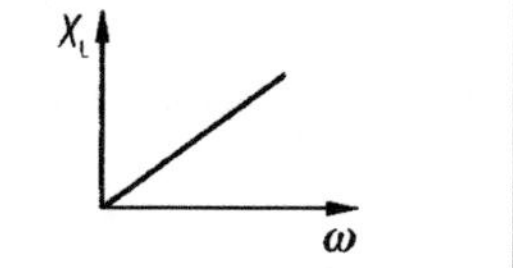 $X_L = \omega L$ $\qquad$ **(A-183)**	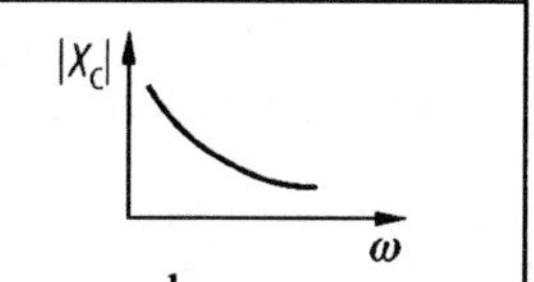 $X_C = -\dfrac{1}{\omega C}$ $\quad$ **(A-184)**

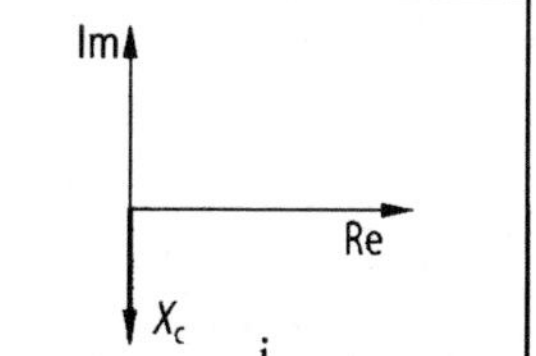

Bild A-61. Wechselstromverhalten von Widerstand, Spule und Kondensator

$i(t) = \hat{\imath} \cos \omega t$ fließen. Während beim Ohmschen Widerstand Strom und Spannung über das Ohmsche Gesetz verknüpft sind, hängt bei der Spule die Spannung von der Zeitableitung des Stromes ab und beim Kondensator von der Ladung, also dem Zeitintegral des Stromes.

Dementsprechend sind Spannung und Strom

- beim Ohmschen Widerstand in Phase,
- bei der Spule um 90° phasenverschoben und zwar so, daß die Spannung dem Strom vorauseilt,
- beim Kondensator um 90° phasenverschoben und zwar so, daß die Spannung dem Strom nacheilt.

Besonders deutlich kommt diese Tatsache bei der Darstellung im Zeigerdiagramm zum Ausdruck. Der Ohmsche Widerstand ist rein reell, also ein Wirkwiderstand. Der induktive und kapazitive Widerstand dagegen ist rein imaginär, also ein Blindwiderstand. Dabei werden ideale Bauelemente vorausgesetzt, die keine ohmschen Widerstände aufweisen. Reale Bauelemente können als Kombinationen von Spule und Widerstand bzw. Kondensator und Widerstand dargestellt werden.

Aus dem Frequenzverhalten folgt, daß eine Spule für Gleichstrom einen Kurzschluß darstellt, mit steigender Frequenz eines Wechselstromes aber immer hochohmiger wird. Ein Kondensator sperrt den Gleichstrom und wird bei Wechselstrom mit zunehmender Frequenz immer niederohmiger.

Beispiel

A-21: Eine Spule wird an Wechselspannung mit $U = 230$ V und $f = 50$ Hz gelegt. Ein Wechselstrommeßgerät zeigt einen Strom von $I = 1,8$ A, der durch die Spule fließt. Wie groß sind Induktivität L, Blindwiderstand X_L, Blindleitwert B_L sowie die aufgenommene Leistung?

Lösung:

Nach Gl. (A-178) ist der Blindwiderstand

$X_L = U/I = 230\,\text{V}/1,8\,\text{A} = 128\,\Omega$.

Der Blindleitwert ist nach Gl. (A-165)

$B_L = -1/X_L = -7,83 \cdot 10^{-3}$ S .

Die Induktivität ist nach Gl. (A-183)

$L = X_L/\omega = 0,407\,\Omega\text{s} = 407\,\text{mH}$.

Es wird keine Wirkleistung aufgenommen sondern nur Blindleistung:

$Q = I\,U = 414$ var .

Der Leistungsfaktor ist $\cos \varphi = 0$, der Blindfaktor ist $\sin \varphi = 1$.

A.5.5
Wechselstromschaltungen von Widerstand, Spule und Kondensator

Kirchhoffsche Regeln

Die *Knotenregel* Gl. (A-21) gilt nicht nur für Gleichstrom, sondern auch für Wechselstrom (Bild A-62a). Da im Knoten keine Ladungen entstehen oder verschwinden können, muß die Summe aller Ströme für die Augenblickswerte der Ströme verschwinden.

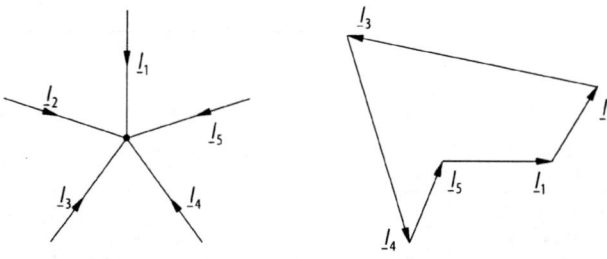

a Ströme im Knoten   **b** Polygondarstellung

Bild A-62. Knotenregel bei Wechselstrom

Dies ist dann der Fall, wenn die vektorielle Summe der Stromzeiger null ergibt:

$$\sum_k \underline{I}_k = 0. \tag{A-185}$$

Grafisch ist diese Bedingung erfüllt, wenn das Polygon aus den Stromzeigern im Zeigerdiagramm geschlossen ist (Bild A-62b).

In gleicher Weise gilt die *Maschenregel* Gl. (A-22) nicht nur für Gleichstrom sondern für die Spannungszeiger in einer Masche bei Wechselstrom:

$$\sum_k \underline{U}_k = 0. \tag{A-186}$$

Innerhalb einer Masche muß die Vektorsumme aller Zeiger null ergeben.

Reihenschaltungen
Bild A-63 zeigt die Zusammenhänge zwischen Strom und Spannung sowie den komplexen Widerstand bei Reihenschaltungen von Widerstand und Spule bzw. Kondensator.

Nach der Maschenregel ist die Gesamtspannung $\underline{U}$ die Summe der Teilspannungen $\underline{U}_R$ und $\underline{U}_L$ bzw. $\underline{U}_R$ und $\underline{U}_C$; Gl. (A-187, 188). Da alle Bauelemente vom selben Strom durchflossen werden, können die Spannungen mit Hilfe der Gl. (A-174), (A-175) und (A-176) berechnet werden.

Die Zeichnung des Zeigerdiagramms beginnt man zweckmäßigerweise mit dem gemeinsamen Strom, der die Bezugsrichtung darstellt. Die Spannung am Widerstand ist in Phase zum Strom, an der Spule eilt sie um 90° vor, am Kondensator um 90° nach. Damit ist die resultierende Spannung $\underline{U}$ konstruierbar, die gegenüber dem Strom eine Phasenverschiebung φ aufweist. Aus Blind- und Wirkwiderstand läßt sich der Scheinwiderstand Z berechnen.

Das Schaltbild der Reihenschaltung von Spule und Widerstand (Bild A-63) dient als Ersatzschaltbild einer *realen*, d. h. *verlustbehafteten* Spule. Sie hat bei Gleichspannungsbetrieb den Widerstand R und bei Wechselspannungsbetrieb den Scheinwiderstand

$$Z = \sqrt{R^2 + (\omega L)^2}.$$

Der Phasenverschiebungswinkel φ einer verlustlosen Spule ist $\varphi = 90°$. Bei der verlustbehafteten Spule ist $\varphi < 90°$. Die Abweichung δ von 90° ist ein Maß für die Verluste und

	Widerstand und Spule	Widerstand und Kondensator
Schaltplan	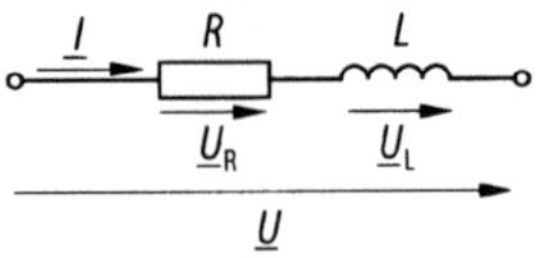 I R L U_R U_L U	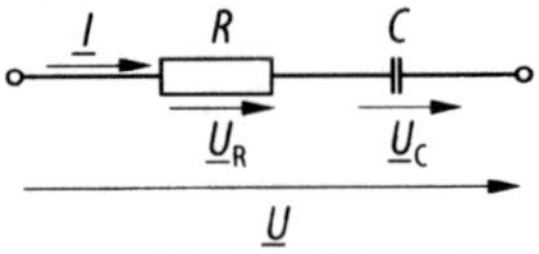 I R C U_R U_C U
Strom	$\underline{I} = I e^{j\omega t}, \underline{I} = \underline{I}_R = \underline{I}_L$	$\underline{I} = I e^{j\omega t}, \underline{I} = \underline{I}_R = \underline{I}_C$
Spannung	$\underline{U} = \underline{U}_R + \underline{U}_L$ (A-187) $\underline{U} = \underline{I}\, \underline{Z}$ (A-156) $\underline{U} = \underline{I}\,(R + j\omega L)$ (A-189)	$\underline{U} = \underline{U}_R + \underline{U}_C$ (A-188) $\underline{U} = \underline{I}\, \underline{Z}$ (A-156) $\underline{U} = \underline{I}\,(R - j/\omega C)$ (A-190)
Zeiger- diagramm	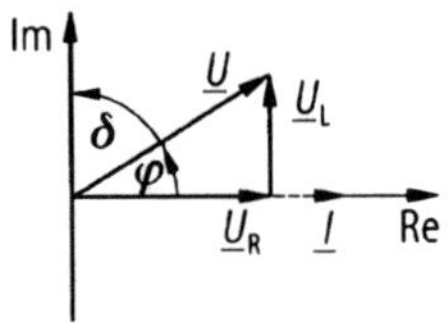 $\varphi = \varphi_u - \varphi_i > 0$	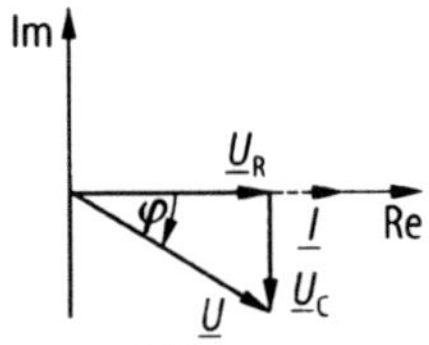 $\varphi = \varphi_u - \varphi_i < 0$
komplexer Widerstand $\underline{Z} = R + jX$	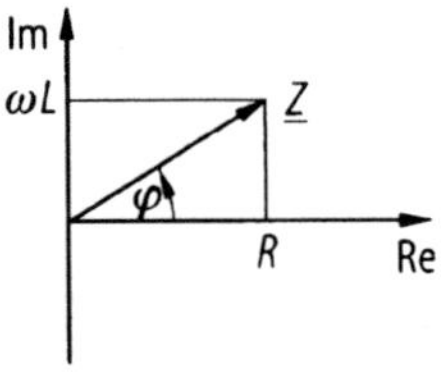 $Z = |\underline{Z}| = \dfrac{U}{I} = \sqrt{R^2 + (\omega L)^2}$ (A-191)	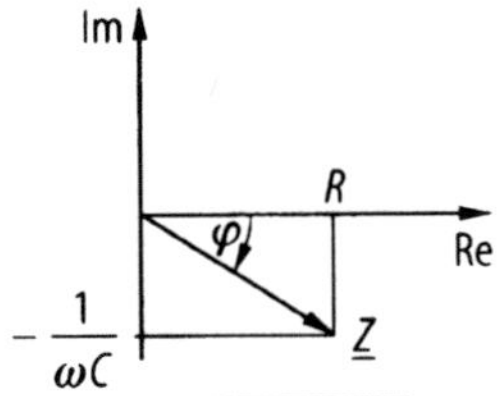 $Z = |\underline{Z}| = \dfrac{U}{I} = \sqrt{R^2 + \dfrac{1}{(\omega C)^2}}$ (A-192)
Phasenver- schiebungswinkel	$\tan\varphi = \dfrac{\omega L}{R}$ (A-193)	$\tan\varphi = \dfrac{1}{R\omega C}$ (A-194)
Verlustwinkel	$\delta = \dfrac{\pi}{2} - \varphi$ (A-195)	
Verlustfaktor	$d = \tan\delta = \dfrac{R}{\omega L} = \dfrac{P}{Q}$ (A-196)	

Bild A-63. Reihenschaltungen

wird als *Verlustwinkel* bezeichnet. Der Tangens dieses Winkels ist der *Verlustfaktor*. Aus Bild A-55 ergibt sich, daß der Verlustfaktor d das Verhältnis von Wirk- zu Blindleistung darstellt.

Weil der Blindwiderstand X_L einer Spule den Strom durch die Spule im Vergleich zum Gleichstrom reduziert oder „drosselt", wenn sie mit Wechselspannung betrieben wird, bezeichnet man eine Spule an Wechselspannung auch als *Drossel*.

Beispiel

A-22: Eine Spule nimmt bei $U_- = 230$ V Gleichspannung den Strom $I_- = 9$ A auf, bei $U = 230$ V Wechselspannung ($f = 50$ Hz) dagegen nur $I = 2$ A. Wie groß sind Wirkwiderstand R, Scheinwiderstand Z, Blindwiderstand X_L, Induktivität L und Verlustwinkel δ?

Lösung:

Der Wirkwiderstand beträgt

$$R = \frac{U_-}{I_-} = \frac{230\,\text{V}}{9\,\text{A}} = 25{,}6\ \Omega\,.$$

(Der Blindwiderstand X_L ist bei Gleichspannung null.)
Der Scheinwiderstand ist nach Gl. (A-160)

$$Z = \frac{U}{I} = \frac{230\,\text{V}}{2} = 115\ \Omega\,.$$

Der Blindwiderstand ist nach Gl. (A-166)

$$X_L = \sqrt{Z^2 - R^2} = \sqrt{115^2 - 25{,}6^2}\ \Omega = 112\ \Omega\,.$$

Nach Gl. (A-183) ist die Induktivität

$$L = \frac{X_L}{\omega} = \frac{112\ \Omega}{2\pi \cdot 50\ \text{s}^{-1}} = 0{,}357\ \text{H}\,.$$

Der Phasenverschiebungswinkel $\varphi = \varphi_u - \varphi_i$ ist nach Gl. (A-193)

$$\varphi = \arctan\left(\frac{\omega L}{R}\right) = \arctan\left(\frac{X_L}{R}\right) = 77{,}16°\,,$$

der Verlustwinkel ist $\delta = 90° - \varphi = 12{,}84°$.
Die Wirkleistung ist nach Gl. (A-143) und (A-147)

$P = UI \cos \varphi = 102$ W.

Die Blindleistung ist nach Gl. (A-145)

$Q = UI \sin \varphi = 448$ var.

Demnach ist der Verlustfaktor

$$d = \tan \delta = \frac{P}{Q} = 0{,}228\,.$$

Parallelschaltung

Bild A-64 zeigt für Parallelschaltungen von Widerstand und Spule bzw. Kondensator die Verhältnisse bei Wechselstrombetrieb.

Nach der Maschenregel ist die Gesamtspannung $\underline{U}$ identisch mit den Spannungen in beiden Teilzweigen. Der Gesamtstrom $\underline{I}$ ist nach der Knotenregel die Summe der beiden Teilströme.

Da alle Bauelemente an derselben Spannung $\underline{U}$ liegen, wird im Zeigerdiagramm zweckmäßigerweise diese Spannung auf die reelle Achse gelegt. Der Strom im Widerstand ist in Phase zur Spannung, in der Spule um 90° nacheilend, im Kondensator um 90° voreilend. Damit ist der Gesamtstrom $\underline{I}$ bestimmbar, der gegenüber der Spannung $\underline{U}$ eine Phasenverschiebung aufweist. Aus Blind- und Wirkleitwert läßt sich der Scheinleitwert Y berechnen.

Das Schaltbild der Parallelschaltung von Kondensator und Widerstand (Bild A-64) dient als Ersatzschaltbild eines *realen*, d.h. *verlustbehafteten* Kondensators. Er hat im

	Widerstand und Spule	Widerstand und Kondensator
Schaltplan	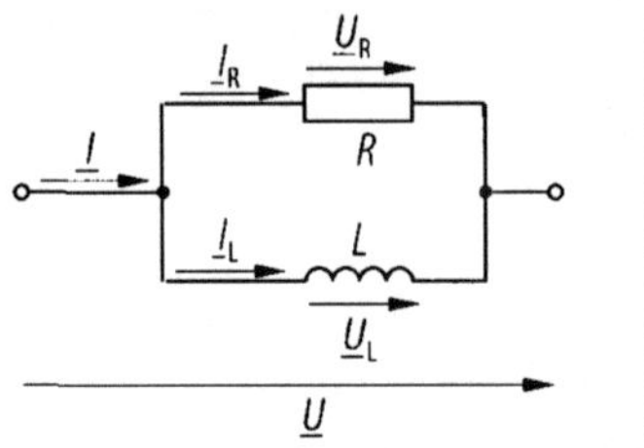	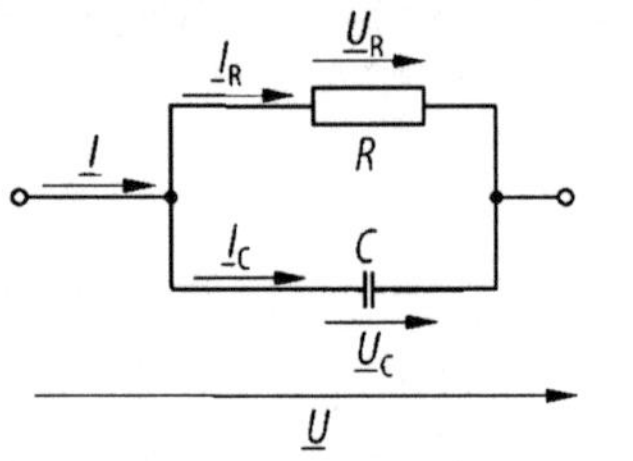
Spannung	$\underline{U} = Ue^{j\omega t}$, $\underline{U} = \underline{U}_R = \underline{U}_L$	$\underline{U} = Ue^{j\omega t}$, $\underline{U} = \underline{U}_R = \underline{U}_C$
Strom	$\underline{I} = \underline{I}_R + \underline{I}_L$ (A-197) $\underline{I} = \underline{U}\,\underline{Y} = \underline{U}\,(G + jB)$ (A-157) $\underline{I} = \underline{U}\,(1/R - j/\omega L)$ (A-199)	$\underline{I} = \underline{I}_R + \underline{I}_C$ (A-198) $\underline{I} = \underline{U}\,\underline{Y} = \underline{U}\,(G + jB)$ (A-157) $\underline{I} = \underline{U}\,(1/R + j\omega C)$ (A-200)
Zeiger- diagramm	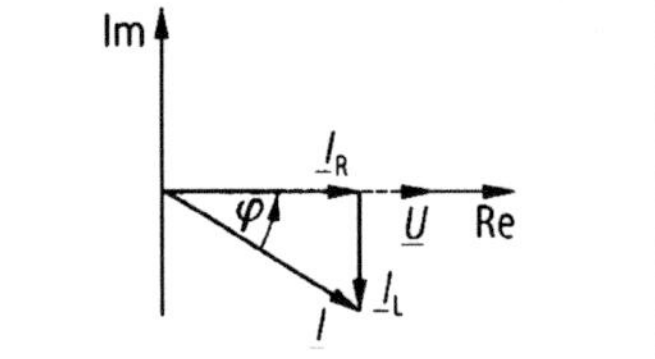 $\varphi = \varphi_u - \varphi_i > 0$	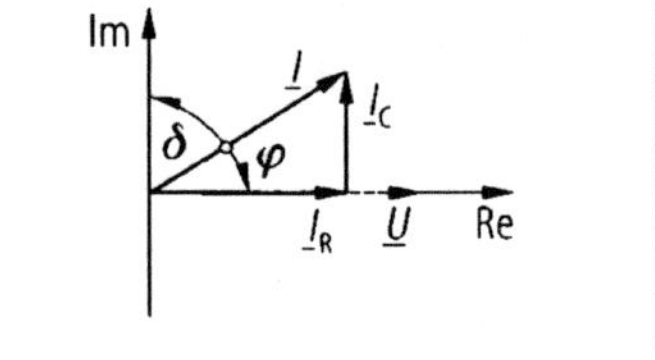 $\varphi = \varphi_u - \varphi_i < 0$
komplexer Leitwert $\underline{Y} = G + jB$ und komplexer Widerstand $\underline{Z} = 1/Y$	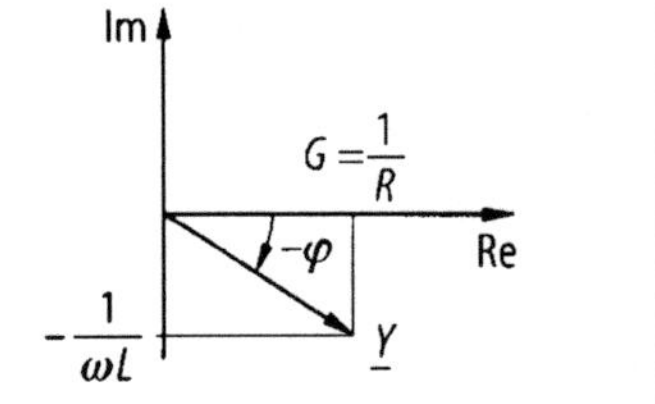 $Y = |\underline{Y}| = \sqrt{G^2 + B^2} = \sqrt{\dfrac{1}{R^2} + \dfrac{1}{(\omega L)^2}}$ $\underline{Z} = \dfrac{R\,j\omega L}{R + j\omega L}$ (A-201)	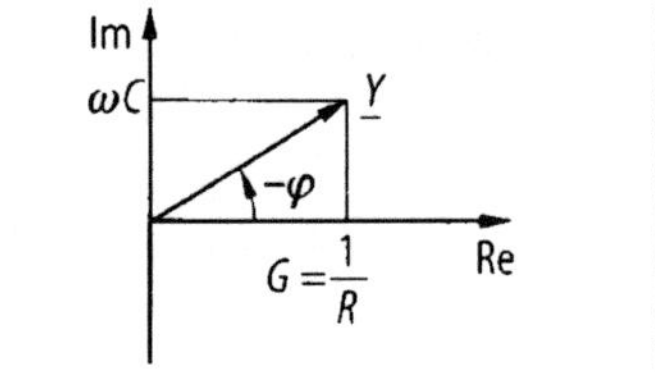 $Y = |\underline{Y}| = \sqrt{G^2 + B^2} = \sqrt{\dfrac{1}{R^2} + (\omega C)^2}$ $\underline{Z} = \dfrac{R\,(-j/\omega C)}{R - j/\omega C}$ (A-202)
Phasenver- schiebungswinkel	$\tan \varphi = \dfrac{R}{\omega L}$ (A-203)	$\tan \varphi = -\dfrac{\omega C}{G} = -\omega CR$ (A-204)
Verlustwinkel		$\delta = \dfrac{\pi}{2} - |\varphi| = \dfrac{\pi}{2} + \varphi$ (A-205)
Verlustfaktor		$d = \tan\delta = \dfrac{1}{R\omega C} = \dfrac{P}{|Q|}$ (A-206)

Bild A-64. Parallelschaltungen

Gleichspannungsfall den (geringen) Leitwert $G = 1/R$ und nimmt bei Wechselspannungsbetrieb den Scheinleitwert $Y = \sqrt{G^2 + (\omega C)^2}$ an, wird also mit steigender Frequenz niederohmiger.

Der ideale Kondensator hat den Phasenverschiebungswinkel $\varphi = -90°$. Zur Beschreibung der Verluste eines Kondensators ist es deshalb sinnvoll, den Komplementärwinkel δ zu 90° als *Verlustwinkel* zu definieren. Der Verlustfaktor d gibt das Verhältnis von Wirk- zu Blindleistung an.

Beispiel

A-23: Ein Kondensator wird vom Strom $I_- = 2{,}5\,\text{mA}$ durchflossen, wenn er an $U_- = 230\,\text{V}$ Gleichspannung gelegt wird. An $U = 230\,\text{V}$ Wechselspannung ($f = 50\,\text{Hz}$) nimmt er $I = 750\,\text{mA}$ auf. Wie groß sind Wirkleitwert G, Scheinleitwert Y, Blindleitwert B, Kapazität C und Verlustwinkel δ?

Lösung:

Der Wirkleitwert beträgt

$$G = \frac{I_-}{U_-} = \frac{2{,}5 \cdot 10^{-3}\,\text{A}}{230\,\text{V}} = 10{,}9\,\mu\text{S},$$

der Wirkwiderstand ist

$R = 1/G = 92\,\text{k}\Omega$.

Der Scheinleitwert folgt aus Gl. (A-161):

$$Y = \frac{I}{U} = \frac{0{,}75\,\text{A}}{230\,\text{V}} = 3{,}26\,\text{mS},$$

der Scheinwiderstand ist

$Z = 1/Y = 307\,\Omega$.

Der Blindleitwert ist nach Gl. (A-167)

$|B| = \sqrt{Y^2 - G^2} \approx 3{,}26\,\text{mS}$.

Für den Phasenverschiebungswinkel gilt nach Gl. (A-163)

$$\cos\varphi = \frac{G}{Y} = 3{,}334 \cdot 10^{-3} \text{ und } \varphi = -89{,}809°.$$

Damit ist die Kapazität nach Gl. (A-204)

$$C = -\frac{G \tan\varphi}{2\pi f} = 10{,}4\,\mu\text{F}.$$

Der Verlustwinkel ist $\delta = 0{,}191°$, der Verlustfaktor beträgt $d = 3{,}33 \cdot 10^{-3}$.
Für die Leistungen gilt:

Wirkleistung $\quad P = UI \cos\varphi = 0{,}575\,\text{W}$,

Blindleistung $\quad Q = UI \sin\varphi = -172\,\text{var}$,

Verlustfaktor $\quad d = \dfrac{P}{|Q|} = \tan\delta = 3{,}33 \cdot 10^{-3}$.

Äquivalente Umwandlungen

Bei gegebener Frequenz läßt sich jede Reihenschaltung aus Wirk- und Blindwiderständen in eine Parallelschaltung umwandeln und umgekehrt (Bild A-65). Beide Schaltungen sind identisch, wenn sie den gleichen komplexen Widerstand $\underline{Z}$ besitzen, d.h. wenn der Scheinwiderstand Z und der Phasenverschiebungswinkel φ gleich sind.

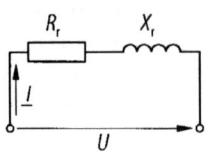 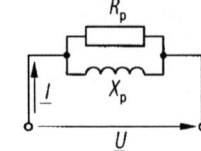

Bild A-65. Reihenschaltung und äquivalente Parallelschaltung

a Reihenschaltung   b äquivalente
                              Reihenschaltung

Für eine Umwandlung einer Parallelschaltung mit dem Gesamtleitwert

$$\underline{Y}_p = G_p + j B_p$$

in eine Reihenschaltung mit dem Gesamtwiderstand

$$\underline{Z}_r = R_r + j X_r$$

muß gelten:

$$\underline{Z}_p = \frac{1}{\underline{Y}_p} = \underline{Z}_r.$$

Für den Parallelwiderstand gilt:

$$\underline{Z}_p = \frac{1}{G_p + j B_p} = \frac{G_p - j B_p}{G_p^2 + B_p^2}.$$

Durch Vergleich von Realteil und Imaginärteil der beiden Ausdrücke

$$\frac{G_p - j B_p}{G_p^2 + B_p^2} = R_r + j X_r$$

folgen die gesuchten Widerstände:

$$R_r = \frac{G_p}{G_p^2 + B_p^2} \quad \text{und} \tag{A-207}$$

$$X_r = -\frac{B_p}{G_p^2 + B_p^2}. \tag{A-208}$$

Setzt man anstatt der Leitwerte die Wirk- und Blindwiderstände ein ($G_p = 1/R_p$ und $B_p = -1/X_p$), dann ergibt sich

$$R_r = \frac{R_p X_p^2}{R_p^2 + X_p^2} \quad \text{und} \tag{A-209}$$

$$X_r = -\frac{R_p^2 X_p}{R_p^2 + X_p^2}. \tag{A-210}$$

Für die Umwandlung einer Reihenschaltung mit dem Gesamtwiderstand

$$\underline{Z}_r = R_r + j X_r$$

in eine Parallelschaltung mit dem Gesamtleitwert

$$\underline{Y}_p = G_p + j\,B_p$$

muß gelten:

$$\underline{Y}_r = \frac{1}{\underline{Z}_r} = \underline{Y}_p\,.$$

Daraus folgt:

$$G_p = \frac{R_r}{R_r^2 + X_r^2} \quad \text{und} \tag{A-211}$$

$$B_p = -\frac{X_r}{R_r^2 + X_r^2}\,. \tag{A-212}$$

Für die Widerstände gilt

$$R_p = \frac{R_r^2 + X_r^2}{R_r} \quad \text{und} \tag{A-213}$$

$$X_p = \frac{R_r^2 + X_r^2}{X_r}\,. \tag{A-214}$$

Beispiel

A-24: Ein Kondensator der Kapazität $C_p = 5\ \mu\text{F}$ wird parallel zu einem Widerstand $R_p = 500\ \Omega$ bei der Frequenz $f = 50$ Hz betrieben. Welcher Widerstand R_r und welche Kapazität C_r sind erforderlich für eine äquivalente Reihenschaltung?

Lösung:

Der Blindwiderstand des Kondensators ist

$$X_p = -\frac{1}{\omega C} = -637\ \Omega\,.$$

Nach Gl. (A-209) ist der erforderliche Wirkwiderstand

$$R_r = \frac{R_p\,X_p^2}{R_p^2 + X_p^2} = 309\ \Omega\,.$$

Der Blindwiderstand ist nach Gl. (A-210)

$$X_r = \frac{R_p^2\,X_p}{R_p^2 + X_p^2} = -243\ \Omega\,.$$

Damit ist nach Gl. (A-184) die erforderliche Kapazität

$$C_r = -\frac{1}{\omega X_r} = 13{,}1\ \mu\text{F}\,.$$

Zusammengesetzte Schaltungen

Mit Hilfe der Beziehungen in den Bildern A-63 und A-64 lassen sich auch zusammengesetzte Wechselstromschaltungen berechnen. Die Vorgehensweise entspricht jener für Gleichstromnetzwerke.

Beispiel

A-25: Für die in Bild A-66 gegebene Schaltung soll der Strom nach Betrag und Phase sowie der Ersatzwiderstand berechnet werden.

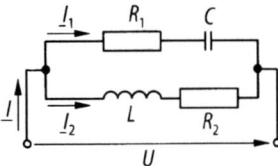

Bild A-66

Daten:

$R_1 = 8\,\Omega,\ \ R_2 = 18\,\Omega,\ \ C = 50\,\mu\text{F},\ \ L = 0,4\,\text{H},\ \ U = 12\,\text{V},\ \ f = 50\,\text{Hz}\,.$

Lösung:

Der Widerstand im oberen Zweig ist

$$\underline{Z}_1 = R_1 - \frac{j}{\omega C} = (8 - j\,63,7)\,\Omega = 64,16\,\Omega \cdot e^{-j\,1,446}\,,$$

der Leitwert beträgt

$$\underline{Y}_1 = \frac{1}{\underline{Z}_1} = 15,6\,\text{mS} \cdot e^{j\,1,446}\,.$$

Damit ist der Strom im oberen Zweig

$$\underline{I}_1 = \underline{Y}_1\,\underline{U} = 187\,\text{mA} \cdot e^{j\,1,446} = 22,3\,\text{mA} + j\,185,6\,\text{mA}\,.$$

Der Widerstand im unteren Zweig ist

$$\underline{Z}_2 = R_2 + j\,\omega L = (18 + j\,125,7)\,\Omega = 127\,\Omega \cdot e^{j\,1,429}\,,$$

der Leitwert beträgt

$$\underline{Y}_2 = \frac{1}{\underline{Z}_2} = 7,88\,\text{mS} \cdot e^{-j\,1,429}\,.$$

Der Strom im unteren Zweig ist

$$\underline{I}_2 = \underline{Y}_2\,\underline{U} = 94,5\,\text{mA} \cdot e^{-j\,1,429} = 13,4\,\text{mA} - j\,93,6\,\text{mA}\,.$$

Damit wird der Gesamtstrom

$$\underline{I} = \underline{I}_1 + \underline{I}_2 = 36,6\,\text{mA} + j\,92\,\text{mA} = 99\,\text{mA} \cdot e^{j\,1,192}\,.$$

Der Effektivwert des Stromes ist $I = 99\,\text{mA}$, er eilt der Spannung voraus um $1,192\,\text{rad} = 68,3°$, d. h. der Phasenverschiebungswinkel ist

$$\varphi = \varphi_\text{u} - \varphi_\text{i} = -68,3°\,.$$

Der komplexe Gesamtwiderstand beträgt

$$\underline{Z} = \frac{\underline{U}}{\underline{I}} = 121\,\Omega \cdot e^{-j\,1,192}\,, \text{ wobei}$$

Scheinwiderstand: $Z = U/I = 121\,\Omega\,,$

Blindwiderstand: $X = Z\sin\varphi = -113\,\Omega\,,$

Wirkwiderstand: $R = \cos\varphi = 44,8\,\Omega\,.$

A.5.6
Blindstromkompensation

Verbraucher mit hohem induktivem Blindstromanteil (z. B. Elektromotor, Leuchtstofflampe) nehmen aus dem Stromnetz außer der Wirkleistung P auch Blindleistung Q auf. Während die Wirkleistung im Verbraucher in mechanische Energie, Wärme, Licht usw. umgesetzt wird, dient die Blindleistung lediglich zum Auf- und Abbau des magnetischen Wechselfeldes. Nach Bild A-54 strömt während einer Viertelperiode Blindenergie vom Netz zum Verbraucher und in der nächsten Viertelperiode vom Verbraucher zurück ins Netz.

Ist der Leistungsfaktor eines Verbrauchers cos $\varphi_v = P/S < 1$, dann bedeutet das, daß nur ein Teil der zugeführten Scheinleistung in Wirkleistung umgesetzt wird, während der Anteil sin $\varphi_v = Q/S$ als Blindleistung anfällt. Anders ausgedrückt: wenn der Verbraucher eine ganz bestimmte Wirkleistung aus dem Netz entnimmt, dann muß der Generator eine wesentlich höhere Leistung zur Verfügung stellen. Der Generator muß also unnötig groß dimensioniert werden. Zusätzlich entstehen in den Zuleitungen Verluste weil der Strom in den Zuleitungen um $1/\cos \varphi_v$ größer ist als bei reiner Wirklast mit cos $\varphi_v = 1$. Im Sinne einer sinnvollen Energieausnutzung muß deshalb darauf geachtet werden, daß alle Verbraucher mit einem Leistungsfaktor cos $\varphi_v \approx 1$ Energie aus dem Netz entnehmen.

Bei induktiver Last kann durch Parallelschalten eines Kondensators der Leistungsfaktor verbessert und im Idealfall auf cos $\varphi = 1$ gebracht werden (Bild A-67). Der Blindstrom des Gerätes wird durch den Blindstrom des Kondensators kompensiert. Die Blindleistung pendelt dann nur noch zwischen Spule und Kondensator hin und her und belastet nicht das Netz.

Im Zeigerdiagramm von Bild A-67 ist I_v der Strom durch den Verbraucher (Widerstand und Spule). Für den Phasenverschiebungswinkel gilt

$$\tan \varphi_v = -\frac{I_L}{I_R} = -\frac{B_L}{G}.$$

Eine vollständige Kompensation erfolgt, wenn $|I_C| = |I_L|$, dann ist der Gesamtstrom ein reiner Wirkstrom und $\varphi = 0$. Bleibt noch ein gewisser induktiver Phasenverschiebungswinkel φ bestehen, dann gilt

$$\tan \varphi = \frac{-I_L - I_C}{I_R} = \frac{-B_L - B_C}{G}.$$

Durch Differenzbildung folgt

$$\tan \varphi_v - \tan \varphi = \frac{B_C}{G} = \frac{B_C U^2}{G U^2} = -\frac{Q_C}{P}.$$

Damit wird die Blindleistung, die der Kondensator aufnehmen muß

$$- Q_C = P(\tan \varphi_v - \tan \varphi). \qquad \text{(A-215)}$$

Die erforderliche Kapazität des Kondensators ist mit Gl. (A-165) und (A-187)

$$C = \frac{P}{\omega U^2}(\tan \varphi_v - \tan \varphi). \qquad \text{(A-216)}$$

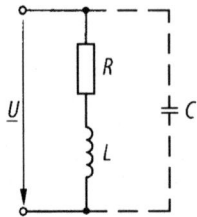 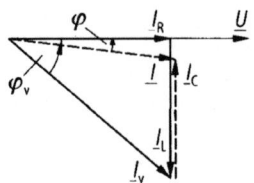

a Schaltung   b Zeigerdiagramm

Bild A-67. Kompensation induktiver Blindleistung durch einen Kondensator

Neben der *Einzelkompensation* jedes einzelnen Gerätes wird in größeren Anlagen auch *Gruppenkompensation* angewendet, wo eine Gruppe von Verbrauchern eine gemeinsame Kompensationsanlage besitzt. Bei häufig wechselnder Last verschiedener Verbraucher ist eine *Zentralkompensation* sinnvoll, wobei je nach anfallender Blindleistung Kondensatoren aus einer Kondensatorbatterie zugeschaltet werden.

Beispiel
A-26: Eine Leuchtstofflampe der Leistung $P = 40$ W wird bei $U = 230$ V Wechselspannung mit $f = 50$ Hz betrieben. Der aufgenommene Strom ist $I_v = 0{,}4$ A.
Wie groß muß die Kapazität eines parallel geschalteten Kompensationskondensators sein bei

a) vollständiger Kompensation auf $\cos \varphi = 1$,

b) Kompensation auf $\cos \varphi = 0{,}95$?

Lösung:

Die Scheinleistung der Lampe ist

$S = U I = 92$ W.

Der Leistungsfaktor der Lampe (Verbraucher) ist nach Gl. (A-147)

$$\cos \varphi_v = \frac{P}{S} = \frac{40 \text{ W}}{92 \text{ W}} = 0{,}435,$$

damit ist der Phasenverschiebungswinkel $\varphi_v = 64{,}2°$.

a) Bei $\cos \varphi = 1$ ist $\varphi = 0$ und $\tan \varphi = 0$. Damit wird mit Gl. (A-216)

$$C = \frac{P}{\omega U^2} \tan \varphi_v = \frac{Q}{\omega U^2}.$$

Die Blindleistung ist

$Q = S \sin \varphi = P \tan \varphi = 82{,}8$ var.

Dies ergibt eine Kapazität von

$$C = \frac{82{,}8 \text{ W}}{2\pi \cdot 50 \text{ s}^{-1} \cdot 230^2 \text{ V}^2} = 4{,}99 \text{ μF}.$$

b) Bei cos $\varphi = 0,95$ ist der Phasenverschiebungswinkel nach der Kompensation $\varphi = 18,2°$. Nach Gl. (A-216) ist die erforderliche Kapazität

$$C = \frac{40\,\text{W}}{2\pi \cdot 50\,\text{s}^{-1} \cdot 230^2\,\text{V}^2}\,(\tan 64,2° - \tan 18,2°) = 4,19\,\mu\text{F}.$$

A.5.7
Schwingkreise

Bild A-68 zeigt die Schaltpläne von Reihen- und Parallelschwingkreis. Durch Anwendung von Maschen- bzw. Knotenregel kann der Zusammenhang zwischen Strom I und Spannung U gefunden werden (Gl. (A-217) und (A-218)). Basis für die Zeichnung

	Reihenschwingkreis	Parallelschwingkreis
Schaltplan	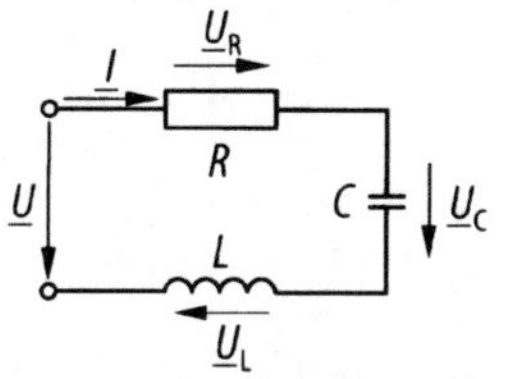	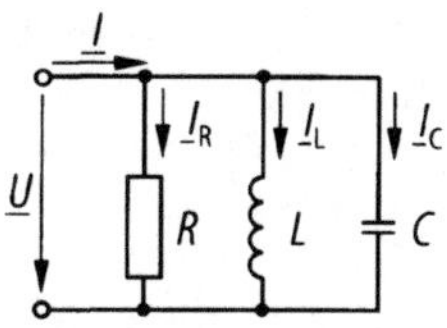
Maschen- bzw. Knotenregel	$\underline{I} = Ie^{j\omega t}$ $\underline{U} = \underline{U}_R + \underline{U}_L + \underline{U}_C = Ue^{j(\omega t + \varphi)}$ $= \underline{I}\left(R + j\omega L - \dfrac{j}{\omega C}\right)$ (A-217)	$\underline{U} = Ue^{j\omega t}$ $\underline{I} = \underline{I}_R + \underline{I}_L + \underline{I}_C = Ie^{j(\omega t + \varphi)}$ $= \underline{U}\left(G - \dfrac{j}{\omega L} + j\omega C\right)$ (A-218)
Zeiger- diagramm		
komplexer Widerstand bzw. Leitwert	$\underline{Z} = \dfrac{\underline{U}}{\underline{I}} = R + j\omega L - \dfrac{j}{\omega C}$ (A-219) $Z = |\underline{Z}| = \sqrt{R^2 + \left(\omega L - \dfrac{1}{\omega C}\right)^2}$ (A-221)	$\underline{Y} = \dfrac{\underline{I}}{\underline{U}} = G + j\omega C - \dfrac{j}{\omega L}$ (A-220) $Y = |\underline{Y}| = \sqrt{G^2 + \left(\omega C - \dfrac{1}{\omega L}\right)^2}$ (A-222)
Phasenver- schiebungs- winkel	$\tan \varphi = \dfrac{\omega L - \dfrac{1}{\omega C}}{R}$ (A-223)	$\tan \varphi = \dfrac{\dfrac{1}{\omega L} - \omega C}{G}$ (A-224)

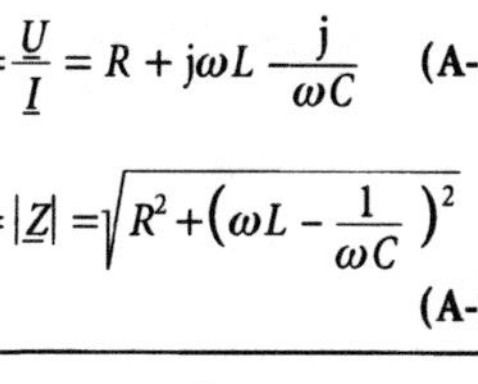

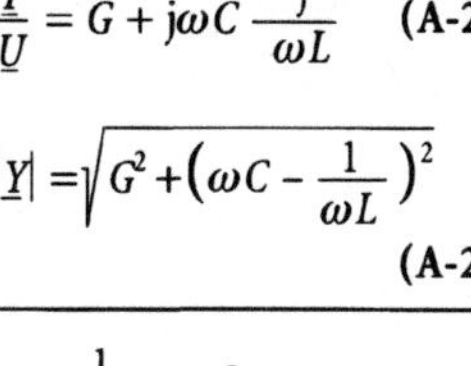

Bild A-68. Schwingkreise

des Zeigerdiagramms ist beim Reihenschwingkreis der gemeinsame Strom $\underline{I}$, beim Parallelschwingkreis die gemeinsame Spannung $\underline{U}$. Der komplexe Widerstand $\underline{Z}$ des Reihenschwingkreises wie auch der komplexe Leitwert $\underline{Y}$ des Parallelschwingkreises bestehen aus einem Wirkanteil und einem kapazitiven sowie einem induktiven Blindanteil.

Für den Fall, daß die beiden Blindanteile betragsmäßig gleich groß sind, sich also aufheben, liegen Strom $\underline{I}$ und Spannung $\underline{U}$ im Zeigerbild aufeinander, der Phasenverschiebungswinkel wird also $\varphi = 0$. Dies ist der Fall, wenn die *Resonanzbedingung*

$$\omega L = 1/\omega C$$

erfüllt ist, also bei der Frequenz bzw. Kreisfrequenz

$$\omega_0 = \frac{1}{\sqrt{LC}} \quad \text{oder} \quad f_0 = \frac{1}{2\pi\sqrt{LC}}. \tag{A-225}$$

Gl. (A-225) wird als *Thomsonsche Formel* bezeichnet. Die Frequenz f_0 ist die *Resonanzfrequenz* des Schwingkreises; sie entspricht der Eigenfrequenz mit der ein ungedämpfter Schwingkreis (L und C ohne R) frei schwingt.

Im Zustand der Resonanz hat der Reihenschwingkreis seinen minimalen Widerstand $Z_{min} = R$, wobei der maximale Strom $I_{max} = U/R$ fließt. Der Parallelschwingkreis hat an der Resonanzfrequenz seinen minimalen Leitwert $Y_{min} = G$, daher fließt an diesem Zustand der minimale Strom $I_{min} = UG = U/R$. Die Schwingkreise zeigen bei Resonanz das Verhalten reiner Wirkwiderstände.

Die Frequenzabhängigkeit der Spannungen soll für den Reihenschwingkreis noch etwas ausführlicher diskutiert werden:

Für den Betrag des Stromes gilt mit Gl. (A-221)

$$I = \frac{U}{Z} = \frac{U}{\sqrt{R^2 + \left(\omega L - \dfrac{1}{\omega C}\right)^2}}. \tag{A-226}$$

Damit ist die Spannung U_R, die am ohmschen Widerstand anliegt

$$U_R = I\,R = \frac{U\,R}{\sqrt{R^2 + \left(\omega L - \dfrac{1}{\omega C}\right)^2}}.$$

Das Verhältnis zwischen Spannung am Widerstand U_R und angelegter Spannung U ist

$$\frac{U_R}{U} = \frac{R}{\sqrt{R^2 + \left(\omega L - \dfrac{1}{\omega C}\right)^2}}.$$

Eine elegante Diskussion dieses Ausdruckes erlaubt eine Umformung auf dimensionslose Größen. Dazu werden folgende Begriffe eingeführt:

$$\eta = \frac{\omega}{\omega_0} = \frac{f}{f_0} \tag{A-227}$$

ist die *normierte Frequenz,*

$$Q = \frac{1}{R} \sqrt{\frac{L}{C}} \tag{A-228}$$

ist die *Güte* eines Schwingkreises. Das Verhältnis der Spannungen wird damit auf folgende Form gebracht:

$$\frac{U_R}{U} = \frac{\eta}{\sqrt{\eta^2 + Q^2(\eta^2 - 1)^2}} \,. \tag{A-229}$$

Eine Darstellung dieses Spannungsverhältnisses über der normierten Erregerfrequenz η mit der Güte Q als Parameter zeigt Bild A-69a. Im Falle der Resonanz ($\eta = 1$, Erreger-

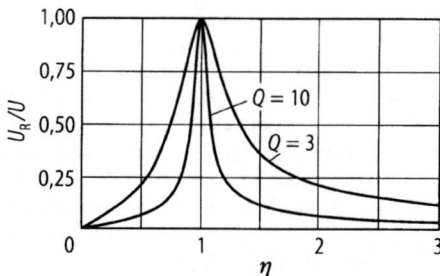

a Spannungsverhältnis am Widerstand

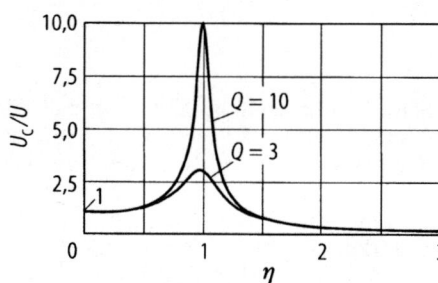

b Spannungsverhältnis am Kondensator

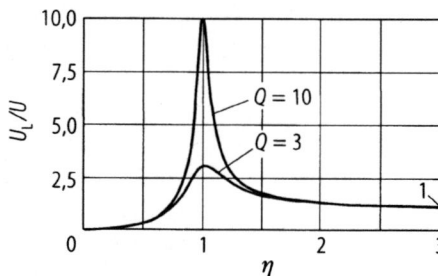

c Spannungsverhältnis an der Spule

Bild A-69. Resonanzkurven der Spannungen am Reihenschwingkreis

frequenz f gleich Eigenfrequenz f_0) ist die Spannung U_R am Widerstand maximal, nämlich so groß wie die angelegte Spannung.

Für die Spannung am Kondensator folgt mit

$$U_C = \frac{I}{\omega C} \quad \text{aus Gl. (A-226)}$$

$$\frac{U_C}{U} = \frac{1}{\sqrt{(1 - \eta^2)^2 + \left(\dfrac{\eta}{Q}\right)^2}} . \tag{A-230}$$

Aus Bild A-69b ist ersichtlich, daß die Spannung U_C am Kondensator für $\eta = 0$ ($f = 0$, Gleichspannung) identisch ist mit der angelegten Spannung U. Das ist zu erwarten, denn nach Gl. (A-184) wird der Wechselstromwiderstand des Kondensators

$$|X_C| = \frac{1}{\omega C}$$

für $f = 0$ unendlich groß. Im Falle der Resonanz ($\eta = 1$) wird die Spannung U_C am Kondensator Q mal so groß wie die angelegte Spannung U. Die *Resonanzüberhöhung* ist also so groß wie die *Güte* des Schwingkreises. Hat also beispielsweise ein Schwingkreis die Güte $Q = 10$ und liegt am Eingang die Wechselspannung $U = 230$ V, dann beträgt der Effektivwert der Kondensatorspannung im Resonanzfall $U_C = 2,3$ kV und der Scheitelwert $\hat{u}_C = U_C \sqrt{2} = 3,1$ kV. Für große Frequenzen geht die Kondensatorspannung gegen null weil der Blindwiderstand verschwindet.

Für die Spannung an der Spule folgt mit $U_L = I \, \omega L$ aus Gl. (A-226)

$$\frac{U_L}{U} = \frac{\eta^2}{\sqrt{(1 - \eta^2)^2 + \left(\dfrac{\eta}{Q}\right)^2}} . \tag{A-231}$$

Wie Bild A-69c zeigt, ist die Spulenspannung im Gleichspannungsfall ($\eta = 0$) null. Für sehr große Frequenzen ($\eta \to \infty$) gilt $U_L = U$. Der Blindwiderstand der Spule $X_L = \omega L$ läßt genau dieses Verhalten erwarten. Im Falle der Resonanz tritt auch an der Spule eine Spannungerhöhung um Q auf.

Die 3-dB-Bandbreite der Resonanzkurve (gemessen in der Höhe $Q/\sqrt{2}$) beträgt $\Delta \eta = 1/Q$ (Bild A-70). Es gilt also für die Resonanzkurve:

Höhe $\times$ Breite $= 1$.

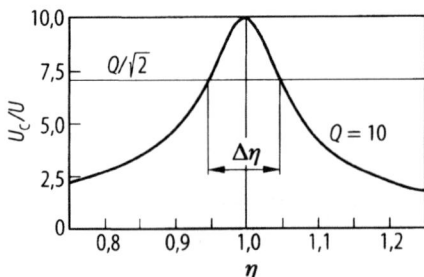

Bild A-70. Bandbreite eines Schwingkreises

a Niedrige Frequenz, $f \to 0$

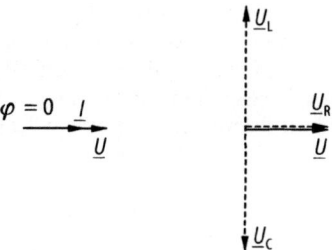

b Resonanzfrequenz, $f = f_0$, $\eta = 1$

Bild A-71. Zeigerdiagramme des Reihenschwingkreises

c Hohe Frequenz, $f \to \infty$

Die Phasenlagen des Stromes sowie der Spannungen U_R, U_L und U_C relativ zur erregenden Spannung U sind in den Zeigerdiagrammen von Bild A-71 für drei Frequenzen dargestellt.

Die für den Reihenschwingkreis gefundenen Ergebnisse sind sinngemäß auf Parallelschwingkreise übertragbar, wenn jeweils Strom mit Spannung vertauscht wird.

Beispiel

A-27: Beim Rundfunkempfang soll aus dem Frequenzgemisch, das die Antenne anbietet, die Frequenz $f_0 = 576\,\text{kHz}$ durch einen Reihenschwingkreis ausgefiltert werden. Zur Verfügung steht eine Spule der Induktivität $L = 60\,\mu\text{H}$. Auf welche Kapazität muß der Kondensator abgestimmt werden? Der Widerstand des Kreises beträgt $R = 2\,\Omega$. Wie groß ist die Bandbreite des Filters?

Lösung:

Die notwendige Kapazität ist nach Gl. (A-225)

$$C = \frac{1}{f_0^2 \, 4 \, \pi^2 \, L} = 1{,}27\,\text{nF}.$$

Für die 3-dB-Bandbreite gilt

$$\Delta \eta = \frac{\Delta f}{f_0} = \frac{1}{Q} = R \sqrt{\frac{C}{L}} = 9{,}21 \cdot 10^{-3}.$$

Die Frequenzbandbreite ist damit

$$\Delta f = \Delta \eta \cdot f_0 = 5{,}3\,\text{kHz}.$$

A.5.8
Ortskurven

Zum besseren Verständnis von Wechselstromschaltungen mit R-L-C-Gliedern dient die Darstellung von *Ortskurven* in der Gaußschen Zahlenebene. Darunter versteht man Kurven, auf denen die Pfeilspitzen komplexer Größen (Strom, Spannung, Widerstand, Leitwert, Übertragungsfunktionen usw.) laufen, wenn irgend ein Parameter der Schaltung variiert wird. Am gebräuchlichsten sind Darstellungen, bei denen die Frequenz bzw. Kreisfrequenz verändert wird. Bild A-72 zeigt Ortskurven des komplexen Widerstandes $\underline{Z}$ einiger R-L-C-Kombinationen mit der Kreisfrequenz als variablem Parameter. Für einfache Kombinationen von Widerstand, Spule und Kondensator sind die Ortskurven Geraden oder (Halb-)Kreise.

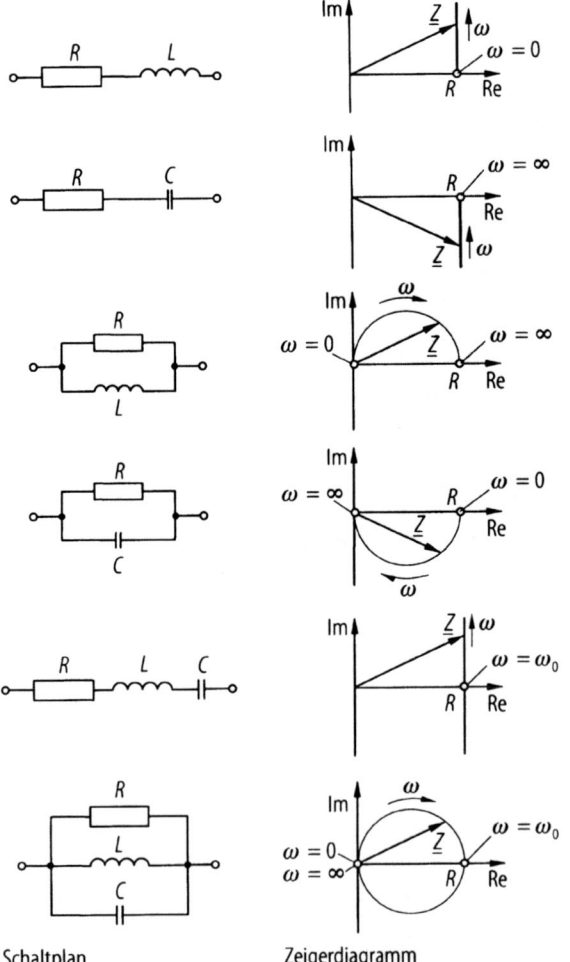

Schaltplan   Zeigerdiagramm

Bild A-72. Ortskurven des komplexen Widerstandes

Beispiel

A-28: Es soll bewiesen werden, daß die Ortskurve der Parallelschaltung von Widerstand und Spule auf einem Halbkreis liegt.

Lösung:

Der komplexe Leitwert der Parallelschaltung ist nach Gl. (A-199)

$$\underline{Y} = G - \frac{j}{\omega L}.$$

der komplexe Widerstand beträgt

$$\underline{Z} = \frac{1}{\underline{Y}} = \frac{1}{G - \dfrac{j}{\omega L}} = R\,\frac{1}{1 - \dfrac{jR}{\omega L}} = R\,\frac{1}{1 - ja}$$

mit $a = R/\omega L$.

Er läßt sich umformen in $\underline{Z} = R\,(\tfrac{1}{2} + \underline{F})$, wobei

$$\underline{F} = \frac{1}{1 - ja} - \frac{1}{2} = \frac{1}{2} \cdot \frac{1 + ja}{1 - ja}.$$

Der Betrag der komplexen Funktion $\underline{F}$ ist $|\underline{F}| = \dfrac{1}{2}$ (Zähler und Nenner haben denselben Betrag). Damit liegen alle Pfeilspitzen von $\underline{Z}$ auf einem Kreis um $R/2$ mit Radius $R/2$.

A.5.9
Transformator

Der Transformator ist ein *Energiewandler* (Abschn. F.3), der zugeführte elektrische Energie zunächst in magnetische umsetzt und sie schließlich wieder als elektrische abgibt, wobei meist eine Spannungsänderung vorgenommen wird. Bild A-73 zeigt den prinzipiellen Aufbau eines Transformators mit zwei getrennten Wicklungen. Der Eisenkern dient zur Führung des magnetischen Flusses Φ. An der *Primärwicklung* mit der Windungszahl N_1 liegt die Spannung U_1, an der *Sekundärwicklung* mit der Windungszahl N_2 ist die Spannung U_2 abgreifbar. Die Wicklung, an der die höhere Spannung liegt, wird auch als *Oberwicklung*, die andere als *Unterwicklung* bezeichnet.

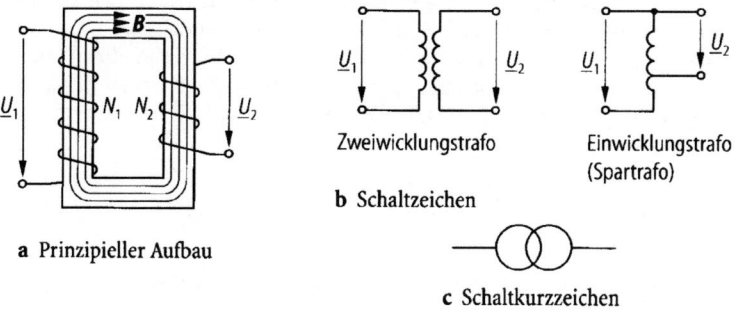

a Prinzipieller Aufbau

Zweiwicklungstrafo

Einwicklungstrafo
(Spartrafo)

b Schaltzeichen

c Schaltkurzzeichen

Bild A-73. Transformator

Idealer Transformator

Der ideale Transformator weist keine Verluste auf, d.h. sowohl keine ohmschen als auch keine Ummagnetisierungsverluste (Abschn. A.4.3) im Eisen. Ferner soll der von der Primärspule erzeugt magnetische Fluß Φ verlustlos die Sekundärspule durchfließen.

Beim *Leerlaufbetrieb* (Bild A-74a) erzeugt der Strom durch die Primärspule (*Leerlaufstrom, Magnetisierungsstrom* I_m) einen sinusförmigen magnetischen Fluß der Form

$$\Phi(t) = \hat{\Phi}\cos \omega t.$$

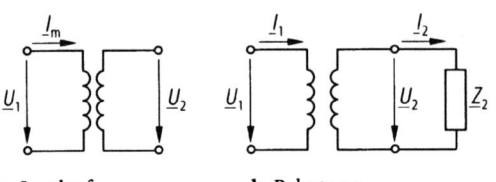

Bild A-74. Transformator in zwei Betriebszuständen

a Leerlauf   b Belastung

Nach dem Induktionsgesetz Gl. (A-114) für eine Spule mit der Windungszahl N gilt für die damit verknüpfte Induktionsspannung

$$u(t) = -N\frac{d\Phi}{dt} = N\hat{\Phi}\,\omega\,\sin \omega t = 2\pi f N\hat{\Phi}\sin \omega t.$$

Die Spannungsamplitude ist $\hat{u} = 2\pi f N\hat{\Phi}$, der Effektivwert beträgt $U = \hat{u}/\sqrt{2}$ oder

$$U = \sqrt{2}\,\pi f N\,\hat{\Phi} = 4{,}44\,f N\,\hat{\Phi}. \tag{A-232}$$

Aus Gl. (A-232) folgt unmittelbar, daß das *Übersetzungsverhältnis* $\ddot{u}$ eines Transformators gleich groß ist wie das Verhältnis der Windungszahlen der beiden Wicklungen:

$$\ddot{u} = \frac{U_1}{U_2} = \frac{N_1}{N_2}. \tag{A-233}$$

Wird der Transformator sekundärseitig mit einem komplexen Widerstand $\underline{Z}_2$ belastet (Bild A-74b), dann fließt der Sekundärstrom $\underline{I}_2 = \underline{U}_2/\underline{Z}_2$. Der Strom $\underline{I}_2$ erzeugt in der Sekundärspule die Durchflutung $N_2 I_2$, die einen Fluß erzeugt, der dem primären Fluß entgegengesetzt gerichtet ist (Lenzsche Regel). Da aber der Gesamtfluß bei konstanter Eingangsspannung nach Gl. (A-232) erhalten bleiben muß, bedeutet dies, daß jetzt zusätzlich zum Magnetisierungsstrom I_m durch die Primärspule ein *Zusatzstrom* I_z fließen muß. Dieser Zusatzstrom muß die gleiche Durchflutung $N_1 I_z$ hervorbringen wie der Sekundärstrom. Also gilt

$$N_1 \underline{I}_z = N_2 \underline{I}_2, \quad \text{bzw.} \quad \underline{I}_z = \underline{I}_2\frac{N_2}{N_1} = \frac{\underline{I}_2}{\ddot{u}} \quad \text{oder mit} \quad \underline{I}_2 = \frac{\underline{U}_2}{\underline{Z}_2} \quad \text{und Gl. (A-233)} \quad \underline{I}_z = \frac{\underline{U}_1}{\ddot{u}^2\underline{Z}_2}.$$

Der Zusatzstrom hat also eine Größe, als ob ein Widerstand vom Betrag $\underline{Z}'_1 = \ddot{u}^2\underline{Z}_2$ an der Eingangsspannung $\underline{U}_1$ läge. Der gesamte Primärstrom wird damit $\underline{I}_1 = \underline{I}_m + \underline{I}_z$. Die Aufteilung der Ströme ist in Bild A-75 dargestellt.

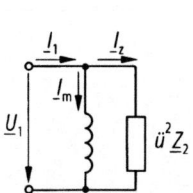

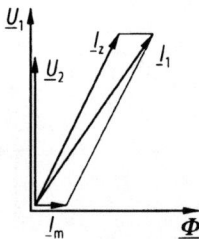

a Ersatzschaltbild   **b** Zeigerdiagramm   **Bild A-75.** Verlustloser Transformator

Beim *idealen* Transformator ist der Magnetisierungsstrom $\underline{I}_m$ gegenüber dem Zusatzstrom $\underline{I}_z$ vernachlässigbar, so daß gilt $\underline{I}_1 = \underline{I}_z$ und

$$\frac{I_1}{I_2} = \frac{1}{\ddot{u}} = \frac{U_2}{U_1}\,. \tag{A-234}$$

Die Ströme verhalten sich also umgekehrt wie die Spannungen.
Für das Verhältnis der Impedanzen von Primär- und Sekundärseite gilt

$$\frac{Z_1}{Z_2} = \ddot{u}^2\,. \tag{A-235}$$

Diese Eigenschaft des Transformators wird in der Nachrichtentechnik gerne benutzt, um Impedanzanpassungen vorzunehmen. Wie in Abschn. A.2.1 dargestellt wurde, kann aus einer Zweipolquelle dann maximale Leistung entnommen werden, wenn der Innenwiderstand der Quelle gleich dem Lastwiderstand ist (Leistungsanpassung). Liegt Fehlanpassung vor, dann kann man mit Hilfe eines Transformators (Übertrager) die Impedanz des Verbrauchers an die Quelle anpassen.

Realer Transformator
Der reale Transformator hat verschiedene Verlustmechanismen:

- Streuverluste: Nicht alle magnetischen Feldlinien, die in der Primärwicklung erzeugt werden, erreichen die Sekundärwicklung. Dasselbe gilt für den Gegenfluß, der infolge Durchflutung der Sekundärspule entsteht. Im Ersatzschaltbild (Bild A-76) werden die Streuflüsse durch zwei Blindwiderstände $X_{\sigma 1}$ und $X'_{\sigma 2}$ dargestellt. Der *Hauptfluß*, der beide Wicklungen durchfließt, wird in der Spule mit dem Blindwiderstand X_h erzeugt. Sie wird vom Magnetisierungsstrom $\underline{I}_m$ durchflossen.
- Joulesche Wärme: In den Leitungen der beiden Wicklungen entstehen Wärmeverluste an den Widerständen R_1 und R'_2.
- Eisenverluste: Die im Eisenkern auftretenden Hystereseverluste (Abschn. A.4.3) und Wirbelstromverluste (Abschn. A.4.5) treten im Ersatzschaltbild am Widerstand R_v auf.

Für die Erstellung eines Ersatzschaltbildes werden die beiden galvanische getrennten Stromkreise in einem vereinigt, indem die Spannungen, Ströme und komplexen Wider-

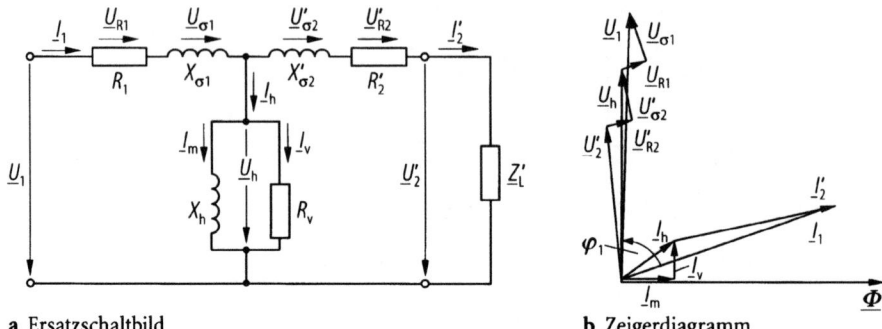

a Ersatzschaltbild   **b** Zeigerdiagramm

Bild A-76. Verlustbehafteter Transformator

stände von der Sekundärseite mit Hilfe der Gl. (A-233) bis (A-235) auf die Primärseite umgerechnet werden. Die umgerechneten Größen erhalten im Ersatzschaltbild einen Strich. Es gilt also:

$$U_2' = \ddot{u}\, U_2, \quad I_2' = \frac{1}{\ddot{u}}\, I_2, \quad Z_2' = \ddot{u}^2\, Z_2.$$

Bild A-76 zeigt das Ersatzschaltbild und das zugehörige Zeigerdiagramm bei einer Last $\underline{Z}_L$, die aus einem Wirkwiderstand R_L und einem induktiven Blindwiderstand X_L besteht $(0 < \varphi < 90°)$.

Leerlaufbetrieb
Ist an die Klemmen der Sekundärspule keine Last angeschlossen, arbeitet der Transformator im Leerlauf. Die Leerlaufspannung U_{20} der Sekundärwicklung heißt bei Transformatoren mit über 16 kVA Scheinleistung *Nennspannung* U_{2N}. Das Produkt aus sekundärseitigem *Nennstrom* I_{2N} und der Nennspannung ist die *Nennleistung*

$$S_{2N} = U_{2N}\, I_{2N} = U_{20}\, I_{2N}. \tag{A-236}$$

Aus Gründen der Energieerhaltung gilt bei vernachlässigbaren Verlusten

$$S_N = U_{1N}\, I_{1N} = U_{2N}\, I_{2N}. \tag{A-237}$$

Im Leerlaufbetrieb ist der Leerlaufstrom I_{10} durch die Primärwicklung wesentlich kleiner als der Nennstrom I_{1N}. Er beträgt nur zwischen 0,5 % und 5 % des Nennstroms. Daraus folgt, daß die Kupferverluste und die Streufeldverluste im Primärkreis vernachlässigbar sind. Da im Sekundärkreis ohnehin kein Strom fließt, sind die auftretenden *Leerlaufverluste* P_{10} praktisch gleich den *Eisenverlusten* P_{Fe}. Das Ersatzschaltbild und das Zeigerdiagramm von Bild A-76 vereinfachen sich demnach für den Leerlaufbetrieb zu den in Bild A-77 dargestellten Diagrammen. Der Phasenverschiebungswinkel ergibt sich aus

$$\cos \varphi_{10} = \frac{P_{10}}{U_{10} I_{10}} = \frac{I_v}{I_{10}}. \tag{A-238}$$

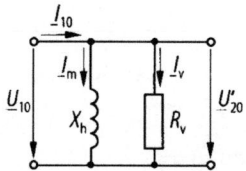 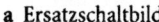
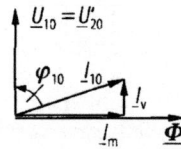

a Ersatzschaltbild   b Zeigerdiagramm   **Bild A-77.** Transformator im Leerlauf

Beispiel

A-29: Auf dem Typenschild eines Transformators steht: *Nennspannung 6000 V/230 V, Nennstrom 3,44 A/87 A, Nennleistung 20 kVA, Frequenz 50 Hz.* Bei einer Leerlaufmessung wird der Leerlaufstrom $I_{10} = 0,15$ A festgestellt. Mit Hilfe eines Wattmeters wird eine aufgenommene Leistung von $P_{10} = 180$ W gemessen. Es ist die Gültigkeit von Gl. (A-237) zu verifizieren. Wie groß ist der Phasenverschiebungswinkel φ_{10}, der Eisenverlustwiderstand R_v sowie die Hauptreaktanz X_h?

Lösung:

Primärseitige Scheinleistung:

$S_{1N} = I_{1N} U_{1N} = 3,44$ A $\cdot$ 6000 V $= 20,64$ kVA,

sekundärseitige Scheinleistung:

$S_{2N} = I_{2N} U_{2N} = 87$ A $\cdot$ 230 V $= 20,01$ kVA,

in guter Übereinstimmung mit der angegebenen Nennleistung $S_N = 20$ kVA.
Phasenverschiebungswinkel mit Gl. (A-238):

$$\cos \varphi_{10} = \frac{P_{10}}{U_{10} I_{10}} = \frac{180 \text{ W}}{6000 \text{ V} \cdot 0,15 \text{ A}} = 0,200.$$

$\varphi_{10} = 78,5°.$

Aus dem Zeigerdiagramm Bild A-77 sowie Gl. (A-238) folgt für den Verluststrom infolge der Eisenverluste

$I_v = I_{10} \cos \varphi_{10} = 30$ mA

und für den Magnetisierungsstrom

$I_m = I_{10} \sin \varphi_{10} = 147$ mA.

Eisenwiderstand:

$$R_v = \frac{U_{10}}{I_v} = \frac{6000 \text{ V}}{0,03 \text{ A}} = 200 \text{ k}\Omega,$$

Hauptreaktanz:

$$X_h = \frac{U_{10}}{I_m} = \frac{6000 \text{ V}}{0,147 \text{ A}} = 40,8 \text{ k}\Omega,$$

dies entspricht einer Induktivität von

$$L_h = \frac{X_h}{2\pi f} = \frac{40,8 \cdot 10^3 \ \Omega}{2\pi \cdot 50 \text{ s}^{-1}} = 130 \text{ H}.$$

Kurzschlußbetrieb

Wird der Transformator sekundärseitig kurzgeschlossen ($Z'_L = 0$ in Bild A-76), dann ist der Strom durch die hochohmige Hauptreaktanz X_h und den Eisenverlustwiderstand R_v vernachlässigbar gegenüber dem Kurzschlußstrom I_{2k}. Das Ersatzschaltbild von Bild A-76 kann deshalb vereinfacht werden zum Ersatzschaltbild von Bild A-78. Hier sind die Wicklungswiderstände zusammengefaßt zum *Kurzschlußwiderstand*

$$R_k = R_1 + R'_2$$

und die Streureaktanzen zur *Kurzschlußreaktanz*

$$X_k = X_{\sigma 1} + X'_{\sigma 2}.$$

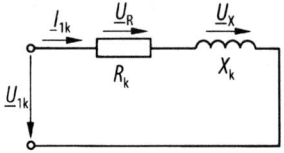 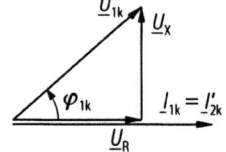

Bild A-78. Transformator bei Kurzschluß

a Ersatzschaltbild   b Zeigerdiagramm

Bei der *Kurzschlußmessung* wird der Transformator sekundärseitig kurzgeschlossen und primärseitig mit einer solchen Spannung betrieben, daß der Transformator den Nennstrom I_{1N} aufnimmt. Die dazu notwendige *Kurzschlußspannung* U_{1k} ist wesentlich kleiner als die Nennspannung U_{1N}. Sie wird in der Regel als *relative Kurzschlußspannung* u_k ausgedrückt:

$$u_k = \frac{U_{1k}}{U_{1N}}. \tag{A-239}$$

Bei Transformatoren mit über 16 kVA Nennleistung ist sie auf dem Typenschild angegeben. Die Kurzschlußspannung ist ein Maß für den Innenwiderstand Z_k (Scheinwiderstand) eines Transformators im Kurzschlußbetrieb:

$$Z_k = \frac{U_{1k}}{I_{1N}}. \tag{A-240}$$

Dieser Innenwiderstand ist wiederum maßgebend für den *Dauerkurzschlußstrom* I_{kN}, der im Transformator fließt, wenn am Eingang die Nennspannung U_{1N} anliegt und der Ausgang kurzgeschlossen ist. Dieser Strom beträgt $I_{kN} = U_{1N}/Z_k$ oder mit Gl. (A-238) und (A-239)

$$I_{kN} = \frac{I_{1N}}{u_k}. \tag{A-241}$$

Ist also beispielsweise die relative Kurzschlußspannung 5%, dann beträgt der Dauerkurzschlußstrom das zwanzigfache des Nennstroms. Der Transformator muß so konstruiert sein, daß die auftretenden Kräfte und thermischen Belastungen nicht zur Zerstörung führen bzw. daß eine geeignete Sicherung das Gerät rechtzeitig abschaltet. Unmittelbar nach Auftreten eines

Kurzschlusses fließt der *Stoßkurzschlußstrom*, der mehr als doppelt so groß sein kann wie der Dauerkurzschlußstrom. Innerhalb einiger Perioden klingt der Kurzschlußstrom auf den Dauerkurzschlußstrom ab.

Beim Kurzschlußbetrieb nimmt der Transformator aus dem Netz eine Wirkleistung P_k auf, die der Verlustleistung in den Wicklungen, also den *Kupferverlusten* P_{CuN} bei Nennbetrieb entspricht:

$$P_{1k} = P_{CuN} = I_{1k}^2 R_k = I_{1N}^2 R_1 + I_{2N}^2 R_2. \qquad (A\text{-}242)$$

Für den Phasenverschiebungswinkel im Zeigerdiagramm (Bild A-78) gilt

$$\cos \varphi_{1k} = \frac{P_{1k}}{U_{1k} I_{1N}}. \qquad (A\text{-}243)$$

Beispiel
A-30: Der Transformator von Beispiel A-29 hat eine relative Kurzschlußspannung von $u_k = 5\%$. Mit Hilfe eines Wattmeters wird im Kurzschlußversuch die Kurzschlußleistung $P_{1k} = 540$ W gemessen.
Wie groß ist der Dauerkurzschlußstrom I_{kN}, der Phasenverschiebungswinkel φ_{1k}, der Kurzschlußwiderstand R_k, die Kurzschlußreaktanz X_k sowie die Kurzschlußimpedanz Z_k?

Lösung:

Dauerkurzschlußstrom nach Gl. (A-241):

$$I_{kN} = \frac{I_{1N}}{u_k} = \frac{3,44 \text{ A}}{0,05} = 68,8 \text{ A}.$$

Phasenverschiebungswinkel nach Gl. (A-243):

$$\cos \varphi_{1k} = \frac{540 \text{ W}}{0,05 \cdot 6000 \text{ V} \cdot 3,44 \text{ A}} = 0,523, \quad \varphi_{1k} = 58,4°.$$

Kurzschlußimpedanz:

$$Z_k = \frac{U_{1k}}{I_{1N}} = \frac{0,05 \cdot 6000 \text{ V}}{3,44 \text{ A}} = 87,2 \ \Omega.$$

Kurzschlußwiderstand nach Gl. (A-242):

$$R_k = \frac{P_{1k}}{I_{1N}^2} = \frac{540 \text{ W}}{3,44^2 \text{ A}^2} = 45,6 \ \Omega.$$

Kurzschlußreaktanz:

$$X_k = \sqrt{Z_k^2 - R_k^2} = Z_k \sin \varphi_{1k} = 74,3 \ \Omega,$$

dies entspricht einer Induktivität von

$$L_k = \frac{X_k}{2 \pi f} = \frac{74,3 \ \Omega}{2 \pi \cdot 50 \text{ s}^{-1}} = 0,237 \text{ H}.$$

Spannungsänderung

Wird ein Transformator primärseitig mit Nennspannung U_{1N} im Leerlauf betrieben, so liegt an den Ausgangsklemmen die Nennspannung U_{2N} an: $U_{20} = U_{2N}$. Wird er dagegen belastet, dann ändert sich die Ausgangsspannung auf U_2. Der Unterschied wird als *Spannungsänderung* ΔU bezeichnet:

$$\Delta U = U_{2N} - U_2. \tag{A-244}$$

Häufig wird auch die relative Spannungsänderung bei Belastung angegeben:

$$u_L = \frac{U_{2N} - U_2}{U_{2N}} = 1 - \frac{U_2}{U_{2N}}. \tag{A-245}$$

Die Spannungsänderung hängt von der Art der Belastung ab. Bei induktiver Belastung sinkt die Ausgangsspannung U_2 stärker als bei reiner Wirklast. Bei kapazitiver Last kann sie sogar ansteigen. Zur Berechnung wird das Ersatzschaltbild (Bild A-76) vereinfacht, indem der Strom I_h durch die Hauptreaktanz X_h und den Eisenverlustwiderstand R_v vernachlässigt wird gegenüber dem Strom durch den Lastwiderstand Z'_L. Die Wicklungswiderstände sind wieder zusammengefaßt zum *Kurzschlußwiderstand* $R_k = R_1 + R'_2$ und die Streureaktanzen zur *Kurzschlußreaktanz* $X_k = X_{\sigma1} + X'_{\sigma2}$. Damit ergibt sich das Ersatzschaltbild von Bild A-79 mit den zugehörigen Zeigerdiagrammen.

Die Spannungsänderung ΔU wird näherungsweise aus dem Zeigerdiagramm Bild A-79 d bestimmt zu

$$\Delta U' = U'_{2N} - U'_2 = ü \, \Delta U = U_R \cos \varphi_2 + U_X \sin \varphi_2. \tag{A-246}$$

Dabei ist φ_2 der Phasenverschiebungswinkel zwischen Ausgangsspannung U_2 und -strom I_2.

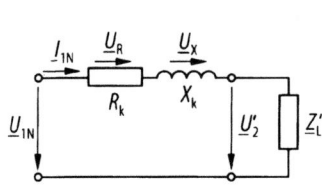

a Vereinfachtes Ersatzschaltbild

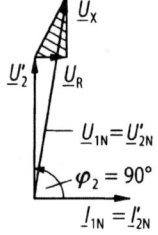

b Zeigerdiagramm bei rein induktiver Last

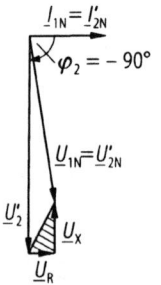

c Zeigerdiagramm bei rein kapazitiver Last

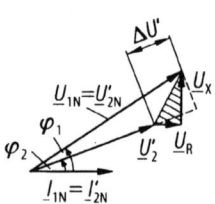

d Zeigerdiagramm bei beliebiger Last

Bild A-79. Transformator bei Belastung

Beispiel

A-31: Welche Sekundärspannung U_2 stellt sich bei dem Transformator der Beispiele A-29 und A-30 ein, wenn er mit

a) reiner Wirklast,
b) induktiver Last, $\cos \varphi_2 = 0{,}8$, $\quad \varphi_2 > 0$,
c) kapazitiver Last, $\cos \varphi_2 = 0{,}8$, $\quad \varphi_2 < 0$ betrieben wird?

Lösung:

Spannungsabfall am Kurzschlußwiderstand:

$$U_R = I_{1N} R_k = 3{,}44 \text{ A} \cdot 45{,}6 \ \Omega = 156{,}9 \text{ V},$$

an der Kurzschlußreaktanz:

$$U_X = I_{1N} X_k = 3{,}44 \text{ A} \cdot 87{,}2 \ \Omega = 300 \text{ V}.$$

a) Mit $\cos \varphi_2 = 1$, $\sin \varphi_2 = 0$ folgt für die Spannungsänderung

$$\Delta U' = U_R = 156{,}9 \text{ V}, \quad \Delta U = \Delta U'/\ddot{u} = 6 \text{ V}.$$

Damit ist die Ausgangsspannung

$$U_2 = U_{2N} - \Delta U = 230 \text{ V} - 6 \text{ V} = 224 \text{ V}.$$

b) Mit $\cos \varphi_2 = 0{,}8$, $\varphi_2 = 36{,}9°$, $\sin \varphi_2 = 0{,}6$ folgt für die Spannungsänderung mit Gl. (A-246)

$$\Delta U' = 305{,}5 \text{ V}, \quad \Delta U = 11{,}7 \text{ V}.$$

Damit ist die Ausgangsspannung $U_2 = 218{,}3 \text{ V}$.

c) Mit $\cos \varphi_2 = 0{,}8$, $\varphi_2 = -36{,}9°$, $\sin \varphi_2 = -0{,}6$ folgt für die Spannungsänderung

$$\Delta U' = -54{,}5 \text{ V}, \quad \Delta U = -2 \text{ V}.$$

Damit ist die Ausgangsspannung $U_2 = 232 \text{ V}$.

Wirkungsgrad

Im Sinne der Energiewandlung (Abschn. F.3) ist ein Transformator ein Gerät, dem die Wirkleistung P_1 zugeführt wird und das die kleinere Ausgangsleistung P_2 abgibt. Ist die Verlustleistung P_v, so gilt $P_2 = P_1 - P_v$. Der Wirkungsgrad der Energiewandlung ist damit

$$\eta = \frac{P_2}{P_1} = 1 - \frac{P_v}{P_1}. \tag{A-247}$$

Die Verluste setzen sich aus Eisenverlusten und Kupferverlusten zusammen:

$$P_v = P_{Fe} + P_{Cu}.$$

Dabei entsprechen die Eisenverluste der beim Leerlauf aufgenommenen Leistung

$$P_{Fe} = P_{10},$$

die Kupferverluste der beim Kurzschlußversuch gemessenen Leistungsaufnahme

$$P_{Cu} = P_{1k} = I_{1k}^2 R_k.$$

Der *Nennwirkungsgrad* ist der Wirkungsgrad bei Betrieb mit Nennspannung und Nennstrom.

Beispiel

A-32: Für den Transformator der letzten drei Beispiele soll der Wirkungsgrad in Abhängigkeit vom sekundärseitigen Stromverhältnis I_2/I_{2N} ermittelt werden für

a) reine Wirklast,

b) induktive Last mit $\cos \varphi_2 = 0,8$.

Lösung:

Bei Teillastbetrieb gilt für die stromabhängigen Kupferverluste:

$$P_{Cu} = P_{1k}\left(\frac{I_2}{I_{2N}}\right)^2, \text{ mit } P_{1k} = 540 \text{ W, während die Eisenverluste mit } P_{Fe} = P_{10} = 180 \text{ W}$$

konstant sind. Die Verlustleistung ist damit

$$P_v = P_{10} + P_{1k}\left(\frac{I_2}{I_{2N}}\right)^2.$$

Die abgegebene Leistung ist $P_2 = U_2 \, I_2 \cos \varphi_2$, wobei die Ausgangsspannung mit steigender Belastung absinkt von U_{2N} im Leerlauf auf $U_{2N} - \Delta U$ bei Nennstrom. In guter Näherung erfolgt die Abnahme mit dem Strom linear, so daß gilt:

$$U_2 = U_{2N} - \Delta U \left(\frac{I_2}{I_{2N}}\right).$$

Die abgegebene Leistung beträgt somit

$$P_2 = \left(U_{2N} - \Delta U \frac{I_2}{I_{2N}}\right) I_2 \cos \varphi_2 = \left(U_{2N} - \Delta U \frac{I_2}{I_{2N}}\right) \frac{I_2}{I_{2N}} I_{2N} \cos \varphi_2.$$

Die zugeführte Leistung beträgt $P_1 = P_2 + P_v$, der Wirkungsgrad wird damit zu $\eta = \dfrac{P_2}{P_2 + P_v}$. Mit den Zahlenwerten der letzten Beispiele folgt für den Wirkungsgrad mit $x = I_2/I_{2N}$:

a) $\eta = \dfrac{(230 - 6x) \cdot 87x}{(230 - 6x) \cdot 87x + 180 + 540x^2}$,

der maximale Wirkungsgrad ist $\eta = 0,969$ bei $x = 0,569$,

b) $\eta = \dfrac{(230 - 12x) \cdot 87x \cdot 0,8}{(230 - 12x) \cdot 87x \cdot 0,8 + 180 + 540x^2}$,

der maximale Wirkungsgrad ist $\eta = 0,961$ bei $x = 0,560$.
Die Ergebnisse sind in Bild A-80 dargestellt.

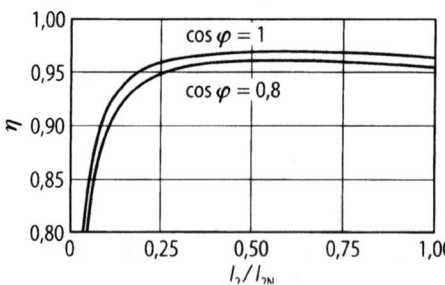

Bild A-80. Wirkungsgrad eines Transformators bei verschiedenen Belastungen

ÜBUNGSAUFGABEN

Ü A.5-1: Für eine symmetrische Rechteckspannung mit $u(t) = \hat{u}$ für $0 \le t \le T/2$ und $u(t) = -\hat{u}$ für $T/2 < t \le T$ soll berechnet werden:
a) arithmetischer Mittelwert $\bar{u}$, b) Halbschwingungsmittelwert U_h, c) Gleichrichtwert $|\bar{u}|$, d) Effektivwert U, e) Scheitelfaktor k_s, f) Formfaktoren F_g und F_h.

Ü A.5-2: Zwei sinusförmige Wechselspannungen mit den Effektivwerten $U_1 = 24$ V und $U_2 = 12$ V sollen subtrahiert werden. Die Nullphasenwinkel sind $\varphi_{u1} = 0$, $\varphi_{u2} = 45°$.
a) Wie läßt sich die resultierende Spannung $\underline{U}$ als komplexe Zahl schreiben? b) Welchen Effektivwert U und welchen Phasenwinkel φ_u besitzt sie?

Ü A.5-3: Ein Kondensator wird an $U = 230$ V Wechselspannung mit $f = 50$ Hz gelegt. Der Effektivwert des Stromes, der durch den Kondensator fließt, ist $I = 0,4$ A. Wie groß sind
a) Kapazität C, b) Blindwiderstand X_C, c) Blindleitwert B_C und d) aufgenommene Leistung?

Ü A.5-4: In einem Wechselstromkreis befinden sich in Reihe ein ohmscher Widerstand ($R = 30\ \Omega$), und eine Spule. Der Effektivwert der anliegenden Spannung ist $U = 156$ V, der Effektivwert des Stromes ist $I = 2$ A. Wie groß sind
a) komplexer Widerstand $\underline{Z}$ und b) komplexer Leitwert $\underline{Y}$ der Schaltung?

Ü A.5-5: Eine Parallelschaltung eines Kondensators ($C_p = 5$ µF) mit einem Widerstand ($R_p = 100\ \Omega$) soll in eine äquivalente Reihenschaltung umgewandelt werden. Wie groß sind die erforderlichen Größen C_r und R_r bei $f = 50$ Hz?

Ü A.5-6: Bild A-81 zeigt ein sogen. *Wien-Glied* mit folgenden Bauelementen: $R_1 = 9$ kΩ, $C_1 = 0,2$ µF, $R_2 = 12$ kΩ, $C_2 = 0,1$ µF. Wie groß ist die komplexe Ausgangsspannung $\underline{U}_2$ bei der Frequenz $f = 100$ Hz, wenn die Eingangsspanung $U = 12$ V beträgt?

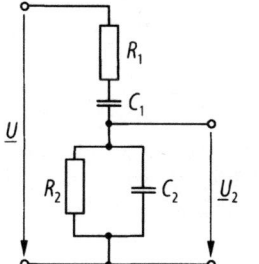

Bild A-81

Ü A.5-7: Die Blindleistung $Q = 1$ kvar eines Verbrauchers soll durch einen Parallelkondensator der Kapazität $C = 55$ µF bei $U = 230$ V und $f = 50$ Hz teilweise kompensiert werden. Welcher Leistungsfaktor $\cos\varphi$ liegt für das kompensierte System vor, wenn der Verbraucher vor der Kompensation den Leistungsfaktor $\cos\varphi_v = 0,6$ besaß?

Ü *A.5-8:* Ein Reihenschwingkreis mit Widerstand ($R = 100\ \Omega$), Kondensator ($C = 4{,}7\ \mu F$) und Spule ($L = 300\ mH$) liegt an $U = 24\ V$ bei $f = 50\ Hz$. a) Wie groß ist der Strom I? b) Bei welcher Frequenz f_0 fließt der maximale Strom I_{max} und wie groß ist er? c) Wie groß ist die maximale Spannung $U_{C,max}$ am Kondensator?

Ü *A.5-9:* Bestimmen Sie die Ortskurve des komplexen Widerstandes $\underline{Z}(\omega)$ für die Schaltung von Bild A-82.

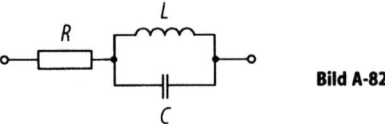

Bild A-82

Ü *A.5-10:* Bei einem Transformator *230 V/24 V, 1 A/9 A, 50 Hz* wird im Leerlaufversuch der Strom $I_{10} = 100\ mA$ und die Leistungsaufnahme $P_{10} = 2{,}5\ W$ gemessen. Beim Kurzschlußversuch beträgt die Kurzschlußspannung $U_{1k} = 23\ V$, die Leistungsaufnahme ist $P_{1k} = 10\ W$. Berechnen Sie: a) Kurzschlußimpedanz Z_k, b) Dauerkurzschlußstrom I_{kN}, c) Kurzschlußwiderstand R_k, d) Kurzschlußreaktanz X_k, e) Spannungsänderung ΔU und Ausgangsspannung U_2 bei reiner Wirklast, f) Wirkungsgrad η bei Nennbetrieb und Wirklast.

A.6
Drehstrom

A.6.1
Entstehung der Dreiphasenwechselspannung

In Abschn. A.4.5 wurde gezeigt, daß aufgrund elektromagnetischer Induktion bei der Rotation einer Spule in einem Magnetfeld an den Spulenenden nach Gl. (A-116) eine Wechselspannung der Form

$$u(t) = N B A \omega \sin(\omega t + \varphi)$$

auftritt (rotatorische Spannungserzeugung). Läßt man nun statt einer Wicklung drei jeweils um 120° versetzt Spulen miteinander rotieren (Bild A-83), dann wird an jeder Spule eine Wechselspannung erzeugt, wobei aber die Spannung u_2 der Spannung u_1 und die Spannung u_3 der Spannung u_2 um jeweils 120° nacheilt (Bezeichnungen nach DIN 40110).

$$u_1(t) = \sqrt{2}\ U_{Str} \cos(\omega t)$$

$$u_2(t) = \sqrt{2}\ U_{Str} \cos(\omega t - 2\pi/3)$$ (A-248)

$$u_3(t) = \sqrt{2}\ U_{Str} \cos(\omega t - 4\pi/3)$$

U_{Str} ist der Effektivwert einer *Strangspannung*.

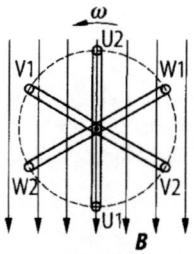

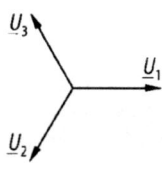

a Rotatorische   **c** Zeigerdiagramm
Spannungserzeugung

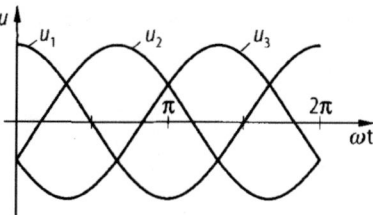

b Zeitverlauf der Spannungen   **Bild A-83.** Dreiphasenwechselstrom

Wie man sich leicht anhand des Zeigerdiagramms (Bild A-83 c) klar machen kann, ist in einem *symmetrischen* Dreiphasensystem die Summe aller Spannungen (und Ströme) zu jeder Zeit null:

$$\underline{U}_1 + \underline{U}_2 + \underline{U}_3 = 0. \tag{A-249}$$

Bei der technischen Ausführung des Drehstromgenerators entsteht die eben beschriebene Dreiphasenwechselspannung dadurch, daß im Ständer drei um 120° versetzte Spulen angebracht sind und durch einen Läufer, der mit der Winkelgeschwindigkeit ω rotiert, ein sich drehendes Magnetfeld erzeugt wird.
Wird eine solche Anordnung von drei feststehenden Spulen mit Spannungen nach Gl. (A-248) beaufschlagt, dann erzeugen die drei phasenverschobenen Ströme drei phasenverschobene Magnetfelder. Die Feldrichtung des resultierenden Magnetfeldes dreht sich infolgedessen mit der Winkelgeschwindigkeit ω. Das so entstandene *Drehfeld* ist von grundlegender Bedeutung für die Funktion von Drehstrommotoren. Es gab dem *Dreiphasensystem* die populäre Bezeichnung *Drehstrom*. Vertauscht man bei einer Drehstrommaschine zwei Außenleiter, dann kehrt sich die Drehrichtung des Drehfeldes um und damit auch die Laufrichtung des Motors.

Von den 2 × 3 Enden eines Drehstromgenerators muß die elektrische Energie nicht notwendigerweise mit sechs Leitungen zum Verbraucher geführt werden. Durch geeignete *Verkettung* kann die Zahl der Leitungen bis auf drei reduziert werden.

A.6.2
Sternschaltung

Werden die drei Klemmen U2, V2 und W2 eines Drehstromerzeugers an einem *Stern-punkt* verbunden (Bild A-84), so entsteht die Sternschaltung (Zeichen Y). Am Stern-punkt wird der *Neutralleiter* N (früher Mp) angeschlossen. Die *Außenleiter* L1, L2 und L3 (früher R, S, T) sind mit den Klemmen U1, U2, und U3 verbunden.

Spannungen

Die Strangspannungen $\underline{U}_{Str}$ zwischen dem Neutralleiter und den drei Außenleitern heißen $\underline{U}_{1N}$, $\underline{U}_{2N}$ und $\underline{U}_{3N}$ oder kurz $\underline{U}_1$, $\underline{U}_2$ und $\underline{U}_3$. Bei symmetrischen Spannungen wird der Effektivwert als *Sternspannung* U_Y bezeichnet: $U_{Str} = U_Y$.

Die *Außenleiterspannungen* oder kurz *Leiterspannungen* zwischen den Leitern L1, L2, und L3 ergeben sich aus dem Zeigerdiagramm zu

$$\underline{U}_{12} = \underline{U}_{1N} - \underline{U}_{2N}$$
$$\underline{U}_{23} = \underline{U}_{2N} - \underline{U}_{3N} \hspace{3cm} \text{(A-250)}$$
$$\underline{U}_{31} = \underline{U}_{3N} - \underline{U}_{1N} \, .$$

Bei symmetrischen Spannungen wird der Effektivwert der Spannung zwischen zwei Außenleitern mit U bezeichnet. Aus dem gleichseitigen Dreieck (Bild A-84c) folgt für den Zusammenhang zwischen der Sternspannung U_Y und der Leiterspannung U:

$$U = \sqrt{3} \, U_Y \, . \hspace{3cm} \text{(A-251)}$$

In Sternschaltung ist die Leiterspannung $\sqrt{3}$ mal größer als die Strangspannung.

Das Niederspannungsnetz der öffentlichen Stromversorgung wird mit der Leiter-spannung $U = 400 \, V$ (früher 380 V) betrieben. Die Sternspannung beträgt daher

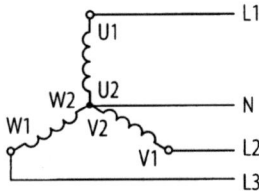

a Verkettung mit Sternpunkt   **b** Schaltung der Wicklungsanschlüsse

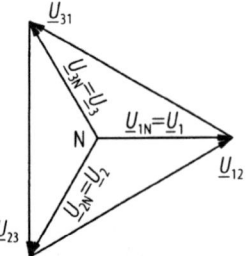

c Zeigerdiagramm der Spannungen   **Bild A-84.** Sternschaltung eines Drehstromgenerators

$U_Y = 230,9$ V, auf ganze Dekavolt gerundet: $U_Y = 230$ V (früher 220 V). Das private Haushaltsnetz ist ein *Fünfleiternetz*, bei dem außer den drei Außenleitern L1, L2 und L3 sowie dem Neutralleiter N noch ein Schutzleiter PE zugeführt wird.

Ströme
Bei Sternschaltung fließen von den drei Leitern L1, L2 und L3 die drei Ströme $\underline{I}_1, \underline{I}_2$ und $\underline{I}_3$ durch die Verbraucher zum gemeinsamen Sternpunkt (Bild A-85). Der Neutralleiterstrom $\underline{I}_N$ ist also gleich der Summe der Strangströme:

$$\underline{I}_N = \underline{I}_1 + \underline{I}_2 + \underline{I}_3. \tag{A-252}$$

Bei symmetrischer Belastung gilt wie bei den Spannungen nach Gl. (A-248)

$$\underline{I}_1 + \underline{I}_2 + \underline{I}_3 = 0,$$

d. h. im Neutralleiter fließt kein Strom. Auf den Neutralleiter kann also bei symmetrischer Belastung verzichtet werden. Diese Tatsache wird im Mittel- und Hochspannungsnetz ausgenutzt, die als *Dreileiternetz* ausgeführt werden.
    Wird der Effektivwert des Strangstroms als *Sternstrom* I_Y bezeichnet und der Leiterstrom mit I, dann gilt

$$I = I_Y. \tag{A-253}$$

In Sternschaltung ist der Leiterstrom gleich dem Strangstrom.

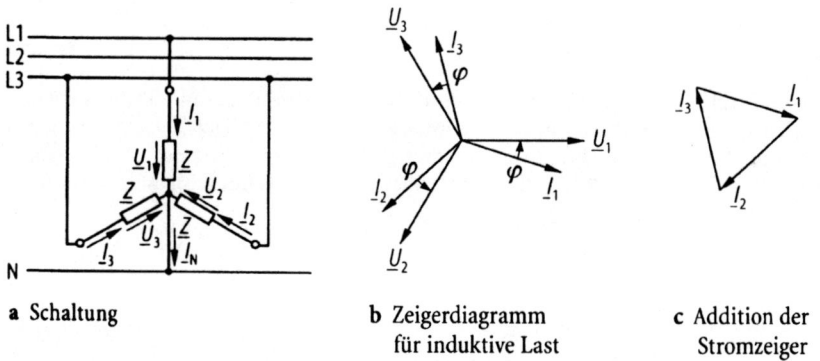

a Schaltung   b Zeigerdiagramm   c Addition der
                       für induktive Last   Stromzeiger

Bild A-85. Symmetrische Belastung des Dreiphasennetzes in Sternschaltung

Leistung bei symmetrischer Belastung
Bild A-85 zeigt die Belastung des Drehstromnetzes durch drei gleiche induktive Verbraucher (z.B. die Wicklungen eines Drehstrommotors). In jedem Strang fließt ein Strom, welcher der jeweiligen Spannung um den Phasenverschiebungswinkel φ nacheilt. Mit den Gleichungen (A-142), (A-143) und (A-145) folgt für die Leistungen in einem Strang:

Wirkleistung $P_{str} = U_Y I_Y \cos \varphi,$
Blindleistung $Q_{str} = U_Y I_Y \sin \varphi,$
Scheinleistung $S_{str} = U_Y I_Y.$

Die Gesamtleistung ist das dreifache einer Strangleistung:

$$P = 3\,U_Y\,I_Y\,\cos\varphi,$$
$$Q = 3\,U_Y\,I_Y\,\sin\varphi, \qquad\qquad\qquad\qquad\qquad\qquad\qquad\text{(A-254)}$$
$$S = 3\,U_Y\,I_Y.$$

Wird nach Gl. (A-251) die Strangspannung U_Y durch die Spannung U zwischen den Leitern ersetzt und nach Gl. (A-253) der Strangstrom I_Y durch den Leiterstrom I, dann folgt für die Gesamtleistungen

$$P = \sqrt{3}\,U\,I\,\cos\varphi,$$
$$Q = \sqrt{3}\,U\,I\,\sin\varphi, \qquad\qquad\qquad\qquad\qquad\qquad\qquad\text{(A-255)}$$
$$S = \sqrt{3}\,U\,I.$$

Für die *Momentanleistung* in einem Strang gilt nach Gl. (A-141)

$$P_{t,\,\text{Str}} = P_{\text{Str}} + S_{\text{Str}}\cos(2\omega t + \varphi_u + \varphi_i)$$

oder

$$P_{t,\,\text{Str}} = \frac{P}{3} + \frac{S}{3}\cos(2\omega t + \varphi_u + \varphi_i).$$

Bild A-86 zeigt die Momentanwerte der drei Stränge sowie die Summe aller Strangleistungen, für die gilt

$$P_{t,\,\text{Str}1} + P_{t,\,\text{Str}2} + P_{t,\,\text{Str}3} = P. \qquad\qquad\qquad\qquad\text{(A-256)}$$

Das bedeutet, daß die Summe aller Augenblickswerte konstant ist und der Wirkleistung P entspricht. Ein Verbraucher, der das Dreiphasennetz symmetrisch belastet, entnimmt also eine konstante Wirkleistung. Daraus folgt, daß auch der Generator eine konstante Leistung abgibt und die Turbine, die den Generator antreibt, mit konstantem Drehmoment belastet wird.

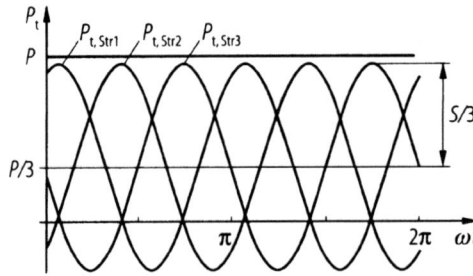

Bild A-86. Augenblicksleistungen bei Drehstrom

Beispiel
A-33: Ein Drehstrommotor besitzt den Leistungsfaktor $\cos\varphi = 0,85$. Bei Anschluß an das 400 V/230 V-Netz in Sternschaltung fließt ein Strom von $I = 9,5$ A. Wie groß sind
a) Scheinleistung S, b) Wirkleistung P und c) Blindleistung Q?

Lösung:

a) $S = \sqrt{3}\, U I = 6,58\,\text{kVA}$,

b) $P = \sqrt{3}\, U I \cos\varphi = 5,59\,\text{kW}$,

c) $Q = \sqrt{3}\, U I \sin\varphi = 3,47\,\text{kvar}$.

Unsymmetrische Belastung

Werden nach der Sternschaltung von Bild A-85a drei verschiedene Verbraucher mit $\underline{Z}_1, \underline{Z}_2$ und $\underline{Z}_3$ an ein Drehstromnetz angeschlossen, liegt eine unsymmetrische Belastung vor.

Ist der Sternpunkt nicht angeschlossen (Dreileiternetz), dann wird das Zeigerdiagramm der Spannungen unsymmetrisch (Bild A-87). Die größte Strangspannung tritt in jenem Strang auf, der den größten Widerstand enthält und damit die kleinste Leistungsaufnahme besitzt. Ist aber der Neutralleiter angeschlossen (normales Niederspannungs-Vierleiternetz), dann ist das Zeigerdiagramm der Spannungen symmetrisch wie in Bild A-85b. Die Ströme in den Strängen sind aber bei unsymmetrischer Belastung nicht gleich, so daß nach Gl. (A-251) ein resultierender Strom über den Neutralleiter fließt.

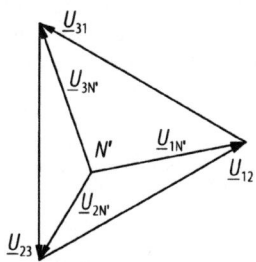

Bild A-87. Zeigerdiagramm der Spannungen für Sternschaltung bei unsymmetrischer Belastung des Dreileiternetzes

Beispiel

A-34: In einem 400 V-Haushaltsnetz liegt am Außenleiter L1 die Beleuchtungsanlage mit $P_1 = 600\,\text{W}$, an L2 ein Elektromotor mit $P_2 = 1,6\,\text{kW}$ Leistungsaufnahme und Leistungsfaktor $\cos\varphi_2 = 0,9$ sowie an L3 ein Heizofen mit $P_3 = 2\,\text{kW}$ (Bild A-88). Welche Ströme fließen in den drei Außenleitern und im Neutralleiter?

Lösung:

Strangströme:

$$I_1 = \frac{P_1}{U_1} = \frac{600\,\text{W}}{230\,\text{V}} = 2,61\,\text{A}\,,$$

$$I_2 = \frac{P_2}{U_2 \cos\varphi_2} = \frac{1600\,\text{W}}{230\,\text{V} \cdot 0,9} = 7,73\,\text{A}\,,$$

$$I_3 = \frac{P_3}{U_3} = \frac{2000\,\text{W}}{230\,\text{V}} = 8,70\,\text{A}\,.$$

Der Phasenverschiebungswinkel ist $\varphi_2 = 25,8°$. Aus dem Zeigerdiagramm von Bild A-88b ergibt sich der Effektivwert des resultierenden Stroms

$\underline{I}_N = \underline{I}_1 + \underline{I}_2 + \underline{I}_3$ zu

$I_N = 8,73\,\text{A}\,.$

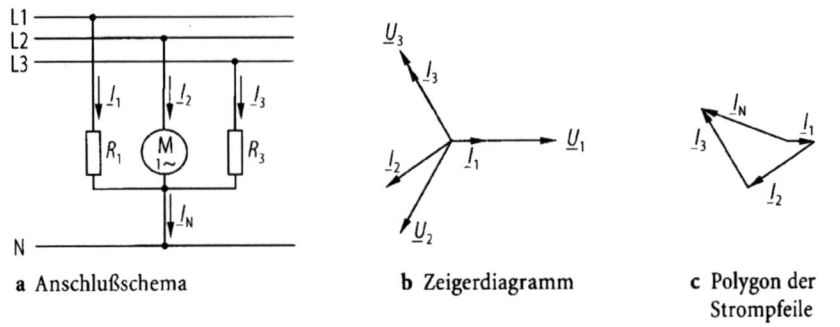

a Anschlußschema   **b** Zeigerdiagramm   **c** Polygon der
                                                        Strompfeile

Bild A-88

A.6.3
Dreieckschaltung

Werden die drei Stränge eines Drehstromverbrauchers so geschaltet, daß sie jeweils zwischen zwei Außenleitern liegen (Bild A-89), dann spricht man von Dreieckschaltung (Zeichen Δ). Der Neutralleiter wird nicht benutzt; zur Versorgung reicht ein Dreileiternetz.

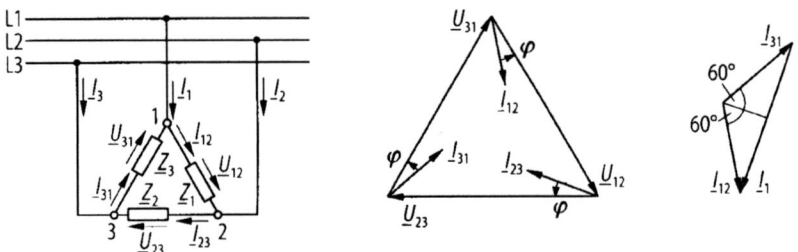

a Schaltung   **b** Zeigerdiagramm   **c** Addition der Ströme
                                 für induktive Last   am Knoten 1

Bild A-89. Dreieckschaltung bei symmetrischer Belastung

Spannungen
Zwischen den Knotenpunkten 1 und 2, 2 und 3 sowie 3 und 1 liegen die Strangspannungen $\underline{U}_{12}$, $\underline{U}_{23}$ sowie $\underline{U}_{31}$. Diese Spannungen sind identisch mit den Leiterspannungen U. Bei symmetrischer Belastung wird der Effektivwert der Strangspannung auch als *Dreieckspannung* U_Δ bezeichnet. Es gilt also:

$$U_\Delta = U. \tag{A-257}$$

In Dreieckschaltung ist die Strangspannung gleich der Leiterspannung.

Ströme
Die Ströme in den Außenleitern werden aus dem Zeigerdiagramm (Bild A-89) gewonnen.

Wird die Knotenregel beispielsweise auf den Knoten 1 angewandt, so ergibt sich

$$I_1 + I_{31} = I_{12} \quad \text{oder} \quad I_1 = I_{12} - I_{31},$$

wobei für die Effektivwerte gilt:

$$I_{12} = I_{31}.$$

Aus dem gleichschenkligen Dreieck der Ströme (Bild A-89 c) folgt

$$I_1 = \sqrt{3}\, I_{12}.$$

Der Effektivwert des Stromes im Leiter 1 ist also um $\sqrt{3}$ größer als der in einem Strang. Dies gilt aus Symmetriegründen für alle Leiter. Wird der Effektivwert des Strangstromes bei symmetrischer Belastung als *Dreieckstrom* I_Δ bezeichnet, dann gilt

$$I = \sqrt{3}\, I_\Delta \tag{A-258}$$

In Dreieckschaltung ist der Leiterstrom $\sqrt{3}$ mal größer als der Strangstrom.

Leistung bei symmetrischer Belastung
Für die Leistungen in jeweils einem Strang gilt:

Wirkleistung $\qquad P_{\mathrm{str}} = U_\Delta I_\Delta \cos\varphi,$
Blindleistung $\qquad Q_{\mathrm{str}} = U_\Delta I_\Delta \sin\varphi,$
Scheinleistung $\qquad S_{\mathrm{str}} = U_\Delta I_\Delta.$

Die Gesamtleistung ist dann jeweils dreimal so groß. Ersetzt man mit Hilfe der Gleichungen (A-256) und (A-257) die Strangspannung U_Δ durch die Leiterspannung U und den Strangstrom I_Δ durch den Leiterstrom I, dann ergeben sich dieselben Beziehungen wie bei der Sternschaltung:

$$P = \sqrt{3}\, U I \cos\varphi,$$
$$Q = \sqrt{3}\, U I \sin\varphi, \tag{A-255}$$
$$S = \sqrt{3}\, U I.$$

Unsymmetrische Belastung
Wird das Dreileiternetz unsymmetrisch belastet, dann entstehen ungleiche Leiterströme, die mit Hilfe des Zeigerdiagramms (Bild A-90) bestimmt werden können.

Stern-Dreieck-Umschaltung
Wird ein und derselbe Drehstrom-Verbraucher entweder in Stern- oder in Dreieckschaltung an das Dreiphasennetz angeschlossen, dann liegt an den Strängen im Falle der

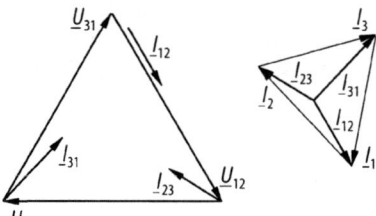

Bild A-90. Unsymmetrische Belastung des Drehstromnetzes in Dreieckschaltung

Dreieckschaltung eine um $\sqrt{3}$ mal größere Spannung als bei Sternschaltung. Genau so verhalten sich die Ströme, so daß der Verbraucher in Dreieckschaltung eine dreimal größere Leistung aufnimmt als in Sternschaltung (Tabelle A-8).

Tabelle A-8. Vergleich zwischen Stern- und Dreieckschaltung bei symmetrischer Last mit Wirkwiderständen R

	Sternschaltung Y		Dreieckschaltung Δ	
Strangspannung	$U_Y = \dfrac{U}{\sqrt{3}}$	(A-251)	$U_\Delta = U$	(A-257)
Strangstrom	$I_Y = I = \dfrac{U_Y}{R} = \dfrac{U}{\sqrt{3}\,R}$	(A-253)	$I_\Delta = \dfrac{I}{\sqrt{3}} = \dfrac{U_\Delta}{R} = \dfrac{U}{R}$	(A-258)
Wirkleistung	$P = 3P_{\text{Str}} = 3\,\dfrac{U}{\sqrt{3}}\,\dfrac{U}{\sqrt{3}\,R} = \dfrac{U^2}{R}$	(A-259)	$P = 3P_{\text{Str}} = 3\,\dfrac{U^2}{R}$	(A-260)

Die *Stern-Dreieck-Umschaltung* wird häufig bei Kurzschlußläufermotoren (Abschn. F.4.2) eingesetzt, um die hohen Anlaufströme zu reduzieren. Der Motor läuft dabei in Sternschaltung hoch und wird anschließend auf Dreieckschaltung gelegt. (Bild A-95). Durch diese Maßnahme reduziert sich der Anlaufstrom auf ein Drittel. Das Umschalten geschieht mittels Schützschaltung oder Handschalter.

ÜBUNGSAUFGABEN

Ü A.6-1: Drei gleiche Wirkwiderstände $R = 330\ \Omega$ werden in Sternschaltung an das Vierleiter-Drehstromnetz 400/230 V angeschlossen. Wie groß sind a) Sternstrom I_Y, b) Außenleiterstrom I, c) Neutralleiterstrom I_N und d) Wirkleistung P?

Ü A.6-2: Ein elektrischer Heizofen besitzt die Leistungsaufnahme $P = 7{,}2$ kW. Seine drei gleichen Heizstäbe sind in Dreieckschaltung an das 400/230 V Drehstromnetz angeschlossen.
a) Berechnen Sie die Strangströme I_Δ und die Leiterströme I. b) Wie groß werden die Ströme und die Leistungen, wenn ein Heizstab durchbrennt?

Ü A.6-3: An das 400/230 V Drehstromnetz ($f = 50$ Hz) sind nach Bild A-89 drei ungleiche Verbraucher angeschlossen: $\underline{Z}_1$ ist ein ohmscher Widerstand $R_1 = 1$ kΩ; $\underline{Z}_2$ ist ein Widerstand $R_2 = 500\ \Omega$ in Reihe mit einer Induktivität $L_2 = 0{,}5$ H; $\underline{Z}_3$ ist ein Widerstand $R_3 = 750\ \Omega$ in Reihe mit einer Kapazität $C_3 = 10$ µF. Wie groß sind die resultierenden Ströme?

A.7
Leitungsphänomene

A.7.1
Elektrische Leitung in Metallen

Hinsichtlich der elektrischen Leitfähigkeit zeichen sich Metalle dadurch aus, daß in den Kristallen viele bewegliche Elektronen vorhanden sind. Beispielsweise gibt in Kupfer praktisch jedes Atom ein bewegliches Elektron ab, so daß eine Anzahldichte von $n \approx 10^{23}$ cm^{-3} vorliegt. Dieses *Elektronengas* wandert bei Anlegen einer elektrischen Spannung (eines elektrischen Feldes) durch den Kristall, d.h. es fließt ein elektrischer Strom.

Erfahren die Elektronen eine konstante vorwärtstreibende Feldkraft, dann stellt sich eine konstante „Fließgeschwindigkeit" ein, wenn die antreibende Kraft durch die Reibungskraft bei der Bewegung durch das Kristallgitter gerade kompensiert wird. Die mittlere *Driftgeschwindigkeit* der Elektronen ist um so größer, je größer die elektrische Feldstärke ist.

Mechanische Analogie: Läßt man Kugeln gleichen Durchmessers aber verschiedener Dichte, d.h. unterschiedlichen Gewichtes in einen Flüssigkeitsbehälter fallen, dann sinkt die Kugel mit dem größten Gewicht am schnellsten nach unten.

Die Driftgeschwindigkeit v_d der Elektronen ist zur anliegenden Feldstärke E proportional:

$$v_d = \mu E. \tag{A-261}$$

Die Porportionalitätskonstante μ heißt *Beweglichkeit*.

Für die elektrische Stromdichte gilt

$$j = \frac{I}{A} = en\,v_d, \tag{A-262}$$

wobei e die Elementarladung und $n = \dfrac{N}{V}$ die Anzahldichte der beweglichen Elektronen ist.

Aus den Gleichungen (A-261) und (A-262) folgt, daß die Stromdichte j proportional zur anliegenden Feldstärke ist:

$$j = en\,\mu E = \kappa E. \tag{A-263}$$

Dies ist eine mögliche Formulierung *des ohmschen Gesetzes*. Für einen Leiter mit konstanter Querschnittsfläche A und der Länge l ergibt sich daraus die bekannte Schreibweise

$$I = GU = U/R. \tag{A-10}$$

Die Proportionalitätskonstante in Gl. (A-263) ist die *elektrische Leitfähigkeit*

$$\kappa = en\,\mu. \tag{A-264}$$

Beispiel

A-35: Wie groß ist die Beweglichkeit der Elektronen in Kupfer bei Raumtemperatur, wenn die Konzentration der beweglichen Elektronen $n = 8,5 \cdot 10^{22}$ cm^{-3} beträgt?

Lösung:

Nach Tabelle A-1 ist die Leitfähigkeit $\kappa = 56$ Sm/mm^2. Aus Gl. (A-264) folgt

$$\mu = \frac{\kappa}{en} \approx 41 \, \frac{cm^2}{Vs} \, .$$

Die Beweglichkeit hängt von der Temperatur sowie der Reinheit der Kristalle ab. Mit steigender Temperatur schwingen die Kristallatome heftiger um ihre Gleichgewichtslagen und setzen so den Elektronen einen höheren Widerstand entgegen als bei tiefen Temperaturen. Dies führt dazu, daß der elektrische Widerstand mit der Temperatur ansteigt (s. Gl. (A-15) in Abschn. A.1.5).

A.7.2
Elektrische Leitung in Halbleitern

Eigenleitung

Die klassischen Halbleiter Germanium und Silicium aus der IV. Gruppe des Periodensystems besitzen in der äußersten Elektronenschale vier Elektronen, die im Kristallgitter (Bild A-91) Elektronenpaarbindungen mit ihren vier nächsten Nachbarn eingehen. Dadurch sind (bei tiefen Temperaturen) keine frei beweglichen Ladungsträger vorhanden, es kann also kein Strom fließen.

Energetisch können sich Elektronen in Festkörpern nur innerhalb *erlaubter* Bereiche, sogen. Energiebänder aufhalten, die ihrerseits durch *verbotene* Zonen voneinander

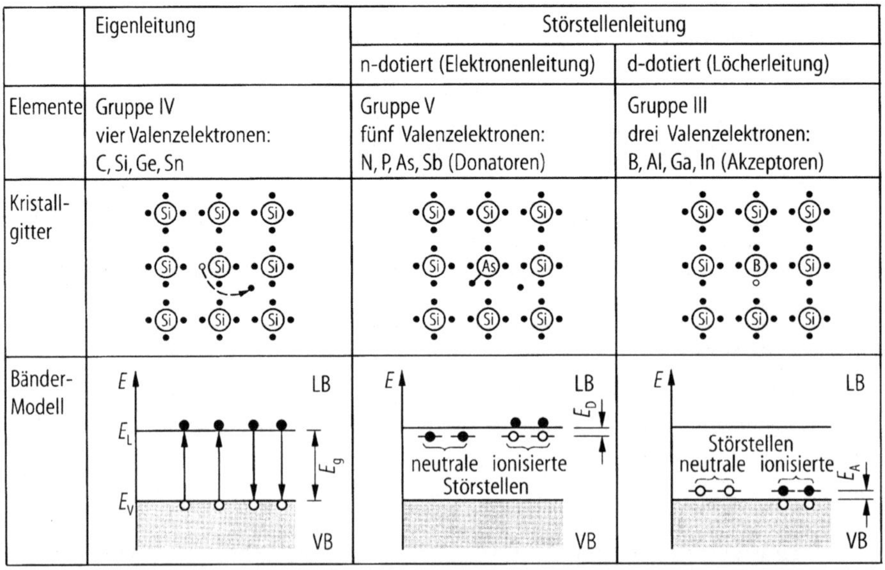

Bild A-91. Leitungsmechanismen in Halbleitern

getrennt sind. Bei einem Halbleiter ist bei tiefen Temperaturen das *Valenzband* VB (Oberkante E_V) gefüllt, das darüber liegende *Leitungsband* LB (Unterkante E_L) ist leer (Bild A-91). Die Breite der Energielücke wird mit E_g (energy gap) bezeichnet.

Wird die Temperatur gesteigert (z. b. auf Raumtemperatur), dann führen die Atome thermische Schwingungen um ihre Gleichgewichtslagen aus. Einige schwingen dabei so heftig, daß die Elektronenpaarbindungen aufreißen und Elektronen von ihren festen Plätzen wegfliegen und sich frei im Kristall bewegen können. Durch diesen Mechanismus wird die vorher isolierende Substanz leitfähig. Im Bändermodell entspricht die Befreiung eines Elektrons aus seiner Bindung einem Übergang aus dem Valenzband in das Leitungsband. Die erforderliche Aktivierungsenergie E_g wird hier thermisch zugeführt, sie kann aber auch optisch zugeführt werden (s. Abschn. C.7.2, Fotodioden).

Wird an einen Kristall eine Spannung angelegt, dann laufen die beweglichen Elektronen in Richtung Anode. Interessanterweise nehmen auch die *Löcher*, die an der Stelle von fehlenden Elektronen sitzen, am Strom teil. Ein gebundenes Elektron in der Nachbarschaft eines Loches kann durch Platzwechsel das Loch auffüllen, wodurch das Loch an die Stelle des platzwechselnden Elektrons gelangt. Auf diese Weise wandern letztlich die Löcher in Richtung Kathode. Die Löcher im See der negativen Elektronen können betrachtet werden wie positive Teilchen, die sich von der Anode zur Kathode bewegen.

Der Strom in einem Halbleiter setzt sich also immer zusammen aus einem Elektronen- und einem Löcherstrom. Zwar laufen die Teilchen in entgegengesetzter Richtung, die technische Stromrichtung ist jedoch für beide gleich. Durch Erweiterung der Gl. (A-264) folgt für die Leitfähigkeit eines Halbleiters:

$$\kappa = e\left(n\,\mu_n + p\,\mu_p\right), \tag{A-265}$$

mit n: Elektronendichte, μ_n: Elektronenbeweglichkeit, p: Löcherdichte, μ_p: Löcherbeweglichkeit.

In einem Eigenleiter wird durch Erzeugung eines freien Elektrons stets auch ein Loch geschaffen, freie Elektronen und Löcher entstehen also paarweise. Die Dichte der Elektronen und Löcher ist damit gleich, sie wird als *Eigenleitungsdichte* n_i (intrinsic carrier concentration) bezeichnet:

$$n_i = n = p. \tag{A-266}$$

Damit gilt für die Leitfähigkeit bei Eigenleitung

$$\kappa = e n_i\left(\mu_n + \mu_p\right). \tag{A-267}$$

In Tabelle A-9 sind Zahlenwerte der intrinsischen Trägerdichte sowie einiger anderer Größen für die Halbleiter Ge, Si und GaAs zusammengestellt.

Beispiel
A-36: Wie groß ist der spezifische Widerstand von Germanium bei $T = 300$ K?

Lösung:

Mit Hilfe der Daten von Tabelle A-9 ergibt sich

$$\varrho = \frac{1}{\kappa} = \frac{1}{e n_i\left(\mu_n + \mu_p\right)} = 46{,}2\ \Omega\text{cm}.$$

Tabelle A-9. Eigenschaften der Halbleiter Germanium, Silicium und Galliumarsenid für $T = 300$ K

	Ge	Si	GaAs
Bandgap E_g in eV	0,660	1,11	1,43
intrinsische Trägerdichte n_i in cm^{-3}	$2,33 \cdot 10^{13}$	$1,02 \cdot 10^{10}$	$2,00 \cdot 10^{6}$
Effektive Zustandsdichte im Leitungsband N_L in cm^{-3} im Valenzband N_V in cm^{-3}	$1,24 \cdot 10^{19}$ $5,35 \cdot 10^{18}$	$2,85 \cdot 10^{19}$ $1,62 \cdot 10^{19}$	$4,55 \cdot 10^{17}$ $9,32 \cdot 10^{18}$
Beweglichkeit μ_n in $cm^2/(Vs)$ μ_p in $cm^2/(Vs)$	3900 1900	1350 480	8500 435

Die Eigenleitungsdichte hängt empfindlich von der Temperatur ab:

$$n_i(T) = \sqrt{N_L N_V}\, e^{-\frac{E_g}{2kT}}. \tag{A-268}$$

k ist die *Boltzmann-Konstante*, T die absolute Temperatur. Die *effektiven Zustandsdichten* N_L und N_V sind Materialparameter, die in Tabelle A-9 angegeben sind.

Da mit steigender Temperatur die Ladungsträgerdichte exponentiell ansteigt, sinkt der ohmsche Widerstand. Halbleiter haben also im Gegensatz zu den Metallen einen negativen Temperaturkoeffizienten (NTC) des Widerstandes. Für den Widerstand eines Eigenleiters gilt näherungsweise

$$R \approx R_0\, e^{\frac{E_g}{2kT}}. \tag{A-269}$$

Beispiel
A-37: Wie groß ist der Temperaturkoeffizient α des elektrischen Widerstandes von Germanium in der Nahe der Raumtemperatur (300 K)?

Lösung:

Aus Gl. (A-269) folgt

$$\alpha = \frac{1}{R}\,\frac{dR}{dT} = -\frac{E_g}{2kT^2} = -0,0426\ \mathrm{K}^{-1}.$$

Störstellenleitung
Die Leitfähigkeit eines Halbleiters kann erheblich verändert werden durch den Einbau von *Störstellen*. Wird beispielsweise ein Halbleiter mit Elementen aus der V. Gruppe des Periodensystems (z. B. P, As, Sb) *dotiert*, so bringt jedes Fremdatom fünf Außenelektronen mit. Das fünfte Elektron kann relativ leicht abgespaltet werden und erhöht damit die Leitfähigkeit. Diese elektronenspendenden Substanzen werden als *Donatoren* bezeichnet. Die Abspaltung entspricht im Bändermodell einer Anhebung in das Leitungsband, wozu lediglich die kleine Aktivierungsenergie E_D zugeführt werden muß (Bild A-91).

Ein ionisierter Donator ist einfach positiv geladen, weil der Donatorkern eine um eine Elementarladung größere Kernladung besitzt als die ihn umgebenden Silicumatome. Der Halbleiter ist insgesamt natürlich elektrisch neutral, denn irgendwo im Kristall befindet sich ja das zusätzliche Elektron, das der Donator einbrachte.

Bei Raumtemperatur sind praktisch alle Donatoren ionisiert. Das bedeutet, daß die Dichte n der Elektronen praktisch der Dichte der Donatoren entspricht:

$$n \approx n_D. \qquad \text{(A-270)}$$

Gleichzeitig geht die Dichte der freien Löcher zurück, denn für das Produkt von Elektronen- und Löcherdichte muß stets folgender Zusammenhang gelten:

$$n \cdot p = n_i^2. \qquad \text{(A-271)}$$

Aus diesem Grund besteht in einem Halbleiter, der mit Donatoren dotiert ist, der Strom praktisch vollständig aus einem Elektronenstrom. Die Elektronen sind die *Majoritätsträger*, die Löcher die *Minoritätsträger*. Weil die negativen Ladungsträger dominieren, wird der Halbleiter als *n-Halbleiter* bezeichnet.

Beispiel
A-38: Wie groß ist der spezifische Widerstand von Silicium, das mit $n_D = 10^{16}$ cm^{-3} As-Atomen dotiert ist?

Lösung:
Aus Gl. (A-265) ergibt sich $\rho = \dfrac{1}{\kappa} \approx \dfrac{1}{e n_D \mu_n} = 0{,}462\ \Omega\text{cm}$.

Bei Dotierung mit Stoffen aus der III. Gruppe des Periodensystems (z.B. B, Al, Ga, In) bringt jedes Fremdatom nur drei Valenzelektronen mit, dadurch sitzt an jedem dieser Atome ein Loch. Durch geringe Energiezufuhr kann ein benachbartes Bindungselektron in diese Loch hüpfen, wodurch das Loch selbst zu einem beweglichen Loch wird. Substanzen, die Elektronen aufnehmen können (und dabei Löcher abgeben), werden als *Akzeptoren* bezeichnet. Im Bändermodell wird ein Loch unter Zufuhr der Energie E_A in das Valenzband befördert (Bild A-91).

Ein ionisierer Akzeptor ist einfach negativ geladen, weil der Akzeptorkern eine um eine Elementarladung kleinere Kernladung besitzt als die ihn umgebenden Siliciumatome.

Bei Raumtemperatur sind praktisch alle Akzeptoren ionisiert, so daß die Löcherdichte p der Akzeptorenkonzentration n_A entspricht:

$$p \approx n_A. \qquad \text{(A-272)}$$

Weil nach Gl. (A-271) mit steigender Löcherdichte die Elektronendichte zurückgeht, sind die Löcher die Majoritätsträger und die Elektronen die Minoritätsträger. Da der Strom vorwiegend von den positiven Löchern getragen wird, bezeichnet man einen mit Akzeptoren dotierten Halbleiter als *p-Halbleiter*.

pn-Übergang

Der wichtigste Baustein aller Halbleiter-Bauelemente ist der pn-Übergang, der entsteht,
wenn ein p-Gebiet eines Halbleiters an ein n-Gebiet stößt (Bild A-92a). An der Kontakt-
stelle diffundieren Elektronen aus dem n-Gebiet in das p-Gebiet. Die positiv geladenen
Donatorrümpfe bleiben damit ohne die ladungskompensierenden Elektronen zurück.
Auf die gleiche Weise diffundieren Löcher aus dem p-Gebiet in das n-Gebiet und lassen
im p-Gebiet die negativ geladenen Akzeptorrümpfe zurück. In der Nähe des Übergangs
entsteht dadurch eine *Raumladungszone* mit ortsfesten positiven Ladungen im n-Gebiet
und negativen Ladungen im p-Gebiet (Bild A-92b). Das Übergangsgebiet ist verarmt an
beweglichen Ladungsträgern und damit entsprechend hochohmig. Es sperrt den elektrischen Strom und wird deshalb auch als *Sperrschicht* bezeichnet.

Beim Anlegen einer Spannung in *Sperrichtung* werden die beweglichen Ladungsträger nach hinten gesaugt (Bild A-92c). Die Verarmungszone wird verbreitert und es
fließt nur ein ganz geringer Strom, der dadurch zustande kommt, daß Minoritäten an
den Rand der Raumladungszone diffundieren und dann durch das starke innere elektrische Feld auf die andere Seite befördert werden. Der größte Strom bei hoher Sperrspannung ist der *Sperrsättigungsstrom* I_S. Er liegt in der Größenordnung von pA bei
Si- und µA bei Ge-Dioden.

Wird eine Spannung in *Flußrichtung* angelegt (Bild A-92d), dann verringert sich
die Breite der Verarmungszone. Bei genügender Spannung (0,6 ... 0,7 V bei Si) über-
schwemmen die beweglichen Ladungsträger die Raumladungszone, die Diode wird
leitend und es fließt ein mit der Spannung stark ansteigender Strom. Nach *W. Shockley*
gilt für die Abhängigkeit des Stromes von der Spannung:

$$I = I_S \left(e^{\frac{eU}{kT}} - 1 \right).$$
(A-273)

Bild A-93 zeigt die Strom-Spannungs-Charakteristik einer Si-Diode.

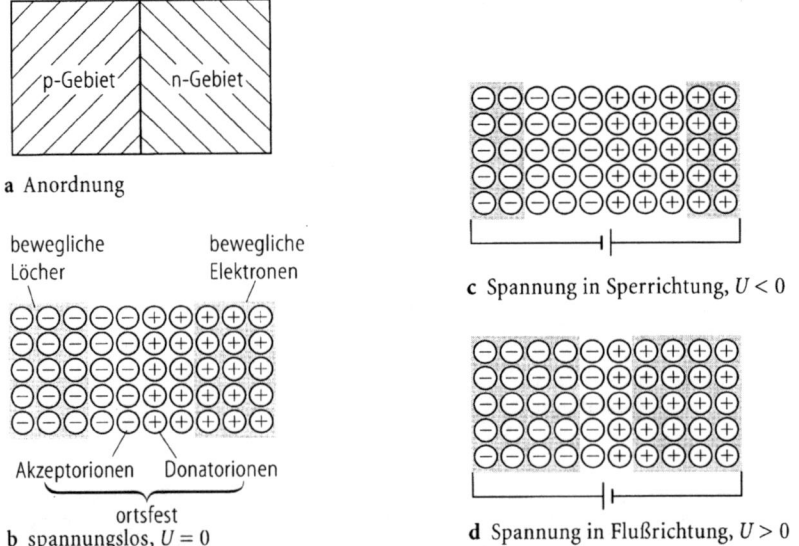

a Anordnung

c Spannung in Sperrichtung, $U < 0$

b spannungslos, $U = 0$

d Spannung in Flußrichtung, $U > 0$

Bild A-92. Verteilung der Ladungsträger im pn-Übergang

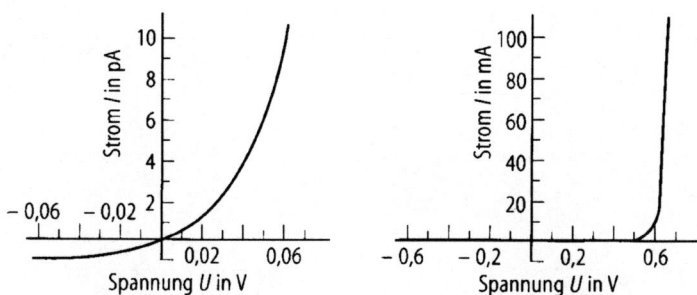

a Koordinatenursprung vergrößert   b Gleichrichterverhalten bei größeren
                                          Spannungen und Strömen

Bild A-93. Diodenkennlinie nach Shockley, a) Koordinatenursprung vergrößert, b) Gleichrichterverhalten bei größeren Spannungen und Strömen

Weitere Einzelheiten zu Dioden (insbesondere technische) sind in Abschn. C dargestellt.

ÜBUNGSAUFGABEN

Ü A.7-1: Wie groß ist der spezifische Widerstand von Si, dotiert mit $n_A =$
10^{16} cm^{-3} B-Atomen bei $T = 300$ K?

Ü A.7-2: An einer Si-Probe (Länge $l = 2$ cm, Querschnitt $A = 1$ cm^2) dotiert mit
$n_D = 10^{15}$ cm^{-3} Sb-Atomen wird der Widerstand $R = 10\ \Omega$ gemessen. Wie groß ist
die Beweglichkeit der Majoritätsträger?

B Elektrische Meßtechnik

Elektrische (und magnetische) Größen im Gleich- bzw. Wechselstromkreis werden in der elektrischen Meßtechnik angezeigt, registriert, weiterverarbeitet und archiviert. Mit geeigneten Aufnehmern und Meßumformern gelingt es, praktisch jede physikalische Größe elektrisch darzustellen (Bild B-1, s. S. 110/111). Elektrische Meßgrößen sind entweder zeitlich konstant oder veränderlich und werden analog oder digital angezeigt (Bild B-2). Die elektrische Meßtechnik ist weitverbreitet, weil sie folgende Vorteile aufweist:

- leistungsarmes Erfassen der Meßwerte,
- dauernde Meß-Bereitschaft,
- hohes Auflösungsvermögen,
- leichte Verarbeitung der Meßwerte und
- leichte und kostengünstige Übertragung der Meßwerte.

Eine moderne Station zur Meßdatenerfassung und -auswertung zeigt Bild B-3.

Bild B-3. Station zur Meßdatenerfassung (Werkfoto: FLUKE)

B.1
Grundlagen

B.1.1
Definitionen und Begriffe

Um das Verständnis der nachfolgenden Erläuterungen zu erleichtern, werden folgende Begriffe definiert:

Messen
Beim Messen wird ein spezieller Wert (Meßwert) einer physikalischen Größe (Meßgröße) als Vielfaches einer Einheit oder eines Bezugswertes ermittelt. Der Meßwert wird als Produkt aus Zahlengröße und Einheit der Meßgröße angegeben.

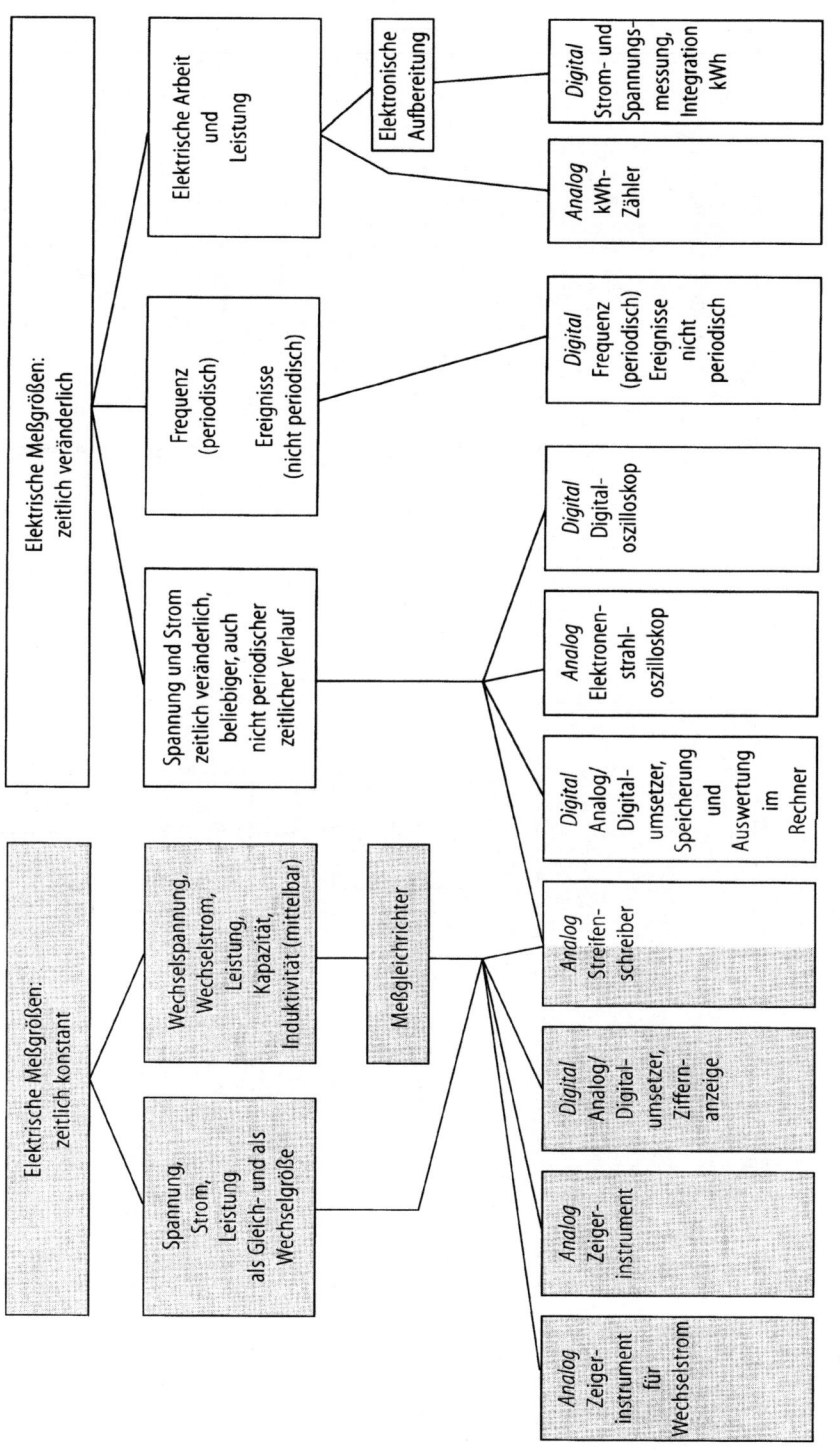

Bild B-2. Übersicht über die elektrische Meßtechnik

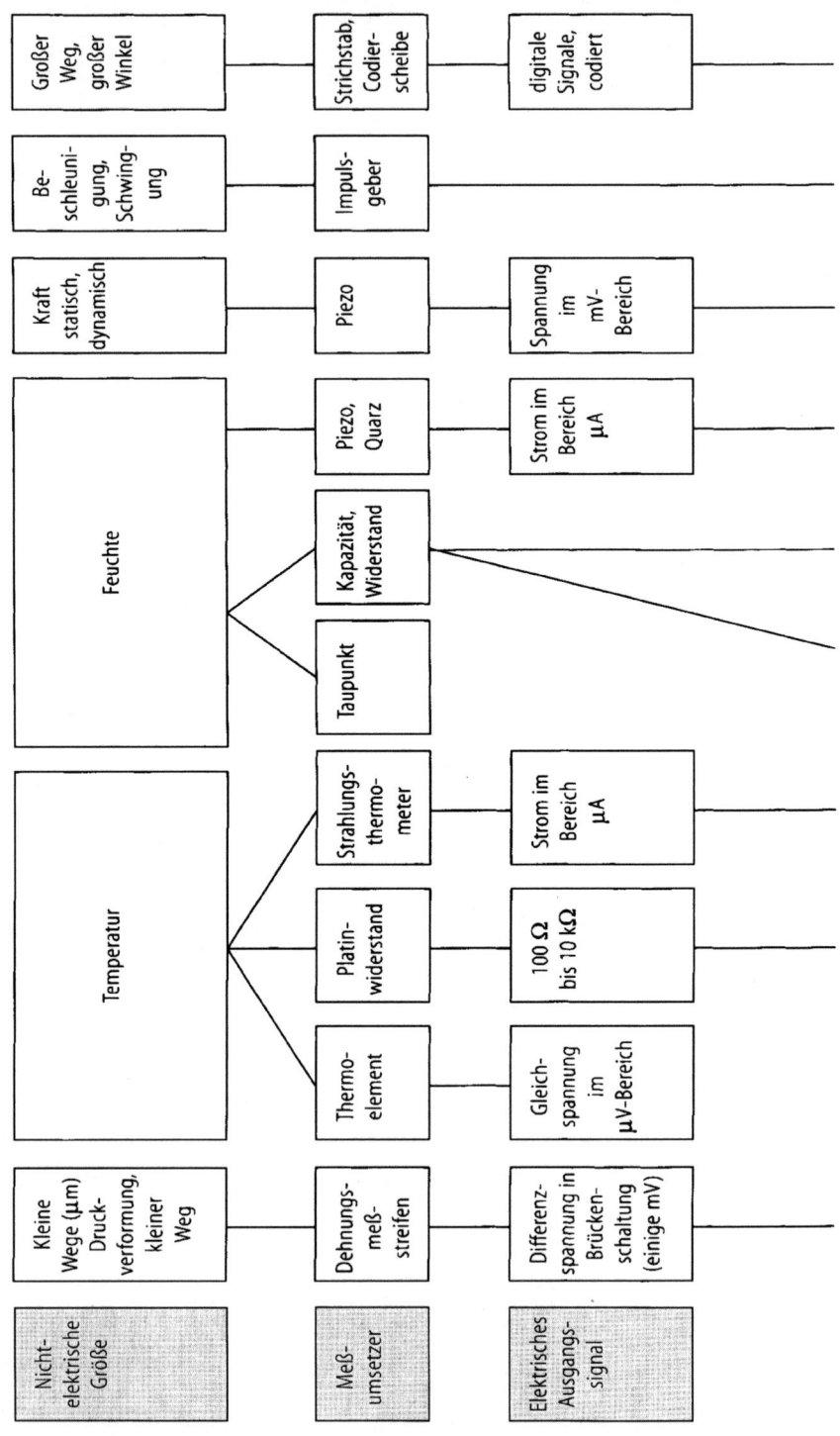

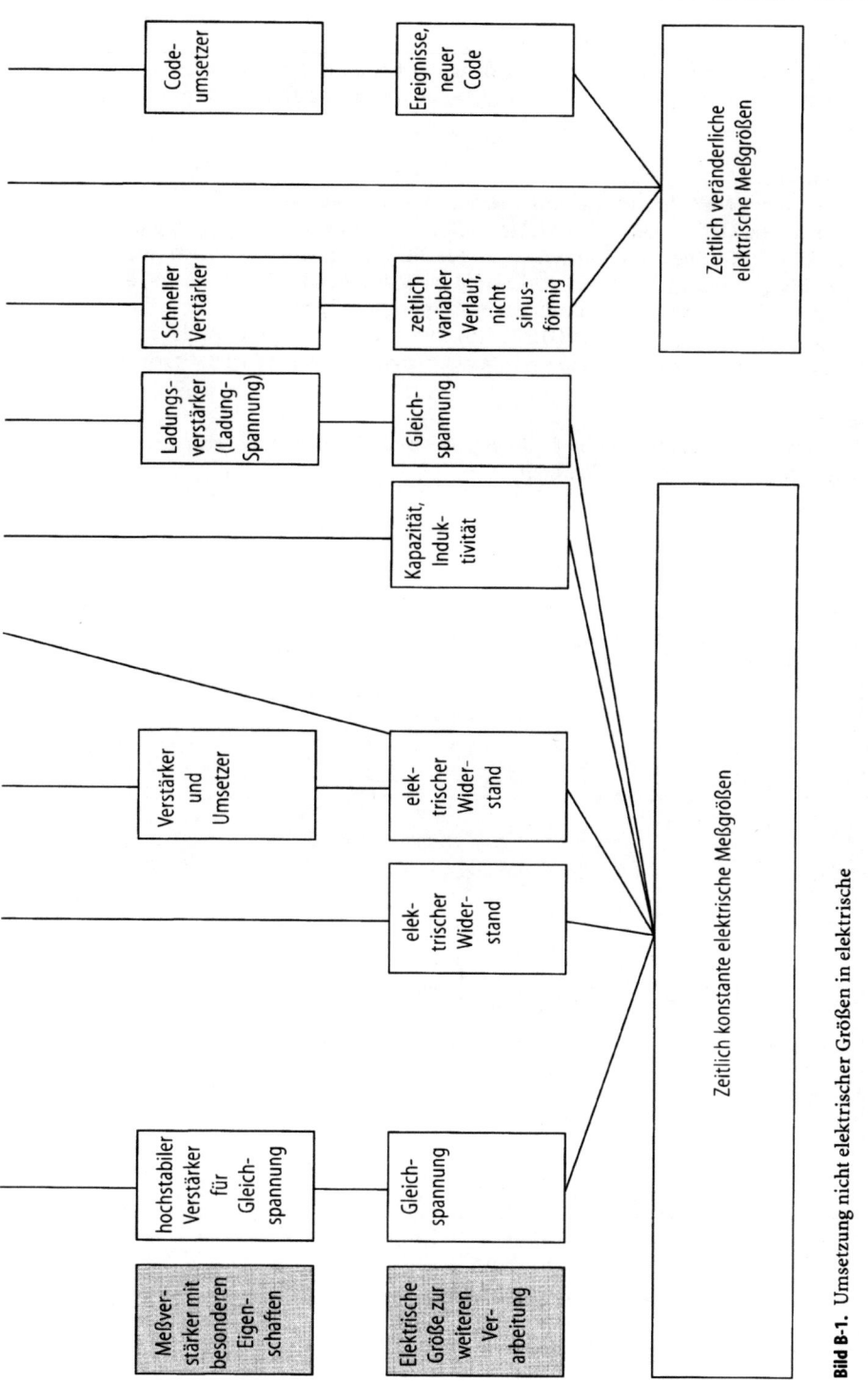

Bild B-1. Umsetzung nicht elektrischer Größen in elektrische

Meß-Prinzip

Das ist der grundlegende physikalische Effekt, der bei einer Messung verwendet wird
(z.B. Kraft auf einen stromdurchflossenen Leiter im Magnetfeld zur Strommessung,
indirekt auch zur Spannungsmessung).

Meß-Verfahren

Hierbei wird das Meß-Prinzip auf eine spezielle Art angewendet.

Bei *analogen* Meß-Verfahren wird der Meßgröße (Eingangsgröße) ein Signal (Ausgangsgröße) zugeordnet, das mindestens im Idealfall eine *eindeutig umkehrbare Abbildung* der Meßgröße ist (DIN 1319). Meist wird die Meßgröße in einer *Skala* angezeigt.

Bei einem *digitalen* Meß-Verfahren ist die Ausgangsgröße *quantisiert*, d.h. durch fest
vorgegebene Schrittfolgen *kodiert* (DIN 1319). Die Anzeige erfolgt meist durch *Ziffern*.
Nur digitale oder digitalisierte Meßwerte lassen sich in Rechnern weiterverarbeiten.

Meßgerät

Das Meßgerät liefert die Meßwerte der Meßgröße. Bild B-4 zeigt das Prinzip des Aufbaus
bei analogen und digitalen Meßgeräten.

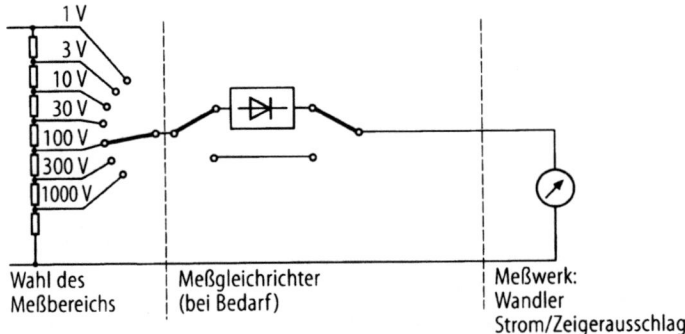

Wahl des	Meßgleichrichter	Meßwerk:
Meßbereichs	(bei Bedarf)	Wandler
		Strom/Zeigerausschlag

a Analoger Spannungsmesser für Gleich- und Wechselspannung

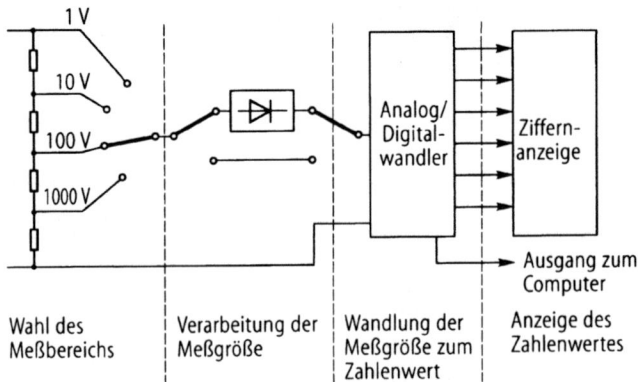

Wahl des	Verarbeitung der	Wandlung der	Anzeige des
Meßbereichs	Meßgröße	Meßgröße zum	Zahlenwertes
		Zahlenwert	

b Digitaler Spannungsmesser für Gleich- und Wechselspannung

Bild B-4. Prinzip des Aufbaus von Meßgeräten (analog und digital)

Meßwerk

Ein Meßwerk besteht aus den Teilen, deren Bewegung oder Lage von der Meßgröße abhängt. Auch die Skala ist ein Teil des Meßwerks.

Meßeinrichtung

Eine Meßeinrichtung besteht aus einem oder mehreren zusammenhängenden Meßgeräten, die eine Einheit bilden. Bild B-5 zeigt eine Meßeinrichtung zur Messung nicht elektrischer Größen. Hierbei besteht die Meßeinrichtung aus dem *Meßaufnehmer* (Aufnahme des nicht elektrischen Signals) und *Meßumformer* (Umwandeln in ein elektrisches Signal), einem *Meß-Verstärker*, einem *Analog/Digital-Wandler* (Umwandeln in ein digitales Signal), einem *Mikrorechner* (Speichern und Verarbeiten des digitalen Signals zu einem Meßergebnis) und der *Ausgabeeinheit* (Ausgabe bzw. Anzeige des Meßergebnisses).

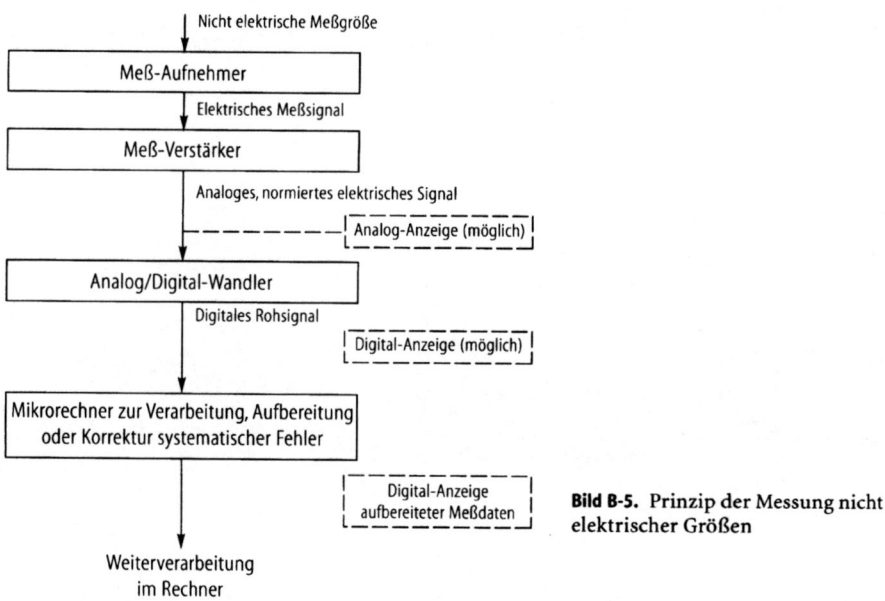

Bild B-5. Prinzip der Messung nicht elektrischer Größen

Meßkette

Durchläuft das Meß-Signal der Reihe nach verschiedene Meßgeräte, dann liegt eine Meßkette vor.

Meßumformer

Ein analoges Eingangssignal wird in ein eindeutig damit zusammenhängendes analoges Ausgangssignal umgeformt.

Meßwandler

Ein spezieller Meßumformer, bei dem am Eingang und am Ausgang dieselbe Meßgröße liegt, und der ohne Hilfsenergie arbeitet (z.B. Strom- oder Spannungswandler).

Meßumsetzer (Kode-Umsetzer)
Am Ein- und Ausgang liegen verschiedene Signalstrukturen (z. B. analog-digital oder digital-analog) oder nur digitale Signalstrukturen.

B.1.2
Einteilung elektrischer Meßgeräte

Die grundsätzliche Einteilung elektrischer Meßgeräte ist in Bild B-2 zu sehen. Die Zeichen für elektrische Meßwerke sind in Bild B-6 zusammengestellt.

——	Gleichstrom
∿	Wechselstrom
≂	Gleich- und Wechselstrom
≋	Drehstrom (allg. Sinnbild)
⪋	Drehstrom mit unsymmetrischer Belastung (allg. Sinnbild)
⪋	Drehstrom (3 Leiter), unsymmetrisch belastet, gemessen mit 2 Meßwerken
☆	Prüfspannung 500 V
☆2	Prüfspannung über 500 V (z.B. 2 kV)
☆0	Symbl für ein Instrument, das keiner Spannungsprüfung unterzogen wird
V⚡	Hochspannung am Zubehör und/oder Instrument
⊥	Instrument, das mit senkrechter Skale zu benutzen ist
⌐	Instrument, das mit waagrechter Skale zu benutzen ist
∨ 1,5	Klassenzeichen (z.B. 1,5), wenn der Bezugswert der Skalenlänge entspricht
(1,5)	Klassenzeichen (z.B. 1,5), wenn der Bezugswert dem richtigen Wert entspricht

Bild B-6. Zeichen für elektrische Meßwerke nach DIN 43 780

B.1.3
Übersicht über die Darstellung der Meßwerte

Die Meßwerte werden durch bestimmte Auswerteverfahren ermittelt. In Tabelle B-1 ist dies für amplituden- und zeitbezogene Signalgrößen zusammengestellt.

Tabelle B-1. Kenngrößen elektrischer Signale

Größe	Berechnung	Bemerkungen
Amplitudenbezogene Signalgrößen		
Mittelwert (arithmetisch)	$\bar{U} = \dfrac{1}{T} \int\limits_0^T x(t)\, dt$	Entspricht dem Gleichanteil, z. B. eines Spannungsverlaufes
Effektivwert (quadratischer Mittelwert)	$U_{\text{eff}} = \sqrt{\dfrac{1}{T} \int\limits_0^T U^2(t)\, dt}$	verknüpft mit der Wirkleistung $P = \bar{U}^2 \dfrac{1}{R} = \bar{I}^2 \cdot R$ z. B. $x(t) = \hat{A} \sin \omega t$ $\bar{A} = \hat{A}/\sqrt{2}$
Effektivwert bei Anwendung der Spektral-darstellung	$U_{\text{eff}} = \sqrt{\sum\limits_{\nu=0}^{\infty} \bar{U}_\nu^2}$	z. B. $i = I_0 + I_1 \sin \omega t$ $I_0 = 4\ mA$ (quadratische $\bar{I}_1 = 3\ mA$ Addition) $\bar{I} = \sqrt{4^2 + 3^2}\ mA = 5\ mA$
Klirrfaktor	$k = \sqrt{\dfrac{\sum\limits_{\nu=2}^{\infty} \bar{A}_{\nu\omega}^2}{\sum\limits_{\nu=1}^{\infty} \bar{A}_{\nu\omega}^2}}$	$= \dfrac{\text{Effektivwert aller Oberwellen}}{\text{Gesamteffektivwert}}$
Formfaktor	$F = \dfrac{\sqrt{\dfrac{1}{T} \int\limits_0^T U(t)^2\, dt}}{\dfrac{2}{T} \int\limits_0^{T/2} U(t)\, dt}$	$= \dfrac{\text{Effektivwert}}{\text{Halbwellenmittelwert}}$
Scheitelfaktor	$F_S = \dfrac{\hat{A}}{\bar{A}}$	symmetrische Zeitfunktion
	$F_{S+} = \dfrac{\hat{A}_+}{\bar{A}}$ $F_{S-} = \dfrac{\hat{A}_-}{\bar{A}}$	unsymmetrische Zeitfunktion
Frequenz- bzw. zeitbezogene Signalgrößen		
Frequenz	$f = \dfrac{\text{Zahl d. Schwing.}}{\text{Sekunde}}$	periodische Signale; $f = d\varphi/dt$
Sequenz	$s = \dfrac{\text{Zahl d. Null-durchgänge}}{2 \times \text{Periodendauer}}$	binäre Signale
Phase	$\varphi = \int\limits_{t_0}^{t} \omega\, dt$	Vergleich zwischen Bezugs- und zu messendem Signal bzw. zu einem Bezugspunkt t_0

**B.1.4
Meßfehler, Genauigkeit und Empfindlichkeit**

Nach Bild B-7 unterscheidet man zwischen folgenden Meßfehlern:

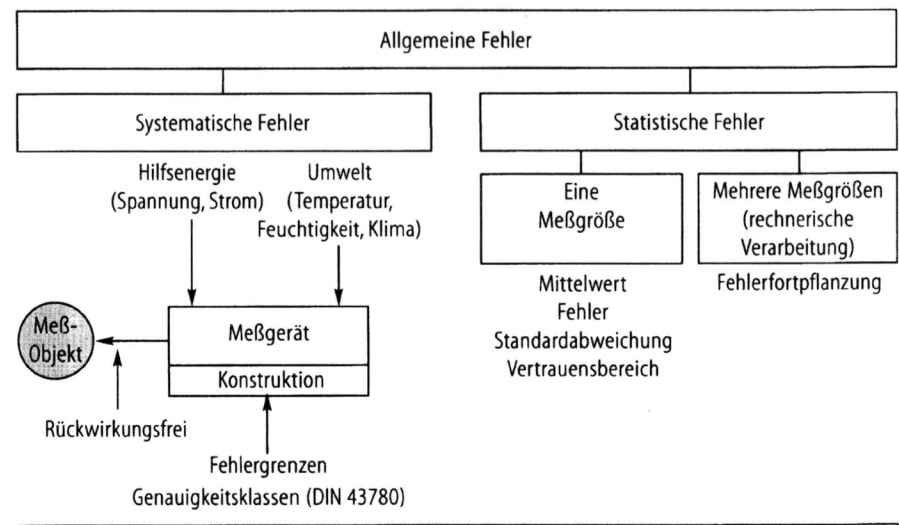

Station des Meßprozesses	Statistische Fehler	Fehler mit statistischem und systematischem Anteil
Nicht elektrische Größe, roh	Rauschen, Skalenfaktor, Nichtlinearität, Offset	Größen können von der Versorgungsspannung, der Temperatur, der Feuchtigkeit, der Vibration und Alterung abhängen
Wandler: nicht elektrisch in elektrisch		
Elektrisches Ausgangssignal		
Analoganzeige	Ablesefehler	Skalenfaktor, Nichtlinearität, Offset, Temperatur, Vibration
Digital/Analog-Wandler	Rauschen	Skalenfaktor, Nichtlinearität, Offset, abhängig von der Herstellung (immer) und externen Einflüssen. Im allgemeinen gegen die obigen Fehler vernachlässigbar
Verarbeitung im Rechner	Geringe Fehlermöglichkeiten	Programmierfehler, Division durch kleine Größen

Bild B-7. Fehlerarten

Systematische Meßfehler

Systematische Fehler messen Meßgrößen entweder immer zu groß oder zu gering, d. h. ihre Abweichung vom wahren Wert zeigt immer in eine Richtung. Diese systematischen Fehler haben unterschiedliche Ursachen:

- *Rückwirkungen* (das Meßgerät wirkt auf das Meßobjekt und kann deshalb nicht richtig messen);
- Einflüsse durch die *Hilfsenergien* (z. B. Schwankungen der Batteriespannungen) oder durch die *Umwelt* (z. B. Lage, Temperatur, Feuchtigkeit, Klima, elektrische und magnetische Felder und Anordnung der Meßgeräte). Es muß darauf geachtet werden, daß die Meßgeräte vorschriftsgemäß eingesetzt werden.
- Einflüsse der *Konstruktion* (Genauigkeitsklassen nach DIN 4378). Geräte mit hoher Genauigkeit sind meist wesentlich teurer. Für unterschiedliche Meßaufgaben ist es deshalb aus wirtschaftlichen Gründen sinnvoll, Geräte mit unterschiedlichen Genauigkeitsklassen zu verwenden.

Bild 7 (untere Hälfte) zeigt die Fehler bei der elektrischen Messung. In Tabelle B-2 sind die entsprechenden Größen, ihre Formeln und Beispiele zusammengestellt.

Statistische (zufällige) Meßfehler

Wie Bild B-7 zeigt, unterscheidet man zwischen der Messung einer Größe und der Messung verschiedener Größen bzw. der rechentechnischen Weiterverarbeitung unterschiedlicher, fehlerbehafteter Größen.

Die zugehörigen Begriffe und Definitionen der Fehlerrechnung einer Meßgröße sind in Tabelle B-3 zusammengestellt.

Werden ausreichend viele Messungen voneinander unabhängiger Größen durchgeführt, dann sind die Einzelmeßwerte *normalverteilt* (Gauß'sche Normalverteilung). Der *häufigste Wert* ist der *arithmetische Mittelwert* $\bar{x}$. Eine wichtige Kenngröße ist auch die *Standardabweichung s*. Wichtig ist, daß 68,3 % aller Meßwerte in einem Bereich von $\pm\, s$, 95,5 % in einem Bereich von $\pm\, 2s$ und 99,7 % in einem Bereich von $\pm\, 3s$ liegen.

Werden mehrere Größen gemessen oder die gemessenen, fehlerhaften Größen rechentechnisch weiterverarbeitet, dann sind die Kenngrößen nach Tabelle B-4 maßgebend.

Digitale Meßgeräte mit mehr als drei Stellen sind Präzisionsmeßgeräte. Eine typische Angabe des maximalen Fehlers ist:

$$F_{max} = \pm\, (9,1\,\% \text{ v. A.} + 0,05\,\% \text{ v. E.} + 1 \text{ digit})$$

(v. A.: von der Ablesung; engl.: „of reading"
v. E.: vom Meßbereichsendwert; engl.: „of range"
1 digit: Quantisierungsfehler von 1 Einheit)

Eine *Kennlinie* beschreibt, wie das Ausgangssignal x_a eines Meßgerätes vom Eingangssignal x_e abhängt (nur gültig für den stationären Zustand eines Meßgerätes, d. h. bei zeitlich konstanten Eingangsgrößen). Für die Kennlinie gilt deshalb:

$$x_a = f(x_e).$$

Dieser Zusammenhang kann als mathematische Funktion beschrieben und grafisch dargestellt werden. Aber auch eine tabellarische Zuordnung ist möglich. Aus der Kenn-

Tabelle B-2. Absoluter Fehler, relativer Fehler und Genauigkeitsklassen

Begriff	Beziehung	Beispiel
Absoluter Fehler F	Differenz aus angezeigtem Wert x_i und wahrem Wert (z.B. arithmetischer Mittelwert $\bar{x}$: $F = x_i - \bar{x}$.	Ein Voltmeter zeigt 2,4 V an. Der wahre Wert ist 2,44 V. Wie groß ist der absolute und der relative Meßfehler: $F = 2,4\ V - 2,44\ V = -0,04\ V$.
relativer Fehler f	Der auf den wahren Wert ($\bar{x}$) bezogene absolute Fehler F in Prozent: $f = \dfrac{F}{\bar{x}} * 100$ in %.	$f = \dfrac{-0,04\ V}{2,44\ V} * 100 = -1,64\%$.
Genauigkeits-klasse GK Fein-Meßgeräte: $GK = 0,1; 0,2; 0,5$ Betriebs-Meßgeräte: $GK = 1; 1,5; 2,5; 5; 10$	Der auf den Meßbereichs-Endwert (MB) bezogene (absolute) maximale Fehler ($\lvert F_{G\,max}\rvert$) in Prozent: $GK = \dfrac{\lvert F_{G\,max}\rvert}{MB} * 100$ in %.	Ein Amperemeter mit dem Meßbereich 0,1 A ist von der Genauigkeitsklasse 0,2. Wie groß ist die Fehlangabe (maximaler Fehler) bei einem wahren Wert von 0,02 A und 0,06 A? Wie groß sind die zulässigen relativen Meßfehler der Messungen? $F_{G\,max} = \pm \dfrac{0,1\ A * 0,2}{100} = 0,0002\ A$. $x_{0,02A} = 0,0198\ A$ bis $0,0202\ A$. $x_{0,06A} = 0,0598\ A$ bis $0,0602\ A$.
Angabe des maximalen Fehlers $F_{G\,max}$	Aus der Fehlerklassenangabe läßt sich die Fehlangabe ausrechnen (sie ist unabhängig von einem großen oder kleinen Anzeigewert) $F_{G\,max} = \dfrac{\pm MB * GK}{100}$ Die Genauigkeitsklasse gibt nicht den maximalen relativen Meßfehler an. Er ist bei kleinen Zeigerausschlägen größer als bei großen. Deshalb sollte möglichst der ganze Meßbereich eines Gerätes ausgenutzt werden.	$f = \dfrac{F_{G\,max}}{\bar{x}} * 100$. $f_{0,02A} = \dfrac{\pm 0,0002\ A}{0,02\ A} * 100 = \pm 1\%$. $f_{0,06\,A} = \dfrac{\pm 0,0002\ A}{0,06 A} * 100 = \pm 0,333\%$.

Tabelle B-3. Fehlerrechnung mit einer Meßgröße

Kennwerte der Fehlerrechnung		Beziehungen	
$\bar{x}$	arithmetischer Mittelwert; Schätzwert für den Erwartungswert	$\bar{x} = \dfrac{1}{N} \displaystyle\sum_{i=1}^{N} x_i$	N Anzahl der Messungen
FS_{min}	minimale Fehlersumme einer Anzahl von N Meßwerten	$FS_{min} = \displaystyle\sum_{i=1}^{N} (x_1 - \bar{x})^2$ $= \displaystyle\sum_{i=1}^{N} x_i^2 - N\bar{x}^2$	x_i Einzelmessung
s	Standardabweichung des Meßwerts bzw. Meßverfahrens; Schätzwert für die Varianz	$s = \sqrt{\dfrac{FS_{min}}{N-1}}$	
s_{rel}	relative Standardabweichung des Meßwerts bzw. Meßverfahrens	$s_{rel} = \dfrac{s}{x}$	
$\Delta\bar{x}$	Standardabweichung des arithmetischen Mittelwerts	$\Delta\bar{x} = \dfrac{s}{\sqrt{N}}$	
$\Delta\bar{x}_{rel}$	relative Standardabweichung des arithmetischen Mittelwerts	$\Delta\bar{x}_{rel} = \dfrac{\Delta\bar{x}}{\bar{x}}$	
u_z	Zufallskomponente der Meßunsicherheit mit t_P-Faktor der Student-Verteilung	$u_z = \Delta\bar{x}\, t_P$	

Tabelle B-3 (Fortsetzung)

Zahlenwerte nach DIN 1319 und Anpassungspolynom des t-Faktors der Vertrauensgrenzen für verschiedene statistische Sicherheiten.		
Anzahl der Wiederholungsmessungen $n_w = N - k$	**statistische Sicherheit P**	
	68,3% $t_{0,68}$	95,4% $t_{0,95}$
1	1,84	12,71
2	1,32	4,30
3	1,20	3,18
4	1,15	2,78
5	1,11	2,57
7	1,08	2,37
10	1,06	2,25
20	1,03	2,09
50	1,01	2,01
100	1,00	1,98
> 100	1,00	1,96
Anpassungspolynom	$t_{0,68} = 1$ $+\dfrac{0,584}{n_w}$ $-\dfrac{0,032}{n_w^2}$ $+\dfrac{0,288}{n_w^3}$	$t_{0,95} = 1,96$ $+\dfrac{3,012}{n_w}$ $-\dfrac{1,273}{n_w^2}$ $+\dfrac{8,992}{n_w^3}$

Ergebnis von N Messungen (Meßwertanalyse)	$x_P = \bar{x} \pm u_z = \bar{x} \pm t_P \dfrac{s}{\sqrt{N}}$;
	x_P Ergebnis der Meßwertanalyse der Meßwerte x,
	$\bar{x}$ wahrscheinlichster Wert für die Meßgröße x,
	u_z Grenzwert des Vertrauensbereichs mit der statistischen Sicherheit P,
	t_P Student-Faktor
	s Standardabweichung
	N Gesamtanzahl der Messungen der Meßgröße x.

Tabelle B-4. Kennwerte der Fehlerrechnung mit mehreren Variablen

Kennwerte der Fehlerfortplanzung der Fehlerrechnung		Beziehungen
$\tilde{f}$	wahrscheinlichster Wert der indirekt gemessenen physikalischen Größe f	$\tilde{f} = f(\bar{x}, \bar{y}, \bar{z}, ...)$
s_f	Standardabweichung der Größe f bzw. des indirekten Meßverfahrens für f	$s_f = \sqrt{\left(\dfrac{\partial f}{\partial x}\right)^2 s_x^2 + \left(\dfrac{\partial f}{\partial y}\right)^2 s_y^2 + \left(\dfrac{\partial f}{\partial z}\right)^2 s_z^2 + ...}$
Δf	absoluter Größtfehler der Größe f bzw. des Meßverfahrens für f	$\Delta f = \left\|\dfrac{\partial f}{\partial x}\right\| s_x + \left\|\dfrac{\partial f}{\partial y}\right\| s_y + \left\|\dfrac{\partial f}{\partial z}\right\| s_z + ...$
Δf_{rel}	relativer Größtfehler der Größe f bzw. des Meßverfahrens für f	$\Delta f_{rel} = \dfrac{\Delta f}{f}$
$\Delta f_{rel, PP}$	relativer Größtfehler eines Potenzprodukts $f = x^k\, y^m\, z^n$	$\Delta f_{rel, PP} = \left\|k\,\dfrac{s_x}{x}\right\| + \left\|m\,\dfrac{s_y}{y}\right\| + \left\|n\,\dfrac{s_z}{z}\right\|$

$\bar{x}, \bar{y}, \bar{z}, ...$ arithmetische Mittelwerte der Teilmeßgrößen $x, y, z, ...$

$s_x, s_y, s_z, ...$ Standardabweichungen der Teilmeßgrößen $x, y, z, ...$

$\dfrac{\partial f}{\partial x}, \dfrac{\partial f}{\partial y}, \dfrac{\partial f}{\partial z}, ...$ artielle Ableitungen der Funktion $f(x, y, z, ...)$ nach den Teilgrößen $x, y, z, ...$ an der Stelle $\bar{x}, \bar{y}, \bar{z}, ...$

linie ist die *Empfindlichkeit E* zu entnehmen. Sie ist die Steigung der Kurve an einem Punkt:

$$E = \frac{dx_a}{dx_e} \, .$$

Besitzen die Eingangs- und die Ausgangsgrößen unterschiedliche Einheiten (z. B. Ausgangsgröße eine Spannung und Eingangsgröße ein Strom), das besitzt die Empfindlichkeit eine Einheit; sonst ist die Empfindlichkeit dimensionslos.

B.2
Messung von Spannung und Strom

B.2.1
Gleichstromkreis

Zur Strom- und Spannungsmessung (mit dem Ohmschen Gesetz: $R = U/I$) werden einfache und robuste Drehspulinstrumente und Dreheiseninstrumente eingesetzt. Bild B-8 zeigt die Wirkungsweise. Beim *Drehspulinstrument* dreht sich in einem radialen Magnetfeld eine stromdurchflossene Spule. Das Drehmoment M ist proportional zum Strom, d.h. der Winkelausschlag des Zeigers ist ein direktes Maß für die Stromstärke. Gemessen wird der arithmetische Mittelwert. Beim *Dreheisenmeßwerk* wird die Spule von einem Meßstrom durchflossen. In der Mitte der Spule befinden sich zwei Weicheisenplättchen: eines ist am Zeiger, das andere am Spulenkörper befestigt. Der Strom erzeugt ein Magnetfeld, wodurch die beiden Plättchen gleichsinnig magnetisiert werden und sich abstoßen. Das Drehmoment M ist quadratisch proportional zum Strom. Zur richtigen Anzeige der gemessenen Effektivwerte muß die Momentenwirkung noch mit

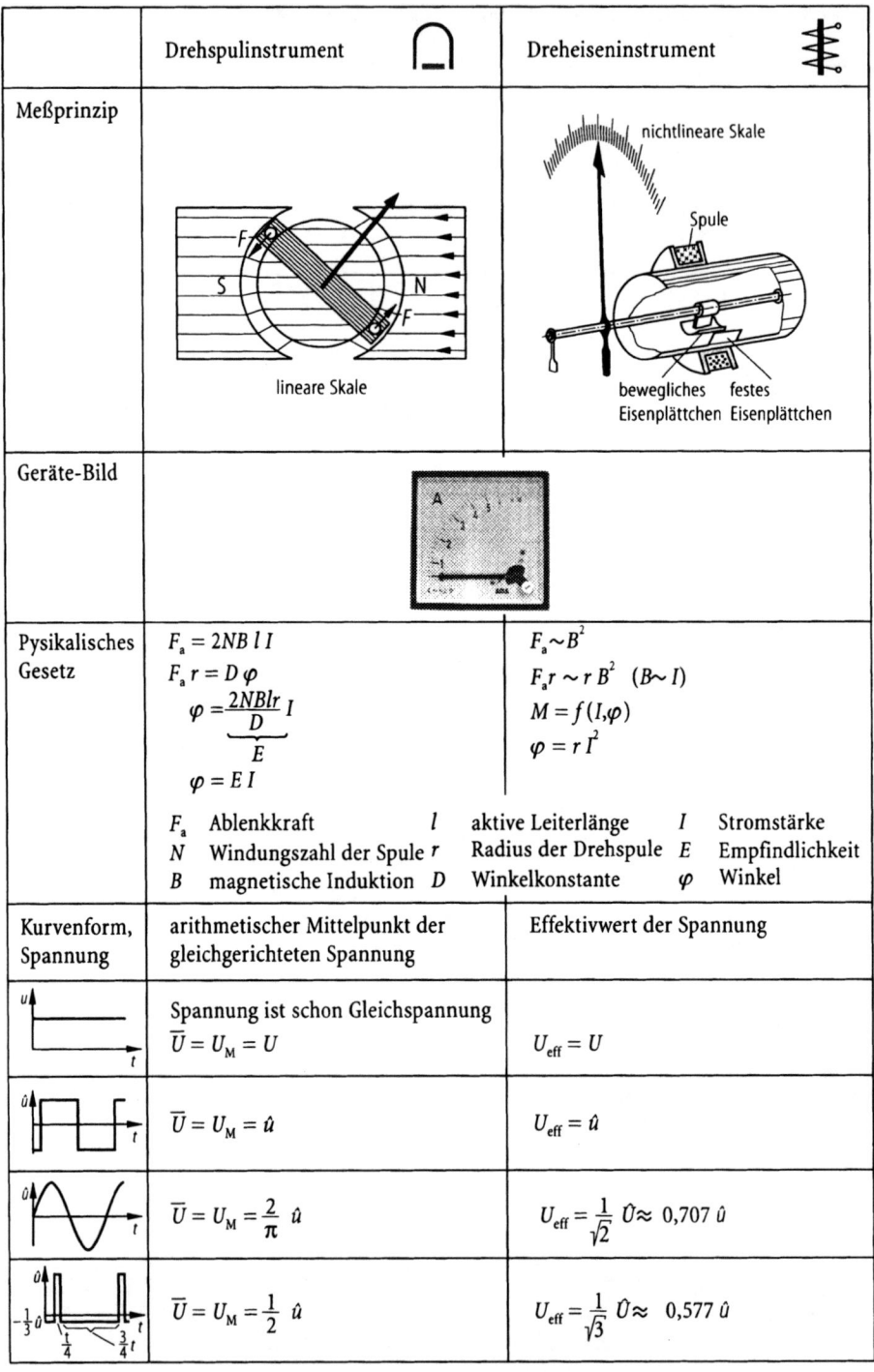

	Drehspulinstrument	Dreheiseninstrument
Meßprinzip	lineare Skale	nichtlineare Skale Spule bewegliches festes Eisenplättchen Eisenplättchen
Geräte-Bild		
Pysikalisches Gesetz	$F_a = 2NB\,l\,I$ $F_a\,r = D\,\varphi$ $\varphi = \underbrace{\dfrac{2NBlr}{D}}_{E}\,I$ $\varphi = E\,I$	$F_a \sim B^2$ $F_a r \sim r\,B^2 \quad (B{\sim}I)$ $M = f(I,\varphi)$ $\varphi = r\,I^2$
	F_a Ablenkkraft l aktive Leiterlänge I Stromstärke N Windungszahl der Spule r Radius der Drehspule E Empfindlichkeit B magnetische Induktion D Winkelkonstante φ Winkel	
Kurvenform, Spannung	arithmetischer Mittelpunkt der gleichgerichteten Spannung	Effektivwert der Spannung
	Spannung ist schon Gleichspannung $\overline{U} = U_M = U$	$U_{eff} = U$
	$\overline{U} = U_M = \hat{u}$	$U_{eff} = \hat{u}$
	$\overline{U} = U_M = \dfrac{2}{\pi}\,\hat{u}$	$U_{eff} = \dfrac{1}{\sqrt{2}}\,\hat{U} \approx 0{,}707\,\hat{u}$
	$\overline{U} = U_M = \dfrac{1}{2}\,\hat{u}$	$U_{eff} = \dfrac{1}{\sqrt{3}}\,\hat{U} \approx 0{,}577\,\hat{u}$

Bild B-8. Gegenüberstellung von Drehspul- und Dreheiseninstrumenten

Strom-Messung	Spannungs-Messung
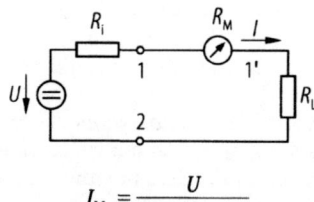	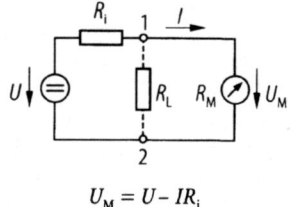
$$I_M = \dfrac{U}{R_i + R_L + R_M}$$	$$U_M = U - IR_i$$
(I_M Strom durch Meßgerät R_i, R_L, R_M Innen-, Last-, Meßgerätewiderstand)	(U_M Spannung am Meßgerät U unbekannte Spannung)
Strom niederohmig messen!	Strom hochohmig messen!
Messung des Kurzschlußstromes I_K	Messung der Leerlaufspannung U
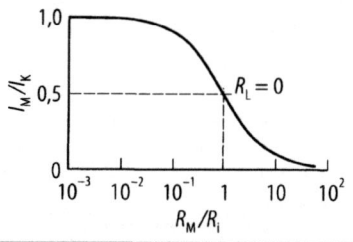	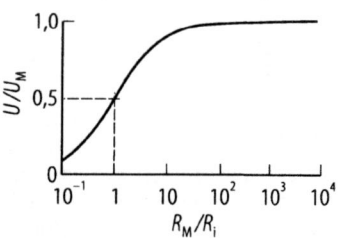

Meßbereichs-Erweiterung (Spannung: Vorwiderstände, Strom: Parallelwiderstände)

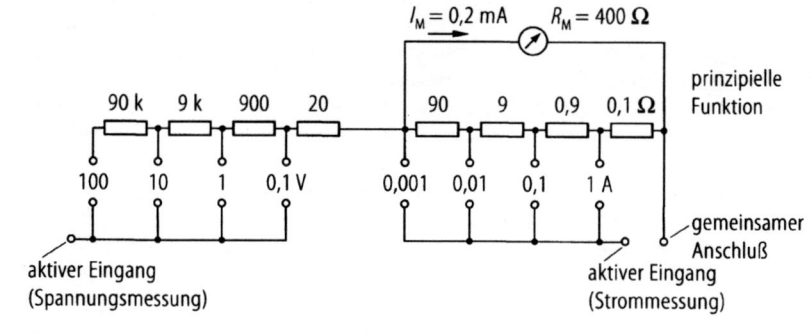

Überlastschutz

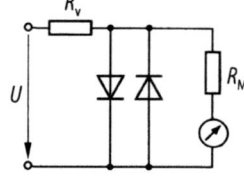

Bild B-9. Messung von Gleichstrom und Gleichspannung

einem winkelabhängigen Skalenfaktor multipliziert werden. Weil Dreheisenmeßwerke unabhängig vom Vorzeichen des Stroms und unabhängig von der Kurvenform messen, haben sie ein großes Einsatzgebiet im Gleich- und Wechselstrombereich. Ein Dreheisenmeßwerk braucht allerdings mehr Energie als ein Drehspulmeßwerk.

In Bild B-9 ist zusammengestellt, wie Gleichströme und Gleichspannungen gemessen werden.

Um den gemessenen Strom nicht zu verfälschen, muß der *Widerstand* des Meßgerätes möglichst *klein* sein (*niederohmig*). Der Kurzschlußstrom kann nur gemessen werden, wenn der Widerstand des Meßgerätes klein ist gegenüber dem Innenwiderstand der Quelle.

Die Spannung wird dann möglichst genau gemessen, wenn der Widerstand des Meßgerätes groß gegenüber dem Innenwiderstand der Quelle ist (*hochohmig*).

Wie Bild B-9 zeigt, geschieht die *Meßbereichserweiterung* bei der Spannungsmessung durch *Vorwiderstände* und bei Strommessung durch *Parallelwiderstände*. Vor *Überlastung* kann man ein Meßwerk schützen, indem man zwei Dioden *antiparallel* zum Meßwerk einbaut. Wird der Spannungsabfall am Meßwerk größer als erlaubt, dann wird eine Diode leitend und schützt das Meßwerk vor einem zu großen Strom.

B.2.2
Wechselstromkreis

Für die Wechselstromgrößen sind bestimmte *Kenngrößen* maßgebend, die in Tabelle B-1 zusammengestellt sind. Wie bereits erwähnt, sind Dreheiseninstrumente ohne zusätzliche Schaltungen geeignet, um Effektivwerte von Wechselströmen und -spannungen bis zu einer Frequenz von etwa 1 kHz zu messen.

Bild B-10 zeigt einige Methoden zur Messung von Wechselstromgrößen mit Drehspulinstrumenten. Es ist dies die *Spitzenwertgleichrichtung* mit der oberen Halbwelle (Bild B-10a). Der Scheitelwert wird durch einen Kondensator gespeichert. Dazu wird er über die Diode auf die Spannung U_c aufgeladen. Der Kondensator entlädt sich über den hohen Widerstand des Meßgerätes, bis die Spannung beim nächsten Signal wieder den Maximalwert erreicht. Dabei wird nur der positive (und bei umgekehrter Schaltung der negative) Spitzenwert gemessen.

Eine andere Methode ist die Messung des *Gleichrichtwerts* über die *Einweggleichrichtung*. Dazu wird eine Diode vorgeschaltet (Bild B-10b). Muß die Dioden-Kennlinie berücksichtigt werden, dann wird die Skala nicht linear verlaufen. Die Meßgröße muß zuerst die Spannung an der Gleichrichterdiode aufbringen; die restliche Spannung treibt das Meßwerk an. Je größer der Meßbereich des Instruments mit Gleichrichter ist, desto weniger macht sich die Diodenspannung bemerkbar und desto kleiner ist der unterdrückte Bereich am unteren Ende des Meßbereichs. Beim *Doppelweggleichrichter*

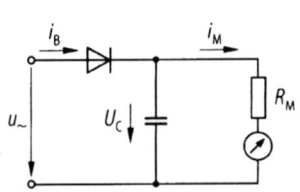
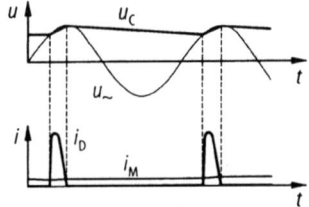

a Messung des positiven Spitzenwertes (üblich in der Nachrichtentechnik)

Bild B-10. Messung von Wechselgrößen mit einem Drehspulinstrument

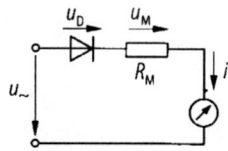

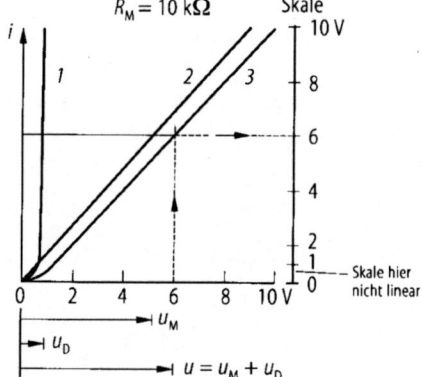

$R_M = 10$ kΩ

Vorteil: Anlaufspannung u_D
Nachteil: einfacher Skalenfaktor

b Messung des Gleichrichterwertes mit dem Einweggleichrichter

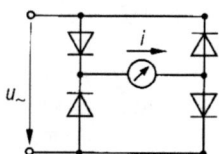

Vorteil: doppelter Skalenfaktor
Nachteil: doppelte Anlaufspannung
($2 u_D \longrightarrow$ doppelter Verlust)

c Messung des Gleichrichterwertes mit der Doppelweg-Gleichrichtung (Graetz-Schaltung)

Bild B-10 (Fortsetzung)

(2 Dioden in Reihe geschaltet) ist der unterdrückte Bereich doppelt so groß. Um die positive und die negative Halbwelle berücksichtigen zu können, benützt man eine *Doppelweggleichrichtung*, wie sie in der Graetz-Schaltung (Bild B-10c) zu sehen ist.

In einem *Vielfachinstrument* (Multimeter) ist die Möglichkeit gegeben, Gleich- und Wechselgrößen zu messen (Bild B-11).

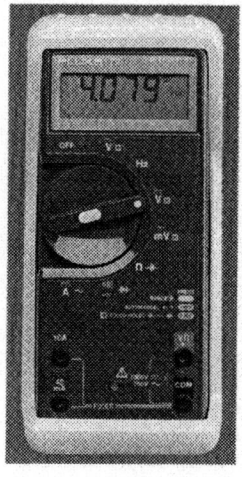

Bild B-11. Multimeter (Werkfoto: FLUKE)

B.2.3
Zeitlich veränderliche Spannungen

Zeitlich sich ändernde Meß-Signale werden in einem Abtastregelkreis nur zu bestimmten Zeitpunkten (meist in regelmäßigen Abständen: äquidistant) abgefragt (Bild B-12).

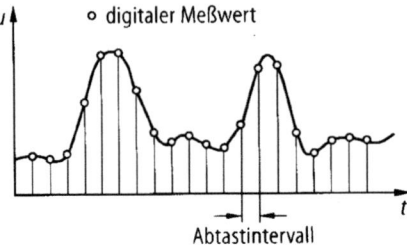

Bild B-12. Äqidistante Abtastung zur Bestimmung des Kurvenverlaufs

Die abgetasteten Signale bilden eine amplitudenmodulierte Impulsfolge. Zur Verarbeitung werden die Impulse über das Tastintervall konstant gehalten, entweder im Rechner oder durch ein Halteglied. Auf diese Weise entsteht eine Treppenfunktion, deren Mittelwert ihrem kontinuierlichen Signal um die halbe Abtastzeit nacheilt. Bei der Digitalisierung analoger Kurvenverläufe muß die Abtastfrequenz mindestens *doppelt so groß* sein wie die Signalfrequenz (*Shannonsches Abtasttheorem*). Die Abtastgeschwindigkeit liegt nach Bedarf zwischen 0,1 Hz und 100 MHz. Im Rechner werden Mittelwerte, Effektivwerte der Meßgrößen und die Frequenzen gespeichert und verarbeitet. In einer *Fourieranalyse* werden alle enthaltenen Frequenzen ermittelt. Es ist dabei auch möglich, in einer *Fehleranalyse* unerwünschte Schwingungen zu erkennen. Die genauen Kurvenverläufe können in einem Oszilloskop verfolgt werden, das auch als Multimeter eingesetzt werden kann (Bild B-13).

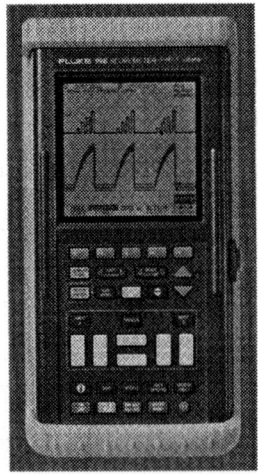

Bild B-13. Oszilloskop und Multimeter (Werkfoto: FLUKE)

B.3
Messung von Widerständen

B.3.1
Messung ohmscher Widerstände im Gleichstromkreis

In der Praxis gibt es, wie Bild B-14 zeigt, eine Vielzahl von Meßmethoden. In Bild B-14a und B-14b werden die Widerstände durch Messung von Strom und Spannung nach dem Ohmschen Gesetz errechnet. In Bild B-14a ist die Spannung fehlerhaft: es muß der Spannungsabfall am Strommesser ($R_A I$) abgezogen werden. Diese Schaltung eignet sich für große Widerstände. In der Schaltung nach Bild B-14b wird der Strom zu groß gemessen. Deshalb muß der Strom durch den Spannungsmesser (U/R_v) abgezogen werden.

Der systematische Fehler in der Schaltung B-14a und B-14b kann vermieden werden. Dazu wird der gesuchte Widerstand R_x mit einem definierten Referenzwiderstand R_r verglichen (Bild B-14c). Müssen *sehr niedrige Widerstände* gemessen werden, dann muß man die an den Klemmen auftretenden *Übergangswiderstände* berücksichtigen.

Fließt ein konstanter Strom I_0 in einem Stromkreis, dann berechnet sich aus der gemessenen Spannung U_x der gesuchte Widerstand R_x (Bild B-14d). Einen konstanten Strom liefert eine Konstantstromquelle (Bild B-14d). Ein konstanter Strom kann auch durch einen *invertierenden Operationsverstärker* erzeugt werden. Dann ist die Ausgangsspannung ein Maß für den gesuchten Widerstand R_x (Bild B-14e).

Zur Messung von Widerständen sind auch *Brückenschaltungen* gebräuchlich. Die Wheatstone-Brücke wird am häufigsten eingesetzt. Die Diagonalspannung U_d wird auf null abgeglichen. Dann bestimmen die anderen Widerstände den gesuchten Widerstand R_x (Bild B-14f). Das Meßergebnis ist unabhängig von U_0.

B.3.2
Messung von Blind- und Scheinwiderständen im Wechselstromkreis

In Abschnitt A5 sind die Widerstände im Wechselstromkreis ausführlich beschrieben und in den Bildern A-59, A-61, A-63 und A-64 zusammengestellt. Die Übersicht in Bild B-15 zeigt das Verhalten der Bauelemente Widerstand (R), Induktivität (L) und Kapazität (C) im Wechselstromkreis. In der Technik sind die idealen induktiven Widerstände einer Spule nicht zu realisieren. Gute Kondensatoren zeigen dagegen ein fast ideales Verhalten kapazitiver Widerstände. Bei den Bauelementen treten immer auch ohmsche Anteile hinzu. Je nach Reihen- oder Parallelschaltung ergeben sich die in Bild B-16 dargestellten Verhältnisse.

Um die Scheinwiderstände zu errechnen, muß man eine getrennte Messung der Wirk- (ohmscher Anteil) und der Blindkomponente (imaginärer Anteil) durchführen. Der Wirkwiderstand ist gemäß Abschn. B.3.1 (Bild B-14) zu messen. Im folgenden geht es deshalb um die Messung von Blindwiderständen. Die Blindwiderstände sind frequenzabhängig. Deshalb müssen Wechselspannungsquellen konstanter Frequenz mit nur geringen Oberschwingungen eingesetzt werden. Prinzipiell sind die Effektivwerte nach der Schaltung in Bild B-14a und B-14b zu messen. Nach dem ohmschen Gesetz ergibt sich daraus der Betrag Z des Scheinwiderstandes ($Z = U/I$). Die Summe aus dem Wirkwiderstand R und dem Blindwiderstand X ergibt den Scheinwiderstand $\underline{Z}$. Es gilt:

$\underline{Z} = R + jX$, wobei gilt: $X = \omega L$ (Spule) oder $X = -1/\omega C$ (Kondensator). Ist der Wirkwiderstand R vernachlässigbar klein, dann erhält man aus der Strom- und Spannungsmessung (bei bekannter Frequenz ω) den Blindwiderstand:

$\omega L = U/I$ (Spule) bzw. $1/(\omega C) = U/I$.

Schaltung   **Berechnungsgleichung**

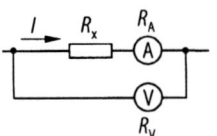

$$R_x = \frac{U - R_A I}{I} = \frac{U}{I} - R_A$$

(große Widerstände) $R_x \gg R_A$

a Strom- und Spannungsmessung (Spannungsfehler)

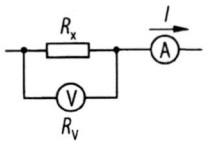

$$R_x = \frac{U}{I - U/R_V}$$

(kleine Widerstände) $R_x \ll R_V$

b Strom- und Spannungsmessung (Stromfehler)

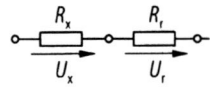

$$R_x = \frac{U_x}{U_r} R_r$$

c Vergleich mit Referenzwiderstand R_r

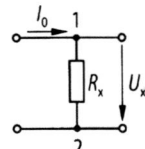

$$R_x = \frac{U_x}{I_0}$$

d Messung mit Konstantstromquelle ($I_0 = $ const)

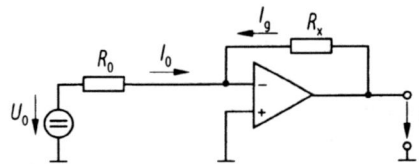

$$R_x = -\frac{R_0}{U_0} u_a$$

e Messung mit Operationsverstärker (übliches Verfahren in Digital-Ohmmetern)

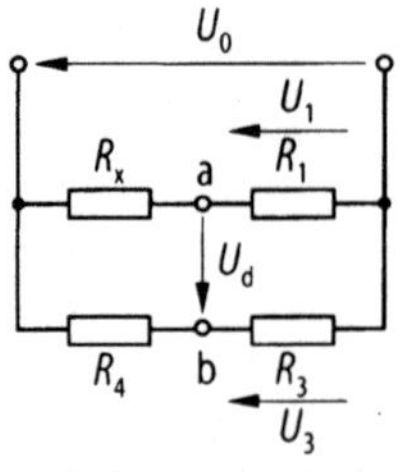

$$U_d = U_3 - U_1 = U_0 \frac{R_x R_3 - R_1 R_4}{(R_1 + R_x)(R_3 + R_4)}$$

für $U_d = 0$: $R_x = R_1 \dfrac{R_4}{R_3}$

Vorteil: Unabhängig von Betriebsspannung U_0
Nachteil: R_3 oder R_4 muß abgeglichen werden

f Wheatstone-Meßbrücke

Bild B-14. Schaltungen zur Messung von Gleichstromwiderständen

Bauelement und Symbol	Ohmscher Widerstand (Wirkwiderstand) — R	Induktivität (Spule) (induktiver Blindwiderstand) — L	Kapazität (Kondensator) 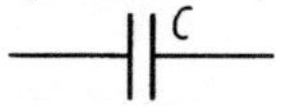 (kapazitiver Blindwiderstand) — C
Ausgangsgröße	$\underline{U}_R = U_R e^{j(\omega t+\varphi)}$	$\underline{I}_L = I_L e^{j(\omega t+\varphi)}$	$\underline{U}_C = U_C e^{j(\omega t+\varphi)}$
Gesetz	Ohmsches Gesetz $\underline{I}_R = \dfrac{\underline{U}_R}{R}$ $I_R = \dfrac{U_R}{R} e^{j(\omega t+\varphi)}$	Induktionsgesetz $\underline{U}_L = L \dfrac{d\underline{I}_L}{dt}$ $\underline{U}_L = j\omega L \underline{I}_L$	$\underline{I}_C = C \dfrac{d\underline{U}_C}{dt}$ $\underline{I}_L = j\omega C \underline{U}_C$
Zeigerdiagramm	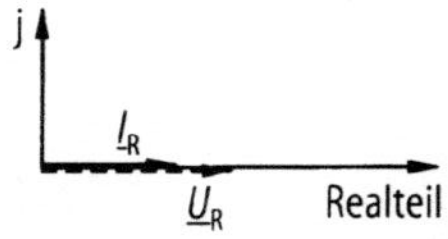 Spannung $\underline{U}_R$ und Strom $\underline{I}_R$ in gleicher Phase ($\varphi_u - \varphi_i = 0$)	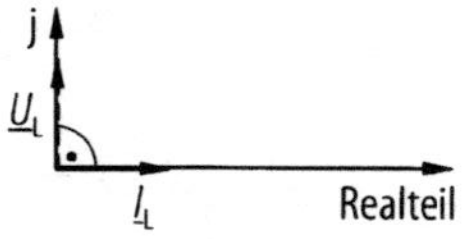 Spannung $\underline{U}_L$ eilt Strom $\underline{I}_L$ um $\pi/2$ voraus ($\varphi_u - \varphi_i = \pi/2$)	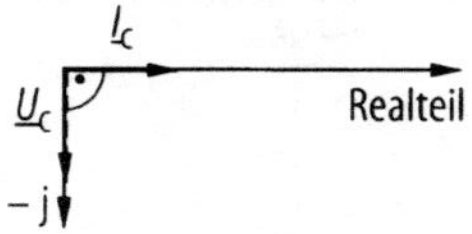 Strom $\underline{I}_C$ eilt Spannung $\underline{U}_C$ um $\pi/2$ voraus ($\varphi_i - \varphi_u = \pi/2$)
Komplexer Widerstand	$\underline{Z}_R = \dfrac{\underline{U}_R}{\underline{I}_R} = R$ 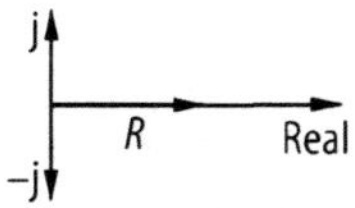 (reelle Achse)	$\underline{Z}_L = \dfrac{\underline{U}_L}{\underline{I}_L} = j\omega L = j\underline{X}_L$ 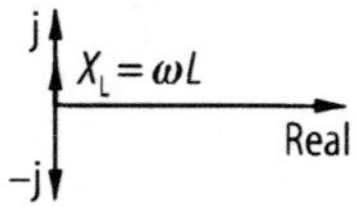 $X_L = \omega L$ (positive imaginäre Achse)	$\underline{Z}_C = \dfrac{\underline{U}_C}{\underline{I}_C} = \dfrac{1}{j\omega C} = -jX_C$ 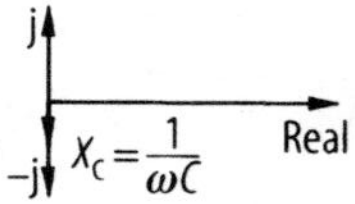 $X_C = \dfrac{1}{\omega C}$ (negative imaginäre Achse)
Frequenzabhängigkeit	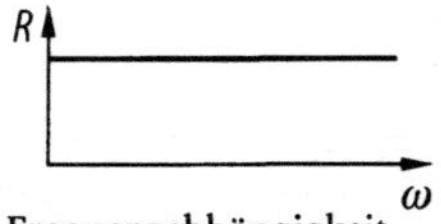 Keine Frequenzabhängigkeit	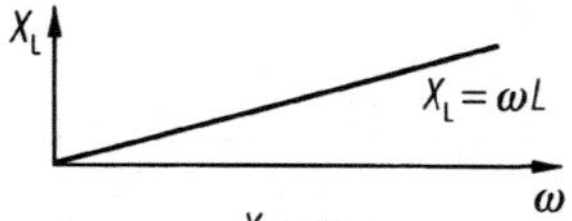 $X_L = \omega L$ $X_L \sim \omega$	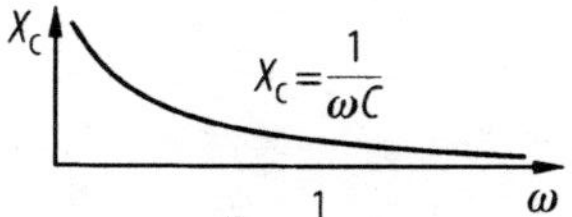 $X_C = \dfrac{1}{\omega C}$ $X_C \sim \dfrac{1}{\omega}$

Bild B-15. Ohmsche, induktive und kapazitive Widerstände

Schaltung			
Zeigerdiagramm			
Komplexer Widerstand		$\underline{Z} = Z\,e^{j\varphi}$; $Z = \sqrt{\text{Real}\,(\underline{Z})^2 + \text{Im}\,(\underline{Z})^2}$; $\tan\varphi = \dfrac{\text{Im}\,(\underline{Z})}{\text{Real}\,(\underline{Z})}$	
Spezieller komplexer Widerstand	$\underline{Z} = \dfrac{U}{I} = R + jX_L$ $\underline{Z} = R + j\omega L$ $\lvert\underline{Z}\rvert = \sqrt{R^2 + (\omega L)^2}$ $\tan\varphi = \dfrac{\omega L}{R}$	$\underline{Z} = \dfrac{U}{I} = R + jX_C$ $\underline{Z} = R - j\dfrac{1}{\omega C}$ $\lvert\underline{Z}\rvert = \sqrt{R^2 + \left(-\dfrac{1}{\omega C}\right)^2}$ $\tan\varphi = -\dfrac{1}{R\omega C}$	$\underline{Z} = \dfrac{U}{I} = R + j(X_L + X_C)$ $\underline{Z} = R + j\left(\omega L - \dfrac{1}{\omega C}\right)$ $\lvert\underline{Z}\rvert = \sqrt{R^2 + \left(\omega L - \dfrac{1}{\omega C}\right)^2}$ $\tan\varphi = \dfrac{\omega L - \dfrac{1}{\omega C}}{R}$

a Reihenschaltung

Schaltung	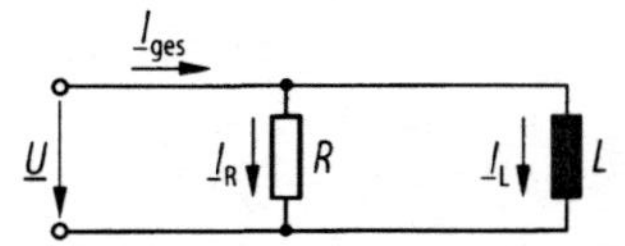	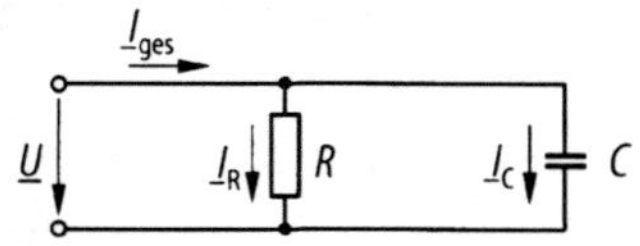	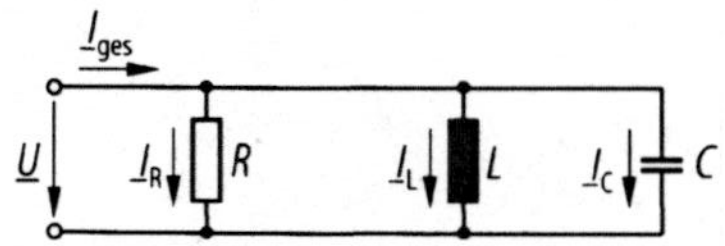
Zeigerdiagramm	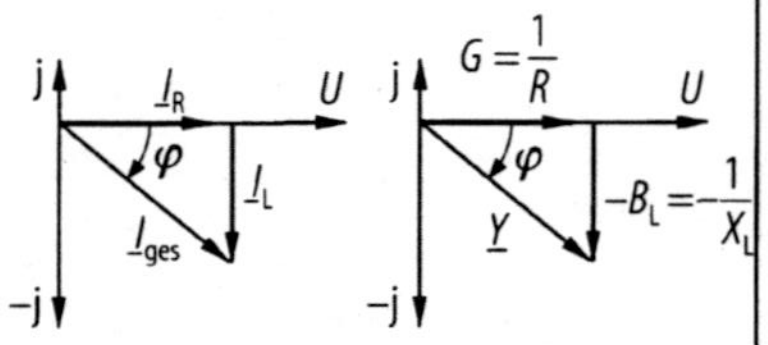	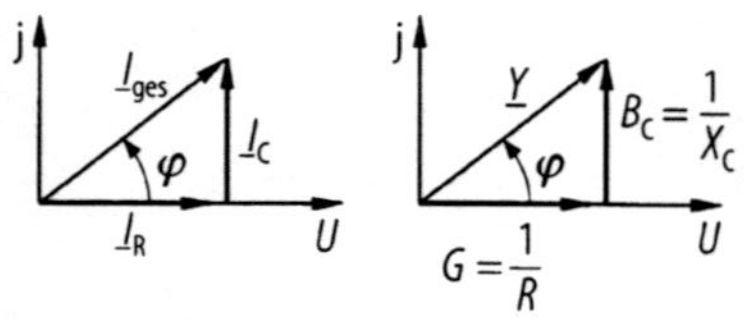	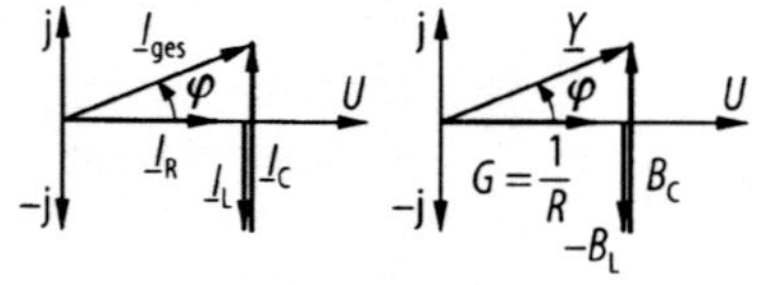
Komplexer Leitwert	$\underline{Y} = Y\,e^{j\varphi}$; $|\underline{Y}| = \sqrt{\text{Real}\,(\underline{Y})^2 + \text{Im}\,(\underline{Y})^2}$; $\tan\varphi = \dfrac{\text{Im}\,(\underline{Y})}{\text{Real}\,(\underline{Y})}$		
Spezieller komplexer Leitert	$\underline{Y} = \dfrac{I}{\underline{U}} = G - jB_L$ $\underline{Y} = G - j\dfrac{1}{\omega L}$ $|\underline{Y}| = \sqrt{G^2 + \left(-\dfrac{1}{\omega L}\right)^2}$ $\tan\varphi = \dfrac{-B_L}{G} = -\dfrac{R}{\omega L}$	$\underline{Y} = \dfrac{I}{\underline{U}} = G + jB_C$ $\underline{Y} = G + j\omega C$ $|\underline{Y}| = \sqrt{G^2 + (\omega C)^2}$ $\tan\varphi = \dfrac{B_C}{G} = \omega CR$	$\underline{Y} = \dfrac{I}{\underline{U}} = G + j(B_C - B_L)$ $\underline{Y} = G + j\left(\omega C - \dfrac{1}{\omega L}\right)$ $|\underline{Y}| = \sqrt{G^2 + j\left(\omega C - \dfrac{1}{\omega L}\right)^2}$ $\tan\varphi = \dfrac{B_C - B_L}{G} = R\left(\omega C - \dfrac{1}{\omega L}\right)$

b Parallelschaltung

Bild B-16. Komplexe Widerstände bei Reihen- und Parallelschaltung

Schaltung   **Berechnungsgleichung**

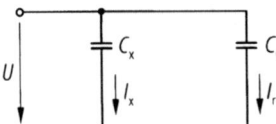

$$C_x = C_r \frac{U_r}{U_x}$$

a Messung mit Referenzkapazität C_r

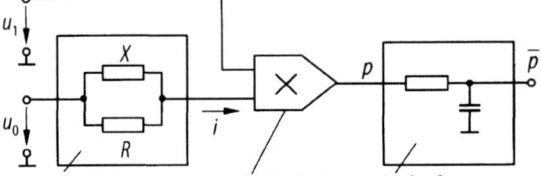

Blindleistung

$$\bar{p}_B = \frac{1}{2}\,\omega C \hat{u}_0 \hat{u}_1$$

Wirkleistung

$$\bar{p}_W = \frac{\hat{u}_0 \hat{u}_1}{2R}$$

Parallel   Multiplizierer   Tiefpaß zur
Ersatzschaltbild   Mittelwertbildung
für Scheinwiderstand

b Getrennte Messung des Blind- und Wirkwiderstands

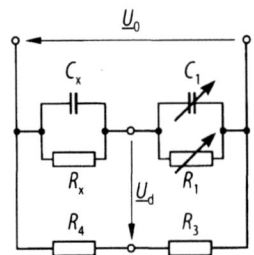

Für $U_d = 0$

$$R_x = \frac{R_4}{R_3}\,R_1$$

$$C_x = \frac{R_3}{R_4}\,C_1$$

$$\tan\delta_1 = \frac{1}{\omega C_1 R_1} = \frac{1}{\omega C_x R_x} = \tan\delta_2$$

c Kapazitäts-Meßbrücke nach Wien

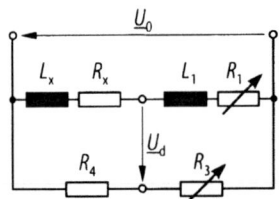

Für $U_d = 0$

$$R_x = \frac{R_4}{R_3}\,R_1$$

$$L_x = \frac{L_1 R_4}{R_3}$$

d Induktivitäts-Meßbrücke nach Maxwell

Bild B-17. Schaltungen zur Messung von Wechselstromwiderständen

Die verschiedenen Meßmöglichkeiten sind in Bild B-17 zusammengestellt. Bild B-18 zeigt ein Meßgerät für Widerstand (R), Kapazität (C) und Induktivität (L).

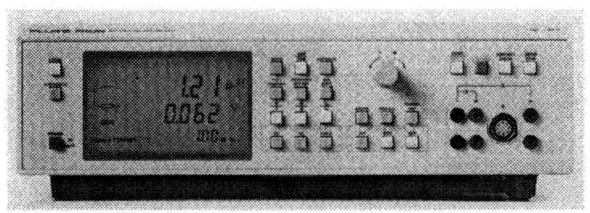

Bild B-18. RCL-Meßgerät
(Werkfoto: ADMESS)

B.4
Arbeitsmessung

Die elektrische Arbeit W ist nach folgender Gleichung zu bestimmen:

$$W = \int P \, dt = UI \cos \varphi T.$$

Wird die Wirkleistung P über die Zeit integriert, dann erhält man die verbrauchte elektrische Energie. In der Praxis verwendet man dazu ein Induktionsmeßwerk nach Bild B-19. Die Drehzahl n ist ein Maß für die Wirkleistung. Im Induktionsmeßwerk erzeugen die Strom- und Spannungsspule ein Drehmoment, dessen Betrag und Vorzeichen dem Produkt aus Strom und Spannung proportional ist. Der Bremsmagnet erzeugt in der Metallscheibe ein streng geschwindigkeitsabhängiges Bremsmoment. Integriert wird durch das Zählen der Umdrehungen der Scheibe. Deshalb ist die Anzahl der Umdrehungen ein Maß für die abgegebene elektrische Energie.

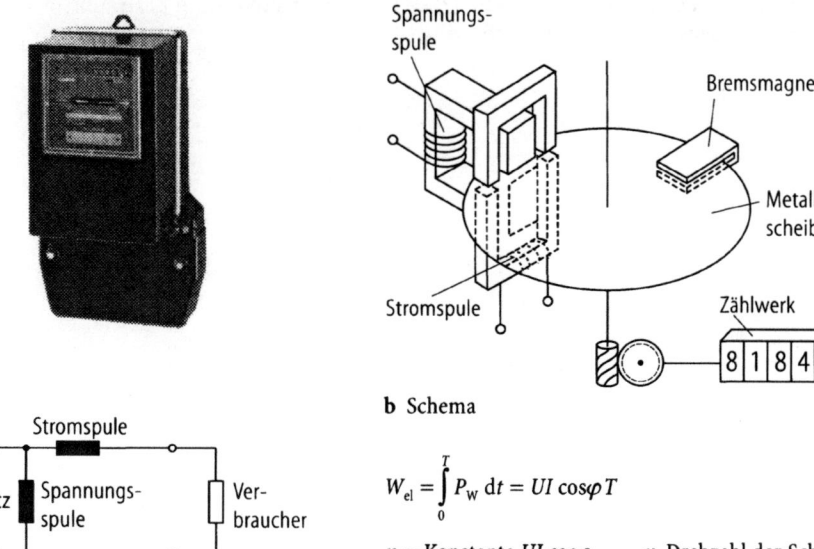

b Schema

$$W_{el} = \int_0^T P_W \, dt = UI \cos\varphi T$$

n = Konstante $UI \cos\varphi$ n Drehzahl der Scheibe

a Werkfoto Siemens   c Formeln

Bild B-19. Induktionsmeßwerk zur Messung der elektrischen Energie

B.5
Leistungsmessung

Im Gleichstromkreis ist die Leistung $P = U\,I$. Sie wird mit einem multiplizierenden elektrodynamischen Meßwerk gemessen (Bild B-20a). Der Strom I durchfließt die Feldspule (Strompfad), während die zu messende Spannung an die bewegliche Spule gelegt wird (Spannungspfad). Im Spannungspfad fließt der Strom $I_2 = U/R_2$. Die Leistung ist dann proportional zum Ausschlag φ des Instrumentes. Dabei muß man eventuell die vom Meßgerät selbst verbrauchte Leistung noch berücksichtigen.

Zur Messung der Leistung im Wechselstromkreis kann ebenfalls die obige Schaltung herangezogen werden (Bild B-20b). Der Zeigerausschlag φ des elektrodynamischen Meßwerks ist von der Wirkleistung abhängig (cos φ). Blindleistungen (sin φ) kann man messen, wenn man einen Phasenschieber in den Spannungspfad einbaut (Bild B-20c).

Will man die Scheinleistung messen, dann werden die Effektivwerte von Strom und Spannung getrennt gemessen und anschließend im Gerät selbst multipliziert (Bild B-20d). Für die Wirk-Leistungsmessung bei Drehstrom gibt es unterschiedliche Verfahren. Die Schaltung nach Bild B-20e (Aronschaltung mit zwei Meßgeräten) dient zur Messung der Wirkleistung im beliebig belasteten 3-Leiter-Drehstromsystem. Wenn beide Meßwerke auf dieselbe Scheibe arbeiten, zählt das Meßwerk die Arbeit in den drei Phasen (L1 + L3: Zuleitung; L2: Rückleitung und MP nicht angeschlossen).

Moderne Geräte messen den Strom als Spannungsabfall an einem niedrigohmigen Meßwiderstand (Shunt) und multiplizieren beide Größen elektronisch. Das Ergebnis ist an einem Zeigerinstrument oder digital ablesbar. Oft wird das Ergebnis digital ausgegeben und kann im Rechner weiterverarbeitet werden. Der Wechselstrom wird meist über einen Stromwandler (Transformator) gemessen; dadurch wird der Spannungsabfall sehr klein und das Gerät ist robust. Alle Ströme und Spannungen werden im Meßgerät elektronisch in Echtzeit multipliziert. Das Auswertungsprogramm bestimmt, ob Wirk-, Blind- oder Scheinleistung gemessen wird.

Schaltung   **Berechnungsgleichung**

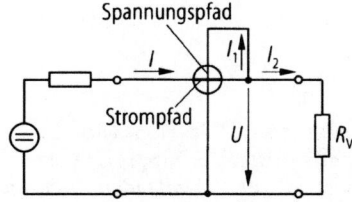

a Leistungsmessung bei Gleichspannung

$$\varphi = \mathrm{k}\, I_1 I_2 = \mathrm{k}\frac{U}{R_2}\, I = \mathrm{k}_1\, UI$$

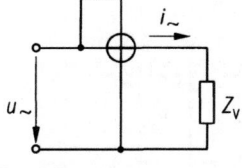

b Wirk-Leistungsmessung bei Wechselspannung

$$\overline{\varphi} = \mathrm{k}_1\, UI\cos\varphi = \mathrm{k}_1 P_{\mathrm{W}}$$

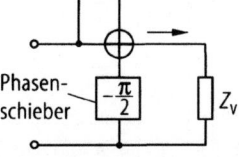

c Blind-Leistungsmessung bei Wechselspannung

$$\overline{\varphi} = \mathrm{k}_1\, UI\sin\varphi = \mathrm{k}_1 P_{\mathrm{B}}$$

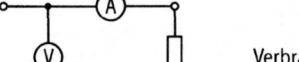

Verbraucher

$$P_{\mathrm{Schein}} = UI$$

d Schein-Leistungsmessung bei Wechselspannung

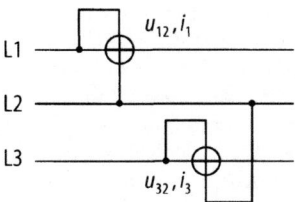

$$P_{\mathrm{W}} = U_{12} I_1 \cos\varphi_{\mathrm{a}} + U_{32} I_3 \cos\varphi_{\mathrm{b}}$$

e Wirk-Leistungsmessung im 3-Leiter-Drehstromsystem

Bild B-20. Leistungsmessung bei Gleich- und Wechselspannung

B.6
Zeit- und Frequenzmessung

B.6.1
Elektronischer Zähler

Elektronische Zählschaltungen bestehen beispielsweise aus JK-Flip-Flops (Abschn. I 1), deren Eingänge J und K jeweils miteinander verbunden sind. Die Kippstufen arbeiten nacheinander (*asynchrone Kippstufen*) und werden von der *abfallenden Taktflanke* gesteuert. Jede Kippstufe teilt die Frequenz durch 2. Die Schaltung zählt die Flanken und stellt sie im dualen Zahlensystem dar. Bild B-21a zeigt das Schaltungsprinzip, Bild B-21b die Ablaufdiagramme der einzelnen Kippstufen und Bild B-21c ein Gerät.

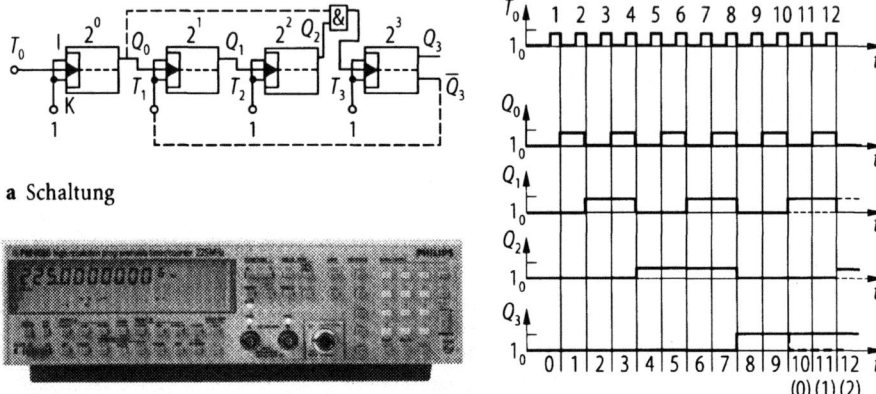

a Schaltung

c Gerät   b Ablaufpläne

Bild B-21. Vierstufiger Dualzähler mit Schaltung, Ablaufplan und Bild

Wenn der Zähler zu Beginn auf null gesetzt wurde, geben die Ausgänge Q_i die Anzahl der gelaufenen Impulse im dualen Zahlensystem an (es ist $Q_0 : 2^0 = 1$; $Q_1 : 2^1 = 2$; $Q_2 : 2^2 = 4$; $Q_3 : 2^3 = 8$). Nach dem 9. Impuls liegt nach Bild B-21b beispielsweise an Q_0 die „1", an Q_1 und an Q_2 „0" und an Q_3 eine „1", d.h. insgesamt „9". Der an Bild B-21 dargestellte Zähler würde erst nach 16 Impulsen wieder auf null rücksetzen und neu zählen. Um im Zehnersystem zählen zu können, verwendet man den BCD-Kode (BCD: binary coded decimal; Abschn. I 1). Dieser setzt nach 10 Impulsen auf null zurück und gibt ein Übertragungssignal an die nächst höhere Dekade. Die wichtigsten Anwendungen elektronischer Universalzähler liegen in der Zeit- und Frequenzmessung, wie sie im folgenden beschrieben werden. In Verbindung mit abgetasteten Strichmaßstäben wird die Zahl der vorbeibewegten Striche gezählt. Man erhält eine hochgenaue und wiederholbare Weg- oder Winkelmessung. Die Zähler können auch vorwärts und rückwärts zählen.

B.6.2
Zeit- und Frequenzmessung

Die digitalen Zeit- und Frequenzmessungen haben in der Praxis die analogen völlig abgelöst. Bei den digitalen Meßgeräten läuft zur Zeit- und Frequenzmessung eine

Impulsfolge mit der Frequenz f innerhalb einer Zeitspanne T in einen Zähler. Dieser zeigt den Zählerstand N an, so daß gilt:

$$N = fT.$$

Bei der Zeitmessung wird mit einer bekannten Frequenz f die Zeit bestimmt ($T = N/f$); bei der Frequenzmessung kennt man die Zeit und bestimmt daraus die Frequenz ($f = N/T$).

Die Messung eines Zeitintervalls T ist in Bild B-22 zu sehen. Man benötigt einen Taktgeber (einen hochgenauen Quarz-Oszillator), der eine Impulsfolge mit der bekannten Frequenz f liefert (Takt in Bild B-22a). Vor dem Zähler liegt ein UND-Gatter. Es öffnet beim Start das Tor vor dem Zähler und schließt es nach dem Ende. Die zwischen Start und Stop vergangene Zeit läßt sich aus der Anzahl der gezählten Impulse errechnen ($T = N/f$). Im Ablaufdiagramm nach Bild B-22b ist folgendes zu sehen: Es sind fünf

Messung eines Zeitintervalls

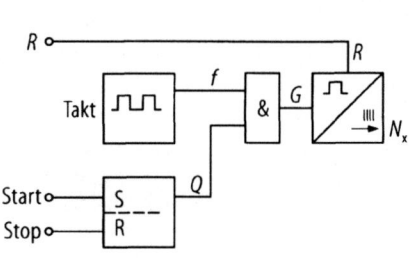

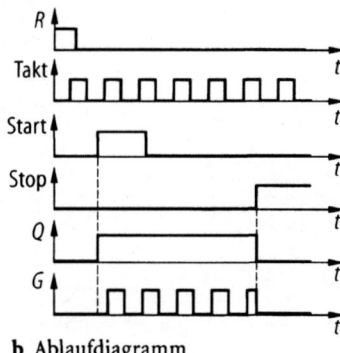

a Schaltung   b Ablaufdiagramm

Messung der Periodendauer

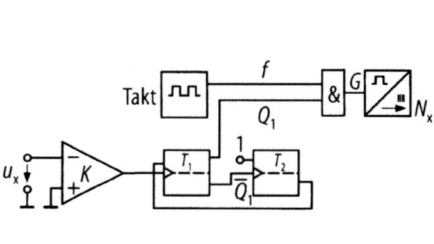

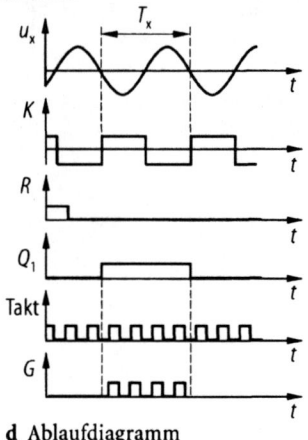

c Schaltung   d Ablaufdiagramm

Bild B-22. Methoden der Zeitmessung

ansteigende Flanken des Tastsignals registriert worden. Wäre der Startimpuls eine halbe Taktperiode später eingetroffen, dann wären nur vier ansteigende Flanken gezählt worden. Das bedeutet, daß hier ein *Quantisierungsfehler* von einem Ereignis (± 1) auftritt. Dieser Fehler ist umso unbedeutender, je größer die Anzahl der gezählten Perioden sind.

Man kann auch die Periodendauer T eines Signals messen (der Kehrwert ist dann die Frequenz: $f = 1/T$). Bild B-22c zeigt die Schaltung und Bild B-22d das Ablaufdiagramm. Als erstes wird das analoge Signal in ein binäres Rechtecksignal umgeformt (Bild B-22d). Die Impulse eines Taktgebers gelangen für die Zeitperiode T über ein UND-Gatter in den Zähler. Bei bekannter Frequenz kann man dann die Schwingungsdauer ausrechnen. Dieses Verfahren wird oft zur Messung kleiner Frequenzen (oder großer Schwingungsdauern) herangezogen.

Bei der Frequenzmessung wird die Meßzeit T konstant gehalten. Dann entspricht der Zählerstand N der Frequenz f ($f = N/T$). Bild B-23 zeigt das Meßprinzip. Ein Schwingquarz erzeugt eine hochgenaue Frequenz (z.B. 1 MHz). Diese Frequenz wird über einen Teiler von N_T geleitet (z.B. 10^6). Daraus ergibt sich die Torzeit $T = 1/f_T$ (z.B. 1 s). Nach dem Start wird die Steuerlogik das Tor für die Zeit T (z.B. 1 s) schließen. Dann werden im Zähler $N_x = T f_x$ Impulse erfaßt und als Frequenz direkt angezeigt. Als Torzeiten sind 10 ms, 0,1 s, 1 s und 10 s üblich. Mit dieser Methode sind direkte Frequenzmessungen bis über 10 GHz möglich. Mit Frequenzumsetzern lassen sich auch Frequenzen über 100 GHz messen. Bei Frequenzen unter 10 kHz wird das direkte Messen zu ungenau. Man nimmt dazu die Messung der Periodendauer nach Bild B-22c.

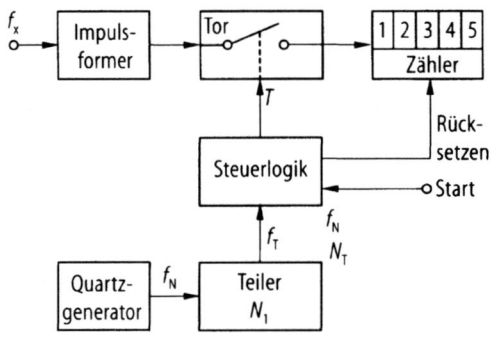

N_x Zählerstand f_N Normalfrequenz
N_T Teilerfaktor f_T geteilte Normalfrequenz
f_x unbekannte T Meß- oder Torzeit
Frequenz

$$N_x = T f_x \qquad (1)$$

$$T = \frac{1}{f_T} = N_T \frac{1}{f_N} \qquad (2)$$

aus (1) und (2)

$$f_x = \frac{N}{t} = \frac{f_N}{N_T} \; N_x = \text{Konstante } N_x$$

Bild B-23. Methoden der Frequenzmessung

C Halbleitertechnik

C.1
Halbleiter

Die meisten Verstärker und Steuerungselemente für Spannungen und Ströme werden heute aus Halbleitern hergestellt. Das wichtigste Grundmaterial ist das vierwertige Silicium (Si). Die III-V-Verbindungshalbleiter aus dem teuren Galliumarsenid (GaAs) eignen sich wegen der hohen Beweglichkeit der Elektronen gut für Halbleiter im Höchstfrequenzbereich (GHz). Die interne Konstruktion des Halbleiterbauelementes bestimmt seine Wirkungsweise, wie Bild C-1 zeigt.

Dioden bestehen aus zwei unterschiedlichen Werkstoffen, meistens p- und n-dotiertem Silicium, wobei der Widerstand der Grenzschicht von der Richtung und dem Betrag des angelegten elektrischen Feldes abhängt. *Schottky-Dioden* bestehen aus einem Halbleiter-Metall-Übergang, der eine ähnliche Ventilwirkung wie ein pn-Übergang hat. In Abschn. C.3.3.1 ist die Diodenkennlinie als Eingangswiderstand eines Transistors beschrieben.

Bipolare Transistoren bestehen aus drei verschieden dotierten Schichten. Über die mittlere Schicht, die Basis, werden Ladungsträger in den Kristall gebracht und machen ihn leitfähig. Ein kleiner *Basisstrom* steuert einen großen Strom im Hauptweg des Kristalls.

Feldeffekttransistoren (FET), bestehen aus einem Kanal aus Halbleitermaterial, auf den quer zur Stromrichtung ein elektrisches Feld wirkt, das den Kanalquerschnitt ändert und damit den Stromfluß steuert. Im FET steuert somit eine *Spannung* den Strom.

Halbleiter-bauteil	Diode	npn-Transistor bipolar	Feldeffekt-transistor	Thyristor
Schalt-zeichen	 A / K	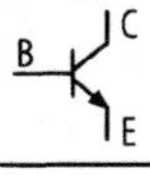 B / C / E	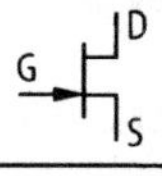 G / D / S	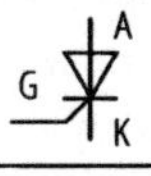 G / A / K
Schicht-aufbau	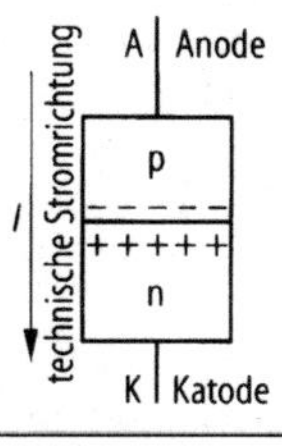 technische Stromrichtung A Anode p + + + + + n K Katode	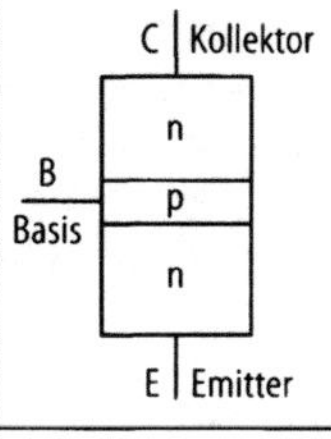 C Kollektor n B Basis / p n E Emitter	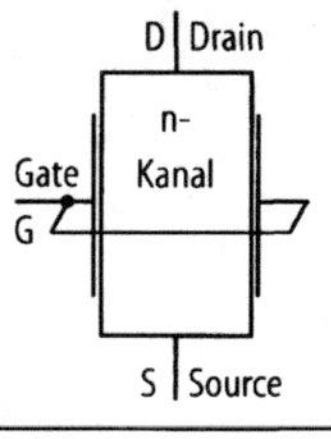 D Drain n- Gate / Kanal G S Source	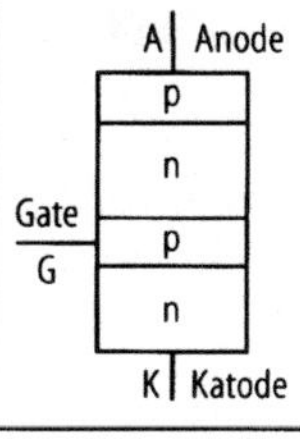 A Anode p n Gate / p G n K Katode
Steuer-größe	Richtung der angelegten Spannung	Basisstrom	Gatespannung	Stromimpuls am Gate

Bild C-1. Wichtige Halbleiterbauteile

Thyristoren sind *Vierschichtdioden*, die den Stromfluß normalerweise in beiden Richtungen sperren. Ein *Impuls* an der Steuerelektrode zündet den Thyristor. Er leitet dann, bis der Strom durch die äußere Beschaltung zu null wird.

C.1.1
Vorsichtsmaßnahmen beim Umgang mit Halbleiterbauelementen

Die meisten Halbleiterbauelemente enthalten feine Strukturen. Schon kleine Spannungen erzeugen an den sehr dünnen isolierenden Schichten zwischen den internen Elektroden große Feldstärken. Wird die Feldstärke zu groß, dann wird die Isolierschicht oder die Sperrschicht durchgeschlagen und dabei zerstört. Die Elektroden sind klein, dementsprechend klein ist ihre Kapazität, deshalb kann eine kleine Ladung eine hohe Spannung erzeugen. Diese Halbleiterbauteile können leicht durch *elektrostatisch* aufgeladene Personen oder Werkzeuge zerstört werden. Dabei kann das Bauteil sofort zerstört oder nur an einer Stelle geschädigt werden. Letzteres kann man durch normales Prüfen *nicht* feststellen, weshalb diese Schäden besonders tückisch sind. Allgemein gilt: je feiner und dünner die Strukturen des Bauteils sind und je besser es intern isoliert (MOS-Technologie), desto leichter wird es zerstört. Bipolare Transistoren für mittlere und große Leistungen sind vergleichsweise wenig gefährdet.

Folgende Vorsichtsmaßnahmen zum Schutz gegen *elektrostatische Entladung* (ESD: Electro Static Discharge) sollten beachtet werden:

- Die zulässigen Spannungen zwischen den Halbleiteranschlüssen dürfen niemals überschritten werden, was nach Fertigstellung der Schaltung durch die *Beschaltung* der einzelnen Halbleiter sichergestellt wird. Vor und während der Verarbeitung sind große Spannungen von den Anschlüssen des Bauteils fernzuhalten.
- Große Spannungen entstehen meistens durch Reibung, beispielsweise beim Gehen, wenn die Sohlen und der Fußboden gut isolieren oder durch Reiben der Kleidung auf dem Sitz. Wird der Abstand zwischen den verschieden geladenen Schichten vergrößert, beispielsweise beim Aufstehen vom Sitz, bleibt zwar die Ladung erhalten, die Spannung steigt aber auf viele kV. Je trockener die Luft ist, besonders im Winter, desto besser laden sich die Schichten auf. Alle Schutzmaßnahmen sollen entweder die Ladungstrennung verhindern oder einen Ladungsausgleich außerhalb des Halbleiterbauteils herbeiführen.
- Empfindliche Halbleiterbauteile werden in einer leitfähigen Verpackung geliefert. Dazu benutzt man Metalle, leitfähige oder leitfähig beschichtete Kunststoffe oder Pappbehälter, die durch ihren Feuchtigkeitsgehalt schwach leitfähig sind. Halbleiterbauteile soll man auf Tischen mit einer geerdeten leitfähigen Oberfläche verarbeiten. Hierfür gibt es schwach leitfähige Kunststoffbeläge, die auf einem geerdeten Gitter aufgeklebt sind. Notfalls genügt auch ein unbehandelter Holztisch. Weiterhin sollten Sitze und Fußboden schwach leitfähig und geerdet sein, damit die Ladung von Personen und Geräten abfließen kann. Hierzu sind Schuhe mit leitfähigen Sohlen erforderlich. Sicherer, aber mitunter lästig und deshalb inkonsequent angewandt, sind leitfähige Armbänder, die hochohmig (1 MΩ) geerdet sind. Bei der Kleidung sollten gut isolierende Stoffe, beispielsweise Kunstfasern, Wolle, Seide und Gummi- oder Kunststoffsohlen vermieden werden.

Wenn man diese Vorsichtsmaßnahmen bei modernen Halbleiterbauteilen, besonders MOS, nicht beachtet, dann ist mit „ungeklärten" Bauteilausfällen und einer drastisch reduzierten Zuverlässigkeit zu rechnen.

Bei ungenügend geschützten Geräten können elektrostatische Entladungen zu vorübergehenden Störungen führen. Dabei wird die Struktur des Halbleiterbauteils nicht beschädigt, sondern die darin enthaltenen Informationen, beispielsweise in Flip-Flops oder größeren Speichern, geändert. Wird die Information erneuert, dann ist der Fehler verschwunden. Diese Fehler bezeichnet man auch als Soft-errors. Ihre genauen Ursachen sind schwer zu ermitteln. Deshalb ist ein vorbeugender Schutz durch eine durchdachte Leitungsführung, konsequentes Abblocken und eventuell durch eine Abschirmung zweckmäßig.

Hinweise über den Schutz vor ESD und auf zugehörige Prüfverfahren sind in der IEC-Norm 801-4 zu finden.

C.2
Dioden

Dioden sind unsymmetrisch aufgebaute *Zweipole*, deren Widerstand von der Polarität und der Größe der angelegten Spannung abhängt. Eine Diode besteht, wie Bild C-2 zeigt, aus zwei verschieden dotierten Schichten eines Halbleitermaterials. Dabei enthält p-leitendes Silicium Störstellenatome mit drei Valenzelektronen, (z. B. Al) und n-leitendes Silicium Störstellenatome mit fünf Valenzelektronen, (z. B. P). Im n-Material neutralisieren die zusätzlichen Elektronen die höher positive Ladung der Atomkerne; sie haben aber keinen festen Platz im Kristallgitter und können unter dem Einfluß der Wärmebewegung in das p-Material diffundieren, wo zwar keine entsprechenden Kernladungen aber die Plätze im Kristallgitter vorhanden sind. Dadurch entsteht im stromlosen Zustand am Rand der Sperrschicht im p-Material eine negative und im n-Material eine positive Raumladung (Bild C-2a).

Eine zwischen p- und n-Material angelegte negative Spannung vergrößert diese Raumladungen auf beiden Seiten. Das elektrische Feld drängt die Ladungsträger aus der Sperrschicht und der Stromfluß ist weitgehend unterbrochen (Bild C-2b). *Minoritätsträger*, das sind Elektronen im p-Material und Löcher im n-Material, werden vom elektrischen Feld durch die Sperrschicht getrieben und verursachen den Reststrom in Sperrichtung.

Liegt eine positive Spannung U zwischen p- und n-Material (Bild C-2c), dann unterstützt das elektrische Feld die aus Bild C-2a bekannte Diffusion der Elektronen, und der Strom steigt exponentiell mit der angelegten Spannung an.

$$I = I_S \left(e^{\frac{eU}{kT}} - 1 \right) \qquad\qquad\qquad (C\text{-}1)$$

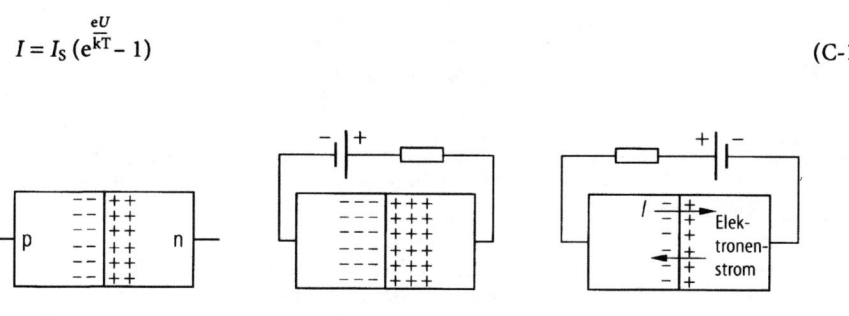

a pn-Übergang ohne angelegte Spannung

b pn-Übergang in Sperr-richtung vorgespannt

c pn-Übergang in Durch-flußrichtung betrieben

Bild C-2. Aufbau einer Diode

Abschnitt	C 2.1	C 2.2	C 2.4	C 2.5	C 2.6	C 7.2
Diodentyp	Schaltdiode	Gleichrichterdiode	Schnelle Gleichrichterdiode	Schottky-Leistungsdiode	Z-Diode	Fotodiode
Schaltzeichen				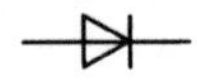		
Gleichstromkennlinie	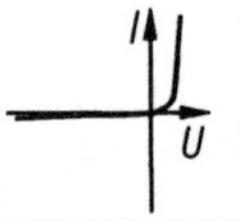	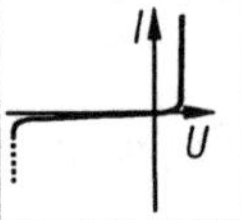	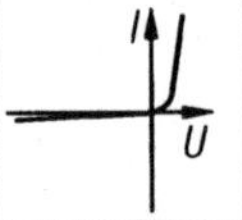		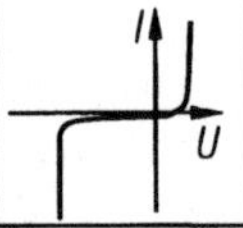	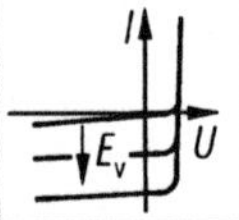
Nutzkennlinie, schematisch	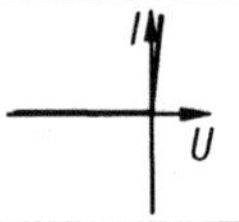	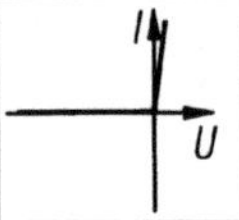	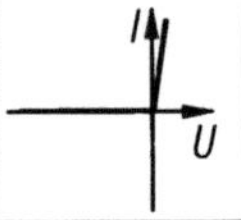	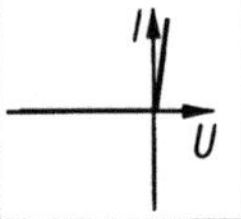	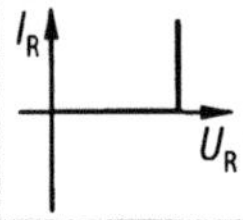	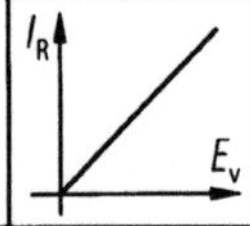
Genutzter Effekt	Ventilwirkung	Ventilwirkung	Ventilwirkung	Ventilwirkung	Zener- oder Lawinendurchbruch	Lichtstärkeabhängiger Sperrstrom
Innerer Aufbau	pn Silicium (Germanium)	pn Silicium	Silicium	Metall-n Silicium	pn Silicium	pn pin Metall-n Silicium
Frequenzbereich	Gleichstrom Niederfrequenz Hochfrequenz	Gleichstrom Netzfrequenz Niederfrequenz	Gleichstrom bis mittlere Frequenzen	Gleichstrom bis mittlere Frequenzen	Gleichstrom Niederfrequenzen	Gleichstrom bis Hochfrequenz
Besondere Eigenschaften	Schnell, klein, kleiner Sperrstrom, kleiner Durchlaßwiderstand, preisgünstig	Hohe Sperrspannung, hoher Durchlaßstrom, niederohmig, preisgünstig	Schnell, hohe Sperrspannung, hoher Durchlaßstrom, niederohmig	Sehr schnell, kleine Sperrspannung, hoher Durchlaßstrom, kleine Verluste	Kontrollierter Durchbruch in Sperrichtung	Sperrstrom abhängig von der Beleuchtung der Sperrschicht. Avalanche Effekt
Anwendungsbereich	Universaldiode zum Schalten, zum Begrenzen, zum Entkoppeln, für Logikschaltungen	Gleichrichter bei Netzfrequenz für kleine und große Spannungen und Ströme, auch für Schaltregler bei höheren Frequenzen	Schaltregler, bei hohen Frequenzen Gleichrichter mit geringen Verlusten	Gleichrichter bei hohen Frequenzen, hohen Strömen, aber kleinen Spannungen, Freilaufdiode	Spannungsstabilisierung, Spitzenspannungsbegrenzung	Messung der Lichtstärke in einem großen Dynamikbereich. Datenempfänger am Ende einer Glasfaserstrecke

Bild C-3. Übersicht über die wichtigsten Dioden und Gleichrichter

Dabei ist I_S der Sperrsättigungsstrom der Diode, er liegt in der Größenordnung 0,1 pA bis 1 pA. 1 pA = 1 Picoampere = 10^{-12} A. Weitere Größen sind die Elementarladung $e = 1,6021892 \cdot 10^{-19}$ As, die Boltzmannkonstante $k = 1,380662 \cdot 10^{-23}$ J/K und die absolute Temperatur T.

Für die vielen verschiedenen Anwendungsbereiche wurden unterschiedliche Diodentypen entwickelt. Bild C-3 zeigt eine Übersicht über die wichtigsten Typen. Die elektrischen Eigenschaften hängen ab von der Geometrie der Diode, d.h. von der Fläche der Sperrschicht, ihrer möglichen Dicke und der Art der Kontaktierung sowie von der Dotierung. Bei der Dotierung beeinflussen die verwendeten Elemente und ihre Konzentration die elektrischen Daten erheblich. Mit zunehmender Störstellenkonzentration wird der Halbleiter niederohmiger, da mehr Ladungsträger vorhanden sind. Gleichzeitig sinkt die maximale Sperrspannung, da im stärker dotierten Halbleiter auch in Sperrrichtung eher Ladungsträger aktiviert werden als in einem schwach dotierten Material. Bild C-4 zeigt einige Anwendungsbeispiele der wichtigsten Diodentypen. Das Spektrum der tatsächlichen Verwendung ist wesentlich umfangreicher.

C.2.1
Schaltdioden

Schaltdioden sind schnelle Dioden mit *kleiner Leistung*. Liegt an der Diode eine Spannung in *Durchlaßrichtung* an, dann ist die Diode *niederohmig* und sie *leitet* den Strom und das Signal weiter. Ist die Diodenspannung in *Sperrichtung* gepolt, dann *sperrt* die Diode den Strom und das Signal. Diese Dioden lassen sich in großer Stückzahl preisgünstig herstellen und vielfältig einsetzen. Sie werden deshalb auch *Universaldioden* genannt. Die wichtigsten typischen Daten sind:

- Sperrspannung 50 V bis 100 V,
- Dauerdurchlaßstrom 50 mA bis 200 mA,
- Schaltzeiten zwischen 2 ns und 20 ns,
- Die Restströme können meistens vernachlässigt werden.

Es gibt verschiedene Typen der Schaltdioden, deren Eigenschaften für den jeweiligen Anwendungsfall optimiert sind. Die Verbesserung einer Eigenschaft, beispielsweise eine sehr kurze Schaltzeit, verschlechtert im allgemeinen andere Daten und kann zu einer Diode mit kleinerer Sperrspannung und einem höheren Reststrom führen. Da normalerweise nur ein oder zwei Parameter wichtig sind, läßt sich aus den Datenbüchern immer der passende Halbleiter finden.

Bild C-5 zeigt die Durchlaßkennlinie einer Diode. Den Sperrstrom bei 25 °C Sperrschichttemperatur kann man fast immer vernachlässigen. Mit zunehmender Temperatur steigt der Sperrstrom stark an. Erhöht sich die Sperrschichttemperatur um 125 K, dann steigt der Reststrom ungefähr um den *Faktor 1000*. Das elektrische Feld in der Sperrschicht beschleunigt und bewegt die Ladungsträger. Ändert sich das Feld, dann ändert sich die Leitfähigkeit der Sperrschicht erst, wenn die Ladungsträger ihre neue Lage haben. Der Strom folgt der Spannung nicht unmittelbar, sondern mit einer kleinen nichtlinearen Verzögerung, (Bild C-6).

Bild C-6a zeigt die prinzipielle Meßschaltung, Bild C-6b die Ansteuerspannung und den zeitlichen Verlauf des Diodenstroms. Beim Einschalten liegt die volle Generatorspannung kurzzeitig in Durchlaßrichtung an der Diode an. Sobald genügend Ladungsträger in der Sperrschicht sind, sinkt die Spannung auf die normale Durchlaßspannung ab. Die erforderliche Zeit heißt *Einschaltverzögerungszeit* (forward recovery time t_{fr}); sie dauert 0,5 ns bis 50 ns. Polt man die Spannung an der Diode um, dann ändert sich die Stromrichtung, und die Diode verhält sich während der *Sperrverzögerungszeit*, (reverse recovery time t_{rr}) wie ein ohmscher Widerstand. Während dieser Zeit räumt das elektrische Feld die Ladungsträger aus der Sperrschicht aus. Die Sperrverzögerungszeit hängt vom Diodentyp und dem Durchlaßstrom ab und dauert 2 ns bis 100 ns.

Dioden halten kurzzeitig Stoßströme $i_{F\,stoß}$ aus, die bis zum 50fachen des zulässigen Dauerdurchlaßstroms I_F betragen können. Maßgebend ist die Wärmekapazität des Halbleiterchips sowie die Impulsdauer und -wiederholrate. Die zulässigen Stoßströme können den Datenbüchern entnommen werden.

Typ	Schaltung	Signalspannungen	Funktion in der Schaltung
Schaltdiode, Universaldiode	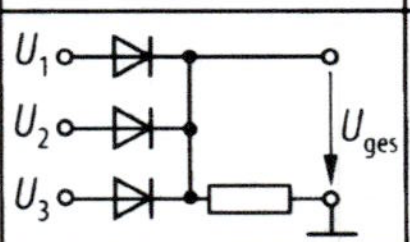 U_1, U_2, U_3, U_{ges}	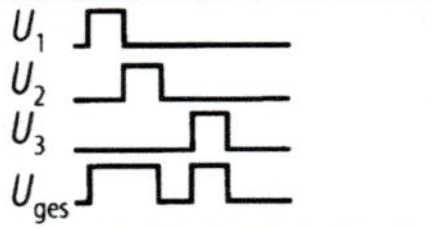 U_1, U_2, U_3, U_{ges}	Addieren verschiedener logischer Signale zu einem Gesamtsignal. Speisung eines Verbrauchers aus zwei Spannungsquellen. Diese sind durch die Dioden entkoppelt.
Schaltdiode, kleine Gleichrichterdiode	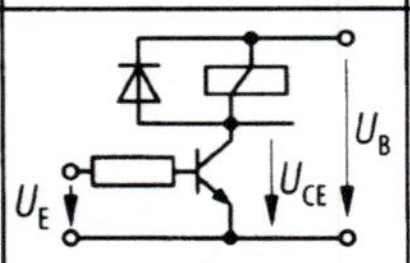 U_B, U_{CE}, U_E	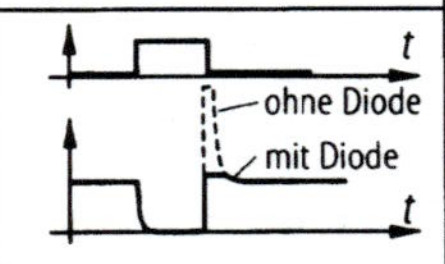 ohne Diode / mit Diode	Funkenlöschung an der Relaisspule. Beim Abschalten des Erregerstroms im Relais versucht die Induktivität der Spule den bisherigen Strom zu halten. Dabei entsteht die gestrichelte Spannungsspitze, die den Transistor zerstört. Die Diode nimmt den Strom auf und schneidet die Spannungsspitze ab.
Gleichrichterdiode	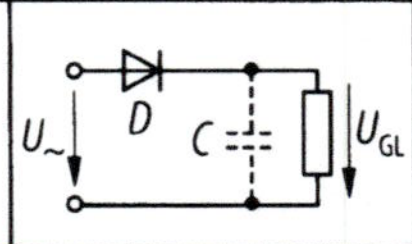 $U_\sim$, D, C, U_{GL}	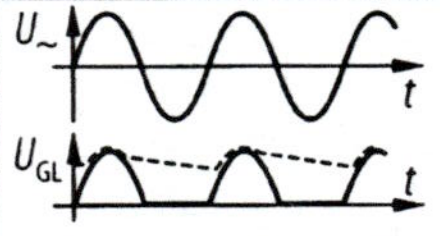 $U_\sim$, U_{GL}	Der Einweggleichrichter richtet nur eine Halbwelle gleich. Der geringe Bauteilaufwand erlaubt eine preisgünstige Schaltung. Der Innenwiderstand ist größer als beim Zweiweggleichrichter. Die Schaltung wird in Ladegeräten für kleine Batterien und als Netzgleichrichter für kleine Ströme verwendet.
Brückengleichrichter, Zweiweggleichrichter	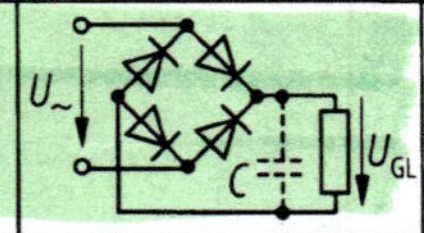 $U_\sim$, C, U_{GL}	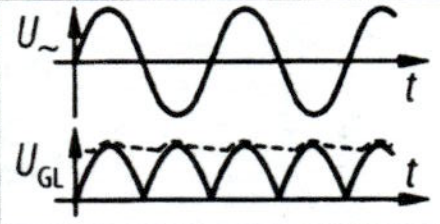 $U_\sim$, U_{GL}	Übliches Gleichrichterverfahren für kleine bis große Leistungen. Die Vorteile sind: Niedriger Innenwiderstand und geringe Restwelligkeit.
Schnelle Gleichrichterdiode, Schottky-Diode	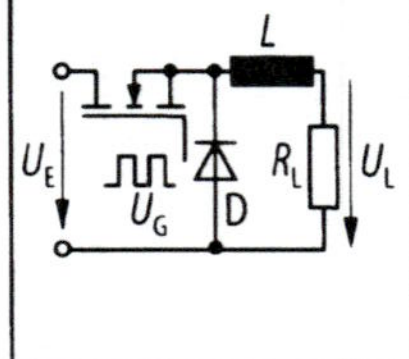 L, R_L, U_L, U_E, U_G, D	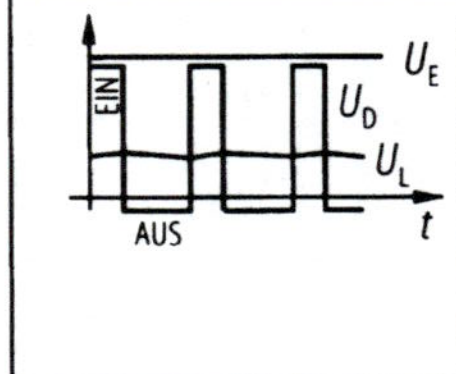 U_E, U_D, U_L, EIN, AUS	Der Schaltregler teilt die Eingangsspannung U_E im Tastverhältnis EIN/Periodendauer zur Ausgangsspannung U_L. Während der AUS-Zeit hält die Induktivität L den Ausgangsstrom. Der Sekundärstromkreis wird während der AUS-Zeit über die Diode D geschlossen. Die Schaltfrequenz beträgt 30 kHz bis 300 kHz. Für $U_E > 30$ V eignen sich schnelle Gleichrichterdioden, unter 30 V eignen sich auch Schottky-Dioden mit kleineren Verlusten.
Z-Diode	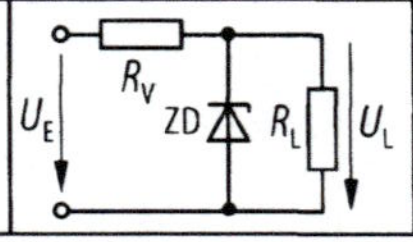 R_V, ZD, R_L, U_L, U_E	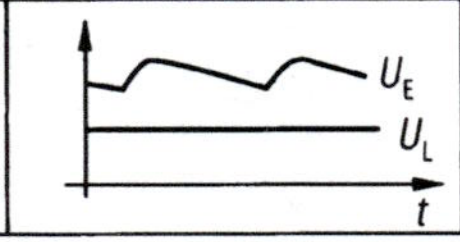 U_E, U_L	Die Z-Diode stabilisiert eine schwankende Spannung auf einen niedrigeren festen Wert. Die Eingangsspannung beeinflußt die Ausgangsspannung nur wenig. Die Glättung hängt nicht von der Frequenz ab, wie bei einem Kondensator.

Bild C-4. Anwendungsbeispiele der wichtigsten Diodentypen

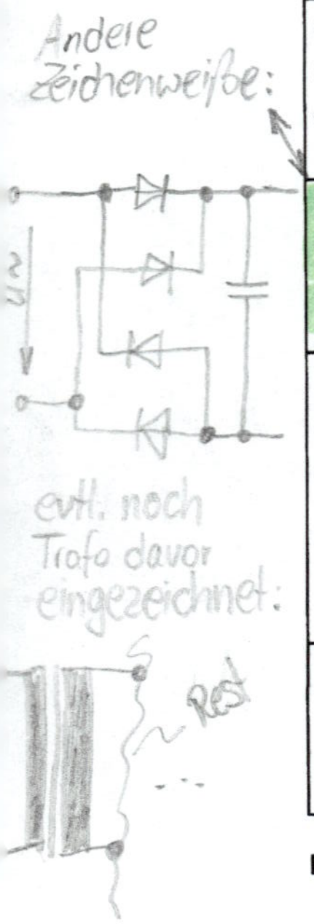

Andere Diodenreihe:

evtl. noch Trafo davor eingezeichnet.

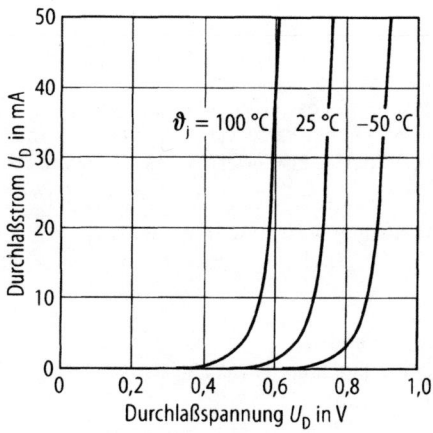

a Lineare Darstellung   **b** Logarithmische Darstellung

Bild C-5. Durchlaßkennlinien einer Diode

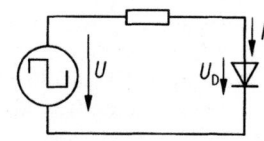

a Meßschaltung

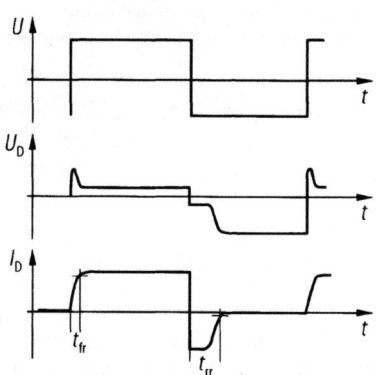

b Spannungen und Ströme an der Diode   **Bild C-6.** Schaltverzögerung einer Diode

C.2.2
Gleichrichterdioden

Gleichrichterdoden dienen als Ventil und *richten* Wechselströme in eine *gleiche Richtung*. Mit ihnen werden Wechselspannungen möglichst verlustarm in Gleichspannungen umgeformt. Gleichrichter sollen mehrere, teilweise einander widersprechende Forderungen erfüllen:

- Niedrige Flußspannung U_F, auch bei niedrigen Kristalltemperturen T_j, um die Durchlaßverluste P_V klein zu halten;
- hohe Sperrspannung U_R;
- niedriger Sperrstrom I_R;
- Hohe Stoßstromfestigkeit (*Surge Current*) I_{FSM} und
- schnelles Ein- und Ausschalten (t_{rr}) beim Gleichrichten von Wechselspannungen mit Frequenzen f, die wesentlich größer als 50 Hz sind.

Gleichrichterdioden sind als Einzelelement, Doppeldiode und als Vollbrücke im Handel.

Vollbrücken bestehen aus Einzeldioden, die zusmmengeschaltet und in einem mit Gießharz ausgefüllten Gehäuse eingebaut sind. Metallische Gehäuse oder metallische Montageflansche von Plastikgehäusen haben in der Regel Katodenpotential, da die Katode (negativer Pol) auf einem metallischen Träger aufgelötet ist. Liegt die Anode (positiver Pol) am Gehäuse, dann ist dies bei Dioden, die nach dem *Pro Electron* Schlüssel gekennzeichnet sind, durch den Zusatz *R* in dem Typenaufdruck gekennzeichnet. *R* steht für *reverse*, der englischen Bezeichnung für die umgekehrte Polarität. Beispielsweise lautet eine Typenbezeichnung *BYX 25/600* und für den umgekehrt gepolten Typ *BYX 25/600 R*. Doppeldioden haben in der Regel eine gemeinsame Katode, da beide Gleichrichterkristalle auf einem gemeinsamen Träger sitzen.

Die Sperrströme I_R von bipolaren Silicium-Dioden sind relativ niedrig, sie dürfen aber nicht immer vernachlässigt werden, da sie zusätzliche Verluste verursachen.

Die Gleichrichterdioden kann man nach der Art ihrer Anwendung voneinander unterscheiden.

- Gleichrichter für ein- oder mehrphasige Wechselspannung mit 40 Hz $\leq f \leq$ 400 Hz. Bei 230 V spricht man von *Netzgleichrichtern*.
- *Schnelle Gleichrichterdioden*, beispielsweise zur Verwendung in *getakteten Stromversorgungen*.

C.2.3
Netzgleichrichter

Gleichrichter-Schaltungen für Wechselspannungen mit f = 50 Hz bestehen meistens nur aus den Gleichrichtern selbst und einem Elektrolytkondensator. Da der Kondensator in jedem Halbzyklus (t = 10 ms) teilweise entladen wird, ergibt sich bei jedem Maximum der Spannung ein hoher Spitzenstrom zum Nachladen des Kondensators. Es ist der periodische Spitzenstrom I_{FRM}, mit dem eine Gleichrichterdiode belastet werden darf. Der Hersteller gibt diese Werte im Datenblatt an. Der Spitzenstrom I_{FRM} darf je nach Diodentyp bis zu 22mal höher sein, als der Mittelwert I_{AV}. Zur Ermittlung der in einem Gleichrichter verbrauchten Leistung ist der Effektivstrom I_{FRMS} maßgebend. *RMS* steht für *root mean square*, d.h. der Wurzel aus dem quadratischen Mittelwert über eine Periode. Ein zeitlich veränderlicher Strom mit diesem *Mittelwert* heißt *Effektivwert*, er hat die gleiche Wirkung wie ein gleich großer Gleichstrom.

Betreibt man Gleichrichterschaltungen direkt vom 230 V-Netz, dann ist der *Dioden-stoßstrom* I_{FSM} (FSM, Forward Surge Maximum) zu berücksichtigen. Werden beim Einschalten eines Gerätes die beispielsweise noch leeren Elektrolytkondensatoren aufgeladen, so muß entweder der Innenwiderstand der speisenden Quelle (Netz oder Transformator) ausreichend hoch sein, oder es muß ein entsprechender Wider-stand vorgeschaltet werden, um den Diodenstoßstrom I_{FSM}, auch $I_{F\,stoß}$ genannt, zu begrenzen.

Die Angabe des sogenannten *Grenzlastintegrals* $\int_{0}^{1\,ms} I^2\,dt$ dient zur Dimensionierung einer Sicherung als Kurzschlußschutz. Das Grenzlastintegral gibt an, welche Arbeit die Diode oder ein anderes Teil ohne Zerstörung aufnehmen kann. Als Integrationszeit ist $t = 1$ ms ausreichend. Wegen der kurzen Zeit kann keine Energie als Wärme abfließen. Im Kurzschlußfall soll die Sicherung und nicht die Diode zerstört werden. Das Grenz-lastintegral der Sicherung muß deshalb kleiner sein, als das des Gleichrichters.

Die *Sperrspannung* ist eine wichtige Größe der Diode oder des Gleichrichters. In Datenblättern unterscheidet man zwischen mehreren verschiedenen Sperrspannungen. Es ist die höchstzulässige *periodische Scheitelspannung* U_{RWM} und die *höchst-zulässige periodische Spitzensperrspannung* U_{RRM} oder die höchstzulässige *Gleichsperrspannung* U_R. (RWM: Reverse, Working (Arbeit) Maximum; RRM: Repetitive (sich wiederholend) Reverse Maximum). Bild C-7 zeigt die Verhältnisse. Die höchstzulässige periodische Scheitelspannung U_{RWM} reicht bis zu 1200 V, während die höchstzulässige periodische Spitzensperrspannung U_{RRM} sogar bei 1600 V liegt. Bei Dioden, die im Avalanche-Durchbruch betrieben werden dürfen, gibt man anstelle von U_{RRM} nur den Wert für U_R an. Der Avalanche Durchbruch ist ein kontrollierter Lawinendurchbruch, bei dem der Halbleiter ohne Schaden regelmäßig eine bestimmte Arbeit aufnehmen kann. Die maß-gebende Sperrverlustleistung P_{RAV} ist im Datenblatt angegeben. Die periodische Sperr-verlustleistung gilt für die Netzfrequenz $f = 50$ Hz. Die Spitzen- und die Stoß-Sperrver-lustleistung gelten für Zeitintervalle von 10 µs.

Die höchstzulässige periodische Spitzensperrspannung U_{RRM} ist die Spitzenspan-nung, die bei sinusförmiger Eingangsspannung am Gleichrichter auftreten darf. Die dem Sinus eventuell überlagerten kurzzeitigen Spannungsspitzen dürfen den für die

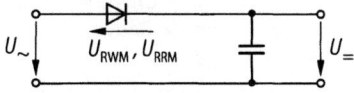

a Gleichrichterschaltung

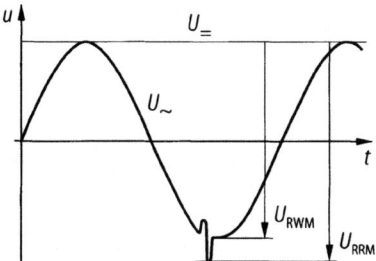

b Definition der Sperrspannungen   **Bild C-7.** Sperrspannungen der Diode

periodische Spitzensperrspannung U_{RRM} gegebenen Wert nicht überschreiten. Dabei dürfen die Spannungsspitzen mit einem Tastverhältnis von $d \leq 0{,}01$ auftreten, d. h. die Spannungsspitzen dürfen innerhalb einer Periode nur 1 % der Periodendauer andauern.

Die *Serienschaltung* von Gleichrichtern erfordert Schutzmaßnahmen gegen die Überspannung. Normale Gleichrichterdioden dürfen nur mit einer Schutzbeschaltung in Reihe geschaltet werden. Da die Sperrströme I_R in jeder der beteiligten Dioden unterschiedlich sein können, teilen sich die Sperrspannungen undefinierbar auf und können zu einer Zerstörung der Dioden führen. Außerdem muß man die sich dynamisch ändernde Sperrschichtkapazität der Dioden durch Parallelkondensatoren C_P überbrücken. Keine Schutzbeschaltung ist erforderlich, wenn *Avalanche-Dioden* verwendet werden.

Eine *Parallelschaltung* von Gleichrichtern sollte vermieden werden, da diese nur mit Einschränkungen und mit relativ hohem Aufwand möglich ist. Da der wärmere Halbleiter den größeren Strom übernimmt, wird er bis zur Zerstörung weiter erwärmt. Deshalb ist eine elektrische und thermische Symmetrierung, also eine gleichmäßige Stromaufteilung und thermische Kopplung erforderlich. Da eine vollständige Symmetrierung kaum möglich ist, sollte man den Summenstrom um etwa 20 % verringern und den Diodenstoßstrom I_{FSM} sogar halbieren.

An die *Sperrerholzeit* t_{rr} (rr: reverse recovery, d. h. Erholzeit in der Sperrphase) von Netzgleichrichtern werden keine besonderen Ansprüche gestellt. Deshalb wird für Dioden, die zur Gleichrichtung von niederfrequenten und sinusförmigen Spannungen bestimmt sind, die Sperrerholzeit t_{rr} in der Regel auch nicht vorgeschrieben. In der Praxis haben solche Dioden Sperrerholzeiten von $t_{rr} \geq 2$ µs. Obwohl Gleichrichterdioden relativ langsam sein dürfen, muß in der Praxis darauf geachtet werden, daß die Dioden während ihrer Sperrerholzeit keinen abrupten Stromabriß haben, da dieser im Zusammenwirken mit den Schaltungsinduktivitäten L zu unerwünschten Überschwingungen entsprechend $u_L = -L\,di/dt$ führt. Dabei würden Frequenzen im MHz-Bereich erzeugt, die die elektromagnetische Verträglichkeit (EMV) stören.

C.2.4
Schnelle Gleichrichterdioden

Um einen hohen Wirkungsgrad zu erreichen, benötigen getaktete Stromversorgungen Gleichrichterdioden, die vor allem in der Lage sind, schnell auszuschalten. Typische Werte für t_{rr} sind 50 ns bis 200 ns. Der Strom, der während der Sperrerholzeit durch die Diode und den Schalttransistor fließt, erzeugt eine Verlustleistung, die aus der Stromversorgung (Netz oder Batterie) aufgebracht werden muß. Die Verlustleistung steigt linear mit der Schaltfrequenz. Im Bild C-6b, ist die Wirkung der Sperrerholzeit erläutert.

C.2.4.1
Sperrerholzeit t_{rr}

Das Verhalten der Gleichrichterdioden während ihres Übergangs vom leitenden in den gesperrten Zustand ist in getakteten Stromversorgungen besonders wichtig. Während der Flanke dI_R/dt reißt der Strom ab. Bei Gleichrichterdioden ist ein sehr abrupter Stromabriß, (*snap-off*) nicht gewünscht. Gleichrichterdioden sollen aber bis zu dem Zeitpunkt, zu dem Diode endgültig sperrt, einen *weichen* Stromabfall, *soft recovery* genannt, aufweisen.

Hat die Diode ein snap-off-Verhalten, dann kommt es, im Zusammenwirken mit Schaltungsinduktivitäten L_S, während der Sperrerholzeit zu unerwünschten und hochfrequenten ($f \geq 5$ MHz) Überschwingern. Diese müssen, um deren zulässige Sperrspannung einzuhalten und Funkstörungen zu unterdrücken, durch RC-Glieder bedämpft werden.

Die Bedeutung der Sperrverzögerungszeit t_{rr} soll anhand eines typischen Schaltreglers, wie der in Bild C-33 e dargestellten Stromversorgung, verdeutlicht werden. Solange der Transistor T gesperrt ist, fließt der von der Drossel L gespeiste Strom I durch die sogenannte *Freilaufdiode* D. Schaltet man nun den Transistor T ein, dann fließt durch die Diode D solange ein hoher Rückstrom I_{RM}, bis die *Sperrverzögerungszeit* t_{rr} abgelaufen ist. Während dieser Zeit ist die Sekundärseite des Transformators fast kurzgeschlossen und der Strom wird durch Streuinduktivitäten L_S oder den Transistor selbst begrenzt. Die dabei im Transistor entstehenden Verluste können erheblich sein.

C.2.4.2
Vorwärtserholzeit t_{fr}

Beim Einschalten einer schnell sperrenden Diode tritt für die *Vorwärtserholzeit* t_{fr}, (forward recovery time) eine höhere Spannung, die sogenannte *Einschaltüberspannung* (forward recovery voltage), auch *Einschalt-Überspannung* genannt, auf. Sie kann deutlich über der statischen Flußspannung U_F liegen und ist um so höher, je größer die Sperrspannung U_R der betreffenden Diode, der ihr eingeprägte Strom I_F und dessen Anstiegsgeschwindigkeit dI/dt sind. Eine schnell auf die Diode geschaltete Spannung bewirkt während der Vorwärtserholzeit t_{fr} eine Verzögerung des Stromanstiegs.

Einschaltüberspannungen werden niedrig gehalten, wenn man die Sperrspannung der verwendeten Diode nicht unnötig hoch wählt. Außerdem haben schnelle Epitaxialdioden eine kleinere Einschaltüberspannung als Dioden, die in anderer Technologie hergestellt wurden.

C.2.5
Schottky-Leistungsdioden

Schottky-Dioden (*Schottky-Barrier-Dioden, Hot-Carrier-Dioden*) haben keinen pn-Übergang sondern einen *Metall-Halbleiter-Übergang*. Man setzt sie in getakteten Stromversorgungen anstelle von Epitaxial-Dioden ein. Als Gleichrichter oder Freilaufdiode sind sie für eine Ausgangsspannung $U_A = 5$ V geeignet, wenn bei natürlicher Konvektionskühlung die Umgebungstemperatur θ_A den Wert $\theta_A \leq 65\,°C$ nicht übersteigt.

Da Schottky-Dioden keinen pn-Übergang, also auch keine Minoritätsträger und kaum gespeicherte Ladung haben, können diese sehr schnell schalten. Weitere Vorteile sind:

- kleine Flußspannung ($U_F = 0{,}3$ V),
- Gleichrichter für hohe Ströme $I_{AV} \leq 80$ A verfügbar.

Einschränkungen ergeben sich aus folgenden Eigenschaften:

- Kleine Sperrspannungen $U_R \leq 45$ V, Ausnahmen bis $U_R \leq 100$ V,
- Hohe Sperrströme $I_R \leq 350$ mA bei $U_R = 45$ V und $\theta_j = 125\,°C$,
- Hohe Kapazität $C_t \geq 7$ nF,
- Eingeschränkte Spannungs-Anstiegsgeschwindigkeit $du/dt \leq 1500$ V/µs,
- Maximale Kristalltemperatur $\theta_j \leq 125\,°C$.

Der hohe Sperrstrom einer Schottky-Diode erfordert eine sehr sorgfältige Auslegung des Kühlkörpers, um ein thermisches Driften und damit eine Zerstörung zu vermeiden.

Vor der Verwendung von Schottky-Dioden ist zu prüfen, ob sich in der vorgesehenen Schaltung und unter Berücksichtigung der genannten Einschränkungen, Vorteile gegenüber einem Einsatz von Epitaxial-Dioden ergeben.

C.2.6
Z-Dioden

Z-Dioden, früher Zener-Dioden (nach C. M. Zener, *1905), sind verhältnismäßig stark dotierte Dioden, die in *Sperrichtung* betrieben werden. Sie verhalten sich im Durchlaßbereich und im Sperrbereich unterhalb der Zenerspannung wie normale Siliciumdioden. Beim Erreichen der Arbeitsspannung U_Z steigt der Sperrstrom stark an und muß außerhalb der Z-Diode begrenzt werden (Bild C-8).

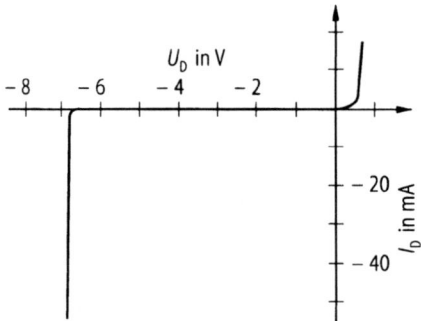

Bild C-8. Kennlinie einer Z-Diode

Der plötzliche Stromanstieg hat zwei Ursachen: Bei Dioden mit kleinen Arbeitsspannungen U_z zwischen 2,7 V und 5 V, lösen sich im Kristall gebundene Elektronen durch die hohe Feldstärke (20 V/μm) und bewegen sich als freie Ladungsträger in der Sperrschicht. Dieser Vorgang wird als *Zenereffekt* bezeichnet und ist im Prinzip eine *Feldemission* im Inneren des Kristalls. Oberhalb 5 V verursacht der Lawinen- oder Avalancheeffekt einen ähnlich sprunghaften Anstieg des Stroms bei der Arbeitsspannung. Einzelne, beispielsweise durch Feldemission freigesetzte Elektronen werden in dem hohen elektrischen Feld im Halbleiterkristall beschleunigt und schlagen immer mehr Elektronen heraus. Dadurch füllt sich die Sperrschicht mit Ladungsträgern, so daß der Strom in der jetzt niederohmigen Sperrschicht lawinenartig ansteigt. Z-Dioden mit mehr als 15 V Arbeitspannung arbeiten nach dem Lawineneffekt, zwischen 4 V und 15 V ist der Übergang fließend.

Der Zenereffekt verursacht eine Durchbruchspannung mit einem negativem Temperaturkoeffizienten TK ($\approx -5 \cdot 10^{-4}\,K^{-1}$), während der Lawineneffekt einen positiven Temperaturkoeffizienten ($\approx +10 \cdot 10^{-4}\,K^{-1}$) hat. Bei 5 V Durchbruchspannung sind beide Effekte gleich stark, der TK ist ungefähr null.

Bild C-9 zeigt die Kennlinien mehrerer Z-Dioden. Der differentielle Widerstand zeigt bei Dioden mit Arbeitsspannungen U_Z zwischen 6 V und 9 V ein Minimum, er steigt jedoch mit kleiner oder größer werdender Durchbruchspannung an. Der Sperrstrom nach dem Zenereffekt setzt langsam ein, der Lawinendurchbruch dagegen schnell und verursacht einen scharfen Knick der Arbeitskennlinie. Die durchgezogenen Kurven für

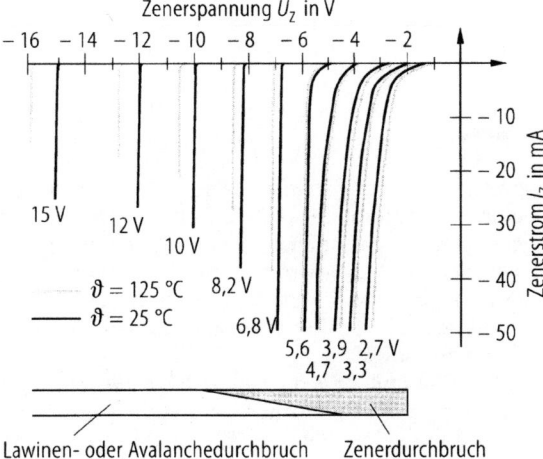

Bild C-9.
Kennlinien verschiedener
Z-Dioden

25 °C und die gestrichelten für 125 °C zeigen den Temperaturkoeffizienten abhängig von der Durchbruchspannung U_Z.

Bild C-10 gibt eine einfache Stabilisierungsschaltung mit einer Z-Diode wieder. Die kleinste Spannung U_E muß größer als die stabilisierte Spannung U_a sein, die Differenz $U_E - U_A$ fällt am Vorwiderstand R_V ab. Steigt die Eingangsspannung an, dann steigt die Ausgangsspannung U_A wenig, der Strom in der Z-Diode aber stark an. Der zusätzliche Strom im Vorwiderstand R_V fließt in die Z-Diode. R_V muß so klein sein, daß bei der niedrigsten Eingangsspannung noch Strom in der Z-Diode fließt. Bei der höchsten Eingangsspannung ist auf die Verlustleistung in R_V und der Z-Diode zu achten.

Z-Dioden eignen sich gut als *Spannungsbegrenzer* innerhalb und an den Schnittstellen einer Schaltung. Wegen ihres Temperaturgangs und ihres Innenwiderstandes werden Z-Dioden nur noch als mäßig genaue Spannungsreferenz benutzt. Dafür eignen sich *Band-gap-Referenzelemente* besser (Abschn. C.5.5.3 analoge Integrierte Schaltungen).

Eine Sonderbauform der Z-Dioden sind die *Suppressor-Dioden.* Sie verhalten sich wie Leistungs-Z-Dioden, die einer gestörten Gleichspannung parallel geschaltet werden, durch die Wahl ihrer Arbeitsspannung aber normalerweise stromlos sind. Treten kurzzeitige und hohe Spannungsspitzen auf, beispielsweise von einem elektromechanischen Generator, kann die Suppressor-Diode diese Spannungsspitzen zusammen mit dem Innenwiderstand der Spannungsquelle auf ungefährliche Werte begrenzen. Große Suppressor-Dioden können während eines 1 ms dauernden Impulses eine Leistung von 25 kW aufnehmen. Voraussetzung ist ein großes Halbleiterelement und ein gleichmäßiger Stromfluß durch die Sperrschicht. Suppressor-Dioden sind extrem schnell, ihre Schaltzeit liegt im ns-Bereich. Sie können deshalb Störspitzen mit sehr kurzer Anstiegszeit ableiten. Suppressor-Dioden stellt man in Epitaxietechnik her.

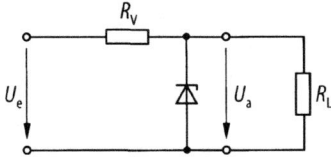

Bild C-10.
Einfache Schaltung zur Spannungsstabilisierung

C.3
Transistoren

C.3.1
Arten von Transistoren und deren Aufbau

Transistoren sind *aktive Halbleiterbauelemente* zum *Schalten* und *Verstärken* von elektrischen Signalen. Die unterschiedlichsten Anwendungsfälle haben zu einer großen Vielfalt verschiedener Transistortypen geführt. Selbst analoge und digitale *integrierte Schaltungen* (Integrated Circuit, IC) sind aus Transistoren mit der erforderlichen Beschaltung zusammengesetzt. Bild C-11 gibt eine Übersicht über die verschiedenen Transistortypen, den prinzipiellen Aufbau, die Schaltzeichen, die charakteristischen Kennlinien und zeigt einige wichtige Anwendungsfälle.

Man teilt die Transistoren in *bipolare* und *unipolare* oder *Feldeffekttransistoren* ein. Die hochentwickelte Herstellungstechnologie erlaubt es, mit den verschiedenen Transistortypen praktisch alle Anwendungsfälle zu lösen. Obwohl in den letzten Jahren die Bedeutung der Feldeffekttransistoren für diskrete und integrierte Schaltungen erheblich gewachsen ist, haben *bipolare Transistoren* einen wichtigen Platz in der modernen Schaltungstechnik. Sie werden in diesem Abschnitt nur *Transistoren* genannt.

Transistoren sind auf einem quadratischen Halbleiterchip von wenigen zehntel Millimeter Kantenlänge untergebracht (bei Leistungstransistoren kann die Kantenlänge mehrere Millimeter betragen). Der Transistorwerkstoff ist überwiegend Silicium (4. Gruppe des Periodensystems der Elemente) oder er besteht aus einem Verbindungshalbleiter drei- und fünfwertiger Elemente (z.B. GaAs). Die Herstellung verschiedener Ladungszonen geschieht durch *Diffusion* oder *Ionenimplantation* (s. Abschn. C.5.1). Die so hergestellten Transistoren sind äußerst empfindlich gegen Feuchtigkeit und Wärme und neigen zu schneller Korrosion. Sie werden deshalb in ein Gehäuse eingebaut, das schädliche Umwelteinflüsse fernhält und die Verlustwärme des Transistors an die umgebende Luft oder an einen Kühlkörper abgibt.

Man verwendet für die meisten Einsatzzwecke preisgünstige Kunststoffkapselungen. Die durch die Verlustleistung frei werdende Wärme und die Art des Einbaus bestimmen die Gehäusegröße und -form. Transistoren mit kleiner Leistung werden vielfach in Gehäuse zur Oberflächenmontage eingebaut.

Der npn-Transistor in Bild C-12a besteht aus drei verschiedenen *Elektroden*: dem negativ dotierten *Emitter* (n), der positiv dotierten *Basiszone* (p) und dem negativ dotierten *Kollektor* (n). Für den in der Praxis am häufigsten eingesetzten npn-Transistor sollen alle Schaltungen erklärt werden. (Beim pnp-Transistor werden lediglich p- und n-Schichten sowie die Vorzeichen der Strom- und Spannungsrichtungen vertauscht; das Funktionsprinzip und die Schaltungsberechnung bleiben unverändert). Bild C-12b zeigt die schematische Darstellung der drei Transistorelektroden mit den entsprechenden Strömen und Spannungen. Den Transistor kann man, wie Bild C-12c zeigt, vom Aufbau her als Kombination zweier gegeneinander geschalteter Dioden mit gemeinsamer Mittelschicht, der Basis, verstehen. Diese Struktur läßt sich zwar mit einem Ohmmeter leicht nachweisen, sie erklärt aber nicht die physikalische Wirkungsweise des Transistors. Der im Prinzip symmetrische Transistor wird für viele Anwendungsfälle unsymmetrisch gebaut, um spezielle Eigenschaften, beispielsweise eine hohe Stromverstärkung, zu erzielen. Bild C-12d zeigt das Schaltzeichen und die Bepfeilung eines npn-Transistors, Bild C-12e für den pnp-Transistor.

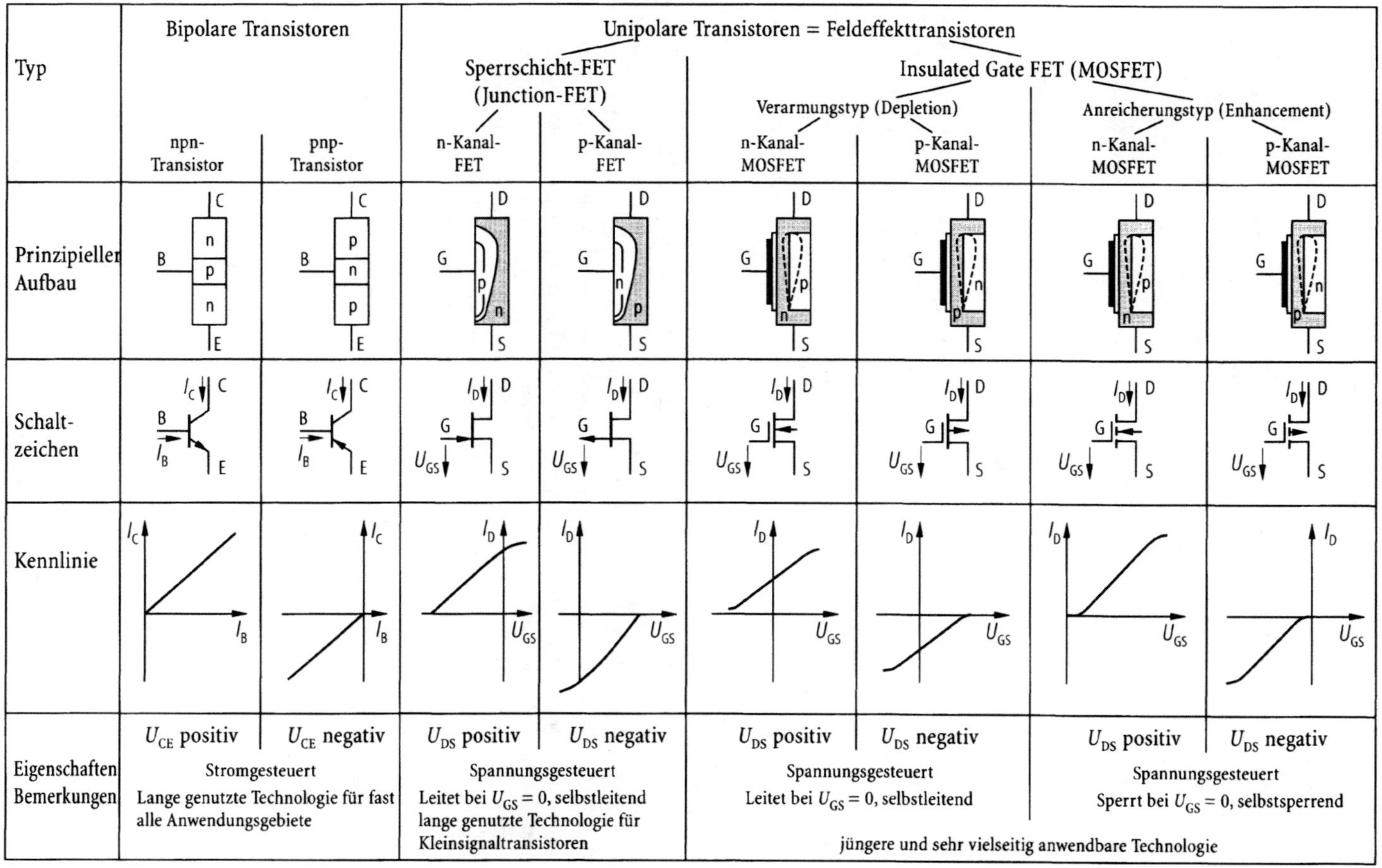

Typ	Bipolare Transistoren		Unipolare Transistoren = Feldeffekttransistoren					
			Sperrschicht-FET (Junction-FET)		Insulated Gate FET (MOSFET)			
					Verarmungstyp (Depletion)		Anreicherungstyp (Enhancement)	
	npn-Transistor	pnp-Transistor	n-Kanal-FET	p-Kanal-FET	n-Kanal-MOSFET	p-Kanal-MOSFET	n-Kanal-MOSFET	p-Kanal-MOSFET
Prinzipieller Aufbau								
Schaltzeichen								
Kennlinie								
Eigenschaften Bemerkungen	U_{CE} positiv — Stromgesteuert — Lange genutzte Technologie für fast alle Anwendungsgebiete	U_{CE} negativ	U_{DS} positiv — Spannungsgesteuert — Leitet bei $U_{GS}=0$, selbstleitend — lange genutzte Technologie für Kleinsignaltransistoren	U_{DS} negativ — Spannungsgesteuert — Leitet bei $U_{GS}=0$, selbstleitend	U_{DS} positiv — Spannungsgesteuert — Leitet bei $U_{GS}=0$, selbstleitend	U_{DS} negativ — Spannungsgesteuert	U_{DS} positiv — Spannungsgesteuert — Sperrt bei $U_{GS}=0$, selbstsperrend	U_{DS} negativ — Spannungsgesteuert — selbstsperrend — jüngere und sehr vielseitig anwendbare Technologie

Bild C-11. Übersicht über die verschiedenen Transistortypen

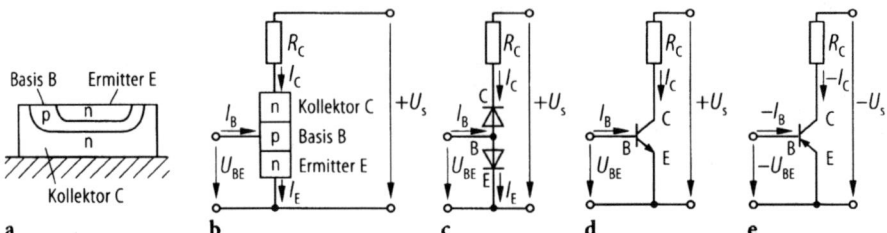

Bild C-12. Aufbau, Schaltzeichen und Schaltung eines bipolaren Transistors mit Kollektorwiderstand

C.3.2
Beschaltung und Funktion des Transistors

Die äußere *Beschaltung* (d. h. der Einbau eines Transistors in eine elektrische Schaltung) bringt den Transistor in den gewünschten *Arbeitsbereich* (Strom- und Spannungsbereich, in dem der Transistor arbeitet). Zu diesem Zweck erhält die Basis des Transistors einen kleinen Gleichstrom, dem der zu verstärkende Signalstrom überlagert wird. Der Signalstrom ist nullsymmetrisch, der überlagerte Basisgleichstrom hält die Summe aus beiden immer im positiven Bereich. Die Basis-Emitter-Diode (Bild C-12c) wird in Durchlaßrichtung betrieben und beginnt ab einer Basis-Emitter-Spannung U_{BE} von etwa 0,5 V zu leiten. Der Basisstrom I_B hängt (s. Gl. (C-3) und Gl. (C-4)) von der angelegten *Basis-Emitter-Spannung U_{BE}* und der *Sperrschichttemperatur T_j* ab (j: junction; Sperrschicht).

Bipolare Transistoren arbeiten nach folgendem Prinzip. Der Basisstrom bringt Ladungsträger in die in Sperrichtung betriebene und deshalb isolierende Basis-Kollektor-Diode und macht diese leitfähig. Wie die weiter unten dargestellten Kennlinien zeigen (z. B. Bild C-16), wird durch den Basisstrom ein wesentlich größerer Kollektorstrom I_C erzeugt, der von der Kollektor-Emitter-Spannung U_{CE} nur wenig abhängt. Dieser Kollektorstrom I_C fließt über die Basis zum Emitter.

Bild C-13 zeigt die prinzipielle Wirkungsweise der Verstärkung eines Transistors, der als *Vierpol* zu verstehen ist. Der Transistor wirkt als Verstärker, da ein kleiner Basisstrom I_B einen großen Kollektorstrom I_C verursacht. Das Verhältnis von Kollektor- zu Basis-

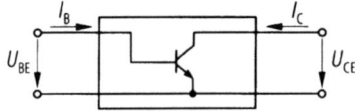

a Der Transistor als Vierpol

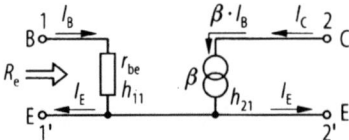

b Vereinfachtes Ersatzschaltbild des Transistors   **Bild C-13.** Der Transistor als Vierpol

strom (I_C/I_B) wird als *Gleichstromverstärkung B* oder, bei kleinen Änderungen des Basisstroms I_B als *Wechselstromverstärkung β* bezeichnet. Diese Verstärkungsgrößen sind
nicht konstant, sondern für verschiedene Arbeitspunkte (Werte für I_B, I_C und T_j) unterschiedlich groß.

Allgemein beschreiben Kennlinien grafisch in einem Diagramm die typische Abhängigkeit zweier (oder mehrerer) Kenngrößen (z. B. Abhängigkeit des Kollektorstroms I_C
vom Basisstrom I_B). Werden verschiedene Parameter verändert wie beispielsweise die
Sperrschichttemperatur T_j, so entstehen mehrere Kennlinien; man spricht von Kenn-
linienfeldern (Bild C-16).

Zur praktischen Dimensionierung einer Schaltung müssen die Eigenschaften des
Transistors bekannt sein, damit man sie durch eine geeignete Beschaltung dem Anwen-
dungszweck optimal anpassen kann. Die Eigenschaften werden in *Kennwerte* und in
Grenzwerte eingeteilt. Während Kennwerte bekannt sein müssen, um sinnvolle Anwen-
dungen bauen zu können, dürfen Grenzwerte nicht überschritten werden um den
Halbleiter nicht zu zerstören.

C.3.3
Wichtige Kennwerte von Transistoren

C.3.3.1
Eingangswiderstand

Bild C-13 zeigt das vereinfachte Ersatzschaltbild eines Transistors. Dabei wird der Transistor als *Vierpol* aufgefaßt. Als Beispiel dient die Emitterschaltung.

Der Eingangswiderstand der Emitterschaltung r_{be} stellt den Eingangswiderstand
$R_e = r_{be}$ der Basis-Emitter-Strecke dar. Der Basisstrom I_B hängt von der angelegten Basis-
Emitter-Spannung U_{BE}, der Größe und Bauart des Transistors und der absoluten Sperrschichttemperatur T_j nach Gl. (C-2) folgendermaßen ab:

$$I_B = I_0 \left(e^{\frac{U_{BE}}{U_{Tj}}} - 1 \right). \tag{C-2}$$

Betreibt man die Basis-Emitter-Diode in Durchlaßrichtung, gilt für den Basisstrom I_B
näherungsweise:

$$I_B = I_0 \, e^{\frac{U_{BE}}{U_T}}. \tag{C-3}$$

Dabei ist I_0 ein für den Transistor charakteristischer Reststrom (z. B. $I_0 = 0{,}1$ nA für einen
Silicium-Kleinsignaltransistor bei 25 °C), und U_T die *Temperaturspannung*, für die gilt:

$$U_T = kT/e. \tag{C-4}$$

Mit der Boltzmannkonstanten $k = 1{,}38 \cdot 10^{-23}$ Ws/K, der absoluten Temperatur T und der
Elementarladung $e = 1{,}602 \cdot 10^{-19}$ As beträgt U_T bei Raumtemperatur (25 °C oder 298 K)
nach dieser Formel 26 mV. Praktisch liegt der Wert aber eher bei 40 mV.

Wie Gl. (C-3) zeigt, hängt der Basisstrom nicht linear, sondern *exponentiell* von der
Basis-Emitter-Spannung U_{BE} ab. Dieser stark nichtlineare Eingangswiderstand stört die
meisten Anwendungen. Deshalb gleicht man ihn durch eine geeignete Beschaltung aus.
Zu diesem Zweck steuert man den Transistor mit einem bestimmten Basisstrom I_B (statt
einer Spannung) an. Der Basisstrom ist der Kollektorstrom dividiert durch die Stromverstärkung B des Transistors.

Der Eingangsleitwert $g_{be} = 1/r_{be}$ des Transistors errechnet sich durch Differenzieren des Eingangsstroms I_B nach der Eingangsspannung U_{BE}. Aus Gl. (C-2) ergibt sich:

$$\frac{1}{r_{be}} = \frac{dI_B}{dU_{BE}} = \frac{I_0}{U_T \, e^{U_{BE}/U_T}} \, .$$

Wird für I_0 Gl. (C-3) eingesetzt, so ergibt sich der Eingangswiderstand des Transistors r_{be} zu:

$$r_{be} = U_T/I_B . \tag{C-5}$$

Es ist zu beachten, daß U_T temperaturabhängig ist und bei 25 °C ungefähr 40 mV beträgt. Der Eingangswiderstand R_e erscheint im Ersatzschaltbild des Transistors als Basis-Emitter-Widerstand r_{be} (Bild C-15). Das Bild C-14 zeigt den Basisstrom I_B als Funktion der Basis-Emitter-Spannung U_{BE} und der Sperrschichttemperatur T_j und zeigt den in Gl. (C-3) aufgeführten nichtlinearen Verlauf des Eingangsstroms I_B.

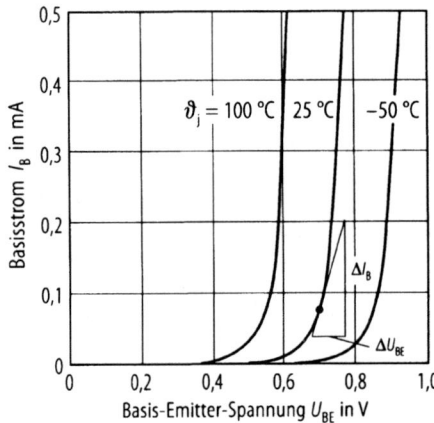

Bild C-14. Basisstrom als Funktion der Basis-Emitter-Spannung und der Sperrschichttemperatur

Eine lineare Spannungsverstärkung kann durch eine *Gegenkopplung* (Abschn. C.3.6.2) erreicht werden. Dabei wird ein Teil des Ausgangssignals mit der dem Eingangssignal *entgegengesetzten Phase* dem Eingang wieder zugeführt. Dadurch wird die Linearität verbessert, aber die Verstärkung herabgesetzt. Außerdem hängt die Basis-Emitter-Spannung U_{BE} von der Sperrschichttemperatur T_j ab. Bei kleinen Strömen (etwa bis 10 µA) beträgt der Temperaturkoeffizient TK etwa 3 mV/K. Auch dieser Temperaturgang muß durch geeignete Schaltungen korrigiert werden.

C.3.3.2
Stromverstärkung

Bild C-15 zeigt die Aufteilung der Ströme im Transistor.

Ein *kleiner Basisstrom* I_B (1 % des Emitterstroms) verursacht beim Transistor einen *großen Kollektorstrom* I_C (99 % des Emitterstroms), der aus der angelegten Spannungsquelle entnommen wird. Der Quotient I_C/I_B ist die Stromverstärkung B. Bild C-13 zeigte

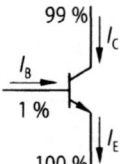

Bild C-15. Aufteilung der Ströme im Transistor

bereits den Basisstrom I_B, der durch den Eingangswiderstand $R_e = r_{be}$ festgelegt wird und die Stromquelle βI_B oder BI_B im Kollektor-Emitter-Kreis. Die Summe aus Basisstrom I_B und Kollektorstrom I_C fließt über den Emitter als Emitterstrom I_E ab.

Kollektor- und Basisstrom weisen einen weitgehend linearen Zusammenhang auf. Deshalb ist der Quotient aus Kollektorstrom I_C und Basisstrom I_B im aktiven Arbeitsbereich ungefähr konstant. Man bezeichnet ihn als *Gleichstromverstärkung B*, und es gilt:

$$B = \frac{I_C}{I_B}. \tag{C-6}$$

Bei großen Änderungen des Kollektorstroms ($I_{C1}/I_{C2} > 10$), oder wenn die Kollektor-Emitter-Spannung U_{CE} sehr klein wird, dann ändert sich auch die Stromverstärkung B. Da sie auch von der Sperrschichttemperatur T_j und der Betriebsfrequenz f abhängt, gibt man die *differentielle Stromverstärkung β* an, die folgendermaßen definiert ist:

$$\beta = \frac{dI_C}{dI_B}. \tag{C-7}$$

Kollektorstrom I_C

Der Kollektorstrom I_C eines Transistors hängt überwiegend vom Basisstrom I_B ab. Andere Größen, insbesondere die Kollektor-Emitter-Spannung U_{CE} haben, wie Bild C-16 verdeutlicht, nur einen geringen Einfluß.

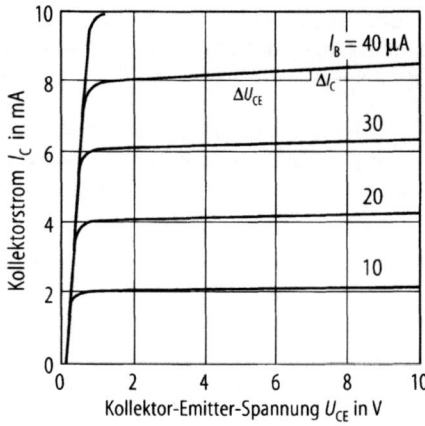

Bild C-16. Ausgangskennlinienfeld eines Kleinsignaltransistors

Differentielle Stromverstärkung β
Die Stromverstärkung ist frequenzabhängig, wie Bild C-17 zeigt. Die bei Gleichstrom und niederen Frequenzen in einem Arbeitspunkt konstante Stromverstärkung β_0 nimmt mit zunehmender Frequenz ab. Die Frequenz, bei der die differentielle Stromverstärkung β auf 1 abgefallen ist, heißt *Transitfrequenz* f_T. Bei der Grenzfrequenz $f_\mathrm{g} = f_\mathrm{T}/\beta_0$ ist die Stromverstärkung auf $\beta = \beta_0/\sqrt{2}$ abgefallen.

   Zu den oben genannten systematischen Abhängigkeiten kommen große Exemplarstreuungen der differentiellen Stromverstärkung β bei Transistoren gleichen Typs, die der Hersteller durch Sortieren in Stromverstärkungsgruppen mildern kann. Moderne Fertigungsverfahren wie die Ionenimplantation führen zu Halbleitern mit engeren Toleranzen. Trotz aller Verbesserungen in der Herstellungstechnik kann der Gleichstromarbeitspunkt einer Halbleiterschaltung nur in einer *gegengekoppelten* Schaltung sicher im aktiven Arbeitsbereich gehalten werden.

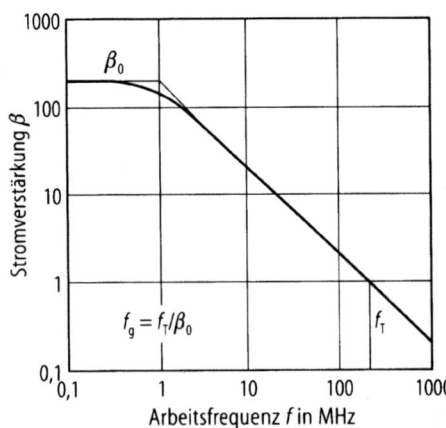

Bild C-17.
Frequenzabhängige Stromverstärkung

C.3.3.3
Ausgangsleitwert und Spannungsrückwirkung

Der größte Teil des Kollektorstroms I_C hängt vom Basisstrom I_B ab, ein kleiner Teil auch von der Kollektor-Emitter-Spannung. Dieser Teilstrom kann durch einen hochohmigen Widerstand oder einen kleinen Leitwert zwischen Kollektor und Emitter erzeugt werden, er heißt Ausgangsleitwert.

   Die Kollektor-Basis-Spannung hat einen sehr kleinen Einfluß auf den Basisstrom, d.h. die Kollektorspannung wirkt auf die Eingangsgröße I_B zurück. Diese *Spannungsrückwirkung* und der Ausgangsleitwert können bei Überschlagsrechnungen vernachlässigt werden.

C.3.3.4
Rauschen

In einem Leiter, dessen Temperatur oberhalb des absoluten Nullpunkts liegt, bewegen sich die Ladungsträger unregelmäßig. Die an diesem Leiter meßbare Spannung enthält ein weites Frequenzspektrum, das verstärkt und akustisch wiedergegeben als *Rauschen*

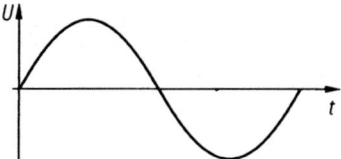

a Reines Signal

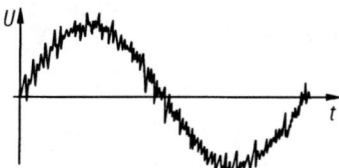

b Verrauschtes Signal   **Bild C-18.** Reines und verrauschtes Signal

zu hören ist. Dabei entsteht die Rauschleistung P_R. Wird das Signal eines Sensors so klein, daß das Rauschen neben dem Signal wahrgenommen wird, dann muß das Rauschen durch schaltungstechnische Maßnahmen in Grenzen gehalten werden. Beispielsweise muß bei hochauflösenden Drucksensoren die Spannung genauer als auf 0,1 mV erfaßt werden. Hier stört das Rauschen, wenn es nicht durch eine sorgfältige Dimensionierung der Schaltung und eine Begrenzung der Frequenzbandbreite klein gehalten wird. Bild C-18 zeigt ein reines und ein verrauschtes Signal.

Der Quotient aus der Rauschleistung P_R und der Frequenzbandbreite Δf wird als *Rauschleistungsdichte* $P_R/\Delta f$ bezeichnet. Ist sie, wie bei Widerständen, bei allen Frequenzen *gleich*, spricht man von *weißem Rauschen*. Die Rausch*leistung* P_R hängt in diesem Fall von der absoluten Temperatur T und der Frequenzbandbreite Δf, nicht aber vom Widerstand ab. Es gilt:

$$P_R = 4 \cdot k \cdot T \cdot \Delta f \tag{C-8}$$

mit der Boltzmannkonstanten $k = 1,38 \cdot 10^{-23}$ Ws/K. Mit dem Widerstand R kann aus der Rauschleistung P_R die Rauschspannung U_R nach folgender Gleichung ermittelt werden:

$$U_R = \sqrt{P_R \cdot R} . \tag{C-9}$$

In Transistoren wird durch die Bewegung der Ladungsträger ein zusätzliches Rauschen erzeugt. Diese Rauschspannung hängt vom Innenwiderstand R_i der Signalquelle, der Temperatur T_j, der Frequenzbandbreite Δf, dem Transistortyp und seinem Arbeitspunkt ab. Diese Bedingungen sind bei der Berechnung zu berücksichtigen. Die Rauschspannung bezieht man zum besseren Vergleich mit der zu verstärkenden Signalspannung auf den Eingang des Transistorverstärkers.

Die *Rauschzahl F* ist der Faktor, um den die Rausch*leistung* der Signalquelle am Eingang des Transistors vergrößert erscheint. Den Transistor selbst betrachtet man als rauschfrei. Üblich ist auch das *Rauschmaß F** als logarithmiertes Verhältnis aus der gesamten intern anstehenden Rauschleistung P_{RT} im jeweiligen Arbeitspunkt und der Rauschleistung des Quellwiderstandes P_R.

Für die Rauschzahl F und das Rauschmaß F^* (die Einheit ist dB) gilt somit:

$$F^* = 10 \cdot \lg \frac{P_{RT}}{P_R} \, \text{dB} . \tag{C-10}$$

Das Nutzsignal und das Rauschen werden im Transistor um den Faktor v verstärkt. Das unter Berücksichtigung der Rauschzahl F berechnete Signal-Rauschverhältnis bleibt auch nach der Verstärkung erhalten, d.h. ein verrauschtes Signal kann nachträglich nicht ohne Nachteile verbessert werden.

C.3.4
Transistor-Grenzwerte

Grenzwerte dürfen *nicht* überschritten werden, sonst wird der Halbleiter zerstört oder irreversibel geschädigt. Folgende Grenzwerte sind von Bedeutung:

C.3.4.1
Sperrspannungen U_{max}

Der Hersteller gibt für jedes Elektrodenpaar eines Transistors die *höchste zulässige Sperrspannung* U_{max} an, die dieser ohne Schaden dauernd aushält.

Im Interesse einer hohen Zuverlässigkeit der Halbleiter sollten die Sperrspannungen höchstens zu etwa 90%, besser nur zu 70% ausgenutzt werden. Dabei ist zu beachten, daß beispielsweise das Abschalten einer induktiven Last die anliegende Spannung kurzzeitig weit über die Betriebsspannung hinaus erhöhen und damit den Halbleiter zerstören kann.

C.3.4.2
Ströme I_{max}

Zwischen Kollektor und Basis wird normalerweise kein Strom zugelassen.

Der Kollektorstrom I_C, der über den Emitter abfließt, erwärmt die Kollektorzone. Wird der Kollektorstrom zu groß, dann fließt er nicht mehr gleichmäßig über die ganze Kollektorfläche, sondern bevorzugt einen Kanal, der durch die Erwärmung niederohmiger wird und noch mehr Strom übernimmt. Die Verlustleistung entsteht in einem wesentlich kleineren Volumen als beabsichtigt und zerstört das Kristallgefüge. Außerdem kann ein zu hoher Kollektorstrom die meist dünnen Bonddrähte, die den Kristall mit den Lötanschlüssen verbinden, durchschmelzen. Deshalb wird der Kollektorstrom auf einen absoluten Maximalwert begrenzt.

C.3.4.3
Temperaturen

Bei hohen Temperaturen – bei Silicium mehr als 200 °C – setzt Diffusion der verschiedenen dotierten Schichten ein und ändert irreversibel das Dotierungsprofil. Kurze Temperaturüberschreitungen, beispielsweise durch Einlöten, werden leichter überstanden als lang andauernde. Als Grenzwert dient die maximal zulässige Sperrschichttemperatur θ_j, die nicht überschritten werden darf.

C.3.4.4
Verlustleistung P_V

Hohe Temperaturen entstehen in Halbleitern meistens durch die *interne Verlustleistung* P_V in der Basis-Emitter- und in der Kollektor-Emitter-Strecke. Es gilt:

$$P_V = I_C\,U_{CE} + I_B\,U_{BE}\,.$$

Die Verlustleistung in der Kollektor-Emitter-Strecke $I_C\,U_{CE}$ ist wesentlich größer als die vernachlässigbar kleine Verlustleistung in der Basis-Emitter-Strecke $I_B\,U_{BE}$. Deshalb gilt mit guter Näherung:

$$P_V = I_C\,U_{CE}. \qquad \qquad (\text{C-11})$$

Die Verlustleistung P_V entsteht zum größten Teil in der Kollektor-Basis-Sperrschicht, von wo aus sie über das Gehäuse an die umgebende Luft abgegeben wird. Bei Leistungstransistoren (ab etwa 1 W Verlustleistung) wird die Wärme über den Gehäuseboden an einen externen Kühlkörper abgegeben.

Die maximale Verlustleistung wird im allgemeinen für 25 °C Umgebungstemperatur oder 25 °C Gehäusetemperatur angegeben. Bei höherer Umgebungstemperatur ist die Verlustleistung zu verringern (was man im englischen Sprachgebrauch als *derating* bezeichnet); sie darf aber bei Temperaturen unter 25 °C nicht über den Nennwert erhöht werden. Zu beachten ist, daß es mit Luftkühlkörpern normalerweise nicht gelingt, ein stark Wärme abgebendes Transistorgehäuse auf 25 °C zu halten.

C.3.5
Typenschlüssel für Halbleiter

Die einzelnen Halbleiterbauteile werden durch eine Kombination aus Buchstaben und Ziffern bezeichnet. Für Einzelhalbleiter enthalten die Typenschlüssel der europäischen Halbleiterhersteller folgende Angaben:

- Grundmaterial des Bauelementes,
- Typ des Bauelementes (Diode, Transistor oder ein anderes Teil),
- Anwendung des Bauelementes.

Der erste Buchstabe kennzeichnet das Halbleitermaterial. Der zweite Buchstabe kennzeichnet den Verwendungszweck, für den das Halbleiter-Bauelement in erster Linie entwickelt wurde:

Tabelle C-1 stellt die Bezeichnungen zusammen.

Typen für professionelle Anwendungen sind mit einem dritten Buchstaben gekennzeichnet, der keine standardisierte Aussage hat.

Die meist dreistellige Ordnungszahl hat keine technische Bedeutung, Halbleiter mit aufeinanderfolgender Ordnungszahl *müssen nicht* unbedingt ähnliche Eigenschaften haben.

C.3.6
Analoge Grundschaltungen mit bipolaren Transistoren

Die Grundschaltung bestimmt die Eigenschaften bei der Verstärkung von Wechselspannungssignalen. Sie wird nach der für den Ein- und Ausgang gemeinsamen Elektrode benannt. Die Emitter- und die Kollektorschaltung werden nachstehend beschrieben. Die Schaltung mit der Basis als gemeinsamer Elektrode hat heute nur noch eine geringe Bedeutung in der Hochfrequenztechnik; sie wird häufig durch Feldeffekttransistoren ersetzt.

Bild C-19 stellt die wichtigsten Daten und Eigenschaften dieser beiden Schaltungen zusammen.

Grundschaltung	Stromverstärkung des Transistors V_i	Spannungsverstärkung des Transistors V_u	Eingangswiderstand R_e	Ausgangswiderstand R_a	Frequenzgang	Bemerkungen und Anwendungen
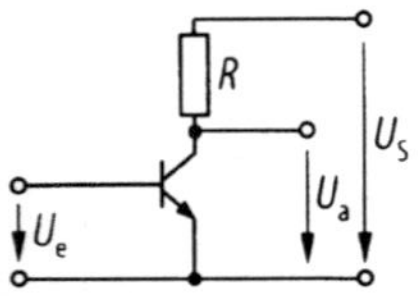 Emitterschaltung	$\beta_e = \dfrac{i_c}{i_b}$ $\beta_e = 100$	$\dfrac{U_a}{U_e} = \dfrac{R\,\beta}{r_{be}}$ $\dfrac{U_a}{U_e} = \dfrac{R\,I_E}{U_T}$ $\dfrac{U_a}{U_e} = \dfrac{1\,\text{k}\Omega \cdot 5\,\text{mA}}{40\,\text{mV}}$ $V_u = \dfrac{U_a}{U_e} = 125$	$R_e = r_{be}$ $R_e = \dfrac{U_T}{I_B}$ $R_e = \dfrac{40\,\text{mV}}{50\,\mu\text{A}}$ $R_e = 800\,\Omega$	$R_a = R$ $R_a = R$ $R_a = 1\,\text{k}\Omega$ $R_a = 1\,\text{k}\Omega$	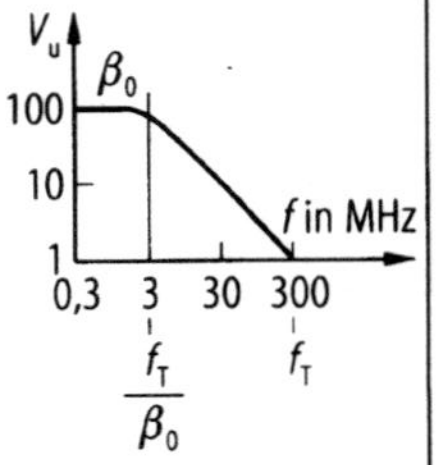 V_u, f in MHz; β_0; 100; 10; 1; 0,3; 3; 30; 300; $\dfrac{f_T}{\beta_0}$; f_T	– Häufigste Verstärkerschaltung – Strom- und Spannungsverstärkung gut – Durch Gegenkopplung und Beschaltung gut variierbar
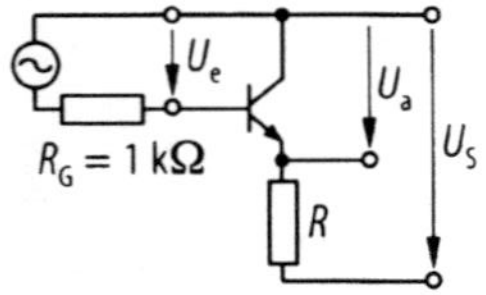 Kollektorschaltung	$\beta_c = \dfrac{i_c}{i_b}+1$ $\beta_c = 101$	$\dfrac{U_a}{U_e} = \dfrac{r_{be}+(1+\beta)R}{(1+\beta)R}$ $\dfrac{U_a}{U_e} = 0,99$ $\dfrac{U_a}{U_e} \approx 1$	$R_e = \dfrac{U_T}{I_B} + (1+\beta_e)R$ $R_e = r_{be} + (1+\beta_e)R$ $R_e \approx \beta_e R$ $R_e \approx 100\,\text{k}\Omega$	$R_a = \dfrac{R_G + r_{be}}{\beta} \,\|\, R$ $R_a \approx \dfrac{R_G + r_{be}}{\beta}$ $R_a \approx 18\,\Omega$	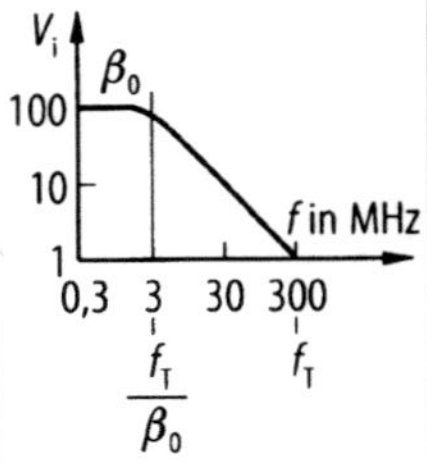 V_i, f in MHz; β_0; 100; 10; 1; 0,3; 3; 30; 300; $\dfrac{f_T}{\beta_0}$; f_T	– Impedanzwandler von hochohmig auf niederohmig – Eingangsstufe für hochohmige Quellen – Ausgangstransistor in Leistungsverstärkern – Leistungstransistor in längsgeregelten Netzgeräten

Bild C-19. Grundschaltungen von Transistoren und ihre wichtigsten Eigenschaften

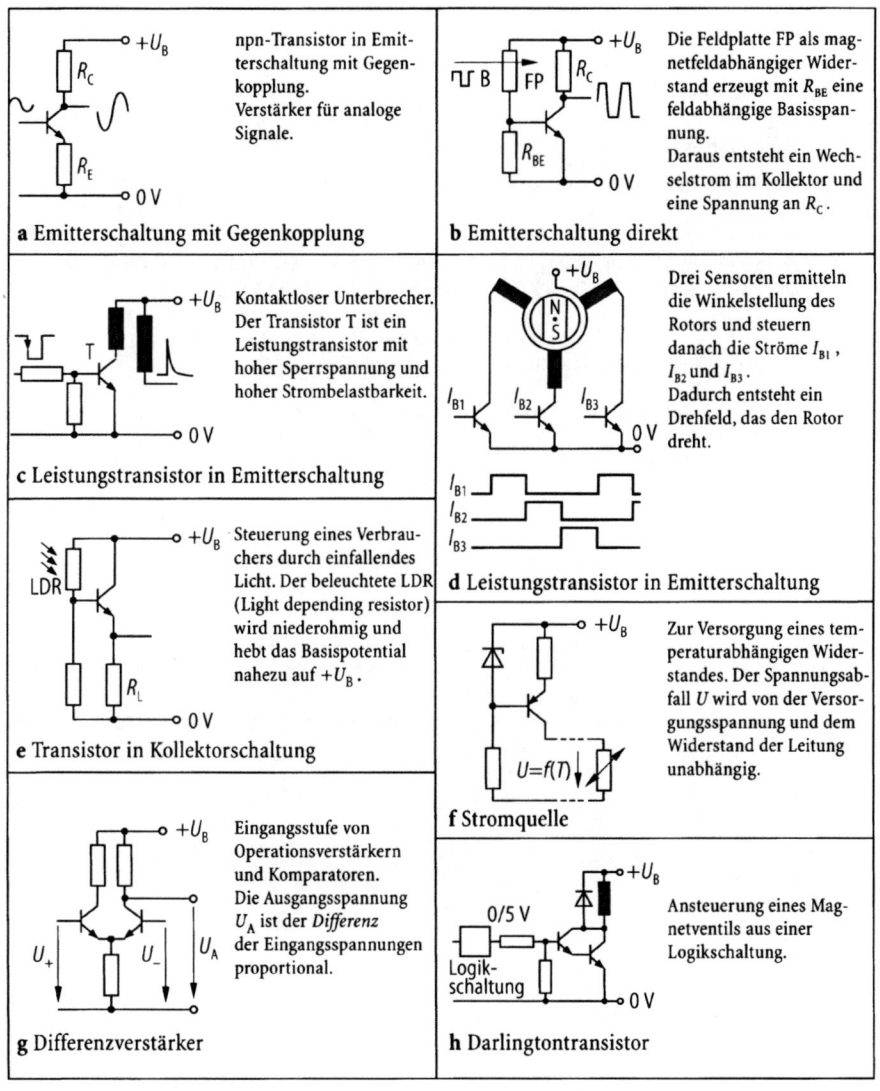

Bild C-20. Beispiele für die Einsatzmöglichkeiten bipolarer Transistoren

Bild C-20 zeigt einige Anwendungsbeispiele für die im folgenden beschriebenen Schaltungen.

C.3.6.1
Emitterschaltung

Die Emitterschaltung hat sich aufgrund ihrer guten Spannungs- und Stromverstärkung zur häufigsten Verstärkerschaltung entwickelt. Bild C-21 zeigt einen Transistorverstärker in Emitterschaltung.

Tabelle C-1

Der 1. Buchstabe kennzeichnet das Halbleitermaterial

A   Germanium
B   Silicium
C   Galliumarsenid

Der. 2. Buchstabe kennzeichnet den Verwendungszweck

A   Signaldiode
B   Kapazitätsdiode
C   Transistor für kleine Leistungen ($R_{th} \leq 15$ K/W) für niedere und mittlere Frequenzen
D   Leistungstransistor ($R_{th} \geq 15$ K/W) für niedere und mittlere Frequenzen
E   Tunneldiode
F   Transistor zur Anwendung im Hochfrequenzbereich ($R_{th} \leq 15$ K/W)
L   Leistungstransistor für Hochfrequenz ($R_{th} \geq 15$ K/W)
N   Optokoppler
P   Fotohalbleiter (Fotodiode, Fototransistor, Fotothyristor)
Q   Leuchtdiode
R   Thyristor-Tetrode
S   Schalttransistor
T   Thyristor
U   Leistungsschalttransistor
X   Gunneffektelemente für den Höchstfrequenzbereich
Y   Leistungsdiode (Gleichrichter)
Z   Z-Diode

R_{th} ist der thermische Widerstand zwischen dem Halbleiterelement und dem Gehäuse

Für den einfachen Transistorverstärker in Emitterschaltungen nach Bild C-21 ergibt sich:

Verstärkung: $$v_u = \frac{-\beta R_C}{r_{be}}$$ (C-12)

Eingangswiderstand: $$r_{be} = \frac{U_T}{I_B} \approx \frac{40 \, \text{mV}}{I_B}$$ (C-13)

Ausgangswiderstand: $$R_a \approx R_C$$ (C-14)

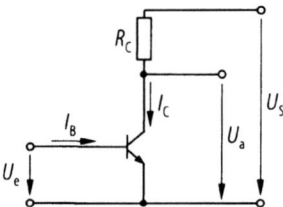

Bild C-21. Transistorverstärker in Emitterschaltung

Bild C-22 zeigt die Spannungen und Ströme der Emitterschaltung nach Bild C-21 in 4 zusammengesetzten Kennlinien.

Die sinusförmige Eingangsspannung $u_{BE}(t)$ erzeugt an der nichtlinearen *Eingangskennlinie* der Basis-Emitter-Strecke (im 3. Quadranten) einen verzerrten, d.h. nicht mehr sinusförmigen, Basisstrom $i_B(t)$. Dieser Basisstrom verursacht über die Stromver-

2. Quadrant   1. Quadrant

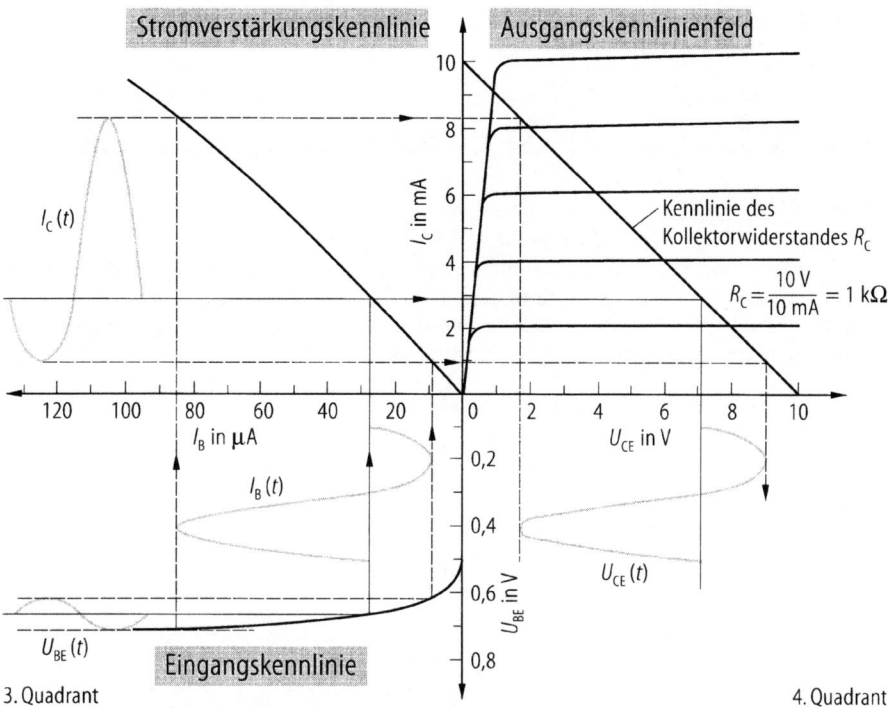

Bild C-22. Spannungen und Ströme in der Emitterschaltung nach Bild C-23

stärkungskennlinie (im 2. Quadranten) einen fast linear vergrößerten Strom $i_C(t)$ im Kollektor. Am Kollektorwiderstand R_C entsteht dadurch ein Spannungsabfall u_{RC}, der zwar wesentlich größer als die Eingangsspannung $u_{BE}(t)$ ist, aber kein lineares Abbild von ihr darstellt. Die Kennlinie des Kollektorwiderstandes R_C ist in das *Ausgangskennlinienfeld* im 1. Quadranten eingezeichnet. Die vom Kollektorstrom i_C am Kollektorwiderstand R_C erzeugte Signalspannung u_{RC} verringert die Versorgungsspannung U_S auf die Kollektor-Emitterspannung $u_{CE}(t)$, die im 4. Quadranten dargestellt ist.

Diese einfache Emitterschaltung hat eine *sehr hohe Verstärkung*, aber drei schwerwiegende Nachteile:

- Die Eingangsspannung wird am Ausgang verzerrt wiedergegeben.
- Abweichungen der überlagerten Eingangsgleichspannung können den Transistor stromlos machen, oder die Basis-Emitter-Strecke durch Überstrom zerstören.
- Temperaturänderungen im Transistor wirken sich wie Änderungen der Eingangsgleichspannung aus, d.h. die *Gleichstromverhältnisse sind nicht stabil*.

Ist die Eingangsspannung so klein, daß die Eingangskennlinie in diesem Bereich nähe-
rungsweise eine Gerade ist, spricht man von *kleinen* Signalamplituden. Dafür hat der
Verstärker bei der Wechselspannungsverstärkung folgende Eigenschaften:
Für den Eingangswiderstand R_e gilt:

$$R_e = r_{be} = U_T/I_B,$$

mit I_B als mittlerem Basisgleichstrom. Die Eingangsspannung U_e ergibt sich zu:

$$u_e = U_{BE} + i_b\, r_{be}$$

mit U_{BE} als mittlerer Basis-Emitter-*Gleich*spannung.
Zur Berechnung der Wechselstromeigenschaften, d. h. der Reaktion der Schaltung auf
eine Änderung der Eingangsspannung, wird die Gleichung für die entsprechende Größe
differenziert. Damit entfallen die konstanten (Gleichstrom-) Anteile, und es wird mit
reinen Wechselstromgrößen gerechnet. Somit gilt:

Eingangsspannungsänderung: $\mathrm{d}U_E = \mathrm{d}I_B\, r_{be}.$

Ausgangsspannung: $U_A = U_S - I_C\, R_C,$

$$U_A = U_S - B\, I_B\, R_C. \qquad\qquad (\text{C-15})$$

Ausgangsspannungsänderung: $\mathrm{d}U_A = -\,\mathrm{d}I_B\, \beta\, R_C.$

Spannungsverstärkung: $v_u = \dfrac{\mathrm{d}U_A}{\mathrm{d}U_E}.$

$$v_u = \frac{-\beta\, R_C}{r_{be}}. \qquad\qquad (\text{C-16})$$

Ausgangswiderstand: $R_a = R_C.$

Der Ausgangswiderstand R_a wird im wesentlichen durch den Kollektorwiderstand R_C
dargestellt.

C.3.6.2
Emitterschaltung mit Stromgegenkopplung

Bei dem in Bild C-23a dargestellten Transistorverstärker mit Stromgegenkopplung verursacht eine ansteigende Eingangsspannung einen ansteigenden Basisstrom. Gleichzeitig wird der Kollektor- und der Emitterstrom um die Stromverstärkung β verstärkt. An
der Basis-Emitterstrecke liegt nicht mehr die ganze Eingangsspannung U_{EIN}, sondern
nur die Differenz zwischen U_{EIN} und dem Spannungsabfall U_E am Emitterwiderstand
R_E. Die vom Ausgangsstrom erzeugte Spannung U_E wird *gegen*phasig in den Eingangs-
kreis zurück*gekoppelt* und setzt dadurch die Verstärkung herab. Diesen Vorgang
bezeichnet man deshalb als *Gegenkopplung*. Neben der Schaltung in Bild C-25a sind die
Potentiale von Basis, Emitter und Kollektor dargestellt.
Bild C-23b zeigt die Spannungsbereiche an Emitter und Basis im Kennlinienfeld bei
der Aussteuerung.
Eine Gegenkopplung verringert *immer* die Verstärkung einer Schaltung. Je nach der
Schaltungstechnik verbessern sich dafür andere erwünschte Eigenschaften.
Bild C-23c stellt die zugehörigen Gleichungen zusammen.
Bild C-23d zeigt die zur Transistorschaltung vergleichbare Beschaltung eines Opera-

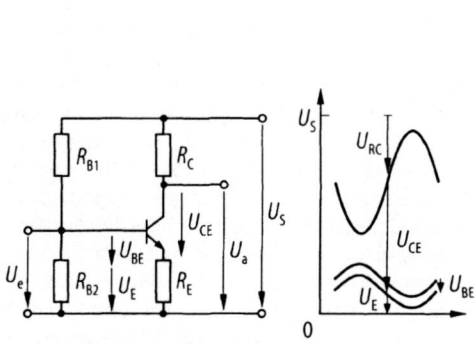 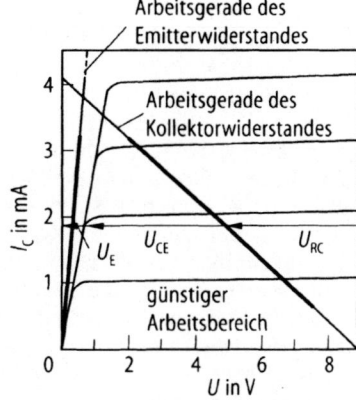

a Spannungen in der gegengekoppelten Emitterschaltung **b** Spannungen im Kennlinienfeld

Spannungsverstärkung: $v_u = \dfrac{-\beta\, R_C}{r_{be} + \beta\, R_E}$ **(C-17a)**

Verstärkung: $v_u \approx \dfrac{R_C}{R_E}$ **(C-17b)**

Eingangswiderstand: $R_e = r_{be} + \beta\, R_E$ **(C-18a)**

Ausgangswiderstand: $R_a \approx R_C$ **(C-19a)**

c Gleichungen   **d** Vergleichbare Schaltung mit einem
                                   Operationsverstärker

Bild C-23. Gegengekoppelte Emitterschaltung mit den Signalspannungen, Arbeitskennlinien und Formeln

tionsverstärkers. Bei beiden Schaltungen wird ein Teil des Ausgangssignals auf den Eingang zurückgekoppelt und von der Eingangsspannung abgezogen.

Solange die Stromverstärkung β und der Eingangswiderstand R_e ausreichend groß sind, hängen Verstärkung und Eingangswiderstand nur noch von der Beschaltung ab. Die aus verschiedenen Ursachen sich ändernden Transistorparameter beeinflussen die wichtigen Schaltungseigenschaften nicht mehr.

C.3.6.3
Einstellung des Arbeitspunktes

Der Transistor erreicht die *gewünschte Arbeitsweise* nur mit der *richtigen Beschaltung*, die einerseits die notwendigen Spannungen und Ströme zuführt, andererseits die Ausbildung der geforderten Signalgrößen ermöglicht.

Der richtige Arbeitspunkt wird am Bild C-23 erläutert. Teilbild a zeigt die Spannungen in der gegengekoppelten Emitterschaltung und ihren Zusammenhang bei der Aussteuerung. Den Arbeitspunkt der Schaltung legt man mit der Basisgleichspannung so fest, daß der Transistor immer im linearen Bereich bleibt, d. h. der Spannungsabfall U_{RC} an R_C soll 1 V, der Spannungsabfall U_{CE} am Transistor soll 1,5 V nicht unterschreiten. Es empfiehlt sich daher, die gefundene Dimensionierung auch dann einzuhalten, wenn Signale mit sehr kleiner Amplitude verstärkt werden. Bild C-23b zeigt die Arbeitskennlinien der Emitter- und Kollektorspannung im Ausgangskennlinienfeld des Transistors. Auf der Arbeitsgeraden des Kollektorwiderstandes kann man zu jedem Kollektorstrom die zugehörige Kollektorspannung ablesen, während die Arbeitsgerade des Emitterwiderstandes die zugehörige Emitterspannung zeigt. Die Kollektorspannung U_{CE} muß dabei immer im aktiven Arbeitsbereich des Transistors bleiben. Zu beachten ist, daß der *Sättigungsbereich* nicht auf die Betriebsspannung, sondern stets auf die Emitterspannung bezogen wird, wodurch er im Bild C-23b immer rechts von der Arbeitsgeraden des Emitterwiderstandes liegt.

C.3.7
Kollektorschaltung

Bei dieser Schaltung ist der Kollektor die gemeinsame Bezugselektrode. Die Schaltung bezeichnet man auch als *Emitterfolger (voltage follower)*. Das Eingangssignal an der Basis erscheint am Emitter mit nahezu gleichem Pegel und gleicher Phase. Die Spannungsverstärkung der Kollektorschaltung ist ≈ 1, dagegen hat die Schaltung die Stromverstärkung des Transistors, die nur um den Verlust im Emitterwiderstand R_E reduziert wird. Die Kollektorschaltung setzt man zur *Impedanzwandlung* ein (das ist eine Widerstandstransformation zwischen Eingang und Ausgang) und zur reinen Stromverstärkung. Häufig wird der Transistor in Kollektorschaltung direkt von anderen Transistoren versorgt, so daß er keine zusätzliche Beschaltung für die Gleichstromzuführung hat. Bild C-24a zeigt die Spannungen und Ströme in der Kollektorschaltung, Bild C-24b die zugehörigen Gleichungen.

Wenn die Basisgleichspannung der Kollektorschaltung nicht von der Signalquelle kommt, muß man sie mit einem eigenen Spannungsteiler aus R_1 und R_2 erzeugen.

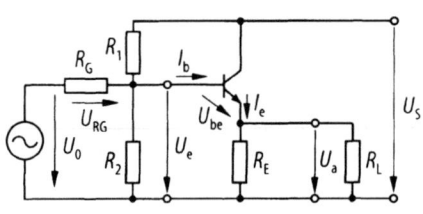

a Spannungen und Ströme in der Kollektorschaltung

Verstärkung: $v_u \approx 1$ (C-20)
$$v_i \approx \beta$$

Eingangswiderstand:

$$R_e = r_{be} + (1+\beta)\,(R_E \| R_L) \qquad \text{(C-21)}$$

Ausgangswiderstand:

$$R_a \approx \frac{R_G + r_{be}}{\beta} \qquad \text{(C-22)}$$

b Berechnungsgrößen der Kollektorschaltung

Bild C-24. Kollektorschaltung

C.3.8
Stromquelle

Beim Transistor verursacht ein Basisstrom I_B einen entsprechend großen Kollektorstrom I_C, der von der Kollektor-Emitter-Spannung U_{CE} weitgehend unabhängig ist.
Diese Eigenschaft erlaubt es, mit einem Transistor nach Bild C-25 eine einfache Stromquelle aufzubauen.

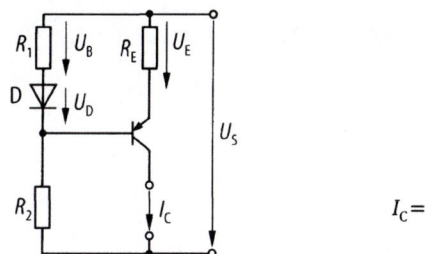

$$I_C = \frac{U_B}{R_E} \qquad \text{(C-23)}$$

a Schaltung der Stromquelle   **b** Gleichung für den Ausgangsstrom I_C

Bild C-25. Temperaturkompensierte Stromquelle

Unter der Annahme, daß $I_C \approx I_E$ und $\beta \gg 1$ ist, erhält man für die Spannung $U_B + U_D$
im Basis-Emitter-Kreis:

$$U_B + U_D = U_E + U_{BE}$$
$$\text{mit} \quad U_D \approx U_{BE}$$
$$U_B = U_E = I_E R_E$$
$$U_B = I_E R_E.$$

Wird diese Gleichung nach I_E aufgelöst und $I_E = I_C$ gesetzt, ergibt sich für I_C der Zusammenhang:

$$I_C = \frac{U_B}{R_E}.$$

Bei veränderlicher Betriebsspannung kann der Widerstand R_1 durch eine Z-Diode
ersetzt werden. Der Spannungsabfall an der Diode D hat ungefähr den gleichen Temperaturkoeffizienten TK von 2 mV/K, wie die Basis-Emitter-Spannung des Transistors.
Dadurch bleibt die Spannung U_E konstant und verursacht in R_E einen temperaturunabhängigen Strom I.

Die Stromquelle erzeugt auch zeitlich veränderliche Ströme, wenn sie mit der entsprechenden Spannung U_B angesteuert wird. Bei geringen Anforderungen an die Tem-
peraturstabilität des Stromes kann die Diode weggelassen und die Spannung U_B um die
mittlere Basis-Emitter-Spannung U_{BE} vergrößert werden.

C.3.9
Differenzverstärker

Der Differenzverstärker ist eine der wichtigsten Schaltungen mit mehreren Transistoren. Er besteht aus zwei gleichen Transistoren und verstärkt nur die *Differenz* der *Ein-*

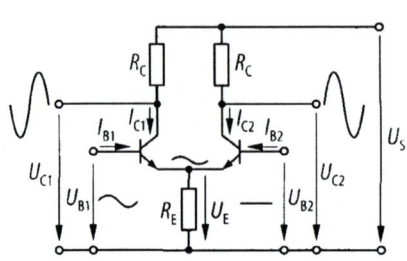

Spannungsverstärkung:

$$v_1 = \frac{U_{c1}}{U_{b1}} = \frac{-\beta\ R_C}{2r_{be}} \qquad \text{(C-24)}$$

$$v_2 = \frac{U_{c2}}{U_{b1}} = \frac{+\beta\ R_C}{2r_{be}} \qquad \text{(C-24a)}$$

Eingangswiderstand: $R_E = r_{be}$ (C-25)

Ausgangswiderstand: $R_a \approx R_C$ (C-26)

Gleichtaktunterdrückung: $G = \dfrac{\beta\ R_E}{r_{be}}$ (C-27)

a Grundschaltung des Differenzverstärkers   b Gleichungen

Bild C-26. Grundschaltung des Differenzverstärkers

gangsspannungen an beiden Basisanschlüssen. Gemeinsame Eingangsspannungen, Parameterstreuungen und Temperaturänderungen zeigen kaum Einfluß auf die Ausgangsspannung (Bild C-26). *Die Eingangsstufe jedes Operationsverstärkers ist ein Differenzverstärker,* der die Eigenschaften der ganzen Schaltung bestimmt.

Der Differenzverstärker ist die einzige Schaltung, mit der man Gleichspannungen genau verstärken kann, da die Temperaturdrift der Basis-Emitterspannung durch einen zweiten Transistor kompensiert wird, der unter *gleichen Bedingungen* arbeitet. Operationsverstärker (C.5.2) werden aus diesem Grund aus hintereinandergeschalteten Differenzverstärkern aufgebaut. Dabei werden beide Transistoren des Differenzverstärkers gemeinsam dicht nebeneinander auf einem Substrat hergestellt, so daß beide Transistoren gleich sind. Die Absolutwerte der Transistordaten haben danach nur noch einen geringen Einfluß auf das Ausgangssignal des Verstärkers.

Bild C-26a zeigt die Schaltung mit den wichtigen Spannungen und Strömen. Durch die feste Verkopplung der Emitter heben sich die Basis-Emitterspannungen beider Transistoren auf und es wird nur die Spannungsdifferenz zwischen beiden Basisanschlüssen verstärkt und symmetrisch an beiden Kollektoren abgegeben. Bild C-26b zeigt die Zusammenhänge der Eingangs- und Ausgangsgrößen des Differenzverstärkers.

C.3.10
Darlingtonschaltung

Für manche Anwendungen reicht die Stromverstärkung eines Transistors nicht aus. Dann können zwei Transistoren so hintereinander geschaltet werden, so daß sich ihre Stromverstärkungswerte β_1 und β_2 zum neuen Wert β multiplizieren, wie dies die Darlingtonschaltung in Bild C-27 zeigt. Die Darlingtonschaltung findet die gleiche Verwendung wie ein Transistor mit sehr hoher Stromverstärkung. Für sie gelten die Zusammenhänge im Bild C-27.

Mit Darlingtontransistoren kann man Spulen für Hubmagnete, Ventile oder größere Lampen ansteuern. Heute werden hierfür auch Leistungsfeldeffekttransistoren eingesetzt, die leichter zu handhaben und meistens auch robuster sind, aber teurer sind.

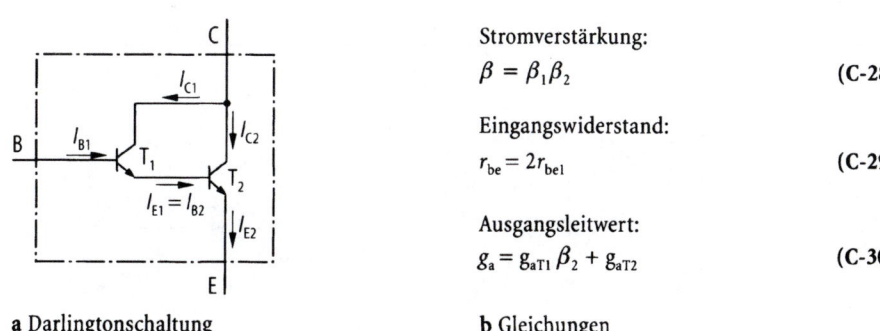

Stromverstärkung:

$$\beta = \beta_1 \beta_2 \qquad\qquad\text{(C-28)}$$

Eingangswiderstand:

$$r_{be} = 2 r_{be1} \qquad\qquad\text{(C-29)}$$

Ausgangsleitwert:

$$g_a = g_{aT1}\,\beta_2 + g_{aT2} \qquad\qquad\text{(C-30)}$$

a Darlingtonschaltung   **b** Gleichungen

Bild C-27. Schaltung und Formeln der Darlingtonschaltung

C.4
Feldeffekttransistoren (FET)

Feldeffekttransistoren arbeiten nach einem ganz anderen Prinzip als bipolare Transistoren (Bild C-11). Bipolare Transistoren bestehen aus p- und n-dotierten Halbleiterwerkstoffen. Der Strom fließt durch drei verschieden dotierte Halbleiterschichten vom Kollektor zum Emitter und wird von einem Basis*strom* gesteuert. Die Ansteuerung erfordert eine kleine Leistung.

Im Gegensatz zum bipolaren Transistor besteht der *Feldeffekttransistor* aus einem Block Halbleitermaterial mit nur *einer* Dotierung, beispielsweise Silicium oder Galliumarsenid. In diesem Block sind nur die Majoritätsträger, Elektronen *oder* Löcher, an der Stromleitung beteiligt. Man bezeichnet ihn deshalb auch als *unipolaren* Transistor. Ein von außen auf diesen Block einwirkendes elektrisches Feld beeinflußt die Ladungsträger im Block und damit seinen elektrischen Widerstand. Der Stromfluß wird nur durch eine *Steuerspannung* und das von ihr erzeugte elektrische Feld gesteuert. Die Steuerung ist *leistungslos*. Ist die Steuerelektrode durch einen in Sperrichtung vorgespannten pn-Übergang vom leitenden Kanal getrennt, dann bezeichnet man den Transistor als Sperrschicht-FET (Junction-FET oder JFET). Ein weiterer Typ, der *Metal-Oxid-Semiconductor-FET* (MOSFET), benutzt meistens ein Oxid des Halbleiters (SiO_2) als Isolierung zwischen dem leitenden Kanal und der Steuerelektrode, dem Gate. Der etwas abweichende Aufbau des MOSFET wird in Abschnitt C.4.2 beschrieben.

Es gibt p-Kanal- und n-Kanal-Feldeffekttransistoren, die sich für den Anwender in erster Linie durch die Polarität der erforderlichen Betriebsspannungen und -ströme unterscheiden. Die Berechnungsverfahren sind gleich, die geringen Unterschiede der elektrischen Eigenschaften werden zweckmäßigerweise den Datenbüchern der Hersteller entnommen. Es gibt wesentlich mehr verschiedene n-Kanal-Typen, da diese einfacher herzustellen sind und bessere Eigenschaften haben. Die Funktion und der Schaltungsaufbau werden deshalb im folgenden für n-Kanal-Typen erklärt.

C.4.1
Sperrschicht-Feldeffekttransistor (JFET)

Der Aufbau und die Arbeitsweise des Sperrschicht-FET ist in Bild C-28 erläutert. Die Elektroden des Strompfades werden mit Quelle (Source) und Senke (Drain), die Steuerelektrode als Tor (Gate) bezeichnet.

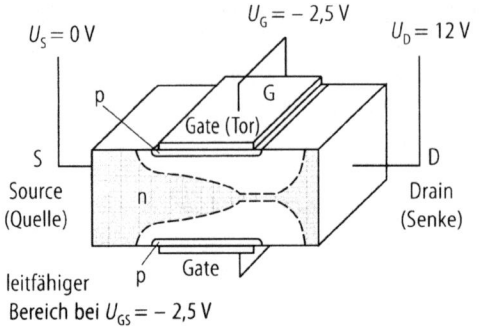

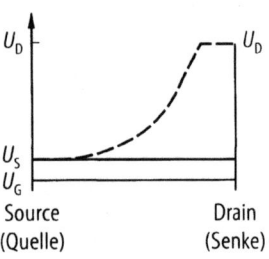

a Arbeitsprinzip des FET

b Potentialverlauf entlang des Kanals

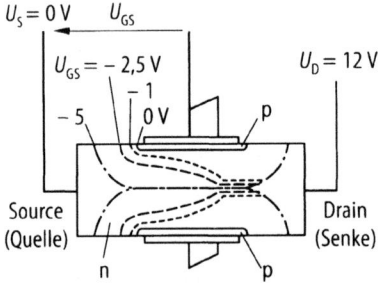

c Kanalquerschnitt mit verschiedenen Raumladungszonen

Bild C-28. Aufbau und Arbeitsweise eines Sperrschicht-FET

Bild C-28a zeigt den Halbleiterblock aus n-leitendem Silicium mit den Anschlüssen Source und Drain für den Strompfad und dem Gate als Steuerelektrode, die durch einen in Sperrichtung vorgespannten pn-Übergang vom stromführenden Kanal (channel) getrennt ist. Das Feld der Steuerelektrode erzeugt eine Raumladung, die Ladungsträger aus dem Randbereich des Kanals verdrängt, der wegen des jetzt geringeren effektiven Querschnitts hochohmiger wird. Bewegliche Ladungsträger können in diese Raumladungszone nicht eindringen, d.h. eine Stromleitung findet nur im übriggebliebenen Kanal statt (grauer Bereich in Bild C-28a). Die Sperrschicht-FET sind immer *selbstleitend*, die Ansteuerung kann die Leitfähigkeit nur verringern. Feldeffekttransistoren sind normalerweise symmetrisch aufgebaut, d.h. die elektrischen Eigenschaften des FETs bleiben erhalten, wenn Drain und Source vertauscht werden. Bild C-28b zeigt den zugehörigen Potentialverlauf entlang des Kanals und die steuernde Gate-Source-Spannung U_G. Bild C-28c zeigt den Querschnitt des Kristalls mit verschieden großen Raumladungszonen, die von unterschiedlichen Gate-Source-Spannungen erzeugt werden. Größe und Form der Raumladung sind durch die Potentialdifferenz zwischen dem Gate und dem Potential längs des Kanals bestimmt. Je größer das elektrische Feld zwischen einem Element des Kanals und dem Gate ist, desto mehr verringert die Raumladung den leitfähigen Teil des Kanals. Der Feldeffekttransistor kann somit als *steuerbarer Widerstand* angesehen werden, dessen Wert von der Gate-Source-Spannung U_{GS} und von der Drain-Source-Spannung U_{DS} des FET bestimmt wird.

Mit zunehmender Drain-Source-Spannung U_{DS} nimmt der Drainstrom nicht linear zu, wie das bei einem Widerstand erwartet wird, sondern steigt erst immer weniger und bleibt danach trotz weiter steigender Spannung U_{DS} konstant, (Bild C-28 b). Die Ursache hierfür ist die Einschnürung des leitenden Kanals (pinch off), in der Nähe des Drain-Anschlusses (Bild C-28 a). Die Zahl der für den Strom wirksamen Ladungsträger ist durch den engen Querschnitt, und ihre Beweglichkeit durch die Art des Halbleitermaterials begrenzt. Deshalb kann der Drainstrom I_D trotz eines stärkeren elektrischen Feldes in der Längsrichtung des Kanals (durch die höhere Drain-Source-Spannung U_{DS}) nicht weiter ansteigen. Der Drainstrom I_D hängt nur noch von der Steuerspannung U_{GS}, aber fast nicht mehr von der Drain-Source-Spannung U_{DS} ab.

C.4.1.1
Kennlinien und Arbeitsbereiche des Feldeffekttransistors

Der Arbeitsbereich des Feldeffekttransistors, läßt sich in drei wichtige Bereiche und den verbotenen Durchbruchbereich unterteilen (Bild C-29).

Bild C-29 a zeigt die Übertragungskennlinie zwischen der Steuerspannung U_{GS} und dem zugehörigen Drainstrom I_D. Je steiler die Kennlinie ist, desto höher ist die Verstärkung des FET, seine entsprechende Kenngröße wird als *Steilheit S* bezeichnet. Bild C-29 b zeigt das Ausgangskennlinienfeld mit den verschiedenen Arbeitsbereichen.

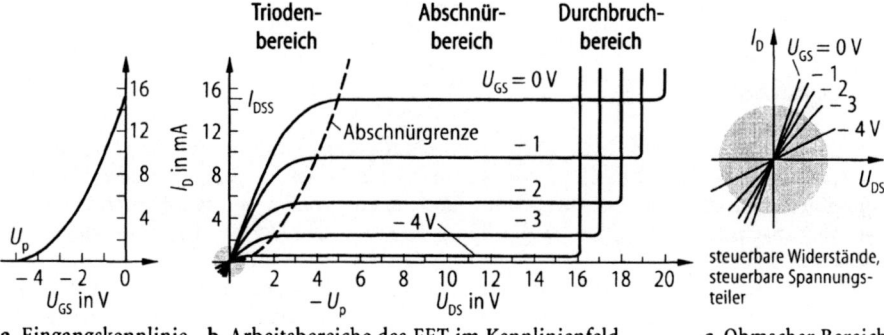

a Eingangskennlinie b Arbeitsbereiche des FET im Kennlinienfeld   c Ohmscher Bereich

Anwendungen in diesen Arbeitsbereichen

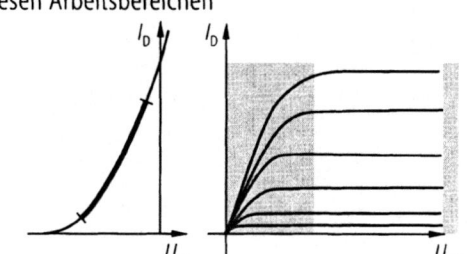

d Betrieb als Schalter   e Betrieb als analoger Verstärker

Bild C-29. Kennlinien und Arbeitsbereiche eines n-Kanal-FET oder MOSFET

C.4.1.2
Ohmscher Bereich

In der Nähe des Koordinatenursprungs, bei kleinen Spannungen U_{DS} (kleiner als die Durchlaßspannung einer Diode, $\approx 0,5$ V) und kleinen Drain-Strömen I_D, verhält sich der FET wie ein *ohmscher* Widerstand, der mit der Gate-Spannung U_{GS} gesteuert wird. U_{DS} muß klein sein, darf aber negativ werden. Der FET eignet sich deshalb in diesem Bereich als Steuerelement für kleine Wechselspannungen. Der von der steuernden Gate-Source-Spannung abhängige Kanalwiderstand des FET (Bild C-29c), ist gut für analoge Steuerungen in elektronischen Schaltungen zu verwenden. Der Kanalwiderstand r_{DS} entspricht dabei dem Kehrwert der Steilheit S in dem jeweiligen Arbeitspunkt (s. Abschnürbereich C.4.1.4).

$$r_{DS} = 1/S. \tag{C-31}$$

Die Steigung der Ausgangskennlinien im ohmschen Bereich hängt von der steuernden Gate-Spannung ab. Hierbei unterscheidet sich der FET deutlich vom bipolaren Transistor, dessen Ausgangskennlinien in diesem Sättigungsbereich immer gleich verlaufen und kaum vom Basisstrom als äquivalente Eingangsgröße abhängen. (Bild C-16 in Abschnitt C.3.3.2).

Beim FET unterbricht eine große Gatespannung den Drainstrom bis auf wenige nA (nano Ampere), während 0 Volt am Gate den Drain-Source-Widerstand auf den kleinsten Kanalwiderstand reduzieren. Deshalb eignet sich der FET gut zum Schalten von Signalen und Strömen.

C.4.1.3
Triodenbereich

Im Triodenbereich (Bild C-29b) geht die Steigung der Kennlinie vom Wert des Kanalwiderstandes r_{DS} im ohmschen Bereich in eine sehr flache Steigung über, die dem kleinen Ausgangsleitwert des Abschnürbereichs entspricht. Der Triodenbereich endet an der Abschnürgrenze, hier ist die Spannung zwischen Drain und Gate gleich der Abschnürspannung U_P.

Im Schalterbetrieb arbeitet der eingeschaltete und damit niederohmige FET im Triodenbereich. Der ausgeschaltete FET arbeitet im Abschnürbereich, er ist hochohmig und stromlos (Bild C-29d).

C.4.1.4
Abschnürbereich

Oberhalb der Abschnürgrenze (Bild C-29b) liegt der meistgenutzte Arbeitsbereich des FET. Hier wird durch eine *Gate-Spannung* U_{GS} ein *Drain-Strom* I_D gesteuert, der von der angelegten Drain-Source-Spannung U_{DS} weitgehend unabhängig ist. Die Drain-Source-Spannung, bei der der Triodenbereich in den Abschnürbereich übergeht, wird Abschnürspannung U_P (pinch-off-voltage) genannt. Der Zusammenhang zwischen der Steuerspannung U_{GS} und dem Drainstrom I_{DS} ist nicht linear, sondern genügt folgender Gleichung:

$$I_{DS} = I_{DSS} \left(1 - \frac{U_{GS}}{U_P} \right)^2. \tag{C-32}$$

Dabei ist I_{DSS} der Drain-Source-Strom bei kurzgeschlossener Gate-Source-Strecke, (d. h. $U_{GS} = 0$) und U_P die zum Abschnüren des Drain-Stromes notwendige Gate-Source-Spannung U_{GS}. Die Übertragungscharakteristik zwischen der Gatespannung U_{GS} und dem Drainstrom I_{DS} wird als *Steilheit S* bezeichnet. Dieser Begriff bezeichnet die Steilheit der Kennlinie $I_D = f(U_{GS})$. Für die Steilheit S gilt:

$$S = \frac{\Delta I_{DS}}{\Delta U_{GS}}.$$ (C-33)

Die Steilheit hat beim größten Drainstrom ihr Maximum und nimmt mit ihm ab. Die Grenze zwischen Trioden- und Abschnürbereich verläuft wie die Übertragungskennlinie (vgl. die Übertragungskennlinie aus Bild C-29a und die Abschnürgrenze in Bild C-29b). FET in analogen Verstärkern arbeiten stets im Abschnürbereich, Bild C-29e.

C.4.1.5
Durchbruchbereich

Bei großen Drain-Source-Spannungen U_{DS} bricht die *Gate-Drain*-Strecke durch, weil hier die größte Feldstärke herrscht (Bild C-29b). Die Drain-Source-Durchbruchspannung U_{DS} nimmt deshalb mit steigender Gate-Spannung U_{GS} leicht ab. Der gesperrte FET hat die geringste Durchbruchspannung U_{DS}, im Gegensatz zum bipolaren Transistor, der im gesperrten Zustand die höchste Kollektor-Emitter-Spannung U_{CES} aushält. Ein Spannungsdurchbruch zwischen Gate und Drain zerstört den Transistor.

C.4.2
MOS-Feldeffekttransistoren

Beim MOSFET oder IGFET (Insulated Gate FET) ist die Steuerelektrode nicht mit einem pn-Übergang, sondern mit einem dünnen, aber hochwertigen Isolator (meist einem Metalloxid) vom leitenden Kanal getrennt (Bild C-30). Unabhängig von der Polarität (p- oder n-Kanal) kann die Steuerelektrode positiv und negativ gegen Source werden und trotzdem *immer stromlos* bleiben. Dadurch kann man den Strom im Kanal mit Hilfe der Gate-Spannung nicht nur abschwächen, sondern auch verstärken.

Bild C-11 in Abschnitt C.3.1 zeigt die schon von den Sperrschicht-FET bekannten p- und n-Kanaltypen, die als *Verarmungstypen* (depletion mode) arbeiten und die nur in MOSFET-Technologie möglichen *Anreicherungstypen* (enhancement mode), deren Drain-Source-Strecke bei fehlender Gate-Spannung stromlos ist.

Bild C-30a stellt das Prinzip eines *selbstsperrenden* MOSFET (n-Kanal-Anreicherungstyp) dar. In das p-leitende Halbleitermaterial sind zwei n-leitende Inseln, Source und Drain, eindotiert. Trotz angelegter Spannung bleibt die Drain-Source-Strecke stromlos, da die beiden gegeneinander geschalteten pn-Übergänge jeden Stromfluß verhindern. Die Oberfläche ist mit einer dünnen Oxidschicht isoliert, darüber ist die Gate-Elektrode aus Metall aufgedampft. Die Source-Elektrode wird meistens intern mit dem Substrat verbunden, manchmal ist dessen Anschluß aber auch herausgeführt. Bei Leistungs-MOSFETs stellt diese Verbindung die *Substratdiode* zwischen Source und Drain dar, die bei umgepolter Drain-Source-Spannung *leitend* wird.

Bild C-30b zeigt denselben Halbleiterkristall mit einer positiven Spannung am Gate. Das p-dotierte Grundmaterial enthält Löcher als Majoritätsträger und Elektronen als Minoritätsträger. Letztere werden vom Feld der Gate-Elektrode bis an die Gate-Isolierung gezogen und bilden einen *n-leitenden* Kanal zwischen den beiden n-leitenden

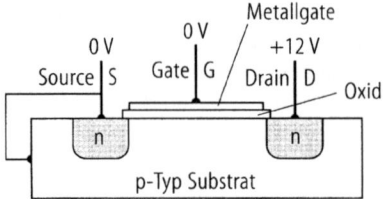

a MOSFET Anreicherungstyp gesperrt

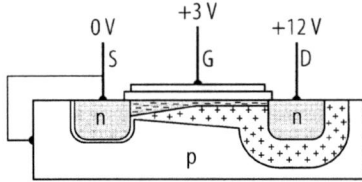

b MOSFET Anreicherungstyp leitend

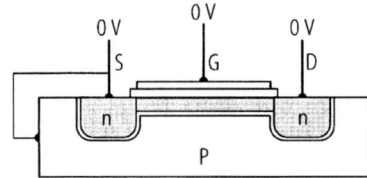

b MOSFET Verarmungstyp

Bild C-30. Aufbau und Wirkungsweise einer MOSFET

Inseln Drain und Source. Mit zunehmender Gate-Spannung werden mehr Elektronen in den Kanal gezogen und machen ihn niederohmiger. Wie beim Sperrschicht-FET hängt die leitfähige Kanaldicke vom Potentialunterschied zwischen dem Gate und dem Kanalelement ab. Der Kanal wird deshalb zum Drain-Anschluß hin dünner, der Drainstrom kommt in den Sättigungsbereich und bleibt trotz steigender Drainspannung konstant.

Beim MOSFET-Verarmungstyp sind die beiden Inseln durch einen dünnen Kanal mit gleicher Polarität verbunden. Der n-dotierte Bereich des *spannungslosen* MOSFETs ist in Bild C-30c grau gezeichnet. Sobald eine Spannung zwischen Drain und Source liegt, entsteht eine Ladungsverteilung wie in Bild C-30b. Hier fließt auch bei $U_{GS} = 0$ ein Drainstrom, der mit der Steuerspannung erhöht oder verringert werden kann. Dieser MOSFET heißt deshalb *Verarmungstyp*.

MOSFET-Leistungstransistoren besitzen eine vertikale Struktur (Bild C-31). Der Strom fließt größtenteils vertikal, also senkrecht zur Oberfläche des Chips, vom Drain-Anschluß in den horizontal liegenden und vom Gate gesteuerten Kanal zur Source. Der Kanal (hier mit n+ gekennzeichnet) liegt unmittelbar am Rand der Source-Kontaktierung und umgibt diese in ihrem gesamten Umfang. Jeder Chip ist aus mehreren hundert parallel geschalteten Einzeltransistoren aufgebaut. Hierdurch erhält man niedrige Drain-Source-Einschaltwiderstände $r_{DS(on)}$. Jeder Source-Anschluß bildet auf der Oberfläche des Chips eine charakteristische Vertiefung.

Die Anwendungsbereiche der MOS-Technologie haben sich in den letzten Jahren stark erweitert. Heute kann man damit Kleinsignal- und Leistungstransistoren sowie

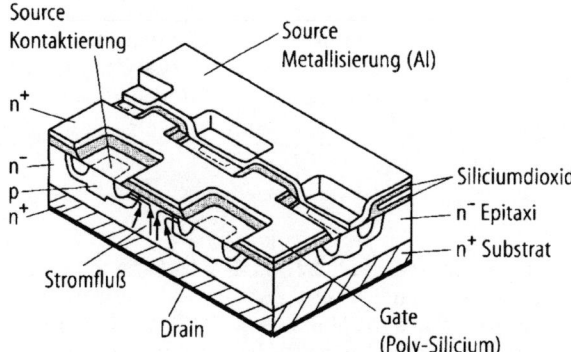

Bild C-31. Aufbau eines n-Kanal MOSFET (Ausschnitt)

Hochfrequenzverstärker und integrierte analoge und digitale Schaltungen herstellen. Die MOS-Technologie eignet sich besonders für digitale integrierte, und hochintegrierte Schaltungen, da sich sehr schnelle Schaltkreise mit großem Störabstand und geringem Stromverbrauch auf einer kleinen Substratfläche herstellen lassen (Abschn. C.5.1).

Wegen der ähnlichen Funktion des Sperrschicht-FET und des MOSFET werden die Eigenschaften beider Typen gemeinsam beschrieben. Auf wichtige Unterschiede wird hingewiesen.

C.4.2.1
Eingangswiderstand

Der Sperrschicht-FET ist ein leistungslos gesteuerter Verstärker, dessen Steuerelektrode durch einen in *Sperrichtung vorgespannten pn-Übergang* vom Kanal im Ausgangskreis getrennt ist. Deshalb fließt nur ein sehr kleiner Reststrom von 10^{-9} A bis 10^{-11} A in das Gate. Der Eingangswiderstand sehr groß, er beträgt bei 1 V Gate-Spannung in Sperrichtung des pn-Übergangs über 1000 MΩ. Bei Frequenzen oberhalb 1 MHz kann die Eingangskapazität stören, die je nach Typ und nach der angelegten Gate-Spannung 1 pF bis 50 pF beträgt. Wie bei jedem anderen pn-Übergang nimmt die Sperrschichtkapazität mit zunehmender Sperrspannung ab.

Beim MOSFET führt der hochwertige Isolator zwischen Kanal und Gate zu Eingangswiderständen zwischen 10^{12} Ω und 10^{15} Ω. Diese hohen Werte sind selten erforderlich und lassen sich beim Schaltungsaufbau nur unter besonderen Vorkehrungen ausnutzen. Dagegen ermöglicht die Isolierung des Gates gegen den Kanal bei der Anwendung als Schalter oder gesteuerter Widerstand eine *vollständige Trennung* des Steuer- und des Ausgangskreises. Bild C-31 zeigt ein Beispiel für den praktischen Aufbau eines Leistungs-MOSFET.

Der Eingangswiderstand bei Wechselspannung wird nur von der Eingangskapazität bestimmt. Sie liegt zwischen 1 pF bei HF-Kleinsignaltransistoren und mehreren 1000 pF bei Leistungs-MOSFET. Die Eingangskapazität ist bei der Dimensionierung der Schaltung unbedingt zu berücksichtigen.

C.4.2.2
Steilheit

Der Quotient $S = \Delta I_{DS}/\Delta U_{GS}$ aus der Änderung des Drain-Stroms ΔI_{DS} und der Änderung der Gate-Spannung ΔU_{GS} ist ein Maß für die Verstärkung und wird als Steilheit, Vorwärtssteilheit, oder transconductance, bezeichnet. Wie Bild C-29 a zeigt, *hängt die Steilheit vom Arbeitspunkt* ab, d. h. sie nimmt mit dem Drainstrom zu. Für einen analog verstärkenden FET ist die Steilheit die wichtigste Kenngröße. Die Dimension der Steilheit ist 1 mA/V oder 1 mS, bei Leistungstransistoren auch 1 A/V oder 1 S, im angloamerikanischen Sprachgebrauch schreibt man dafür 1 mho (ohm rückwärts).

C.4.2.3
Ausgangsleitwert

Die geringe Steigung der Kennlinien im Abschnürbereich (Bild C-29 b), kann mit einem hochohmigen Widerstand oder einem kleinen Leitwert parallel zur Drain-Source-Strecke erklärt werden. Er heißt Ausgangsleitwert. Moderne MOSFETs haben kleine Ausgangsleitwerte, sie können bei der Dimensionierung oft vernachlässigt werden.

C.4.3
Weitere Kennwerte der Feldeffekttransistoren

C.4.3.1
Rauschen

Unipolare Transistoren rauschen im allgemeinen weniger als bipolare, bei denen der Strom über zwei pn-Übergänge fließt. Beim Sperrschicht-FET entsteht durch Erzeugung und Rekombination von Ladungsträgerpaaren bei niedrigen Frequenzen ein Rauschen, das mit $1/f$ abnimmt. Im größten Teil des Frequenzbereichs, von etwa 1000 Hz bis 100 MHz stört nur das geringe thermische Rauschen des Source-Drain-Kanalwiderstandes. Oberhalb 100 MHz nimmt das Rauschen wieder deutlich zu, was wegen der abnehmenden Verstärkung oder der geringen Bandbreite bei höherer Verstärkung weniger auffällt. Das Rauschen stört im allgemeinen erst, wenn die Signale der Sensoren kleiner als 1 mV sind.

C.4.3.2
Grenzfrequenz

Das auf den Kanal wirkende elektrische Feld ändert dessen Leitfähigkeit praktisch trägheitslos. Durch interne Widerstände und Kapazitäten eilt das Feld der angelegten Gate-Spannung nach. Für Kleinsignal-FETs liegt die Grenzfrequenz meist oberhalb 1 GHz. Eine weitere Einschränkung tritt im Ausgangskreis auf. Der Drain-Strom kann die internen und externen Lastkapazitäten C_L nicht beliebig schnell umladen, womit die Geschwindigkeit der Spannungsänderung du/dt am Lastkondensator begrenzt wird.

C.4.3.3
Schaltzeiten

Feldeffekttransistoren haben keine internen Speichereffekte und können deshalb sehr schnell schalten. Die Schaltgeschwindigkeit wird nur durch die internen und externen Kapazitäten, die Widerstände und den verfügbaren Strom begrenzt.

C.4.4
Grenzwerte der Feldeffekttransistoren

C.4.4.1
Ströme

Die Konstruktion des Transistors bestimmt die höchsten Werte für Ströme und Spannungen, die noch keinen Schaden anrichten. Der größte zulässige Dauerstrom I_D wird im allgemeinen vom kleinsten Kanalwiderstand und der zulässigen Verlustleistung bestimmt. Bei vielen (Leistungs-) Feldeffekttransistoren darf der Drainstrom während kurzer Impulse ein Vielfaches des zulässigen Dauerstroms sein.

C.4.4.2
Sperrspannungen

Je dünner die Oxidschicht oder der pn-Übergang zwischen dem Gate und dem Kanal ist, desto besser wirkt die Steuerspannung, aber desto empfindlicher wird der Transistor gegen Überspannungen. Eine zu große Steuerspannung zerstört die Isolierung, auch wenn es nur ein kurzer Impuls ist. Wegen der geringen Kapazität kann eine extrem kleine Energie die Isolierung durchschlagen. Die Strecke zwischen dem Gate und dem Kanal ist die empfindlichste Stelle aller FET- und MOS-Bauteile. Zum Schutz werden teilweise Z-Dioden zwischen Gate und Substrat integriert, die aber die Restströme und die Kapazität zwischen Gate und Source erheblich erhöhen. Die Halbleiterbauteile müssen vor allem während der Verarbeitung, aber auch im Betrieb vor diesen Überspannungen geschützt werden, Abschn. C.1.1.

Eine zu große Drain-Source-Spannung U_{DS} verursacht einen Durchschlag von Drain zum Gate und zerstört den Transistor wie alle anderen Überspannungen auch. Im Gegensatz zum dauernd zulässigen Drainstrom dürfen die Grenzwerte der Spannungen auch nicht kurzzeitig überschritten werden.

C.4.4.3
Temperaturen

Die Sperrschicht der FET und MOSFET darf höchstens 150 °C warm werden, das ist weniger ist als bei bipolaren Transistoren (200 °C). Die Restströme können bei dieser Temperatur 1000mal größer sein als bei 25 °C. Da mit zunehmender Sperrschichttemperatur die Halbleiter häufiger ausfallen, sollten die Halbleiter und ihre Kühlkörper so groß sein, daß die Grenztemperatur um 20 K bis 30 K unterschritten wird.

C.4.4.4
Verlustleistung und erlaubter Arbeitsbereich

Die Verlustleistung bestimmt zusammen mit dem Wärmewiderstand zwischen der Sperrschicht und der Umgebung die Temperatur des Halbleiters. Die Datenblätter geben die zulässige Verlustleistung und die zugehörigen Bedingungen an. Die Verlustleistung darf bei kurzen Impulsen meist erheblich überschritten werden. Der erlaubte Arbeitsbereich ist nur durch die Grenzwerte von Strom, Spannung und Verlustleistung bestimmt. Sperrschicht-FETs werden nur für kleine Leistungen gebaut, während MOS-Leistungstransistoren bis über 150 W Verlustleistung Verwendung finden.

C.4.5
Schaltungstechnik mit Feldeffekttransistoren

C.4.5.1
Übergang vom bipolaren Transistor zum Feldeffekttransistor

Feldeffekttransistoren sind häufig in gleichen Schaltungen wie bipolare Transistoren eingebaut. Bild C-32a zeigt die wichtigsten Daten des bipolaren Transistors, Bild C-32b diejenigen des FET. Auf diese Eigenschaften sind die Arbeitswiderstände R_C oder R_D, und weitere in der Transistorschaltung abzustimmen.

Die für den Ein- und Ausgang gemeinsame Elektrode ist mit Masse verbunden und gibt der Grundschaltung den Namen. Das auf Masse und die gemeinsame Elektrode bezogene Eingangssignal ist beim bipolaren Transistor ein kleiner Strom (Bild C-32a), beim FET eine Spannung (s. Bild C-34b). Beide Transistoren erhalten ihren Strom über einen Arbeitswiderstand (R_C beim bipolaren Transistor oder R_D beim FET) aus der Versorgungsspannung U_S. Der Ausgangsstrom des Transistors verursacht am Arbeitswiderstand R_C bzw. R_D die erwünschte Ausgangsspannung.

Der bipolare Transistor hat die Eingangskennlinie einer Diode, d.h., eine linear steigende Eingangsspannung verursacht einen exponentiell steigenden Basis- und Kollektorstrom. Dadurch weicht die Basis-Emitter-Gleichspannung nur wenig von ihrem Mittelwert ab. Die sehr hohe, aber nicht lineare Spannungsverstärkung muß durch eine Gegenkopplung verringert und linearisiert werden (Bild C-23).

Der Emitterschaltung des bipolaren Transistors entspricht die *Sourceschaltung* des Feldeffekttransistors. Der Drainstrom I_D wächst mit dem Quadrat der Gate-Source-Spannung U_{GS}. Dabei wird der FET meistens in einem Bereich geringer Krümmung der Übertragungskennlinie betrieben, weshalb die Verstärkung ziemlich linear ist. Andererseits unterliegt die *Abschnürspannung U_P* großen Exemplarstreuungen, so daß sie durch eine Gegenkopplung auszugleichen ist.

Bei beiden Typen ändert sich die Verstärkung exemplarabhängig: bei den bipolaren Transistoren die Stromverstärkung β (100 bis 400) und bei den FET die Steilheit S (2 mA/V bis 8 mA/V).

Prinzipschaltung ohne Gegenkopplung	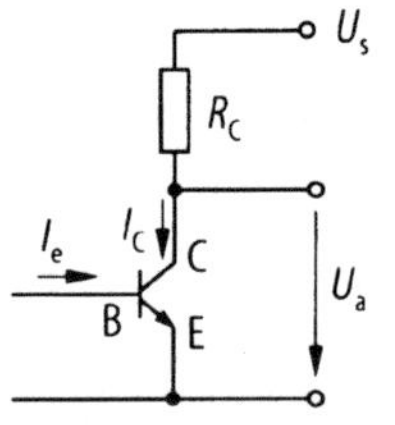 **a** Bipolarer Transistor	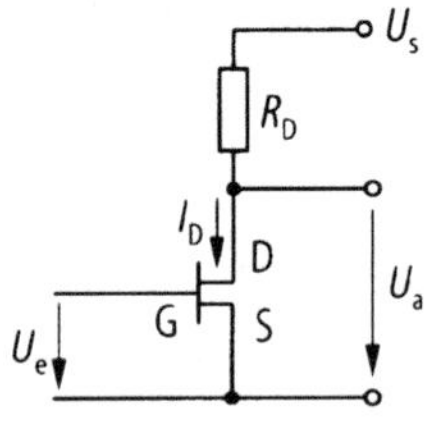 **b** Feldeffekttransistor
Exemplarstreuung der Eingangsspannung	$U_{BE} = 0,6\ V \pm 50\ mV$ ΔU_{BE} : klein	$-U_P = 2\ V$ bis $6\ V$ ΔU_P : groß
Exemplarstreuung der Verstärkung	$\dfrac{\beta_{max}}{\beta_{min}} = 2$ bis 4	$\dfrac{S_{max}}{S_{min}} = 2$ bis 4

Bild C-32. Vergleich der Beschaltung eines bipolaren Transistors in Emitterschaltung mit einem Feldeffekttransistor in Sourceschaltung

Feldeffekttransistoren können ebenso wie bipolare in drei verschiedenen Grundschaltungen betrieben werden. Die Source-Schaltung mit Source als Bezugselektrode für die Eingangs- und Ausgangsgrößen ist die weitaus am häufigsten benutzte Grundschaltung.

C.4.5.2
Beispiele für die Anwendung von FET und MOSFET

Bild C-33 zeigt einige der vielfältigen Einsatzmöglichkeiten der Feldeffekttransistoren. Bild C-33a zeigt die einfachste Logikschaltung, auf dieser Basis sind heute digitale Schaltungen und Rechner aufgebaut. Die Bilder C-33h, j und k zeigen Schaltungen zur analogen Verarbeitung kleiner Signale (ungefähr von 0,1 V bis 5 V), während Bild C-33i einen analogen Leistungsverstärker darstellt.

In den übrigen Bildern, C-33b bis C-33f sind Schaltungen mit Leistungs-FET im Schalterbetrieb gezeigt. Der folgende Abschnitt weist auf die Beschaltung und einige Besonderheiten hin. Von den zahlreichen Anwendungsmöglichkeiten seien nur einige genannt:

Getaktete Stromversorgungen, Frequenzumrichter für Motorsteuerungen, Wechselrichter für Notstromversorgungen, Ultraschallgeneratoren, Induktionsheizungen, Hochfrequenz-Schweißgeräte, Klasse-D-Niederfrequenzverstärker und amplitudenmodulierte Sender. Die in den Beispielen genannten Geräte arbeiten nach dem gleichen Prinzip: Die *Hüllkurve* der *Ausgangsspannung wird durch Änderung der Pulsbreite* einer Spannung mit konstanter Amplitude *gesteuert*, Bild C-33g. Nachgeschaltete Tiefpaßfilter dienen zur Mittelwertbildung und sieben den hochfrequenten Anteil aus. Um eine bipolare Wechselspannung zu erhalten, sind Gegentaktschaltungen erforderlich, die meistens als Brücke ausgeführt sind. Jede Halbwelle wird mit jeweils einem der beiden Brückenzweige erzeugt, das heißt, daß jeder der beiden Zweige für die Zeitdauer einer Halbperiode aktiv ist (Bild C-33f).

Wegen der relativ großen Gateladung Q_G von Leistungs-MOSFETs mit vertikaler Struktur und der damit verbundenen Verluste bei hohen Schaltfrequenzen einerseits und wegen des relativ hohen Aufwandes andererseits, ist die Anwendung von pulsbreitengesteuerter Technik nicht immer vorteilhaft. Hier bieten sich Schaltungen an, bei denen MOSFETs im linearen Bereich betrieben werden (Siehe Ausgangskennlinienfeld des n-Kanal-MOSFET Bild C-29e).

Viele Schaltungen benutzen den FET oder MOSFET als Schalter. Hier muß die Ansteuerschaltung sicherstellen, daß die Arbeitspunkte EIN und AUS in Bild C-29d trotz Exemplarstreuungen sicher eingehalten werden. Der Arbeitspunkt im Kennlinienfeld, Bild C-29b, muß nicht mit besonderen Maßnahmen stabilisiert werden.

C.4.5.3
Stabilisierung des Arbeitspunktes und der Verstärkung durch Gegenkopplung in analog arbeitenden Verstärkern

Die große Exemplarstreuung der Gate-Source-Spannung zum Erreichen eines bestimmten Drainstroms I_D erfordert eine Stabilisierung des Arbeitspunktes. Hierzu eignet sich ein Widerstand in der Source-Leitung des FET, der eine *Stromgegenkopplung* erzeugt (Abschn. C.3.6.2). Bild C-34 stellt den Arbeitsbereich bei fester Eingangsspannung für einen FET ohne und mit Stromgegenkopplung dar.

Bild C-34a zeigt die Schaltung und das Kennlinienfeld eines FET in Sourceschaltung ohne Gegenkopplung. Die durchgezogene Kennlinie stellt den Mittelwert, die gestri-

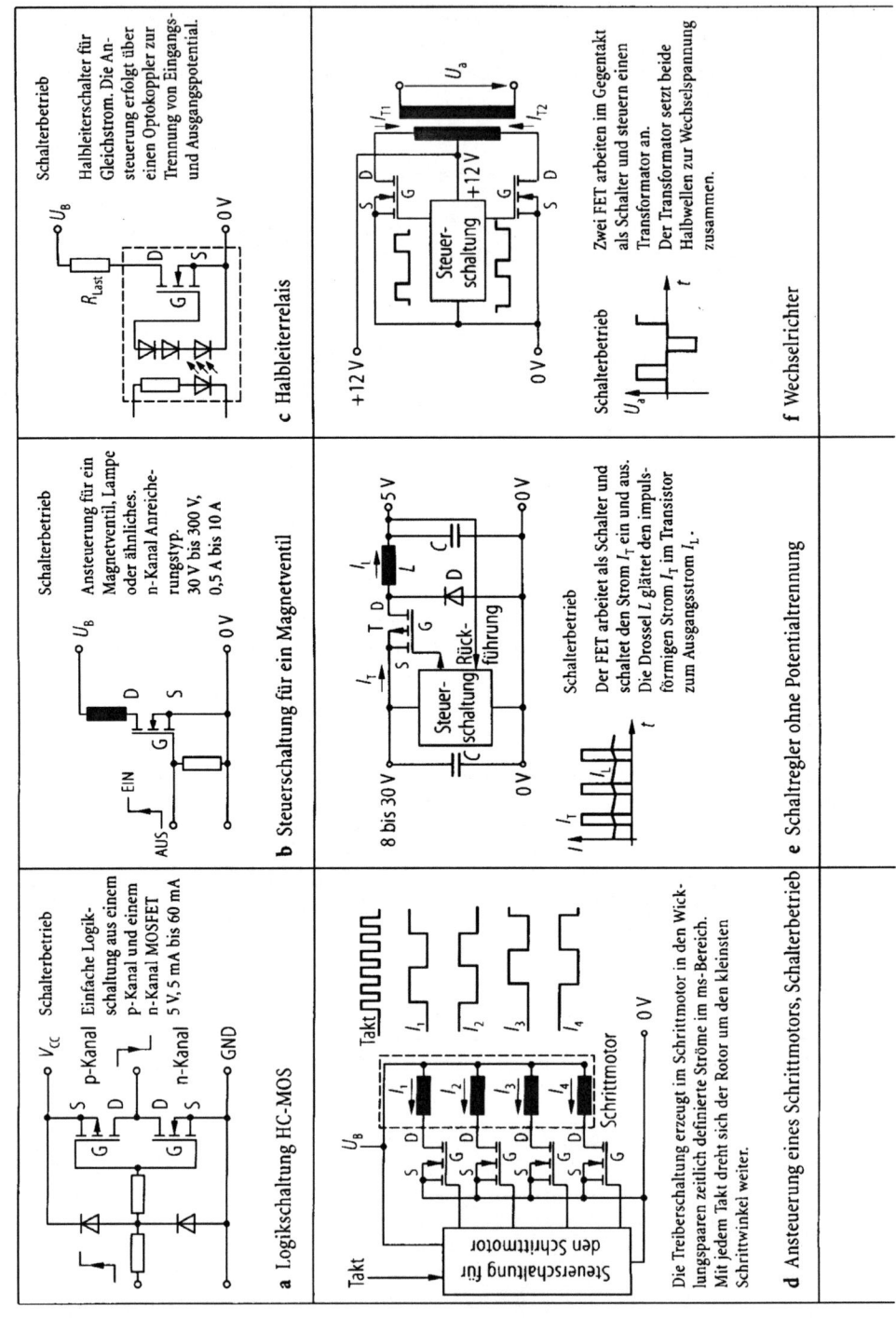

a Logikschaltung HC-MOS

Schalterbetrieb

Einfache Logik-
schaltung aus einem
p-Kanal und einem
n-Kanal MOSFET
5 V, 5 mA bis 60 mA

b Steuerschaltung für ein Magnetventil

Schalterbetrieb

Ansteuerung für ein
Magnetventil, Lampe
oder ähnliches.
n-Kanal Anreiche-
rungstyp.
30 V bis 300 V,
0,5 A bis 10 A

c Halbleiterrelais

Schalterbetrieb

Halbleiterschalter für
Gleichstrom. Die An-
steuerung erfolgt über
einen Optokoppler zur
Trennung von Eingangs-
und Ausgangspotential.

d Ansteuerung eines Schrittmotors, Schalterbetrieb

Die Treiberschaltung erzeugt im Schrittmotor in den Wick-
lungspaaren zeitlich definierte Ströme im ms-Bereich.
Mit jedem Takt dreht sich der Rotor um den kleinsten
Schrittwinkel weiter.

e Schaltregler ohne Potentialtrennung

Schalterbetrieb

Der FET arbeitet als Schalter und
schaltet den Strom I_T ein und aus.
Die Drossel L glättet den impuls-
förmigen Strom I_T im Transistor
zum Ausgangsstrom I_L.

f Wechselrichter

Zwei FET arbeiten im Gegentakt
als Schalter und steuern einen
Transformator an.
Der Transformator setzt beide
Halbwellen zur Wechselspannung
zusammen.

Schalterbetrieb

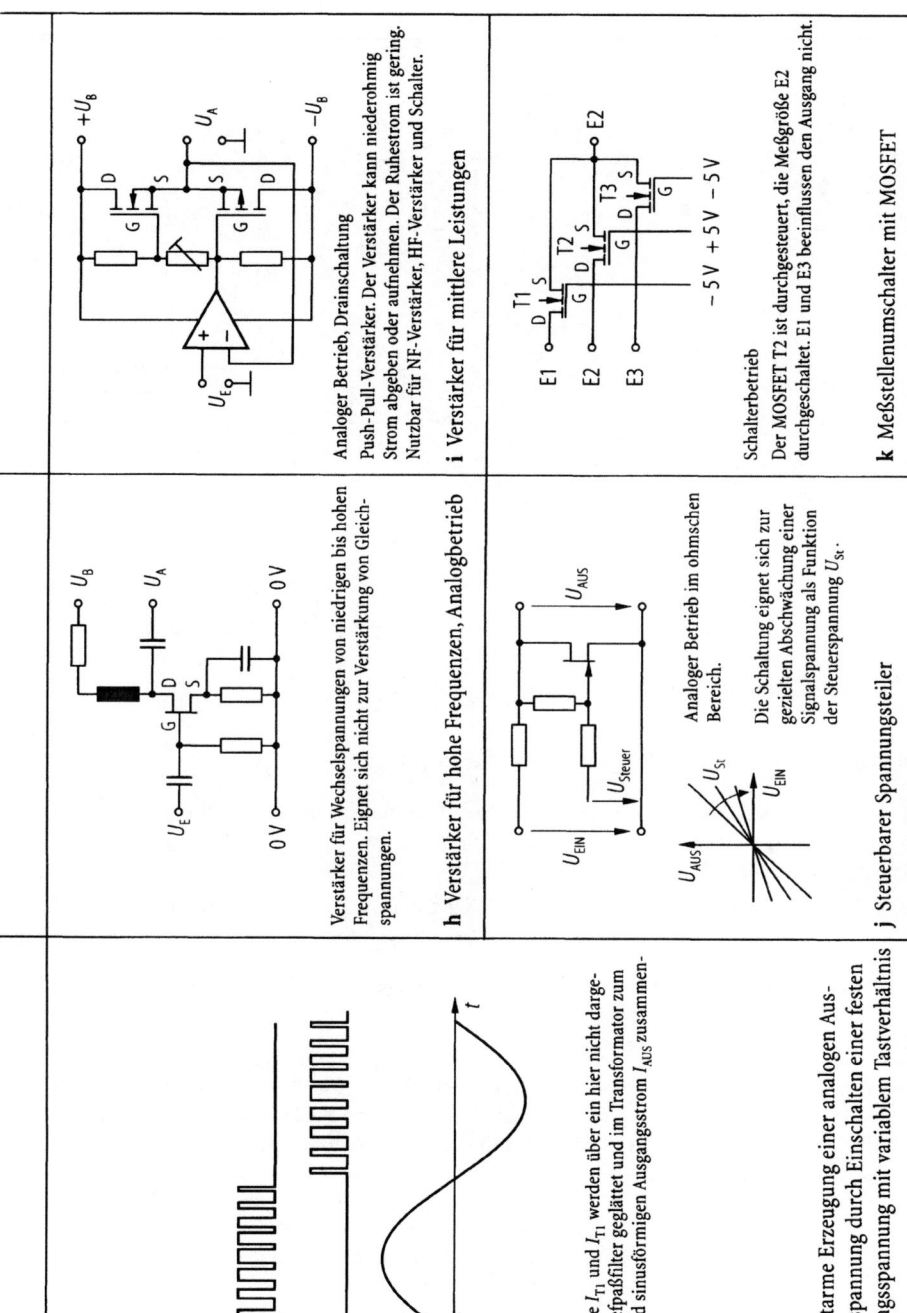

Analoger Betrieb, Drainschaltung
Push-Pull-Verstärker. Der Verstärker kann niederohmig Strom abgeben oder aufnehmen. Der Ruhestrom ist gering. Nutzbar für NF-Verstärker, HF-Verstärker und Schalter.

i Verstärker für mittlere Leistungen

Schalterbetrieb
Der MOSFET T2 ist durchgesteuert, die Meßgröße E2 durchgeschaltet. E1 und E3 beeinflussen den Ausgang nicht.

k Meßstellenumschalter mit MOSFET

Verstärker für Wechselspannungen von niedrigen bis hohen Frequenzen. Eignet sich nicht zur Verstärkung von Gleichspannungen.

h Verstärker für hohe Frequenzen, Analogbetrieb

Analoger Betrieb im ohmschen Bereich.

Die Schaltung eignet sich zur gezielten Abschwächung einer Signalspannung als Funktion der Steuerspannung U_{St}.

j Steuerbarer Spannungsteiler

Die Ströme I_{T1} und I_{T1} werden über ein hier nicht dargestelltes Tiefpaßfilter geglättet und im Transformator zum weitgehend sinusförmigen Ausgangsstrom I_{AUS} zusammengesetzt.

g Verlustarme Erzeugung einer analogen Ausgangsspannung durch Einschalten einer festen Eingangsspannung mit variablem Tastverhältnis

Bild C-33. Einige Anwendungsmöglichkeiten der Feldeffekttransistoren

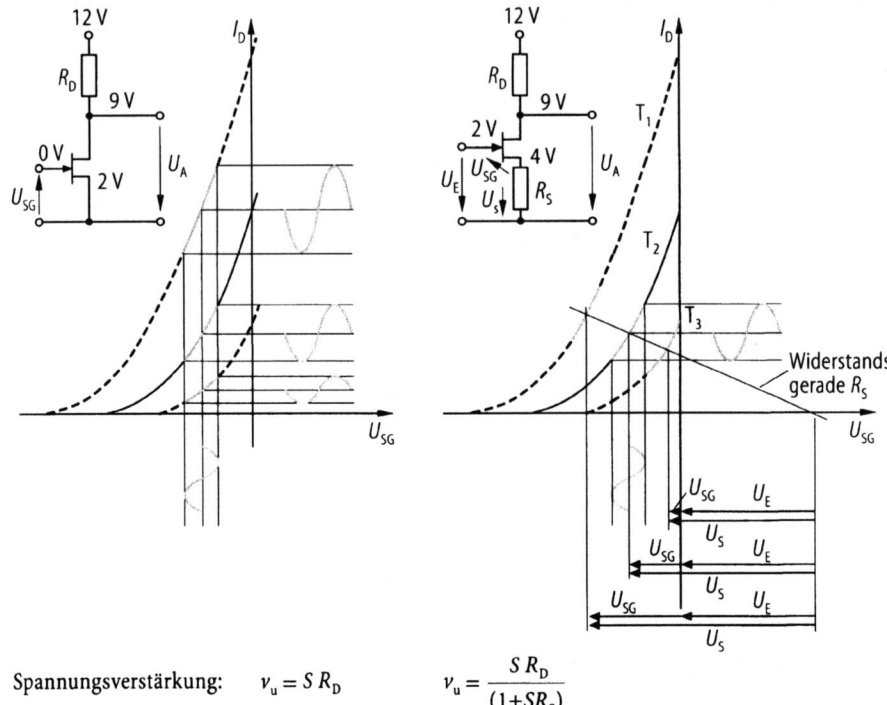

Spannungsverstärkung: $v_u = S\,R_D$ $v_u = \dfrac{S\,R_D}{(1+SR_S)}$

Eingangswiderstand: $R_E > 10\ \text{M}\Omega$ $R_E > 10\ \text{M}\Omega$

Anwendung: ohne Gegenkopplung vor-   Verstärker für Analogsignale mit stabilisiertem
wiegend für den Schalterbetrieb, teil-   Arbeitsbereich
weise auch für kleine Analogsignale

a Kennlinienfeld ohne Gegenkopplung   **b** Kennlinienfeld und Arbeitsweise mit
                                                  Gegenkopplung

Bild C-34. Stabilisierung des Arbeitspunktes und der Verstärkung beim Feldeffekttransistor

chelte die größtmögliche Abweichung durch die Exemplarstreuung dar. Mit zunehmendem Drainstrom I_D steigt die Verstärkung deutlich an. Die Exemplarstreuungen der
Abschnürspannung U_p verschieben den Arbeitspunkt und verändern die Verstärkung.

Bild C-34b zeigt denselben Verstärker mit einem Sourcewiderstand R_S und grau ein-
getragenen Gleichspannungswerten, die den Arbeitspunkt verdeutlichen. Am Sourcewiderstand R_S fällt um so mehr Spannung ab, je größer der Sourcestrom I_S ist. Ein großer
Sourcestrom führt zu einem großen Spannungsabfall am Sourcewiderstand R_S und vergrößert den Betrag der negativen Gate-Source-Spannung U_{GS}, wodurch der Drainstrom
I_D sinkt. Es ist ein *Regelkreis* entstanden, der den Drainstrom I_D und damit die Steilheit S ungefähr konstant hält. Da über das Gate kein Strom abfließt, sind Drain- und
Sourcestrom gleich groß.

In Bild C-34b ist die Arbeitsgerade des Sourcewiderstandes R_S in das Kennlinienfeld
des FET eingetragen. Am Sourcewiderstand R_S fällt die Summe aus der Eingangsspan-

nung U_E und der Gate-Source-Spannung U_{GS} ab; ein steigender Drainstrom I_D erzeugt mehr Spannungsabfall an R_S, wodurch die Source-Gate-Spannung U_{GS} erhöht und der Drainstrom I_D verringert wird. Je größer R_S ist, desto flacher wird die Arbeitsgerade von R_S und desto genauer wird der Gleichstromarbeitspunkt stabilisiert. Trotz eines großen Bereichs der Abschnürspannung U_P stellt sich ein annähernd konstanter Drainstrom I_D mit geringen exemplarabhängigen Abweichungen ein. Entsprechend wenig weicht die Steilheit S von ihrem Mittelwert ab.

Andererseits darf der Sourcewiderstand R_S nicht zu groß werden, da die Spannung U_S dem FET und seinem Arbeitswiderstand fehlt, der Aussteuerbereich des FET wird dadurch kleiner.

Beim gegengekoppelten FET-Verstärker (Bild C-34b) fällt an der Gate-Source-Strecke nur ein *Teil* der Eingangsspannung U_E ab, der zur Verstärkung beiträgt, nämlich die Gate-Source-Spannung U_{GS}. Die am Sourcewiderstand R_S abfallende Spannung U_{RS} muß von der Quelle aufgebracht werden, ihr Anteil hat aber auf den Verstärkereingang des FET keine Wirkung.

Die Aufteilung der Eingangsspannung U_E in U_{GS} und U_S ermöglicht die Berechnung der verminderten Verstärkung v_g des gegengekoppelten Verstärkers.

$$v_g = \frac{U_{GS}\, S\, R_D}{U_{GS}\,(1 + S\, R_S)} \,. \tag{C-34}$$

Der gegengekoppelte FET kann als Bauteil mit geringerer Steilheit S^* betrachtet werden, wobei gilt:

$$S^* = \frac{S}{1 + S\, R_S} \,. \tag{C-35}$$

Nach Bild C-34b hängt die Steilheit S^* des gegengekoppelten FET nur wenig von den Exemplarstreuungen der Abschnürspannung ab. In Verstärkern für kleine Wechselspannungen, für (NF und HF), ist oft eine große Verstärkung erwünscht. In diesem Fall kann dem Sourcewiderstand R_S ein Kondensator C_S für die Signalfrequenzen parallel geschaltet werden. Diese Schaltung hat trotz großer Parameterstreuungen einen stabilen Arbeitspunkt und besitzt die große Verstärkung der nicht gegengekoppelten Schaltung.

C.4.5.4
Steuerbare Spannungsteiler mit Feldeffekttransistoren

Bei kleinen Drain-Source-Spannungen U_{DS} und kleinen Drain-Source-Strömen I_{DS} arbeitet der FET im ohmschen Bereich als steuerbarer ohmscher Widerstand. Zusammen mit einem Festwiderstand läßt sich ein spannungsgesteuerter Spannungsteiler aufbauen. Damit kann man beispielsweise eine Signalgröße oder die Verstärkung in einem Regelkreis *spannungsgesteuert verändern*.

Bild C-35 zeigt einen Spannungsteiler, der aus einem festen Längswiderstand R_1 und einem FET als spannungsgesteuertem Querwiderstand besteht. Der Querwiderstand wird unendlich groß, wenn der FET gesperrt ist und er wird nicht kleiner als der Kanalwiderstand R_{DS}, wenn der FET durchgesteuert ist. Das Verhältnis R_1/R_{DS} bestimmt das größte Verhältnis der Spannungsteilung. Wenn der FET hochohmig ist, wird das Signal nur durch R_1 und den Eingangwiderstand R_e der nachfolgenden Schaltung gedämpft. Die Schaltung nach Bild C-35a eignet sich nur für kleine Signale, bei denen der FET noch keine gekrümmte Kennlinie hat. Diesen Nachteil vermeidet die Schaltung nach

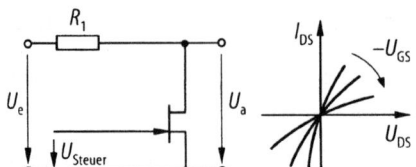

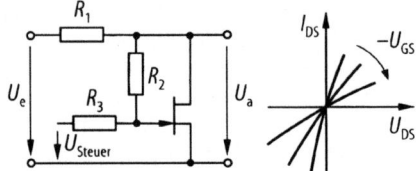

a Einfacher steuerbarer Spannungsteiler   **b** Steuerbarer Spannungsteiler mit Kennlinien-
                                                                korrektur

Bild C-35. Steuerbarer Spannungsteiler mit FET

Bild C-35b, da die Ansteuerung des FET durch das abzuschwächende Signal so ergänzt
wird, daß sein Widerstand konstant bleibt.

C.4.5.5
Feldeffekttransistoren als Schalter für analoge Signale

Feldeffekttransistoren eignen sich gut zum Schalten von analogen Signalen. Bei Mehr-
fachschaltern (1 aus n) ist ein FET niederohmig, während die übrigen hochohmig sind,
so daß man den analogen Bereich vermeidet. Die Schaltung wird oft mit MOSFET aufgebaut, um Wechselwirkungen zwischen dem Signal und der Ansteuerung auszu-
schließen (Bild C-36). Mit dieser Schaltung können beispielsweise viele Meßstellen
abgefragt und mit einer einzigen aufwendigen und genauen Meßschaltung weiterverarbeitet werden.

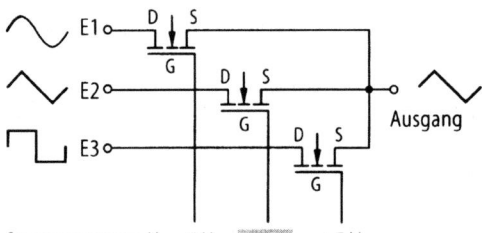

Bild C-36. Feldeffekttransistoren als Schalter
für analoge Signale

Diese Schalter gibt es auch als integrierte Schaltung in vielen Varianten. Häufig sind
die Ansteuerschaltungen der Gates und eine Dekodierung enthalten, so daß man den
Kanal direkt über eine Adresse mit üblichen logischen Pegeln ansteuern kann. Fertige
Schaltungen, meistens monolithisch integriert, werden als *Analogmultiplexer* bezeichnet. Wegen der geringen internen Durchbruchspannungen sind statische Aufladungen
beim Umgang mit diesen empfindlichen Bauteilen sorgfältig zu vermeiden.

C.4.6
MOSFET-Leistungstransistoren für Schalter

Die MOSFET setzt man heute auch für hohe Spannungen und Ströme ein. Im Schalterbetrieb ist der Kanal (die *Drain-Source-Strecke*) entweder gesperrt oder niederohmig,
Bild C-29d; Strom und Spannung hängen weitgehend linear miteinander zusammen.

Erhöht man die Gate-Source-Spannung U_{GS} eines Anreicherungs-MOSFET, so daß dieser immer unterhalb des Abschnürbereiches arbeitet, dann stellt er lediglich einen konstanten Widerstand ($r_{DS(on)}$ = konstant) dar (Bild C-29d, Triodenbereich). Vor allem für Lasten, die sehr schnell ein- und wieder ausgeschaltet werden müssen, sind MOSFET-Transistoren hervorragend geeignet. Sie weisen folgende Vorteile auf.

- Sie lassen sich nahezu *leistungslos* ansteuern.
  Der Kanal enthält keinen pn-Übergang wodurch eine Rekombination der Ladungsträger entfällt und ein *sehr schnelles* Schalten ($t_S \leq$ 100 ns) möglich wird.
  Ein zweiter Durchbruch wie bei Bipolar-Transistoren existiert nicht, sondern nur ein *Avalanche-Durchbruch*. Deshalb sind *hohe Ströme problemlos zu schalten*.
- Die *Verluste* werden hauptsächlich durch den Drainstrom I_D im Kanalwiderstand $r_{DS(on)}$ bestimmt.
  Die von den Herstellern angegebenen *maximalen Drainströme* sind *ausnutzbar*, solange die Chiptemperatur T_j den zulässigen Wert nicht überschreitet.
  Ein *Parallelschalten* ist einfach möglich, da der MOSFET einen Widerstand $r_{DS(on)}$ darstellt.

Hergestellt werden vor allem die n-Kanal-MOSFET. Diese werden mit Sperrspannungen $U_{DS(max)}$ bis zu 1000 V angeboten, deren kleinster Drain-Source-Einschaltwiderstand bei einem $r_{DS(on)}$ = 2 Ω liegt. Der zur Zeit niedrigste Drain-Source-Einschaltwiderstand von $r_{DS(on)}$ = 2 mΩ wird bei MOSFET erreicht, die eine $U_{DS(max)}$ = 60 V haben.

Die maximale Verlustleistung P_V liegt bei Transistoren mit einem Chip pro Gehäuse bei $P_V \leq$ 300 W. Bei P-Kanal MOSFET ist das Typenspektrum wesentlich kleiner. Die Sperrspannungen reichen nur bis zu U_{GS} = – 200 V bei einem $r_{DS(on)}$ von 0,5 Ω.

C.4.6.1
Schwellspannung

In den Datenblättern wird die Schwellspannung $U_{GS(th)}$ für einen Drainstrom von I_D = 250 μA definiert, sie liegt zwischen 2 V $\leq U_{GS(th)} \leq$ 4 V. Um die MOSFET direkt von digitalen integrierten Schaltungen ansteuern zu können, die mit einer Versorgungsspannung von 5 V arbeiten (z.B. die TTL- oder HCMOS-Schaltkreise), wurden sogenannte *Logik-Pegel-MOSFET* entwickelt. Für diese liegt die Schwellspannung $U_{GS(th)} \leq$ 2,5 V. Um einen MOSFET als Schalter zu betreiben, muß die Gate-Source-Spannung U_{GS} deutlich über der Schwellspannung liegen. In der Praxis sind Werte im Bereich 8 V $\leq U_{GS} \leq$ 12 V ausreichend.

C.4.6.2
Schaltzeit

Obwohl ein MOSFET nur durch Spannung gesteuert wird, muß bei jedem Schaltvorgang die *Eingangskapazität* C_{iss} umgeladen werden. Die Eingangskapazität C_{iss} hängt von der Größe des Chips, hauptsächlich aber von der Drain-Source-Spannung U_{DS} ab. Die Kapazität C_{iss} wird bei U_{DS} = 25 V sowie einer Gate-Spannung U_{GS} = 0 V gemessen. Für MOSFET-Leistungstransistoren erreicht die Eingangskapazität C_{iss} Werte bis zu $C_{iss} \leq$ 5000 pF. Die Schaltzeit t_S wird maßgeblich von der Zeit bestimmt, die man zum Umladen des Gates benötigt. Diese ist bei gegebenem Gatestrom direkt proportional zur Gate-Ladung Q_G und beträgt $t_S = Q_G/I_G$. Die Gate-Ladung Q_G wird von den Herstellern zusätzlich zur Eingangskapazität C_{iss} angegeben.

Die Ein- und die Ausschaltzeiten eines MOSFETs werden in der Praxis durch das Einfügen eines Gate-Widerstandes R_G in die Gateleitung vergrößert, wobei Werte im Bereich $10\,\Omega \leq R_G \leq 50\,\Omega$ üblich sind.

C.4.6.3
Treiber

Zur praktischen Dimensionierung des Treibers ist nicht die Eingangskapazität C_{iss}, sondern die Größe der gesamten Gateladung Q_G maßgeblich. Die Gateladung Q_G ist die Ladungsmenge, die unter betriebsnahen Bedingungen zum Ein- und Ausschalten des MOSFET erforderlich ist.

Zum schnellen Umladen des Gates muß die Treiberschaltung in der Lage sein, relativ hohe Spitzenströme ($I_G \leq |\pm 1\,\mathrm{A}|$) abzugeben und aufzunehmen.

C.4.6.4
Gate-Source-Überspannungen

Die maximale Gate-Source-Spannung $U_{GS\,max}$ darf man auf keinen Fall überschreiten. Sie beträgt meistens $U_{GS\,max} = \pm 20\,\mathrm{V}$, bei Logik-Pegel-MOSFETs ist sie auf $U_{GS\,max} = \pm 10\,\mathrm{V}$ begrenzt. MOSFET sind gegenüber elektrostatischen Entladungen (*ESD: Electro Static Discharge*) empfindlich (Abschn. C.1.1). Gefährdet ist die sehr dünne Siliciumdioxid-Schicht (SiO_2), mit der die Gate-Metallisierung isoliert ist. Obwohl vor allem bei größeren Chips die relativ hohe Eingangskapazität C_{iss} die potentielle Gefährdung verringert, sollten die von den Herstellern empfohlenen Schutzmaßnahmen auch beim Umgang mit MOS-Bauelementen beachtet werden.

C.4.6.5
Maximaler Drain-Strom

MOSFET-Leistungstransistoren können sehr hohe Ströme schalten. Der in den Datenblättern als gepulster Drain-Strom I_{DM} angegebene Maximalstrom darf ausgenutzt werden. In der Praxis wird der maximale Drain-Strom durch die Erwärmung des Kristalls, die maximal zulässige Gate-Source-Spannung sowie die interne Kontaktierung des Transistors (Bonddraht und die Metallisierung des Source-Anschlusses) begrenzt.

> **Faustregel:** Ein Leistungs-MOSFET kann soviel Strom verarbeiten, wie es sein Kühlsystem zuläßt.

In den Datenblättern wird der maximale Drainstrom angegeben, der für eine Gehäusetemperatur $\theta_C = 25\,^\circ\mathrm{C}$ zutreffend ist. Für nicht gepulsten Drainstrom sind Werte von $90\,^\circ\mathrm{C} \leq \theta_C \leq 100\,^\circ\mathrm{C}$ praxisgerecht. Der ausnutzbare Drainstrom I_D ist

$$I_D = \sqrt{\frac{\theta_{j\,max} - \theta_C}{R_{DS(on)}\,R_{th\,(JC)}}}\,. \tag{C-36}$$

Hierbei sind: $\theta_{j\,max}$ die maximal zulässige Chiptemperatur, θ_C die Gehäusetemperatur, $R_{DS(on)}$ der Einschaltwiderstand und $R_{th\,(JC)}$ der thermische Widerstand des MOSFET zwischen dem Chip (*junction*) und dem Gehäuse (*case*).

Die maximale zulässige Chiptemperatur beträgt $\theta_j \leq 150\,°C$. Für neuere MOSFET-Typen mit einer Durchbruchspannung $U_{DS(max)} \leq 100$ V sind Chiptemperaturen von $\theta_j \leq 175\,°C$ zulässig. Für pulsförmige Belastungen muß die vom Hersteller angegebene thermische Impedanz des betreffenden Transistors zur Ermittlung der Chiptemperatur herangezogen werden. Die thermische Impedanz ist die Zeitkonstante aus der Wärmekapazität des Halbleiterchips, in dem die Wärme entsteht und dem Wärmewiderstand zwischen Halbleiter, dem Kühlkörper und dem Kühlmedium, meistens Luft. Die zum Schalten von hohen Drainströmen erforderlichen Gate-Source-Spannungen sollten aus Gründen der Zuverlässigkeit aber immer deutlich unter $U_{GS} < 20$ V liegen.

C.4.6.6
Parallelschalten

Da MOSFETs im gesättigten Betrieb einen Widerstand ($r_{DS(on)}$ = konstant) darstellen, lassen sich diese parallel schalten. Allerdings müssen die Gates voneinander entkoppelt werden, um ein Schwingen zu vermeiden, welches die Transistoren zerstört. Dies kann durch einen Serienwiderstand ($r_S = 4{,}7\ \Omega$) in jeder Gate-Leitung aber auch durch separate Treiber geschehen.

C.4.6.7
Einschaltwiderstand $R_{DS(on)}$

Der Einschaltwiderstand $r_{DS(on)}$ ist einer der wichtigsten Parameter von einem als Schalter betriebenen MOSFET. Der Temperaturkoeffizient T_k ist positiv und schwankt im Bereich $0{,}7\,\%\,K^{-1} \leq T_k \leq 1{,}8\,\%\,K^{-1}$. Der Einschaltwiderstand $r_{DS(on)}$ liegt je nach Transistortyp zwischen wenigen Ohm und 2 mΩ.

C.4.6.8
Avalanche-Durchbruchspannung

Moderne MOSFET halten einen Betrieb im Avalanche-Durchbruch aus, der sich periodisch wiederholen darf. Sie können ohne Beeinträchtigung die beispielsweise von Streuinduktivitäten L_σ verursachten Spannungsspitzen kappen. Durch die vom Hersteller garantierte Avalanche-Festigkeit von MOSFETs kann häufig auf eine Bedämpfung mit *RC*- und *RCD*-Gliedern verzichtet werden.

C.5
Analoge integrierte Schaltungen

C.5.1
Herstellung und Technologie

Integrierte Schaltungen bestehen aus einer Vielzahl von passiven und aktiven Bauelementen (z.B. Widerständen, Dioden, Kondensatoren und Transistoren), die durch eine entsprechende Schaltung miteinander verbunden sind. Aus diesen Bauelementen baut man größere und kompliziertere monolithische Schaltungen auf sehr kleinem Raum auf (z.B. in einem Chip der Kantenlänge 1 mm bis 2 mm). Auf einer Silicium-Scheibe lassen sich gleichzeitig sehr viele identische integrierte Schaltungen unterbringen. Durch die Massenproduktion der integrierten Schaltungen entfällt auf jede nur ein kleiner Teil der hohen Entwicklungs- und Fertigungskosten, so daß die integrierte Schaltung nicht nur wesentlich kleiner, sondern auch billiger und – wegen der geringen Anzahl an Lötverbindungen – auch zuverlässiger ist. Voraussetzung für eine hohe Zuverlässigkeit ist ein richtiges Gehäuse, das schädliche Fremdstoffe, vor allem Wasserdampf, von den feinen und empfindlichen Halbleiterstrukturen fernhält. Weiterhin dürfen die Grenzwerte des erlaubten Arbeitsbereichs wie Spannungen, Ströme, Verlustleistung und Temperatur nicht überschritten werden.

Die *hohe Integrationsdichte*, die *günstigen Leistungsdaten*, die *Zuverlässigkeit* und der *geringe Preis* je aktives Element der heute verwendeten komplexen analogen und digitalen Schaltungen haben die Verbreitung der Elektronik in alle Lebensbereiche möglich gemacht. Die auch bei analogen Halbleitern erheblich verbesserte Herstellungstechnologie erlaubt heute den problemlosen Aufbau leistungsfähiger Analogschaltungen. Sie sind vor allem dann kleiner und preisgünstiger als Digitalschaltungen, wenn die Schnittstellen *analoge* Signale verlangen, die Genauigkeit nicht allzu groß sein muß oder die *Signalverarbeitung sehr schnell* sein muß, wie beispielsweise für eine schnelle Regelung. Soll ein analog erfaßtes Signal digital weiterverarbeitet werden, beispielsweise vor und in einem Digital-Analog-Wandler, dann darf der Analogteil keine zusätzlichen Fehler verursachen. Moderne Präzisionsverstärker arbeiten auch bei 16 Bit Auflösung (entsprechend $\approx 15 \cdot 10^{-6}$) Genauigkeit im Digitalteil ausreichend genau. Viele Aufgaben lassen sich durch analoge oder digitale Signalverarbeitung mit vergleichbarem Ergebnis lösen.

Integrierte digitale Schaltungen sind im Abschn. C.8 beschrieben. Analoge integrierte Schaltungen kann man mit den heute weit entwickelten Technologien für fast jeden Anwendungszweck herstellen, sofern die benötigte Stückzahl die Entwicklungskosten rechtfertigt. Analoge integrierte Schaltungen gibt es in bipolarer und in MOS-Technologie. Dabei stellt man die einzelnen Bauteile gleichzeitig nebeneinander auf der Oberfläche eines Chips auf einem großen *Wafer* her, meistens in *Planartechnik*.

Ausgangsmaterial ist ein hochreiner Silicium-Einkristall mit 10 cm bis 15 cm Durchmesser und 50 cm Länge, der mit Diamantwerkzeugen in etwa 0,25 mm dünne Scheiben (*Wafer*) zersägt wird. Die Dicke wird durch die mechanische Bearbeitung bestimmt, die elektrisch aktive Schicht beträgt ungefähr 10 μm. Die Oberfläche wird geläppt, so daß sie glatt wird und die Unebenheiten erheblich kleiner als 1 μm sind. Auf diesem Wafer bringt man mit der *Planar-Technologie* eine Vielzahl gleicher Bauelemente auf.

Eine Vielzahl der wiederkehrenden Schritte: Oxidieren, Beschichten mit Fotolack, Belichten, Wegätzen zur Maskenbildung und Diffusion sind notwendig, bis die entsprechenden Bauelemente und ihre Schaltung funktionsfähig sind.

Transistoren sind neben Dioden, Widerständen und Kondensatoren die wichtigsten Elemente einer integrierten Schaltung.

Grundsätzlich eignet sich jeder pn-Übergang als *Diode*. Da die Basis-Emitterdiode nur 4 V bis 5 V Sperrspannung aushält, ist ihr Einsatz begrenzt. Dioden stellt man häufig aus einem Transistor her, dessen Basis und Kollektor verbunden sind. Durch die Stromverstärkung entsteht dabei eine Diode mit steiler Durchlaßkennlinie.

Widerstände lassen sich auf verschiedene Arten herstellen. Häufig wird eine leitfähige Basiszone diffundiert, deren spezifischer Widerstand und deren Länge und Breite den endgültigen Widerstandswert bestimmt (Bild C-37). Die erreichbaren Werte liegen zwischen 25 Ω und 25 kΩ; sie sind grob toleriert (± 20 %) und haben einen hohen Temperaturkoeffizienten, ungefähr 2000 ppm/K. Der Gleichlauf der Widerstände auf einem

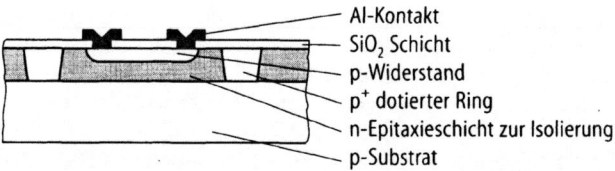

- Al-Kontakt
- SiO$_2$ Schicht
- p-Widerstand
- p$^+$ dotierter Ring
- n-Epitaxieschicht zur Isolierung
- p-Substrat

Bild C-37. Integrierter Widerstand aus einer leitfähigen Basiszone hergestellt

Chip ist erheblich besser ($\pm$ 2 %). Deshalb werden die Schaltungen häufig so ausgelegt, daß nicht die Absolutwerte mehrerer Widerstände, sondern nur ihr Verhältnis maßgebend ist.

Werden MOS-Bauelemente integriert, dann kann man den Kanalbereich eines selbstleitenden MOS-Transistors als Widerstand benutzen. Der Wertebereich entspricht dem der leitenden Basiszonen; die Absoluttoleranzen und die Temperaturkoeffizienten sind aber um den Faktor 10 besser.

Durch Aufdampfen einer Ni-Cr-Schicht über der SiO$_2$-Schicht lassen sich Widerstände mit geringen Temperaturkoeffizienten herstellen, die durch einen Laserabgleich auch sehr geringe absolute Abweichungen haben. Das Verfahren ist teuer und wird nur angewandt, wenn genaue Widerstände erforderlich sind.

Kondensatoren stellt man wegen der begrenzten Fläche nur mit kleinen Werten her (meist C < 50 pF). Größere Kapazitätswerte sind zu vermeiden, weil sie zu viel Chipfläche verbrauchen. Günstige Eigenschaften bietet ein Kondensator, der auf einer dicken SiO$_2$-Schicht des Substrats aufgebaut ist. Sein unterer Belag besteht aus polykristallinem Silicum, das metallische Eigenschaften hat, Siliciumnitrid (Si$_3$N$_4$) als Dielektrikum und der üblichen Metallisierung als obere Elektrode. Die Permittivitätszahl ε_r des Siliciumnitrids ist dreimal größer als die des Siliciumdioxids, weshalb der Flächenbedarf entsprechend kleiner wird. Durch die Unterlage aus SiO$_2$ entfällt der vor allem bei hohen Temperaturen störende Reststrom eines pn-Übergangs.

Induktivitäten sind in integrierter Technik nicht herzustellen. Sie lassen sich entweder umgehen, d.h. durch Verstärker, Widerstände und Kondensatoren ersetzen oder extern zuschalten.

In automatischen Prüfgeräten prüft man die einzelnen Schaltungen im *ganzen Wafer* auf Funktion und ermittelt die wichtigsten Parameter. Dann zersägt man den Wafer und baut die fehlerfreien Chips in Gehäuse ein. Anschließend erfolgt ein weiterer Funktionstest.

Neuere Entwicklungen der Planar-Technologie sind die bereits erwähnte *Ionenimplantation* und die *Elektronenstrahllithographie*. Die Breite der Leiterbahnen wird durch die Wellenlänge des Lichts (300 nm bis 700 nm) begrenzt. Bei der Anwendung von Elektronenstrahlen, mit denen die Masken direkt herausgeschnitten werden, lassen sich nicht nur Fertigungsgänge (das Auftragen von Fotolack, Belichten, Ätzen) einsparen, sondern es sind auch Leiterbahnbreiten bis 10 nm möglich.

C.5.2
Operationsverstärker

Operationsverstärker sind die wichtigste Gruppe der analogen integrierten Schaltungen. Sie fanden ursprünglich für Rechenoperationen in Analogrechnern und in der Regelungstechnik Verwendung. Dieser Einsatz erfordert eine sehr hohe Verstärkung ($v \geq 10^5$) von Gleichstromsignalen bis zu Frequenzen von einigen hundert Hz, einen nicht invertierenden Verstärkereingang, dessen Signale mit der Verstärkung v verstärkt werden und einen invertierenden Verstärkereingang mit der Verstärkung $-v$. Werden beide angesteuert, dann wird die Spannungsdifferenz zwischen beiden Eingängen mit der Verstärkung v verstärkt. Der erforderliche Eingangsstrom ist vernachlässigbar klein.

Diese Verstärker lassen sich mit einfachen Netzwerken aus Widerständen und Kondensatoren beschalten und *verknüpfen* die *Eingangsspannungen* und *-ströme* nach den vorgegebenen mathematischen Zusammenhängen zu dem benötigten *Ausgangssignal*. Auf einem Halbleiterkristall aufgebaute Operationsverstärker senken den Platzbedarf und die Kosten so weit, daß Operationsverstärker trotz meist besserer Leistung preisgünstiger sind, als diskret aufgebaute Schaltungen mit ein oder zwei Transistoren. Sie finden deshalb heute auch für viele andere Zwecke Verwendung.

C.5.2.1
Idealer und realer Operationsverstärker

Moderne Operationsverstärker bestehen aus vielen Transistoren und Widerständen. Trotz guter Schaltungstechnik und fortgeschrittener Herstellungstechnologie verursachen Bauteileigenschaften und deren Toleranzen Abweichungen von den angestrebten Eigenschaften des idealen Operationsverstärkers. Sind die Abweichungen im genutzten Arbeitsbereich ausreichend klein, dann kann man die Schaltung mit einem idealen Verstärker berechnen.

Tabelle C-2 vergleicht die wichtigsten Kenndaten eines idealen und eines realen Operationsverstärkers und gibt den Wertebereich der Kenndaten bei realen Operationsverstärkern an. Preisgünstige Operationsverstärker besitzen sowohl gute als auch schlechte Werte. Für viele Anwendungen ist dies ausreichend. In einer ersten, sehr einfachen Näherung betrachtet man den Verstärker als ideal; lediglich die *Eingangsfehlspannung* (Offsetspannung U_{I0}) und der *Frequenzgang* $v = f(f)$ werden besonders betrachtet (die weniger wichtigen Parameter sind in Tab. C-2 grau hinterlegt).

Bild C-38 zeigt das normgerechte Schaltzeichen eines Operationsverstärkers. Die Anschlüsse für die Speisespannungen $+U_S$ und $-U_S$ werden wegen der besseren Übersicht meistens weggelassen.

Tabelle C-2. Vergleich eines idealen und eines realen Operationsverstärkers

Eigenschaft des Operations-verstärkers (OPV)	Symbol	Einheit	Idealer OPV	Realer OPV
Eingangsfehlspannung	U_{I0}	mV	0	10 µV bis 10 mV
Temperatureinfluß auf U_{I0}	α_{UI0}	µV/K	0	0,2 µV/K bis 10 µV/K
Rauschen (Noise)	U_n	nV/$\sqrt{\text{Hz}}$	0	2,5 nV/$\sqrt{\text{Hz}}$ bis 100 nV/$\sqrt{\text{Hz}}$
Eingangsstrom	I_I	nA	0	0,1 pA bis 1 µA
Eingangswiderstand	R_I	MΩ	∞	100 kΩ bis 10^{15} Ω (MOSFET)
Gleichtaktunterdrückung	CMMR	dB	∞	70 dB bis 120 dB
Einfluß der Speisespannung	PSRR	µV/V	0	0,1 µV/V bis 0,1 mV/V
Verstärkung bei Gleichstrom	V_{U0}	V/mV	∞	10 V/mV bis 10^4 V/mV
Frequenzabhängigkeit der Verstärkung (Grenzfrequenz)	f_g		∞	1 Hz bis 10 kHz Abfall V_{U0} mit 20 dB/Dekade
Anstiegsgeschwindigkeit der Ausgangsspannung	S	V/µs	∞	0,5 V/µs bis 2000 V/µs
Ausgangswiderstand	R_0	Ω	0	10 Ω bis 1 kΩ

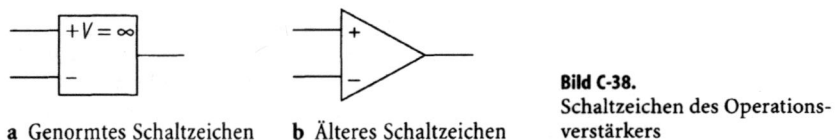

a Genormtes Schaltzeichen **b** Älteres Schaltzeichen

Bild C-38.
Schaltzeichen des Operationsverstärkers

C.5.2.2
Schaltungstechnischer Aufbau

Der einfachste Operationsverstärker besteht aus *drei gleichspannungsgekoppelten Verstärkerstufen* (Bild C-39). In der Praxis enthalten die Verstärker viele weitere Bauelemente, um die erwünschte Funktion unter den geforderten Bedingungen sicherzustellen.

Operationsverstärker werden meistens aus zwei symmetrischen Speisespannungen $+U_S$ und $-U_S$ gespeist, die im allgemeinen ± 15 V betragen. Sie erhalten keinen 0-Volt-oder Masseanschluß der Versorgungsspannung. Bis auf eine kleine Restspannung von ungefähr 1 V bis 3 V können sich die Eingangs-, Ausgangs- und internen Potentiale frei innerhalb der Versorgungspannungen bewegen. Für besondere Anwendungen gibt es Verstärker, die mit wesentlich kleineren Spannungen (3 V) und kleinen Versorgungsströmen (µA-Bereich) auskommen.

Die *erste Verstärkerstufe* ist stets ein *Differenzverstärker* (Abschn. C.3.9 und Bild C-26). Er hat zwei Eingänge, einen invertierenden (–) und einen nicht invertierenden (+). Das Eingangssignal U_I erscheint verstärkt und gleichphasig am Kollektor des Transistors T_1 und am Kollektor von T_2 verstärkt und gegenphasig. Der Kollektor C_2 steuert die Basis des Transistors T_3, der als zweite Spannungverstärkerstufe arbeitet. Sein Kollektor steuert die Basisanschlüsse der Endstufentransistoren T_4 und T_5, die in Kollektorschaltung betrieben werden. Der Transistor T_4 liefert positive Ausgangsströme, T_5 negative Ausgangsströme. Beide sind reine Stromverstärker: die Spannungsverstärkung v_3 dieser Stufe ist $v_3 \approx 1$. Jede Stufe des Verstärkers besitzt andere Eigenschaften.

C.5.2.3
Operationsverstärker für höhere Anforderungen

Die Leistungsdaten des vorgestellten Universalverstärkers 741 reichen für viele Anwendungsfälle aus. In manchen Schaltungen wird jedoch eine *sehr kleine Eingangsfehlspannung* (offset), ein *kleiner Eingangsstrom* oder eine *große Bandbreite* benötigt. Die hierfür angebotenen Operationsverstärker unterscheiden sich vor allem in der Eingangsstufe.

C.5.2.4
Stabilitätsbetrachtung

Die Rückkopplung eines Operationsverstärkers führt bei falscher Dimensionierung zur *Selbsterregung* und damit zu unerwünschten Schwingungen. Operationsverstärker werden stets mit einer *Rückkopplung* vom Ausgang auf den invertierenden Eingang betrieben. Der Signalfluß vom invertierenden Eingang zum Ausgang entspricht 180° Phasendrehung. Eine ohmsche Beschaltung verursacht keine zusätzliche Phasendrehung und es entsteht eine ideale Gegenkopplung. Mit zunehmender Arbeitsfrequenz erzeugt der

werden und einen invertierenden Verstärkereingang mit der Verstärkung $-v$. Werden beide angesteuert, dann wird die Spannungsdifferenz zwischen beiden Eingängen mit der Verstärkung v verstärkt. Der erforderliche Eingangsstrom ist vernachlässigbar klein.

Diese Verstärker lassen sich mit einfachen Netzwerken aus Widerständen und Kondensatoren beschalten und *verknüpfen* die *Eingangsspannungen* und *-ströme* nach den vorgegebenen mathematischen Zusammenhängen zu dem benötigten *Ausgangssignal*. Auf einem Halbleiterkristall aufgebaute Operationsverstärker senken den Platzbedarf und die Kosten so weit, daß Operationsverstärker trotz meist besserer Leistung preisgünstiger sind, als diskret aufgebaute Schaltungen mit ein oder zwei Transistoren. Sie finden deshalb heute auch für viele andere Zwecke Verwendung.

C.5.2.1
Idealer und realer Operationsverstärker

Moderne Operationsverstärker bestehen aus vielen Transistoren und Widerständen. Trotz guter Schaltungstechnik und fortgeschrittener Herstellungstechnologie verursachen Bauteileigenschaften und deren Toleranzen Abweichungen von den angestrebten Eigenschaften des idealen Operationsverstärkers. Sind die Abweichungen im genutzten Arbeitsbereich ausreichend klein, dann kann man die Schaltung mit einem idealen Verstärker berechnen.

Tabelle C-2 vergleicht die wichtigsten Kenndaten eines idealen und eines realen Operationsverstärkers und gibt den Wertebereich der Kenndaten bei realen Operationsverstärkern an. Preisgünstige Operationsverstärker besitzen sowohl gute als auch schlechte Werte. Für viele Anwendungen ist dies ausreichend. In einer ersten, sehr einfachen Näherung betrachtet man den Verstärker als ideal; lediglich die *Eingangsfehlspannung* (Offsetspannung U_{I0}) und der *Frequenzgang* $v = f(f)$ werden besonders betrachtet (die weniger wichtigen Parameter sind in Tab. C-2 grau hinterlegt).

Bild C-38 zeigt das normgerechte Schaltzeichen eines Operationsverstärkers. Die Anschlüsse für die Speisespannungen $+U_S$ und $-U_S$ werden wegen der besseren Übersicht meistens weggelassen.

Tabelle C-2. Vergleich eines idealen und eines realen Operationsverstärkers

Eigenschaft des Operations- verstärkers (OPV)	Symbol	Einheit	Idealer OPV	Realer OPV
Eingangsfehlspannung	U_{I0}	mV	0	10 µV bis 10 mV
Temperatureinfluß auf U_{I0}	$\alpha_{U I0}$	µV/K	0	0,2 µV/K bis 10 µV/K
Rauschen (Noise)	U_n	nV/$\sqrt{\text{Hz}}$	0	2,5 nV/$\sqrt{\text{Hz}}$ bis 100 nV/$\sqrt{\text{Hz}}$
Eingangsstrom	I_I	nA	0	0,1 pA bis 1 µA
Eingangswiderstand	R_I	MΩ	∞	100 kΩ bis 10^{15} Ω (MOSFET)
Gleichtaktunterdrückung	CMMR	dB	∞	70 dB bis 120 dB
Einfluß der Speisespannung	PSRR	µV/V	0	0,1 µV/V bis 0,1 mV/V
Verstärkung bei Gleichstrom	V_{U0}	V/mV	∞	10 V/mV bis 10^4 V/mV
Frequenzabhängigkeit der Verstärkung (Grenzfrequenz)	f_g		∞	1 Hz bis 10 kHz Abfall V_{U0} mit 20 dB/Dekade
Anstiegsgeschwindigkeit der Ausgangsspannung	S	V/µs	∞	0,5 V/µs bis 2000 V/µs
Ausgangswiderstand	R_0	Ω	0	10 Ω bis 1 kΩ

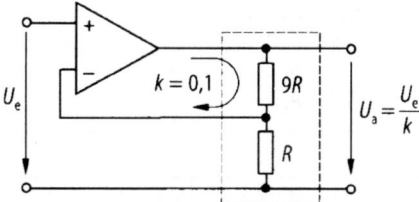

Bild C-40. Signalweg im Regelkreis eines rückgekoppelten Operationsverstärkers

dann wird nur der Teil $k = 1/v$ der Ausgangsspannung auf den Eingang zurückgeführt, die Kreisverstärkung wird mit dem Rückkoppelfaktor k ($k < 1$) multipliziert und der Operationsverstärker darf bei gleicher Phasendrehung eine entsprechend höhere Verstärkung haben, bevor er die Stabilitätsgrenze erreicht. Die optimale Korrektur des Frequenzgangs berücksichtigt die Eigenschaften des Operationsverstärkers und die Verstärkung und Phasendrehung der Rückführung. Bild C-40 veranschaulicht den Signalweg im Regelkreis. Bei der Spannungsverstärkung $v_u = 1$ ist die Abschwächung $k = 1$, weshalb die Stabilitätsbedingung am schwierigsten zu erfüllen ist. Intern kompensierte Verstärker sind meistens für die Verstärkung 1 kompensiert. Sie arbeiten dadurch sicher, aber langsam.

Der größte Teil der heute angebotenen integrierten Operationsverstärker ist *intern kompensiert*. Bei ihnen liegt die erste Grenzfrequenz so niedrig, daß der Verstärker mit der Verstärkung $v = 1$, d.h. ohne abschwächende Rückkopplung, stabil arbeitet. Diese Verstärker haben wenig Anschlüsse und sind einfach zu handhaben.

C.5.3
Operationsverstärker mit statischer Beschaltung

Dieser Abschnitt beschreibt nur die *statischen Schaltungen*. Das sind Schaltungen zur Verstärkung *zeitlich gleichbleibender* oder niederfrequenter Signale, bei denen das vollständige Eingangssignal unverfälscht verstärkt wird, d.h. alle Frequenzen werden mit der gleichen Verstärkung und der gleichen Laufzeit verarbeitet. Die Berechnung berücksichtigt deshalb keine zeit- und frequenzabhängigen Zusammenhänge.

In Bild C-41 sind die einzelnen Beschaltungen zusammengestellt, ihre Besonderheiten erwähnt, der Eingangswiderstand angegeben sowie die Übertragungsfunktionen aufgestellt und grafisch veranschaulicht. Ausgehend vom Schaltbild des Operationsverstärkers wird für alle Schaltungen die Knoten- und Maschengleichungen aufgestellt, vereinfacht und gelöst. Daraus wird die *Übertragungsfunktion $U_a = f(U_e)$* errechnet, aus der sich die speziellen Anwendungen ergeben. Bei der Berechnung der Schaltung wird von einem *idealen* Operationsverstärker ausgegangen. Deshalb sind von den in Tabelle C-2 (Abschn. C.5.2.1) dargestellten Eigenschaften insbesondere folgende gültig:

- Die Eingangsströme I_e des Verstärkers sind null,
- wegen der sehr großen Verstärkung ($v = \infty$) ist die Spannung U_I zwischen den Eingängen des Verstärkers null.

Schaltung	Eigenschaft Besonderheiten	Eingangs-widerst.	Gleichung der Übertragungsfunktion	Bild der Übertragungsfunktion
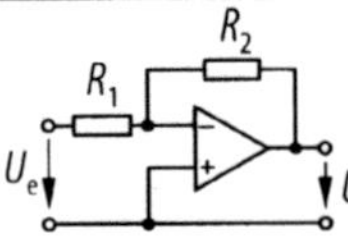 (Schaltung: R_1, R_2, U_e, U_a)	Invertierender Spannungsverstärker	$R_e = R_1$	$U_a = -U_e \dfrac{R_2}{R_1}$ $v = -\dfrac{R_2}{R_1}$	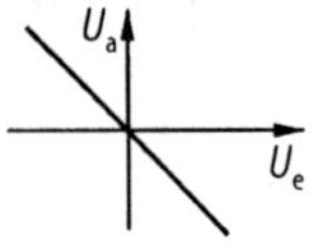 (Kennlinie: U_a über U_e)
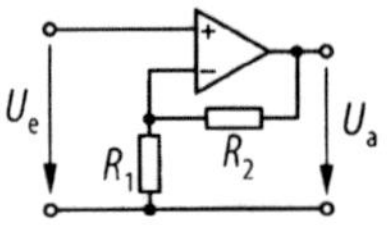 (Schaltung: U_e, R_1, R_2, U_a)	Nicht invertierender Spannungsverstärker. Elektrometerverstärker. Sehr hoher Eingangswiderstand.	$R_e = R_{e0}\dfrac{V_0}{V}$	$U_a = U_e\left(\dfrac{R_2}{R_1}+1\right)$ $v = \dfrac{R_2}{R_1}+1$	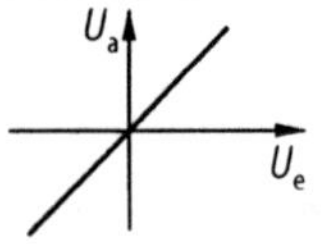 (Kennlinie)
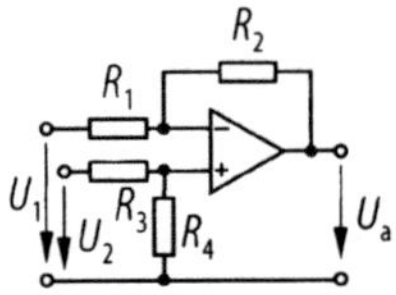 (Schaltung: R_1, R_2, R_3, R_4, U_1, U_2, U_a)	Differenzverstärker. U_1 invertierend. U_2 nicht invertierend. Verstärkt nur die Differenz (U_2-U_1).	$R_{e1} = R_1$ $R_{e2} = R_3 + R_4$	$U_a = U_2\dfrac{R_4}{R_3} - U_1\dfrac{R_2}{R_1}$ $v_1 = -\dfrac{R_2}{R_1}$ $v_2 = \dfrac{R_4}{R_3}$	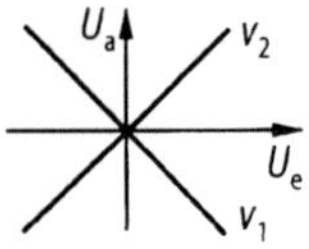 (Kennlinie: U_a, v_2, U_e, v_1)
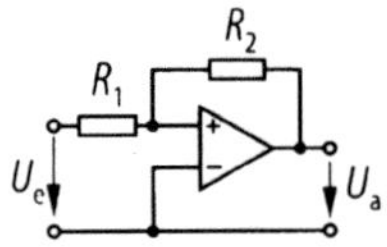 (Schaltung: R_1, R_2, U_e, U_a)	Schmitt-Trigger. Schaltet bei der Schwelle. Die Schaltpunkte der ansteigenden und der abfallenden Flanke unterscheiden sich um die Hysterese-spannung U_H.	$R_e = R_1$ Rückwirkung auf den Eingang beim Schalten	$U_a = U_{+\text{sätt}}$ oder $U_{-\text{sätt}}$ $v = \infty$ beim Schalten $v = 0$ in Ruhe $U_H = (U_{+\text{sätt}}-U_{-\text{sätt}})\dfrac{R_1}{R_2}$	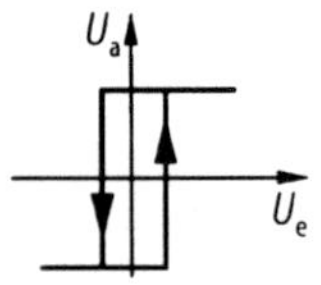 (Hysterese-Kennlinie)
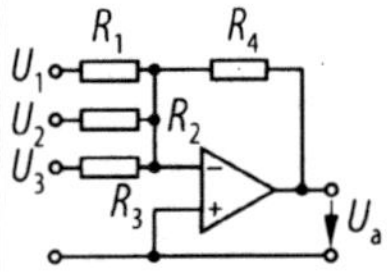 (Schaltung: U_1, U_2, U_3, R_1, R_2, R_3, R_4, U_a)	Addierender und invertierender Spannungsverstärker. Keine Rückwirkung der verschiedenen Eingangsspannungen aufeinander.	$R_{e1} = R_1$ $R_{e2} = R_2$ $R_{e3} = R_3$	$U_a = R_4\left(\dfrac{U_{e1}}{R_1}+\dfrac{U_{e2}}{R_2}+\dfrac{U_{e3}}{R_3}+\dfrac{U_{en}}{R_n}\right)$ $v_1 = \dfrac{R_4}{R_1}$ $v_2 = \dfrac{R_4}{R_2}$ usw.	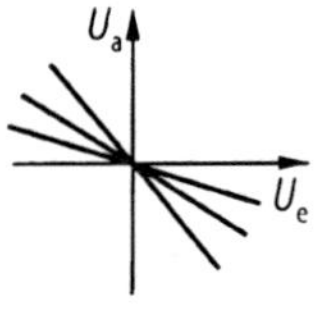 (Kennlinien)
(Schaltung: U_1, U_2, U_3, R_{31}, R_{32}, R_{33}, R_1, R_2, U_a)	Addierender und nicht invertierender Spannungsverstärker. Rückwirkung der Eingangsspannungen über die Widerstände R_{3x}.	$R_{e1} = R_{31}$ $+\, R_{32}\|R_{33}$ $R_{e2} = R_{32}$ $+\,R_{31}+R_{33}$	$U_a = \left(1+\dfrac{R_2}{R_1}\right)f(U_1,$ $U_2, U_n, R_1, R_2, R_n)$ siehe Text	(Kennlinien)
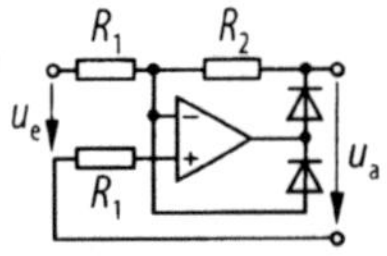 (Schaltung: u_e, R_1, R_2, R_1, u_a)	Einweg-Gleichrichter mit gemeinsamen Bezugspotential. Geeignet als Präzisionsgleichrichter zur elektrischen Weiterverarbeitung.	$R_e = R_1$	$u_a = u_e\dfrac{R_2}{R_1}$ für $u_e < 0$ $u_a = 0$ für $u_e > 0$	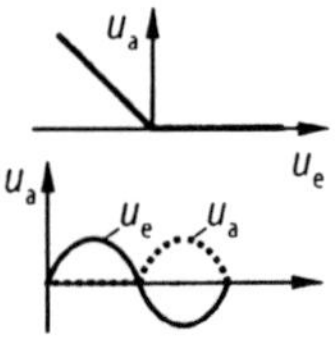 (Kennlinie und Verlauf u_e, u_a)

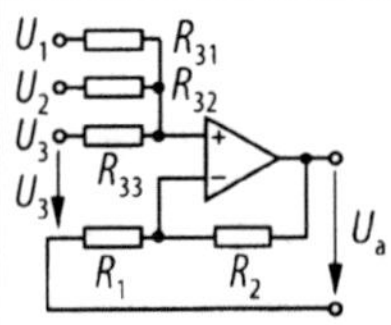

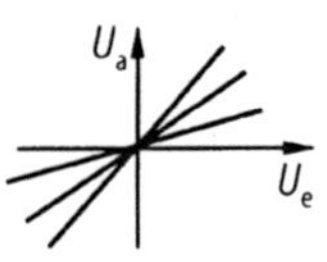

Bild C-41. Zusammenstellung statisch beschalteter Operationsverstärker

C.5.3.1
Invertierender Spannungsverstärker

Bild C-42 zeigt die Schaltung des invertierenden Spannungsverstärkers. Zur Verdeutlichung wurden die Anschlüsse für die Versorgungsspannungen $+U_S$ und $-U_S$ eingezeichnet, aus denen die Schaltung gespeist wird. In den folgenden Schaltungen sei der Übersicht wegen darauf verzichtet.

Die offene Verstärkung v_0 des Operationsverstärkers sei groß, aber nicht ∞. Deshalb gilt:

$$U_a = -U_1 v_0,$$
$$U_e = U_1 + I_1 R_1 \quad \text{und}$$
$$I_2 = (U_a - U_1)/R_2.$$

Nach der Knotenregel ist die Summe der Ströme im Knoten null: $I_1 + I_2 - I_1 = 0$. Gegenüber den Strömen durch die Widerstände R_1 und R_2 ist der Eingangsstrom I_1 des Operationsverstärkers sehr klein. Er kann in der Berechnung vernachlässigt werden, so daß mit guter Näherung gilt: $I_1 + I_2 = 0$.

Die Näherung $I_1 = 0$ sei bei der Berechnung aller folgenden Schaltungen verwendet (Bild C-41). Für die Ströme gilt:

$$I_1 = -I_2 = -(U_a - U_1)/R_2 \quad \text{oder}$$
$$I_1 = (U_1 - U_a)/R_2;$$
$$I_2 = -I_1$$
$$I_2 = (-U_a/v_0 - U_a)/R_2$$

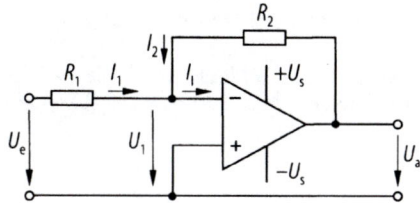

a Schaltung

Verstärkung: $\tilde{v} = \dfrac{U_a}{U_e} = -\dfrac{R_2}{R_1}$ (C-38)

Eingangswiderstand: $R_e = R_1$ (C-39)

b Gleichungen

Häufig benutzter Verstärker für Signale von
Gleichspannung bis zu hohen Frequenzen.
Verstärker für kleine Sensorsignale und in der
Regelungstechnik.

c Anwendungen   **Bild C-42.** Invertierender Spannungsverstärker

Die Eingangsspannung U_e beträgt:

$$U_e = - \frac{R_1}{R_2} (U_a/v_o + U_a).$$

Bei realen Operationsverstärkern liegt die offene Verstärkung v_o zwischen 10^4 und 10^6, die erforderliche Eingangsspannung $U_I = - U_a/v_o$ ist gegenüber den übrigen Größen vernachlässigbar klein und kann bei der Berechnung entfallen. Die Näherung $U_I = 0$ wird bei der Berechnung aller folgenden Schaltungen verwendet. Nach U_a aufgelöst ergibt sich für die Übertragungsfunktion:

$$U_a = - \frac{R_2}{R_1} U_e. \qquad\qquad\qquad (C-37)$$

Die Verstärkung v ist demnach:

$$v = \frac{U_a}{U_e} = - \frac{R_2}{R_1}.$$

Es ist zu erkennen, daß die Eingangsspannung U_e im Verhältnis der Widerstände R_2/R_1 vergrößert und mit invertiertem Vorzeichen am Ausgang erscheint. Der Wert v ist *unabhängig* von der offenen Verstärkung v_o des Operationsverstärkers, solange diese sehr groß gegenüber R_2/R_1 ist.

Der Eingangswiderstand R_e der Schaltung ist $R_e = U_e/I_1 = R_1$. Der Verstärker regelt die Ausgangsspannung so, daß die Eingangsspannung U_I stets null ist. Solange die Schaltung linear arbeitet, hat der Knoten am invertierenden Eingang immer das Potential des nicht invertierenden Eingangs. Liegt der nicht invertierende Eingang auf Nullpotential, dann stellt der Knoten einen virtuellen Nullpunkt dar. Der Eingangswiderstand R_e ist in diesem häufig vorkommenden Fall gleich dem Widerstand R_1 zwischen der Eingangsspannung und dem virtuellen Nullpunkt.

Der Innenwiderstand des offenen Operationsverstärkers sei R_i. Er liegt innerhalb des gegengekoppelten Verstärkers, sein Einfluß wird durch die Beschaltung weitgehend ausgeregelt.

C.5.3.2
Nicht invertierender Spannungsverstärker

Beim nicht invertierenden Spannungsverstärker (Bild C-43) wird die Ausgangsspannung U_a über den Spannungsteiler aus R_2 und R_1 auf den invertierenden Eingang zurückgekoppelt. Die geteilte Spannung U_n an R_1 ist gleich groß wie die Eingangsspannung U_e, so daß gilt:

$$U_e = U_n = U_a \frac{R_1}{R_1 + R_2}.$$

Wird die Gleichung für den Spannungsteiler aus R_1 und R_2 nach U_a aufgelöst, entsteht die Übertragungsfunktion.

$$U_a = U_e \left(\frac{R_1 + R_2}{R_1} \right) = U_e (1 + R_2/R_1) \qquad\qquad (C-40)$$

oder $v = R_2/R_1 + 1.$

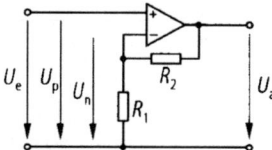

a Schaltung

Verstärkung: $\quad v = \dfrac{R_2}{R_1} + 1 \qquad$ **(C-41)**

Der Eingangswiderstand R_e ist sehr groß

b Gleichung

Verstärker für Signale hochohmiger Sensoren.
Der Eingangsstrom ist sehr gering (nA-Bereich)

c Anwendungen

Bild C-43. Nicht invertierender
Spannungsverstärker

Man erkennt, daß die Ein- und die Ausgangsspannung in *Phase* sind. Für $R_2 = 0$ sind die Ausgangsspannung und die Eingangsspannung gleich groß ($U_a = U_e$), d. h. die Verstärkung v ist 1. Eine kleinere Spannungsverstärkung als $v = 1$ ist mit dieser Schaltung nicht möglich.

Ist $R_2 = 0$, so wird auch R_1 überflüssig und man erhält eine Schaltung, die *Impedanzwandler* oder *Elektrometerverstärker* genannt wird. Der Eingangswiderstand R_e dieser Schaltung ist sehr groß, da die Signalquelle nur den sehr kleinen Eingangsstrom des Operationsverstärkers aufbringen muß. Die Spannung am Verstärkereingang ist aber durch die Gegenkopplung viel kleiner als die Signalspannung. Der Eingangswiderstand dieser Schaltung ist $R_e = R_{eo} v$, wobei R_{eo} der Eingangswiderstand des unbeschalteten Operationsverstärkers ist. Der Ausgangs- oder Innenwiderstand R_i ist sehr klein.

C.5.3.3
Subtrahierverstärker

Bild C-44 zeigt eine *Subtraktionsschaltung* für zwei Eingangsspannungen U_{e1} und U_{e2}. Die Schaltung besteht aus einem invertierenden Operationsverstärker, dem eine zweite Eingangsspannung U_{e1} über einen Spannungsteiler an den nicht invertierenden Eingang zugeführt wird.

Für den Fall, daß die Widerstandsverhältnisse $R_1/R_3 = R_2/R_4$ sind, ergibt sich die Übertragungsgleichung:

$$U_a = \frac{R_3}{R_1}\,(U_{e1} - U_{e2})\,. \qquad \text{(C-42)}$$

Aus Gleichung (C-42) ist ersichtlich, daß nur die Differenz der Eingangsspannungen $U_{e1} - U_{e2}$ gemessen wird, wenn das Verhältnis der Widerstände am invertierenden und nicht invertierenden Eingang gleich ist.

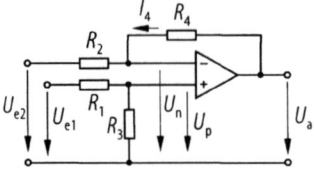

a Schaltung

Wenn $\dfrac{R_1}{R_3} = \dfrac{R_2}{R_4}$ ist, gilt:

$$U_a = \frac{R_4}{R_2}(U_{e1} - U_{e2}) \qquad\qquad \textbf{(C-42)}$$

Eingangswiderstände für U_{e1} und U_{e2}

$$R_{U_{e1}} = R_1 + R_3$$

$$R_{U_{e2}} = \frac{R_2(R_1 + R_3)}{(R_1 + R_3) - R_3\, U_{e1}/U_{e2}} \qquad\qquad \textbf{(C-43)}$$

b Gleichungen

Substrahieren zweier Signalspannungen

c Anwendungen   **Bild C-44.** Schaltung des Subtrahierverstärkers

C.5.3.4
Schmitt-Trigger

Wird ein Vorgang zu einem genau bestimmten Zeitpunkt durch ein Steuersignal (z. B. einen Impuls) ausgelöst, dann spricht man von einer *Triggerung* (Trigger: Auslöser). Eine Triggerschaltung erzeugt eine Ausgangsspannung mit steilen Flanken, sobald die Eingangsspannung einem bestimmten Pegel erreicht hat. Die Eingangsspannung kann sich dabei beliebig langsam verändern. Diese Flanke wird meistens in digitalen Schaltungen weiterverarbeitet. Das Steuersignal kann einmalig, periodisch oder regellos kommen.

Bild C-45 zeigt einen nicht invertierenden Schmitt-Trigger, der sich gut als *Schwellwertschalter* eignet. Der Schwellwertschalter schaltet bei einer definierten Schwelle ein und bei einer abweichenden wieder zurück. Die Differenz ist die Hysterese. Im Gegensatz zu den meisten Schaltungen mit Operationsverstärkern wird das Ausgangssignal auf den *nicht invertierenden* Eingang zurückgeführt. Statt der üblichen Gegenkopplung entsteht eine *Mitkopplung*. Die Schaltung hat keine stabile analoge Ausgangsspannung, sie kann nur die positive oder negative Sättigungsspannung des Operationsverstärkers abgeben.

Für den Operationsverstärker gilt $U_a = v\, U_D$. Ist die Spannungsverstärkung v größer als die Abschwächung α durch die Rückkopplung, mit $\alpha = (R_1 + R_2)/R_1$, dann ist die Ausgangsspannung die positive oder negative Sättigungsspannung ($U_{+\,sätt}$, $U_{-\,sätt}$) des Operationsverstärkers. Stabile Zwischenwerte gibt es nicht. Bild C-45 zeigt die Verhältnisse.

Bei einer großen positiven Eingangsspannung $U_e > U_{e1}$ wird $U_a = U_{+\,sätt}$. Am nicht invertierenden Eingang des Verstärkers liegt dann die Spannung

$$U_D = U_{e1} + \frac{R_1}{R_1 + R_2}(U_{+\,sätt} - U_{e1}).$$

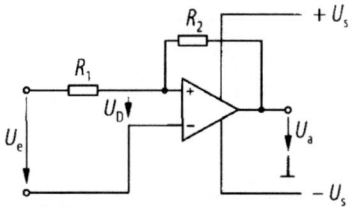

a Schaltung

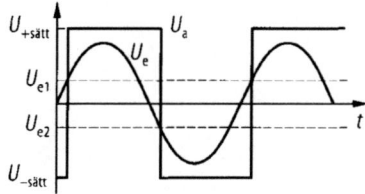

b Spannungsverhältnisse

$$U_{e1} = -\frac{R_1}{R_2} U_{-sätt} \quad \text{für } U_{e1} > 0 \qquad \text{(C-44)}$$

$$U_{e2} = -\frac{R_1}{R_2} U_{+sätt} \quad \text{für } U_{e2} < 0$$

c Gleichungen der Umschaltspannungen

Schwellwertschalter mit definierter Hysterese

d Anwendungen   **Bild C-45.** Schmitt-Trigger

Wird U_e verkleinert, dann ändert sich U_a zunächst gar nicht, weil der Verstärker dank seiner großen Verstärkung in der Sättigung bleibt. Erreicht U_e den Wert U_{e2}, so ist $U_D = 0$. Wird U_D geringfügig negativ, so springt der Verstärkerausgang von $U_{+sätt}$ auf $U_{-sätt}$. Von $U_{-sätt}$ nach $U_{+sätt}$ ändert sich der Ausgang erst wieder wenn U_{e1} so groß ist, daß $U_D > 0$ wird. Der Verstärker besitzt eine Hysterese U_{eh}. Bei einer sinusförmigen Spannung $u_e = U_e \sin(\omega t)$ ergibt sich ein Verlauf von U_a nach Bild C-45b.
    Die Gleichungen im Bild C-45b geben die Umschaltpunkte an:
    Bei symmetrischen Operationsverstärkern ist:

$$U_{+sätt} = -U_{-sätt} = U_{sätt}.$$

Für die Schalthysterese gilt dann:

$$U_{eh} = \frac{R_1}{R_2} 2 U_{sätt}. \qquad \text{(C-45)}$$

C.5.3.5
Addierender Verstärker, invertierend

Bild C-46 zeigt einen addierenden Verstärker mit invertierender Beschaltung.
Nach der Knotenregel gilt:

$$\frac{U_{e1}}{R_1} + \frac{U_{e2}}{R_2} + \ldots + \frac{U_{en}}{R_n} = \frac{-U_a}{R_0}.$$

Wird nach U_a aufgelöst, so erhält man für die Übertragungsgleichung

$$U_a = -R_0 \left(\frac{U_{e1}}{R_1} + \frac{U_{e2}}{R_2} + \ldots + \frac{U_{en}}{R_n} \right). \tag{C-46}$$

Sind die Widerstände gleich, d.h. $R_1 = R_2 = \ldots = R_n$, so ergibt sich:

$$U_a = -\frac{R_0}{R_1} (U_{e1} + U_{e2} + \ldots + U_{en}). \tag{C-47}$$

Wie diese Gleichung zeigt, werden die Eingangsspannungen zuerst addiert, dann verstärkt und anschließend invertiert.

Diese Schaltung findet häufig Verwendung. Sie gestattet die Addition unterschiedlicher Spannungen mit gleichem oder verschiedenem Skalenfaktor nach Gl. (C-45). Die Eingangsspannungen wirken über die Widerstände R_1 bis R_n auf den Knoten am invertierenden Eingang. Im linearen Bereich des Operationsverstärkers ist seine Eingangsspannung null, vom Eingang her scheint der Knoten am invertierenden Eingang mit Masse verbunden zu sein. Deshalb beeinflussen sich die verschiedenen Eingangsspannungen nicht, und die Eingänge sind rückwirkungsfrei. Der Eingangswiderstand ist der jeweilige Widerstand zwischen Eingang und Knoten.

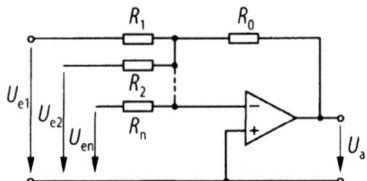

a Schaltung

$$U_a = -R_0 \left(\frac{U_{e1}}{R_1} + \frac{U_{e2}}{R_2} + \ldots + \frac{U_{en}}{R_n} \right) \qquad (C-46)$$

Eingangswiderstand:
Der Eingangswiderstand ist der Widerstand
zwischen dem Eingang U_e und dem Knoten am
invertierenden Eingang des Operationsverstärkers.

b Gleichung der Ausgangsspannung U_a

Addieren mehrerer Signalspannungen ohne
Rückwirkungen.

c Anwendungen

Bild C-46. Addierender Verstärker mit invertierender Beschaltung

Spannungen können auch am Eingang eines nicht invertierenden Operationsverstärkers addiert werden. Da sich die einzelnen Spannungen gegenseitig beeinflussen, wird diese Schaltung kaum verwendet.

C.5.3.6
Konstantstrom-Quellen

Besonders in der Meßtechnik, aber auch bei elektronischen Schaltungen sind *konstante Stromquellen* erforderlich, deren Ausgangsstrom – in bestimmten Grenzen – unabhängig vom Lastwiderstand ist. Der Ausgangsstrom I_a hängt nicht von der abgegebenen Spannung der Quelle ab. Im einfachsten Fall fließt der konstante Strom im Rückführwiderstand eines invertierenden oder nicht invertierenden Operationsverstärkers. Er regelt den Strom in der Rückführung stets so, daß sich die Eingangs- und die Rückführströme zu null ergänzen. Dieser Strom ist auf den Knoten am Eingang des Operationsverstärkers bezogen und deshalb nur bedingt brauchbar.

In Bild C-47 wird eine Schaltung vorgestellt, in der die Spannungsquelle und der Verbraucher geerdet werden können.

Der Operationsverstärker liefert den erforderlichen Strom über den Widerstand R_5 an den Verbraucher. Der Spannungsabfall an R_5 wird mit der Subtrahierschaltung Bild C-44 gemessen. Hierzu wird die Spannung vor dem Widerstand R_5 mit dem Spannungsteiler aus R_1 und R_3 geteilt, die nach dem Widerstand R_5 mit dem Teiler aus R_2 und R_4 geteilt und den Eingängen des Operationsverstärkers zugeführt. Aus Symmetriegründen gilt: $R_1/R_3 = R_2/R_4$. Ist die Eingangsspannung $U_e = 0$, dann ist die Brücke abgeglichen, wenn die Spannung an R_5 null ist, so daß kein Strom fließt. Eine positive Eingangsspannung an U_e erhöht die Spannung U_p, der Operationsverstärker regelt U_a^* so,

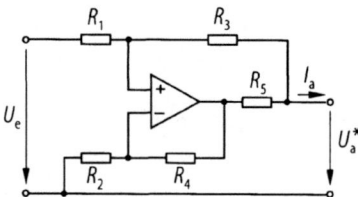

a Schaltung

wenn $\dfrac{R_1}{R_3} = \dfrac{R_2}{R_4}$ und

wenn $R_5 \ll R_3$ ist, gilt:

$$I_a = U_e \frac{R_2}{R_4 R_5} \qquad\qquad \text{(C-48)}$$

b Gleichung für den Ausgangsstrom I_a

Stromeinspeisung in Sensoren, bei denen der elektrische Widerstand von einer nichtelektrischen Größe abhängt, beispielsweise der Temperatur oder einer Gaskonzentration.

c Anwendungen

Bild C-47. Konstantstrom-Quelle mit geerdetem Eingang und geerdetem Verbraucher

daß $U_p = U_n$ ist. An R_5 fällt jetzt die im Verhältnis R_2/R_4 geteilte Eingangsspannung U_e ab. Daraus läßt sich der Zusammenhang zwischen Eingangsspannung U_e und dem Ausgangsstrom leicht berechnen

$$I_a = U_e \frac{R_2}{R_4 R_5} \, .$$

Durch den Widerstand R_5 fließt außer dem zu messenden Ausgangsstrom auch der Strom in den Spannungsteiler aus R_3 und R_1. Dieser Strom ist der abgegebenen Spannung U_a proportional und er verringert den Innenwiderstand der Stromquelle auf den Wert $R_i = R_1 + R_3$. Soll ein sehr kleiner oder ein genauer Strom aus der Quelle fließen, dann kann der Innenwiderstand nicht mehr vernachlässigt werden. Der Teiler aus R_1 und R_3 muß hochohmig sein, und es ist ein Operationsverstärker mit entsprechend kleinem Eingangsstrom (*Input Bias Current*) zu verwenden.

C.5.3.7
Idealer Einweggleichrichter

Sollen kleine Spannungen gleichgerichtet werden, dann stört die Durchlaßspannung der Dioden D_1 und D_2 sowie deren Temperaturabhängigkeit. Diese Einflüsse können mit einer Schaltung nach Bild C-48 ausgeschaltet werden.

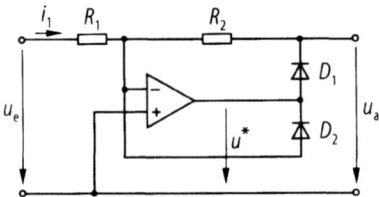

a Schaltung

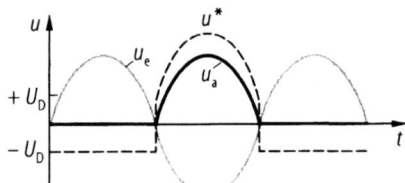

b Wichtige Spannungen

$$u_e > 0 \qquad u_a = 0$$

$$u_e < 0 \qquad u_a = -\frac{R_2}{R_1} u_e \qquad\qquad \textbf{(C-49)}$$

c Gleichungen

Gleichrichten von Wechselspannungen

d Anwendungen   **Bild C-48.** Idealer Einweg-Gleichrichter

Ist die Eingangsspannung u_e negativ ($u_e < 0$), so leitet die Diode D_1 und die Diode D_2 ist gesperrt (Schaltung wie ein invertierender Verstärker). Da die Ausgangsspannung u_a am Knoten von R_2 und D_1 abgenommen wird, ist nur der Spannungsabfall an R_2 maßgebend, die Durchlaßspannung der Diode D_1 spielt keine Rolle. Für $u_e < 0$ gilt daher:

$$u_a = -\frac{R_2}{R_1}\, u_e.$$

Wird die Eingangsspannung u_e positiv ($u_e > 0$), dann leitet die Diode D_2, der Gegenkopplungsstrom fließt durch D_2 direkt in den Knoten am invertierenden Eingang, die Diode D_1 leitet dagegen nicht. Deshalb kann auch kein Strom durch den Widerstand R_2 fließen, so daß für diesen Fall die Ausgangsspannung u_a gleich null ist (Gleichrichtung).

C.5.4
Operationsverstärker mit dynamischer Beschaltung

Operationsverstärker-Schaltungen mit *statischer* Rückkopplung erzeugen zu jeder Eingangsspannung eine *fest zugeordnete* Ausgangsspannung. Die Rückkopplung besteht aus Bauteilen (z. B. aus Widerständen, Dioden oder Transistoren), bei denen der Strom der angelegten Spannung *ohne Verzögerung* folgt.

Operationsverstärkerschaltungen mit *dynamischer Rückkopplung* erzeugen Ausgangssignale, die nicht nur vom Augenblickswert der Eingangsspannung, sondern auch von deren bisherigen Verlauf abhängen. Die Beschaltung enthält Bauteile (z. B. Kondensatoren), bei denen der Strom und die Spannung zeitlich gegeneinander versetzt verlaufen. Die im Prinzip ebenfalls verwendbaren Induktivitäten werden praktisch nicht benutzt, da sie schlechtere elektrische Eigenschaften als Kondensatoren aufweisen und teurer sind. Statt dessen baut man alle passiven Filterschaltungen aus Kondensatoren und Induktivitäten heute als *aktive Filterschaltungen* auf, bestehend aus Operationsverstärkern, Widerständen und Kondensatoren. Bei beiden Schaltungstypen ist, wie bei allen Schaltungen mit Operationsverstärkern, die Summe des Eingangsstroms und des zurückgekoppelten Stroms gleich null, und der Eingangsstrom des Operationsverstärkers wird stets vernachlässigt. Der Verstärker muß dabei den Signalen *ohne spürbare Verzögerung* folgen können; sonst gelten die angegebenen Übertragungsfunktionen nicht oder nur näherungsweise.

Beim *Integrierer* und *Differenzierer* wird der *zeitliche* Verlauf des Eingangssignals durch Integration bzw. Differentiation in einen anderen *zeitlichen* Verlauf der Ausgangsspannung umgeformt, während *Hoch-*, *Tief-* und *Bandpässe* verschiedene *Frequenzen trennen* und damit den Frequenzbereich betrachten. Bild C-49 gibt eine Übersicht über die wichtigsten dynamischen Schaltungen und ihre Eigenschaften. Diese Schaltungen werden zur Signalverarbeitung und in der Regelungstechnik verwendet.

C.5.4.1
Integrator

Der Integrator kann Funktionsverläufe elektrischer Größen über der Zeit integrieren. Er findet beispielsweise zur Funktionserzeugung, für steuerbare Zeitglieder oder in der Regelungstechnik Verwendung.

Die Ausgangsspannung u_a des Integrators ist die Summe der Produkte aus anliegender Eingangsspannung u_e mal dem jeweiligen Zeitabschnitt dt. Die Ausgangsspannung u_a ist deshalb der Eingangs-Spannungs-Zeit-Fläche $u_e\, dt$ proportional. Diese Funktion

Schaltung	Eigenschaften Besonderheiten	Übertragungsfunktion $f = U_a/U_e$	Amplitudengang	Phasengang	Sprungantwort
	Integrator	$u_a = -\dfrac{1}{RC}\displaystyle\int u_e\,dt$			
	Differenzierer	$u_a = -RC\dfrac{du_e}{dt}$			
	Tiefpaß 1. Ordnung	$\dfrac{U_a}{U_e} = -\dfrac{R_2}{R_1}\cdot\dfrac{1}{1+j\omega CR_2}$ $\omega_g = \dfrac{1}{R_2 C}$ $f_0 = \dfrac{1}{2\pi R_2 C}$			
	Tiefpaß 2. Ordnung	$\dfrac{U_a}{U_e} = \dfrac{-v_0}{1+j\Omega\alpha - \Omega^2}$ $\Omega = \dfrac{\omega}{\omega_g}$　　$v_0 = \dfrac{R_3}{R_1}$ $\alpha =$ Dämpfungsfaktor			

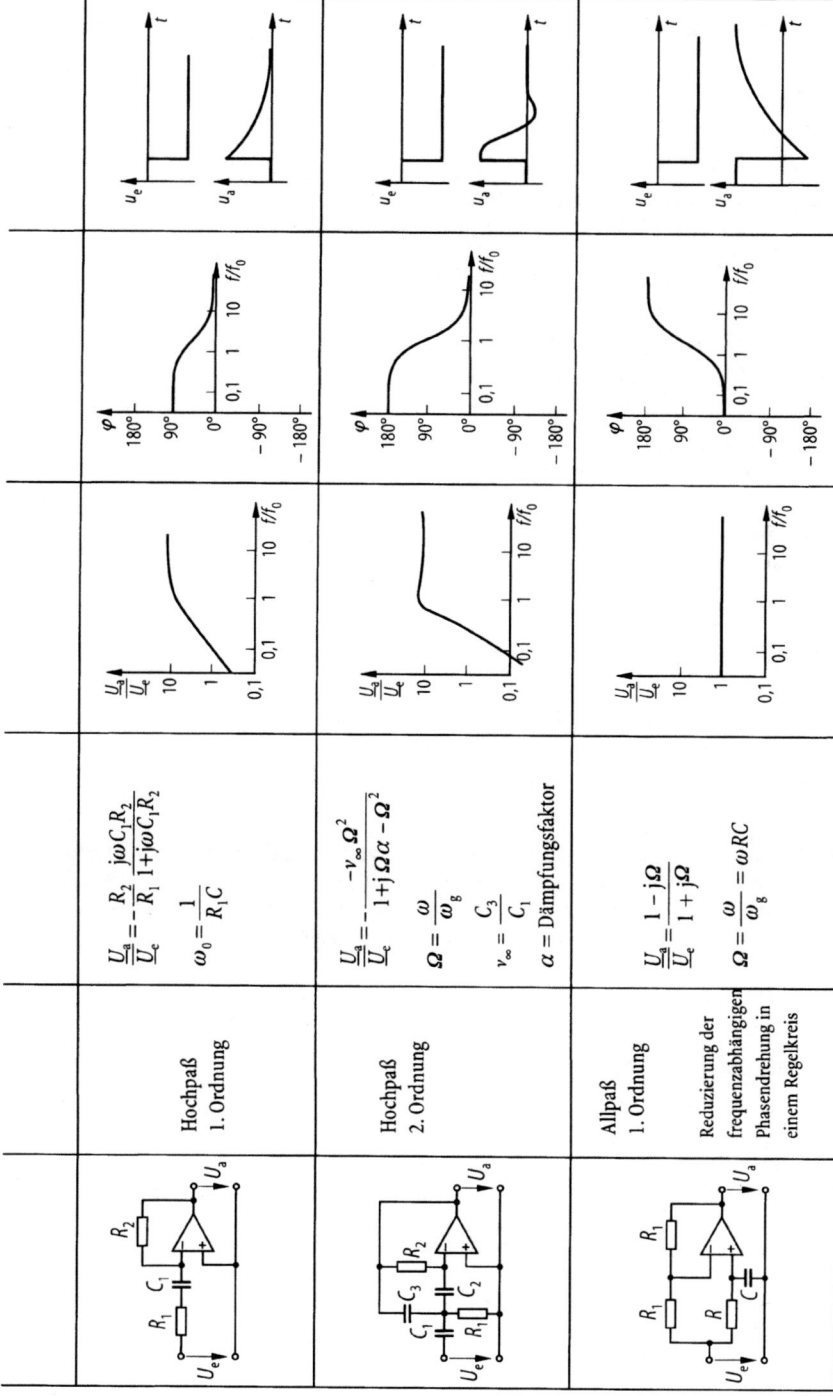

Bild C-49. Zusammenstellung dynamisch beschalteter Operationsverstärker

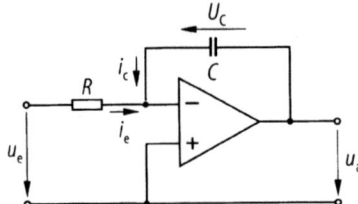

a Schaltung

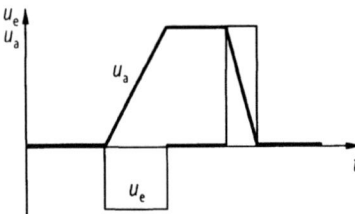

b Ein- und Ausgangsspannung

$$u_a = -\frac{1}{RC} \int u_e \, dt + U_C \qquad\qquad (C\text{-}50)$$

c Gleichungen

Realisierung eines Reglers mit integrierendem
Verhalten in analogen Regelkreisen

d Anwendungen   **Bild C-50.** Integrator

ist wichtig und wird häufig benutzt. Bild C-50 a zeigt die Schaltung eines Integrators. Die Schaltung ist dem invertierenden Spannungsverstärker (Bild C-42) ähnlich; lediglich der Rückführwiderstand R_2 ist durch den Kondensator C ersetzt. Die Übertragungsfunktion wird wie folgt berechnet: Es gilt die Knotenregel: $i_e + i_C = 0$ oder

$$\frac{U_e}{R} + C \frac{dU_a}{dt} = 0 \, .$$

Für die Ausgangsspannung U_a ist somit:

$$U_a = -\frac{1}{RC} \int U_e \, dt \, .$$

Der Faktor RC im Nenner ist die Zeitkonstante; sie gibt die *Integrationszeit* an.

Ein unbestimmtes Integral ist bis auf einen Anfangswert U_{a0} bestimmt. Für obige Schaltung ist die *Integrationskonstante* die *Spannung am Kondensator* U_C, die durch eine Aufladung erzeugt wird. Ist $U_a = 0$, dann hat vor dem Integrieren keine Aufladung stattgefunden. Wird die Integrationskonstante berücksichtigt, so kann man schreiben:

$$u_a = -\frac{1}{RC} \int u_e \, dt + U_C \, .$$

Bild C-50 b) zeigt die Integration über jeweils einen rechteckförmigen Eingangsimpuls mit verschiedener Form und Polarität. Die Ausgangsspannung, d. h. die integrierte Kurve, ist fett eingezeichnet.

Der Integrator aus Bild C-50 besitzt *keine Gleichstromrückführung*. Der zwar kleine, aber doch von null verschiedene Eingangsstrom des Operationsverstärkers muß über den Widerstand R zugeführt werden. Fehlt dieser Strom, beispielsweise bei offenem Eingang oder einer hochohmigen Quelle, dann wird der Eingangsstrom des Operationsverstärkers von seinem Ausgang über den Kondensator C aufgebracht, wobei die Ausgangsspannung langsam bis an eine Aussteuergrenze driftet. In diesem Zustand arbeitet die Schaltung nicht mehr. Selbst wenn der Eingangsstrom null ist, wirkt die invertierte Offsetspannung wie eine Eingangsspannung u_e und erzeugt über dem Widerstand R einen Eingangsstrom, der integriert wird. In der Praxis muß deshalb stets für einen *ausreichenden Eingangsstrom* gesorgt werden. Das kann im einfachsten Fall über einen dem Kondensator C parallel geschalteten Rückführwiderstand R^* geschehen. Der Eingangsstrom wird dann aus der Ausgangsspannung über den Widerstand R^* (im MΩ-Bereich, meistens > 10 MΩ) gespeist. Die Ausgangsspannung hat dann einen kleinen, der Eingangsspannung u_e proportionalen, Anteil. Dadurch wird die Gleichstromverstärkung auf den Wert $v = R^*/R$ begrenzt. Dieser proportionale Anteil kann nicht immer toleriert werden. Der Rückführwiderstand kann entfallen, wenn der Integrator in einem geschlossenen Regelkreis ist, in dem eine Abweichung der Ausgangsspannung u_a die Eingangsspannung u_e korrigiert und damit den Eingangsstrom des Operationsverstärkers sicherstellt.

C.5.5
Weitere wichtige integrierte Analogschaltungen

Neben der großen Gruppe der Operationsverstärker gibt es weitere standardmäßig genutzte *integrierte Analogschaltungen*. Hierzu gehören die den Operationsverstärkern sehr ähnlichen *Komparatoren, integrierte Spannungsregler, Spannungsstabilisatoren*, die nicht nach dem Zener- oder Avalancheeffekt arbeiten, die sogenannten *Bandabstands-Referenzelemente* und zahlreiche andere Analogschaltungen, die es für viele besondere Anwendungsfälle klein und preisgünstig gibt. Die letzte Gruppe ist so vielfältig, daß die entsprechenden Schaltungen zweckmäßigerweise den Datenbüchern und Übersichtslisten analoger integrierter Schaltungen zu entnehmen sind.

C.5.5.1
Komparatoren

Ein Komparator (Vergleicher) ist im Prinzip ein Operationsverstärker, der an der Schnittstelle zwischen analogen und digitalen Schaltungen Verwendung findet (Bild C-51). Er hat zwei Eingänge, einen Differenzverstärker, eine Spannungsverstärkerstufe und eine Endstufe. Die Ausgangsspannung u_0 hängt nur von der Polarität der Differenz der Eingangsspannungen ab. An beiden Eingängen gleichsinnig auftretende Steuerspannungen führen nicht zu einem Ausgangssignal, denn der Komparator hat eine gute Gleichtaktunterdrückung. Der Ausgangsspannungsbereich ist kleiner als beim Operationsverstärker, da nur die beiden logischen Pegel der Folgeschaltung erreicht werden müssen, 0 V für „0" und 2,5 V bis 5 V für „1". Als digitales Bezugspotential hat der Komparator meistens auch einen Masseanschluß.

Im Gegensatz zum Operationsverstärker wird der Komparator normalerweise *ohne Rückkopplung* betrieben. Dadurch entsteht kein geschlossener Regelkreis, der durch ein

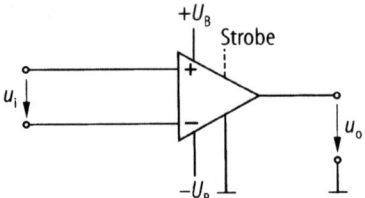

a Schaltung

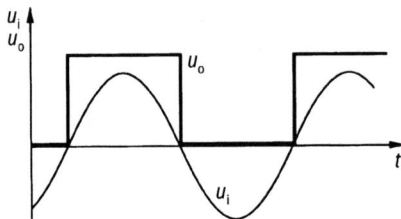

b Ein- und Ausgangsspannung

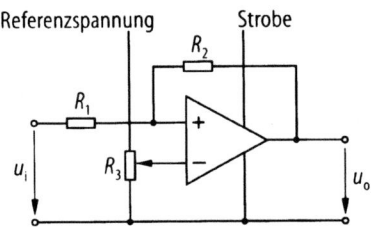

c Hysterese und einstellbare Schwelle

$u_i > 0$ u_o log H

$u_i < 0$ u_o log L

d Gleichungen

Schalten eines logischen Pegels abhängig von
einer analogen Eingangsspannung

e Anwendungen   **Bild C-51.** Komparator

Verzögerungsglied stabilisiert werden muß und deshalb langsam wird. Der Komparator
reagiert auch dann *schnell* auf eine Änderung der Eingangsspannung, wenn er vorher in
hohem Maß übersteuert wurde, während dieser Betrieb bei Operationsverstärkern zu
interner Sättigung und entsprechend langen und unberechenbaren Verzögerungszeiten
führt.

Komparatoren sind wichtige Bauelemente bei der Umwandlung analoger in digitale
Signale, beispielsweise in Analog-Digital-Wandlern.

Viele Komparatoren haben einen *Austastanschluß* (Strobe), mit dem der Komparator unwirksam gemacht wird, er gibt dann, unabhängig vom Eingangssignal, entweder eine „0" oder den vorhergehenden logischen Zustand aus (Schaltzeichen s. Bild C-51 a). Bei integrierten einfachen Komparatoren liegen die Eingänge, wie bei Operationsverstärkern, oft auf den Anschlüssen 2 und 3, sie haben gegenüber diesen jedoch die umgekehrte Polarität. Damit wird ein elektrisch fragwürdiger Tausch durch die Anschlußbelegung verhindert. Das Verhältnis von Ein- und Ausgangssignalen gleicht denen des Schmitt-Triggers ohne Hysterese (Bild C-51 b). Beim Schaltungsaufbau ist auf eine gute Entkopplung des analogen Eingangs- und des digitalen Ausgangskreises zu achten. Bei einem kleinen Eingangssignal und ungünstiger Leitungsführung kann die steile Flanke der Ausgangsspannung über einen gemeinsamen ohmschen Pfad oder induktiv auf den Eingang zurückkoppeln, wodurch die Schaltung schwingen kann. Der Komparator kann durch eine Schmitt-Trigger-Beschaltung mit kleiner Hysterese gegen diese Störungen unempfindlich gemacht werden (Bild C-51 c).

C.5.5.2
Spannungsregler

Ein Spannungsregler formt eine in ihrem Wert schwankende Eingangsspannung U_E in eine kleinere aber konstante Ausgangsspannung U_A um. Eingang und Ausgang besitzen ein gemeinsames Bezugspotential (Masse), es besteht also keine Potentialtrennung zwischen dem Eingang und dem Ausgang. Die überschüssige Spannung fällt am Längstransistor ab. Der Regler besteht mindestens aus einer *Referenzspannung*, einem *Fehlerverstärker* und einem *Stellglied*. Die Referenzspannung stellt den konstanten *Sollwert* dar. In der Praxis ist der Fehlerverstärker als *Operationsverstärker* und das Stellglied als *Leistungstransistor* ausgeführt. Von einem *Längsregler* spricht man, wenn das Stellglied zwischen dem Eingang und dem Ausgang des Spannungsreglers angeordnet ist, und von einem *Shuntregler*, wenn das Stellglied parallel zum Ausgang, also zur Last R_L liegt. Bild C-52 a zeigt einen als Längsregler realisierten Spannungsregler.

Das Stellglied ist durch den n-Kanal MOSFET-Transistor und der Fehlerverstärker durch einen Operationsverstärker dargestellt. Im ausgeregelten Zustand ist die auf die Masse bezogene Spannung an beiden Eingängen des Fehlerverstärkers gleich groß, so daß die Differenzspannung Null ist.

Weichen Ausgangs- und Referenzspannung voneinander ab, dann wird die größere Spannung geteilt und auf dem Niveau der niedrigeren verglichen. Es gilt für

$U_A > U_{Ref}$:

$$U_A = U_{Ref} (1 + R_1/R_2).$$ (C-51)

Für $U_A < U_{Ref}$ gilt:

$$U_A = U_{Ref} R_2/(R_1 + R_2).$$ (C-52)

Die vollständigen Regler gibt es für alle üblichen positiven und negativen Spannungen integriert in einem Gehäuse mit mindestens drei Anschlüssen.

C.5.5.3
Bandgap-Referenzelement

Referenzspannungen sind stabile Spannungen, die als Bezugsgröße verwendet werden. Aus ihnen werden Spannungen abgeleitet, die beispielsweise in Stromversorgungen,

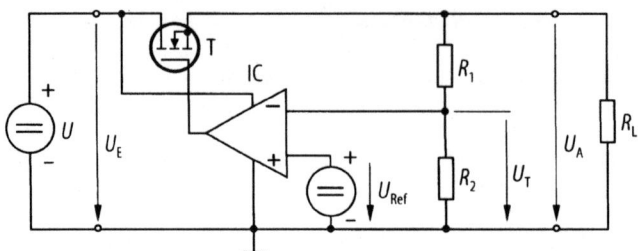

a Schaltung

Stabilisierung der Eingangsspannung U_E auf eine kleinere feste Ausgangsspannung U_A, die von der Eingangsspannung und dem Ausgangsstrom
nicht abhängt. Die Leistung aus der abfallenden Spannung und dem Strom
wird in Wärme umgesetzt.

b Funktion

Preisgünstige Stabilisierung der Versorgungsspannung für elektronische
Schaltungen aller Art. Es gibt Regler für positive und für negative Spannungen.

c Anwendung

Bild C-52. Spannungsregler für $U_a > U_{Ref}$

Digital-Analog- und Analog-Digital-Wandlern und anderen elektronischen Schaltungen benötigt werden.

Referenzspannungen erzeugt man auf zwei verschiedene Arten. Beim Zener- oder
Avalanche-Durchbruch einer in Sperrichtung betriebenen Diode steigt der Strom oberhalb der Durchbruchspannung stark an. Beim Bandabstands- oder *Bandgap-Prinzip*
wird die Basis-Emitterspannung eines Transistors in Durchlaßrichtung und ein ihr
proportionaler Spannungsabfall an einem Vorwiderstand zu einer niederohmigen und
temperaturunabhängigen Referenzspannung addiert. Bandgap-Referenzelemente sind
einfache integrierte Schaltungen mit genau dimensionierten Elementen. Beide Typen
finden in diskreten und in integrierten Schaltungen Verwendung.

C.6
Thyristoren und Triacs

In der Leistungselektronik setzt man besondere Halbleiterbauelemente ein, um steuerbare Energie für große Stromverbraucher zu erzeugen, beispielsweise für Elektromoto-
ren, Heiz- und Schmelzöfen, Elektrolyse- und Galvanikanlagen, Hochspannungsgleich-
stromübertragung (HGÜ) oder Sendeanlagen. Auch in der Kraftfahrzeugtechnik und
im Haushalt findet die Leistungselektronik zunehmend Verwendung.

Bild C-53 gibt eine Übersicht über die wichtigsten Leistungshalbleiter. Als Grundmaterial verwendet man n-dotiertes Silicium und erzeugt durch Diffusionsprozesse den
jeweiligen Schichtaufbau. Die Siliciumtablette hat je nach Stromstärke einen Durchmesser von 5 mm bis 100 mm und ist in einem Gehäuse gegen Umwelteinflüsse geschützt.
Die Verlustwärme muß über den Gehäuseboden und einen Kühlkörper an die umgebende Luft abgeführt werden. Bei großen Leistungen haben die Halbleiter Wasserküh-

Typ	Thyristor, SCR (Silicon-Controlled-Rectifier)	Triac (Bidirectional-Thyristor-Triode)	Abschaltthyristor, GTO (Gate-Turn-Off-Thyristor)	IGBT (Insulated-Gate-Bipolar-Transistor)
Schaltzeichen Meßvorschrift	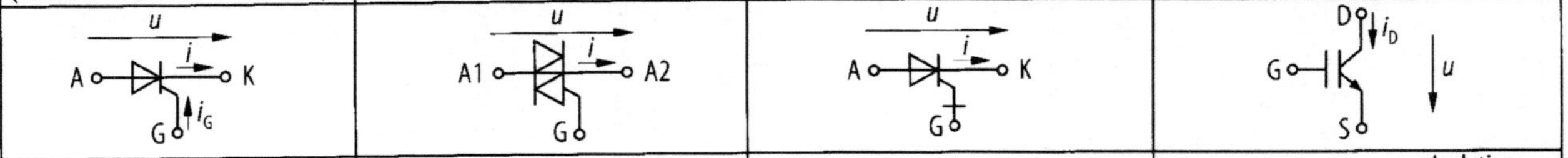			
Schichtaufbau				
Kennlinien	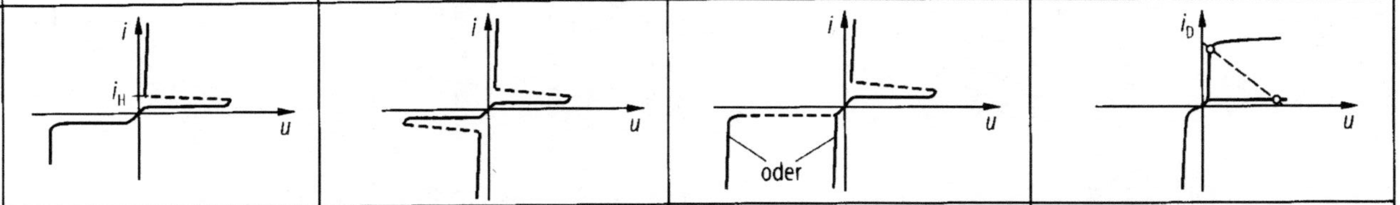			
Besonderheiten	Einschalten durch positiven Gate-strom bei positiver Spannung und Ausschalten nur möglich, wenn Haltestrom i_H unterschritten wird.	Wirkungsweise vergleichbar mit zwei antiparallel geschalteten SCR.	Einschalten durch positiven Gatestrom bei positiver Spannung und Ausschalten durch negativen Gatestrom. Asymmetrisches oder symmetrisches Sperrvermögen.	Entspricht im Gatebereich dem MOS-FET und im Kollektor-Emitterbereich dem bipolaren Transistor. Geringe Steuerleistung, da spannungssteuernd. Geringer Durchlaßwiderstand.
Einsatzgebiet	Gesteuerter Gleichrichter. Einsatz bei natürlich kommutierenden Stromrichtern.	Wechselstromsteller bei kleinen und mittleren Leistungen, z.B. im Haushaltsbereich.	Gleichstromsteller, Frequenzumformer. Einsatz anstelle zwangskommutierender Schaltungen.	Universell einsetzbar für Gleich- und Wechselrichter bei mittleren Leistungen. Hohe Taktfrequenz möglich.
Grenzleistung	$u_{max} = 4,5$ kV $i_{max} = 4$ kA $f_{max} = 5$ kHz	$u_{max} = 1,5$ kV $i_{max} = 150$ A $f_{max} = 50$ Hz	$u_{max} = 6$ kV $i_{max} = 4$ kA $f_{max} = 10$ kHz	$u_{max} = 1$ kV $i_{max} = 100$ A $f_{max} = 20$ kHz

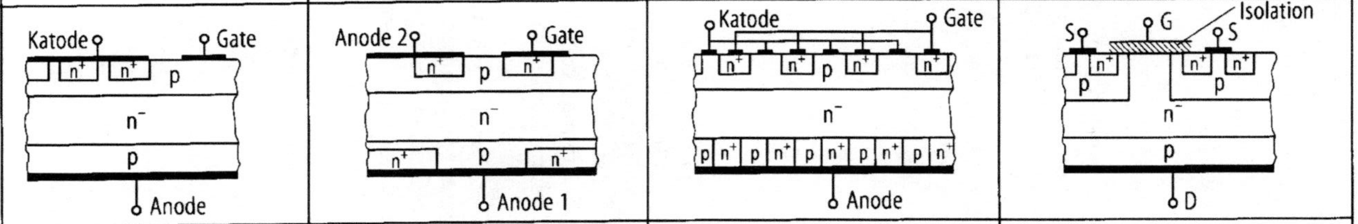

Bild C-53. Übersicht über verschiedene Leistungshalbleiter

lung. Für Leistungen bis etwa 10 kW sind bipolare Leistungstransistoren und MOS-FET im Einsatz. Diese Halbleiter wurden in den Abschnitten C.3 und C.4 beschrieben. Als weitere Bauelemente haben sich bewährt: Der Thyristor, der Triac, der GTO (Abschaltthyristor), der IGBT (Insulated-gate-bipolar-transistor).

C.6.1
Thyristor

Ein Thyristor ist eine Vierschichttriode mit einer p-n-p-n-Struktur. Ähnlich wie bei einer Leistungsdiode ist der zulässige Thyristorstrom abhängig vom Tablettendurchmesser, und die zulässige Thyristorspannung von der Tablettendicke. Ein Thyristor kann nur in einer Richtung einen Laststrom leiten. Durch einen Zündimpuls auf das Gate schaltet man den Thyristor ein. Ist er in einer Wechsel- oder Drehstromschaltung angeordnet, so geht der Laststrom nach einer Halbwelle gegen null und der Thyristor verlöscht. Man spricht von *natürlicher Kommutierung*. In jeder Periode wird der Thyristor neu gezündet.

C.6.1.1
Statische Kennlinien

Bild C-54 zeigt eine Teilschaltung und die Kennlinien. Ist der Thyristor nicht gezündet, d.h. ist der Gatestrom $i_G = 0$, so ergeben sich die in Bild C-54b dargestellten Kennlinien.

Ist der Augenblickswert der Netzspannung $u_{Netz} > 0$, so blockiert der Thyristor den Strom, d.h. es fließt ein kleiner Blockierstrom i_D von einigen mA. Die maximale Spitzenspannung ist im Datenblatt mit U_{DRM} bezeichnet und darf auch kurzzeitig nicht überschritten werden, andernfalls kippt der Arbeitspunkt von der Blockier- auf die Durchlaßkennlinie. Man spricht von Überkopfzündung; hierbei kann der Thyristor zerstört werden.

Ist die Netzspannung $u_{Netz} < 0$, so sperrt der Thyristor. Der Thyristor befindet sich im *Sperrbereich*; der Index ist R. Die Sperrkennlinie ist spiegelbildlich zur Blockierkennlinie. Wird die Spitzensperrspannung U_{RRM} überschritten, so steigt der Sperrstrom i_R lawinenartig an, und der Thyristor wird zerstört. Der Maximalwert der Betriebsspannung darf aus Sicherheitsgründen höchstens 50% von U_{RRM} betragen (d.h. der Spannungssicherheitsfaktor S hat den Wert 2).

Wird der Thyristor gezündet, so ergibt sich die in Bild C-55 gezeichnete Kennlinie.

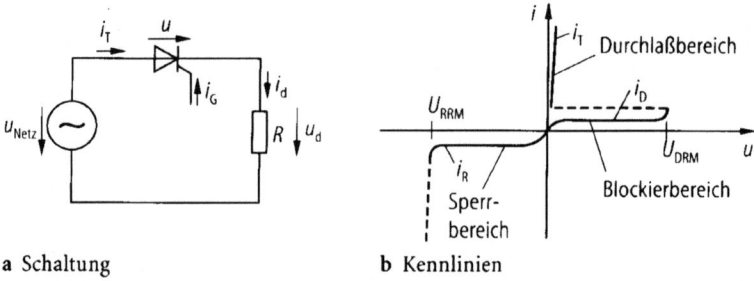

a Schaltung   b Kennlinien

Bild C-54. Testschaltung und statische Kennlinien

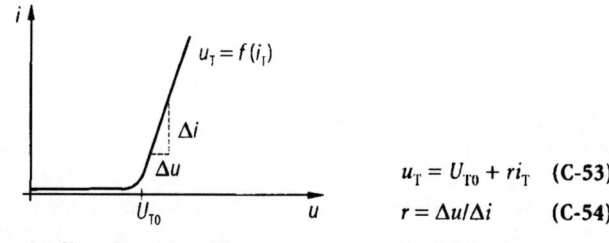

$$u_T = U_{T0} + r i_T \quad \text{(C-53)}$$

$$r = \Delta u / \Delta i \quad \text{(C-54)}$$

a Durchlaßkennlinie eines Thyristors   **b** Gleichungen

Bild C-55. Durchlaßkennlinie eines Thyristors

Diese Kennlinie läßt sich durch folgende zwei Gleichungen mathematisch darstellen:

$$u_T = U_{T0} + r i_T \tag{C-53}$$

und

$$r = \Delta u / \Delta i. \tag{C-54}$$

Dabei ist U_{T0} die Schleusenspannung und r der Ersatzwiderstand. Im Durchlaßbetrieb, d.h. wenn der Thyristor gezündet ist, kann der Halbleiter bis zum Dauergrenzstrom belastet werden. I_{TAVM} ist der dauernd zulässige Mittelwert des Durchlaßstromes bei Belastung mit sinusförmigen Stromhalbwellen und bei bestimmten Kühlbedingungen entsprechend Bild C-56.

Im Durchlaßbetrieb beträgt der Spannungsabfall u_T am Thyristor bei Belastung mit dem Dauergrenzstrom etwa 1,5 V bis 2 V. Je nach Betriebsart, Schaltung und Kühlverhältnissen muß der zulässige Thyristornennstrom durch eine Erwärmungsrechnung ermittelt werden. Im Sperr- und Durchlaßbereich verhält sich der Thyristor wie eine Leistungsdiode.

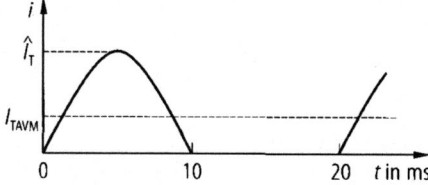

Bild C-56. Definition des Dauergrenzstroms

C.6.2
Triac

Ein Triac ist ein Leistungshalbleiter, der dieselbe Funktion hat wie zwei *antiparallele Thyristoren*. Man bezeichnet ihn auch als *bidirektionaler Thyristor*. Der Triac ist in der Lage, in einem Wechselstromkreis sowohl die positive als auch die negative Stromhalbwelle zu steuern. Der Triac findet als *kontaktloser Schalter* und als *Steller* im Wechsel- und Drehstromnetz Verwendung.

C.6.3
Abschaltthyristor (GTO)

Ist ein Thyristor gezündet, so kann der Strom nicht mehr über das Gate abgeschaltet werden. Um in einem Gleichstromkreis den Strom ein- und ausschalten zu können, entwickelte man ein Bauelement, bei dem zusätzlich durch einen negativen Gatestrom der Thyristor gelöscht werden kann. Mit einem GTO läßt sich daher ein sehr einfacher *Gleichstromsteller* aufbauen. Diesem Vorteil steht der Nachteil gegenüber, daß der negative Gatestrom etwa 30% des abzuschaltenden Stromes betragen muß, der Schichtaufbau kompliziert und daher teuer ist und eine aufwendige Schutzbeschaltung benötigt wird. Haupteinsatzgebiet für den GTO ist der Frequenzumrichter zur verlustarmen Drehzahlsteuerung von Asynchronmotoren bei Leistungen über 100 kW, da bei Drehstrommotoren die Drehzahl etwa proportional zur Frequenz ist.

C.6.4
Insulated Gate Bipolar Transistor (IGBT)

Eine Kombination der MOS-Technologie und der des bipolaren Transistors stellt der IGBT (Insualted Gate Bipolar Transistor) dar. Zum Ein- und Ausschalten sind nur kleinste Steuerleistungen erforderlich, während der Durchlaßwiderstand sehr gering ist. Durch hohe Schaltfrequenzen, die oberhalb des Hörbereichs liegen, werden die Geräusche niedrig und Glättungsinduktivitäten klein gehalten.

C.7
Optoelektronik

Die Optoelektronik ist jenes Teilgebiet der Elektronik, das sich mit der Umwandlung von *optischen* Signalen in *elektrische* und umgekehrt befaßt. Dieser Zusammenhang ist in Bild C-57 mit den wichtigsten Bauelementen, die dabei verwendet werden, dargestellt.

C.7.1
Halbleiter-Emitter

C.7.1.1
Strahlungsemission aus Halbleitern

In Halbleitern sind die möglichen Energiezustände der Elektronen in Bändern angeordnet. Dabei befinden sich die beweglichen Elektronen, die am Stromtransport teilnehmen, im energetisch höher gelegenen *Leitungsband* und eine entsprechende Anzahl von Löchern im tiefer liegenden *Valenzband*. Durch Energiezufuhr (z.B. thermisch) können Elektronen vom Valenz- ins Leitungsband gehoben werden (*Generation* von freien Elektron-Loch-Paaren); zugleich findet auch fortwährend der umgekehrte Prozeß statt, wobei Elektronen unter Energieabgabe vom Leitungs- ins Valenzband übergehen (Bild C-58).

Bei dieser *Rekombination* eines Elektrons aus dem Leitungsband mit einem Loch aus dem Valenzband wird im Kristall eine vorher offene Elektronenpaarbindung wieder restauriert. Wird die Energie, die dabei frei wird, als Lichtquant abgegeben, so spricht man von *strahlender* Rekombination. Als Konkurrenzprozeß findet auch die *nicht* strahlende Rekombination statt, bei der die freiwerdende Energie letztendlich in Wärme (Gitterschwingungen) umgesetzt wird.

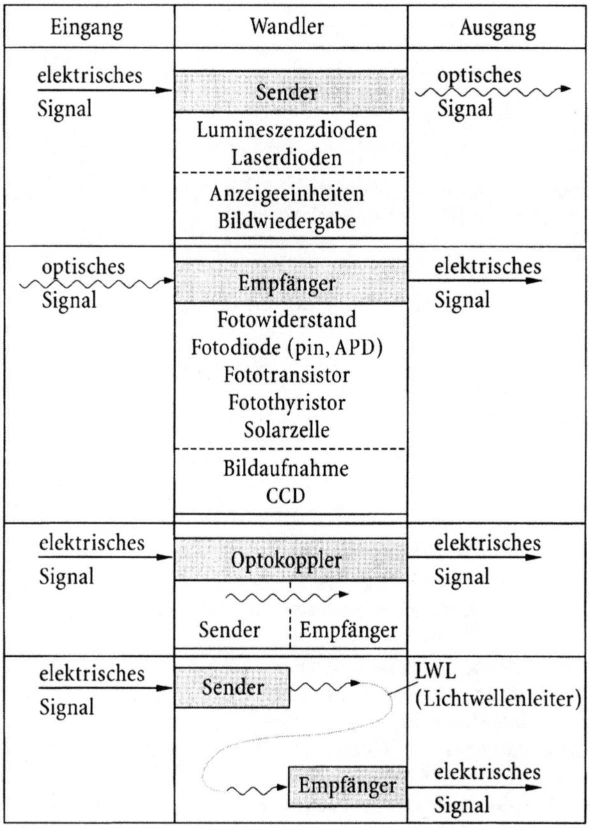

Eingang
Wandler
Ausgang
elektrisches Signal
Sender
optisches Signal
Lumineszenzdioden
Laserdioden
Anzeigeeinheiten
Bildwiedergabe
optisches Signal
Empfänger
elektrisches Signal
Fotowiderstand
Fotodiode (pin, APD)
Fototransistor
Fotothyristor
Solarzelle
Bildaufnahme
CCD
elektrisches Signal
Optokoppler
elektrisches Signal
Sender
Empfänger
elektrisches Signal
Sender
LWL
(Lichtwellenleiter)
Empfänger
elektrisches Signal

Bild C-57. Optoelektronische Wandler

E
Leitungsband
E_L
hf
hf
hf
hf
E_g
E_V
Valenzband

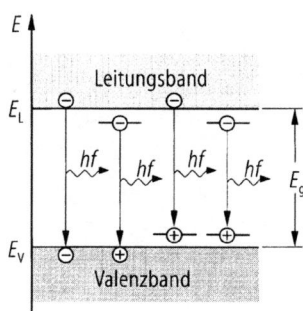

Bild C-58. Strahlende Rekombination im Bändermodell eines Halbleiters

▓ Die Rekombination ist meist recht verwickelt. So kann der Übergang vom Leitungs- in das Valenzband auch über Zwischenstufen gehen, wobei das Elektron beispielsweise zunächst auf Störstellenniveaus (herrührend von Dotierstoffen) fällt und dann das Loch im Valenzband ausfüllt.

In allen Fällen der strahlenden Rekombination entspricht die Energie E_{ph} der ausgesandten Photonen näherungsweise der Breite der verbotenen Zone E_g:

$$E_{ph} \approx E_L - E_V = E_g. \tag{C-55}$$

Die Photonenenergie ist nach Einstein mit der *Frequenz f* des Lichts verknüpft über

$$E_{ph} = hf, \tag{C-56}$$

dabei ist $h = 6,626 \cdot 10^{-34}$ Js die *Plancksche Konstante*.

Für die Wellenlänge λ der Strahlung gilt

$$\lambda = \frac{hc}{E_{ph}} = \frac{1,24\ \mu m \cdot eV}{E_{ph}}. \tag{C-57}$$

▓ Da die Photonenenergie und damit die Wellenlänge von der Breite der Bandlücke E_g abhängt, kann die Farbe des Rekombinationslichts durch die Wahl des Halbleitermaterials bestimmt werden. Von besonderem Interesse sind Mischkristalle, die durch die Wahl des Mischungsverhältnisses eine freie Einstellung der Photonenenergie innerhalb gewisser Grenzen zulassen. So kann beispielsweise der ternäre Mischkristall GaAs$_{1-x}$P$_x$ je nach Wahl des Mischungsparameters x jedes Bandgap zwischen $E_g = 1,43$ eV ($x = 0$, GaAs) und $E_g = 2,26$ eV ($x = 1$, GaP) annehmen. Die zugehörigen Emissionswellenlängen liegen dann zwischen $\lambda = 870$ nm (IR) und $\lambda = 550$ nm (grün).

C.7.1.2
Lumineszenzdioden

Wirkungsweise

Das Herzstück einer Lumineszenz- oder Leuchtdiode (LED, Light Emitting Diode) ist ein pn-Übergang. Bild C-59 zeigt die Bandstruktur eines pn-Übergangs, der in Flußrichtung betrieben wird. Bei der Flußspannung U_F wird die Diffusionsspannung so weit

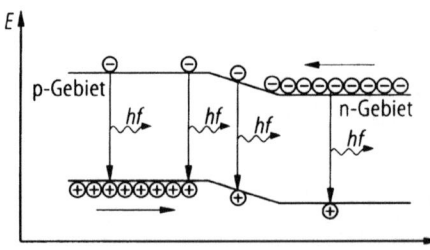

Bild C-59. Bänderschema einer in Durchlaßrichtung betriebenen Lumineszenzdiode

abgebaut, daß die Elektronen des n-Gebiets über die kleine Barriere leicht ins p-Gebiet diffundieren können; umgekehrt fließen Löcher aus dem p- in das n-Gebiet.

Durch diese Injektion der Ladungsträger über den pn-Übergang hinweg wird auf jeder Seite die Minoritätsträgerdichte stark erhöht, was zu einer kräftigen Zunahme der Rekombinationsprozesse führt. Sind die Rekombinationen vorwiegend strahlend, dann entsteht Lumineszenzstrahlung in der Nähe des pn-Übergangs, wobei die Photonenenergie nach Gl. (C-55) etwa der Energie des Bandgaps entspricht.

Kennlinien

Die Strom-Spannungs-Kennlinien von LEDs zeigen das übliche Diodenverhalten (s. Bild C-5). Die Knickspannungen hängen von der Farbe und damit vom Material ab; sie sind in Tabelle C-3 zusammengestellt.

Tabelle C-3. Daten verschiedener Lumineszenzdioden

Material: Dotierstoff	Farbe	Wellenlänge λ/nm	Flußspannung U_F/V
GaAs:Si	IR	930	1,3
GaP:Zn, O	rot	690	1,6
GaAs$_{0,6}$P$_{0,4}$	rot	650	1,8
GaAs$_{0,35}$P$_{0,65}$:N	orange	630	2,0
GaAs$_{0,15}$P$_{0,85}$:N	gelb	590	2,2
GaP:N	grün	570	2,4
SiC:Al, N	blau	470	4
GaN:Zn	blau	440	4,5

Typische Kennlinien der Strahlungsleistung Φ_e bzw. des Lichtstroms Φ_v in Abhängigkeit vom Durchlaßstrom I_F zeigt Bild C-60. Bei geringem Strom ist die Strahlungsleistung proportional zum Flußstrom I_F:

$$\Phi_e = \frac{\eta_{ext} E_{ph}}{e} \cdot I_F. \tag{C-58}$$

η_{ext} ist der *externe Quantenwirkungsgrad*, der angibt, welcher Bruchteil der Rekombinationsakte im Halbleiter zu Photonen führt, die den Kristall verlassen; $e = 1,602 \cdot 10^{-19}$ As ist die Elementarladung.

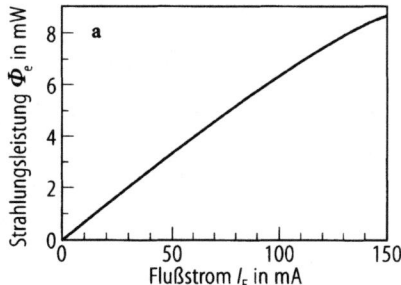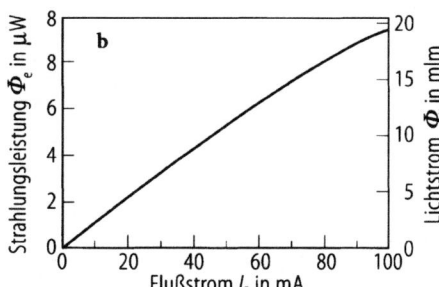

Bild C-60. Strahlungsleistung von Lumineszenzdioden in Abhängigkeit vom Durchlaßstrom: a) IRED, $\lambda = 955$ nm, b) rote LED, $\lambda = 660$ nm

Optische Eigenschaften

Die Spektren einiger Lumineszenzdioden sind in Bild C-61 gezeigt. Die Linienbreiten (auf halber Höhe gemessen) sind durchschnittlich $\Delta\lambda \approx 40$ nm. Die Linienbreite ist bei Band-Band-Übergängen (Bild C-58) im wesentlichen durch die mittlere thermische Energie der Elektronen und Löcher gegeben.

Die Strahlstärke I_e bzw. Lichtstärke I_v in Abhängigkeit vom Emissionswinkel ε wird ganz wesentlich durch die Form der LED bestimmt. Je nach Ausführung des Vergußkörpers ergeben sich verschiedene Abstrahlcharakteristiken. Bild C-62 zeigt in einem Polarkoordinatendiagramm den Verlauf der Lichtstärke als Funktion des Winkels ε, der relativ zur Flächennormalen gemessen wird. Die LED der Meßkurve 1 besitzt ein eingefärbtes diffus streuendes Kunststoffgehäuse und befolgt beinahe ideal die Charakteristik eines *Lambert-Strahlers*:

$$I_v(\varepsilon) = I_v(0) \cos \varepsilon. \tag{C-59}$$

Mit einem *Abstrahlwinkel* von $\varphi = 60°$ ist sie gut geeignet zur Betrachtung von der Seite, kann also beispielsweise in ein Display eingesetzt werden. Der Abstrahl- oder Öffnungswinkel φ ist der Winkel, bei dem die Lichtstärke auf die Hälfte des Maximalwertes abgenommen hat. Die LED von Meßkurve 2 hat ein glasklares, nicht eingefärbtes Gehäuse und emittiert in einer schlanken Keule mit Abstrahlwinkel $\varphi = 12°$. Sie kann bevorzugt für Lichtschranken und ähnliches eingesetzt werden.

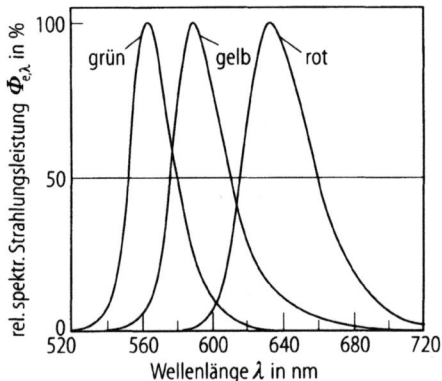

Bild C-61. Spektren verschiedener Lumineszenzdioden

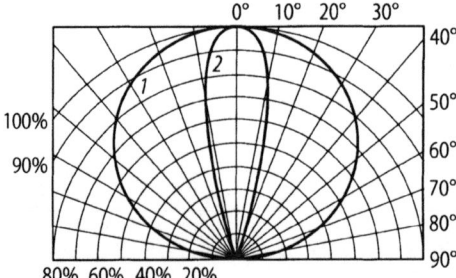

Bild C-62. Abstrahlcharakteristik $I_v(\varepsilon)$ von zwei LEDs: 1) $\varphi = 60°$, 2) $\varphi = 12°$

Modulationsverhalten

Die Strahlungsleistung einer LED ist nach Bild C-60 in erster Näherung proportional zum Strom I_F. Wird der Strom moduliert, dann wird auch die Strahlungsleistung eine Modulation aufweisen. Bei sinusförmiger Modulation des Stromes $i_F = i_0 + i_1\,e^{j\omega t}$ wird die Strahlungsleistung ebenfalls sinusförmig moduliert: $\Phi_e = \Phi_0 + \Phi_1 e^{j\omega t}$. Eine genaue Analyse zeigt, daß die Amplitude Φ_1 des Wechsellichts mit zunehmender Anregungsfrequenz abnimmt gemäß

$$M = \frac{\Phi_1(\omega)}{\Phi_1(0)} = \frac{1}{\sqrt{1 + (\omega\tau)^2}}. \tag{C-60}$$

M wird als *Modulationssteilheit* bezeichnet, ω ist die Kreisfrequenz der Modulation, τ ist die *Lebensdauer* der angeregten Ladungsträger, d. h. die mittlere Verweilzeit der Elektronen im Leitungsband des p-Materials.

Die 3dB-*Grenzfrequenz* ist dadurch definiert, daß die Leistungsamplitude $\Phi_1(f_{gr})$ auf die Hälfte des Wertes $\Phi_1(0)$ bei kleinen Frequenzen zurückgeht. Aus Gl. (C-60) folgt mit $M = 0{,}5$ für die Grenzfrequenz

$$f_{gr} = \frac{\sqrt{3}}{2\pi} \cdot \frac{1}{\tau} = \frac{0{,}276}{\tau}. \tag{C-61}$$

Schnelle Dioden können bis etwa 500 MHz moduliert werden.

Alterung

Beim Betrieb von LEDs nimmt der externe Quantenwirkungsgrad und damit die Strahlungsleistung im Laufe der Zeit langsam ab. Dieser Effekt wird als *Degradation* bezeichnet. Als *Lebensdauer* $\tau_{1/2}$ einer LED wird die Zeit festgelegt, nach der die Strahlungsleistung auf die Hälfte des Neuwertes abgeklungen ist. Das bedeutet also, daß eine LED nach Ablauf der Lebensdauer nicht kaputt ist wie eine Glübirne, sondern noch wesentlich länger betrieben werden kann. LEDs haben Lebensdauern von $\tau_{1/2} > 10^5$ h (das sind ca. 12 Jahre Dauerbetrieb), Rekordwerte liegen bei 10^9 h.

Ansteuerschaltungen

Wie bei jeder Diode hängt auch bei einer LED der Strom in Flußrichtung exponentiell nach Gl. (C-1) von der Spannung ab. Deshalb sollte eine LED nicht einfach an eine Spannungsquelle angeschlossen werden, weil kleinste Spannungsschwankungen große Schwankungen des Stroms und damit der Strahlungsleistung zur Folge hätten. Aus diesem Grund muß der Strom durch eine LED möglichst konstant gehalten werden. Die einfachste Möglichkeit der Stromeinprägung geschieht dadurch, daß nach Bild C-63 die LED mit einem Vorwiderstand R_v in Reihe an eine Spannungsquelle geschaltet wird. Der Arbeitspunkt ergibt sich als Schnittpunkt der LED-Kennlinie und der Widerstandsgeraden, die beschrieben wird durch

$$I_F = \frac{U_s - U_F}{R_v}. \tag{C-62}$$

Kleine Schwankungen der Quellenspannung U_s ändern den Strom nur wenig.

Eine aktive Stromeinprägung wird mit einer *Konstantstromquelle* erzielt. Verschiedene Hersteller bieten dafür ICs an. Eine Schaltung kann aber auch sehr einfach mit diskreten Bauteilen aufgebaut werden.

Zur optischen Datenübertragung muß die Strahlung einer Lumineszenzdiode *moduliert* werden. Bild C-64 zeigt Schaltungsbeispiele für Analog- und Digitalmodulation.

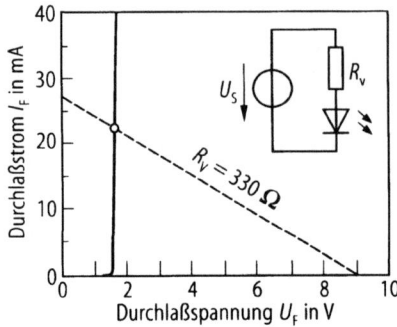

Bild C-63. Betrieb einer LED mit Vorwiderstand: Arbeitspunkteinstellung bei einer roten LED mit $U_s = 9\,V$, $R_v = 330\,\Omega$

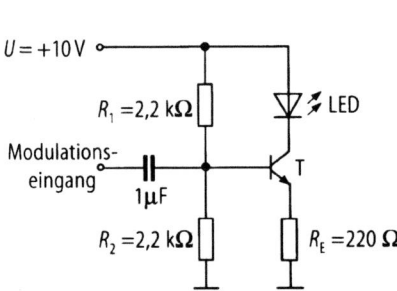

a Analogmodulation

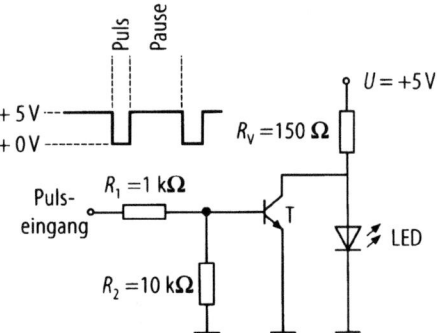

b Digitalmodulation

Bild C-64. Einfache Modulationsschaltungen

C.7.1.3
Halbleiter-Laser

Laserprinzip

Die Photonen, die von einer Lichtquelle ausgesandt werden, entstehen dadurch, daß Elektronen von einem höheren in ein tieferes Energieniveau übergehen. Diese Übergänge erfolgen meist spontan und völlig unkorreliert. Die Lichtwelle, die hierbei entsteht, wird durch viele kurze Wellenzüge gebildet, die untereinander keine festen Phasenbeziehungen aufweisen. Strahlung dieser Art wird als *nicht kohärent* bezeichnet.

Einstein postulierte 1917, daß neben den spontanen auch stimulierte Übergänge der Elektronen vorkommen sollten. Dabei wird ein Elektron in einem angeregten Energiezustand durch ein Photon passender Energie zu einem Übergang in einen tiefer liegenden Zustand stimuliert (Bild C-65). Das primäre Photon wird durch das beim Übergang erzeugte Photon verstärkt. Im Wellenbild bedeutet das, daß die beiden Teilwellen *phasengerecht* aneinander koppeln. Sind sehr viele Elektronen im hohen Energieniveau, dann können sie sukzessiv zu Übergängen stimuliert werden, so daß die primäre Welle enorm verstärkt wird und ein langer *kohärenter* Wellenzug entsteht. Diese Lichtverstärkung durch stimulierte Emission von Strahlung ist auch die Bedeutung des Wortes LASER (Light Amplification by Stimulated Emission of Radiation).

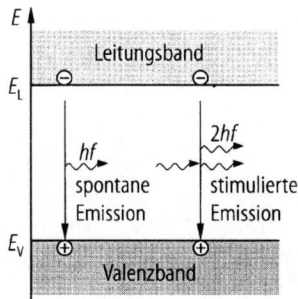

Bild C-65. Spontane und stimulierte Emission im Bändermodell

Um eine kräftige stimulierte Emission zu erhalten, müssen mehr Elektronen im angeregten Energieniveau sein, als im tiefer liegenden. Dieser als *Besetzungsinversion* bezeichnete Zustand muß künstlich herbeigeführt werden und wird als *1. Laserbedingung* bezeichnet.

Ein Laser funktioniert praktisch nur, wenn die Lichtwelle das aktive Gebiet (der Bereich, in dem die Besetzungsinversion vorliegt) mehrmals durchläuft. Zu diesem Zweck wird das Lasermaterial in einen optischen Resonator gebracht. Diese optische Rückkopplung wird als *2. Laserbedingung* bezeichnet.

Laserdiode (Injektionslaser)

Die Laserdiode ist ein hoch dotierter pn-Übergang (Störstellenkonzentrationen von über 10^{19} cm^{-3}). Bei dieser hohen Störstellendichte liegt eine hohe Elektronendichte im Leitungsband des n-Materials vor. Entsprechend sind viele freie Löcher im Valenzband des p-Materials. Wird die Diode in Flußrichtung betrieben, so stellt sich bei einer bestimmten Spannung das Bänderschema so ein, wie es in Bild C-66 skizziert ist. Im Übergangsbereich zwischen p- und n-Halbleiter, der aktiven Zone, sind energetisch hoch liegende Zustände im Leitungsband mit Elektronen besetzt, tief liegende im Valenzband sind leer (das sind die Löcher). Es liegt also eine *Besetzungsinversion* vor, die nach obigen Ausführungen die Grundvoraussetzung für die stimulierte Emission des Lasers ist.

Die zweite Laserbedingung, die *Rückkopplung* der Lichtwellen an Resonatorspiegeln, geschieht beim *Fabry-Perot-Laser* durch Reflexion an den spiegelnden Endflächen eines Kristalls, beim *DFB-Laser* (Distributed Feedback) sorgt ein senkrecht zur Ausbreitungsrichtung eingeätztes Gitter für verteilte Rückkopplung (Bild C-67).

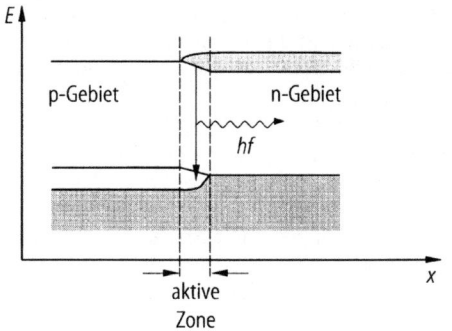

Bild C-66. Bänderschema einer Laserdiode bei Betrieb in Flußrichtung. Die schraffierten Gebiete sind mit Elektronen besetzt

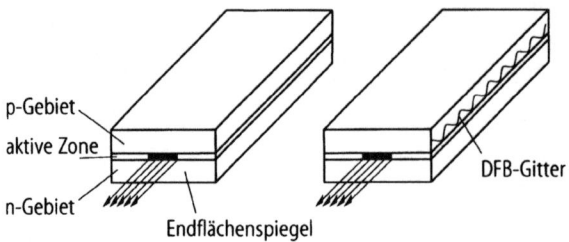

p-Gebiet
aktive Zone
n-Gebiet
Endflächenspiegel
DFB-Gitter

Fabry-Perot-Laser   DFB-Laser

Bild C-67. Realisierung der Rückkopplung beim Halbleiterlaser

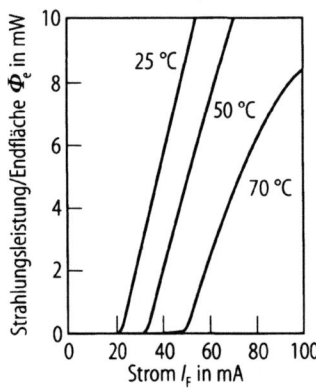

Bild C-68. Kennlinie eines Halbleiterlasers bei verschiedenen Temperaturen

Mit zunehmendem Strom steigt nach Bild C-68) die Ausgangsleistung zunächst wie bei einer LED an. In diesem Bereich der spontanen Emission ist die Strahlungsleistung verhältnismäßig niedrig. Wenn mit steigender Spannung und steigendem Strom der optische Gewinn (gain) die Verluste überwiegt, setzt bei einem bestimmten *Schwellstrom* I_{th} (threshold) der Laserbetrieb ein. Im Bereich der stimulierten Emission nimmt die Strahlungsleistung mit dem Strom stark zu.

Die Wellenlänge der Laserstrahlung hängt wie bei der LED von der Größe des Bandgaps ab. Die ersten Halbleiterlaser wurden aus GaAs bzw. $Ga_xAl_{1-x}As$ gemacht und emittieren im nahen IR bzw. im roten Spektralbereich. Sie sind weit verbreitet und werden vom industriellen Bereich bis zur Unterhaltungselektronik (CD-Player) eingesetzt. Mit den Mischkristallen $In_xGa_{1-x}As_yP_{1-y}$ läßt sich der für die optische Nachrichtentechnik wichtige Spektralbereich von 1,3 µm bis 1,55 µm erfassen, in dem die Glasfasern die besten Übertragungseigenschaften zeigen (Bild C-87).

Optische Eigenschaften

Bild C-69 zeigt das Emissionsspektrum eines InGaAsP-Lasers. Die Breite der gestrichelten Einhüllenden ist $\Delta\lambda \approx 4$ nm, also etwa zehnmal schmaler als übliche LED-Linienbreiten. Das Spektrum besteht aus mehreren außerordentlich scharfen Linien (Breite < 1 pm), den *longitudinalen Schwingungsmoden* des Lasers. Durch das Hin- und Her-

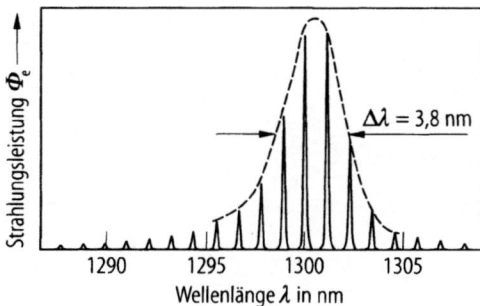

Bild C-69. Emissionsspektrum eines InGaAsP-Lasers

laufen der Wellen im Laserresonator bauen sich *stehende* Wellen auf, bei denen die Laserlänge L ein ganzes Vielfaches der halben Wellenlänge ist:

$$\lambda_m = \frac{2nL}{m}, \quad (m = 1, 2, 3 \ldots) \tag{C-63}$$

n ist der Brechungsindex des Lasermaterials.

Wenn im Spektrum eine Mode stark dominiert, was besonders bei den DFB-Lasern der Fall ist, dann liegt ein *Monomode*-Laser vor, ansonsten spricht man vom *Multimode*-Laser.

Der Halbleiterlaser strahlt kein paralleles Lichtbündel ab, sondern infolge der Beugung am Austrittsrechteck (Bild C-67) ein stark divergentes. Der Abstrahlwinkel in der Ebene des pn-Übergangs liegt in der Größenordnung $\varphi \approx 20°$, senkrecht dazu bei $\varphi \approx 50°$. Durch ein geeignetes Linsensystem (Kollimator) kann daraus aber ein nahezu paralleles Lichtbündel erzeugt werden.

Modulation

Die Strahlungsleistung von Laserdioden kann durch den Strom direkt moduliert werden. Dem Modulationsstrom muß ein Vorstrom I_B (Bias) unterlegt werden, um einen bestimmten Arbeitspunkt auf der Kennlinie einzustellen (Bild C-70). Bei analoger Modulation muß der Vorstrom genügend groß sein, damit nur auf dem steil ansteigen-

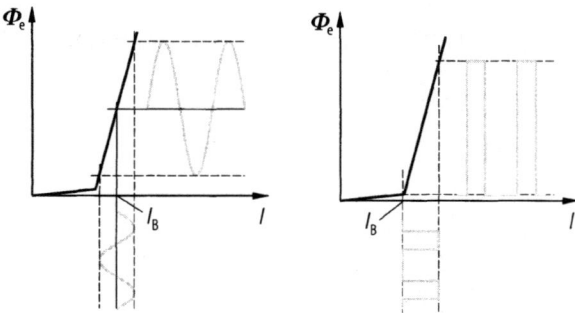

a Analogübertragung   **b** Digitalübertragung

Bild C-70. Wahl des Arbeitspunkts bei der Modulation von Laserdioden

den Teil der Kennlinie moduliert wird und nichtlineare Verzerrungen vermieden wer-
den. Bei der Pulsmodulation sollte der Vorstrom mindestens so groß sein wie der
Schwellstrom I_{th} damit nur eine geringe Verzögerung des Lichtpulses gegenüber dem
Strompuls auftritt. Die Grenzfrequenz des Lasers ist erreicht, wenn das optische Signal
um 3 dB gegenüber dem Wert bei langsamer Modulation abgenommen hat. Moderne
Laser können mit über 10 Gbit/s moduliert werden.

C.7.2
Halbleiter-Detektoren

C.7.2.1
Strahlungsabsorption in Halbleitern

Wird ein Halbleiter mit Licht bestrahlt, dann geben die Photonen ihre Energie an gebundene Elektronen ab, die – falls die Photonenenergie dazu ausreicht – aus ihrer Bindung
gerissen werden und sich dann frei im Halbleiter bewegen können. Im Bändermodell
(Bild C-71) werden Elektronen aus dem Valenzband hochgehoben in das Leitungsband.
Da hierbei im Valenzband ein Loch zurückbleibt, erzeugt jedes absorbierte Photon im
Halbleiter ein Elektron-Loch-Paar. Damit dieser Vorgang ablaufen kann, muß die Photonenenergie E_{ph} mindestens so groß sein wie die Breite E_g der verbotenen Zone:

$$E_{ph} = hf \geq E_g. \tag{C-64}$$

Die Wellenlänge der absorbierten Strahlung muß kleiner sein als eine Grenzwellen-
länge λ_g:

$$\lambda \leq \lambda_g = \frac{hc}{E_g} = \frac{1{,}24\,\mu m \cdot eV}{E_g}. \tag{C-65}$$

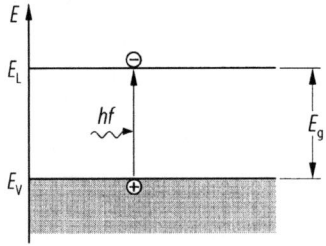

Bild C-71. Absorptionsakt im Bändermodell eines
Halbleiters

C.7.2.2
Fotodiode

Die Fotodiode ist ein *aktives* Bauelement, das bei Bestrahlung eine elektrische Spannung (*photovoltaischer Effekt*) bzw. einen Fotostrom abgibt. Wird ein Photon mit aus-
reichender Energie in einem pn-Übergang absorbiert (Bild C-72), dann wird das
erzeugte Elektron-Loch-Paar durch das eingebaute elektrische Feld (Diffusionsspannung U_d) sofort getrennt, und zwar wird das Loch zur p-Seite, das Elektron zur n-
Seite befördert. Diese Ladungstrennung geht ohne äußere Spannung vonstatten, kann
aber durch Anlegen einer Spannung beeinflußt werden.

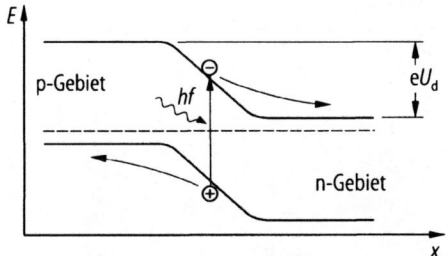

Bild C-72. Bänderschema einer Fotodiode ohne angelegte Spannung

Wird die Diode mit offenen Enden betrieben bzw. mit einem sehr hochohmigen Lastwiderstand, dann lädt sich die p-Seite positiv, die n-Seite negativ auf und an den Enden ist die *Leerlaufspannung* U_L abgreifbar. Werden die Enden der Diode kurzgeschlossen, dann fließt im äußeren Stromkreis der *Fotostrom* I_{ph} (*Kurzschlußstrom* I_K), der die Richtung eines Sperrstroms hat.

Der Fotostrom ist proportional zur absorbierten Strahlungsleistung Φ_e bzw. zur Beleuchtungsstärke (Bild C-73):

$$I_{ph} = \frac{\Phi_e}{E_{ph}}\, e\eta(\lambda).$$

(C-66)

e: Elementarladung.

Die *Quantenausbeute* η gibt an, welcher Bruchteil der absorbierten Photonen zu nachweisbaren Elektron-Loch-Paaren führt (Bild C-74).

Die *Empfindlichkeit* einer Fotodiode ist als Verhältnis von Fotostrom zu absorbierter Strahlungsleistung definiert und beträgt:

$$S(\lambda) = \frac{I_{ph}}{\Phi_e} = \frac{e}{hf}\,\eta(\lambda) = \frac{e\lambda}{hc}\,\eta(\lambda).$$

(C-67)

Sie ist ebenfalls in Bild C-74 dargestellt.

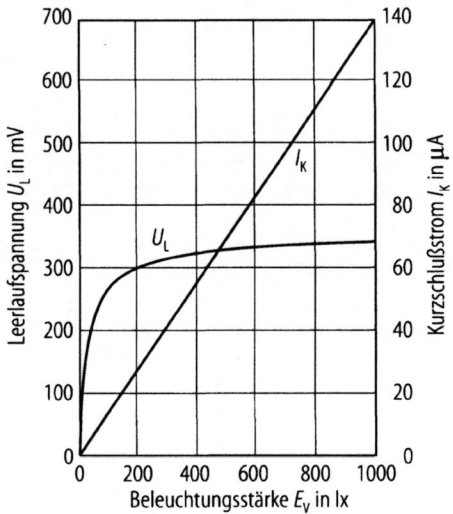

Bild C-73. Leerlaufspannung U_L und Kurzschlußstrom I_K einer Si-Fotodiode in Abhängigkeit von der Beleuchtungsstärke

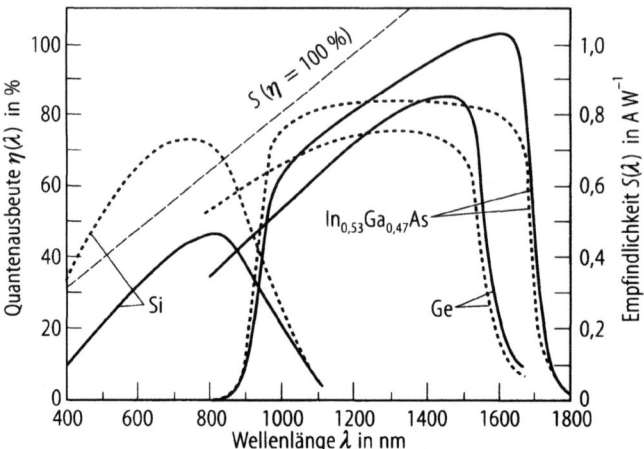

Bild C-74. Typischer Verlauf von Quantenausbeute $\eta(\lambda)$ (gestrichelt) und Empfindlichkeit $S(\lambda)$ (ausgezogen) für Fotodioden aus verschiedenen Materialien

Die Strom-Spannungs-Kennlinie der Fotodiode geht aus der bekannten Kennlinie einer normalen Diode nach Gl. (C-1) hervor. Da der Fotostrom I_{ph} ein von der Beleuchtung abhängiger Strom in Sperrichtung ist, muß lediglich dieser Sperrstrom vom Strom subtrahiert werden:

$$I = I_s \, (e^{\frac{eU}{kT}} - 1) - I_{ph} \, . \tag{C-68}$$

Im Leerlauf ist bei Bestrahlung an den Enden der Diode die Leerlaufspannung U_L abgreifbar. Aus Gl. (C-68) folgt für $I = 0$:

$$U_L = \frac{kT}{e} \ln \left(\frac{I_{ph}}{I_s} + 1 \right) . \tag{C-69}$$

Der logarithmische Zusammenhang zwischen Leerlaufspannung und Beleuchtungsstärke ist in Bild C-73 dargestellt.

Da die Kennlinie einer Fotodiode mit zunehmender Beleuchtungsstärke nach unten verschoben wird (Bild C-75 a), ist es in der Praxis üblich, den dritten Quadranten in den ersten zu verlegen, so daß in Datenblättern Kennlinienfelder in Form von Bild C-75 b) zu finden sind.

Je nach äußerer Schaltung unterscheidet man die Betriebszustände *Elementbetrieb* und *Diodenbetrieb*. Im Elementbetrieb wird die Fotodiode ohne äußere Spannungsquelle direkt an einen Lastwiderstand R_L (Verbraucher) angeschlossen. Die Diode arbeitet als Stromgenerator im vierten Quadranten des Kennlinienfeldes von Bild C-75 a). Der Arbeitspunkt A ergibt sich als Schnittpunkt der Widerstandsgeraden $I = -U/R_L$ mit der Diodenkennlinie. Beim Diodenbetrieb wird die Diode mit einem Lastwiderstand in Reihe an eine Spannungsquelle angeschlossen, wobei die Spannung in Sperrichtung anliegt. Der Arbeitspunkt B in Bild C-75 a) stellt sich als Schnittpunkt der Widerstandsgeraden $I = (U_B - U)/R_L$ mit der Kennlinie ein.

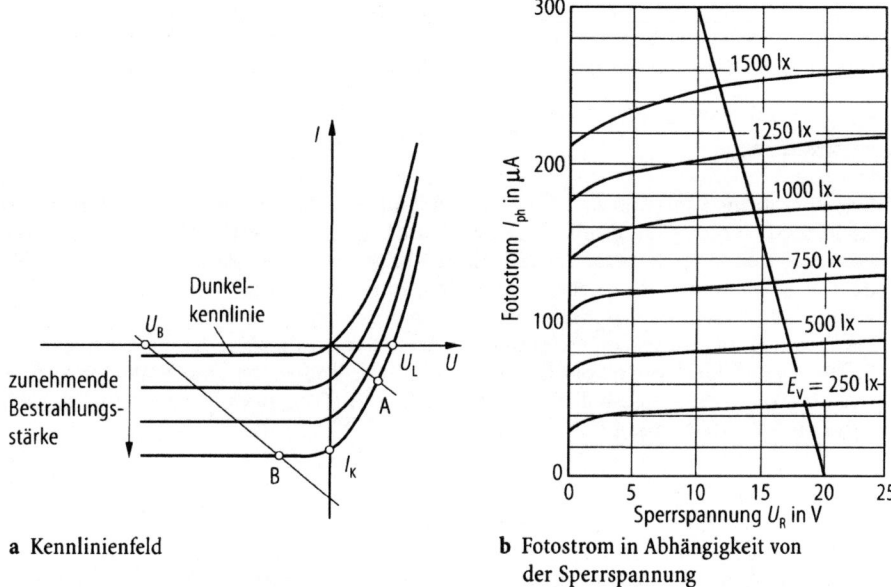

a Kennlinienfeld

b Fotostrom in Abhängigkeit von der Sperrspannung

Bild C-75. Kennlinien einer Fotodiode: a) Komplettes Kennlinienfeld (qualitativ), b) Fotostrom I_{ph} in Abhängigkeit von der Sperrspannung U_R für die Fotodiode BPY 12

Zeitverhalten

Einer sprunghaften Änderung der Strahlungsleistung folgt der Fotostrom mit einer gewissen Zeitverzögerung. Dazu tragen folgende Effekte bei:

Die Umladung der Sperrschichtkapazität C_j über den Lastwiderstand R_L verläuft nach Gl. (A-79) mit der Zeitkonstante $\tau = R_L C_j$. Ladungsträger, die außerhalb der Raumladungszone generiert werden, müssen bis zur RLZ diffundieren, bevor sie durch das elektrische Feld über die Sperrschicht gezogen werden. Die hierfür zuständige Zeitkonstante entspricht der Lebensdauer der Ladungsträger. Bei normalen pn-Übergängen liegt die Zeitverzögerung in der Größenordnung von $\tau \approx 1\,\mu s$, was zu einer Grenzfrequenz von $f_{gr} \approx 1$ MHz führt. Kommerzielle Fotodioden aus Silicium zeigen Grenzfrequenzen von $f_{gr} = 200$ kHz bis 50 MHz, Fotoelemente sind langsamer mit $f_{gr} = 25$ bis 100 kHz. In der Regel ist der langsame Diffusionsprozeß für das Zeitverhalten ausschlaggebend.

Bei *pin-Fotodioden* wird eine eigenleitende (intrinsic) Schicht zwischen p- und n-Schicht angebracht. Bei Anlegen einer Sperrspannung entsteht im Innern ein starkes elektrisches Feld innerhalb eines relativ großen Bereiches, durch das die durch Photonen generierten Elektron-Loch-Paare sehr schnell getrennt werden. Die pin-Diode wird dadurch sehr schnell und besitzt eine Grenzfrequenz von einigen GHz.

Ebenfalls sehr schnell ist die *Fotolawinendiode APD* (Avalanche Photo Diode). Sie wird in Sperrichtung bis kurz vor den Durchbruch vorgespannt. Durch Photonenabsorption erzeugte Ladungsträger werden infolge der hohen inneren Feldstärke so stark beschleunigt, daß sie bei Zusammenstößen mit den Atomen des Kristallgitters weitere Elektronen aus ihren Bindungen reißen können und dadurch neue freie Elektron-Loch-Paare schaffen. Dadurch setzt eine lawinenartige Vermehrung der Ladungsträger ein und es fließt ein großer Fotostrom. Die Betriebstechnik ist aufwendig (hohe Sperrspannung) und wird nur benutzt, wenn die hohe Grenzfrequenz gebraucht wird, z. B. zur Datenübertragung über Lichtwellenleiter, Erfassung kleiner schneller Lichtblitze usw.

C.7.2.3
Fototransistor

Der Phototransistor (Bild C-76) ist ein Detektor mit innerer Verstärkung. Der Basis-Kollektor-Übergang ist großflächig ausgeführt und in Sperrichtung gepolt. Durch Photonenabsorption erzeugte freie Elektron-Loch-Paare werden im elektrischen Feld der Basis-Kollektor-Diode getrennt. Die Elektronen fließen zum Kollektor, die Löcher zur Basis und von dort weiter über den flußgepolten Basis-Emitter-Übergang zum Emitter. Dadurch steigt die Flußspannung an der Basis-Emitter-Diode leicht an, was zur Folge hat, daß Elektronen vom Emitter in die Basis und weiter zum Kollektor fließen. Der Kollektorstrom ist deshalb größer als der primäre Fotostrom I_{ph} nach Gl. (C-66). Für den Kollektorstrom ergibt sich:

$$I_C \approx B I_{ph}. \tag{C-70}$$

Typische Werte für den Stromverstärkungsfaktor liegen bei $B = 100$ bis 1000.

Die Wirkungsweise des Fototransistors kann ersatzweise so beschrieben werden (Bild C-76b), als ob eine Fotodiode zwischen Basis und Kollektor eines normalen Transistors geschaltet wäre. Der Fotostrom I_{ph} spielt die Rolle des Basisstroms, der um den Stromverstärkungsfaktor B verstärkt als Kollektorstrom I_C zur Verfügung steht.

Das Ausgangskennlinienfeld nach Bild C-76c) unterscheidet sich nicht grundlegend von dem eines normalen Transistors. Lediglich ist anstelle des Basisstroms die Beleuchtungsstärke E_v als Parameter aufgetragen. Am Basisanschluß kann die Verstärkung eingestellt werden, meist ist er aber gar nicht herausgeführt.

Das Zeitverhalten des Fototransistors wird bestimmt durch die Diffusionszeit der Minoritätsladungsträger durch die Basis sowie eine RC-Zeitkonstante mit der Kapazität

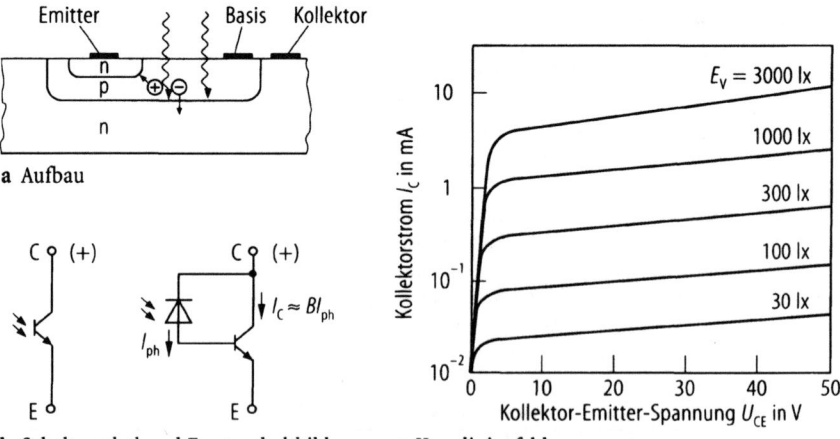

a Aufbau

b Schaltsymbol und Ersatzschaltbild   c Kennlinienfeld

Bild C-76. Bipolarer Fototransistor

der Kollektor-Basis-Diode. Diese an sich bereits große Kapazität (große Fläche des Kollektor-Basis-Übergangs) wird noch mit dem Stromverstärkungsfaktor B multipliziert, so daß der Transistor relativ langsam wird. Die 3-dB-Grenzfrequenz handelsüblicher Fototransistoren liegt bei einigen hundert kHz.

C.7.2.4
Fotothyristor

Der Fotothyritor besteht wie der normale Thyristor aus vier p- und n-Schichten (Bild C-77). Die Zündung wird aber nicht durch einen Strompuls über die Gate-Elektrode herbeigeführt, sondern durch Bestrahlung des sperrenden mittleren pn-Übergangs. Die sperrende Diode schaltet durch, wenn bei genügender Strahlungsleistung die Raumladungszone mit Elektron-Loch-Paaren überschwemmt wird. Der gezündete Thyristor bleibt auch nach Abschalten der Lichtquelle leitend. Das Abschalten erfolgt, sobald der Strom unter den Haltestrom absinkt oder durch Löschimpulse. Bei Wechselspannungsbetrieb schaltet der Tyristor bei jedem Nulldurchgang der Spannung ab, so daß er bei jeder positiven Halbwelle neu gezündet werden muß.

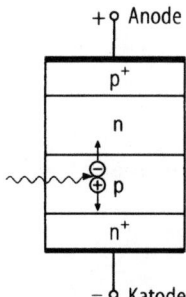

Bild C-77. Schema des Fotothyristors

Zur Zündung ist eine Strahlungsleistung von einigen mW erforderlich, die von einer LED oder Laserdiode geliefert und beispielsweise mit Hilfe eines Lichtleiters dem Fotothyristor zugeführt wird. Auf diese Weise wird eine Potentialtrennung zwischen Steuereinheit und Hochspannungsthyritor erreicht.

ÜBUNGSAUFGABEN

Ü C.7-1: Eine LED wird nach Bild C-63 betrieben. Der Strom beträgt im Arbeitspunkt $I_F = 22{,}4$ mA, die Quellenspannung ist $U_s = 9$ V. a) Welche Stromänderung ergibt sich, wenn die Quellenspannung um 5 % abnimmt? b) Welcher Vorwiderstand R_v ist erforderlich, wenn bei $U_s = 5$ V derselbe Strom fließen soll wie vorher bei 9 V?

Ü C.7-2: Die Fotodiode von Bild C-75b) wird in Reihe mit einem Lastwiderstand $R_L = 33$ kΩ in Sperrichtung an einer Batterie der Spannung $U_s = 20$ V angeschlossen. a) Welcher Fotostrom I_{ph} fließt bei Beleuchtung mit $E_v = 500$ lx? b) Welche Spannung U_L ist am Lastwiderstand abgreifbar?

C.7.3
Datenübertragung über Lichtwellenleiter

Obwohl die optische Datenübertragung über *Lichtwellenleiter* schon seit geraumer Zeit möglich ist, haben die hohen Kosten und der Mangel einer Standardisierung bislang ihre Verbreitung behindert. Erst mit den jüngsten Festlegungen verschiedener Normierungsgremien (z. B. *IEEE*: Institute for Electrical and Electronics Engineers and *ANSI*: American National Standardization Institute), konnte ein weltweite Vereinheitlichung geschaffen werden. Hinzu kam die kostengünstige Fertigung *hochintegrierter Bausteine* (Chips), die speziell für die hohen Übertragungsraten der optischen Nachrichtentechnik entwickelt wurden. Damit konnten die Kosten entscheidend gesenkt und die Glasfasertechnik konkurrenzfähig gemacht werden.

Anwendungen finden sich in allen Bereichen der *Datentechnik* und *Datenkommunikation*. Diese sind beispielsweise:

*   *Telefonvermittlung*,
*   *LAN* (Local Area Network),
*   *WAN* (Wide Area Network),
*   Hochgeschwindigkeits Verbindungen (Punkt zu Punkt Verbindungen).

Als neue strategische Einsatzgebiete gelten

*   die *Gebäudevernetzung* und
*   der *Feldbusbereich*.

! Hinweis: Unter *Feldbus* versteht man die Vernetzung von Sensoren und Aktoren an Maschinen und Anlagen (Abschn. E).

Die Vorteile einer *optischen Übertragungsstrecke* sind:

*   einfacher Aufbau,
*   störungsfreie Datenübertragung,
*   Überwindung große Entfernungen,
*   sehr hohe Bandbeite und damit
*   sehr hohe Übertragungsgeschwindigkeiten.

Dem gegenüber stehen die

*   deutlichen höheren Kosten

der Übertragungsstrecke sowie die der Endgeräte. Diese Kosten sind dabei abhängig von

*   der *Übertragungsgeschwindigkeit*,
*   der *Entfernung*,
*   des dafür notwendigen *Lichtwellenleiters* und
*   den für die Anwendung notwendigen *optischen Sender* und *Empfänger*.

Um Aufwand und Kosten zu beschränken, ist es bei *optischen Übertragungsstrecken* wichtig, die Verbindung optimal auf die Anwendung abzustimmen. Dies vor allem, weil die Kosten mit der Entfernung und Übertragungsgeschwindigkeit überproportional steigen. Die wichtigsten optischen Datenübertragungen sind als Übersicht in Tabelle C-4 aufgeführt. Die Tabelle enthält neben den typischen Übertragungsgeschwindigkeiten auch Angaben zu den Lichtwellenleitern sowie die normierenden Gremien.

Tabelle C-4. Optische Datenübertragung und ihre Medien

Netzwerk		Ethernet (CSMA/CD)		Token Net		FDDI		IBM ESCON	Fiber Channel
		FOIRL	10 Base F	Token Bus	Token Ring	FDDI/MM	FDDI/SM		
Standard		DIN/ISO/IEC 8802.3 IEEE 802.3	DIN/ISO/IEC 8802-3	ISO/IEC 8802-4 IEEE 802.4	ISO/IEC 8802-5 IEEE 802.5	ISO/IEC 9314-3	ISO/IEC 9314-4	–	ANSI X3T9.11
Übertragungsrate	MBit/s	10	10	5/10/20	4/16	100	100/125	200	265/1062
Sender		LED	LED	LED	LED	LED	LD	LED	LED/LD
Wellenlänge nom	nm	850	850	850	850	1300	1310	1300	1300/1310
minimal	nm	790	800	800	800	1270	1270/1290		
maximal	nm	860	910	910	910	1380	1340/1330		
Sendeleistung minimal	dBm	–18	–20	–11	–20	–20	–20/–4	–20/–9	
maximal	dBm	–9	–12	–7	–13	–14	–14/0		
Empfangsleistg. @ BER = 10^{-10} minimal	dB	–27	–32,5	–31	–32	–31	–31/–37	–35/–26 @ BER = 10^{-15}	
maximal	dB	–9	–12	–11	–12	–14	–14/–15		
max. Übertragungsverluste	dB	9	12,5/26	20/30	12	11	11/33		
max. Netzwerkausdehnung	km		4,5			200	200	6/60	
Maximale Segmentlänge	km	1	2/1	1	2	2	2	2/20	2/10

234   C Halbleitertechnik

Tabelle C-4 (Fortsetzung)

Netzwerk		Ethernet (CSMA/CD)		Token Net		FDDI		IBM ESCON	Fiber Channel
		FOIRL	10 Base F	Token Bus	Token Ring	FDDI/MM	FDDI/SM	IBM ESCON	Fiber Channel
Standard		DIN/ISO/IEC 8802-3 IEEE 802.3	IEEE 802.4	ISO/IEC 8802-4 IEEE 802.5	ISO/IEC 8802-5	ISO/IEC 9314-3	ISO/IEC 9314-4	–	ANSI X3T9.11
Fasertyp	I/A μm/μm μm/μm μm/μm μm/μm	Multimode 62.5/125 50/125 85/125 100/140	Multimode 62.5/125 50/125 85/125 100/140	Multimode 62.5/125 50/125	Multimode 62.5/125 50/125	Multimode 62.5/125 50/125 85/125 100/140	Mono Mode (Single Mode SM) 9/125	LED: Multimode 62.5/125 50/125 LD: Mono Mode 9/125	LED: Multimode 62.5/125 50/125 LD: Mono Mode 9/125
Steckverbinder		F-SMA ST	F-SMA ST	Duplex-MIC	Duplex-MIC ST Biconic Mini-BNC F-SMA	Duplex-MIC ST	SM Duplex-MIC	Duplex ESCON	Simpl/Dupl-ST Simpl/Dupl-SC

Abkürzungen zur Tabelle:

LED	Light Emitting Diode	SONET	Synchronious Optical Network
LD	Laser Diode	BER	Bit Error Rate
CSMA/CD	Carrier Sense Multiple Access/Collision Detection	MM	Multi Mode Faser
FOIRL	Fibre Optic Inter Repeater Link	SM	Single Mode Faser (Mono Mode Faser)
FDDI	Fibre Distributed Data Interface		

Standardisierungs-Gremien:

ISO	International Standardization Organization	CCITT	Comite Consulttatif International Telegraphique et Telephonique
IEC	International Electronical Commission	ETSI	European Telecommunications Standards Institute
IEEE	Institute of Electrical and Electronics Engineers	CEPT	Conference Europeenne des Administrations des Postes et des Telecommunications
ANSI	American National Standards Institute	FTZ	Forschungs- und Technologiezentrum
DIN	Deutsche Industrie Norm	BZT	Bundesamt für die Zulassung in der Telekommunikation

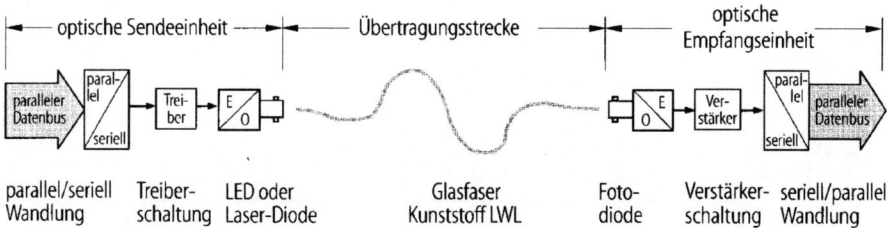

Bild C-78. Aufbau einer optischen Übertragungsstrecke

Die Datenübertragungsstrecke über Lichtwellenleiter gliedert sich in drei wesentliche Baugruppen:

- *Sendeeinheit,*
- *Übertragungsweg* und
- *Empfangseinheit.*

Bild C-78 zeigt diese drei Funktionsgruppen. In den folgenden Abschnitten werden sie näher beschrieben sowie auf einige Besonderheiten der Übertragungsstrecke eingegangen.

C.7.3.1
Optischer Sender

Als *Lichtquellen* (Sender) werden entweder *Leuchtdioden* (engl.: LED, Light Emitting Diode, Abschn. C.7.1.2)) oder *LASER-Dioden* (LD, Abschn. C.7.1.3) eingesetzt. Sie werden allgemein als *E/O-Wandler* bezeichnet (E/O-Wandler: elektrisch/optische Wandler). Das emittierte Lichtspektrum liegt im Infrarotbereich bei 820 nm, bzw. bei 1300 nm und 1550 nm. Bild C-79 zeigt einige typische Spektren optischer Sender, wie sie in der Industrie eingesetzt werden. Das Spektrum der Sender ist dabei von der *Dotierung der*

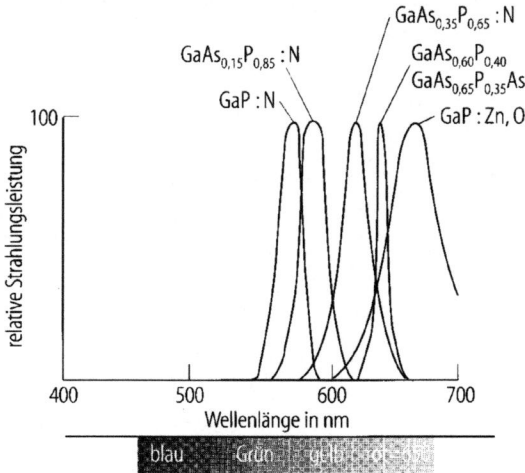

Bild C-79. Spektren unterschiedlich dotierter Halbleiter

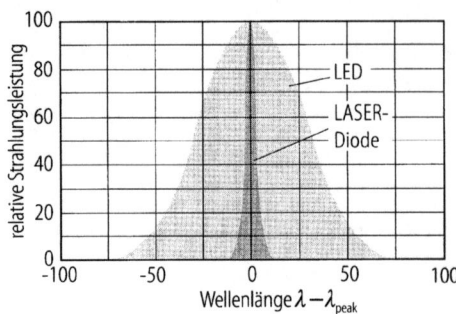

Bild C-80. Strahlungsleistung von LED und LASER um die Peak-Wellenlänge

Halbleiter abhängig. Allgemein gilt, daß LED-Sender eine wesentlich größere spektrale Bandbreite als die Laser-Diode aufweisen. Daher ist mit Laser-Dioden auch eine *Single Mode Lichtquelle* realisierbar.

Der Unterschied beider Lichtquellen bezüglich der Bandbreite zeigt Bild C-80. Die spektrale Bandbreite der Laser-Dioden beträgt weniger als 5 nm, bei LED-Sendern sind es 50 nm und mehr.

Die Übertragungsraten, die mit einem LED-Sender erreicht werden, fallen mit bis zu 500 kBit/s geringer als die von Laser-Dioden aus. Dabei kommt vor allem die *Moden-dispersion* zum Tragen, ein Effekt, der bei Mono Mode Sender, wie der LASER-Diode, nicht auftritt (Abschn. C.7.4.3).

Bei der Entwicklung von Ansteuerschaltungen für den Sender stellt man sehr schnell fest, daß es wesentlich einfacher ist, das Licht *einzuschalten* als das Licht *auszuschalten*. Dies beruht auf der Speicherfähigkeit der LED, deren Ladungsabfluß beim Ausschalten über einen hochohmigen Zweig und zudem in einer e-Funktion erfolgt. Dieser Effekt wird als *Long-Tail* („Lichtschwanz") bezeichnet. Bild C-81 verdeutlicht das Problem.

Durch besondere Schaltungsvarianten kann das Schaltverhalten der Emitter verbessert werden. Im Wesentlichen sind dies:

- *Übersteuerung* der Schaltflanke (*Drive Current Peaking*) und
- *Vorsteuerung* des Senders (*pre-bias*).

Die Vorsteuerung sorgt für einen geringen Diodenstrom im „aus"-Zustand. Die Rest-spannung sorgt dafür, daß die *Sperrschichtkapazität* und die *parasitären Kapazitäten* im

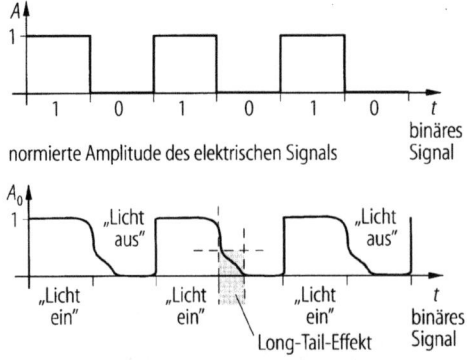

Bild C-81. Long-Tail-Effekt beim Ausschalten von Leuchtdioden

„aus"-Zustand nicht vollständig entladen werden. Durch den verminderten Ladungstransport ist ein schnelleres Einschalten möglich.

Die *Übersteuerung* der Schaltflanke wird genutzt, um während des Schaltvorgangs
eine möglichst schnelle Sättigung zu erreichen. Dadurch werden sehr steile Schaltflanken erzielt. Darüberhinaus wird beim Abschalten der Transmitterladung kurzfristig ein
niederohmiger Weg angeboten, der den Long-Tail Effekt vermindert. Beide Maßnahmen
müsssen sorgfältig auf den eingesetzten Emitter (Sender) abgestimmt werden. Dabei ist
es wichtig, daß die *Zeitkostante* τ des *Übersteuerungsgliedes* ausschließlich während der
Schaltflanke wirkt und diese verbessert. Ist die Zeitkonstante zu hoch, werden vor allem
auf der positiven Flanke Überschwinger erzeugt. Näherungsweise gilt:

$$\tau = t_r = R \cdot C \qquad\qquad\qquad (C-71)$$

(t_r beschreibt die Signalanstiegszeit).

C.7.3.2
Optischer Empfänger

Als Empfänger werden Silicium-, Germanium- oder Indium Gallium Arsenid (InGaAs)-
Dioden eingesetzt. Da sie Licht in eine auswertbare elektrische Größe umsetzen, werden
sie auch als *O/E-Wandler* bezeichnet (optisch/elektrische Wandler). Beide Sensoren
decken dabei das gesamte nutzbare Spektrum für die optische Datenübertragung ab
(Bild C-82).

! **Hinweis:** Auch bei Empfängern kann durch unterschiedliche Dotierung ein beson-
deres Verhalten in einem Spektralbereich provoziert werden. Da jedoch der Aufwand sehr hoch ist, werden solch teure Sensoren nur in ganz speziellen Anwendungen eingesetzt. In der Regel wird die in Bild C-82 dargestellte Kennlinie durch
die nachgeschaltete Auswerteelektronik kompensiert.

Alle Empfänger beruhen auf dem *Photovoltaischen-Effekt*, der Umsetzung von Licht in
Strom (Abschn. 7.2.2). Der von der *PIN-Diode* gelieferte Strom wird anschließend von
einem Verstärker aufgenommen und verstärkt. Da der photoelektrisch erzeugte Strom
in den PIN-Dioden nur wenige nA (Nano-Ampere) beträgt, wird der notwendige Verstärker meist im Gehäuse des Empfänger integriert. Die Ankopplung an die nachfolgende Elektronik erfolgt entweder

- durch einen TTL-kompatiblen Komparator oder
- durch ECL kompatible Spannungspegel

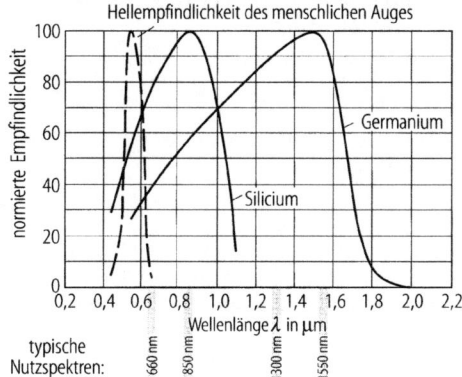

Bild C-82. Spektrum von Silicium- und
Germanium-Dioden

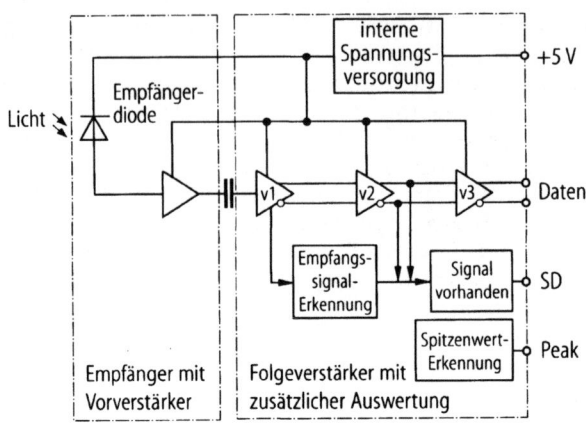

Bild C-83. Aufbau eines Infrarot-Empfängers für 10 MBit-Übertragung

bei höheren Übertragungsgeschwindigkeiten. Bild C-83 zeigt den vereinfachten Aufbau eines Infrarot-Empfängers, wie er für eine 10 MBit Datenübertragung in Ethernet-Netzwerken eingesetzt wird.

> **Hinweis:** Bei kombinierten Sende- und Empfangseinheiten ist die hohe Differenz der Ströme in den einzelnen Zweigen zu berücksichtigen. Während der Sender mit einem Strom von bis zu 100 mA angesteuert wird, entstehen durch den Photovoltaischen Effekt in der PIN-Diode nur wenige nA. Dies entspricht einem Verhältnis von 10^6 oder einer Million. Beim Entwurf solcher Schaltungen ist daher die Layouttechnik zur Vermeidung einer gegenseitigen Beeinflussung (Übersprechen) von besonderer Bedeutung.

C.7.3.3
Übertragungsstrecke

Optische Datenübertragung erfolgt über Kabel, die in der Lage sind, Licht zu transportieren, sogenannte *Lichtwellenleiter* (LWL). In der Handhabung und Verlegung sind sie genauso flexibel wie Kupferkabel.

Die Fähigkeit, Licht in einem Lichtwellenleiter zu führen, beruht auf der *Totalreflexion*. Diese tritt auf, wenn ein Lichtstrahl unter einem bestimmten Winkel an der Grenzfläche zweier Medien mit unterschiedlichen *Brechungsindizes* auftritt. Ein Lichtwellenleiter ist daher *zweischichtig* aufgebaut. Man unterscheidet

- *Kern* und
- *Mantel*

des Lichtwellenleiters. Der Brechungsindex n_2 des Mantels (engl.: *cladding*) ist dabei geringer als der Brechungsindex n_1 des Kerns (engl.: *core*). Es gilt:

$$n_{Mantel} < n_{Kern}; \quad n_2 < n_1. \tag{C-72}$$

An der Übergangsstelle zwischen Kern und Mantel tritt dann eine Totalreflexion auf, wenn der Lichtstrahl ausreichend flach auf die Grenzfläche trifft. Dies ist gegeben, wenn der *Grenzwinkel* ε_g nicht überschritten wird. Für ihn gilt folgender Zusammenhang:

$$\sin \varepsilon_g = n_2/n_1. \tag{C-73}$$

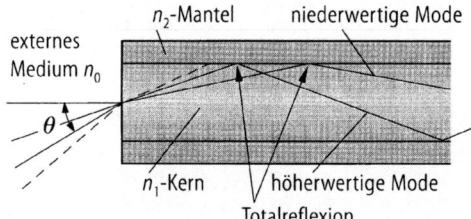

Bild C-84. Numerische Apertur und Totalreflexion in einem Lichtwellenleiter

Der Grenzwinkel ε_g wird dabei von dem Lot zur Grenzfläche und dem Strahl einge-schlossen. Bild C-84 zeigt den Strahlengang in einem Lichtwellenleiter. Ein weiterer wichtiger Parameter ist der *Akzeptanzwinkel* Θ, unter dem Licht in den Lichtwellenlei-ter eingekoppelt werden kann. Auch er ist vom Brechungsindex von Mantel und Kern abhängig und ergibt sich zu:

$$\sin \Theta = A_N = \sqrt{n_1^2 - n_2^2}. \tag{C-74}$$

Der Sinus des Akzeptanzwinkels wird auch *Numerische Apertur* bezeichnet. Bild C-84 zeigt ebenfalls den Winkel Θ, der zwischen der *Strahlachse* und dem Strahl selbst ge-messen wird.

Da der in Bild C-84 gezeigte Übergang von Kern zum Mantel abrupt ist, spricht man auch von einer *Stufenindex-Faser*. Verbesserungen in der Faserkonstruktion führten schließlich zur

- *Gradientenfaser* und
- *Monomodefaser*.

Die *Gradientenfaser* hat große Bedeutung erlangt, da sie durch den nach außen abfal-lenden Brechungsindex sehr geringe Signalverzerrungen aufweist. Optimale Lichtleit-eigenschaften weist die *Monomodefaser* auf, die nur einen Strahlenweg zuläßt. In Bild C-85 sind diese drei wichtigen Fasertypen und ihr Brechungsindex-Profil gegenüber-gestellt.

Neben dem Aufbau des Lichtwellenleiters unterscheiden sich die Eigenschaften vor allem auch durch das eingesetzte Material. Folgende drei Klassen von Lichtleitern prä-gen dabei maßgeblich die Übertragungseigenschaften:

- Kunststoff LWL (*POF*, Plastic Optical Fiber),
- kunststoffummantelte Glasfaser (*PCS*, Plastic Clad Silica),
- Glasfaser (*GCS*, Glas Clad Silica).

Für die PCS-Faser findet man auch oft die Bezeichnung *HCS*, was für *Hard Clad Silica* steht. Bei der Glasfaser unterscheidet man weiter in

- *Monomodefaser* (typischer Kerndurchmesser 9 µm) und
- *Multimodefaser* (typische Kerndurchmesser von 50 µm bis 100 µm).

Lichtwellenleiter werden in Abhängigkeit vom Werkstoff in unterschiedlichen Größen gefertigt. LWL, die auf Glas basieren, haben in der Regel einen wesentlich kleineren Durchmesser als Kunststofflichtwellenleiter. Bild C-86 zeigt maßstäblich die verschiede-nen Durchmesser üblicher Lichtwellenleiter.

	Stufenindex-Faser	Gradienten-Faser	Monomode-Faser
Brechungsindex-Profil	Radius r — $n_{Mantel} = const$ $n_{Kern} = const$ — Brechungsindex n	Radius r — $n_{Mantel} = const$ $n_{Kern} = f(r)$ — Brechungsindex n	Radius r — $n_{Mantel} = const$ $n_{Kern} = const$ — Brechungsindex n
Brechungsindex	typ. Werte: $n_M = 1,517$ $n_K = 1,527$	typ. Werte: $n_M = 1,457$ $n_K = 1,417$	typ. Werte: $n_M = 1,457$ $n_K = 1,417$
Faseraufbau	d_M d_K	d_M d_K	d_M d_K
Kern-durchmesser d_K Mantel-durchmesser d_M	100 μm, 200 μm, 400 μm 200 μm, 300 μm, 500 μm	50 μm, 62,5 μm 125 μm	7 μm, 9 μm 125 μm
Strahlengang und Pulsverzerrung	Φ_E n_M Φ_A n_K n_M Eingangs-impuls / Ausgang-simpuls	Φ_E n_M n_K Φ_A Eingangs-impuls / Ausgang-simpuls	Φ_E n_M Φ_A n_K Eingangs-impuls / Ausgang-simpuls

Bild C-85. Brechungsprofile unterschiedlicher Fasern und ihre Eigenschaften

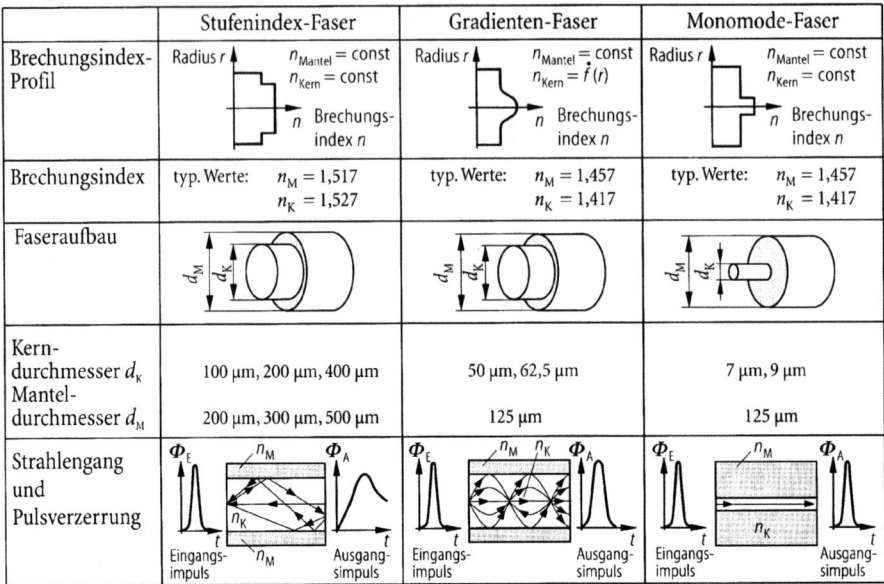

	Glasfaser (GCS)				kunststoffummantelte Glasfaser (HCS)	Kunststofflichtwellen-leiter POF
Mantel-durchmesser	125 μm	125 μm	125 μm	125 μm	140 μm	300 μm	1000 μm
Kern-durchmesser	9 μm	50 μm	62,5 μm	85 μm	100 μm	200 μm	980 μm
Typ	Mono-mode-Faser	Multimode-Fasern					

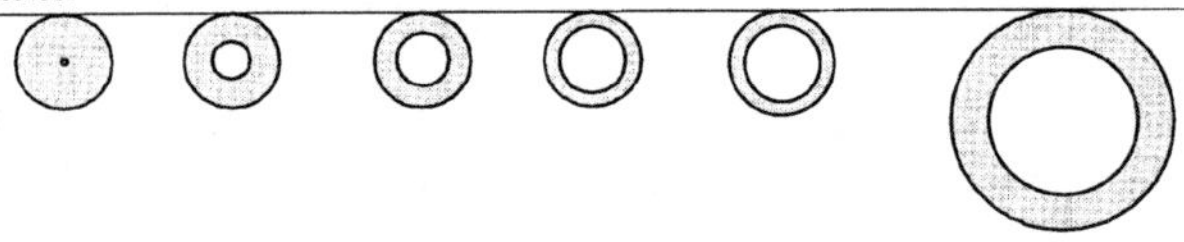

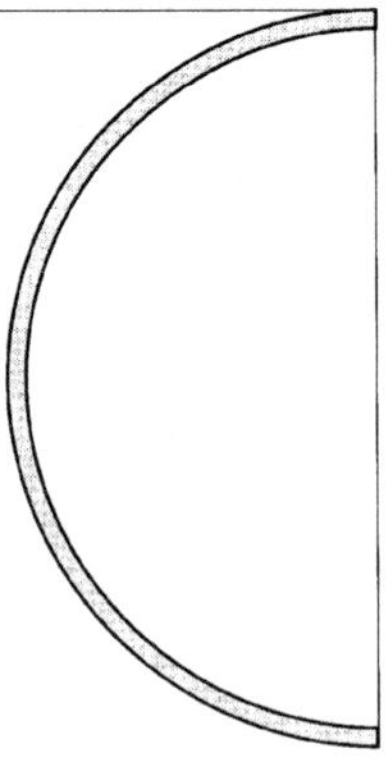

Bild C-86. Lichtwellenleiter im Vergleich

Das Material hat maßgeblichen Einfluß auf die *Übertragungseigenschaften* des Licht-wellenleiters. Die wichtigsten Größen sind dabei

- *Materialdispersion,*
- *chromatische Dispersion* und vor allem
- die *Dämpfung.*

Die Beeinflussung durch die verschiedenen Dispersionen soll hier nicht näher vertieft werden. Die Dämpfungseigenschaften sind jedoch ein herausragendes Kriterium für die Projektierung einer optischen Datenübertragungsstrecke.

Glasfaser-Lichtwellenleiter weisen heute die *niedrigsten* Dämpfungswerte auf. Die Dämpfungscharakteristik ist von der Wellenlänge abhängig. Für bestimmte Wellenlängen weisen sie optimale Werte auf, die als *Fenster* bezeichnet werden. Die preisgünstig-ste Lösung stellt der Kunststoff-Lichtwellenleiter dar, der jedoch um den Faktor 100 bis 200 schlechtere optische Eigenschaften aufweist. Er ist daher für kurze Strecken mit niedrigen Übertragungsgeschwindigkeiten geeignet. Bild C-87 zeigt den Dämpfungs-verlauf über der Wellenlänge für die drei Klassen von Lichtwellenleiter.

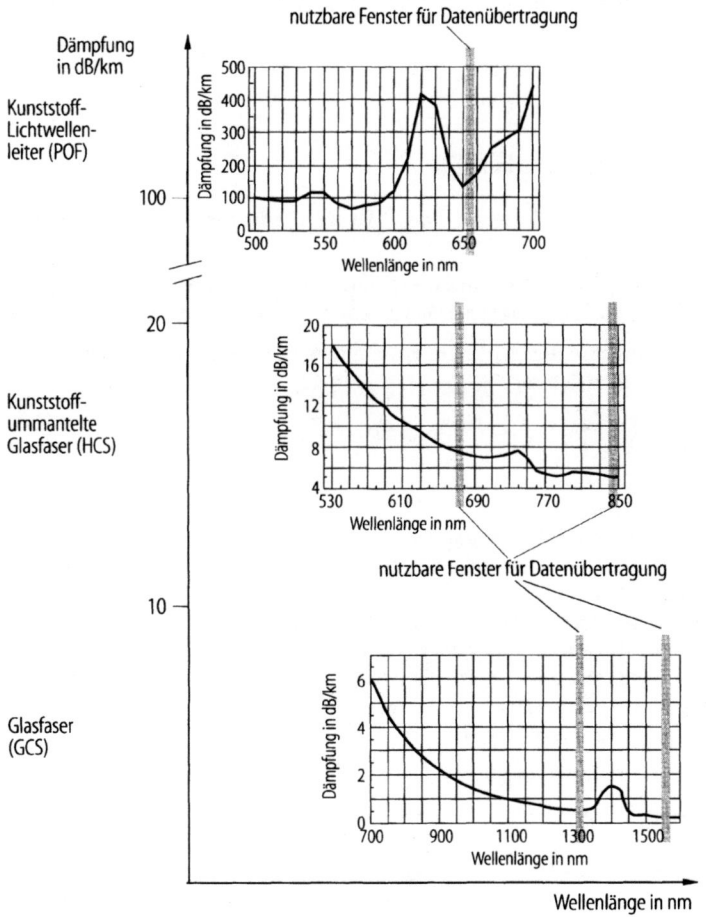

Bild C-87. Wellenlängenabhängige Dämpfung der Lichtwellenleiter

Bild C-88 zeigt am Beispiele einer Glasfaser mit 62,5 µm Kerndurchmeser und einem Manteldurchmesser von 125 µm den Aufbau eines Lichtwellenleiters, wie er in der Industrie für Datenübertragungen bis 266 MBit/s eingesetzt wird.

Um eine einheitliche Bezeichnung für den Anwender zu garantieren, wurde die Bezeichnung von Lichtwellenleiter in der DIN 0888 festgeschrieben. Dies ist neben der Planung und Projektierung auch für die Identifikation von bestehenden Netzwerken notwendig und wichtig. Bild C-89 veranschaulicht die Kabelbezeichnung.

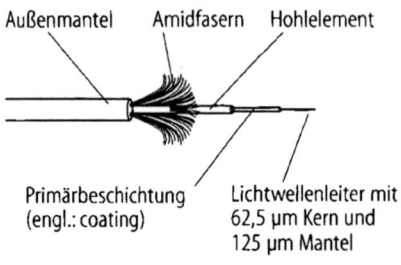

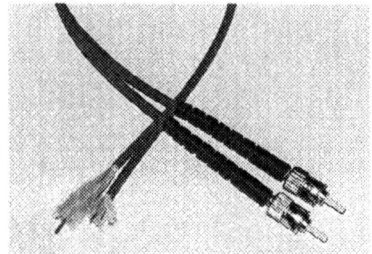

Bild C-88. Aufbau einer 62,5/125 µm-Glasfaser

C.7.3.4
Lichtleistungsbilanz (optical power budget)

Die optische Übertragungsstrecke nach Bild C-78 weicht in mehreren Punkten vom Ideal ab:

- zum einen besitzt das Übertragungsmedium eine *Dämpfung* und
- zum anderen erfährt das Licht an jeder *Steckstelle* eine weitere Dämpfung.

Die Gesamtheit der Dämpfungen wird in der Gleichung für *Lichtleistungsbilanz* (engl.: *optical power budget*) beschrieben:

$$10 \log(\Phi_T / \Phi_R) = \alpha_O L + \alpha_{TC} + \alpha_{CR} + n \, \alpha_{CC} + \alpha_M. \qquad (C\text{-}75)$$

Dabei bedeuten:

Φ_T	Lichtleistung des Senders	µW
Φ_R	benötigte Lichtleistung des Empfängers	µW
α_O	Dämpfungskonstante des Lichtwellenleiters	dB/km
L	Länge des Lichtwellenleiters	km
α_{TC}	Einkoppeldämpfung in die Faser (Transmitter Coupling Loss)	dB
α_{CR}	Auskoppeldämpfung am Empfänger (Fiber-to-Receiver Coupling Loss)	dB
α_{CC}	Steckverbindungsdämpfung (in-line-Conection loss)	dB
n	Anzahl der Steckverbindungen	
α_M	Sicherheitsabstand (Safety Margin)	dB

(rechts sind die Maßeinheiten angegeben)

Eine übliche Darstellung der Lichtleistungsbilanz zeigt Bild C-90, die auch als *optical power budget* bezeichnet wird. Dabei werden alle in einem Übertragungsweg auftretende Dämpfungen in einem Diagramm festgehalten.

Ziel ist es, die gesamte Verlustleistungsbilanz möglichst niedrig zu halten. Dazu beginnt man bei der Kalkulation mit der niedrigsten akzeptierbaren Empfangsleistung

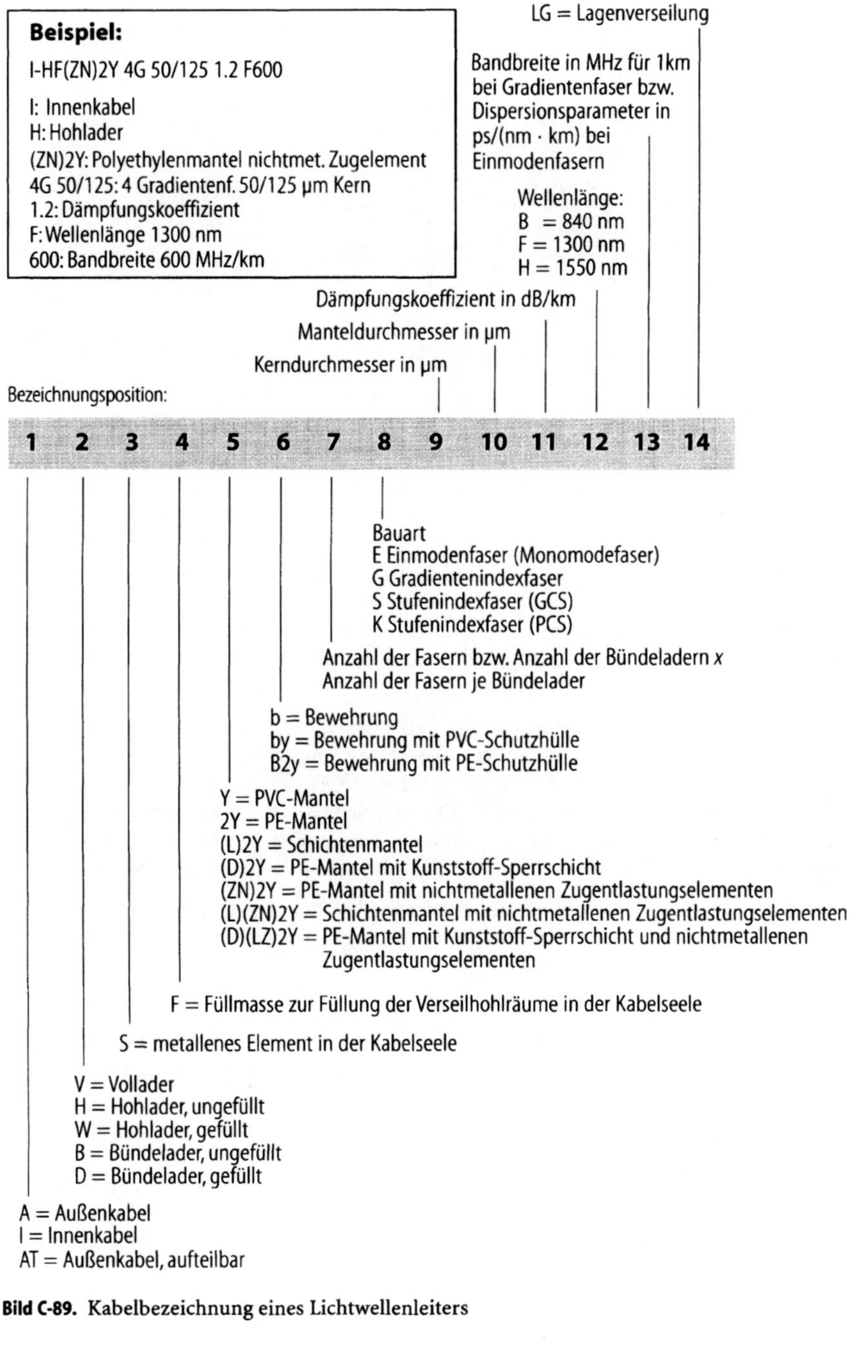

LG = Lagenverseilung

Beispiel:

I-HF(ZN)2Y 4G 50/125 1.2 F600

I: Innenkabel
H: Hohlader
(ZN)2Y: Polyethylenmantel nichtmet. Zugelement
4G 50/125: 4 Gradientenf. 50/125 µm Kern
1.2: Dämpfungskoeffizient
F: Wellenlänge 1300 nm
600: Bandbreite 600 MHz/km

Bandbreite in MHz für 1km
bei Gradientenfaser bzw.
Dispersionsparameter in
ps/(nm · km) bei
Einmodenfasern

Wellenlänge:
B = 840 nm
F = 1300 nm
H = 1550 nm

Dämpfungskoeffizient in dB/km

Manteldurchmesser in µm

Kerndurchmesser in µm

Bezeichnungsposition:

| 1 | 2 | 3 | 4 | 5 | 6 | 7 | 8 | 9 | 10 | 11 | 12 | 13 | 14 |

Bauart
E Einmodenfaser (Monomodefaser)
G Gradientenindexfaser
S Stufenindexfaser (GCS)
K Stufenindexfaser (PCS)

Anzahl der Fasern bzw. Anzahl der Bündeladern x
Anzahl der Fasern je Bündelader

b = Bewehrung
by = Bewehrung mit PVC-Schutzhülle
B2y = Bewehrung mit PE-Schutzhülle

Y = PVC-Mantel
2Y = PE-Mantel
(L)2Y = Schichtenmantel
(D)2Y = PE-Mantel mit Kunststoff-Sperrschicht
(ZN)2Y = PE-Mantel mit nichtmetallenen Zugentlastungselementen
(L)(ZN)2Y = Schichtenmantel mit nichtmetallenen Zugentlastungselementen
(D)(LZ)2Y = PE-Mantel mit Kunststoff-Sperrschicht und nichtmetallenen
            Zugentlastungselementen

F = Füllmasse zur Füllung der Verseilhohlräume in der Kabelseele

S = metallenes Element in der Kabelseele

V = Vollader
H = Hohlader, ungefüllt
W = Hohlader, gefüllt
B = Bündelader, ungefüllt
D = Bündelader, gefüllt

A = Außenkabel
I = Innenkabel
AT = Außenkabel, aufteilbar

Bild C-89. Kabelbezeichnung eines Lichtwellenleiters

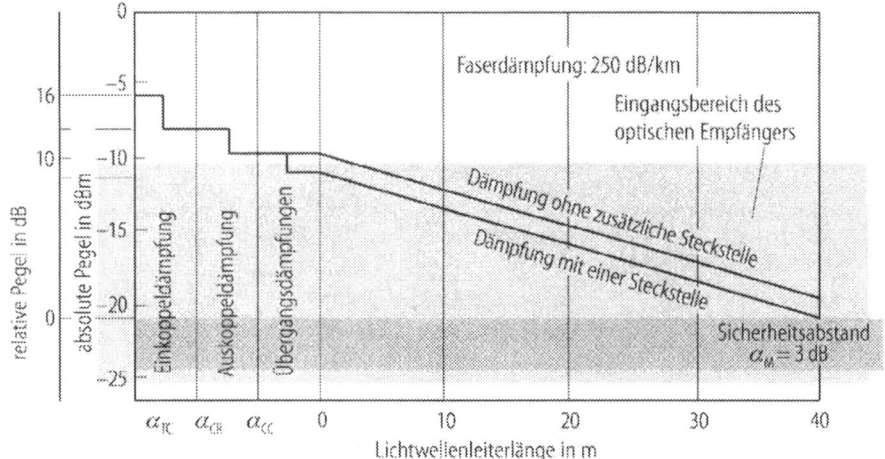

Bild C-90. Optical Power Budget einer Übertragungsstrecke

an der *Datensenke*. Diese ist einschließlich dem *Sicherheitsabstand* (engl.: safety margin) α_M zu wählen. Durch das Einfügen der verschiedenen Dämpfungsverluste (man durchschreitet dabei die Wirkungskette von hinten nach vorne, also vom Empfänger zum Sender) kommt man schließlich auf die minimal abzustrahlende Sendeleistung des Emitters.

! **Hinweis:** Bei diesen Betrachtungen ist neben der Dämpfungseinfügung sehr langer Übertragungsstrecken auch die geringe Dämpfung sehr kurzer Strecken zu betrachten. Da Glasfaser LWLs hier nahezu keinen Einfluß haben, kann der Empfänger auf Grund zu großer Sendeleistung auch übersteuert werden (Dynamik-Bereich, Abschn. C.7.4.5). Bei maximaler Aussteuerung des Senders muß eine Dämpfung eingefügt werden, da sonst der Empfänger übersteuert wird.

Die Sendeleistung der LED oder Laser Diode wird in den Datenblättern immer absolut angegeben. Dabei haben sich zwei Darstellungsmöglichkeiten eingeführt:

- als physikalische Leistung in μW und
- als absoluter Pegel in dBm.

Die Angabe in dBm wird dabei auf eine fixe Sendeleistung von 1 mW bezogen. Damit ergibt sich folgender Zusammenhang zwischen Strahlungsleistung Φ und Pegel P:

$$P = 10\log\left(\frac{\Phi}{1\,\text{mW}}\right)\text{dBm}.\qquad\qquad (\text{C-76})$$

Zur Umrechnung bedient man sich in der Praxis meist einer Tabelle oder eines Diagramms. Um im Diagramm den gesamten Leistungsbereich von 1 μW bis > 1000 μW darzustellen, wird ein logarithmischer Maßstab verwendet. Tabelle C-5 zeigt die tabellarische Darstellung.

Neben der *Faserdämpfung* gibt es noch eine Reihe weiterer wichtiger Faktoren, die die Übertragung auf Lichtwellenleiter beeinflussen. Die wichtigsten hierbei sind

- die *Modendispersion* und
- die *chromatische Dispersion* und *Materialdispersion*.

Tabelle C-5. Umrechnungstabelle für Lichtleistungswerte

Umrechnung µW in dBm

µW	dBm	µW	dBm	µW	dBm	µW	dBm
1000	– 0.0	100	– 10.0	10	– 20.0	1	– 30.0
900	– 0.5	90	– 10.5	9	– 20.5	0.9	– 30.5
800	– 1.0	80	– 11.0	8	– 21.0	0.8	– 31.0
700	– 1.5	70	– 11.5	7	– 21.5	0.7	– 31.5
600	– 2.2	60	– 12.2	6	– 22.2	0.6	– 32.2
500	– 3.0	50	– 13.0	5	– 23.0	0.5	– 33.0
400	– 4.0	40	– 14.0	4	– 24.0	0.4	– 34.0
300	– 5.2	30	– 15.2	3	– 25.2	0.3	– 35.2
200	– 7.0	20	– 17.0	2	– 27.0	0.2	– 37.0

Umrechnung dBm in µW

dBm	µW	dBm	µW	dBm	µW	dBm	µW
– 0.0	1000	– 10.0	100	– 20.0	10.0	– 30.0	1.0
– 1.0	794	– 11.0	79.4	– 21.0	7.9	– 31.0	0.8
– 2.0	630	– 12.0	63.0	– 22.0	6.3	– 32.0	0.6
– 3.0	501	– 13.0	50.1	– 23.0	5.0	– 33.0	0.5
– 4.0	398	– 14.0	39.8	– 24.0	4.0	– 34.0	0.4
– 5.0	316	– 15.0	31.6	– 25.0	3.2	– 35.0	0.3
– 6.0	251	– 16.0	25.1	– 26.0	2.5	– 36.0	0.25
– 7.0	199	– 17.0	19.9	– 27.0	2.0	– 37.0	0.2
– 8.0	158	– 18.0	15.8	– 28.0	1.6	– 38.0	0.16
– 9.0	125	– 19.0	12.5	– 29.0	1.3	– 39.0	0.1

Beide Faktoren kommen erst bei entsprechend *hohen Datenraten* (> 500 MBit/s) und großen Leitungslängen (> 2 km) zum Tragen.

Unter *Modendispersion* versteht man die Beeinflussung der Pulsform durch unterschiedliche Laufzeiten der einzelnen *Moden*. Die chromatische Dispersion rührt daher, daß die Laufzeiten in einem Medium von der Wellenlänge abhängig sind. Ein Multi-Mode-Sender (z. B. ein LED-Sender) emittiert sehr viele unterschiedliche Wellenlängen in das Übertragungsmedium, so daß nach einer bestimmten Entfernung sehr schnelle Bitwechsel so stark verformt sind, daß keine einzelnen Pulse mehr unterschieden werden können. Bild C-91 zeigt das *Verschleifen* von *digitalen Schaltflanken*, wie sie durch *Dispersion* entsteht. Mit zunehmender Entfernung lassen sich die einzelnen Pulse nicht mehr unterscheiden.

Wie hier bereits deutlich wird, ist bei diesem Effekt sowohl

- die *Übertragungsrate* (Übertragungsgeschwindigkeit)
- als auch die *Entfernung*

von maßgeblichem Einfluß. Aus diesem Grund wird eine Übertragungsstrecke durch das *Bandbreiten-Längen-Produkt* beschrieben. Daraus läßt sich auf einfache Weise die maximale Übertragungsstrecke bei gegebener Übertragungsrate bestimmen. (Beispiel C 7-1).

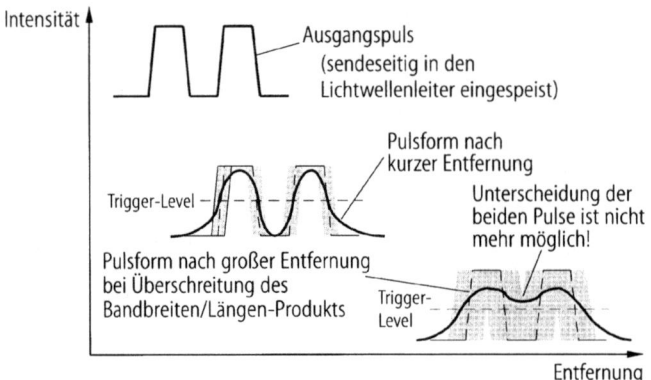

Bild C-91. Einfluß der Dispersion auf digitale Impulse

Beispiel
C 7-1: Eine Übertragungsstrecke wird durch das Bandbreiten-Längen-Produkt von
200 MBit/s · km charakterisiert. Das bedeutet, daß bei Verwendung einer Multi-
Mode-Faser

- 200 MBit/s bei einer Entfernung von 1 km übertragen werden können, oder
- 100 MBit/s bei einer Entfernung von 2 km oder
- 500 MBit/s bei einer Entfernung von 400 m.

C.7.3.5
Dynamikbereich

Sind in einem optischen Übertragungssystem unterschiedliche Leitungslängen vorhanden, so erhält man in Abhängigkeit der Segmentlänge unterschiedliche Dämpfungswerte. In diesem Fall muß eine Anpassung an die Dynamik des Empfängers erfolgen.

! **Hinweis:** Dies ist auf jeden Fall angebracht, da in einem System nicht nur die Lei-
tungslänge schwankt, sondern auch die Sendeleistung der Transmitter (LEDs)
variiert sowie unterschiedliche Dämpfungen in den Steckstellen bestehen.

Der Dynamikbereich des Empfängers muß groß genug sein, um alle Dämpfungs-
schwankungen im System aufzufangen. Dies sind:

α_{LED} LED Ausgangsleistungschwankung,
α_{LDC} Treiberleistungsschwankungen (*LED Driver Variation*),
$\alpha_o \, \Delta L$ Dämpfungsschwankung der Lichtwellenleiterstrecken,
$n \, \alpha_{CC}$ Steckverbindungsdämpfungen (*in-line-connection loss*), n-fach,
α_M Sicherheitsabstand (*Safety Margin*) und
α_T Dämpfungsschwankung durch Temperaturgang.

Die Dynamik ergibt sich damit zu:

$$\Delta P = \alpha_{LED} + \alpha_{LDC} + \alpha_o \, \Delta L + n \, \alpha_{CC} + \alpha_M + \alpha_T \qquad \text{(C-77)}$$

Diese Schwankung muß empfangsseitig innerhalb der Leistungsbandbreite des Empfängers liegen. Es gilt:

$$\Delta P < \Delta P_{Rec} = P_{R\_max} - P_{R\_min} \qquad \text{(C-78)}$$

C.7.3.6
Übertragungsbandbreite

Da ein optisches Datenübertragungssystem die *direkte Abbildung* der *binären Informa-tion* erlaubt (z. B. „0" = Licht aus, „1" = Licht ein), sind keine *Trägerfrequenzverfahren* notwendig. Der serielle Datenstrom wird dabei direkt auf den Sender geschaltet. Soll aus dem Datenstrom das Taktsignal gewonnen werden, muß dieser durch ein entsprechen-des *Kodierungsverfahren* aufbereitet werden. Einige Kodierungsverfahren vermeiden sogenannte „0"- oder „1"-*Runts*, d.h. überlange Zeichenketten mit gleichen Bits. Dazu werden sogenannte *Stuffing Bits* (Stopfbits) eingefügt.

Die wichtigsten Übertragungsarten sind:

- *NRZ* (Non Return to Zero),
- *NRZI* (Non return to Zero Inverted),
- *Manchester Kodierung,*
- *4b/5b-Kodierung,*
- *8b/10b-Kodierung.*

4b/5b-Kodierung und 8b/10b-Kodierung sind dabei Kodierungsarten, die auf eine *Tabelle* zurückgreifen. Es werden dabei immer 4 Bits bzw. 8 Bits gleichzeitig kodiert. Die anderen Kodierungsverfahren sind in Bild C-92 dargestellt.

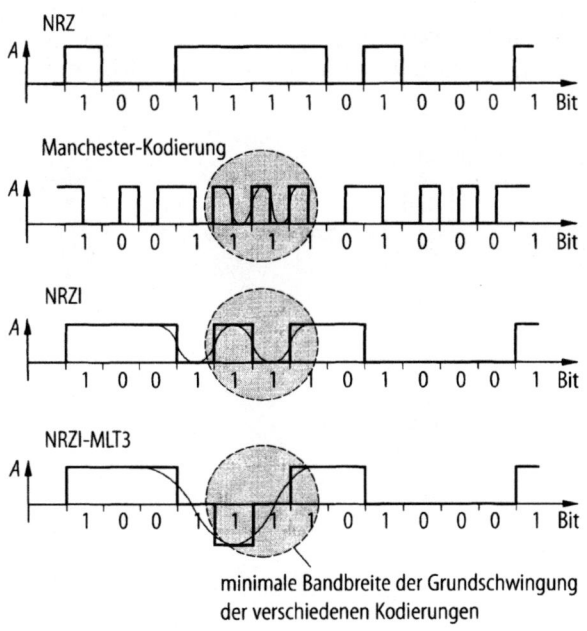

NRZ: Non Return to Zero
NRZI: Non Return to Zero Inverted
NRZI-MLT3: Non Return to Zero Inverted
Multi Level Threshold 3

Bild C-92. Unterschiedliche Kodierungsarten

Die meisten Netzwerksysteme verwenden einen *Manchester Kode* zur Übertragung der Daten. Dies hat den Vorteil, daß ein durchschnittliches Tastverhältnis von 50% entsteht und so ein ständiger Wechsel auf den Datenleitungen erfolgt. Damit läßt sich auf einfache Weise ein Takt und damit die Datenrückgewinnung realisieren.

Nachteilig ist jedoch, daß jedes Zeichen durch einen Übergang, entweder von 0 auf 1 oder umgekehrt, dargestellt wird. Die Datenrate verdoppelt sich damit auf dem Übertragungsmedium (Bild C-92). Werden beispielsweise 10 MBit/s übertragen, so erhält man nach der Manchester-Kodierung einen Datenstrom von 20 MBit/s, also doppelt soviele als die Nettodatenrate, was einer Bandbreite von 10 MHz entspricht. Dies ist bei der Auslegung von Übertragungsweg, Sender und Empfänger zu berücksichtigen.

Eine effizientere Methode erhält man durch die 4b/5b-Kodierung. Mit Hilfe einer Tabelle werden so 4 Bits zu 5 Bits umkodiert. Gegenüber der verdoppelten Bandbreite im obigen Beispiel vergrößert sich der Datendurchsatz bei dieser Kodierung um 25%. Sind beispielsweise 100 MBit/s zu übertragen, so muß die Übertragungsstrecke 125 MBaud nach der 4b/5b-Kodierung übertragen. Die minimale Bandbreite beträgt hierbei 62,5 MHz (bei Manchester Dekodierung wären dies 200 MBit/s, entsprechend 100 MHz). Tabelle C-6 zeigt am Beispiel von *FDDI* (Fiber Distributed Data Interface) eine 4b/5b-Kodierung, wie sie durch den IEEE festgelegt wurde.

Die minimale Bandbreite (engl.: band width, BW) beschreibt die schnellsten Wechsel innerhalb eines zu übertragenden Kodes. Allgemein gilt:

$$BW_{min} = \text{Übertragungsrate/2}. \tag{C-79}$$

Die minimale Bandbreite ist für die Übertragung digitaler Signale nicht geeignet, da sämtliche Informationen zur Bildung der Flankensteilheit ausgefiltert werden (es wird nur die Grundwelle durchgelassen). Auch der übliche Ansatz mit den 3 dB Grenzwerten

Tabelle C-6. 4b/5b-Kodierung für FDDI Datenübertragung

Symbol	Beschreibung	4b-Kode	5b-Kode
0		0000	11110
1		0001	01001
2		0010	10100
3		0011	10101
4		0100	01010
5		0101	01011
6		0110	01110
7		0111	01111
8		1000	10010
9		1001	10011
A		1010	10110
B		1011	10111
C		1100	11010
D		1101	11011
E		1110	11100
F		1111	11101
N		0000	11110 oder 11111
JK	Start-Markierung	1101	11000 und 10001
T	Ende-Markierung	0100 oder 0101	01101
R	Reset	0110	00111
S	Set	0111	11001

als minimale Bandbreite führt zu stark verschliffenen Flanken und Pulsformen. Verfälschungen dieser Art sind auf der Empfangsseite nur mit großem Aufwand wieder richtig zu stellen.

Auf der anderen Seite beeinflußt eine zu große Bandbreite vor allem

- das *Rauschverhalten*,
- die *Zeichenverzerrungen* (Intersymbol Interferenzen),
- die notwendige *Leistung* und damit auch
- die *Bit Fehler Rate* (BER, Bit Error Rate).

Empirische Ermittlungen haben ergeben, daß die optimale Bandbreite BW_{opt} 50% über der minimalen Bandbreite BW_{min} liegt.

$$BW_{opt} = 1.5 \times BW_{min} \qquad\qquad\qquad\qquad\qquad\qquad\text{(C-80)}$$

Zeichenverzerrungen werden hauptsächlich durch die Übersteuerung des Empfängers verursacht. Gründe sind unterschiedliche Laufzeiten bei der abfallenden und bei der ansteigenden Flanke. Als Folge wird die *Pulsbreite* verzerrt (*Puls Width Distortion*). Welchen Einfluß die Lichtleistung auf die Laufzeit hat, zeigt Bild C-93. Während die ansteigende Flanke bei Erhöhen der Lichtleistung schneller übertragen wird, verzögert sich die abfallende Flanke überproportional (auch dies ist eine Folge des Freiräumens der Raumladungszone). Beide Flanken wandern bei hohen Lichtleistungen auseinander, wie Bild C-94 durch eine Messung verdeutlicht.

Der Schnittpunkt der Verzögerungskurven für die abfallende bzw. ansteigende Flanke ergibt die optimale Empfangsleistung (*break even*). In diesem Punkt tritt keine Pulsverzerrung auf.

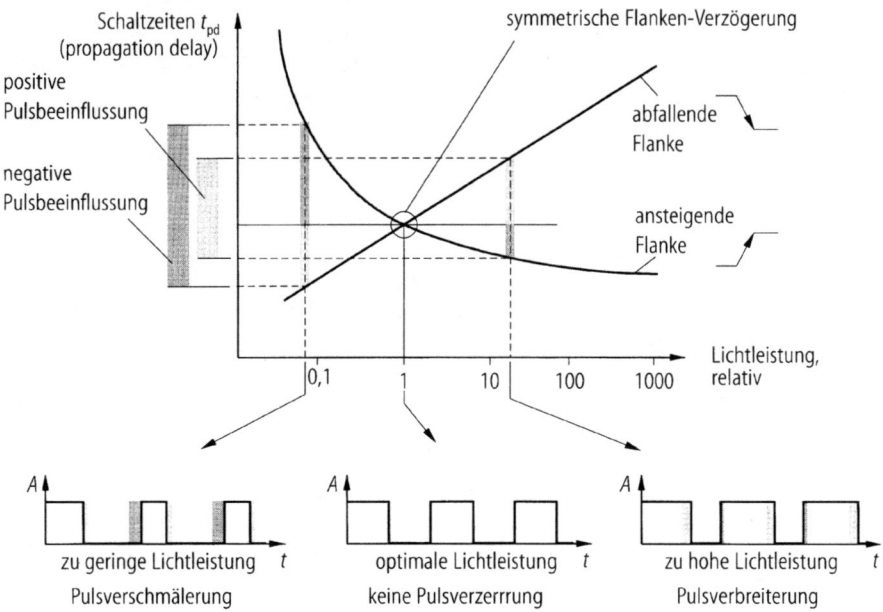

Bild C-93. Einfluß der Lichtleistung auf die Laufzeit der Flanken

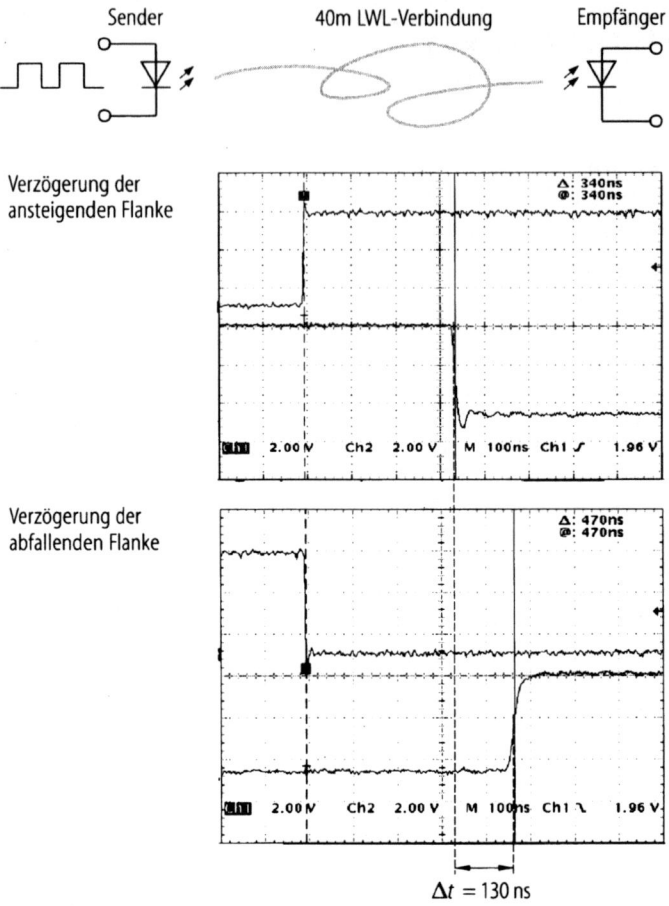

Sender   40m LWL-Verbindung   Empfänger

Verzögerung der
ansteigenden Flanke

Verzögerung der
abfallenden Flanke

$\Delta t = 130\,ns$

Bild C-94. Flankenverschiebung durch Übersteuerung

Die Pulsverzerrung kann vor allem bei hohen Übertragungsraten zu Fehlern führen. Paradox klingt hierbei, daß in erster Linie kurze Übertragungsstrecken davon betroffen sind. Dies ist als Folge zu großer Ansteuerung des Empfängers jedoch erklärbar.

ÜBUNGSAUFGABEN

Ü C.7-3: Ein optischer Sender soll optimal angesteuert werden. Der Diodenstrom der LED beträgt 50 mA bei einer Diodenspannung von 2 V. Der Sender kann kurzzeitig um 100 % übersteuert werden. Die Pulsanstiegszeit beträgt 60 ns.

a) Wie groß ist der Vorwiderstand zum Betrieb an 5 V?
b) Zeichnen Sie die Schaltung!
c) Wie ändert sich die Schaltung bei einer Ansteuerung mit Puls-Peaking?
d) Wie müssen in diesem Fall die Bauelemente dimensioniert werden?

e) Wählen Sie Bauelemente aus der Praxis (Widerstandsreihe E48) und rechnen Sie das Ergebnis nach!

Ü C.7-4: Lichtleittechnik

a) Was versteht man unter Numerischer Apertur?
b) Berechnen Sie die A_N für einen Lichtwellenleiter, für den gilt: $n_{Mantel} = 1,417$, $n_{Kern} = 1,492$.
c) Welchem maximalen Öffnungswinkel entspricht dies?
d) Um welche Art von Lichtwellenleiter handelt es sich?

Ü C.7-5: Wann spricht man von einer Monomode-Faser?

Ü C.7-6: Zur Projektierung einer optischen Übertragunsstrecke soll das optical power budget aufgestellt werden. Von der Übertragungsstrecke sind folgende Daten bekannt:

- Einkoppeldämpfung: 0,6 dB
- Auskoppeldämpfung: 0,4 dB
- minimale Sendeleistung: – 25 dBm
- maximale Sendeleistung: – 6 dBm
- Empfängerempfindlichkeit: – 31 dBm
- Übersteuerungsgrenze des Empfängers: – 8 dBm

a) wieviel Leistung (worst case) darf auf dem Übertragungsweg verbraucht werden?
b) wieviel Leistung *muß* auf dem Übertragungsweg verbraucht werden?
c) Wie groß ist die maximale Entfernung für Glasfaser und für POF?
d) Zeichnen Sie das Diagramm für das Optical Power Budget!

Ü C.7-7: Was versteht man unter dem Bandbreiten-Längen-Produkt?

C.8
Logikbausteine

Einen großen Bereich in der Halbleitertechnik bilden die *Logikbausteine*. Im Gegensatz zu den analogen Bauelementen kennen sie nur *zwei Zustände*: „wahr" oder „nicht wahr". Diese zwei zulässigen Zustände werden durch den griechischen Begriff „digital" (digitus: der Finger) beschrieben. Die Zustände *wahr* und *nicht wahr* finden sich in vielen Anwendungen wieder. In Tabelle C-7 sind einige weitläufige Übertragungen des logischen Schaltverhaltens auf verschiedene Bereiche aufgezeigt.

Tabelle C-7. Beispiele für logische Schaltanwendungen

	wahr	nicht wahr
digitale Bauelemente	1	0
digitale Bauelemente	high	low
Schalter	ein	aus
Licht	an	aus
Kühlwasser	ein	aus
Spanndruck erreicht	ja	nein

! **Hinweis:** Anfang der 60er Jahre gelang es, mehrere Grundfunktionen auf einem einzigen Siliciumplättchen zu verwirklichen. Es entstand eine *monolithisch integrierte Schaltung*, und das Siliciumplättchen ging als *Chip* in den Sprachgebrauch der Entwickler ein. Diese einfachen Booleschen-Verknüpfungen werden als *Gatterfunktionen* bezeichnet (engl.: *gate*), da eine Information erst dann weiterverarbeitet werden kann, wenn die Verknüpfungsfunktion erfüllt ist.

Bei der Integration logischer Funktionen (Abschn. C.8.1) unterscheidet man in Abhängigkeit der Komplexität der Schaltkreise:

- *Small Scale Integration* (SSI)-Bauteile,
- *Medium Scale Integration* (MSI)-Bauteile,
- *Large Scale Integration* (LSI)-Bauteile,
- *Very Large Scale Integration* (VLSI)-Bauteile,
- *Ultra Large Scale Integration* (ULSI)-Bauteile.

Während die erste Gruppe von digitalen Schaltkreise nur wenige Gatterfunktionen, wie *UND* (engl.: *AND*) und *ODER* (engl.: *OR*) umfaßt, sind die höherintegrierten Bausteine zunehmend eine technologische Herausforderung, wie am Beispiel des Mikroprozessors *Pentium Pro* von Intel zu sehen ist, auf dem mehrere Millionen Transistorfunktionen integriert sind. Tabelle C-8 stellt für die unterschiedlichen *Integrationsstufen* einige Beispiele zusammen.

C.8.1
Logische Verknüpfungen und Schaltzeichen

Logikbausteine verwirklichen logische Verknüpfungen nach den Gesetzen von Boole (G. Boole, 1815 bis 1864) und De Morgan (De Morgan, 1806 bis 1871). Boole schaffte es, die Mathematik auf die beiden grundsätzlichen Elemente „0" und „1" zurückzuführen

Tabelle C-8. Unterschiedliche Integrationsdichten und Beispiele

Integrationsdichte	Funktionen	Beispiele
SSI	UND, ODER, Nicht	74HC00, 74HC08, 74HC02
MSI	Bustreiber, Zähler, Register	74ABT224, 74AS191, 74HCT374
LSI	FloppyDiskController, Schnittstellenbausteine,	WD37C65, MC68681, MC68230
VLSI	Mikroprozessoren, Mikrokontroller, math. Coprozessoren, Signalprozessoren	MC68030, i80C51, i80387, TMS320C20
ULSI	High End Prozessoren, Sonderschaltkreise für die Kommunikationstechnik	Pentium, Pentium Pro, Alpha AXP, Power PC, Ultra Sparc

und gilt daher als Wegbereiter der *modernen digitalen Informationsverarbeitung*. Die *elementaren* Funktionen sind dabei

- UND,
- ODER,
- NICHT.

Daraus lassen sich alle weiteren Verknüpfungen ableiten. Die *Wahrheitstabellen* sowie die logische Schreibweise (Schaltsymbol) dieser drei Grundfunktionen sind in Bild C-95 zusammengestellt.

Die *UND-Verknüpfung* wird als *Konjunktion* bezeichnet und ist nur dann erfüllt, wenn alle Eingänge den logischen Zustand wahr eingenommen haben. Die Konjunktion

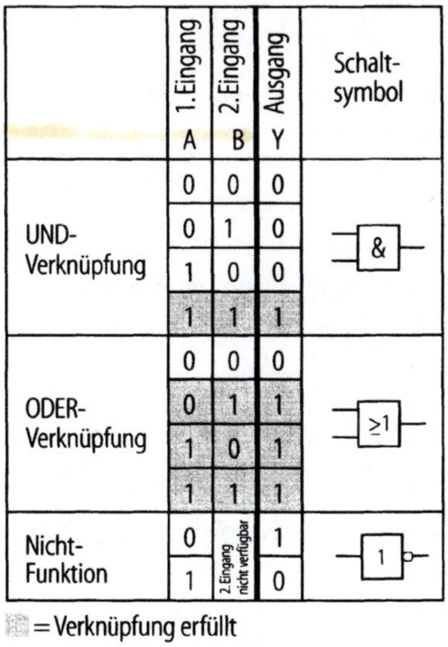

Bild C-95. Wahrheitstabellen zu den logischen Grundverknüpfungen UND, ODER und NICHT

wird in der Logikschreibweise durch einen *Punkt* dargestellt. So läßt sich die UND-Verknüpfung von vier Eingängen A, B, C und D wie folgt beschreiben:

$$Y = A \cdot B \cdot C \cdot D.$$

Die *ODER-Verknüpfung* oder *Disjunktion* verwendet das *Pluszeichen* in seiner allgemeinen Schreibweise. Wird die ODER-Verknüpfung auf die Eingänge A bis D angewandt, so erhält man:

$$Y = A + B + C + D.$$

! **Hinweis:** Beim Entwurf digitaler Schaltungen werden i. a. für Eingangsvariable die ersten Buchstaben des Alphabetes verwendet, also A, B, C usw. Die entstandenen Ausgangsvariablen werden mit den letzten Buchstaben gekennzeichnet, X, Y und Z. Speichernden Ausgängen kommt eine besondere Bedeutung zu, sie werden mit Q bezeichnet. Zur Unterscheidung gleichartiger Ein- und Ausgänge werden diese indiziert: $A_1, A_2, \ldots A_n, Y_1, Y_2, \ldots Y_n$ oder $Q_1, Q_2, \ldots Q_n$.

! **Hinweis:** In der Mengenlehre kennt man ebenfalls die UND- und ODER-Operatoren. Sie werden dort durch die Symbole $\wedge$ (UND) und $\vee$ (ODER) dargestellt. Gelegentlich sieht man diese Schreibweise auch im Zusammenhang mit logischen Schaltfunktionen.

Die Schreibweise der *NICHT-Verknüpfung* sieht einen *Querbalken* auf der Ein- bzw. Ausgangsvariablen vor:

$$\bar{Y} = A, \quad \text{bzw.}$$
$$Y = \bar{A}.$$

Da bei der *textuellen Darstellung* dies oft mit Schwierigkeiten verbunden ist, haben sich auch eine Reihe anderer Schreibweisen durchgesetzt, die das zu negierende Symbol durch ein vorangestelltes Sonderzeichen kennzeichnen. Dies ist beispielsweise

- * (Stern oder Asterix),
- / (Schrägstrich),
- ~ (Tilde),
- _ (Unterstrich).

Aus oben aufgeführten Grundfunktionen lassen sich durch entspechende Kombinatorik alle weiteren logischen Funktionen ableiten. Dazu gehört auch die *Exclusive-ODER-Verknüpfung* von zwei Variablen, auch *Antivalenz* genannt.

Die Antivalenz ist wie folgt definiert:

Unter Antivalenz versteht man eine *exclusive ODER-Verknüpfung* von Eingangsvariablen, bei der der Ausgang nur dann wahr wird, wenn die Eingänge von einander verschieden sind.

Für die logischen Bauelemente in einer digitalen Schaltung bedeutet dies, daß das *Antivalenz-Gatter* nur zwei Eingänge haben kann. In Bild C-96 ist die Wahrheitstabelle sowie das Schaltsymbol des Antivalenz-Gatters aufgezeigt.

Die grau hinterlegte Fläche zeigt die Erfüllung der Funktion. In der Boole'schen Schreibweise erhält man für den Ausgang Y:

$$Y = (\bar{A} \cdot B) + (A \cdot \bar{B}).$$

	1.Eingang A	2.Eingang B	Ausgang Y	Schalt-symbol
	0	0	0	
Exclusive-ODER-Verknüpfung	0	1	1	=1
	1	0	1	
	1	1	0	

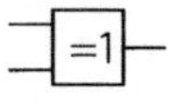

= Verknüpfung erfüllt

Bild C-96. Exklusive ODER-Verknüpfung, Antivalenz

Da dies eine elementare Funktion in der Digitaltechnik geworden ist, hat man dies zu einer einfacheren Schreibweise zusammengefaßt:

$$Y = A \oplus B.$$

Das Pluszeichen im Kreis $\oplus$ wird dabei als *Antivalenzsymbol* bezeichnet.

Die Vielzahl der Funktionen erfordert eine geordnete Darstellungsweise. Zur Vereinheitlichung alter und neuer Symbole wurde Mitte der 70er Jahre in den USA von der *International Electrotechnical Commission* (IEC) eine sehr mächtige Symbolsprache entwickelt, die das *Deutsche Institut für Normung* (DIN) übernommen hat. Das Basiselement für jede Funktion ist hierbei ein *Rechteck*, das auf einer Seite (in der Regel links) sämtliche Eingänge zusammenfaßt und auf der gegenüberliegenden Seite die Ausgänge darstellt. Die Funktion, die repräsentiert wird, wird durch entsprechende *Kurzzeichen* beschrieben.

Neben dieser streng reglementierten Symbolik finden bei uns noch zwei weitere Symbolreihen Anwendung. Dies sind vor allem die *amerikanischen Symbole*, die auf Grund ständig steigender, computerorientierter Entwicklungsmethoden weite Verbreitung erlangt haben.

In Bild C-97 sind die wichtigsten Schaltzeichen integrierter Schaltungen zusammengestellt. Der Vollständigkeit wegen wurden neben den in der DIN 40900 Teil 1–12 genormten Symbolen auch die amerikanischen Symbole nach IEC sowie die Symbole nach DIN 40170 (veraltet, oft als „Brötchen-Symbole" bezeichnet) eingetragen.

C.8.2
Logikfamilien

Die Umsetzung der Funktionen von Abschnitt C.8.1 erfolgt mit Bausteinen, die bestimmte *technologische Eigenschaften* aufweisen. In der Digitaltechnik werden Bauteile mit gleichen Eigenschaften als *Logikfamilie* bezeichnet.

Jede Logikfamilie besitzt spezielle *technische* und *technologische* Eigenschaften. Diese sind:

- *Signalverzögerungszeiten,*
- *Taktfrequenz,*
- *Leistungsaufnahme.*

Eine Übersicht über einige grundlegende Kennzeichen und Eigenschaften von Logikfamilien zeigt Bild C-98.

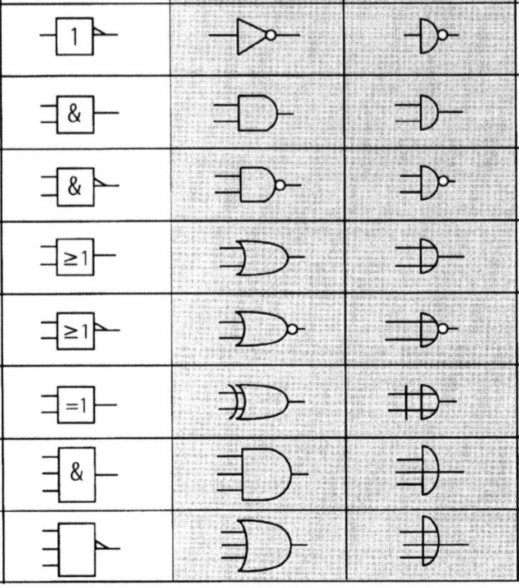

Funktion	Schaltsymbole DIN/IEC	amerik. Norm	alte Norm	logische Verknüpfung
Inverter				$Y = \overline{A},\ \overline{Y} = A$
AND				$Y = A \cdot B$
NAND				$\overline{Y} = A \cdot B$
OR				$Y = A + B$
NOR				$\overline{Y} = A + B$
EXOR				$Y = A \oplus B$
3-fach AND				$Y = A \cdot B \cdot C$
3-fach NOR				$\overline{Y} = A + B + C$

a kombinatorische Logik

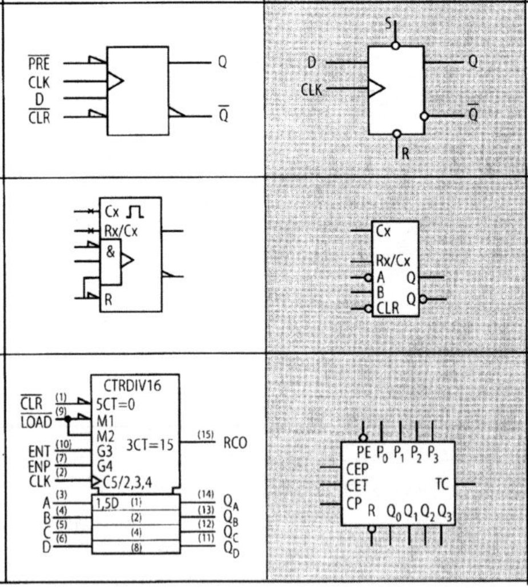

Funktion	Schaltsymbole DIN/IEC	amerik. Symbolik	logische Verknüpfung

D-Flip-Flop:

Preset	Clear	Clock	D	Q	$\overline{Q}$
0	1	X	X	1	0
1	0	X	X	0	1
0	0	X	X	undefiniert	
1	1	↑	1	1	0
1	1	↑	0	0	1
1	1	0	X	Q_0	$\overline{Q}_0$

Mono-Flop:

Eingänge			Ausgänge	
nR_D	nA	nB	nQ	$n\overline{Q}$
L	X	X	L	H
X	H	L	L	H
X	X	L	L	H
H	L	↑	⊓	⊔
H	↓	H	⊓	⊔
↑	L	H	⊓	⊔

4 Bit Synchronzähler — Betriebsarten:

Steuersignale				Betriebsarten
$\overline{SR}*$	$\overline{PE}$	CET	CEP	
L	X	X	X	Reset (Clear)
H	L	X	X	Load ($P_z \to O_n$)
H	H	H	H	Count (Increment)
H	H	L	X	No change (Hold)
H	H	X	L	No change (Hold)

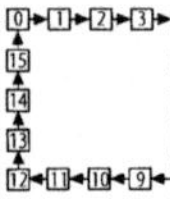

veraltete Symbolik, nicht für Neuentwicklungen

b sequentielle Logik (Flip-Flop und Zähler)

Bild C-97. Schaltsymbole einiger logischer Bauteile

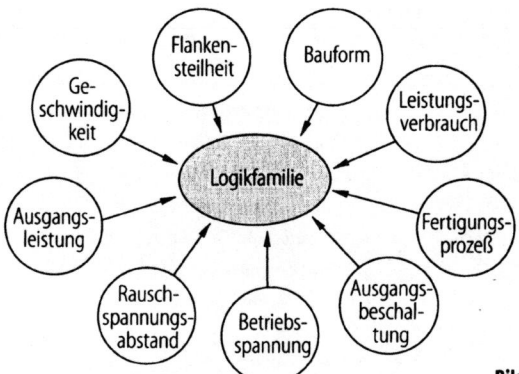

Bild C-98. Eigenschaften von Logikfamilien

Eines der wesentlichen Merkmale in einer immer zunehmender technisch orientier-
ten Welt sind die *Schaltzeiten* der Logikfamilien. In Tabelle C-9 sind die wichtigsten
Technologien von oben nach unten nach abnehmender Schaltgeschwindigkeit geordnet.
Die Schaltgeschwindigkeit beschreibt die typische *Verzögerungszeit*, die ein Puls am
Eingang eines Gatters (z.B. eines Inverters) bis zum Ausgang erfährt. In den Daten-
büchern ist diese Zeit mit *propagation delay* t_{pd} bezeichnet. Bei der Entwicklung von
Rechnern und Signalverarbeitungskarten hat diese Zeit einen erheblichen Einfluß auf
die *Geschwindigkeit* und *Leistungsfähigkeit* eines Rechensystems (engl.: *performance*).
In Tabelle C-10 sind die wichtigsten Logikfamilien und ihre Eigenschaften zusammengestellt.

Eine grafische Zusammenfassung der Tabelle C-9 zeigt Bild C-99. Es ist deutlich zu
erkennen, daß die Logikfamilien auf CMOS-Basis (CMOS 4000, HC/HCT und AC/ACT)
im Ruhezustand eine um mehr als vier Zehnerpotenzen geringeren Leistungsbedarf
pro Gatter besitzen als beispielsweise LSTTL- oder FAST-Bauteile.

Neben diesen dynamischen Eigenschaften unterscheiden sich die Logikfamilien auch
in ihren *Betriebsspannungen* sowie deren *Toleranzbereichen*. Der meist genutzte Bereich
liegt bei der Digitaltechnik typischerweise bei einer Spannung von 5 V („5-Volt-Schal-
tungstechnik") und wird von den meisten Logikfamilien abgedeckt. Darüberhinaus lassen sich jedoch einige Logikfamilien über einen weiten Bereich der Versorgungsspannung betreiben. Dies ist vor allem für den Betrieb in unterschiedlichen Applikationen
vorteilhaft, ebenso sind sie robuster gegenüber Schwankungen der Betriebsspannung.

Tabelle C-9. Schaltgeschwindigkeit einiger Logikfamilien

Logikfamilie	Schalt-geschwindigkeit [ns]	maximale Taktfrequenz [MHz]	Leistungs-aufnahme [mW]
CMOS	35	7	10 nW
TTL	10	15	10
LSTTL	8	30	2
HC(T)	8	50	25 nW
STTL	4	75	20
FAST	3	100	4
ECL	1	500	25

Tabelle C-10. Übersicht über die bedeutendsten Logikfamilien

Logikfamilie	Beschreibung	Besonderes Merkmal
CMOS	Complementary MOS	Versorgungsspannung 15 V
ECL	Emitter Coupled Logic	Schnellste verfügbare Logik
FAST	Fairchild Advanced Schottky TTL	Verbesserte Schottky Logik
HC(MOS)	High Speed CMOS	Erste schnelle CMOS Logik
HCT	TTL kompatible HC-Bausteine	Ausgang kompatibel zu TTL
LSTTL	Low Power Schottky TTL	Schottky Logik geringer Leistung
MOS	Metal Oxide Semiconductor	Basis für erste Logikbausteine (langsam)
STTL	Schottky TTL	sehr schnelle aber leistungsbedürftige Logikfamilie
TTL	Transistor Transistor Logik	Erste Logikfamilie, die große Verbreitung erlangte

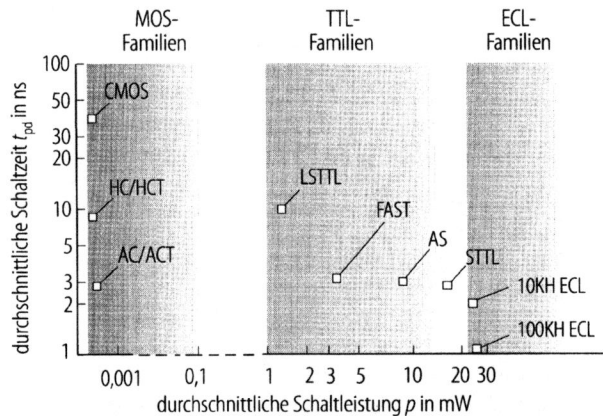

Bild C-99. Geschwindigkeits-Leistungs-Diagramm verschiedener Logikfamilien

In Bild C-100 sind die Versorgungsspannungstoleranzen einiger wichtiger Logik-familien zum Vergleich gegenübergestellt.

Der weite Versorgungsspannungsbereich der *CMOS-Familie* (Bild C-100) erlaubt bespielsweise deren Einsatz in bereits vorhandenen elektronischen Schaltungen, ohne für die Logik eine zusätzliche Versorgungsspannung bereit zu stellen (z. B. in Steuerungen, die im Kleinleistungsbereich mit 12 V betrieben werden). HC-Bauteile eignen sich sehr gut für *batteriebetriebene* Schaltungen, da sie noch bei einer Betriebsspannung von 2 V arbeiten und einen kaum meßbaren Ruhestrom aufnehmen.

Völlig aus dem Rahmen fällt hingegen die *ECL-Familie*, die eine negative Versorgungsspannung benötigt. Daneben muß noch eine weitere Hilfsspannung zur Verfügung gestellt werden, so daß die ECL-Familie mit insgesamt drei Spannungspotentialen versorgt werden muß. Die ECL Bausteine haben jedoch die *kürzesten* Schaltzeiten aller

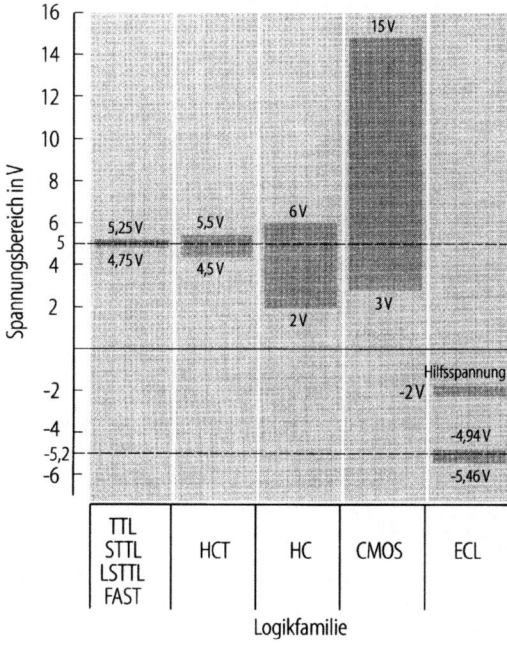

Bild C-100. Versorgungsspannung der unterschiedlichen Logikfamilien

Logikfamilien und sind somit seit ihrer Einführung 1962 durch Motorola auch heute noch die *schnellste Logikfamilie.*

! **Hinweis:** Die exotische Stellung der ECL-Logik in bezug auf Spannungsversorgung und Logikpegel versucht man seit einigen Jahren dadurch zu begegnen, daß sie sich nach außen hin wie TTL Gatter verhalten. Diese *PECL* (Positive ECL)-Familie generiert intern ein *virtuelles Bezugspotential,* um so die schnellen Schaltvorgänge zu realisieren. Allerdings müssen bei den Eingangs- und Ausgangssignalen Einschränkungen im Störspannungsabstand hingenommen werden.

Der Betrieb der verschiedenen Logikfamilien an unterschiedlichen Spannungen sowie die verschiedenen Technologien lassen eine *gemischte Verwendung* nicht ohne weiteres zu. Entscheidend dafür sind die garantierten Ausgangspegel für die logischen Zustände „0" und „1". Bild C-101 veranschaulicht deutlich, welche Grenzwerte für den Eingang und Ausgang eingehalten werden müssen.

Dabei gelten folgende Abkürzungen:

V_{IHmax} = maximale Eingangsspannung für den High-Zustand,
V_{IHmin} = minimale Eingangsspannung für den High-Zustand,
V_{ILmax} = maximale Eingangsspannung für den Low-Zustand,
V_{ILmin} = minimale Eingangsspannung für den Low-Zustand,

V_{OHmax} = maximale Ausgangsspannung für den High-Zustand,
V_{OHmin} = minimale Ausgangsspannung für den High-Zustand,
V_{OLmax} = maximale Ausgangsspannung für den Low-Zustand,
V_{OLmin} = minimale Ausgangsspannung für den Low-Zustand.

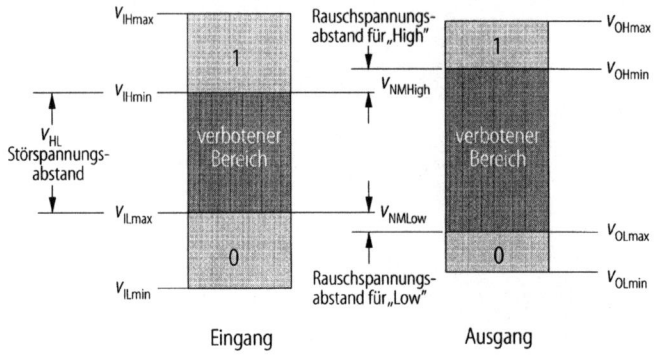

Bild C-101. Definition der wichtigsten Spannungen für Ein- und Ausgänge

Daraus ergeben sich die Bedingungen für den schlechtesten Fall (worst case):

Störspannungsabstand: $\qquad V_{HL} = V_{IH\,min} - V_{IL\,max}.$ (C-81)

Rauschspannungsabstand High: $\quad V_{NM\,High} = V_{OH\,min} - V_{IH\,min}.$ (C-82)

Rauschspannungsabstand Low: $\quad V_{NM\,Low} = V_{IL\,max} - V_{OL\,max}.$ (C-83)

Der *Rauschspannungsabstand* wird im englischen als *Noise Margin* bezeichnet, was in Gl. (C-82) und Gl. (C-83) zu den Abkürzungen $V_{NM\,High}$ und $V_{NM\,Low}$ führt. Im sicheren Betrieb der einzelnen Bausteine müssen diese Grenzwerte eingehalten werden. Für jede Logikfamilie fallen sie jedoch unterschiedlich aus, wie Bild C-102 in einer Übersicht zeigt.

Für die Betriebssicherheit gemischter digitaler Schaltungen sind die *Worst Case-Spannungspegel* (z. B. $V_{OH\,max}$ und $V_{IH\,min}$) maßgebend. Bild C-102 verdeutlicht auch, daß bei der Zusammenschaltung unterschiedlicher Familien in den meisten Fällen eine Pegelanpassung notwendig ist. Speziell bei CMOS (Betrieb an einer Spannung > 5 V) und bei den ECL-Bausteinen (Betrieb an negativer Spannung) ist dies nur mit entsprechenden *Umsetzbausteinen* möglich. Müssen nur kleine Spannungsdifferenzen ausgeglichen werden, wie beispielsweise von TTL auf HC, so kann dies im einfachsten Fall über einen Widerstand erfolgen, der am Ausgang des TTL Gatters mit der + 5 V Versorgungsspannung verbunden wird und die Ausgangsspannung zusätzlich zur Versorgungsspannung zieht. Dieser Widerstand wird als *pull-up*-Widerstand bezeichnet. Einen Überblick über die gebräuchlichsten Anpassungsschaltungen zeigt Tabelle C-11.

Neben diesen im obigen Überblick beschriebenen gebräuchlichen Bauteilen, sind im Laufe der Jahre noch eine ganze Reihe von Bausteinfamilien entstanden, deren technische Eigenschaften auf eine ganz bestimmte Anwendung abzielen. Hier sind besonders die *BICMOS*-Bausteine (BCT-Familie) und die *FCT*-Bausteine hervorzuheben, die auf Grund ihrer sehr leistungsstarken Ausgangsstufe zum Treiben von Bussystemen geeignet sind. Ohne näher auf diese Eigenschaften einzugehen, werden in Tabelle C-12 alle wichtigen Logikfamilien der letzten Jahre und vor allem der zukünftigen Jahre als Übersicht zusammengestellt. Dabei ist ein eindeutiger Trend zu den CMOS-Bauteilen festzustellen, die, wie bereits oben erwähnt, wegen ihrer geringen Ruhestromaufnahme erhebliche Vorteile in der Leistungsbilanz (und damit auch in der Erwärmung) aufweisen.

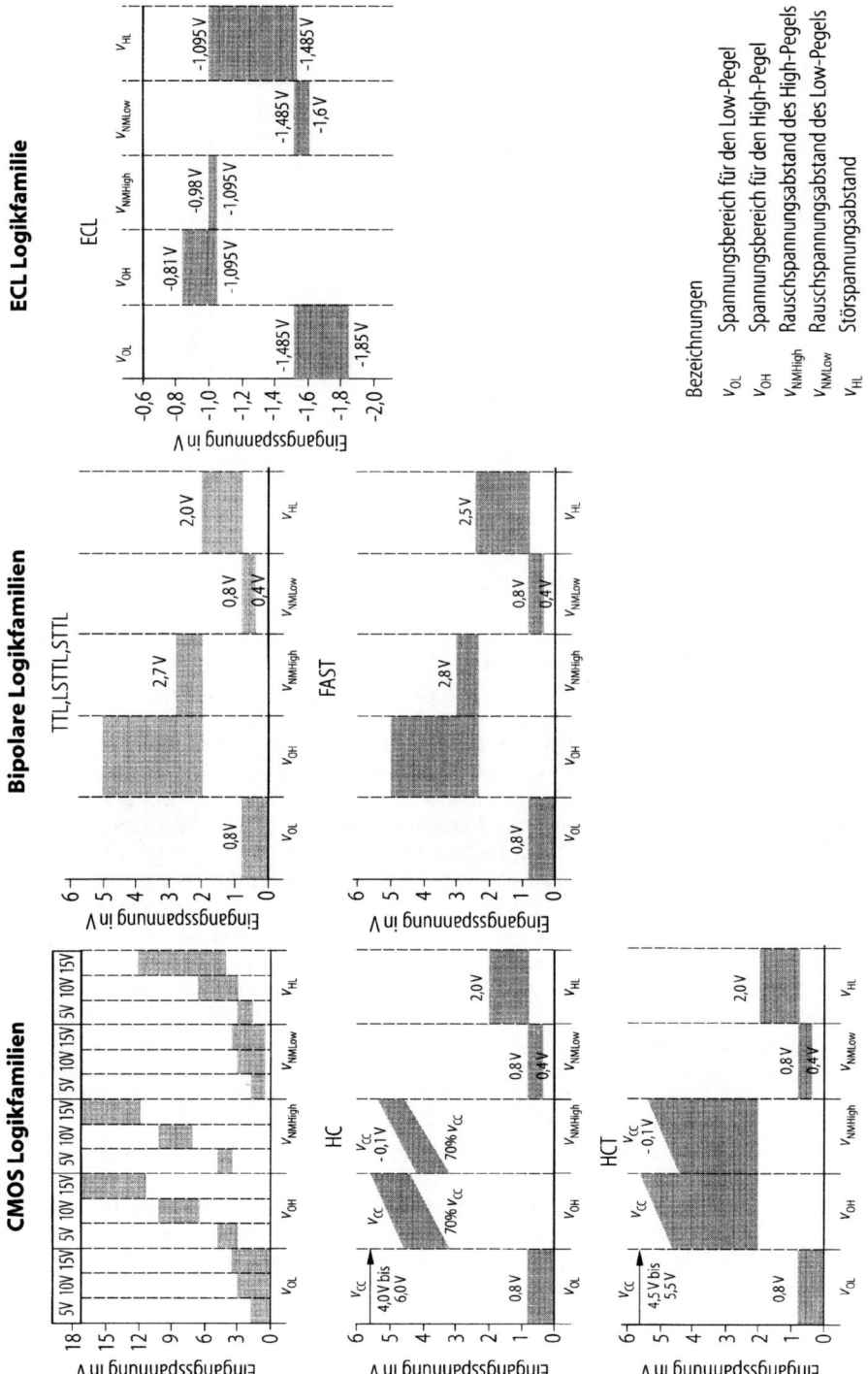

Bild C-102. Gegenüberstellung der Betriebsparameter unterschiedlicher Logikfamilien

Tabelle C-11. Verschaltung unterschiedlicher Logikfamilien

		nach					
		HC	HCT	CMOS (5 V)	CMOS (6V bis 15 V)	TTL	ECL
von	HC	direkt	direkt	direkt	4104	direkt	10124
	HCT	direkt	direkt	direkt	4104	direkt	10124
	CMOS (5 V)	direkt	direkt	direkt	4101		10124
	CMOS (6 V bis 15 V)	4049 oder 4050	4049 oder 4050	4049 oder 4050	direkt	4049 oder 4050	Transistor
	TTL	„pull-up"-Widerstand	direkt	„pull-up"-Widerstand	4104	direkt	10124
	ECL	10125	10125	10125	Transistor	10125	direkt

C.8.3
Bauformen und Gehäuse der Logikbauteile

Die meisten Bauteile werden in unterschiedlichen Gehäuseformen angeboten. Dabei ist der Trend zur *SMD Technik* (SMD: *Surface Mounted Device*) ungebrochen. Die steigende Integrationsdichte und die Entwicklung immer kompakterer Geräte fordert speziell in diesem Bereich immer neuere Lösungen.

Die wichtigsten Bauformen sind in Tabelle C-13 zusammengestellt. Das *Dual-In-Line* (DIL) Gehäuse ist heute nach wie vor von großer Bedeutung. Für die digitalen Schaltkreise hat es in seiner kleinsten Ausführung 2×4 Pins (Anschlüsse), wobei von einem *DIL8*-Gehäuse gesprochen wird. Das *Rastermaß* der Pins (Pinabstand) beträgt dabei 2,54 Millimeter (= 1/10 Inch). DIL-Gehäuse werden bis zu 68 Pins eingesetzt, da sonst die Gehäusegröße überproportionale Kosten zum integrierten Chip verursacht. Hochkomplexe Bausteine (mit mehr als 100 Pins) besitzen daher ein Gehäuse, auf dessen *Unterseite* die Pins in einem *Feld* angeordnet sind (*PGA-Gehäuse, Pin Grid Array*). Auch *PLCC*-Gehäuse (Plastic Leaded Chip Carrier) lassen durch einen Pinabstand von 1,27 Millimeter (= 1/20 Inch) an allen vier Kanten sehr hohe Pinzahlen zu. Inzwischen werden diese PLCC-Gehäuse auch für die Gatterbausteine angeboten, was auf Grund ihrer kompakten Bauform eine hohe *Bestückungsdichte* auf den Leiterplatten erlaubt.

Die heute größtmöglichste Anzahl von Anschlüssen erlaubt das *QFP*- und das *BGA*-Gehäuse. Beim QFP (QFP: *Quad Flat Pack*) werden ebenfalls alle vier Seiten des Bausteins zur Kontaktierung genutzt. Dabei kann der Abstand der einzelnen Pins bis auf 0,3 mm verringert werden. Es entstehen so Gehäuse mit bis zu 308 Anschlüssen, 77 auf jeder Seite.

Das jüngste Mitglied in der Reihe hochkontaktierbarer Bauteile ist das *BGA-Gehäuse* (BGA: *Ball Grid Array*). Ähnlich dem PGA-Gehäuse sind alle Anschlüsse auf der Unterseite zugänglich. Sie sind als kleine *Lotkugeln* in sehr engem Raster ausgeführt und ermöglichen so eine hohe Packungsdichte.

Tabelle C-12. Trend und Häufigkeit eingesetzter Logikfamilien

Beuteil-kennzeichnung	Kurzbezeichnung	Technologie	Betriebs-spannung	Besondere Eigenschaften
74 xxx	Standard TTL	bipolar	5 V	veraltet, nicht für Neuentwicklungen
74 S xxx	Schottky TTL	bipolar	5 V	Erste sehr schnelle TTL Logik, hohe Stromaufnahme, werden sehr heiß
74 LS xxx	Low Power Schottky-TTL	bipolar	5 V	Bis Ende der 80er Jahre die meist verwendete Logik
74 F xxx	FAST	bipolar	5 V	Sehr schnelle Logik mit großer Belastbarkeit, wurde von der Fa. Fairchild entwickelt
74 H xxx	High Poer TTL	bipolar	5 V	Praktisch keine Bedeutung mehr, vom Markt völlig verschwunden
74 L xxx	Low Power TTL	bipolar	5 V	Praktisch keine Bedeutung mehr, vom Markt völlig verschwunden
4 xxx	4000er CMOS	CMOS	3 V bis 15 V	Erste CMOS Familie mit einem Spannungsbereich von 3 V bis 15 V
74 HC xxx	HC-MOS	CMOS	5 V	High-Speed CMOS, Betriebsspannung 5 V
74 HCT xxx	HCT	CMOS	5 V	TTL kompatible HC MOS Bausteine, ersetzen direkt die LS TTL Bausteine
74 AC xxx	AC-MOS	CMOS	5 V	Weiterentwickelte HC Familie (AC = Advanced CMOS) mit sehr schnellen Eigenschaften
74 ACT xxx	ACT	CMOS	5 V	TTL kompatible AC Familie
74 BCT	BCT	CMOS/bipolar	5 V	CMOS Logik mit bipolarem Ausgang, speziell für Bustreiber
74 FCT xxx	FCT	CMOS	5 V	Sehr schnelle Logikfamilie für Hochgeschwindigkeits-Anwendungen
MC 10 xxx	MECL10	bipolar		Motorola's erste ECL Logikfamilie
MC 100 KH	MECL 100 KH	bipolar		Motorola's verbesserte 10 K Serie mit geringerem Stromverbrauch und noch schnelleren Schaltzeiten
F 100 K	100 K-Serie	bipolar		Fairchild's ECL Serie 100 K
	Am häufigsten eingesetzte Logikfamilien			
	Baustein-Familien der 90er Jahre			

Tabelle C-13. Beispiele von Gehäusebauformen für integrierte Schaltkreise

Bezeichnung	Beschreibung	Montage	Pinzahl	Raster
DIL	Dual Inline	TH	8 – 68	2,54 mm
PGA	Pin Grid Array	TH	68 – >300	2,54 mm
ZIP	Zick-Zack Inline Package	TH	28 – 48	2,54 mm
SOJ	J-Leaded Smal Outline	SMD	24 – 48	1,27 mm
QFP	Quad Flat Pack	SMD	28 – > 300	1,27 mm – 0,4 mm
PLCC	Plasic Leaded Chip Carrier	SMD	20 – 84	1,27 mm
LCC	Leadless Chip Carrier	SMD	20 – 44	1,27 mm
BGA	Ball Grid Array	SMD	225 – > 800	< 1 mm
		TH: Through Hole		
		SMD: Sourface Mounted Device		

ÜBUNGSAUFGABEN

Ü *C.8-1:* Die Variablen M, N, K und L sollen mit einander verknüpft werden.
a) wie lautet die Konjunktion der vier Variablen?
b) wie lautet die Disjunktion der vier Variablen?
c) zeichnen Sie für beide Fälle die Logikschaltung
   • für ein Gatter mit vier Eingängen,
   • für ein Gatter mit zwei Eingängen.

Ü *C.8-2:* In einer Schaltung sollen LSTTL-Bausteine durch HCT-Bausteine ersetzt werden. Verbessert sich dadurch der Störspannungsabstand oder der Rauschspannungsabstand?

Ü *C.8-3:* In obiger Aufgabe stehen nicht alle LSTTL-Bausteine auch in HCT zur Verfügung. Einige werden dadurch durch HC-Bauteile ersetzt.
a) Was muß bei der Verwendung von HC- anstelle von HCT-Bauteilen beachtet werden?
b) Wie erfolgt die Ankopplung an die LSTTL-Bausteine.
c) Ist diese Maßnahme auch im umgekehrten Fall (HC-Bausteine treiben LSTTL-Bausteine) notwendig?
d) Bleiben Störspannungsabstand und Rauschspannungsabstand erhalten?

Literatur

Beuth K (1992) Digitaltechnik. Vogel Verlag, 9. Auflage
Beuth K, Schmusch: Elektronik 3, Grundschaltungen. Würzburg, Vogel Buchverlag
Bleicher M (1986) Halbleiter-Optoelektronik. Hüthig Verlag, Heidelberg
Bludau W (1995) Halbleiter-Optoelektronik. Hanser Verlag München
Demtröder W (1995) Experimentalphysik 2. Springer Verlag, Berlin Heidelberg New York
Ebeling KJ (1995) Integrierte Optoelektronik. Springer Verlag, Berlin Heidelberg New York
Harms G (1978) Linearverstärker. Würzburg, Vogel Verlag
Hering E, Bressler K, Gutekunst J (1998) Elektronik für Ingenieure. VDI Verlag, 2. Auflage
Hering E, Gutekunst J, Dyllong U (1995) Informatik für Ingenieure. VDI Verlag

Lichtberger B (1992) Praktische Digitaltechnik. Hüthig Verlag, 2. Auflage

Paul R (1989) Optoelektronische Halbleiterbauelemente. Teubner Verlag

Pernards P (1992) Digitaltechnik. Hüthig Verlag, 3. Auflage

Sarkowski H (1987) Digitaltechnik mit integrierten Schaltungen. Vogel Verlag

Schröder G (1990) Technische Optik. Vogel Verlag, 7. Auflage

Strobel O (1992) Lichtwellenleiter-Übertragungs- und Sensortechnik. Vde-Verlag Berlin

Tietze U, Schenk C (1992) Halbleiter-Schaltungstechnik. 10. Auflage Berlin, Springer Verlag

Unger H-G (1993) Optische Nachrichtentechnik. Hüthig Verlag, 2. Auflage, Heidelberg

Wrobel Ch (1994) Optische Übertragungstechnik in der industriellen Praxis. Hüthig Verlag, Heidelberg

Tabelle C-13. Beispiele von Gehäusebauformen für integrierte Schaltkreise

Bezeichnung	Beschreibung	Montage	Pinzahl	Raster
DIL	Dual Inline	TH	8 – 68	2,54 mm
PGA	Pin Grid Array	TH	68 – >300	2,54 mm
ZIP	Zick-Zack Inline Package	TH	28 – 48	2,54 mm
SOJ	J-Leaded Smal Outline	SMD	24 – 48	1,27 mm
QFP	Quad Flat Pack	SMD	28 – > 300	1,27 mm – 0,4 mm
PLCC	Plasic Leaded Chip Carrier	SMD	20 – 84	1,27 mm
LCC	Leadless Chip Carrier	SMD	20 – 44	1,27 mm
BGA	Ball Grid Array	SMD	225 – > 800	< 1 mm
		TH: Through Hole		
		SMD: Sourface Mounted Device		

ÜBUNGSAUFGABEN

Ü C.8-1: Die Variablen M, N, K und L sollen mit einander verknüpft werden.

a) wie lautet die Konjunktion der vier Variablen?

b) wie lautet die Disjunktion der vier Variablen?

c) zeichnen Sie für beide Fälle die Logikschaltung
   • für ein Gatter mit vier Eingängen,
   • für ein Gatter mit zwei Eingängen.

Ü C.8-2: In einer Schaltung sollen LSTTL-Bausteine durch HCT-Bausteine ersetzt werden. Verbessert sich dadurch der Störspannungsabstand oder der Rauschspannungsabstand?

Ü C.8-3: In obiger Aufgabe stehen nicht alle LSTTL-Bausteine auch in HCT zur Verfügung. Einige werden dadurch durch HC-Bauteile ersetzt.

a) Was muß bei der Verwendung von HC- anstelle von HCT-Bauteilen beachtet werden?

b) Wie erfolgt die Ankopplung an die LSTTL-Bausteine.

c) Ist diese Maßnahme auch im umgekehrten Fall (HC-Bausteine treiben LSTTL-Bausteine) notwendig?

d) Bleiben Störspannungsabstand und Rauschspannungsabstand erhalten?

Literatur

Beuth K (1992) Digitaltechnik. Vogel Verlag, 9. Auflage
Beuth K, Schmusch: Elektronik 3, Grundschaltungen. Würzburg, Vogel Buchverlag
Bleicher M (1986) Halbleiter-Optoelektronik. Hüthig Verlag, Heidelberg
Bludau W (1995) Halbleiter-Optoelektronik. Hanser Verlag München
Demtröder W (1995) Experimentalphysik 2. Springer Verlag, Berlin Heidelberg New York
Ebeling KJ (1995) Integrierte Optoelektronik. Springer Verlag, Berlin Heidelberg New York
Harms G (1978) Linearverstärker. Würzburg, Vogel Verlag
Hering E, Bressler K, Gutekunst J (1998) Elektronik für Ingenieure. VDI Verlag, 2. Auflage
Hering E, Gutekunst J, Dyllong U (1995) Informatik für Ingenieure. VDI Verlag

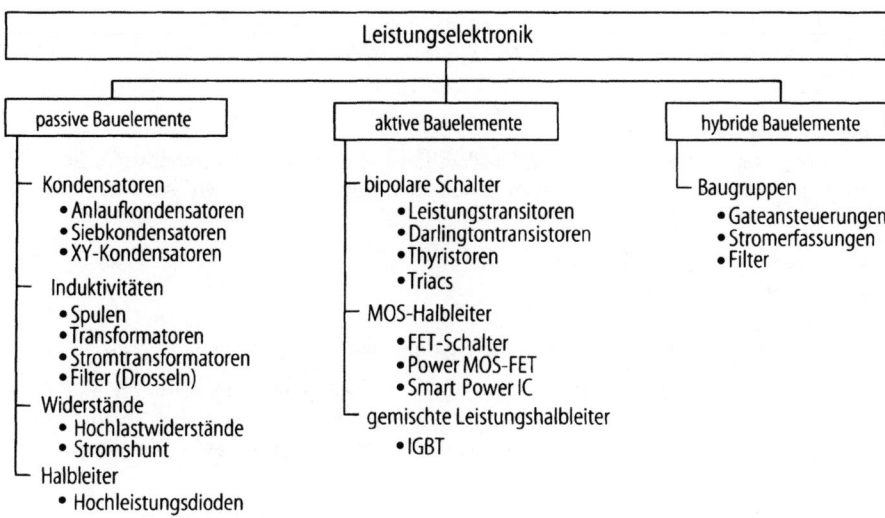

Bild D-1. Übersicht über die Bauelemente der Leistungselektronik

Leistungselektronik sind Gateansteuerungen für Frequenzumrichter (Abschn. D.2). Bild D-1 zeigt eine Übersicht zur Vielfalt der Bauelemente der Leistungselektronik.

Die in der Leistungselektronik auftretenden Spannungen machen die Einhaltung verschiedener Normen und Richtlinien notwendig. Dazu zählen beispielsweise die DIN 0100 und DIN 0160, die die Spannungsfestigkeit der Bauelemente und Schaltungsteile festlegt. Weitere Informationen hierzu sind im Abschnitt H.1 nachzulesen.

D.1.1
Passive Bauelemente

Die passiven Bauelemente der Leistungselektronik werden wie folgt eingeteilt (Bild D-1):

- Induktivitäten (Spulen, Drosseln),
- Kapazitäten,
- Widerstände,
- Leistungsdioden und
- Schutzelemente.

Während die Widerstände zu den *Energieverbrauchern* zählen, sind Induktivitäten und Kapazitäten *Energiespeicher*. Ihnen kommt in der Leistungselektronik eine besondere Bedeutung zu. Schutzelemente haben schaltungstechnisch keine Funktion und dienen ausschließlich zur Sicherheit von Mensch und Gerät.

D.1.1.1
Induktivtäten

Die Grundlagen zur Induktivität sind dem Abschnitt A.3 und A.4 zu entnehmen. In diesem Abschnitt soll im wesentlichen der Aufbau und der Einsatz dieser Speicherelemente

in der Leistungselektronik beschrieben werden. Dabei wird neben den unterschiedlichen elektrischen Eigenschaften auch auf die unterschiedlichen Bauformen der Kerne
eingegangen.

Spulen, Drosseln und Ferrite

Induktivitäten in der Leistungselektronik fallen zunächsteinmal durch ihre *Größe* auf. In
Abhängigkeit ihrer Applikation werden sie auch mit *Spule* oder *Drossel* bezeichnet. Sie
sind als

- Zweipol,
- Zweipol mit Anzapfungen,
- Vierpol (Übertrager) oder
- mehrpoliges Bauteil, Übertrager mit Anzapfungen

ausgeführt. Bild D-2 zeigt einen Überblick über gängige Induktivitäten und deren
Schaltsymbol. Wird eine Induktivität in Reihe mit einer Last geschaltet, so wird oft der
Begriff *Drossel* verwendet. Die Drossel wirkt hemmend gegenüber Stromspitzen.

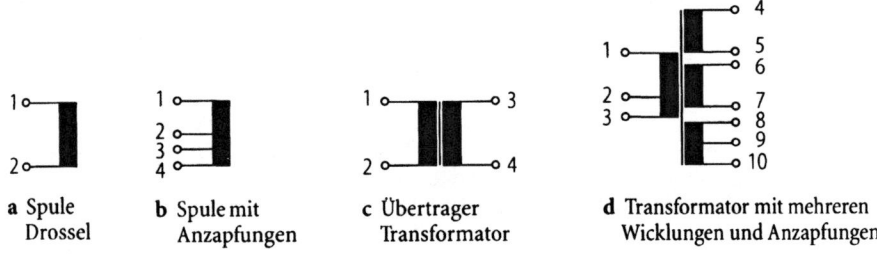

| **a** Spule | **b** Spule mit | **c** Übertrager | **d** Transformator mit mehreren |
| Drossel | Anzapfungen | Transformator | Wicklungen und Anzapfungen |

Bild D-2. Verschiedene Ausführungen von Induktivitäten

! Hinweis: Die Bezeichnung Drossel leitet sich in Anlehnung an die Fluidik und
Hydraulik ab, wo mit Drossel ein steuerbarer Durchflußbegrenzer bezeichnet wird
(drosseln = Durchfluß vermindern, in diesem Falle den Stromfluß).

Der Aufbau der Drosseln ist abhängig vom Einsatzfall. Bei kleineren Leistungen werden
sie als *Stab-* oder *Ringdrosseln* ausgeführt, entweder mit oder ohne Ferritkern. Die Kerne
haben die Aufgabe, die Induktivität zu erhöhen.

Der hauptsächliche Anwendungsbereich von Drosseln ist die Filterung von Störungen auf den Stromzuführungsleitungen. Mit Kondensatoren zusammen bilden sie EMV-
Filter (EMV: Elektromagnetische Verträglichkeit), worauf im Abschnitt D.1.1.2.2 und
D.2.1 noch näher eingegangen wird. Drosseln haben dabei die Aufgabe, die *leitungsgebundene* Störungsein- und abstrahlung zu verringern. Ein weiters wichtiges Einsatz-
feld ist die Energiespeicherung in getakteten Netzteilen (Abschn. D.2.4).

Zur Erhöhung der Induktivität werden in Spulen und Drosseln Materialien eingebracht, die die Induktivität um ein Vielfaches erhöhen. Neben Eisenkernen, wie sie bei
Transformatoren Verwendung finden, sind es vor allem *Ferrite*, die diesbezüglich hervorragende Eigenschaften aufweisen.

Die Darstellung von Induktivitäten mit und ohne Eisenkern ist in der DIN 40900
Teil 6 festgeschrieben. Diese DIN unterscheidet dabei in *Form 1* und *Form 2*, einer *ein-
poligen* bzw. *mehrpoligen* Darstellungsweise. In der Form 1 werden keine Transfor-

Beschreibung	DIN 40900, Form 1	DIN 40900, Form 2	Nummer
Drossel			06-09-08
			04-03-01
			04-03-02
Drossel mit Magnetkern		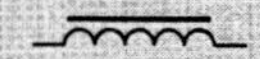	04-03-03
Drossel mit Luftspalt im Magnetkern		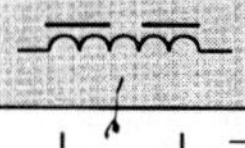	04-03-04
Transformator	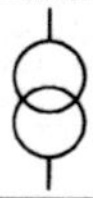 – 01	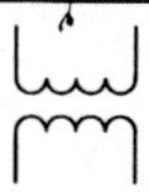 – 02	06-09-01 06-09-02
Einphasentransformator mit zwei Wicklungen und Schirm	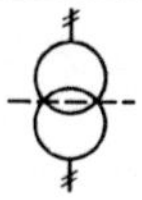 – 01	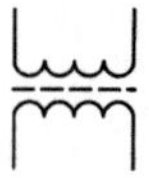 – 02	06-10-01 06-10-02
Transformator mit drei Wicklungen	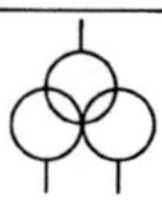 – 04	 – 05	06-09-04 06-09-05
Spartransformator	 – 06	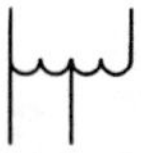 – 07	06-09-06 06-09-07
Stromwandler	 – 10	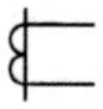 – 11	06-09-10 06-09-11

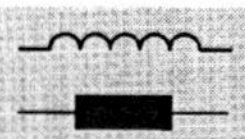

Bild D-3. Schaltsymbole nach DIN 40 900 Form 1 und Form 2

matorkerne dargestellt. Bild D-3 stellt die wichtigsten Symbole für Induktivitäten nach DIN 40900 zusammen.

Ferrite bestehen aus *gesinterten Materialien* und sind daher *polymorph*. Beim Sinterprozeß erhalten sie ihre Form und können so nahezu jede Form annehmen. Dies ermöglicht auch die Herstellung von Ferriten, die auf die unterschiedlichen Anwendungen und geometrischen Bedingungen optimiert werden. Im wesentlichen unterscheidet man

- Ringkerne,
- Rohrkerne,
- ringförmige Schalenkerne mit/ohne Luftspalt,
- Schalenkerne mit unterbrochenem/geschlossenen Mantel,
- Kernstrukturen nach E, M, E-I und
- Sonderformen.

Bild D-4 zeigt einige Beispiele von Ferritkernen und deren Geometrie. Nachfolgend soll auf weitere Beispiele und ihre Anwendungen näher eingegangen werden.

- RM-Schalenkern
  RM-Kerne (Ringförmige M-Struktur) erlauben eine sehr hohe Packungsdichte. Neben Filterspulen und Übertrager findet man sie immer mehr in der Leistungselektronik. Der Mittelpunkt des Ferritkörpers berührt sich nicht, so daß ein Luftspalt entsteht.

	Ferrit-Perle	Ringkern	Ferrit-ETD-Kern	P-Kern	RM-Kern
Kern-ansicht		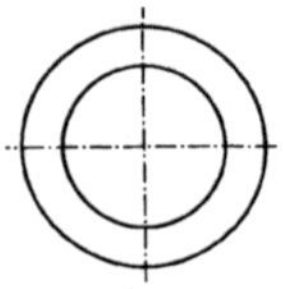		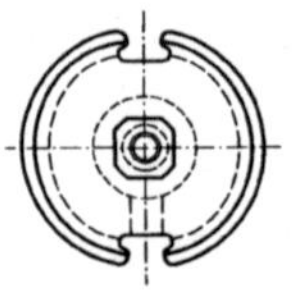	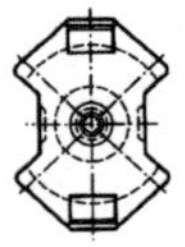
Seiten-ansicht Schnitt	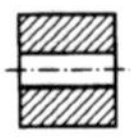		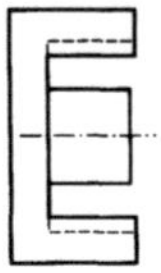	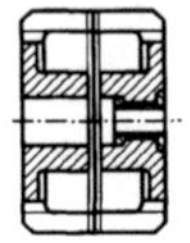	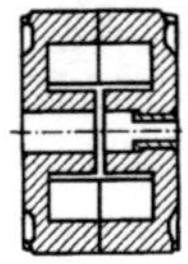
An-wendungs-beispiele	Dämpfungs-perle Filter	Drossel Filter Übertrager	Drossel Filter Übertrager	Übertrager	Übertrager

Bild D-4. Verschiedene Ferritkerne und ihre Anwendungen

- PM-Kerne

  PM-Kerne weisen ebenfalls einen Luftspalt auf, sind aber in ihrer Bauform allgemein größer. Ihr Einsatz erstreckt sich von Leistungsübertrager bis hin zu Speicherdrosseln in getakteten Spannungsversorgungen. Gelegentlich findet man PM-Kerne auch in der Nachrichtentechnik und Industrieelektronik. Äußeres Zeichen des PM-Kerns ist seine kreisrunde Bauform, wobei mindestens ein Viertel des Zylindermantels offen ist (M-Charakteristik, Bild D-4).

- P-Kerne

  P-Kerne sind die nahezu geschlossene Ausführung der PM-Kerne. Nur ein kleiner Schlitz im Kernmantel ermöglicht die Drähte des Spulenkerns herauszuführen. Sie werden für Schwingkreisspulen mit hoher Güte und für klirrarme Kleinsignal-Breitband-Übertrager angewendet. P-Kerne gibt es sowohl in sehr kleinen Ausführungen (5 mm Durchmesser) bis zu einer Größe von 10 cm Durchmesser.

- EP-Kerne

  EP-Kerne werden überall dort eingesetzt, wo auf kleinstem Platz sehr hohe Induktivitäten erzielt werden müssen. Der geringe Raumbedarf resultiert im wesentlichen aus der horizontalen Anordnung der Spule. Anwendungsbeispiele finden sich neben den klassischen Übertragern auch in der Leistungselektronik.

- E-Kerne

  Die Bauform der *E-Kerne* wird schon seit sehr langer Zeit in verschiedenen Variationen eingesetzt. Der Kern hat dabei die Form eines E's. Wird der Kern aus zwei gleichen Kernhälften gebildet, so spricht man auch oft von einem *Doppel-E-Kern*. Weitere geläufige Abwandlungen sind:

- EI-Kern: eine Kernhälfte als E, die andere als I ausgeführt;
- EFD-Kern: E-Kern mit abgeflachtem, tiefer gelegtem Mittelschenkel für besonders flache Transformatorenbauweise;
- EC-Kern: runder Mittelsteg und großer Wickelraum, speziell für dicke Drähte;
- ER-Kern: sehr kompakte Bauweise, auch für SMD Übertrager geeignet.

! **Hinweis:** Da sich Ferritkerne in nahezu beliebiger Form herstellen lassen, finden
sich auch immer mehr Sonderbauformen in der SMD-Technik (SMD: Surface
Mounted Device). Speziell die Leistungselektronik profitiert dabei von einem
geringeren Bauvolumen. Zu beachten gilt allerdings deren Erwärmung!

Ein Beispiel für die Formfreiheit von Ferritkernen ist der in Funkarmbanduhren verwendete Ferrit, der in seiner Formgebung dem Gehäuse angepaßt ist.

D.1.1.2
Stromtransformatoren

Neben Spannungsumsetzern und Drosseln spielen in der Starkstromtechnik *Stromtransformatoren* eine wichtige Rolle. Sie werden überall dort eingesetzt, wo sehr große Ströme
bis zu 1000 A und mehr gemessen und überwacht werden sollen. Diese Ströme werden
mit speziellen *Spulen* in einen einfach zu messenden Strom von wenigen mA transformiert. Der Strom wird anschließend mit Hilfe eines Widerstand in eine Spannung gewan-
delt und so der nachgeschalteten Elektronik verfügbar gemacht. Einsatzgebiete sind:

*   Messung hoher Stromstärken,
*   Stromregelungen und
*   Überstromerkennung.

Für diese Aufgabe muß der Stromtransformator neben einem sehr hohen *Überset-
zungsverhältnis* auch einen weiten *Übertragungsbereich* von bis zu 100 kHz aufweisen.
Durch die Spulenöffnung wird das stromführende Kabel geschoben.
Der vom Stromtransformator erzeugte Meßstrom wird an einem Widerstand in eine
Spannung umgesetzt. Diese *Bürde* (auch *Bürdenwiderstand* genannt) ist auf den Trans-
formator abgestimmt und liefert eine Spannung von etwa 1 V bis 20 V.

! **Hinweis:** Gelegentlich sieht man auch die Bezeichnung *Transfo-Shunt*. Diese Bezeichnung leitet sich aus den Begriffen *Transformator* und *Shunt-Widerstand* ab.
Mit Shunt-Widerstand bezeichnet man dabei die Bürde.

Stromtransformatoren gibt es in unterschiedlichen Ausführungen, abhängig vom jeweiligen Einsatz. Dies hat maßgeblichen Einfluß auf die verwendeten magnetischen Werkstoffe, so daß in folgende drei Hauptklassen unterschieden wird:

*   Wechselstromtransformatoren,
*   Impulstransformatoren und
*   Gleichstromtransformatoren.

Darüber hinaus kennt man auch noch die Differenz- und Mischstromtransformatoren.
Bild D-5 zeigt eine typische Anwendung in der Meßtechnik. Der Meßwert kann dabei
entweder direkt durch ein Zeigerinstrument angezeigt werden (Bild D-5a) oder mit
Hilfe einer Meßschaltung dem Prozeß zur Verfügung gestellt werden (Bild D-5b). Im
ersten Fall ist der Stromtransformator und das Meßgerät aufeinander abgestimmt.
Die Umrechnung erfolgt auf der Skala, so daß diese direkt den gemessenen Strom
anzeigt.
Die wichtigsten Kenngrößen von Stromtransformatoren sind:

$I_{1\,eff}$ primärer Nennstrom (Effektivwert),
$I_{2\,eff}$ sekundärer Nennstrom (Effektivwert),
R_B Bürdenwiderstand,
$U_{B\,eff}$ Bürdenspannung (Effektivwert) und
f Arbeitsfrequenz.

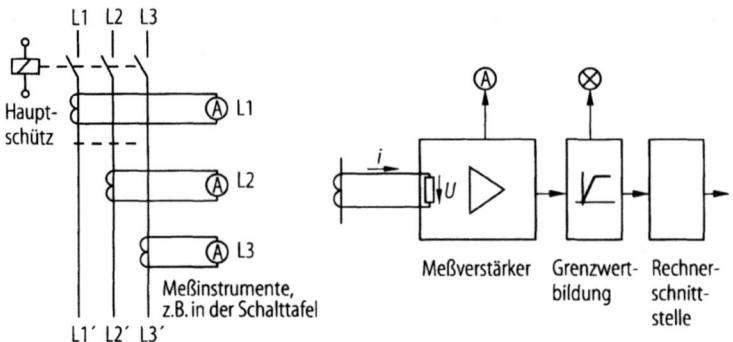

a Direkte Stromanzeige   **b** Strommessung mit Meßverstärker

Bild D-5. Anwendung eines Stromtransformators in der Meßtechnik

Das Übersetzungsverhältnis u ergibt sich aus dem Verhältnis von primären zum sekundären Nennstrom:

$$u = I_{1\,\text{eff}}/I_{2\,\text{eff}}\,. \tag{D-1}$$

Üblicherweise wird dabei der primäre Nennstrom in A angegeben, während der sekundäre Nennstrom in mA angegeben wird. So bedeutet die Kennzeichnung *100/100* auf einem Stromtransformator, daß bei einem Primärstrom von 100 A der sekundäre Nennstrom 100 mA beträgt. Dabei ist darauf zu achten, daß der Bürdenwiderstand eingehalten wird. Wird er beispielsweise zu klein gewählt, so führt dies zu einer nichtlinearen Verzerrung der Meßkurve.

Beispiel

D.1-1: In einer Schalttafel soll die Stromaufnahme einer großen Mischanlage angezeigt werden. Die Anlage wird an einem Drehstromnetz mit den Phasen L1, L2 und L3 betrieben. Die Nennleistung ist mit 66 kW bei einer Nennspannung von 380 V angegeben. Die eingebauten Meßinstrumente haben einen Meßbereich von 100 mA.

Der Nennstrom in jeder Phase beträgt nach obigen Angaben

$$I_{\text{L1 eff}} = 1/3 \cdot P_{\text{Nenn}}/U_{\text{nenn}} = 58\ \text{A}\,.$$

Bei der Auslegung des Stromtransformators ist zu beachten, daß der zu messende Nennstrom *nicht* zum Vollausschlag führt, da sonst bei Überlast keine Anzeige mehr möglich ist. Unter Umständen kann sogar das Meßinstrument zerstört werden. Auch zu niedrige Übersetzungsverhältnisse liefern kein befriedigendes Ergebnis, da die Ungenauigkeit am Skalenanfang am größten ist. Bei der Auslegung des Stromtransformtors ist man daher immer bemüht, den Nennwert auf ca. $^2/_3$ der Anzeige zu legen.

Im obigen Fall kann dies durch einen Stromtransformator mit der Kennzeichnung 100/120 erreicht werden. Dies bedeutet, daß bei einem Nennstrom von 100 A ein Sekundärstrom von 120 mA erzeugt wird. Für die Mischanlage mit einem Nennstrom von 58 A pro Phase bedeutet dies

$$I_{\text{sekundär}} = I_{\text{L1 eff}} \cdot 120/100 = 69{,}6\ \text{mA}\,.$$

Damit erreicht man eine optimale Anzeige mit einer Reserve von ca. 30% bis zum Vollausschlag. Zur Überwachung aller drei Phasen sind drei Stromtransformatoren und Anzeigeinstrumente notwendig.

D.1.1.3
Kondensatoren

Kennzeichen der Kondensatoren in der Leistungselektronik sind ihre hohen Betriebswerte. Sie werden in der *Energieumformung* und *Energiesteuerung* eingesetzt. Dabei können sie Spitzenströme liefern, die weit über dem Nennstrom liegen.

Die bevorzugten Einsatzgebiete der Kondensatoren in der Leistungselektronik sind:

- Energiespeicherung (Netzteile, Verstärker),
- Entstörung (Filter),
- Anlaufhilfe bei Motoren (Anlaufkondensatoren),
- Aufnahme oder Abgabe starker Stromstöße (z.B. Laser).

Um diesen Anforderungen in der Leistungselektronik gerecht zu werden, müssen die Kondensatoren folgende Eigenschaften aufweisen:

- hohe Spitzenstrombelastbarkeit,
- hohe Spannungsfestigkeit,
- niedrige Eigeninduktivität,
- hohe Energiespeicherfähigkeit und
- große Zuverlässigkeit auch bei thermischer Beanspruchung.

Letzter Punkt ist gerade unter dem Aspekt der Sicherheit eine notwendige Forderung.

Bei Kondensatoren stehen verschiedene Bauformen und Ausführungen zur Verfügung. Bild D-6 zeigt dabei in einer Übersicht, die technischen Eigenschaften, Normen und die Anwendungsbereiche der wichtigsten Bauformen. Dabei sind die wesentlichen Ausführungen durch die Beschaffenheit und Schichtung gekennzeichnet:

- MP-Gleichspannungskondensator (MP: Metallpapier),
- MKV-Wechselspannungskondensator (MKV: metallisiert, Kunststofffolie, verlustarm),
- MKK-Wechselspannungskondensator (MKK: metallisiert, Kunststofffolie, kompakt),
- MKK-Gleichspannungskondensator (MKK: metallisiert, Kunststofffolie, verlustarm),
- MPK-Gleichspannungskondensator (MPK: Metallpapier und Kunststofffolie),
- FK-Kondensatoren (FK: Metallfolie, Kunststofffolie mit/ohne Papier).

Die MP- und MK-Kondensatoren sind *selbstheilend*. Das bedeutet, daß Spannungsdurchschläge zwischen den beiden Kondensatorfolien (Platten) innerhalb weniger Mikrosekunden ausheilen. Ein Kurzschluß zwischen den Platten wird dadurch vermieden (auf dieses Leistungsmerkmal wird im Abschnitt D.1.1.3.1 ausführlich eingegangen). Bild D-7 zeigt im Überblick den Aufbau einiger oben aufgeführten Bauformen.

Neben der *Kapazität* sind in der Leistungselektronik noch eine ganze Reihe anderer Kennwerte der Kondensatoren von Interesse. So sind beispielsweise bei der Dimensionierung von Wechselrichtern auch die *Spitzenströme, Nennenergie* und *Flankensteilheit* zu beachten. Darüberhinaus sind eine ganze Reihe parasitärer Effekte eines Kondensators zu berücksichtigen. Diese resultieren vor allem von zum Teil starken Abweichungen des realen Kondensators gegenüber dem theoretischen Ideal. Bild D-8 veranschaulicht die Unterschiede eines realen Kondensators mit seinen parasitären Komponenten zu einem idealisierten Kondensator.

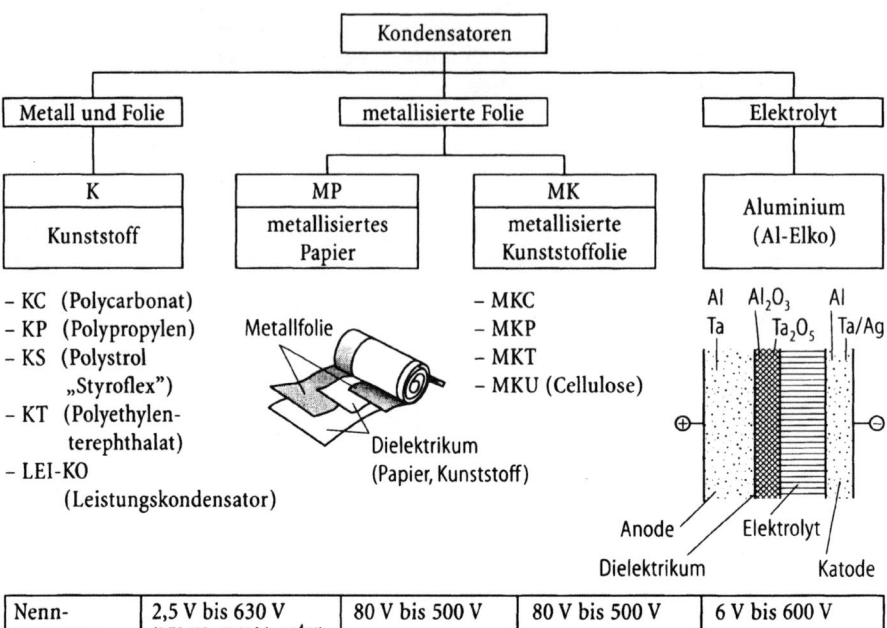

Nenn-spannung	2,5 V bis 630 V (LEI-KO: 67 V bis 10^4 V)	80 V bis 500 V	80 V bis 500 V	6 V bis 600 V
Kapazitäts-bereich	2 pF bis 500 nF (1 µF bis 10 mF)	100 pF bis 10 µF	100 pF bis 10 µF	10 µF bis 1 F
Verlustfaktor $\tan\varphi \cdot 10^{-3}$	1 MHz: 0,4 bis 1 (1 kHz: 12)	1 kHz: 0,25 bis 15	1 kHz: 0,25 bis 15	50 Hz: 80000
Normen	CECC 30100 CECC 30900 DIN 45910 (DIN 45920)		CECC 30400 CECC 30500 CECC 31200 DIN 45910	CECC 30300 DIN 45910
Anwendungs-bereiche	Schwingkreise, Koppel-Stütz-Kon-densator, Temperaturkompen-sation (Styroflex), Leistungskonden-sator	Motorkondensator, Phasenschieber, Kommutierungs- und Beschaltungs-kondensator, Nachrichtentechnik		Energiespeicher, Sieben bei niedri-gen und hohen Frequenzen

Bild D-6. Hochleistungskondensatoren in der Übersicht

In Tabelle D-1 sind die einzelnen Kenngrößen von Kondensatoren zusammengestellt, die an dieser Stelle auch kurz beschrieben werden sollen.

Nennkapazität C_N
Die *Nennkapazität* eines Kondensators ist die Kapazität, für die er dimensioniert und aufgebaut wurde. Sie ist entweder direkt auf dem Kondensator aufgedruckt, oder durch einen Kode (in einzelnen Fällen auch durch eine Artikelnummer) entschlüs-selbar. Die Nennkapazität gilt bei einer Prüftemperatur von 20 °C und für eine Wech-selspannung von 50 Hz.

Bauart	MP-Kondensator	MPK-Kondensator	MKV-Kondensator	FK-Kondensator
Aufbau des Dielektrikums	einseitig bedampftes Papier Papier, unbedampft	einseitig bedampftes Papier Kunststofffolie	zweiseitig bedampftes Papier Kunststofffolie	Metallfolie Kunststoff-folie / Papier oder Kunststofffolie
Elektrode	Metallschichtelektrode, einseitig auf Papier aufgedampft	Metallschichtelektrode, einseitig auf Kunststoff aufgedampft	Metallschichtelektrode, zweiseitig auf Papier aufgedampft; damit liegt der Täger nicht im elektrischen Feld	Metallfolie
Imprägnierung	Hartwachs- und Ölimprägnierung	Ölimprägnierung	Ölimprägnierung	Ölimprägnierung
Anwendungen	Motorkondensator Anlaufkondensator Funkenentstörung	Motorkondensator Anlaufkondensator Funkenentstörung Filter	Motorkondensator Anlaufkondensator Funkenentstörung Stoßkondensator	Motorkondensator Anlaufkondensator Funkenentstörung

Bild D-7. Aufbau verschiedener Folienkondensatoren

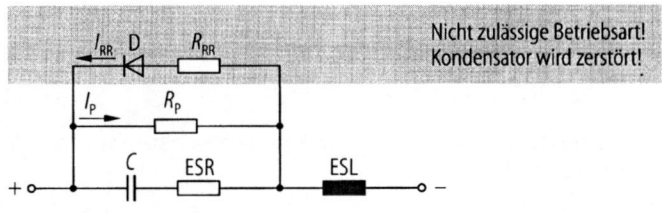

C Nennkapazität
R_p Parallelwiderstand
ESR ohmsches Widerstandsäquivalent (engl.: Equivalent Series Resistor)
ESL induktives Widerstandsäquivalent (engl.:Equivalent Series Inductor L)
R_RR ohmscher Widerstand im Rückwärtsbetrieb (engl.: Reverse Resistance)
D   Rückspannungs-Diode
I_RR Rückspannungs-Strom
I_p Parallelstrom oder Leckstrom

Bild D-8. Ersatzschaltbild eines Elektrolytkondensators

Nennspannung U_N
Die *Nennspannung* ist die *maximale Betriebspannung* eines Kondensators. Sie darf zu keinem Zeitpunkt überschritten werden. Bei Mischspannungen, beispielsweise wechselspannungsüberlagerte Gleichspannung, gilt dies für den Spitzenspannungswert.

! **Hinweis:** Im Gegensatz zu anderen Normen ist die Nennspannung bei Kondensatoren nicht die effektive Betriebsspannung, sondern die maximal zulässige

Tabelle D-1. Wichtige Kenngrößen für Kondensatoren

Kurzzeichen	Einheit	Beschreibung
C_N	μF	Nennkapazität
U_N	V	Nennspannung
U_{eff}	V	Effektivspannung
$\hat{U}_W$	V	überlagerte Wechselspannung
U_{ZK}	V	Zwischenkreisspannung
I_N	A	Nennstrom
$\hat{I}_S$	A	periodischer Spitzenstrom
du/dt	V/s	Flankensteilheit
W_N	W	Nennenergie
L_e	H	Eigeninduktivität
R_{Is}	Ω	Isolationswiderstand
t_0	s	Grundschwingungsdauer
t_u	s	Umladezeit
$\tan \delta$	–	Verlustfaktor
R_{th}	K	Wärmewiderstand

Betriebsspannung. Ein abweichendes Beispiel ist die Betriebsspannung eines Wechselstrommotors: seine Nennspannung ist 220 V, dabei treten Spitzenspannungen von 310 V auf.

Effektivspannung U_{eff}

Nennspannung U_N und Effektivspannung U_{eff} hängen wie folgt zusammen:

$$U_{eff} = U_N/\sqrt{2}.$$ (D-2)

Die *Effektivspannung* ist der Effektivwert einer sinusförmigen Wechselspannung, mit der ein Kondensator betrieben wird.

Überlagerte Wechselspannung $\hat{U}_w$
Die überlagerte Wechselspannung $\hat{U}_w$ ist die *Spitzenspannung* des Wechselspannungsanteils einer Mischspannung. Er ist vor allem bei Gleichspannungskondensatoren ein wichtiges Maß, da durch den ständigen Ladungswechsel eine thermische Belastung des Bauelementes auftritt.

Zwischenkreisspannung U_{ZK}
Die *Zwischenkreisspannung* wird nur bei niederinduktiven Bedämpfungskondensatoren angegeben. Sie ist bei Wechselrichterschaltungen mit GTO-Thyristoren wichtig und beträgt $^2/_3$ der höchsten Spitzensperrspannung des GTO-Thyristors.

Nennstrom I_N
Der *Nennstrom* eines Kondensators ist der Effektivwert.

periodischer Spitzenstrom $\hat{I}_S$
$\hat{I}_S$ beschreibt den maximal zulässigen *Spitzenwert* des Stromes bei periodischer Belastung. Er ist direkt proportional zur Flankensteilheit du/dt. Es gilt:

$$\hat{I}_S = C \cdot (du/dt)_{max}.$$ (D-3)

Flankensteilheit du/dt
Mit der *Flankensteilheit* wird der Spannungsanstieg über der Zeit beschrieben.

Nennenergie W_N
Die Energie, die ein Kondensator speichern kann, wird als *Nennenergie* bezeichnet.
Sie leitet sich aus der Nennspannung und Nennkapazität ab. Es gilt folgender Zu-
sammenhang:

$$W_N = {}^1\!/_2\, C_N \cdot U_N^2 . \tag{D-4}$$

Eigeninduktivität L_e
Die *Eigeninduktivität* ist die Summe aller parasitären Induktivitäten eines Kondensators. Dazu zählen vorrangig

- die *Wickelinduktivität* und
- die Induktivität der *Anschlüsse*.

Durch bauliche Maßnahmen ist man bestrebt, die Eigeninduktivität gering zu halten.
Dadurch erhält man eine entsprechend hohe *Eigenresonanzfrequenz* der Kondensatoren.

Isolationswiderstand R_{Is}
Der *Isolationswiderstand* eines *idealen* Kondensators ist ∞. Tatsächlich besteht
jedoch ein Ladungsabfluß zwischen den beiden Elektroden, verursacht durch Leck-
und Kriechströme. Dieser Widerstand ist für die Selbstentladung eines Kondensators
verantwortlich und wird als Isolationswiderstand R_{is} bezeichnet. Die zugehörige
Selbstentladezeitkonstante τ berechnet sich wie folgt:

$$\tau = R_{is} \cdot C_N . \tag{D-5}$$

Der Isolationswiderstand R_{is} ist vor allem bei niedrigen Frequenzen und Gleichspannung von Bedeutung. In der Regel beträgt er mehrere MΩ (10^6 Ohm).

Verlustfaktor tan δ
Der *Verlustfaktor* tan δ gibt das Verhältnis von Wirkleistung zu Blindleistung an. Die
Blindleistung resultiert vor allem von der *Eigeninduktivität* und dem *Isolations-
widerstand*.

$$\tan \delta = \text{Wirkleistung/Blindleistung} \tag{D-6}$$

Wärmewiderstand R_{th}
Der *Wärmewiderstand* R_{th} eines Kondensators beschreibt die Fähigkeit, die auftretende Verlustleistung im Inneren nach außen zu transportieren und an die Umgebung, im allgemeinen Luft, abzugeben.

ESR und *ESL*
Im Ersatzschaltbild nach Bild D-8 ist der ohmsche Widerstand des Kondensators als
Serienwiderstand zusammengefaßt. Er wird als *ESR*-Widerstand bezeichnet (ESR:
Equivalent Series Resistor). In gleicherweise wird die *Eigeninduktivität* oft auch als
ESL, Equivalent Series Inductor L, bezeichnet. Die Kapazität, der Verlustfaktor tan δ
und der ESR hängen wie folgt zusammen:

$$\text{ESR} = \tan \delta / 2\,\pi\,f\text{C} . \tag{D-7}$$

Der Zusammenhang zwischen Kapazität, ESR und ESL zeigt Bild D-9. Während bei
niedrigen Frequenzen der kapazitive Anteil dominiert, wird bei höheren Frequenzen
immer mehr der induktive Einfluß bemerkbar. In einem kleinen Bereich kompensiert
sich das kapazitive und induktive Verhalten des Kondensators, so daß hier ausschließlich der ohmsche Widerstand wirkt. In diesem Bereich weist der Kondensator seinen
niedrigsten Innenwiderstand auf (Bild D-9).

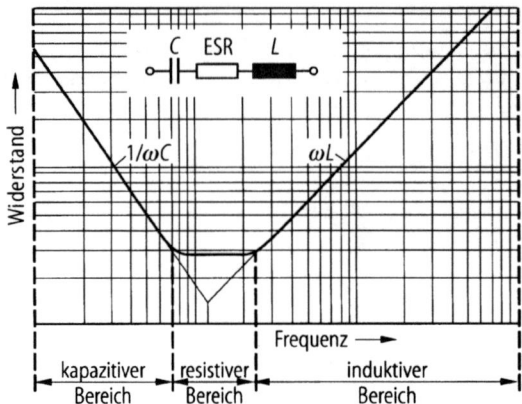

Bild D-9. Kapazitives und induktives
Verhalten von Kondensatoren

D.1.1.3.1
Selbstheilende Kondensatoren

Selbstheilende Kondensatoren sind in der Leistungselektronik von großer Bedeutung:
Sie ermöglichen die Fortführung des Betriebes eines Gerätes auch nach einem Fehlerfall. Dieser Fehlerfall bedeutet in der Regel Überspannung, die sich aus unterschiedlichen Gründen einstellen kann:

- Spannungsschwankungen im Betriebsnetz,
- Schwankungen des regionalen Netzes (z. B. durch Blitzschlag) oder
- betriebsbedingte Überspannung, beispielsweise am Wochenende oder bei Schicht-
  wechsel.

Die Aufrechterhaltung des Anlagenbetriebes ist von großer ökonomischer und ökologi-
scher Wichtigkeit.

Der Aufbau von selbstheilenden Kondensatoren unterscheidet sich maßgeblich von
Wickelkondensatoren. Die Elektroden werden nicht durch Folien gebildet (Dicke ca.
6 μm bis 20 μm), sondern aus sehr dünnen, im Hochvakuum aufgedampften *Metall-
belägen*. Sie erreichen eine Schichtdicke von ca. 0,02 μm bis 0,05 μm. Das Trägermaterial
ist dabei entweder Papier oder eine Kunststofffolie, so daß grundsätzlich zwei Bautypen
unterschieden werden:

- der *MP-Kondensator* (MP: Metall-Papier) und
- der *MK-Kondensator* (MK: Metall-Kunststoff).

Der Selbstheilungseffekt dieser Kondensatoren liegt im *Abschmelzen* der Durchschlags-
stelle: der bei einem Durchschlag entstehende Lichtbogen verdampft den extrem
dünnen Metallbelag an der Durchschlagstelle, bis sie vom aktiven Belag abgetrennt
ist. Dieser Selbstheilungsvorgang dauert i. a. weniger als 10 μs. Da die Durchschlagstelle sehr klein ist, ist der Oberflächenschwund und damit der Kapazitätsverlust sehr
gering. Bei etwa 1000 Durchschlägen ist mit einem Kapazitätsverlust von etwa 1% zu
rechnen.

Bild D-10 zeigt schematisch die Durchschlagstelle eines selbstheilenden Kondensators. Die beiden Folien, die für den Durchschlag verantwortlich sind, werden am
Überspannungspunkt abgedampft. Es ist auch zu erkennen, daß bei einem solchen

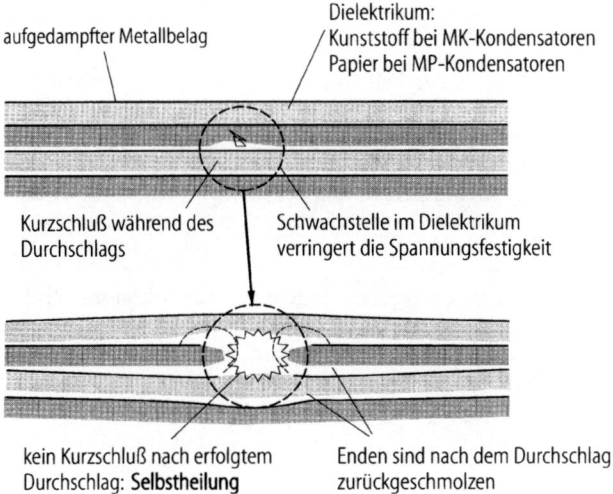

aufgedampfter Metallbelag

Dielektrikum:
Kunststoff bei MK-Kondensatoren
Papier bei MP-Kondensatoren

Kurzschluß während des
Durchschlags

Schwachstelle im Dielektrikum
verringert die Spannungsfestigkeit

kein Kurzschluß nach erfolgtem
Durchschlag: **Selbstheilung**

Enden sind nach dem Durchschlag
zurückgeschmolzen

Bild D-10. Selbstheilung eines Kondensators nach einem Durchschlag

Durchschlag Gase entstehen, die sich im Platten-Wickel ansammeln. Daher ist auf zwei Punkte zu achten:

- Temperaturbeanspruchung durch die Überschläge und
- Überdruck durch Gasblasenbildung.

Werden beide Punkte mißachtet, kann der Kondensator explosionsartig zerstört werden. Die Folgen sind oft unabsehbar, da ein großer Teil der im Kondensator gespeicherten Energie frei wird. Kondensatoren, die bereits mehrere Durchschläge überstanden haben, erkennt man in der Regel an einer bräunlichen Färbung (Temperaturbeanspruchung) auf einer unförmigen Geometrie (Bauchbildung durch Gaseinschluß).

D.1.1.3.2
Kondensator als Energiespeicher
In Netzteilen wird der Kondensator als Energiespeicher eingesetzt. Dabei hat er die Aufgabe, kurzfristige Spitzenströme, die das vorgeschaltete Netz nicht liefern kann, zu übernehmen. Die in der Leistungselektronik eingesetzten Kondensatoren müssen zudem auch sehr hohen Spannungen puffern können. Dazu werden in der Regel *Elektrolyt-Kondensatoren* eingesetzt.

Beim Elektrolyt-Kondensator, kurz *Elko* genannt, wird der Belag nicht von einer metallischen Elektrode sondern von einem Elektrolyten gebildet. Der Elektrolyt-Kondensator ist ein gepoltes Bauteil, d.h., der Plus-Pol (Anode) muß stets eine positivere Spannung aufweisen als der Minus-Pol (Kathode). Bei Gleichspannung ist dies bei korrektem Anschluß immer gegeben. Die Kathode ist dabei mit dem Elektrolyten verbunden. Die Anode besteht in der Regel aus Aluminiumoxid (Al_2O_3) oder Tantalpentoxid (Ta_2O_5). Da es beide sowohl in nasser als auch in trockener Ausführung gibt, unterscheidet man:

- trockene Aluminium-Elektrolyt-Kondensatoren und
- nasse Aluminium-Elektrolyt-Kondensatoren;

• trockene Tantal-Elektrolyt-Kondensatoren und
• nasse Tantal-Elektrolyt-Kondensatoren.

Tantal-Kondensatoren spielen jedoch in der Leistungselektronik eine untergeordnete Rolle.

Beim Einsatz als Siebkondensator ist der gleichspannungsüberlagerte Wechselspannunganteil zu beachten. Jede, auch kurzfristige *Verpolung* eines Elektrolytkondensators ist zu vermeiden. In diesem Fall findet eine Zersetzung des Elektrolyten statt. Die dabei freiwerdenden Gase können zur Explosion des Kondensators mit entsprechenden Folgen und Schäden führen.

! **Hinweis:** Die explosionsartige Zerstörung des Elektrolyt-Kondensators wird in erster Linie durch das schlagartige Verdampfen des Elektrolyten verursacht. Um diese Gefahr zu verringern, besitzen Kondensatoren, die an der Netzspannung betrieben werden, Überdruckventile, die ein unzulässiges Ansteigen des Innendrucks verhindern.

D.1.1.3.2
Entstörkondensatoren

Entstörkondensatoren werden beispielsweise als Netzfilter eingesetzt und können mit oder ohne zusätzliche Induktivitäten arbeiten. Man unterscheidet demnach Kondensatoren für

• C-Filter (ausschließlich kapazitives Filter) und
• LC-Filter (Filter mit Spulen und Kondensatoren).

Der Kondensator muß auf seinen Einsatz abgestimmt sein. So müssen Filter-Kondensatoren, die ohne Induktivität betrieben werden, sehr hohe Ströme verlustarm führen können. Bei LC-Filtern muß auf eine ausreichende Spannungsfestigkeit der Kondensatoren aufgrund der induktiven Spannungsspitzen geachtet werden.

Einfache Netzfilter bestehen in der Regel aus zwei Kondensatorgrundschaltungen. Man unterscheidet

• den X-Kondensator und
• den Y-Kondensator.

In Bild D-11 sind beide Entstörkondensatoren aufgezeichnet. Während der X-Kondensator zwischen den beiden Betriebsphasen liegt (Bild D-11a) und so unsymmetrische Störungen ableitet, werden die beiden Y-Kondensatoren mit dem Schutzleiter verbunden und wirken so auf Gleichtaktstörungen (Bild D-11b). In der Regel werden beide Entstörmaßnahmen zusammengefaßt (Bild D-11c) und in einem Gehäuse untergebracht, wie Bild D-12 zeigt. Dieses Netzfilter, hier durch eine stromkompensierte Drossel ergänzt, erfüllt alle zuständigen Normen (Abschn. D.2.1). Die Einfügedämpfung in Bild D-12b zeigt den frequenzabhängigen Widerstand des Filters gegenüber symmetrischen und asymmetrischen Störungen.

D.1.1.3.3
Anlaufkondensatoren

Asynchronmotoren (Abschn. F) mit einer einzelnen Wirkung, können nicht von alleine anlaufen. Sie müssen zuerst in Bewegung gesetzt werden. Dies geschieht mit Hilfe des

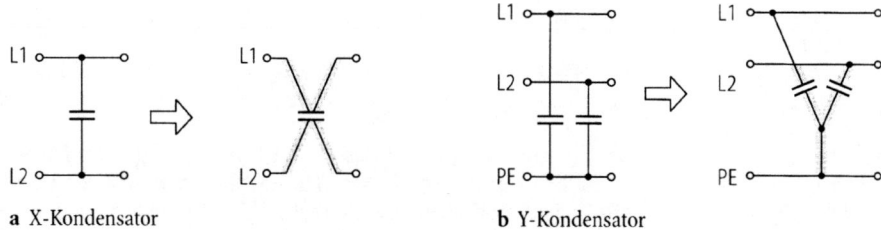

a X-Kondensator   b Y-Kondensator

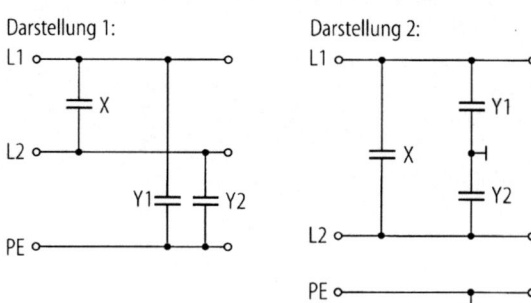

c X- und Y-Kondensator

Bild D-11. XY-Kondensatoren und deren Beschaltung

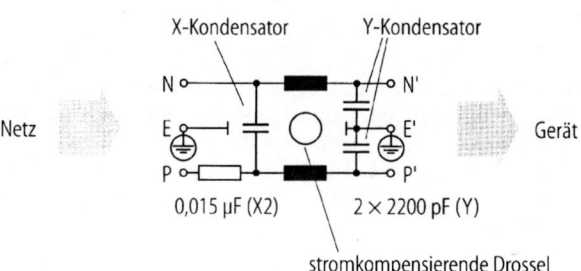

a Schaltung

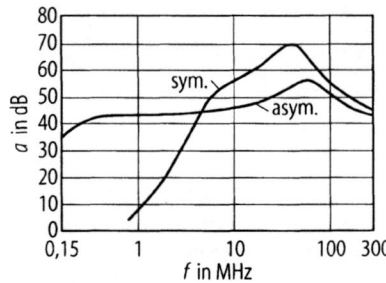

b Einfügedämpfung *a*

Bild D-12. Netzfilter mit XY-Kondensatoren

Anlaufkondensators (aus diesem Grund sieht man auch vereinzelt die Bezeichnung „Kondensatormotor").

Anlaufkondensatoren sind *Wechselstromkondensatoren*, die ein rotierendes Feld im Stator eines Zwei- oder Dreiphasenmotors erzeugen, wenn dieser an nur einer Phase betrieben wird.

In einer Hilfswicklung, die mechanisch von der Hauptwicklung abgesetzt ist, wird von einem *phasenverschobenen* Strom durchflossen. Dieser Phasenversatz zur Hauptwicklung wird von einem Anlaufkondensator verursacht, der in Reihe mit der Hilfswicklung geschaltet ist. Auf diese Weise wird ein rotierendes Feld im Stator erzeugt und damit ein Drehmoment im Rotor. Der Motor beginnt sich zu drehen. Bild D-13 zeigt den durch den Hilfskondensator erzeugten Hilfsstrom.

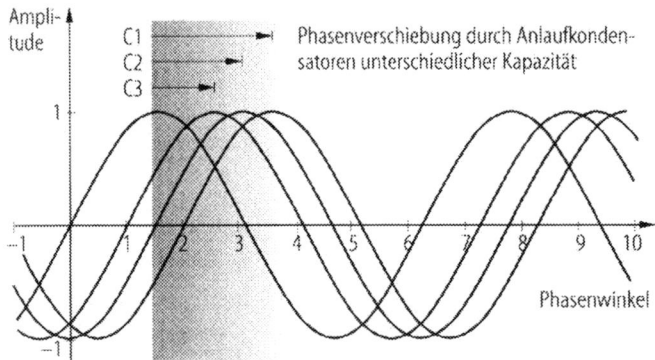

Bild D-13. Phasenverschiebung durch Hilfskondensatoren

Da der Anlaufkondensator und die Hilfswicklung in Reihe geschaltet sind, bilden sie einen *Serienschwingkreis*. Dies muß bei der Dimensionierung des Kondensators beachtet werden. So entstehen beim Anlauf sehr hohe Ströme im Kondensator, beim Abschalten entsprechend hohe Spannungsspitzen in der Hilfswicklung. Die richtige Dimensionierung ist daher zur Vermeidung von Schäden notwendig (z. B. Durchschläge in den Wicklungen aufgrund von Überspannung).

Kapazitätsmotoren (bis 2 kW) sind in der Regel sehr geräuscharm und benötigen keine Wartung. Ihr Aufbau ist einfach. Anwendungen sind:

- Waschmaschine,
- Trockner,
- Kühl-/Gefrierschränke,
- einfache Pumpen,
- Rekorder.

Anschaltung von Anlaufkondensatoren

Startkondensator

Der *Startkondensator* ist nur während des Anlaufs aktiv. Er ist in Reihe mit einer Hilfswicklung geschaltet und stellt so dem Rotor ein *phasenverschobenes Feld* zur Verfügung. Nach dem Anlauf wird er von der Versorgungsspannung abgetrennt. Bild D-14 zeigt den prinzipiellen Aufbau eines einfachen Kondensatormotors. Der Einschaltstrom erreicht etwa 45% des Nennstromes.

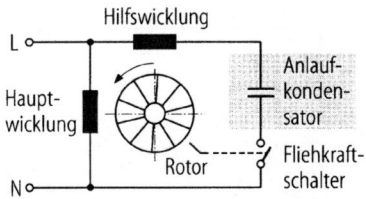

Bild D-14. Anlaufkondensator mit Fliehkraftabschaltung

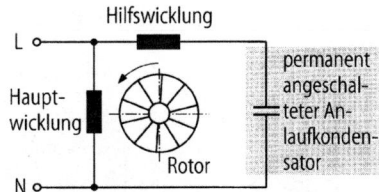

Bild D-15. Motor mit Hilfswicklung und permanent angeschalteten Anlaufkondensator

kontinuierlich betriebener Anlaufkondensator
Der Aufbau hierzu ist prinzpiell gleich wie unter a), der Kondensator wird jedoch nicht vom Netz getrennt (Bild D-15). Er liefert so kontinuierlich ein phasenverschobenes Feld an den Rotor. Dies setzt allerdings einen in der Kapazität deutlich kleineren Kondensator als in a) voraus (als Daumenwert gilt: Die Kapazität eines dauernd betriebenen Hilfskondensators beträgt etwa ein Drittel von einem Startkondensator). Da der Anlaufkondensator kleiner ist, wird ein Phasenversatz von ca. 30 % – 50 % erreicht. Deshalb wird diese Schaltung nur in Maschinen verwendet, die einen geringen Startversatz benötigen. Dies hat jedoch den Vorteil, daß größere Leistungen erzielt werden und ein Power Faktor von Phi = 1 zur Verfügung steht, d.h. die Energie phasengleich aus dem Netz entnommen wird.

Kombination beider Anschaltmöglichkeiten
Bei der Kombination der beiden oben aufgeführten Anschaltmöglichkeiten erhält man beide Vorteile:

* große Anlaufverschiebung und
* hohe Effizienz.

Bild D-16 zeigt eine solche Anordnung. Die Phasenverschiebung kann dabei bis zu 300 % erreichen. Allerdings steht diesen Vorteilen die höheren Kosten des zweiten Kondensators gegenüber.

Anlaufkondensatoren bei Dreiphasenmotoren

Induktionsmotoren mit drei Statorwicklungen können nur an einem Drehstromnetz (3-Phasennetz) betrieben werden. Da Drehstromnetze nicht überall verfügbar sind,

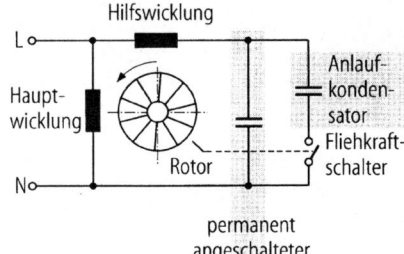

permanent angeschalteter Anlaufkondensator

Bild D-16. Kondensatormotor mit Hilfswicklung, Anlaufkondensator und permanent angeschalteten Hilfskondensator

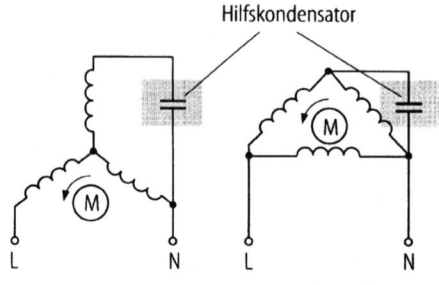

Hilfskondensator

L   N   L   N

Sternschaltung   Dreieck- oder Deltaschaltung

Bild D-17. Betrieb von Stern-Dreieck-Motoren an einem zweiphasigen Netz mit Hilfe eines Anlaufkondensator

kann dies aus einem Einphasennetz mit Hilfe eines Anlaufkondensators nachgebildet werden. Dies ist allerdings nur für Verbraucher mit kleinen Leistungen möglich. Bei der Anschaltung des Drehstromverbrauchers unterscheidet man grundsätzlich folgende Möglichkeiten:

• Dreieckschaltung (gelegentlich auch Delta-Schaltung genannt) und
• Sternschaltung.

Bild D-17 zeigt die dafür notwendige Beschaltung mit Anlaufkondensatoren.

D.1.1.4
Hochleistungswiderstände

Hochleistungswiderstände werden als *Metallschichtwiderstände* oder *Drahtwiderstände* aufgebaut. Ihre Eigenschaften sind:

• hohe Strombelastbarkeit,
• hohe Spannungsfestigkeit,
• hohe Belastbarkeit (> 500 W),
• hohe Temperaturbelastbarkeit und
• geringe Toleranzen.

Bei den *EMS-Widerständen* (Edelmetallschicht) wird die Edelmetallschicht in einen Hartglasträger eingebrannt. Der Abgleich auf den geforderten Widerstandswert erfolgt durch Einschaben von Wendeln. EMS-Widerstände zeichnen sich durch *hohe Genauigkeit, kleinen Temperaturgang* und *geringe Widerstandsänderung* aus. Ihr Einsatz ist vor allem als Präzisionswiderstand in Hochstrommeßbrücken gefragt.

Drahtwiderstände haben bei gleicher Belastbarkeit kleinere Abmessungen als Schichtwiderstände und sind erheblich kostengünstiger herzustellen. Durch den auf einem Porzellan- oder Glasträger gewickelten Widerstandsdraht wird jedoch eine nicht unerhebliche *Selbstinduktivität* erzeugt. Daher ist diese Bauform in frequenzsensitiven Anwendungen nur bedingt brauchbar.

! Hinweis: Moderne Drahtwickelwiderstände weisen eine *bifilare Wicklung* auf. Durch den gegengleichen Wickelsinn wird die Eigeninduktivität nahezu aufgehoben, so daß ein sehr gutes Frequenzverhalten erreicht wird.

Drahtwiderstände gibt es in glasierter, lackierter oder ungeschützter Bauweise. Bei letzterer Bauform werden *oxidierte Drähte* verwendet (dadurch erkennbar, daß der Draht schwarz ist). Die Oxidschicht bildet ebenfalls eine Isolation, so daß Windungsschlüsse vermieden werden. Die Spannungsfestigkeit liegt jedoch deutlich unter den von geschützten Drahtwiderständen, die bis zu 2 kV erreichen.

Beispiel

D.1-2: Für die indirekte Strommessung soll ein Hochlastwiderstand in die Zuleitung eines Verbrauchers geschaltet werden. Der Widerstand hat einen Wert von 0,1 Ω, der maximale Strom des Verbrauchers beträgt 15 A.

a) Bestimmung des Spannungsabfalls: $U_R = R \cdot I$, $U_R = 1,5$ V

b) Bestimmung der maximalen Verlustleistung des Widerstands:
$P_{max} = R \cdot U^2 = 22,5$ W.

Bei einer Verlustleistung von 22,5 W ist bereits für eine ausreichende Kühlung zu sorgen.

D.1.1.5
Hochleistungsdioden

Dioden gehören, obwohl sie auf Siliciumbasis aufgebaut sind, zu den passiven Bauelementen. Sie erlauben den Stromfluß in nur eine Richtung (Abschn. C.2). Hochleistungsdioden unterliegen dabei denselben physikalischen Regeln wie Dioden kleiner Leistung. Aus diesem Grund soll hier auf das Kapitel C.2 verwiesen werden.

Die bauliche Ausführung ist mit dem wesentlich höheren Leistungsbedarf eng gekoppelt. Auffällig sind vor allem sehr starke Anschlüsse, die in der Lage sind auch Ströme von mehr als 100 A aufzunehmen. Die Möglichkeit einer Montage auf Kühlkörpern ist durch den Gewindezapfen am Gehäuse gegeben. Dadurch kann der Temperaturübergangswiderstand vom Gehäuse auf den Kühlkörper minimal gehalten werden.

D.1.1.6
Schutzelemente

Die Schutzelemente der Leistungselektronik werden oft unter dem Sammelbegriff *Sicherungen* zusammengefaßt. Ihre Aufgabe ist es, die nachfolgende Baugruppe vor einer ganzen Reihe von Fehlern zu bewahren. Dies sind beispielsweise:

- Überstrom,
- Kurzschluß,
- Überspannung,
- Verpolung und
- Übertemperatur.

Letzteres kann nur mit Hilfe einer zusätzlichen Elektronik erfaßt und überwacht werden. Die Sicherungen für die einzelnen Störfälle sind:

- Schmelzsicherungen,
- Sicherungsautomaten und
- Transil-Dioden gegen Überspannung.

Die Symbolik ist in DIN 40 900 Teil 7 Kapitel 7 festgeschrieben. Bild D-18 zeigt die wichtigsten Symbole.

Schmelzsicherungen sind nach wie vor die wichtigsten Sicherungselemente in der Leistungselektronik. Sie haben einen sehr *geringen Innenwiderstand*, der vor allem bei

	allgemeine Sicherung DIN 40900, Teil 7	Symbol: 07-21-01
	Sicherung. Die breite Seite kennzeichnet den netzseitigen Anschluß DIN 40900, Teil 7	Symbol: 07-21-02
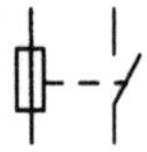	Sicherung mit separatem Meldekontakt DIN 40900, Teil 7	Symbol: 07-21-05
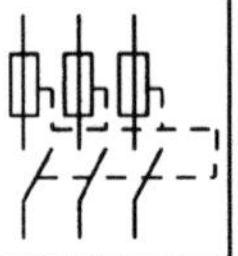	3 Phasen Sicherung mit selbstätiger Auslösung DIN 40900, Teil 7	Symbol: 07-21-06
	Überspannungssicherung. Funkenstrecke mit Glasrohr DIN 40900, Teil 7	Symbol: 07-22-04
	Transil-Diode oder Zener-Diode. Berieb im Durchbruchspannungsbereich DIN 40900, Teil 5	Symbol: 05-03-06

Bild D-18. Schaltsymbole für Sicherungselemente nach DIN 40 900 (Beispiele)

großen Stromstärken eine wichtige Rolle spielt. Der dort auftretende *Spannungsabfall* bleibt somit auch gering. Zur Berechnung des Spannungsabfalls gilt allgemein das *Ohmsche Gesetz*:

$$U = R_I \cdot I. \tag{D-8}$$

Beträgt der *Innenwiderstand* einer Sicherung R_I beispielsweise 0,05 Ω, so fällt bei einem Nennstrom von $I_N = 100$ A eine Spannung von $U = 5$ V ab. Bei Betriebsspannung von mehreren hundert Volt ist der Spannungsabfall vernachlässigbar. Allerdings muß hier auch auf die entstehende *Verlustleitung* P_S hingewiesen werden: Bei großen Stromstärken entstehen trotz eines geringen Innenwiderstand, der nur wenige mΩ beträgt, enorme Verlustleistungen, die in Wärme umgesetzt werden. Es gilt:

$$P_S = U_S \cdot I_S$$
$$P_S = R_I \cdot I_S^2. \tag{D-9}$$

Der Sicherungsstrom I_S geht quadratisch in die Berechnung der Leistungsbetrachtung ein. In unserem obigen einfachen Beispiel entsteht über der Sicherung eine Verlustleistung von *500 W*.

Sicherungen gibt es in unterschiedlichen Abschaltkennlinien:

• flink,
• mittel und
• träge.

Die möglichen Stromstärken reichen bis zu mehreren hundert Ampere. Ein weiteres wichtiges Kriterium ist die *Eigeninduktivität*. Bei gestreckten Ausführungen, daß heißt,

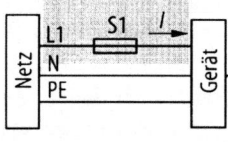

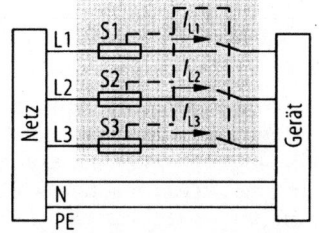

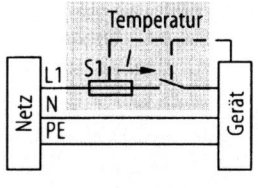

a Einfache Stromab-
sicherung eines Gerätes

b Absicherung gegen Überstrom
durch eine dreifach selbstaus-
lösende Sicherung

c Stromabsicherung und
thermische Absicherung
eines Gerätes durch
Gerätefühler

Bild D-19. Beispiele für Überstromabsicherung

wenn der Sicherungsdraht im Sicherungselement ohne Wendel oder als Fläche ausgeführt ist, ist diese am geringsten. Sicherungselemente, die auch eine thermische Überwachung haben, sind jedoch in der Regel auf einen Zylinder gewickelt.

Im Gegensatz zu Schmelzsicherungen, die nach der Auslösung zerstört sind, können
Sicherungsautomaten nach dem Auslösen wieder verwendet werden. Beispiele für Über-
stromabsicherungen zeigt Bild D-19.

Sicherungselement und Sicherungsautomat sind *Schutzmaßnahmen* gegen *Überstrom* (Bild D-19). Die *Transzorb-Diode* ist speziell für den Schutz bei *Überspannung*
konzipiert. Der Einsatz von Transzorb-Dioden erfolgt daher *parallel* zur Versorgungsspannung. Bild D-20 zeigt die Anschaltung solcher Sicherungselemente. Bei Überspannung wird die Transzorb-Diode, manchmal auch *Transil-Diode* genannt, leitend und
schließt den speisenden Kreis kurz. Dabei wird der bei der Zenerdiode (Abschn. C.2)

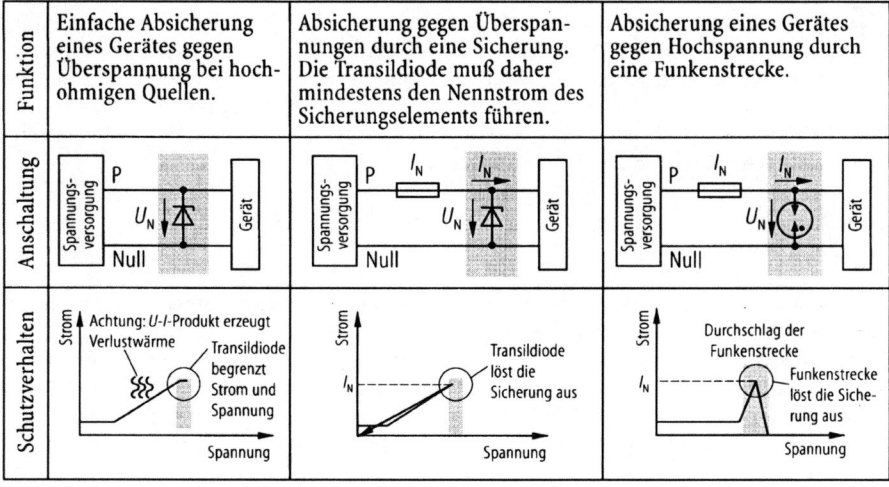

Bild D-20. Beispiele für Überspannungsabsicherung

bereits bekannte *Avalanche-Effekt* ausgenutzt: ab einer bestimmten Rückwärtsspannung wird die Diode niederohmig und somit leitend. Dadurch können zwei Sicherungsverfahren angewandt werden:

1. handelt es sich um eine hochohmige Stromquelle, verursacht der durch die Transil-Diode fließende Strom einen Spannungsabfall am Innenwiderstand der Quelle. Die anliegende Spannung sinkt auf den maximal zulässigen Wert. Das wird durch eine Zwangsstabilisierung erreicht. Die überschüssige Energie wird dabei in der Transil-Diode in Wärme umgesetzt, was eine Verringerung der Lebensdauer bedeutet.
2. handelt es sich um eine Stromquelle, die niederohmig ist, so kann man einen normalen Sicherungsautomaten oder eine Schmelzsicherung einsetzen. Steigt der Strom durch die Transil-Diode über den Auslösewert, trennt das Sicherungselement das Gerät von dem überspannungsführenden Netz. Gerät und Schutzdiode sind abgesichert.

Bild D-20 stellt die unterschiedlichen Sicherungsverfahren vereinfacht gegenüber.

D.1.2
Aktive Bauelemente

In der Leistungselektronik werden für das Schalten von Strom und Spannung Elemente eingesetzt, die speziell für hohe Spannungen und Ströme entwickelt wurden. Neben bipolaren Halbleiterstrukturen, die auf der Basis des NPN- oder PNP-Transistors ausgeführt sind (Abschn. C.3), werden vermehrt Halbleiterstrukturen auf MOS-Basis eingesetzt, die durch ihre kapazitive Ankopplung der Steuerleitung mit sehr geringen Steuerleistungen auskommen. Eine grobe Unterscheidung läßt die Einteilung in folgende drei *technologische Klassen* zu:

- bipolare Schalter (Transistoren, Thyristoren und Triacs),
- FET-Leistungsschalter (MOS-Transistoren) und
- IGBTs.

Der IGBT (IGBT: Insulated Gate Bipolare Transistor) stellt dabei eine Verknüpfung von bipolarer und MOS-Technologie dar (Abschn. D.1.2.4). Die Vielfalt der bipolaren Leistungstransistoren kann hier nicht erschöpfend wiedergegeben werden, so daß in Abschnitt D.1.2.1 das hauptsächliche Augenmerk auf eine spezielle Variante, dem *Darlington-Transistor*, gerichtet werden soll. Dieser Transistortyp ist heute in allen gängigen Schaltungsvarianten anzutreffen.

D.1.2.1
Darlingtonschaltung

In manchen Anwendungen reicht die Stromverstärkung eines einzelnen Transistors nicht aus. Vor allem in Verstärkerschaltungen oder *geregelten Stromversorgungen* verwendet man in diesem Fall die *Darlingtonschaltung*. Dabei werden *zwei Transistoren* hintereinandergeschaltet, so daß sich deren Verstärkung *multipliziert*. Bild D-21 zeigt die Zusammenschaltung der beiden Transistoren sowie die zugehörigen Ströme. Dabei gilt, daß die Stromverstärkung des 1. Transistors β_1 und die Stromverstärkung des 2. Transistors β_2 die neue Stromverstärkung β ergibt. Es gilt:

$$\beta_1 = I_{C1}/I_{B1} \qquad\qquad\qquad\qquad\qquad\text{(D-10a)}$$

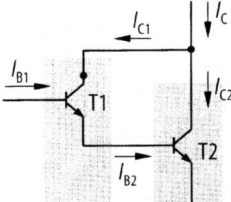

Einzelstromverstärkung: $\beta_1 = \dfrac{I_{C1}}{I_{B1}}$ $\beta_2 = \dfrac{I_{C2}}{I_{B2}}$

Gesamtstromverstärkung: $\beta = \dfrac{I_C}{I_{B1}}$

Bild D-21. Aufbau eines Darlington-Transistors

$$\beta_2 = I_{C2}/I_{B2} \tag{D-10b}$$

$$\beta = I_C/I_{B1} \tag{D-10c}$$

mit

$$I_C = I_{C1} + I_{C2}. \tag{D-10d}$$

Aus den Gleichungen (D-10a) bis (D-10d) läßt sich nun die Gesamtverstärkung wie folgt bestimmen:

$$\beta = \beta_1 + \beta_2 + \beta_1 \cdot \beta_2. \tag{D-11}$$

In den meisten Betrachtungen der Darlington Transistoren wird der *additive Term* der Stromverstärkungen in Gl. (D-11) vernachlässigt, da er im Verhältnis zum Produkt nur eine untergeordnete Rolle spielt. Man erhält so die vereinfachte Gleichung (D-12):

$$\beta \approx \beta_1 \cdot \beta_2. \tag{D-12}$$

Zwei weitere wichtige Größen beim Darlingtontransistor sind

- der Eingangswiderstand und
- der Ausgangsleitwert.

Gleichungen D-13 und D-14 zeigen die dafür notwendigen Zusammenhänge.

$$R_{be} = 2 \cdot R_{be1}, \tag{D-13}$$

$$G_a = G_{aT1} \cdot \beta_2 + G_{aT2}. \tag{D-14}$$

Die Darlingtonschaltung ermöglicht die Kombination zweier Transistoren mit *unterschiedlichen Eigenschaften* zu einem Transistor mit großer Stromverstärkung. Allerdings stehen den offensichtlichen Vorteilen auch einige Nachteile entgegen. Diese sind:

- der Ausgangsleitwert G_a sinkt,
- die Kollektor-Basis-Kapazität C_{CB} von T_1 wird um den Stromverstärkungsfaktor von T_2 vergrößert.

Gerade letzter Punkt schränkt den Darlingtontransistor bei hochfrequenten Anwendungen oder schnellen Schaltflanken ein. Darüberhinaus muß der Kollektor-Emitterstrom des ersten Transistors in der Basiszone des zweiten aufgebraucht werden. Über-

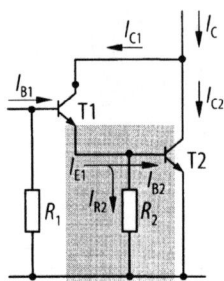

Bild D-22. Darlington-Transistor mit Stabilisierungswiderständen

schüssige Ladung kann nicht abtransportiert werden, was diese Schaltung langsam macht.

Wegen dieser Problematik wird in der Regel die Darlingtonschaltung durch *zwei Widerstände* ergänzt. Speziell dem zweiten Basis-Emitterwiderstand kommt dabei die Aufgabe zu, die überschüssigen Ladungen abzuführen. Bild D-22 zeigt diesen Schaltungsaufbau.

Da in der Regel bei vollintegrierten Darlingtontransistoren die Emitter-Basisstrecke von T_1 nach T_2 nicht verfügbar ist, wird der Ableitwiderstand R_2 im selben Gehäuse integriert (*interner Ableitwiderstand*) und wird vom Hersteller festgelegt. Für die weiteren Betrachtungen wird von einer konventionell aufgebauten Verstärkerstufe ausgegangen (2 separate Transistoren).

Die Stromverstärkung verringert sich durch die Ableitwiderstände R_1 und R_2. Die Betrachtung in Bild D-22 vereinfacht sich wesentlich, wenn man zunächst R_1 nicht berücksichtigt, sondern R_1 vielmehr der vorangegangenen Schaltung zuordnet. Man erhält so:

$$\beta = \beta_1 + \beta_2 \left(1 - (U_{BE2}/(R_2 \cdot I_{B1}))\right) + \beta_1 \cdot \beta_2. \tag{D-15}$$

Die beiden Widerstände in Bild D-22 werden als *Stabilisierungswiderstände* bezeichnet. Nachteil dieser Stabilisierungswiderstände ist, daß der durch sie abgeleitete Strom dem Folgetransistor nicht mehr zur Verfügung steht und die Stromverstärkung somit verringert wird (Gl. (D-15)).

Für den Spannungsabfall über dem Darlington Transistor gilt:

$$U_{CE} = U_{CE1} + U_{BE2}. \tag{D-16}$$

Die Darlingtonschaltung findet man in verschiedenen Anwendungen in meist zwei Ausführungen:

- diskret aufgebaut, d.h. aus zwei Einzeltransistoren oder
- durch einen integrierten Darlingtontransistor,

also einem Doppeltransistor in einem Gehäuse. Die erste Variante wird vor allem dann eingesetzt, wenn es gilt, folgende technologische Eigenschaften zu kombinieren:

- Betrieb an hoher Spannung,
- Anstiegsverhalten der Flanken und
- Kombination verschiedener Transistoreigenschaften.

Einige Eigenschaften verschlechtern sich jedoch grundsätzlich beim Einsatz von Darlington Transistoren:

- der Ausgangsleitwert sinkt drastisch ab,
- die Kollektor-Emitter Kapazität von T_1 wird mit den Stromverstärkungsfaktor von T_2 multipliziert.

Gerade letzter Punkt zeigt, daß Darlington-Transistoren nicht für den Einsatz in HF-Applikationen geeignet sind (HF: Hochfrequenz).

! **Hinweis:** Für die Schaltungstechnik im Hochfrequenzbereich gibt es auch speziell konstruierte Darlingtontransistoren, die allerdings verhältnismäßig teuer sind. Diese haben nicht die hohe Stromverstärkung der NF- oder Schalt-Darlingtontransistoren. Sie weisen sehr geringe Substratkapazitäten auf.

Die Einsatzgebiete von Darlington-Transistoren sind:

- HIFI Endverstärker,
- Steuerverstärker für Motorantriebe,
- Aktorsteuerung im Feldbusbereich,
- Netzteile und
- Hochspannungsanlagen (z. B. Zündverstärker).

Generell gilt für Leistungstransistoren, die an hohen Spannungen betrieben werden, daß sie eine entsprechende *breite Kollektorzone* besitzen müssen. Sie garantiert die *Spannungsfestigkeit*. Entsprechend hoch wird damit allerdings auch der *Kollektorserienwiderstand*. Dies hat Einfluß auf

- die Stromverstärkung und
- den Sättigungsbereich

des Transistors, auf den hier nicht näher eingegangen werden soll. Beide Merkmale ergeben einen *höheren Basisstrom*. Ein Darlington-Transistor, wie er in Netzumrichter eingesetzt wird, ist in der Lage, sehr große Ströme und Spannungen zu schalten. Darüber hinaus besitzt dieser Baustein einen Hilfsausgang, der für Kontrollaufgaben in die Ansteuerelektronik rückgeführt werden kann.

D.1.2.2
Power MOS-FET

Power MOS-FET-Transistoren (MOS-Feld Effekt Transistoren) sind in der Funktionsweise identisch zu den FETs (Abschn. C.4). Lediglich die zu schaltenden Ströme, Spannungen und damit die resultierende Verlustleistung liegen weit über den von Standard-Bauteilen. Entsprechend groß sind die *Geometrien* von *Gehäuse* und des *Siliciums*.

Power MOS-FET für kleinere Leistungen besitzen in der Regel eine einfache *Schutzschaltung*. So hat die Fa. Siemens beispielsweise eine Reihe von MOS-FET-Schaltern mit integrierter Temperaturüberwachung entwickelt. Diese TEMPFET (Temperature Protected FET) schalten sich dabei selbsttätig bei Übertemperatur ab und meldet den Zustand an die Steuerelektronik. Bild D-23 zeigt verschiedene Typen und die dazugehörigen Schaltsymbole.

D.1.2.3
Smart Power ICs

Der Begriff „Smart" deutet schon darauf hin, daß die Schaltleistung dieser Bauelemente eher moderat zum Vergleich der Power MOS-FET Bausteine ausfällt. Des weiteren ist in

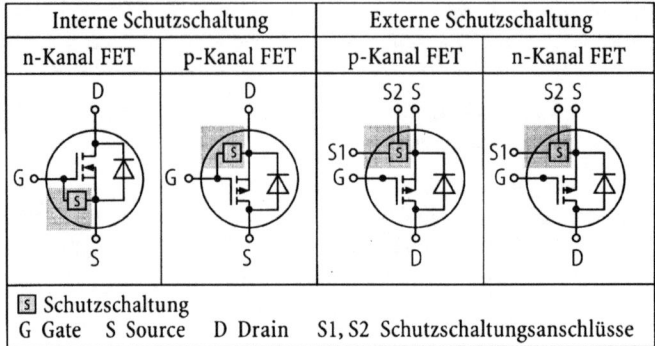

Interne Schutzschaltung		Externe Schutzschaltung	
n-Kanal FET	p-Kanal FET	p-Kanal FET	n-Kanal FET

$\boxed{\text{S}}$ Schutzschaltung
G Gate   S Source   D Drain   S1, S2 Schutzschaltungsanschlüsse

Bild D-23. Leistungs FETs mit integrierter Schutzschaltung

der Bezeichnung „IC" bereits angedeutet, daß sich der *Funktionsumfang* erheblich über dem eines normalen Schalttransistors befindet. Unter „Smart Power ICs" versteht man deshalb *intelligente Transistoren*.

Smart Power Schaltkreise (Smart Power ICs) sind elektronische Schalter für kleine Leistungen. Sie finden immer größere Verbreitung in allen Teilen der Steuerungstechnik, wo es gilt, Vorgänge zu erfassen und zu steuern. Die Vielzahl der heute verfügbaren Smart Power ICs reicht von einfachen Schaltern bis zu hochintegrierten Bausteinen, bei denen die Schaltfunktion gegen Grenzwerte überwacht werden. Man unterscheidet drei grundsätzliche Schaltungsvarianten:

- *Low-Side Schalter*,
- *High-Side Schalter* und
- *Halbbrücke* (Push-Pull Schalter).

Mit Hilfe der *Halbbrücke* lassen sich zwei weitere Varianten aufbauen:

- *Vollbrücke* und
- *Drehstrombrücke*.

In Bild D-24 sind alle Möglichkeiten gegenübergestellt. Die Bausteine sind so ausgelegt, daß sie alle vorkommenden Lasten treiben können. Dies sind beispielsweise

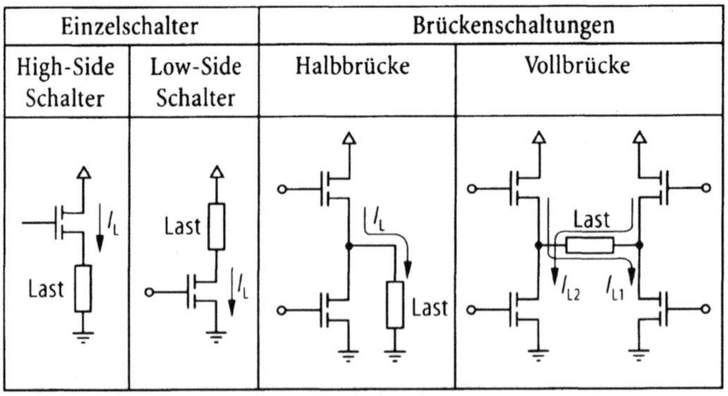

Einzelschalter		Brückenschaltungen	
High-Side Schalter	Low-Side Schalter	Halbbrücke	Vollbrücke

Bild D-24. Aufwendungsbeispiele für Smart Power ICs

- *ohmsche Lasten* (z. B. Heizungen, Glühlampen),
- *Induktivitäten* (z. B. Magnetventile, Motoren) und
- *kapazitive Lasten* (z. B. Motoren mit Anlaufkondensatoren).

Smart Power ICs gibt es in den unterschiedlichen Technologieausführungen. Die gängigsten Bausteine sind dabei in *bipolarer-* oder in *CMOS-Technik* aufgebaut. Letztere stellen dabei die meisten Möglichkeiten zur Verfügung und finden immer stärkere Verbreitung. Die Bausteine werden vor allem durch zwei Merkmale charakterisiert:

- Spannungsfestigkeit und
- maximal zulässige Stromstärke.

Diese beiden Kriterien bestimmen auch die Verpackung (Gehäuse). So sind Smart Power ICs von 0,5 A bis 10 A erhältlich, von SMD-Gehäuse (SMD: Surface Mounted Device) bis zu konventionell bedrahteten Gehäusen mit Starkstromanschluß.

Mit Hilfe komplexer Prozesse können bei den CMOS-Schaltern neben der *Leistungsendstufe* auch *Schaltungsteile* auf dem Chip integriert werden. Sie übernehmen dabei eine ganze Reihe von *Schutzfunktionen*, die den Betrieb des Bausteins sicher machen. Dazu zählen

- Strombegrenzung,
- Kurzschlußüberwachung,
- Überspannungsschutz,
- Begrenzung des Spannungsanstiegs (dU/dt-Begrenzung),
- Übertemperaturschutz und
- Schutz gegen elektrostatische Spannungen (ESD-Schutz).

Die Integration der Schutzfunktion erfolgt auf dem selben Silicium-Chip, auf dem der Ausgangstransistor untergebracht ist. Dies erfordert neben der Realisierung der Leistungselektronik auch die Realisierung feinster Strukturen für die Überwachungslogik. Bild D-25 zeigt die Integration der wichtigsten Schutzfunktionen für einen Leistungsschalter (hier z. B. ein N-FET).

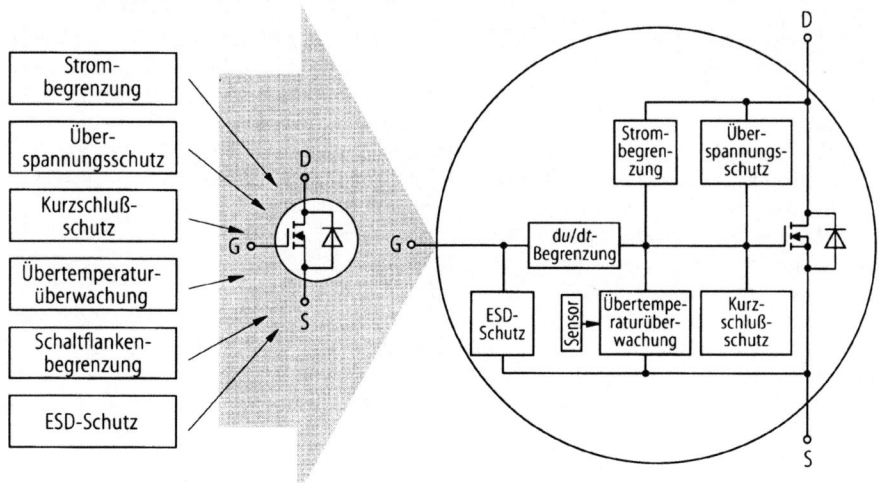

Bild D-25. Integration der Schutzfunktionen in einen Schalttransistor

● *Stromüberwachung*

Da *Smart Power ICs* sehr feine *Halbleiterstrukturen* aufweisen, ist die *Nennausgangs-
leistung* eng toleriert. Eine Überwachung ist daher unabdingbar. Dazu ist auf dem Chip
ein eigenständiger Funktionsblock integriert. Die Stromüberwachung kann dabei in
folgenden Ausführungen geschehen:

● *Abschaltung* bei Überstrom (elektronische Sicherung) und
● *Strombegrenzung* auf einem maximal zulässigen Wert.

Beide Möglichkeiten findet man bei diesen Bausteinen realisiert, oft sogar als Alterna-
tive auswählbar.

Die Abschaltung bei Überstrom hat den Vorteil, daß sowohl der Initiator als auch der
Aktor unmittelbar geschützt sind. Eine Zerstörung des angeschlossenen Gerätes oder
ein Schmoren der Kabel kann nicht auftreten, da der Ausgang des Leistungsschalters
stromlos geschaltet wird. Ein Wiedereinschalten des normalen Betriebszustandes ist in
der Regel nur durch Abschalten des Ausgabegerätes möglich. Man spricht von einer *ver-
rasteten Schutzschaltung*. Vereinzelt findet man eine Reaktivierung der elektronischen
Sicherung durch ein zusätzliches Steuersignal (programmgesteuerte Wiedereinschal-
tung der Sicherung). Dies ist vor allem bei Geräten mit *Fernwartung* zu finden.

Die *Strombegrenzung* ist die am häufigsten angewandte Methode zur Stromüberwachung. Dabei wird der Ausgangsstrom der Leistungsendstufe ständig erfaßt und einem
Kontrollverstärker zurückgeführt. Dieser ist mit der Gate-Ansteuerung der Leistungsendstufe verbunden und verhindert, daß diese weiter als zulässig aufgesteuert wird. Die
so gesteuerte Leistungsendstufe ist mit einem Durchflußbegrenzer vergleichbar. Der
Vorteil dieser Beschaltung liegt darin, daß bei Kurzschlüssen das Gerät nicht ständig
aus- und wieder eingeschaltet werden muß. Die Ausgangsspannung bricht in diesem Fall
auf einen dem Kurzschlußwiderstand entsprechenden Wert zusammen. Bei der Suche
nach Verdrahtungsfehlern oder ähnlichem ist dies vorteilhaft.

Demgegenüber steht eine starke Erwärmung der Ausgangsstufe, wenn sie über län-
gere Zeit in der Strombegrenzung mit maximalem Spannungsabfall betrieben wird.
Smart Power ICs mit dieser Schutzschaltung besitzen daher einen *thermischen Überlastschutz*.

Der thermische Überlastschutz ist eine *Eigensicherung* für den Baustein. Er verhindert, daß die *Junction Temperatur* des Chips überschritten wird (die Junction Temperatur ist die Temperatur, bei der der Halbleitereffekt des Silicium Chips zerstört wird; der
Baustein ist damit unwiederrufbar zerstört). Die Temperaturüberwachung ist in der
Regel völlig unabhängig von den Funktionen des Bausteins und greift stets als Folge
einer vorangegangenen Aktion (Prinzip der unabhängigen Überwachung). Spricht sie
an, wird der Baustein abgeschaltet (wie bei der elektronischen Sicherung).

Alle Überwachungsfunktionen können über einen Ausgang als Sammelmeldung
zurück an das Steuerungssystem geführt werden. Ein Diagnoseprogramm kann im Fehlerfall den schadhaften Ausgang lokalisieren.

Eine weitere Rückmeldeleitung gibt Auskunft über den Schaltzustand der Leistungsendstufe. Dies ist besonders dann wichtig, wenn über die Fehlerleitung kein Fehler
gemeldet wird (kein Übertrom, keine Übertemperatur), der Ausgang aufgrund eines
defekten Bausteins aber nicht schaltet. Die Leitung koppelt das Ausgangssignal zurück
in die Steuerung (engl.: *Feed Back*) und erlaubt so die Überwachung des auszuführen-
den Schaltwechsels.

D.1.2.4
IGBT

Die Verschmelzung von *MOS-Technologie* mit der *bipolarer Transistortechnik* führte zur Entwicklung des *IGBT-Transistors* (IGBT: *Insulated Gate Bipolar Transistor*). Seine Eigenschaften machen ihn besonders geeignet für den Betrieb in getakteten Anwendungen im Frequenzbereich von 2 kHz bis mehr als 25 kHz. Seine Hauptanwendungsgebiete sind:

- unterbrechungsfreie Stromversorgungen (USV),
- Spannungsumrichter,
- Schweißstromquellen und
- Umrichter für Antriebssysteme.

Durch die Verknüpfung der technologischen Merkmale von MOS und bipolaren Transistoren ergeben sich folgende Eigenschaften des IGBTs:

- isolierter Basis-(Gate-)Anschluß,
- hohe Spannungsfestigkeit und
- hohe Strombelastbarkeit.

Diese Eigenschaften machen ihn zu einem Halbleiter, der mit sehr geringen Aufwand und Leistung anzusteuern ist. Die Vorteile für die Systemintegration sind:

- niedrige Steuerleistung,
- niedriger Steueraufwand und
- Beeinflußbarkeit der Schaltzeiten

in den für MOS-Transistoren bestimmten Grenzen. Letzterer Gesichtspunkt bekommt vor dem Hintergrund der EMV (EMV: Elektromagnetische Verträglichkeit) immer mehr Bedeutung. Mit dem IGBT ist man heute in der Lage, die hochfrequenten Anteile in der Schaltflanke gezielt zu vermeiden.

Die Einführung der MOS-Leistungstransistoren wurde maßgeblich durch ihre einfache Anschaltungstechnik und den daraus resultierenden Vorteilen beschleunigt (siehe oben). Mit steigenden Betriebsspannungen und größeren Strömen mußte allerdings die *Drain-Source-Strecke* beträchtlich erweitert werden, so daß ein Einsatz jenseits von 100 V nicht sinnvoll erschien. Genau hier setzt der IGBT mit seiner *bipolaren Emitter-Kollektor-Strecke* an, da er speziell im Hochspannungsbereich entscheidende Vorteile aufweist. Sein Einschaltwiderstand ist etwa 10mal geringer als der eines MOS-Transistors; seine Durchbruchspannung kann mehr als 1000 V betragen.

Die Silicium-Strukturen des IGBTs werden in zwei unterschiedlichen Lösungen gefertigt:

- *Epitaxie-Struktur* oder *PT*-IGBT (PT: Punch Through) und
- *homogene Struktur* oder *NPT*-IGBT (Non Punch Through).

Aufgebaut ist der IGBT als *vierlagiger Transistor* mit einer Dotierungsfolge *n-p-n-p*. Tabelle D-2 stellt die einzelnen Schichtdicken gegenüber sowie eine Relation zur Epitaxi-Schicht. Der *Epitaxial-Layer* weist dabei einen Widerstand von 16 Ω bis 18 Ω pro Zentimeter auf. Dieser Aufbau kann näherungsweise durch das in Bild D-26 dargestellte Ersatzschaltbild beschrieben werden. Ebenfalls dargestellt ist das normgerechte Schaltzeichen nach DIN 40 900.

Das Einschaltverhalten des IGBT ist dem des MOSFET sehr ähnlich. Lediglich das dynamische *Sättigungsverhalten* erinnert an die bipolare Schaltungsstufe.

Tabelle D-2. Dicke der einzelnen IGBT-Zonen

Bereich	Dicke	relativ zur Epitaxie
Epitaxie	$60\,\mu m - 62\,\mu m$	1
n^+-dotierte Zone	$1,0\,\mu m - 1,5\,\mu m$	0,017
p^--dotierte Zone	$3,6\,\mu m - 4,0\,\mu m$	0,058
p^+-dotierte Zone	$5,0\,\mu m - 5,5\,\mu m$	0,083

Eine der herausragenden Eigenschaften des IGBT ist seine *Kurzschlußfestigkeit*. Gerade bei Umrichtern ist es notwendig, daß bei Kurzschluß der Transistor selbst auch ohne dauerhafte Beschädigung bleibt. Bevor ein Kurzschluß eine vorgeschaltete Schutzeinrichtung ansprechen läßt, entstehen hohe Stromspitzen.

IGBT Transistoren werden heute vielfach als *Halbbrücken* gefertigt (Abschn. D.2.3.1). Damit sind sowohl für Wechselstromsysteme als auch für Drehstromsysteme auf einfache Weise Umrichter aufzubauen. Für kleinere Leistungen werden drei Halbbrücken in einem Gehäuse zusammengefaßt. Dieser *Sixpack* findet immer mehr Verbreitung.

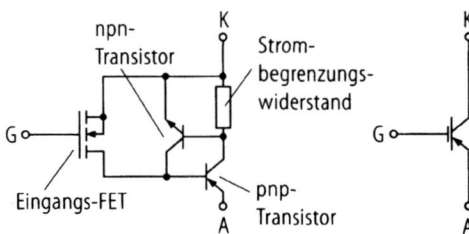

A Anode   K Katode   G Gate

a Ersatzschaltbild   b Schaltzeichen

Bild D-26. Ersatzschaltbild und Schaltungssymbol des IGBT

D.1.2.5
Thyristoren und artverwandte Bauelemente

Thyristoren und *Triacs* sind Bauelemente, deren Grundcharakter stark mit der Halbleiterdiode verknüpft ist. Im Abschnitt C.6 ist bereits eine Übersicht gegeben, so daß hier einige Eigenheiten und Sonderbauformen aufgezeigt wird. Anwendungen finden sich dann im Abschnitt D.2, *Praxis der Leistungselektronik*.

Es gibt eine ganze Reihe unterschiedlicher Tyhristoren, die jeweils auf ihr spezifisches Anwendungsgebiet optimiert wurden. Die Schaltsymbole sowie deren vereinfachte Kennlinie der wichtigsten drei Vertreter sind in Bild D-27 in einer Übersicht zusammengestellt. Dies sind:

- *Thyristor* oder SRCs (Silicon Controlled Rectifier),
- *GTOs* (Gate Turn Off Thyristor) und
- *Triacs* (bidirektionale Thyristor Triode).

Ihre Einsatzgebiete erstrecken sich von Hochspannungs- und Hochstromgeräten wie Netzteilen, Netzumrichtern, Schweißgeräten bis zu einfachen Lampensteuerungen. Während der Thyristor in Hochenergieanwendung von bis zu 4000 V und mehreren

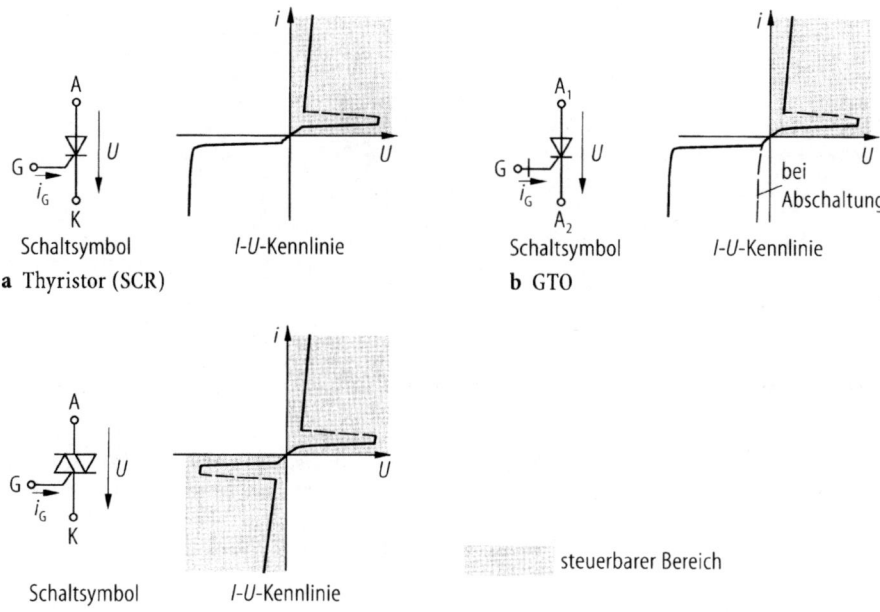

Schaltsymbol   I-U-Kennlinie
a Thyristor (SCR)

Schaltsymbol   I-U-Kennlinie
b GTO

Schaltsymbol   I-U-Kennlinie

steuerbarer Bereich

c Triac

Bild D-27. Thyristoren in der Übersicht

hundert Ampere Verwendung findet, ist der Triac vorwiegend in Kleinleistungsgeräten und Konsumartikeln zu finden.

D.1.2.5.1
Thyristor

Der Thyristor ist eine steuerbare *Vierschichttriode* mit einer p-n-p-n-Struktur (Abschn. C.6.1). Der vom Thyristor maximal schaltfähige Strom ist vom Querschnitt des Vierschichthalbleiters abhängig. Allgemein gilt, daß der durch den Thyristor gesteuerte Strom direkt proportional zur *Halbleiterfläche* ist. Die maximal zulässige Betriebsspannung ist hingegen von der *Dicke* und damit von der Größe der *Raumladungszonen* der p-n-Übergänge abhängig.

In Bild D-28 ist das Schaltbild eines Thyristors und dessen schematischer Aufbau der Vierschichtdiode dargestellt. Diese Darstellung läßt sich in ein *Zwei-Transistor-Modell* überführen, das oft zur Verdeutlichung der Schalteigenschaften herangezogen wird (Bild D-28, rechts). An diesem Modell ist zu sehen, daß der Thyristor einen Strom nur in eine Richtung führen kann, also ein ähnliches Verhalten wie eine Diode aufweist.

Durch einen Zündimpuls auf das Gate wird der Thyristor eingeschaltet. Er geht in eine Selbsthaltung und kann so über das Gate nicht mehr abgeschaltet werden (Ausnahme: GTO, Abschn. D.1.2.5.2). Liegt der Thyristor in einem Wechselspannungszweig, so behält er diesen Zustand bis zum nächsten Nulldurchgang der Wechselspannung. Da er an diesem Punkt in den *inversen Betrieb* übergeht, verlöscht er. Bei der nächsten positiven Halbwelle muß er erneut gezündet werden.

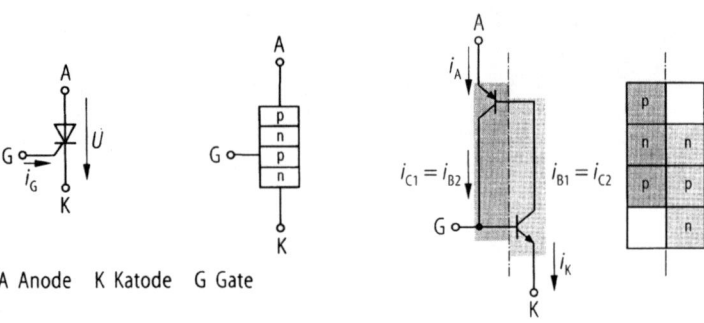

A Anode   K Katode   G Gate

Schaltsymbol   Vierschichtdiode   Zweitransistor-Modell

Bild D-28. Schematischer Aufbau eines Thyristors

Bild D-29 zeigt die *Durchbruchsspannung* eines Thyristors in Abhängigkeit des Gate-Stroms. Durch den Gate-Strom kann der Einschaltzeitpunkt bestimmt werden. Man spricht von einer *Phasenanschnittsteuerung*.

Die statische Kennlinie ist im wesentlichen durch drei Bereiche gekennzeichnet (Bild D-29):

- *Sperrbereich*,
- *Blockierbereich* und
- *Durchlaßbereich*.

Der Sperrbereich ist durch die *Spitzensperrspannung* U_{RRM} gekennzeichnet. Sie markiert den Knickpunkt der Kennlinie, ab dem der Rückwärtsstrom I_R lawinenartig ansteigt (Avalanche Effekt, s. Abschn. C.2, Zenerdiode). Die Überschreitung von U_{RRM} führt zur Zerstörung des Thyristors. Dies ist der Grund für die Einführung des *Sicherheitsabstands S*, der die maximale Betriebsspannung $\hat{U}$ auf < 50% der Spitzensperrspannung U_{RRM} festlegt. Es gilt:

$$S_{min} = U_{RRM}/\hat{U};$$

mit $\hat{U} = 0,5\ U_{RRM}$ folgt $S_{min} = 2$.   (D-17)

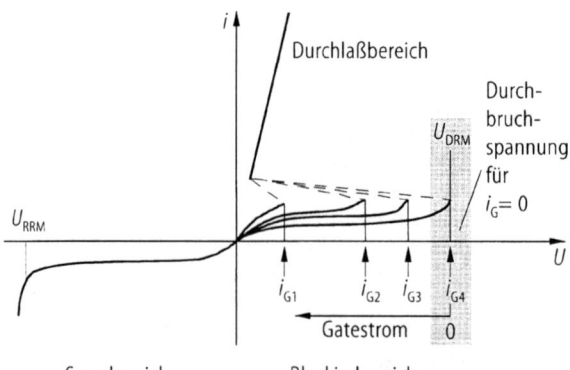

Bild D-29. Arbeitsbereiche eines Thyristors

Der *Blockierbereich* des Thyristors ist symmetrisch zum *Sperrbereich*. Er ist durch die *Durchlaßdurchbruchsspannung* U_{DRM} gekennzeichnet, die ähnlich U_{RRM} bei Überschreiten zu einem Durchbruch führt. Dieser Durchbruch ist jedoch *reversibel*, also ohne Folge für das Bauteil. Er ist durch einen geringen Spannungsabfall über dem Bauelement gekennzeichnet. Man spricht hier auch von einer *Selbstzündung* oder *Überkopfzündung* des Thyristors.

Die reguläre Betriebsart des Thyristors erfolgt durch eine *gesteuerte Zündung* im Blockierbereich. Die Betriebsspannung muß dabei stets kleiner als U_{DRM} sein. Durch einen Zündstrom i_G kann der Thyristor aus seinem Blockierbereich in den Durchlaßbereich geschaltet werden. Sobald der einsetzende Laststrom eine *Mindeststromstärke* (etwa 10 mA bis 100 mA) erreicht hat, bleibt der Thyristor eingeschaltet und der Zündimpuls kann abgeschaltet werden. Diese Mindeststromstärke wird als *Raststrom* bezeichnet. Im Durchlaß- und Sperrbereich verhält sich der Thyristor wie eine *Leistungsdiode*.

Der Spannungsabfall eines Thyristors im Durchlaßbereich liegt bei etwa 2 V unter Vollast (Vollast: Betrieb mit *Dauergrenzstrom*). Unter diesen Betriebsbedingungen sind vor allem die thermischen Einschränkungen der unterschiedlichen Typen zu beachten.

Da Thyristoren aus sehr *großflächigen Siliciumscheiben*, sogenannte *Tabletten*, bestehen, können vom Anlegen des Zündimpuls bis zur vollständigen Durchschaltung des Bauelements einige Millisekunden vergehen. Dabei unterscheidet man drei wichtige Bereiche:

* die Zündverzugszeit,
* die Durchschaltzeit und
* die Zündausbreitungszeit.

Alle drei Zeiten bestimmen maßgeblich das dynamische Verhalten des Thyristors. Die *Zündverzugszeit* ist die Zeitspanne vom Anlegen des Zündimpulses bis zum Abfall der Thyristorspannung auf 90%. Analog hierzu ist ein merklicher Anstieg des Durchlaßstromes zu verzeichnen. Die Durchschaltzeit ist durch die 90- und 10%-Spannungspunkte über dem Thyristor charakterisiert. Durch die endliche Ausbreitungsgeschwindigkeit der Zündladungsträger ist schließlich die Zündausbreitungszeit definiert. Alle drei Zeiten zusammen ergeben schließlich die Zündzeit t_G. Die wesentlichen Einschaltzeiten sind in Bild D-30 zusammengestellt.

! Hinweis: Die oben beschriebenen Zeiten sind bei sehr großen Thyristoren von maßgeblichem Einfluß auf die Ansteuerung. Dabei sind folgende Punkte zu beachten:

* zeitlicher Ablauf der Steuerungsimpulse und
* Verfügbarkeit des maximalen Laststromes.

Letzter Punkt stellt die Ingenieure immer wieder vor Probleme, da bei sehr großen Tabletten aufgrund der Zündausbreitungszeit das Silicium ungleichmäßig durchflutet wird. So können während dem Einschalten lokal extrem hohe Stromdichten auftreten.

Das Ausschalten eines Thyristors erfolgt mit dem Nulldurchgang des Stromes. Allerdings erfolgt die vollständige Entleerung der p-n-Übergänge verzögert, da im Bereich des Nulldurchgangs die Potentialdifferenz und somit die treibende Kraft, gering bzw. null ist. Der Abfluß der Ladungsträger wird verzögert, was allgemein als *Trägerstaueffekt* (TSE) bezeichnet wird. Erst wenn aus dem Thyrister alle Ladungsträger abgeflossen sind, kann er wieder in seinem Blockierbereich betrieben werden. Die dafür notwendige Zeit wird als *Freiwerdezeit* t_q bezeichnet. Während dieser Zeit kann kurzfristig ein *nega-*

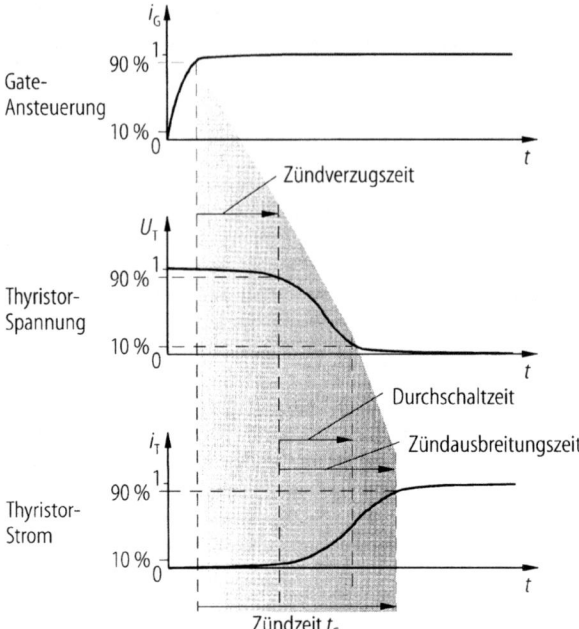

Gate-
Ansteuerung

Thyristor-
Spannung

Thyristor-
Strom

Zündverzugszeit

Durchschaltzeit

Zündausbreitungszeit

Zündzeit t_G

Bild D-30. Einschaltzeiten
eines Thyristors

tiver Strom fließen, was in Abhängigkeit der Anwendung problematisch ist und somit in der Entwicklung berücksichtigt werden muß. In Abhängigkeit der Zeitdauer des Ladungsabfluß unterscheidet man

- Netzthyristoren (langsame Thyristoren) mit $t_q > 20$ µs und
- Frequenzthyristoren mit $t_q < 20$ µs.

In Bild D-31 wird das Zeitverhalten der Ladungsträger beim Ausschalten nochmals verdeutlicht. Es ist zu erkennen, daß in der Zeit von t_1 bis t_2 sehr steile negative Spitzen auftreten können.

Dieses Abschaltverhalten macht in vielen Fällen eine *Schutzbeschaltung* notwendig. Die Aufgabe der Schutzbeschaltung ist dabei, den Thyristor gegen

- Überschreiten der Spitzensperrspannung und
- gegen Überschreiten der Blockierspannung (Überkopfzündung)

zu schützen. Die Spitzensperrspannung kann dabei auch durch eine ungünstige Beschaltung in Zusammenhang mit obigem Abschaltverhalten erreicht werden. Ein unzulässiger Betrieb an einer Wechselspannung soll durch den *Spannungssicherheitsfaktor S* vermieden werden. Er gibt an, wieviel kleiner der Scheitelwert der Betriebsspannung im Verhältnis zur Spitzensperrspannung gewählt werden sollte (übliche Werte sind 2 oder 3).

Die Sicherheitsbeschaltung eines Thyristors besteht im wesentlichen aus einem RC-Glied und einem Varistor (Bild D-32). Der Varistor ist dabei so zu dimensionieren, daß er vor Erreichen der Spitzensperrspannung so niederohmig wird, daß eine vorgeschaltete Sicherung ausgelöst wird. Dies trifft nur für langsame Zustandsänderungen zu. Das RC-Glied hingegen sorgt für einen schnellen Ladungsaustausch bei hoch-

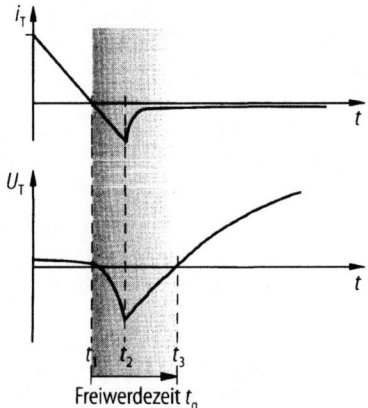

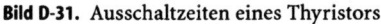

Freiwerdezeit t_q

Bild D-31. Ausschaltzeiten eines Thyristors

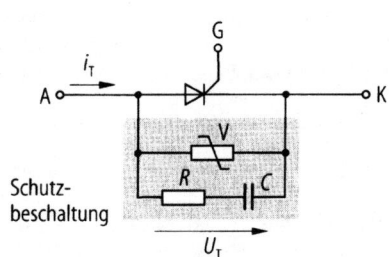

Schutz-
beschaltung

V Varistor   R Widerstand   C Kondensator

Bild D-32. Sicherheitsbeschaltung eines
Thyristors

frequenten Spitzen. Die Zeitkonstante τ bestimmt dabei die maximale Anstiegsgeschwindigkeit, die im Bereich von 100 V/µs bis 1000 V/µs liegen.

D.1.2.5.2
GTO

Das Einschalten und Ausschalten eines Thyristors wird durch zwei unterschiedliche Vorgänge bestimmt:

- Zündung des Thyristors durch das *Gate* (Einschaltvorgang),
- Löschen des Thyristors durch den nächsten *Nulldurchgang* der Betriebsspannung.

Dies hat zur Folge, daß ein Thyristor in einem Gleichstromkreis nur gezündet, aber nicht mehr gelöscht werden kann. Aus diesem Grund wurde der *GTO-Thyristor* (Gate Turn Off-Thyristor) oder *Abschaltthyristor* entwickelt.

Der GTO kann durch einen negativen Gate-Strom gelöscht werden. Nachteilig ist jedoch, daß der Löschstrom bis zu 30 % des Laststromes, also des abzuschaltenden Stromes, betragen kann. Der GTO wird aufgrund seiner komplexen Ansteuerung und aufwendiger Fertigung nur in einigen besonderen Anwendungen eingesetzt, beispielsweise in Frequenzumrichtern mit hohen Leistungen und in der Bahntechnik (z. B. bei Elektrolokomotiven).

D.1.2.5.3
SITAC

Ein Wechselstromschalter, bei dem Steuer- und Lastkreis *optisch entkoppelt* sind, hat die Fa. Siemens unter dem Namen *SITAC* (Siemens Isolierter Thyristor AC Schalter) vorgestellt. Kernstück dieses Schalters sind zwei *antiparallel* geschaltete Thyristoren, die durch eine *Infrarotlichtstrecke* von der Steuerseite *galvanisch entkoppelt* sind. Ein Steuerstrom von wenigen mA reicht aus, um die beiden Thyristoren zu zünden. Auf der Sekundärseite (Lastkreis) können Verbraucher mit bis zu 65 W angeschlossen werden.

Besondere Schutzmaßnahmen machen den Schaltkreis trotz seiner hohen An-
steuerempfindlichkeit unempfindlich gegenüber steilen Spannungsflanken ($du/dt >$
10000 V/µs) und hohen Stromanstiegsgeschwindigkeiten ($di/dt > 8$ A/µs).

Die Ansteuerung dieser Bausteine hat maßgeblichen Einfluß auf das Zündverhalten.
Dabei wird in erster Linie die *Zündverzögerungszeit* t_{dg} beeinflußt. Sie ist im wesentli-
chen eine Funktion der Übersteuerung (engl: *Overdrive*), die durch das Verhältnis von
Steuerstrom zu Zündstrom definiert ist:

$$Overdrive = I_F/I_{FT}. \tag{D-18}$$

Liegt keine Übersteuerung vor ($I_F/I_{FT} = 1$), so ergibt sich eine Einschaltverzögerung von
einigen Millisekunden. Bei einem Overdrive von 10 wird diese beinahe um den Faktor
1000 beschleunigt, so daß kürzeste Zeiten von 5 µs bis 10 µs erreicht werden.

Ein weiteres Kriterium ist die Pulsdauer t_{pif}. Hier kann allgemein gesagt werden, daß
für sehr kurze Zündimpulse (< 500 µs) eine entsprechend hohe Übersteuerung gewählt
werden muß. Es ist auf jeden Fall sicherzustellen, daß der SITAC Baustein gezündet hat,
bevor die Ansteuerung wieder abschaltet.

Der SITAC hat sich vor allem bei der Steuerung von induktiven Lasten bewährt. Die
Fähigkeit der Bausteine im Nullpunkt zu schalten, verhindert Stromspitzen bei ohmschen und kapazitiven Lasten (der Strom folgt in diesem Fall der Wechselspannungs-
amplitude). Die externe Beschaltung kann daher in den meisten Fällen entfallen.

• Aufbau des SITAC

Im Gegensatz zu anderen Wechselstromschalter, die mit Hilfe eines TRIACs aufgebaut
sind, wird der SITAC durch zwei *antiparalle Thyristoren* gebildet. Dies hat den Vorteil,
daß im Kommutierungsfall (Nulldurchgang von einer Halbwelle zur anderen), keine
Parasitärzündung des anderen Zweiges eingeleitet wird. Dieses Problem führt vor allem
bei Triacs dazu, daß sie nach dem Abschalten des Steuerstroms trotzdem gezündet bleiben. Im obigen Fall ist ein sicheres Abschalten des Lastkreises bei fehlendem Steuerstrom gewährleistet.

Beide Thyristorzweige haben ihre eigene Ansteuer- und Schutzelektronik. Dies
umfaßt zum einen den *Nullpunktschalter* und zum anderen einen *Störschutz*. In Bild
D-33 ist der prinzipielle Aufbau des SITAC mit seiner optischen Isolierung dargestellt.

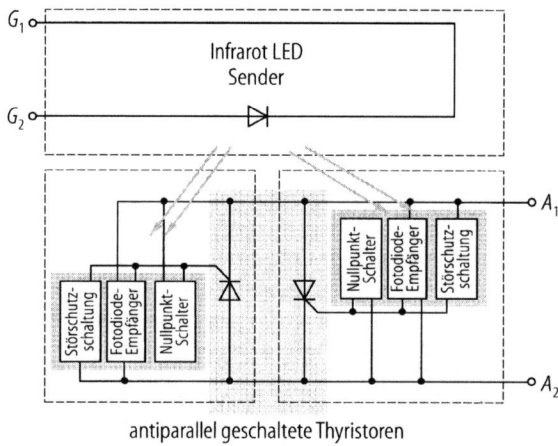

antiparallel geschaltete Thyristoren

Bild D-33. Aufbau eines
optisch isolierten Thyristors
(SITAC)

Anwendungsbeispiele sind:

- Relaisansteuerung (induktive und ohmsche Last),
- Motorsteuerung (induktive und ohmsche Last),
- Lampen (ohmsche Last),
- Pumpen,
- Ventile (Magnetventile),
- Lüfter und
- geschaltete Gleichrichter.

D.1.2.5.4
Triac

Der *Triac* ist sehr stark mit dem *Thyristor* verwandt: wie bereits im vorigen Abschnitt erwähnt, ist seine Funktion ähnlich zweier antiparallel geschalteter Thyristoren. Dies erlaubt das Schalten sowohl positiver als auch negativer Halbwellen. Bild D-34 zeigt das Schaltbild eines Triacs und das antiparallele Gegenstück aus Thyristoren.

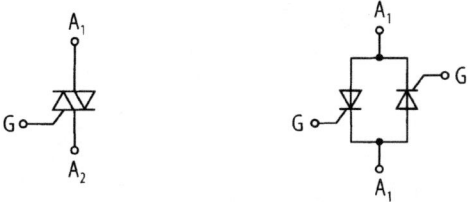

A_1 Anode 1 A_2 Anode 2   G Gate

a Schaltzeichen des Triacs   **b** Äquivalentes Schaltbild
                                           zweier antiparallel ge-
                                           schalteter Thyristoren   **Bild D-34.** Triac

Aufgrund dieser Eigenschaften weist der Triac *zwei Blockierbereiche* auf. Die in Bild D-35 dargestellte statische Kennlinie des Triacs verdeutlicht das Zündverhalten für

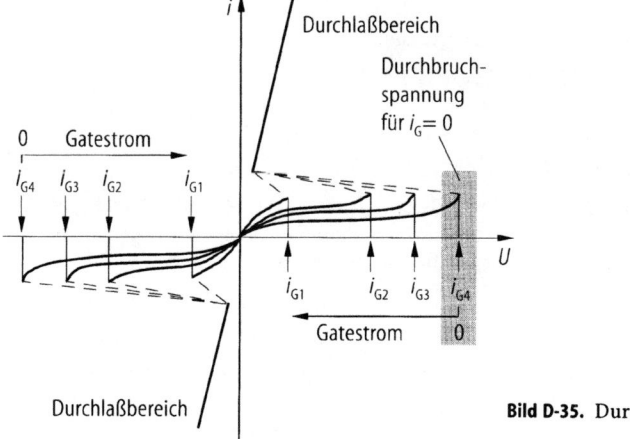

Bild D-35. Durchsteuerbereich eines Triacs

unterschiedliche Gateströme. Im Gegensatz zum Thyristor wirkt der *Gate-Strom* sowohl für die Durchlaßrichtung im ersten Quadranten als auch für die entgegengesetzte Durchlaßrichtung, die dem Sperrbereich des Thyristors entspricht (dritter Quadrant). In der Praxis bedeutet dies, daß ein Triac *unabhängig* von seiner *Durchflutungsrichtung* gezündet werden kann.

D.2
Leistungselektronik in der Praxis

Dieser Abschnitt befaßt sich mit Anwendungen der Leistungselektronik, wie sie beispielsweise im Maschinenbau überall anzutreffen sind. Dabei soll auf folgende wichtige Bereiche eingegangen werden:

• Aufbau von Netzfilter,
• Aktorsteuerung,
• intelligente Schalttransistoren,
• Brückenschaltungen,
• Netzumrichter und
• Spannungsversorgungen.

D.2.1
Anwendung passiver Bauelemente

Wenn in der Leistungselektronik hohe Spannungen und große Ströme geschaltet werden, ist die Frage nach der elektromagnetischen Verträglichkeit (EMV) zu stellen (Abschn. H). *Filterbaugruppen*, die den Verbrauchern vorgeschaltet werden, haben die Aufgabe, Störungsspitzen zu vermeiden und somit den Betrieb der Baugruppe sicherzustellen. In diesem Abschnitt soll daher kurz der Aufbau einiger gängiger Entstörungsmaßnahmen erläutert werden. Die Grundelemente der Filtertechnik sind die *passiven Bauelemente* der Leistungselektronik (Abschn. D.1.1).

D.2.1.1
Netzfilter

Netzfilter sind Baugruppen, die in der Regel aus

• einer stromkompensierenden Drossel,
• einem Eingangs-X-Kondensator,
• einem Y-Kondensator und
• einem Ausgangs-X-Kondensator

bestehen. Der Aufbau erfolgt dabei entweder in einem platzsparenden Steckergehäuse (Abschn. D.1.1.3.2, Bild D-12) oder in einem separaten Gehäuse, das vorgeschaltet wird (Filtermodul). In manchen Ausführungen findet man zusätzlich

• einen Ableitwiderstand sowie
• zwei längsgeschaltete Eingangsdrosseln.

Diese Eingangsdrosseln verbessern die Filterwirkung bei asymmetrischen Störungen. Bild D-36a zeigt den prinzipiellen Aufbau und Wicklungssinn einer stromkompensierenden Drossel, und Bild D-36b stellt unterschiedliche Filterschaltungen gegenüber.

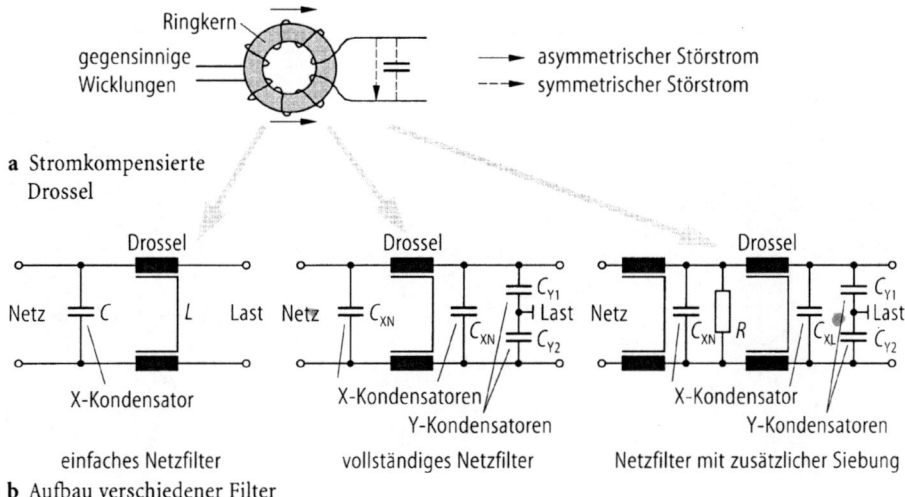

Bild D-36. Aufbau einer stromkompensierenden Drossel und Einsatz in verschiedenen Filter

Die Auslegung des Filters hängt dabei von der nachgeschalteten Baugruppe ab. Da ausschließlich leitungsgebundene Störungen unterdrückt werden können, ist festzulegen, welche

- Störungen von der Geräteseite und welche
- Störungen von der Netzseite

zu erwarten sind. Letzteres kann in den seltensten Fällen vorhergesagt werden (der Entwickler weiß ja nicht, in welcher Umgebung das Gerät eingesetzt wird). Darüber hinaus wird die Filtergröße auch durch die Stromaufnahme und durch die Betriebsspannung bestimmt.

D.2.1.2
Dreiphasen Netzfilter

Speziell in der Antriebstechnik von Maschinen und Anlagen ist es notwendig, eine entsprechende *Filterbaugruppe* zwischen Netz und Verbraucher zu schalten. Der Grund hierfür sind die steilen *Schaltflanken*, die bei der *Umrichtung* der Dreiphasennetzspannung in eine in *Frequenz* und *Amplitude* gesteuerte (variable) Dreiphasen-Motorspannung entstehen. Koppelkapazitäten im Motor und den Anschaltbaugruppen sorgen darüber hinaus für eine unsymetrische Verzerrung und somit für Leck- oder Ausgleichsströme.

Der Aufbau eines solchen Filters hat somit zwei Aufgaben:

- die Unterdrückung störender Einstreupulse (Transienten) und
- die zumindest teilweise Rückführung der Schutzleiterströme.

Bild D-37 zeigt einen einfachen Aufbau eines solchen Filters. Die Längsdrosseln sind auf einen *gemeinsamen Kern* gewickelt, so daß die stromkompensierende Wirkung bei asymmetrischen Störungen gegeben ist. Bild D-38 zeigt den zugehörigen Verlauf der Einfügedämpfung.

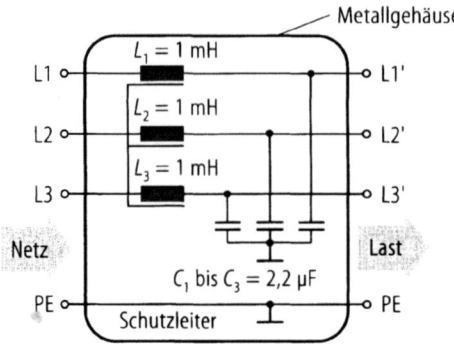

Bild D-37. Einfaches Dreiphasen Netzfilter

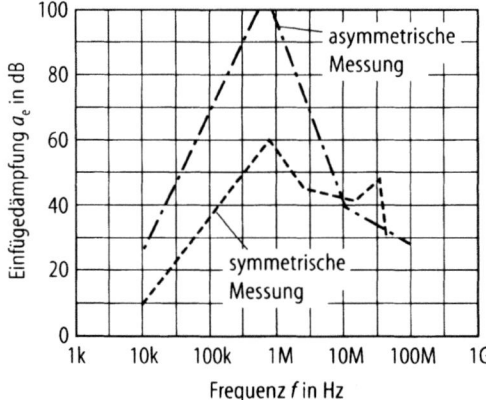

Bild D-38. Einfügedämpfung eines Netzfilters als Funktion der Frequenz

In der Ansteuerung von Drehstrommotoren kommen spezielle *Sinusfilter* zum Einsatz. Sinusfilter sind ebenfalls Drehstromnetzfilter und haben die Aufgabe, die von Umrichtern erzeugten hochfrequenten Störimpulse zu unterdrücken und so die gewünschte Sinusform auf der Lastseite ohne Störungen zu erzeugen. Dabei sind bei der Dimensionierung des Filters zwei Punkte zu beachten:

- Der Spannungsabfall über dem Filter soll möglichst gering sein, um ein Absinken der Motorspannung zu vermeiden. Dies hat zur Folge, daß die Induktivitäten möglichst gering sein sollten. Um dennoch entsprechende Filter aufbauen zu können, muß die Kapazität entsprechend erhöht werden.
- Die Ummagnetisierungsverluste aufgrund des höheren Stromrippels hat eine entsprechende Filtererwärmung zur Folge.

Mit einem optimierten Sinusfilter sind auf der Grundschwingung nahezu keine Stromspitzen mehr zu erkennen. Der Oberwellenanteil ist sehr gering, so daß der angeschlossene Motor durch steile Flanken nicht mehr belastet wird. Den Aufbau eines Sinusfilters zeigt Bild D-39. Es ist zu erkennen, daß eine ganze Reihe von Kapazitäten eingebaut werden mußten, um einen niedrigen Spannungsabfall zu gewährleisten (s.o.). Die Dämpfungskurve ist ebenfalls in Bild D-39 aufgezeigt.

Tiefergehende Ergänzungen zum Thema EMV und Filter sind im Abschnitt H zu finden.

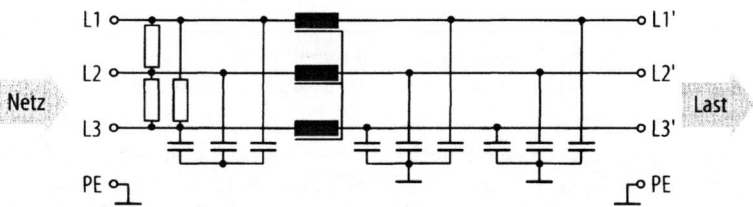

a 3-Phasen Sinusfilter

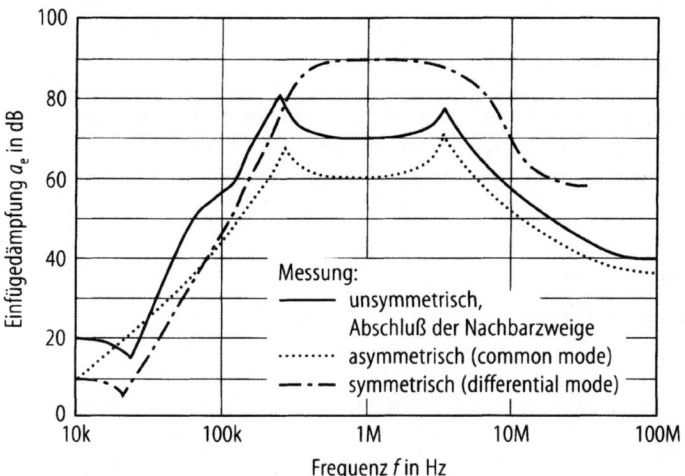

b Einfügedämpfung

Bild D-39. Aufbau und Dämpfung eines Sinusfilters. (Quelle: Siemens)

D.2.2
Aktorsteuerung

Im Maschinen- und Anlagenbereich sind eine Vielzahl von verschiedenen Aktoren eingesetzt und anzusteuern. Dafür sind vor allem die *Kleinleistungs-Halbleiterbauelemente* besonders geeignet, da sie eine Reihe von Funktionen auf dem Silicium-Chip vereinen, wie bereits in Abschnitt D.1.2.3 ausgeführt wurde. Unter *Aktoren* versteht man

- *Anzeigen* (z. B. Leuchtmelder, optische Melder),
- magnetische *Ventile* (z. B. Hydraulik-, Wasser-, Pneumatik-Ventile),
- *Verriegelungen* (z. B. elektromagnetische Schutzeinrichtungen) und
- *Stellmotoren.*

Dementsprechend müssen *Aktorsteuerungen* in der Lage sein, unterschiedliche Lasten zu treiben:

- ohmsche Lasten,
- induktive Lasten,
- kapazitive Lasten und
- alle möglichen Kombinationen.

Die Anforderungen an die Bauelemente sind daher:

• Spannungsfestigkeit (Störungsspitzen bei induktiven Lasten),
• hohe Einschaltstrombelastung (kapazitiver Kurzschluß beim Einschalten),
• thermische Belastbarkeit.

Darüber hinaus müssen heute Aktorsteuerungen auch den *EMV Richtlinien* entsprechen und konform mit den zulässigen abzustrahlenden Werten sein. Dies beinhaltet auch die Unempfindlichkeit gegen Störstrahlung von außen. Im nachfolgenden sollen nun einige Aktoransteuerungen beschrieben werden.

D.2.2.1
Aktoransteuerung mit einem einfachen Leistungstransistor

Die einfachste Art einen Aktor anzusteuern, ist mit einem einzelnen Leistungstransistor. Sie gibt es als *Kleinleistungstransistoren* von einigen Watt Nennleistung bis zu *Hochstromschalter* mit Schaltströmen von 300 A und mehr (Abschn. D.1.2). Dabei kann die Last entweder

• gegen 0 V (Bezugspotential) oder
• gegen die Versorgungsspannung

geschaltet werden. Abhängig davon, spricht man von einem

• High-Side Schalter,

wenn das Schaltelement direkt an der Versorgungsspannung liegt, oder von einem

• Low-Side Schalter,

wenn das aktive Element die Last gegen die Bezugsmasse (Null) schaltet.
Diesen elementaren Unterschied verdeutlicht Bild D-40. In beiden Fällen muß der Transistor in der Lage sein, den durch die Last fließenden Strom zu schalten.

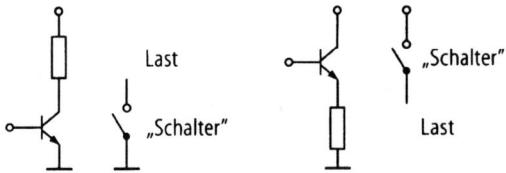

a Low-Side Schalter   **b** High-Side Schalter

Bild D-40. High-Side und Low-Side Schalter

Beispiel
D.2-1. In einer Verpackungsmaschine werden die vorgestanzten Kartonagen durch pneumatische Zylinder zu einer Schachtel gefaltet. Der Faltvorgang wird von einer speicherprogrammierbaren Steuerung gesteuert, die mit ihren Ausgängen die pneumatischen Ventile schaltet. Um die Verkabelung zu vereinfachen, wird die eine Seite der Ventile miteinander verbunden und auf 0 V (Masse) gelegt.
Der Projektplaner soll nun festlegen, welche Art von Ausgangstreibern notwendig ist und ob gegebenen Falls ein Mischbetrieb möglich ist.

Lösung: Da alle Ventile mit einer Seite auf 0 V Potential festgelegt sind, darf die SPS nur Ausgänge mit „High-Side"-Schaltern ansteuern. Dadurch wird bei aktivem Ausgang (Schalter geschlossen) die nicht festgelegte Seite des Ventils mit 24 V beaufschlagt, wodurch es anzieht. Ein Low-Side-Schalter ist nicht in der Lage die Ventile an 24 V zu schalten.

Ein Mischbetrieb ist aus obigem Grund nicht möglich.

D.2.2.2
Aktoransteuerung mit Smart Power ICs

Die Aktorsteuerung durch ein *Smart Power IC* unterscheidet sich nur unwesentlich von High-Side oder Low-Side Ankopplungen. Sie ist heute die meist genutzte Möglichkeit, Verbraucher direkt durch die Steuerung anzusteuern. Vorteile sind

- integrierte Stromüberwachung,
- Temperaturüberwachung und
- Statusrückmeldungen.

Die Beschaltung dieser Bausteine kann daher wesentlich einfacher ausfallen, da externe Schutzkomponenten (z.B. Schutzdioden gegen Überspannung) entfallen. Bild D-41 zeigt typische Anwendungen.

Das Abschaltverhalten der Aktoransteuerung wird von den unterschiedlichen Herstellern verschiedenartig realisiert. In sicherheitskritischen Anwendungen werden Ausgangsschaltungen verwendet, die auch nach Beseitigung des Fehlers (z.B. Kurzschluß, Kabelbruch) abgeschaltet bleiben. Diese *Memory-Funktion* wird durch das Abschalten und Wiedereinschalten der Versorgungsspannung zurückgesetzt. In diesem Fall spricht man auch von einer *gerasteten Abschaltung*. Dies schützt Geräte und Personen vor defekten Ausgängen bei Beseitigung des Fehlers. Ein *Rücklesekanal* des Bausteins erlaubt der steuernden Elektronik, den Status zu erfassen und den Zustand der Diagnose zuzuführen.

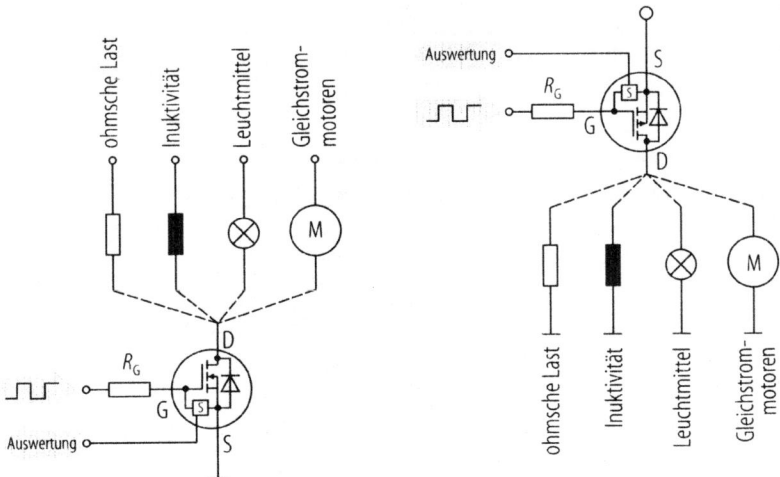

Low-Side Schalter Anwendungen   High-Side Schalter Anwendungen

Bild D-41. Übersicht über verschiedene Anwendungen

D.2.2.3
Pulsweitenmodulation (PWM) für quasianaloge Ausgänge

Eine weitere Anwendung der Kleinleistungsausgänge ist die *quasianaloge* Ansteuerung von Aktoren, wie Ventile. Dabei wird mit Hilfe eines *digitalen Signals* dem Aktor ein analoges Verhalten aufgezwungen. Da es sich dabei nicht um ein echtes analoges Signal handelt, spricht man von einer *quasianalogen Ansteuerung*.

Der Steuerausgang, der nur die Zustände „ein" und „aus" kennt (ähnlich wie ein Lichtschalter), wird dazu gepulst. Die *Pulswiederholzeit* t_w ist dabei konstant (t_w; W = Weite, engl.: width). Nicht jedoch das *Puls-Pausen-Verhältnis*. Es wird in Abhängigkeit des auszugebenden analogen Wertes gesteuert. Dabei unterscheidet man die

- Pulspause, t_{aus} oder t_{low} und
- Pulsbreite, t_{ein} oder t_{high}.

In Bild D-42 sind beispielhaft einige Puls-Pausen-Verhältnisse und deren analoges Verhältnis aufgezeigt. Der analoge Wert entspricht dabei dem Integral über der Fläche innerhalb des Zeitintervalls t_w. Normiert man die maximale Ausgangsspannung auf 100 %, so erhält man für die quasianaloge Ausgangsspannung folgende einfache Beziehung:

$$U_A = \frac{t_{ein}}{t_W} 100\% . \qquad (D\text{-}19)$$

Für $t_{ein} = 0$, wird die Ausgangsspannung U_A ebenfalls zu null und für $t_{ein} = t_W$ erreicht sie ihren maximalen Wert.

Werden alle möglichen Puls-Pausen-Verhältnisse aufgetragen, so erhält man die *analoge Steuerkennlinie* in Bild D-43. Die Abstufung der einzelnen Werte ist dabei von der Auflösung des digitalen Signals abhängig. Für ∞-viele Stufen erhält man schließlich eine Gerade.

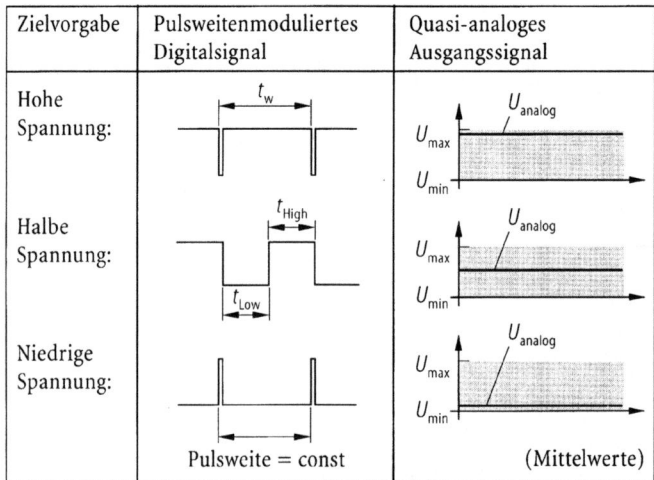

Bild D-42. Quasianaloger Ausgang durch Pulsweitenmodulation

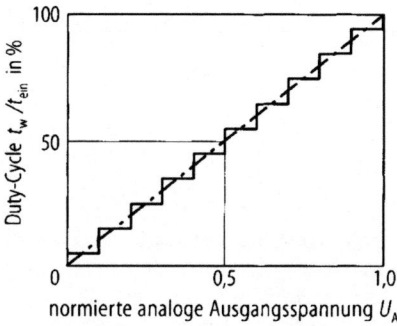

normierte analoge Ausgangsspannung U_A

—— Spannungsverlauf für eine 10-stufige Einstellung

— · — idealer Spannungsverlauf für unendlich viele Stützpunkte

Bild D-43. Steuerkennlinie eines PWM-Ausgangs

Die *Integration* findet bei der Aktorsteuerung durch die *Trägheit* des Aktors statt. Ventile beispielsweise können nicht so schnell anziehen und wieder abfallen, wie sie durch die Aktorsteuerung angesteuert werden. Entscheidend hierfür ist, daß die Pulsfolge $1/t_W$ wesentlich größer als die maximale Schaltfrequenz f_{max} der Aktoren ist.

$$\frac{1}{t_W} \gg f_{max}. \tag{D-20}$$

Der Schieber bleibt so in einer vom Puls-Pausen-Verhältnis abhängigen Zwischenlage stehen. So können Durchfluß oder Druck der Steuerung eingestellt werden.

❗ Hinweis: Die strikt lineare Beziehung in Gleichung (D-19) wird in der Praxis durch eine Reihe von Einflußfaktoren stark verzerrt. So ist beispielsweise die Kraft zur Bewegung eines Ventilschiebers nicht linear. Sie ist maßgeblich von der Gegenkraft abhängig, die in der Regel von einer Feder gebildet wird. Auch die Fläche, die durch den Schieber freigegeben wird, steht in einem quadratischen Zusammenhang mit dem Weg. Darüber hinaus wirken hohe zu schaltende Drücke der Steuerkraft entgegen. Halbe Ausgangsspannung U_A bedeutet daher nicht, daß die Durchflußmenge oder der Druck ebenfalls die Hälfte seines nominalen Wertes beträgt. Daher geben die Hersteller der einzelnen Aktoren entsprechende Kennlinien an, die den Zusammenhang von Steuerspannung und Durchfluß aufzeigen. Diese können dann beispielsweise in einem Datenfeld der Steuerung abgelegt werden.

Beispiel
D.2-2: Während eines Arbeitsvorgangs in einem Bearbeitungszentrum muß der Wasserdruck in mehreren Stufen geregelt werden. Der Maximaldruck beträgt dabei 20 bar. Folgende Druckstufen sollen realisiert werden:

- 5 bar während des Bearbeitungsvorgangs,
- 10 bar zur Werkzeugreinigung,
- maximaler Druck für die Werkstückreinigung (freispülen der Bohrungen) und
- kein Kühlmittelfluß während des Werkstückwechsels.

Setzt man einen linearen Zusammenhang zwischen dem Druck und dem Puls-Pausenverhältnis voraus, so erhält man für die Pulsweitenmodulation die Faktoren

$u_A = 0, 0.25, 9.5$ und 1. Bei einem Grundtakt von 1 kHz ergeben sich folgende Ein- und Ausschaltzeiten:

u_A	$t_{EIN}(\mu s)$	$t_{AUS}(\mu s)$
0	0	1000
0.25	250	750
0.5	500	500
1	1000	0

D.2-3: Ein Hydraulikzylinder für 360 bar soll die Werte 0, halber Druck und offen einnehmen. Für die drei Druckstufen ist das PWM-Verhältnis zu ermitteln.

Da hier eine nicht lineare Funktion vorliegt, muß an Hand des vom Hersteller mitgelieferten Diagramms das Puls-Pausenverhältnis festgelegt werden. Für die Endwerte 0 und maximaler Druck erübrigt sich eine Kennlinienauswertung. Die Betriebsspannung für den halben Druck von 180 bar ist aus der Kennlinie in Bild D-44 zu entnehmen und ergibt sich zu 15 V.

Das Tastverhältnis u_A ermittelt sich nun zu $u_A = 15\ V/24\ V = 0,625$. Setzt man einen Grundtakt von 1 kHz voraus, so ergeben sich folgende Pulszeiten: $t_{EIN} = 625\ \mu s$, $t_{AUS} = 375\ \mu s$, $t_W = 1000\ \mu s$.

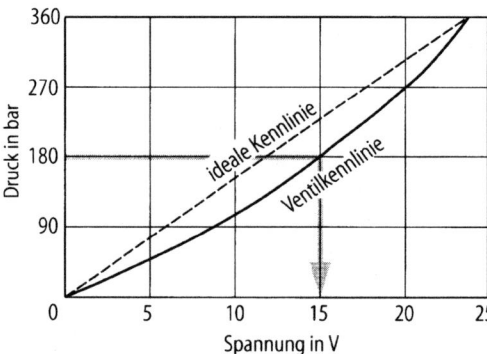

Bild D-44. Nichtlineare Ventilkennlinie

Dither

Für die Steuerung mit Hilfe von Proportionalventilen ist es wichtig, daß der Ventilschieber einen möglichst gleichmäßigen und ruckfreien Lauf über den gesamten Weg aufweist. Wird ein solches Ventil durch Pulsweitenmodulation in einer Zwischenlage gehalten, kann in Abhängigkeit des zu steuernden Mediums (z. B. Öl, Wasser) der Schieber in seiner Lage „verkleben". Dies äußert sich bei der Ansteuerung des Ventils durch einen erhöhten Strom, um den Schieber aus seiner Lage zu bewegen. Diese Übersteuerung kann bei sehr geringen Druckänderungen störend sein.

Um diesen Effekt zu vermeiden, wird der pulsbreitenmodulierten Steuerspannung eine niederfrequente Wechselspannung überlagert. Diese Wechselspannung führt zu einer Frequenzmodulation, die den Schieber ständig in einer Schwingung mit geringer Amplitude hält. Diese Vibration wird als *Dither* bezeichnet und bei allen gängigen Ventilen angewandt.

Die *Ditherfrequenz* ist so zu wählen, daß sie nicht durch die Massenträgheit des Ventilschiebers aufintegriert und damit gemittelt wird. In der Regel liegt sie zwischen 50 Hz bis 100 Hz.

D.2.3
Brückenschaltungen

In der Leistungselektronik sind heute *Brückenschaltungen* nicht mehr wegzudenken. Von der klassischen *Wheatstone Brücke* abgeleitet, werden die passiven Elemente durch *aktive Elemente*, Schalter, ersetzt. Dies ermöglicht einen definierten und kontrollierten Stromfluß im Querzweig der Brücke. Die *Brückenschaltungstechnik* leitet sich von folgenden Grundschaltungen ab:

- Halbbrücke,
- Vollbrücke und
- Drehstrombrücke.

Bild D-45 zeigt eine Übersicht über die gängigen Brückenschaltungen in der Leistungselektronik. Ebenfalls aufgeführt sind typische Anwendungsbeispiele.

	Halbbrücke	Vollbrücke	Drehstrombrücke
Schaltungs-symbol	S_1, S_2, Last	S_1, S_3, Last, S_2, S_4	L1 L2 L3; S_1, S_3, S_5; S_2, S_4, S_6; Last
Transistor-brücke	T_1, T_2, Last	T_1, T_3, Last, T_2, T_4	L1 L2 L3; T_1, T_3, T_5; T_2, T_4, T_6; Last
Anwendungs-beispiele	Leuchtmelder Ventile Motoren	Gleichstrommotoren	Drehstrommotoren gesteuerte Gleichrichter Netzumrichter

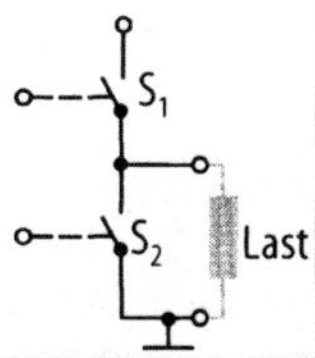

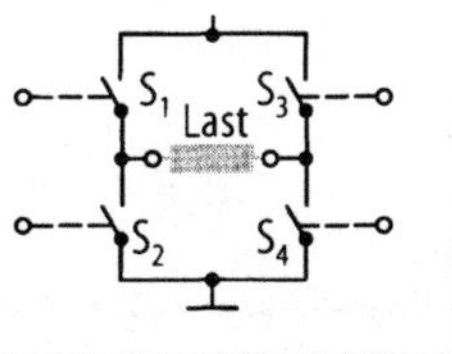

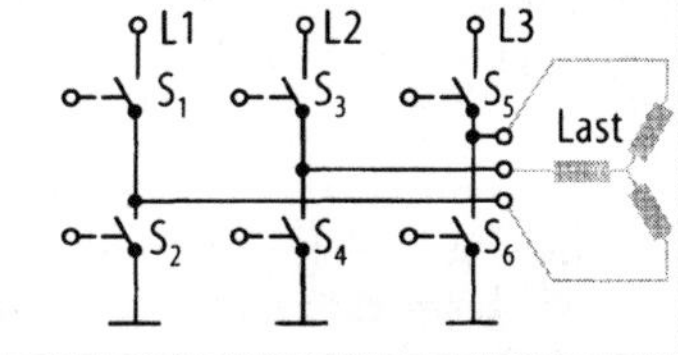

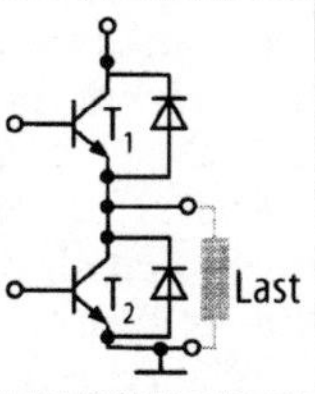

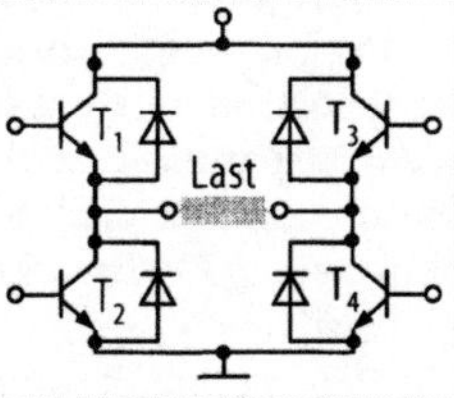

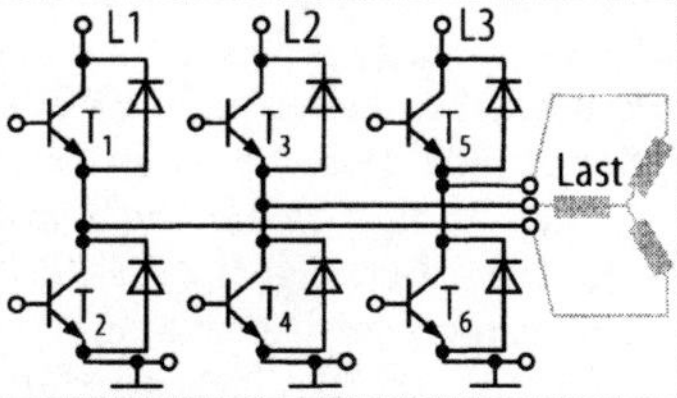

Bild D-45. Übersicht über Brückenschaltungen

D.2.3.1
Halbbrücke

Die Halbbrücke bildet die Basis für alle weiteren Brückenschaltungen, wie sie auch unter D.2.2.2 und D.2.2.3 beschrieben sind. Sie ist gekennzeichnet durch einen aktiven Schaltpfad gegen die positive Versorgungsspannung sowie einen weiteren gegen die negative Versorgungsspannung oder gegen das Null-Potential. Bild D-46 zeigt den typischen Aufbau einer Halbbrücke sowie ein vereinfachtes Schaltbild, das die Funktion mit Hilfe von Schaltern beschreibt.

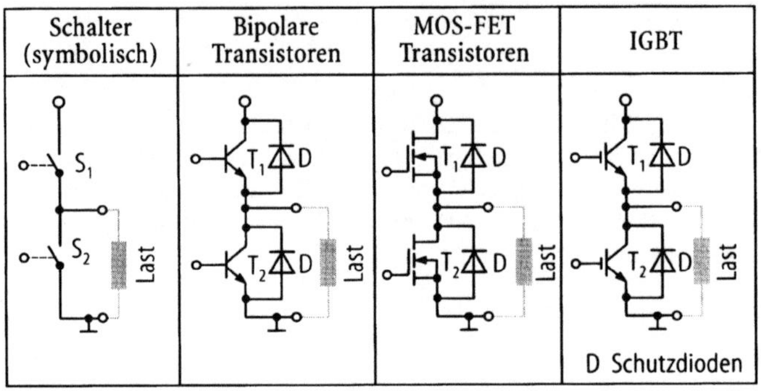

Schalter (symbolisch)	Bipolare Transistoren	MOS-FET Transistoren	IGBT

D Schutzdioden

Bild D-46. Ausführungen der Halbbrücken-Schaltungen

Wie Bild D-46 zeigt, ist die Halbbrücke im wesentlichen unabhängig von der Wahl der Schaltelemente. Typischerweise werden

- FETs,
- bipolare Transistoren,
- Thyristoren oder Triacs und
- IGBTs

eingesetzt (Abschn. D.1.2). Thyristoren werden dabei hauptsächlich in Spannungsumformer eingesetzt (Abschn. D.2.2.4).

Die Entwicklung der Ansteuerung einer Halbbrücke verdient besonderer Aufmerksamkeit und Sorgfalt: Da zu keinem Zeitpunkt *beide* Transistoren leitend sein dürfen, ist der Übergang bei der Ansteuerung des obigen zum unteren Transistors besonders kritisch. Wird dies nicht sorgfältig gelöst, so entsteht für einen kurzen Augenblick ein Kurzschluß zwischen der Versorgungsspannung und 0 V. Darüber hinaus muß die Ansteuerung auch die *Flußzeit* während des Umschaltens beherrschen; d. h., der leitende Transistor benötigt für die *Räumung* seiner *Flußstrecke* mehr Zeit als der nichtleitende Transistor zum Einschalten. Der Transistor T_2 muß daher zeitverzögert zu T_1 eingeschaltet werden. Allerdings darf die Pause (*Totzeit* t_{tot}) zwischen den beiden Schaltphasen nicht so groß werden, daß eine *Unstetigkeit* entsteht. In Bild D-47 ist die Besonderheit der Halbbrückensteuerung nochmals hervorgehoben.

! Hinweis: Die Transistoren T_1 und T_2 stehen hier stellvertretend für alle möglichen Schalter einer Halbbrücke.

D.2.3.2
Vollbrücke

Die *Vollbrücke* oder auch *H-Brücke* ist in Bild D-48 beispielhaft aufgezeigt. Sie besteht im wesentlichen aus *zwei Halbbrücken*, zwischen denen die Last im *Querzweig* angeschlossen ist. Mit dieser Schaltungsanordnung lassen sich an der Last die Spannungsverhältnisse umkehren.

Werden im Bild D-48 die Transistoren T_1 und T_4 leitend geschaltet, liegt am Verbraucher die Plusspannung am Klemmenpunkt 1 und die Minusspannung oder Nullspannung am Klemmenpunkt 2 an. Es kommt zum Stromfluß nach Bild D-49a. Werden die Transistoren T_1 und T_4 abgeschaltet und an deren Stelle die Transistoren T_2 und T_3 in

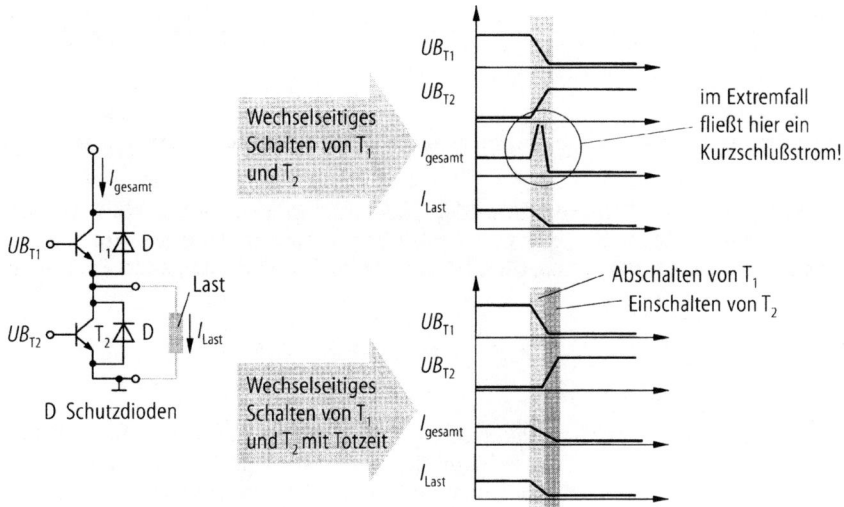

Bild D-47. Ansteuerung einer Halbbrücken-Schaltung

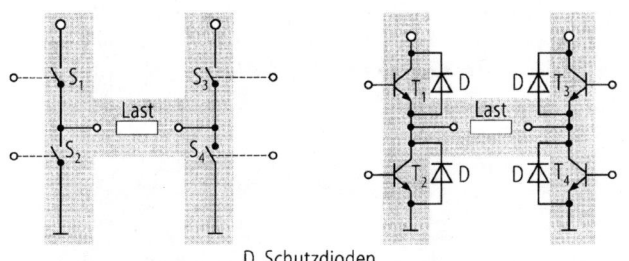

a Darstellung mit Schaltern (symbolisch)

b Darstellung mit bipolaren Transistoren

Bild D-48. Prinzipieller Aufbau der Vollbrücken-Schaltung

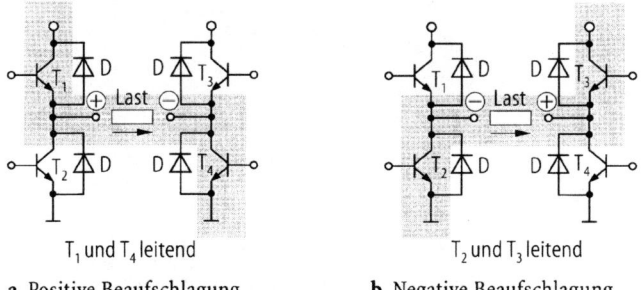

a Positive Beaufschlagung der Last

b Negative Beaufschlagung der Last

Bild D-49. Umpolung einer Last mit Hilfe der H-Brücke

den leitenden Zustand versetzt, ändert sich die Polarität am Verbraucher: Jetzt liegt der Klemmenpunkt 1 auf Nullpotential und Punkt 2 ist positiv angeschlossen (Bild D-49 b). Zusammenfassend kann man sagen:

Mit Hilfe der H-Brücke kann die Polarität am Verbraucher umgekehrt werden.

Die H-Brücke wird zur Steuerung von Gleichstrommotoren eingesetzt. Wird sie wechselseitig betrieben, läßt sich so eine *Quasianaloge Steuerung* des Verbrauchers in beiden Richtungen erzeugen. Für einen Gleichstrommotor sind dabei folgende Funktionen möglich (vereinfacht).

• Drehzahlsteuerung „rechts",
• Stillstand und
• Drehzahlsteuerung „links".

Bild D-50 zeigt die drei Phasen *Linksdrehung, Stillstand* und *Rechtsdrehung* in Abhängigkeit eines angenommenen Tastverhältnisses. Bei einem Puls-Pausen-Verhältnis von 1:1 ist der mittlere Strom null, was einem Stillstand entspricht (Bild D-50, mitte). Verändert man das Tastverhältnis, so erhält man entweder eine Linksdrehung oder eine Rechtsdrehung.

Obwohl es sich um eine digitale Ansteuerung handelt (die Transistoren werden immer direkt in den leitenden Zustand geschaltet), entsteht *analoges Verhalten* am Verbraucher. Bei Motorsteuerungen ist dies einfach durch die *Massenträgheit des Rotors* zu erklären, die einen *integrierenden* Charakter auf das Drehzahlprofil hat.

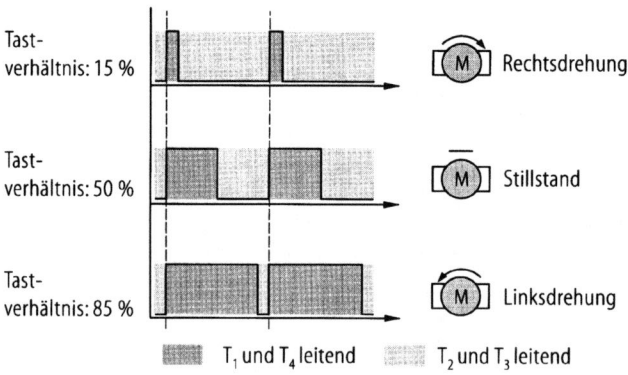

Tastverhältnis: 15 %   Rechtsdrehung

Tastverhältnis: 50 %   Stillstand

Tastverhältnis: 85 %   Linksdrehung

▨ T_1 und T_4 leitend   ▨ T_2 und T_3 leitend

Bild D-50. Drehrichtungssteuerung mit einer H-Brücke

D.2.3.3
Drehstrombrücke

Die Drehstrombrücke besteht aus *drei Halbbrücken* und wird in Verbindung mit Drehstromverbraucher eingesetzt. Dabei unterscheidet man zwei Anwendungsgebiete:

• Netzgleichrichtung und
• gesteuerte Gleichspannungsumrichtung.

Ersteres unterscheidet man weiter in

- einfache, ungesteuerte Gleichrichter und
- gesteuerte Netzgleichrichtung.

Die einfache Netzgleichrichtung erzeugt mit Hilfe eines *Drehstromgleichrichters* eine Gleichspannung. Da Netzspannung und gleichgerichtete Wechselspannung in ihren Eigenschaften (Frequenz und Spannung) konstant sind, können mit der so erzeugten Gleichspannung nur eingeschränkt Lasten betrieben werden. Wird der Drehstrombrückengleichrichter hingegen gesteuert, indem die Gleichrichterelemente durch Schalter ersetzt werden, kann die entstehende Gleichspannung der Last angepaßt werden. In Bild D-51 sind vereinfacht beide Verfahren gegenübergestellt.

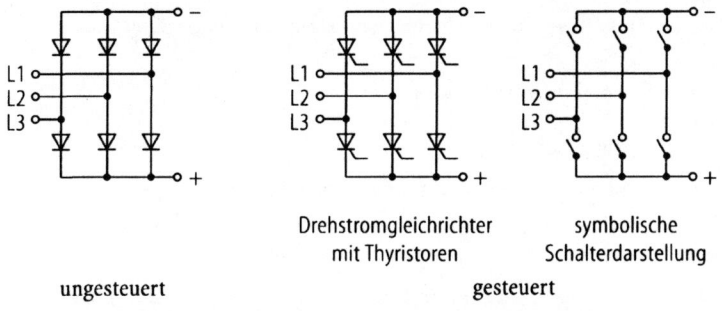

Drehstromgleichrichter
mit Thyristoren

symbolische
Schalterdarstellung

ungesteuert   gesteuert

Bild D-51. Gesteuerte und nicht gesteuerte Drehstromgleichrichter

Als Schaltelemente werden, wie in Bild D-51 bereits angedeutet, hauptsächlich *Thyristoren* eingesetzt. Sie haben den Vorteil, daß sie nach dem Zünden *leitend* bleiben, bis der nächste *Nulldurchgang* erfolgt. Wird dieser Spannungspunkt durchschritten, löscht sich der Thyristor selbst. Dies vereinfacht die Ansteuerung, da die Anforderungen an die Zündimpulsesteuerung geringer sind.

Gesteuerte Netzgleichrichter sind oft Bestandteil von Netzumrichtern, die eine frei definierbare 3-Phasen-Wechselspannung zur Verfügung stellen. Im nachfolgenden Abschnitt D.2.2.4 wird darauf nähers eingegangen.

D.2.3.4
Stromumrichter

Stromumrichter ist der Überbegriff für die Umsetzung einer *starren* Netzspannung in eine *steuerbare* Wechselspannung zum gezielten Betrieb von (meist) Drehstromverbrauchern. Stromumrichter bestehen aus drei wesentlichen Teilen:

- dem Netzgleichrichter,
- dem Zwischenkreis und
- dem Wechselrichter.

Darüber hinaus ist allen drei Teilen ein Steuer- und Regelteil überlagert, der entsprechend den Anforderungen auf der Lastseite sowie externer Vorgaben (z.B. Drehzahl), die einzelnen Baugruppen ansteuert und überwacht. Bild D-52 zeigt den typischen Aufbau eines Stromumrichters. Kernstück ist der Zwischenkreis, der aus einer konstanten Netzspannung erzeugt wird. Die Gleichspannung wird durch einen Kondensator geglät-

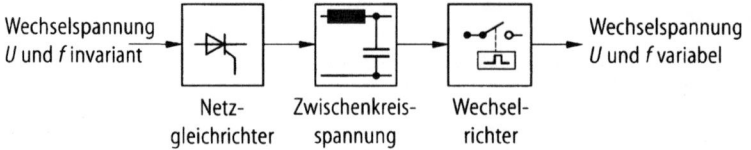

Bild D-52. Grundstruktur eines Netzumrichters

tet, der als Energiespeicher arbeitet. Aus dieser Gleichspannung wird dann mit Hilfe des Wechselrichters wieder eine variable Wechselspannung erzeugt. Dabei ist es zunächst unerheblich, ob die umzurichtende Wechselspannung ein Einphasen- oder Dreiphasennetz (Drehstromnetz) ist.

Am Beispiel eines Drehstromnetzumrichters soll obiger Aufbau nähers untersucht werden. Er besteht aus

- gesteuerten Drehstromgleichrichterbrücke,
- dem Zwischenkreis und
- einem gesteuerten Wechselrichter.

Ein Stromumrichter hat im wesentlichen folgende Aufgaben:

- Umsetzung der starren Netzspannung in eine *variable Spannung*,
- Erzeugung eines *frequenzgesteuerten* (variablen) Dreiphasennetzes.

In Bild D-53 sind die einzelnen Baugruppen beispielhaft herausgezeichnet. Der überlagerte Steuer- und Regelkreis erfaßt dabei

- den Maschinenstrom-Istwert,
- die Zwischenkreisspannung und
- den Netzstrom-Istwert.

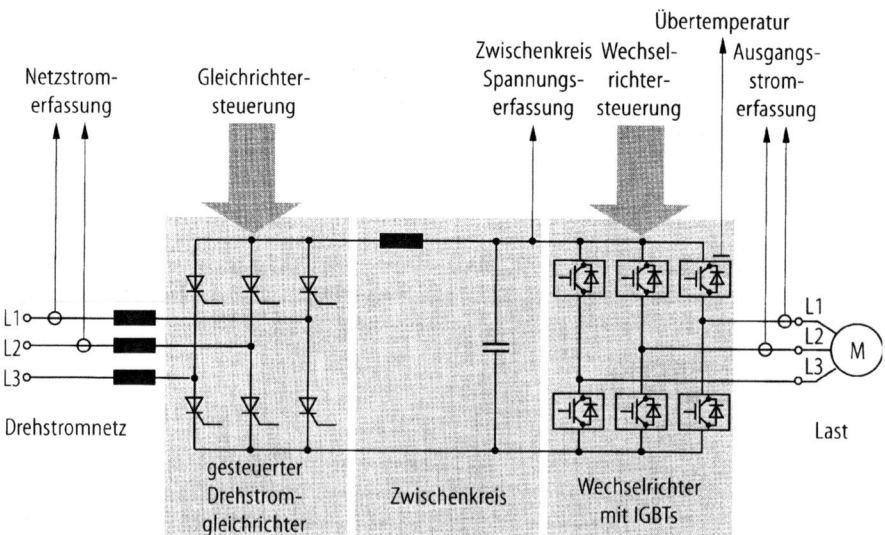

Bild D-53. Drehstromnetzumrichter

Darüber hinaus werden auch noch eine Reihe von Grenzwerten überwacht, wie beispielsweise

- die Zwischenkreisüberspannung,
- Übertemperatur der Leistungstransistoren und
- Ausfall einer Phase.

Aus den rückgeführten Daten läßt sich so eine effektive Steuerung des Netzumrichters realisieren. Darüber hinaus sind diese Werte auch für die Drehzahlregelung eines angeschlossenen Motors wichtig.

Stromumrichter werden meist im Zusammenhang mit einer komplexen Regelung in der Maschine eingesetzt. Dabei werden folgende Regelverfahren verwirklicht:

- Frequenzregelung,
- Drehzahlregelung und
- Momentenregelung.

Während Drehzahl- und Momentenregelung auf zusätzliche Geber angewiesen sind, die beispielsweise direkt am Motor angebracht sind, können zur Frequenzregelung die im Umrichter zur Verfügung stehenden Werte von Spannung und Strom herangezogen werden.

Bild D-54 zeigt einen Stromumrichter der Fa. Siemens. Je genauer geregelt werden soll, desto komplexer werden die dafür notwendigen Prozeßmodule. Die Aufarbeitung der komplexen Regelparameter erfolgt in sehr schnellen Mikroprozessoren, die weniger als 1 ms für einen Rechenzyklus benötigen.

D.2.4
Unterbrechungsfreie Stromversorgungen (USV)

Das Prinzip der *unterbrechungsfreien Stromversorgung* (USV) entspricht in den Grundlagen der Wechselrichtertechnik, wobei die Ansprüche jedoch erheblich einfacher sind (Abschnitt D.2.3). Da in zunehmenden Maße die *Datenverarbeitung* an den Maschinen an Bedeutung gewonnen hat und die *Leitrechnertechnik* im direkten Zusammenhang mit den Maschinen zu sehen ist, werden an dieser Stelle die Grundlagen und Eigenschaften der USV etwas ausführlicher betrachtet.

Die unterbrechungsfreie Stromversorgung (engl. *uninteruptable power supply*, UPS) stellt ein Sonderfall der Wechselrichtertechnik dar. Während ein Netzumrichter eine Ausgangsspannung zur Verfügung stellt, die in *Frequenz* und *Amplitude* dem Verbraucher angepaßt und oft variabel ist, stellt die USV eine Ausgangsspannung zur Verfügung, die *genau der Eingangsspannung entspricht*. Dies bedeutet in den meisten Fällen:

- Eingangsspannung: 220 V, 50 Hz,
- Ausgangsspannung: 220 V, 50 Hz.

Im Bereich der Maschinentechnik finden sich auch Sonderausführungen der USV, die speziell auf den Sensor/Aktor-Einsatz abzielen. Sie sind in der Lage, die dort üblichen 24 V im Falle eines Netzausfalls zu puffern. Die Anwendung der 24 V USV ist eng mit der Sicherheitstechnik verknüpft und kommt überall dort zum Einsatz, wo Positions- und Lagemeldungen auch bei einem Spannungsausfall gemeldet werden müssen und nicht verloren gehen dürfen. Auch Aktoren (z. B. Hydraulikventile, Motorbremsen) werden unter bestimmten Umständen während eines Spannungsausfalls weiter versorgt, bis ein sicherer Zustand der Maschine erreicht ist. Neben möglichen Personenschäden gilt es

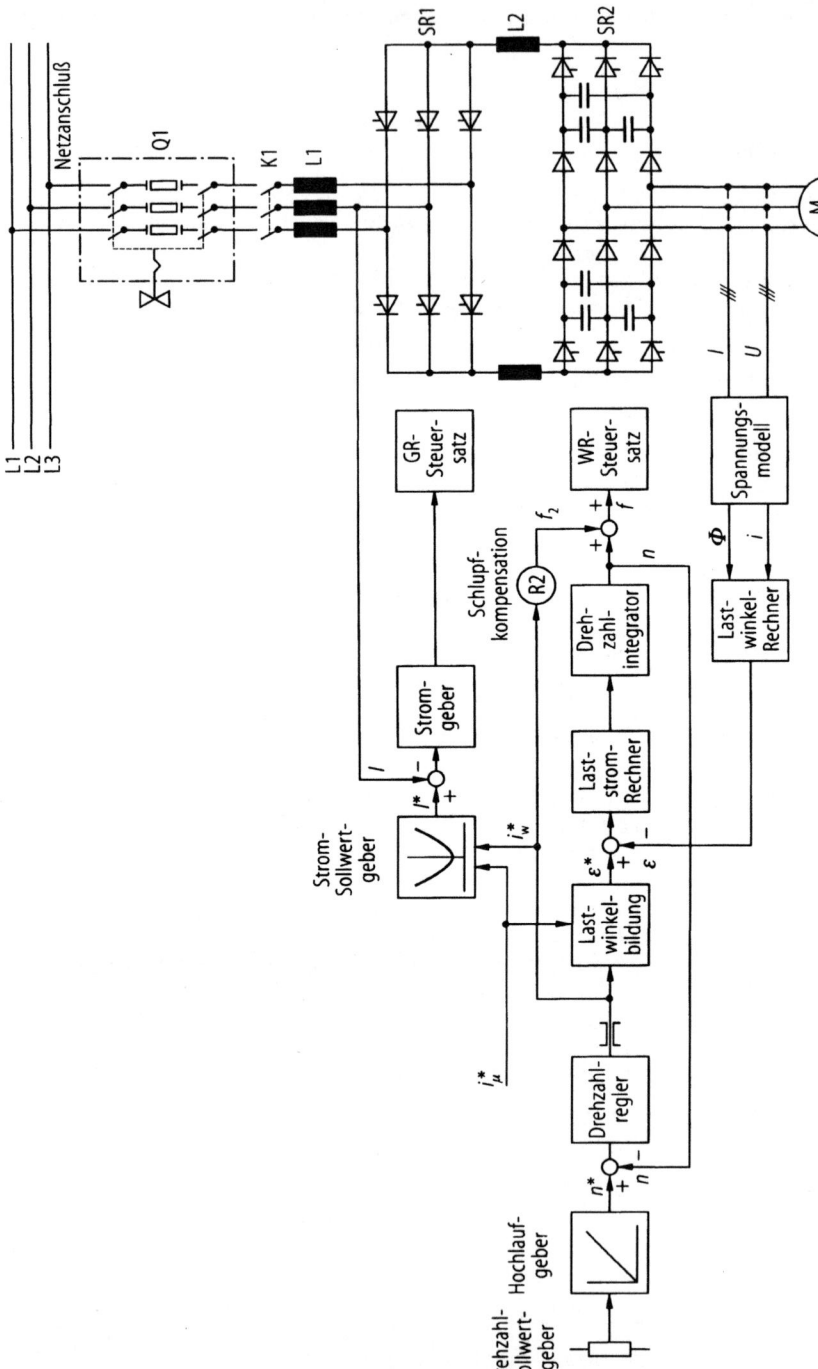

Bild D-54. Stromzwischenkreis-Umrichter mit Frequenzregelung. (Quelle: Siemens)

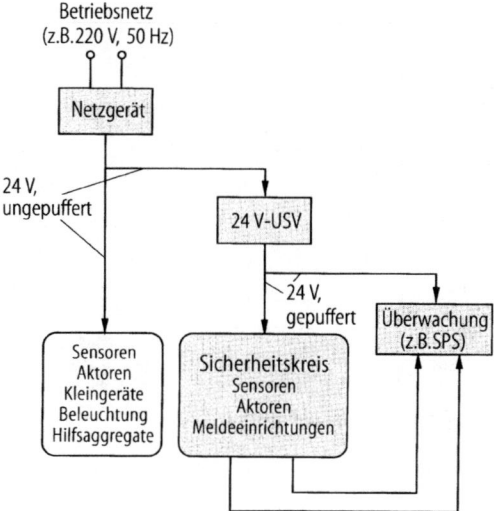

Bild D-55. Einsatz einer 24 V-USV
für Sicherheitskreise

auch wirtschftliche Schäden zu vermeiden. Bild D-55 zeigt den Einsatz einer 24 V-USV
im Maschinenbereich.

Die nachfolgenden Ausführungen beschränken sich auf eine unterbrechungsfreie
Stromversorgung für den Netzbetrieb. Sie sind jedoch im Aufbau und in der Wirkungsweise auf alle anderen USV-Geräte übertragbar.

D.2.4.1
Aufbau der USV

Eine USV wird überall da eingesetzt, wo mit instabilen Netzversorgungen zu rechnen ist.
Sie soll vor allem *Computer* und *Steuerungsrechner* bei Spannungseinbruch vor Datenverlust schützen. Dies ist insbesondere dann wichtig, wenn ein Neuanlauf eines
Betriebssystems durch schadhafte Daten nicht mehr gewährleistet ist. Die Aufgaben
einer USV sind:

• Überbrückung kurzer Netzeinbrüche,
• Signalisierung des Netzausfalls,
• Ausgleich von Netzschwankungen und
• Unterdrückung von Netzstörungen.

Auf die letzten beiden Punkte wird in Abschnitt D.2.4.2 eingegangen.

Analog zum Wechselrichter besteht die USV aus drei Funktionsblöcken:

• Eingangsfilter und Gleichrichtung,
• Zwischenkreis, bestehend aus
  – Laderegler und
  – Akkumulator sowie
• Wechselrichter.

Bild D-56 zeigt die einzelnen Funktionsgruppen in einem Blockschaltbild. Wird die
Zwischenkreisspannung auf dem Niveau der Batteriespannung gehalten (meist 24 V

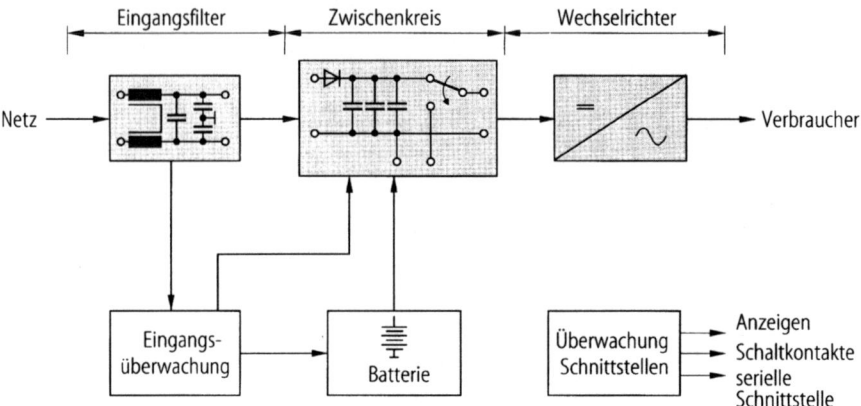

Bild D-56. Blockschaltbild einer unterbrechungsfreien Stromversorgung

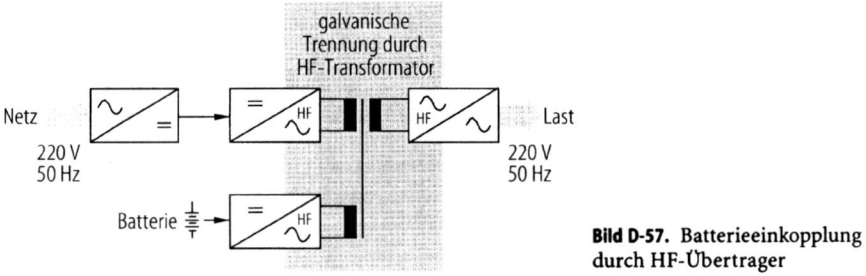

Bild D-57. Batterieeinkopplung durch HF-Übertrager

oder 48 V), so sind enorme Stromstärken für die Umrichtung in die Wechselspannung erforderlich. Aus diesem Grund hat sich neben dem konventionellen Aufbau auch die Ankopplung über einen zusätzlichen Transformator bewährt, der den Batteriekreis erst im Abschaltmoment benötigt. Dies hat den Vorteil, daß während des normalen Betriebs die Energie aus dem gleichgerichteten Zwischenkreis der Netzspannung bezogen werden kann. Bild D-57 verdeutlicht diese Variante.

Unabhängig vom Funktionsprinzip gibt es *drei Betriebsarten* der USV. Diese sind:

• Off-Line USV,
• On-Line USV und
• On-Line USV mit Bypass.

In Bild D-58 sind die drei Prinzipien gegenübergestellt.

Unter *Off-Line USV* (Bild D-58 a) versteht man eine Stromversorgung, die erst nach einem Netzausfall zugeschaltet wird. Dies hat folgende Vorteile:

• keine Zwischenkreisspannung erforderlich,
• niederohmige Netzankopplung und
• kostengünstige Lösung.

Der Einsatz in Rechenanlagen ist allerdings nicht ganz unproblematisch. Als hauptsächlicher Nachteil ist der

• kurze Spannungseinbruch

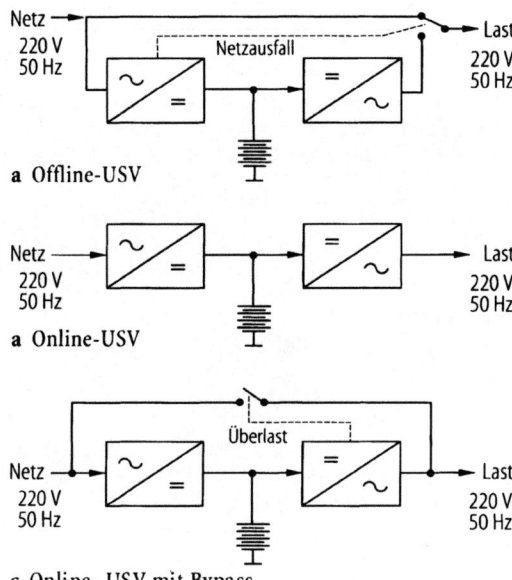

a Offline-USV

a Online-USV

c Online- USV mit Bypass

Bild D-58. Unterschiedliche Anschaltungen unterbrechungsfreier Stromversorgungen

als Folge des Umschaltens zu nennen. Dieser beträgt in Abhängigkeit des eingesetzten Umschaltrelais bis zu einigen 100 ms oder – wie es in der Fachsprache heißt – mehrere *Netzhalbwellen*. Diese Unstetigkeit in der Netzspannung wird in der Regel von den Überwachungseinrichtungen in den Rechnern erkannt und führt zu einer Notabschaltung.

Demgegenüber steht die *On-Line USV*, Bild D-58b. Darunter versteht man eine *echte unterbrechungsfreie* Spannungsversorgung, die permanent aus dem Netz gespeist wird. Der Wechselrichter ist dabei stets aktiv, und die maximale Last richtet sich nach der maximalen Ausgangsleistung der USV. Der große Vorteil ist die

• absolut unterbrechungsfreie Energieversorgung

der angeschlossenen Teilnehmer. Ein eingebauter Mikroprozessor erlaubt darüberhinaus die gezielte Steuerung der angeschlossenen Geräte sowie die Auswertung gespeicherter Daten für Statistiken. Als Nachteil ist

• der höhere Aufwand und
• die begrenzte Leistung

zu nennen. Für Prozeß- oder Leitrechner sowie für Steuerungen im Maschinen- und Anlagenbau sind diese USVs zu bevorzugen.

Die dritte Betriebsart (Bild D-58c) sieht zusätzlich einen *Bypass-Schalter* vor. Damit können *kurzzeitige Überlastungen* abgefangen und dem Verbraucher die notwendige Energie bereitgestellt werden. Eine Überwachung meldet die Überlast im einfachsten Fall durch eine optische Anzeige. Ist dieser Zustand permanent gegeben, kann die USV bei Spannungseinbruch die geforderte Leistung nicht zur Verfügung stellen. Es droht ebenfalls Datenverlust. Der Planer muß in diesem Fall das System neu überdenken.

D.2.4.2
Störunterdrückung durch die USV

Neben dem offensichtlichen Entgegenwirken bei Spannungseinbrüchen, ist der Einsatz einer USV auch bei einer ganzen Reihe weiterer Netzstörungen empfehlenswert. Dabei spielt die Netzumgebung, ob Industrie oder Büro, eine große Rolle. Folgende Störungen können auftreten:

- *Spannungsspitzen,*
- *Transienten* (Schaltstörungen),
- *Spannungsabsenkung* durch Überlast (engl. Brown-Out),
- *Störeinstrahlungen* (RFI, Radio Frequency Interference),
- aufmodulierte *Absenkungen* und *Überspannungen* (engl. Sags and Surges),
- *Frequenzschwankungen,*
- Ausfall eines Teils oder einer ganzen Netzhalbwelle (engl. Drop-Out) und
- Netzausfall.

In Bild D-59 sind die häufigsten Netzstörungen gegenübergestellt. Im Nachfolgenden sollen einige Ursachen und Erklärungen zu den obigen Begriffen diskutiert werden.

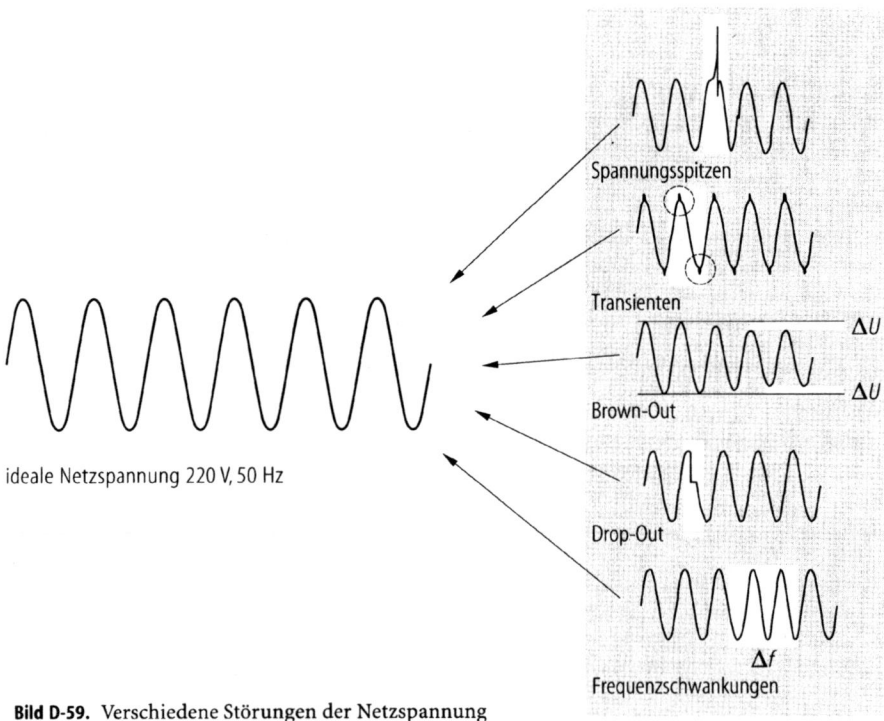

ideale Netzspannung 220 V, 50 Hz

Bild D-59. Verschiedene Störungen der Netzspannung

Spannungsspitzen

Spannungsspitzen sind kurze, einmalige Ereignisse, die sich additiv auf die Netz-spannung auswirken. Ursachen können beispielsweise sein:

- Blitzschlag,
- Abschaltung großer induktiver Verbraucher (z. B. Schmelzöfen) oder
- Netzum- oder zuschaltungen des Energieunternehmens.

Transienten

Bei Transienten handelt es sich um synchrone Störungen, die von Maschinen oder Geräten verursacht werden, die aus demselben Netz gespeist werden. Entsprechend findet man auf jeder Halbwelle eine Störung des Kurvenverlaufs.

Brown-Out

Als Brown-Out wird das Absinken der Netzspannung in folge hoher Last bezeichnet. Dabei erfaßt ein typischer Brown-Out in der Regel einen ganzen Ortschaftsteil und nicht nur die entsprechende Werkhalle.

Frequenzschwankungen

Im öffentlichen Netz treten heute kaum noch Frequenzschwankungen auf. Meist werden diese von eigenen Generatoren verursacht.

Drop-Out

Mit Drop-Out wird ein sehr kurzer Spannungsausfall bezeichnet, der nur für einen Teil der Halbwelle auftritt. Ursächlich hierfür sind meist Umschaltungen im Lei-tungsnetz.

Da die USV die Eingangsspannung gleichrichet und daraus die Ausgangsspannung selbst erzeugt (Generator), können alle obengenannten Netzstörungen beseitigt werden. Dies ermöglicht den Betrieb von Geräten am Industrienetz, die ursprünglich nicht dafür konzipiert worden sind. Beispiele hierfür sind:

- PC (Personal Computer) als Maschinensteuerung,
- Videoüberwachung im Prozeßablauf,
- Datenbanksysteme an Maschinen und
- der Leitrechner in der Montagehalle.

Vergleicht man die Preise industrietauglicher Produkte mit Standard-Produkten, so kann der Einsatz einer USV rentabel sein. Darüber hinaus ist der Markt und damit die Vielfalt im Standardbereich erheblich größer.

Beispiel

D.2-4: In einem Rechenzentrum sollen zwei Großrechner an eine USV angeschlossen werden. Welcher Typ ist dafür am besten geeignet?

Lösung: Der Operator muß eine *Online USV* einsetzen, da nur sie bei Spannungsaus-fall eine lückenlose Versorgung der angeschlossenen Geräte gewährleistet. Für Rech-ner ist dies von extremer Wichtigkeit, da sonst ein Datenverlust droht.

D.2.5
Spannungswandler

In elektrischen Geräten und Anlagen sind eine Vielzahl unterschiedlicher Spannungs-
potentiale notwendig. Während ein Elektromotor eine sehr hohe Spannung benötigt,
sind für den Betrieb von Mikroprozessoren und Ablaufsteuerungen sehr kleine Spannungen notwendig. Die Anpassung an die geforderten Gegebenheiten übernehmen
Spannungswandler.

Spannungswandler sind in unterschiedlichen Ausführungen verfügbar. Die bedeutendsten sind:

● Netztransformatoren,
● Sperrwandler,
● Durchflußwandler,
● Resonanzwandler.

Während der Netztransformator direkt aus der Wechselspannung des Netzes betrieben
werden kann (passiver Wandler), erzeugen die anderen Wandlertypen ihre Wechselspannung selbst. Dazu zerhacken sie die angelegte Gleichspannung und formen sie in
eine Wechselspannung um. Bild D-60 gibt eine Übersicht über die verschiedenen Wandler sowie die notwendigen Baugruppen zum Betrieb. In den nachfolgenden Abschnitten
soll speziell auf die getakteten Stromversorgungen eingegangen werden.

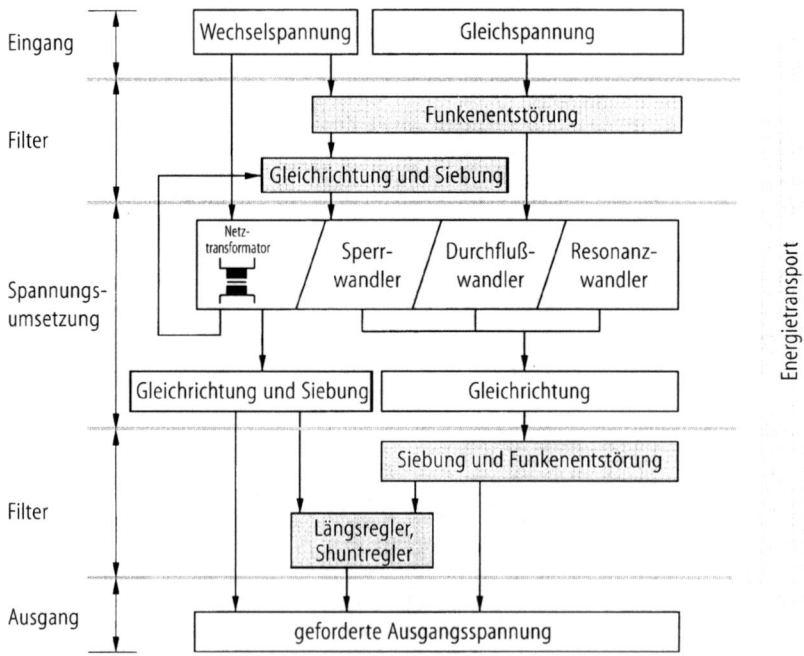

Bild D-60. Verschiedene Ausführungen der Spannungsumsetzung

D.2.5.1
Prinzip der getakteten Stromversorgung

In getakteten Stromversorgungen (gelegentlich auch Schaltregler genannt) wird eine Gleichspannung mit Hilfe von Halbleiterschaltern in eine Wechselspannung umgewandelt. Als Halbleiterschalter finden

- Thyristoren,
- Leistungstransistoren,
- Triacs,
- Power MOSFET und
- IGBTs

Verwendung. Es entsteht eine *getaktete Spannung*, die mit Hilfe eines Energiespeichers, wie Kondensator oder Drossel, aber auch durch einen Transformator in eine andere Spannung umgeformt werden kann. Im letzten Fall spricht man auch von einem *potentialgetrennten Spannungswandler*.

Inzwischen gibt es eine Vielzahl von Wandlerprinzipien, die allesamt auf die speziellen Leistungsbedürfnisse oder Applikationen abgestimmt sind. Man unterscheidet:

- *Tiefsetzsteller* (Abwärtswandler),
- *Hochsetzsteller* (Aufwärtswandler),
- *Eintaktsperrwandler*,
- *Eintaktdurchflußwandler* und
- *Gegentaktwandler*.

Da in diesem Buch nicht alle Wandlertypen ausführlich behandelt werden können, stellt Bild D-61 die Wandlerprinzipien, ihre Einsatzgebiete, ihre Vorteile und deren Kosten in einer Übersicht zusammen.

Die wichtigsten Baugruppen eines vollständigen Wandlers sind in Bild D-62 dargestellt: Über zwei Filter gelangt die Eingangsspannung U_E an den Transformator der Leistungsendstufe, in welcher sie in diesem Beispiel von einem MOSFET zerhackt wird. Die gleichgerichtete und mit nur einer Stufe gefilterte Sekundärspannung wird von einem Regelverstärker mit einer Referenzspannung verglichen. Dem Regelverstärker nachgeschaltet ist ein Optokoppler zur potentialfreien Informationsübertragung auf die Primärseite. Der Phototransistor ist mit einem Pulsbreitenmodulator (PWM) verbunden, der seinerseits die Leistungsendstufen ansteuert. Der Regelkreis ist somit geschlossen.

Eine Hilfsspannung versorgt die Steuerelektronik, die üblicherweise aus der Leistungsendstufe gewonnen wird. Nur während der Einschaltphase oder bei einem Fehler erhält man die Hilfsspannung direkt aus der Eingangsspannung.

D.2.5.1.1
Steuerung durch Pulsbreitenmodulation

Die Steuerung oder Regelung der Ausgangsspannung bei getakteten Wandlern erfolgt durch *Pulsbreitenmodulation*. Dabei wird die Eingangspannung U_E periodisch unterbrochen und mit variabler Pulsbreite wieder eingeschaltet. Die Verwendung von Pulsbreitenmodulation zur Spannungsregelung von Stromversorgungen ermöglicht einen gegenüber Längsreglern (Verlustregler) wesentlich größeren *Wirkungsgrad*. Bei konstanter Ausgangsleistung bleibt auch die Eingangsleistung konstant. Die Eingangskennlinie ist demnach hyperbelförmig, woraus sich ein negativer Eingangswiderstand ergibt. Normalerweise wird die Schaltfrequenz f_s konstant gehalten, das heißt, die Einschaltzeit t_{ein} und die Ausschaltzeit t_{aus} sind variabel. Bild D-63 verdeutlicht die variablen Ein- und

	Drosselwandler (Potentialgebundene Wandler)		Transformatorische Wandler (Potentialfreie Wandler)		
	Tiefsetzsteller	Hochsetzsteller	Sperrwandler	Durchflußwandler	Gegentaktwandler
Kurzbeschreibung	Bei geschlossenem Schalter fließt der Strom durch die Drossel und wird zum Teil in magnetische Energie umgewandelt. Diese wird während der Sperrphase in elektrische Energie zurückgewandelt.	Bei geschlossenem Schalter fließt der Strom durch die Drossel und wird zum Teil in magnetische Energie umgewandelt. Diese wird während der Sperrphase in elektrische Energie zurückgewandelt. Beim Hochsetzsteller liegt diese Spannung in Reihe mit der Eingangsspannung, so daß die Ausgangsspannung um diese Spannung erhöht wird.	Ist der Primärkreis geschlossen, wird im Transformator magnetische Energie gespeichert. Da während dieser Zeit die Diode im Sekundärkreis sperrt, wird keine Energie übertragen. Wird der Schalter geöffnet, wird die Polarität umgekehrt und die gespeicherte Energie kann zum Ausgang übertragen werden.	Hier ist bereits ein Stromfluß während des geschlossenen Schalters möglich. Bei offenem Schalter sperrt D_2 und über D_3 wird der Stromfluß durch die Speicherdrossel ermöglicht. Die dritte Wicklung des Trafos ist zur Abmagnetisierung notwendig.	Während den unterschiedlichen Schaltphasen auf der Primärseite sorgen die beiden Dioden sekundärseitig für den Stromfluß zum Verbraucher. Dabei bleibt der Transformator gleichstromfrei.
Leistungsbereich	bis 200 W	bis 200 W	bis 100 W	bis 200 W	200 W bis 3000 W
Wirkungsgrad	hoch	gut	mittel	mittel	hoch
Anwendungen	Spannungskonstanthalter Nachregelungen	Spannungshochsetzungen Sonderausgangsspannungen	Mehrfachspannungen, z.B. PC-Netzteil, Videorekorder	einfache Netzteile	für hohe Eingangsspannungen und hohe Leistung
Kosten	niedrig	niedrig	niedrig	mittel	hoch

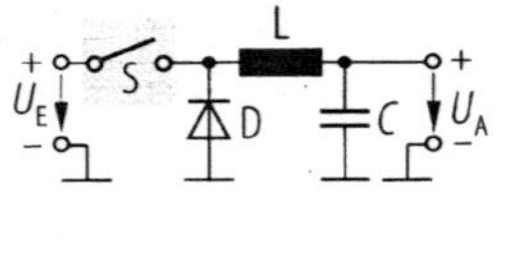

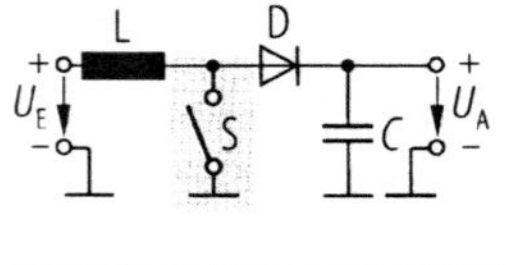

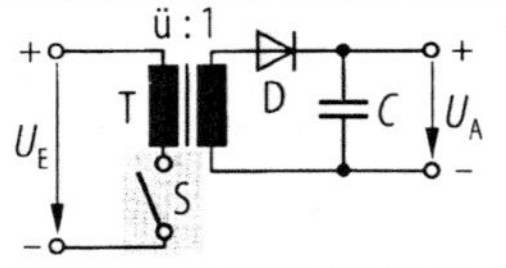

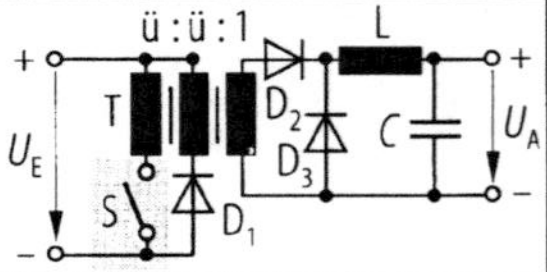

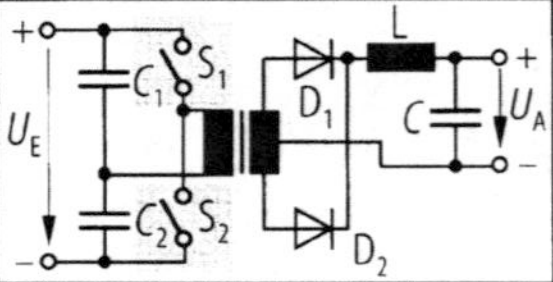

Bild D-61. Übersicht über die wichtigsten getakteten Spannungswandler

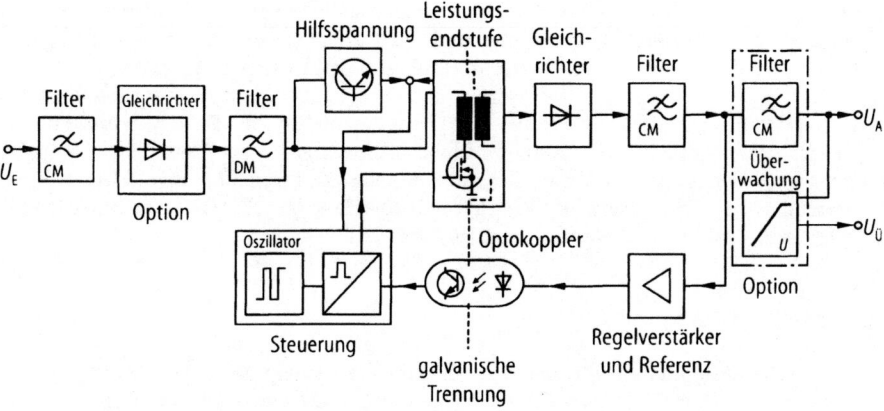

Bild D-62. Blockschaltbild einer pulsbreitengeregelten Stromversorgung

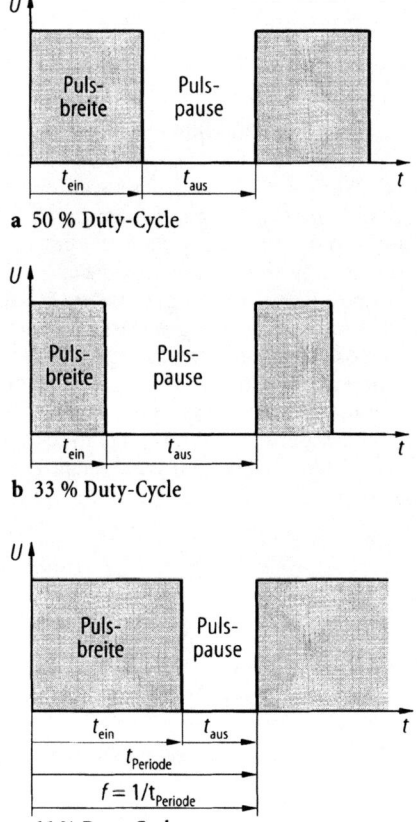

a 50 % Duty-Cycle

b 33 % Duty-Cycle

c 66 % Duty-Cycle

Bild D-63. Pulsbreitenmodulation bei konstanter Schaltfrequenz

Ausschaltzeiten bei konstanter Schaltzfrequenz. Das Verhältnis von Pulsbreite zu Puls-pause wird als *Duty-Cycle* bezeichnet und wird üblicherweise in Prozent angegeben. Weitere Erläuterungen zur Pulsbreitenmodulation finden sich in Abschnitt D.2.2.3.

Meistens wählt man für die Schaltfrequenz f_s eine Frequenz, die deutlich über dem Hörbereich des menschlichen Ohres liegt. Zum Beispiel ist eine Pulsbreitenmodulation mit variabler Frequenz und konstanter Einschaltzeit oder starrer Ausschaltzeit möglich, aber wegen des oft hohen Aufwandes zur Funkentstörung nicht sinnvoll. In der Praxis verwendet man Schaltfrequenzen im Bereich 20 kHz $< f_s <$ 150 kHz, wobei der Bereich 30 kHz $< f_s <$ 50 kHz am häufigsten anzutreffen ist.

D.2.5.2
Durchflußwandler

Die Bezeichnung *Durchflußwandler* beschreibt die prinzipielle Arbeitsweise eines im folgenden nur noch *Flußwandler* genannten Spannungsumsetzer. Bei ihm findet der *Energiefluß* vom Eingang zum Ausgang nur während der *Einschaltzeit* des Schalttran-sistors statt (davon leitet sich auch der Name *Flußwandler* ab, da der Energietransport während des eingeschalteten Transistors erfolgt). Der Flußwandler hat neben seiner Grundform, dem Tiefsetzsteller, zahlreiche Varianten. Aber auch Mischformen, also Kombinationen von Flußwandlern und Sperrwandlern sind bekannt.

D.2.5.2.1
Tiefsetzsteller

Mit *Tiefsetzsteller* bezeichnet man die Grundschaltung des Durchflußwandlers (engl.: *buck converter* oder *step down converter*) wie sie in Bild D-64 aufgezeigt ist. Auch die Bezeichnung *Drosselwandler* findet gelegentlich Verwendung. Der Flußwandler ist dadurch charakterisiert, daß während der Einschaltdauer t_{ein} des Schalttransistors (hier symbolisch durch den Schalter S dargestellt) der Strom i_1 vom Eingang über die Spei-cherdrossel L zum Ausgang des Wandlers fließt. Die während der Einschaltzeit t_{ein} des Schalters S von der Drossel L aufgenommene Energie wird bei wieder geöffnetem Schal-ter t_{aus} über die Freilaufdiode D (engl.: *catch diode*) an den Ausgang des Wandlers abge-geben (hier durch den Strom i_2 dargestellt). Durch das Speichern von Energie während der Einschaltzeit und deren Abgabe bei geöffnetem Schalter S (Sperrphase t_{aus}) bildet die Speicherdrossel mit Hilfe der Freilaufdiode D und des Siebkondensators C_2 den Mittel-wert der zerhackten Eingangsgleichspannung. Die Amplitude der Ausgangsspannung U_A entspricht dem arithemtischen Mittelwert der mit dem Tastverhältnis d (engl.: *duty cycle*) durchgeschalteten Eingangsspannung U_E. Es gilt:

$$U_A = d \, U_E. \hspace{4cm} \text{(D-21)}$$

Das Tastverhältnis d berechnet sich zu

$$d = t_1/T. \hspace{4.5cm} \text{(D-22)}$$

Diese Beziehung gilt nur bei nicht unterbrochenem *Drosselstrom* I_L. Das bedeutet, daß der Drosselstrom I_L auch während der gesamten Sperrphase des Schalttransistors fließen muß (Bild D-64).

Die Schaltfrequenz leitet sich einfach aus der Periodendauer ab und ergibt sich zu:

$$f = 1/T$$
$$f = 1/(t_{ein} + t_{aus}). \hspace{3cm} \text{(D-23)}$$

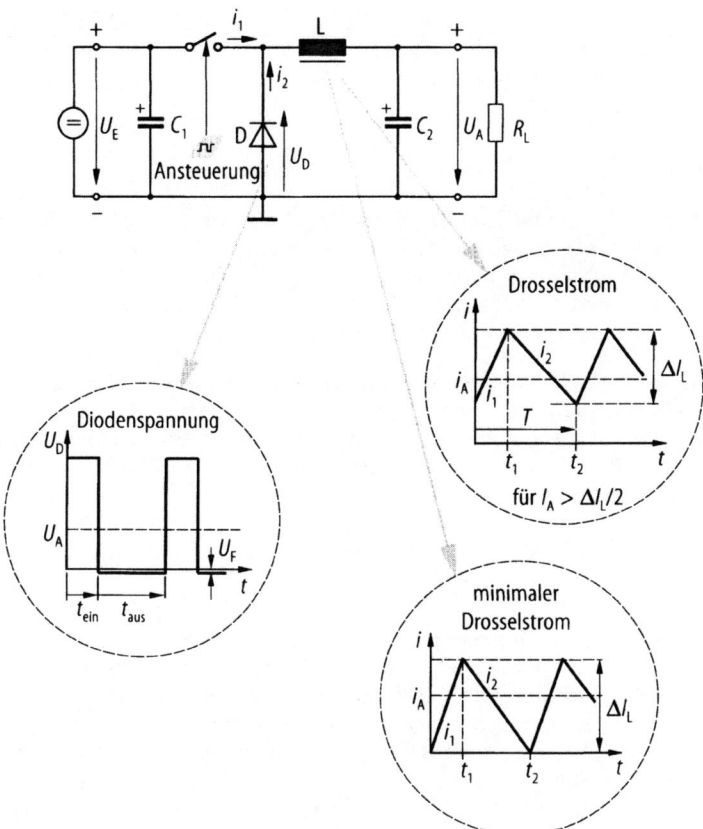

Bild D-64. Betriebsweise des Tiefsetzstellers

Im folgenden wird für die Beschreibung der Grundschaltung von verlustfreien Bauelementen ausgegangen. Dies betrifft im besonderen den Schalter S (z. B. Transistor, MOSFET), die Freilaufdiode D, die Speicherdrossel L und den Speicherkondensator C_2. In der Praxis muß jedoch hier vor allem

- die kapazitive Bürde der Speicherdrossel und
- die Sperrerholzeit der Freilaufdiode

von den Entwicklern berücksichtigt werden.

Kernstück des Tiefsetzsteller ist der Schalter S. Im geschlossenen Zustand fließt der Strom I_1 durch die Speicherdrossel L in den Kondensator C_2 und in die Last R_L. Über der Drossel liegt die *Differenzspannung* zwischen Eingang und Ausgang ($U_E - U_A$). Der Drosselstrom steigt dabei von seinem Minimalwert zum Zeitpunkt t_0 über die Zeit um den Betrag ΔI_L linear an. Dies wird durch folgendes Integral beschrieben:

$$I_L = I_{L\,\text{min}} + \int_0^T \frac{1}{L} U_L \, dt. \tag{D-24}$$

Wird der Schalter S zum Zeitpunkt t_1 geöffnet, so fließt der stetig sinkende Drosselstrom I_2 über die Diode D. Dabei muß der Stromfluß solange aufrecht erhalten werden, bis der Schalter S zum Zeitpunkt t_2 erneut geschlossen wird. Es gilt:

$$\Delta I_L = U_A t_{Aus}/L,$$

$$\Delta I_L = U_A(T - t_{ein})/L. \tag{D-25}$$

Der Drosselstrom durch die Induktivität hat einen dreiecksförmigen oder trapezförmigen Verlauf. Wird der Schalter im selben Moment wieder geschlossen wenn, der Drosselstrom zu null wird, so erhält man einen dreieckförmigen Verlauf mit der Amplitude ΔI_L (Bild D-64). Dieser Strom ΔI_L kennzeichnet den *kleinsten kontinuierlichen Drosselstrom* und damit auch den *minimalen Ausgangsstrom*.

! Hinweis: In diesem Verhalten ist auch die Anschaltung einer Minimallast begründet. Viele Netzteilhersteller geben einen *Mindeststrom* an, ab dem die Spannungsversorgung dem Datenblatt und der Spezifikation entspricht. Ein bekanntes Beispiel sind die Netzteile im Personal Computer (PC). Ohne angeschaltete Last ist ein Betrieb nicht möglich.

Der minimale Ausgangsstrom ergibt sich demnach zu

$$I_{A\,min} = \Delta I_L/2. \tag{D-26}$$

Er wird dann erreicht, wenn der Drosselstrom auf der Nullinie aufsetzt. Dies wird auch als die *Lückgrenze* der Drossel bezeichnet. In diesem Punkt kann keine Energie mehr übertragen werden. Der rückführende Regelkreis versucht dies auszugleichen, was einen Anstieg der Ausgangsspannung zur Folge hat. Die Verwendung einer Grundlast ist hier also zwingend vorgeschrieben, da sonst die Zerstörung nachgeschalteter Baugruppen durch Überspannung droht.

D.2.5.2.2
Eintakt-Flußwandler

Eine der häufigsten Varianten des Tiefsetzstellers ist der Eintakt-Flußwandler. Sein augenfälliges Merkmal ist die Verwendung eines *Transformators*, der

- die Energiespeicherung übernimmt und
- für die galvanische Trennung

von Primärkreis und Sekundärkreis sorgt. In Bild D-65 ist der prinzipielle Aufbau eines Eintakt-Flußwandlers mit galvanischer Trennung aufgezeigt. An die Stelle des Schalters S beim Tiefsetzsteller in Bild D-64 ist die Diode D_2 getreten. Der Schalter selbst liegt nun in Reihe mit der Primärwicklung N_1 des Transformators T. Bei diesem Aufbau spricht man von einem *primär getakteten Schaltregler*.

Der Transformator T bringt dabei folgende Vorteile in die Schaltung ein:

- *galvanische Trennung* beider Stromkreise,
- Realisierung eines optimalen Tastverhältnisses.

Letzteres wird durch ein geeignetes Übertragungsverhältnis $\ddot{u}$ erreicht. Die zusätzliche Wicklung N_3 wird als *Abmagnetisierungswicklung* bezeichnet und ist aufgrund der Begrenzung der Feldstärke durch die *Neukurve* notwendig (ohne weitere Erklärung).

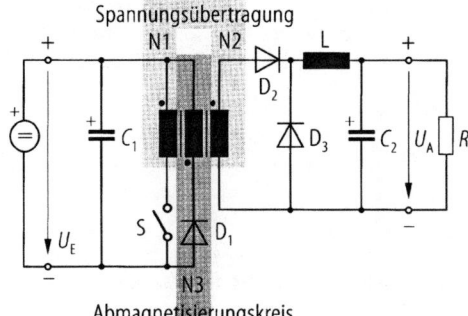

Spannungsübertragung

Abmagnetisierungskreis

Bild D-65. Eintakt-Flußwandler

Die Eingangsspannung U_{N2} des Tiefsetzstellers auf der Sekundärseite leitet sich aus der Eingangsspannung und dem Übertragungsverhältnis $ü = N_1/N_2$ ab:

$$U_{N2} = U_E \cdot ü,$$
$$U_{N2} = U_E \cdot N_1/N_2. \tag{D-27}$$

Während der *Einschaltdauer* t_{ein} des Schalters S ist der übersetzte Ausgangsstrom $\bar{I}_1' = I_{1S} N_1/N_2$ des Transformators von seinem eigenem Magnetisierungsstrom I_{mT} überlagert. Für den Primärstrom gilt damit:

$$I_1 = I_{mT} + I_{1S} N_1/N_2. \tag{D-28}$$

Nach dem Öffnen des Schalters S fließt der Magnetisierungsstrom des Transformators I_{mT} über die Wicklung N_3 zurück zur Quelle. Die Spannung über der Wicklung N_3 ergibt sich aus der Eingangsspannung U_E und der Flußspannung U_F an der Diode D_3. Entsprechend dem Übertragungsfaktor $ü$ wird diese Spannung auch auf die Wicklung N_1 übergekoppelt und addiert sich zur Eingangsspannung U_E. Die Spannung am offenen Schalter ergibt sich somit zu:

$$U_{S\_offen} = U_E + U_{N1'}. \tag{D-29}$$

Dies ist besonders wichtig für die Auswahl des Schalters, der in der Regel als MOSFET oder Transistor ausgeführt wird. Er muß eine sehr hohe *Spannungsfestigkeit* aufweisen, so daß er durch die induktiven Spitzen nicht zerstört wird.

Um eine Sättigung des Transformatorkerns zu verhindern, muß die während der Einschaltzeit t_{ein} des Transistors gebildete Spannungszeitfläche $U \cdot t_{ein}$ gleich der Spannungszeitfläche zum Abmagnetisieren $U_E \cdot t_{aus}$ sein. Dabei wird die Spannungszeitfläche auf eine Windung bezogen.

D.2.5.3
Sperrwandler

Im Gegensatz zum Durchfluß-Wandler erfolgt beim *Sperrwandler* der Energiefluß nur während der Sperrphase des Schalttransistors. Wegen des trapezförmigen Drosselstromes für $I_L > 0$ wird der Sperrwandler auch vereinzelt *Trapez-Wandler* genannt. Vernachlässigt man den Innenwiderstand der Schaltung, so ist seine Ausgangsspannung unabhängig von der Last.

Die Grundschaltung des Sperrwandlers erlaubt sowohl den Aufbau eines Hochsetz-
stellers (Aufwärtswandler) als auch der eines Tiefsetzstellers (Abwärtswandler). In der
Literatur findet man neben diesen an die Betriebsart angelehnten Bezeichnungen auch
noch

- Drossel-Inverswandler,
- Umkehrsteller,
- Invers-Hochsetzsteller,
- flyback converter (engl.) oder
- buck-boost converter (engl.).

Der Sperrwandler liefert gegenüber der Eingangsspannung eine *inverse Ausgangsspannung.* In Bild D-66 sind die Grundelemente des Sperrwandlers aufgezeigt. Gegenüber
dem Tiefsetzsteller liegt die Speicherdrossel parallel zur Ausgangslast und wird bei
geschlossenem Schalter durchflutet. In dieser Zeit verhindert die Diode D den Stromfluß
zur Last (Betrieb in Sperrichtung). Wird der Schalter geöffnet, so wird die gespeicherte
Energie der Drossel in den Ausgangskreis abgegeben und erzwingt einen Stromfluß i_2,
der die Drossel gleichsinnig zu i_1 durchflutet. An den Ausgangsklemmen liegt daher eine
Spannung mit umgekehrter Polarität vor.

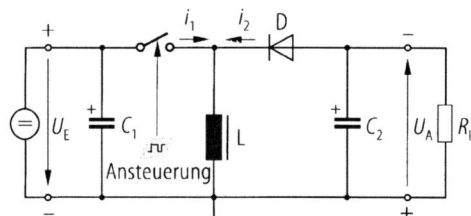

Bild D-66. Sperrwandler für Hoch- und
Tiefsetzsteller

Eine Variante des Sperrwandlers ist der in Bild D-67 dargestellte *Hochsetzsteller*. Das
Schaltelement liegt hierbei parallel zur Ausgangsspannung, die Speicherdrossel in Serie
mit der Eingangsspannung. Dieser Wandler stockt die Eingangsspannung U_E um die
Drosselspannung U_L auf, so daß sie größer und im Grenzfall gleich (für $U_L = 0$ V) dieser
ist. Mit diesem Wandlertyp ist ein hoher Gesamtwirkungsgrad zu erreichen. Bei nicht
unterbrochenem Ausgangsstrom ($I_L \geq 0$) gelten folgende Zusammenhänge für die Ausgangsspannung U_A und die Einschaltzeit t_{ein}:

$$U_A = U_E \frac{1}{1-d} \quad \text{und} \quad t_{ein} = T \left(1 - \frac{U_E}{U_A}\right). \tag{D-30}$$

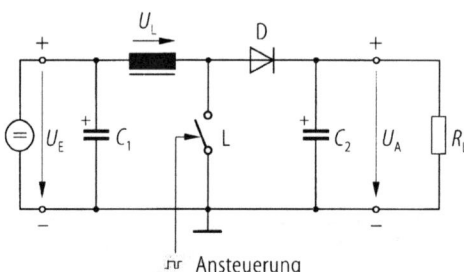

Bild D-67. Hochsetzsteller

Neben diesen Grundausführungen haben vor allem noch Sperrwandler mit *Transformatoren* Bedeutung erlangt. Sie ermöglichen es, durch mehrere Sekundärkreise eine Eingangsspannung U_E in mehrere Ausgangsspannungen (U_{A1} bis U_{An}) umzusetzen. Die Regelung erfolgt dabei auf die wichtigste Ausgangsspannung; alle anderen werden freilaufend durch das Übersetzungsverhältnis des Transformators bestimmt.

! • **Hinweis:** Bei PC-Netzteilen erfolgt die Regelung auf die Hauptspannung + 5 V. Die Genauigkeit der Spannungen + 12 V und – 12 V sind davon indirekt abhängig.

D.2.6
Hochleistungslaser

Bei der Verarbeitung von Metallen und Werkstoffen unterschiedlichster Art hat sich im Werkzeugmaschinenbau schon seit geraumer Zeit die *Lasertechnik* etabliert. Man findet sie sowohl bei der *Massenfertigung* komplizierter Werkstücke als auch bei der Herstellung einzelner Teile in *Musterstückzahlen*. Die Einsatzgebiete sind:

* Schweißtechnik,
* Schneidtechnik,
* Erosionstechnik (Abtragetechnik) und für
* Beschriftungswerkzeuge.

Laserbearbeitung findet man in nahezu allen produzierenden Bereichen. Stellvertretend sollen hier einige aufgeführt werden:

* Klimatechnik,
* Automobiltechnik,
* Schiffsbau und Offshore-Technik sowie
* Formenbau.

Für die Bearbeitung der Werkstücke sind Laser mit sehr hoher Leistung notwendig. Im Bereich der *Schweißtechnik* werden CO_2-Laser eingesetzt, die eine Leistung von 5 kW bis 6 kW haben. Vereinzelt, wie beispielsweise im Schiffsbau, sind Leistungen bis 25 kW notwendig. Entsprechend sind die elektrotechnischen Voraussetzung, wie beispielsweise die Installation der Kabel und Sicherheitseinrichtungen, zu planen.

D.2.6.1
Laserschneidtechnik

Mit Hilfe der Laserschneidtechnik ist das Schneiden von Blechen großer Stärken problemlos möglich. Die Vorteile sind

* beliebige Konturen möglich,
* schnelle Verfügbarkeit und
* keine Werkzeugkosten

bis zur Erstellung des ersten Werkstückes. Darüber hinaus erreichen die Werkstücke einen hohen Fertigungsgrad, so daß keine oder nur sehr wenige Nacharbeiten notwendig sind. Bei den Schneidverfahren unterscheidet man folgende beiden Vorgehensweisen:

* Laserbrennschneiden und
* Laserschmelzschneiden.

Die Verfahren unterscheiden sich in der notwendigen *Energie* und dem zugeführten *Schneidgas*. Darüber hinaus sind für die Bearbeitung des Werkstückes ein komplexer Maschinenaufbau notwendig, der neben der integrierten Steuerung auch die Achsantriebe, eine Lageregelung und die notwendigen Sicherheitsfunktionen beinhaltet.

Als Laserquelle dient in der Regel ein CO_2-Laser. Da diese Laser aufgrund der Baugröße nicht direkt am *Schneidkopf* untergebracht werden können, muß der Laserstrahl über ein Spiegelsystem in das Zentrum des Schneidkopfes gebracht werden. Dort tritt er senkrecht auf das Werkstück auf. Koaxial zum Laserstrahl wird ein Schneidgas über entsprechende Düsen auf die Schneidstelle geblasen. Zum Laserbrennschneiden wird Sauerstoff mit einem Druck von 0,5 bar bis 10 bar verwendet; zum Laserschmelzschneiden Stickstoff mit einem Druck von 20 bar.

D.2.6.2
Leistungsverstärker für CO_2-Laser

Der Laserprozeß wird durch die Einkopplung von *hochfrequenter* Energie in das *Lasergas* ermöglicht. Dadurch wird das Lasergas teilweise *ionisiert*; es entsteht ein *Plasma*. In diesem Plasma laufen die optischen Prozesse, die zur Erzeugung des Laserstrahls notwendig sind. Der austretende Laserstrahl wird fokussiert und ermöglicht so die Blechbearbeitung.

Die zur Anregung des Lasergases notwendigen HF-Verstärker haben eine Leistung von einigen Kilowatt. Die Leistung liegt um ca. das *5-fache* über der generierten optischen Ausgangsleistung. So sind für Schneidleistungen von 2 kW bis 4 kW HF-Leistungen von 10 kW bis 20 kW notwendig.

Üblicherweise wird bei CO_2-Laser eine Hochfrequenz von 13,56 MHz verwendet. Ausgehend von einem Quarzoszillator, der diese Frequenz erzeugt, durchläuft das Signal mehrere Verstärkungsstufen. Bild D-68 zeigt den Signalfluß vom Oszillator bis zur Einspeisung in den Laser.

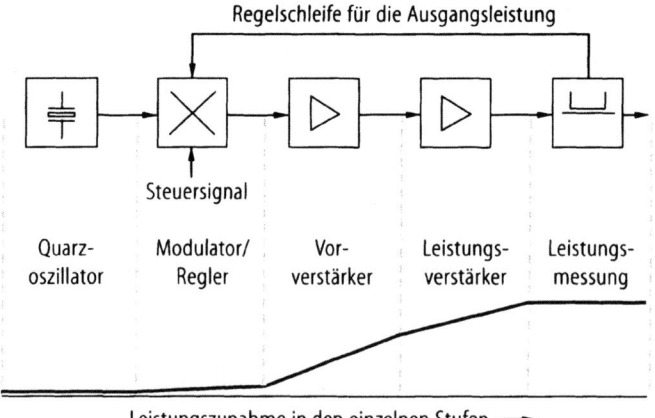

Bild D-68. Aufbau eines HF-Verstärkers für CO_2-Laser. (Quelle: Fa. Hüttig)

Die Regelung der Verstärkerstufen erfolgt dabei auf zwei Arten:

- durch ein *Steuersignal* oder
- durch die Leistungsmessung.

Die *Leistungsmessung* am Ausgang des HF-Verstärkers bildet mit dem Modulator/Regel-Baustein einen *geschlossenen Regelkreis*. Damit ist eine *Stabilisierung* der Laserausgangsleistung möglich. Der zusätzliche Steuereingang ermöglicht die Vorwahl der Ausgangsleistung. In einigen Anwendungen wird dieser Eingang auch zur schnellen Tastung des Ausgangssignals benutzt (bis 100 kHz).

Literatur

Böhm W (1996) Elektrische Antriebe. Vogel Verlag
Boy H-G, Bruckert K, Wessels B (1996) Elektrische Steuerungs- und Antriebstechnik. Vogel Verlag, 10. Auflage
Brosch PF (1992) Moderne Stromrichterantriebe. Vogel Verlag
Christner V (1996) Jahrbuch Elektromaschinenbau 1997. Hüthig Verlag, Heidelberg
Fehmel G, Flachmann H, Mai O (1996) Elektrische Maschinen. Vogel Verlag, 11. Auflage
Harris Components (1992) Application Notes Power MOSFETs. Harris Semiconductor
Heuman K (1989) Grundlagen der Leistungselektronik. Teubner Taschenbuch, Teubner Verlag
Hinsch H (1996) Elektronik. Springer Verlag, Berlin Heidelberg New York
International Rectifier (1991) IGBT Designer's Manual. California
Jötten R Leistungselektronik. Band 1 Stromrichterschaltungstechnik. Wiesbaden, Vieweg Verlag
Khoramnia G (1989) Einführung in die elektrische Energietechnik. Hüthig Verlag, Heidelberg
Kurscheidt P Leistungselektronik. Stuttgart: Kohlhammer Verlag
Melcher (1996) Stromversorgungen Datenbuch. Melcher AG, Schweiz, Ausgabe 1996
Meyer H-J (1989) Stromversorgungen für die Praxis. Vogel Verlag
Schröder D (1996) Elektrische Antriebe 3. Springer Verlag, Berlin Heidelberg New York
Siemens Matsushita Components: Kondensatoren für die Energie Elektronik. Ausgabe 1993
Siemens Matsushita Components (1996) EMV-Bauelemente. Ausgabe 1996
Siemens (1992) Simovert-A-Umrichter. Siemens DA 62
Toshiba Europa (1996) IGBT Plus. Ausgabe 1996
Vogel J (1991) Elektrische Antriebstechnik. Hüthig Verlag, Heidelberg, 5. Auflage

E Sensoren und Aktoren

Zur kontrollierten Steuerung von produktionstechnischen Abläufen in Maschinen und Anlagen sind *Sensoren* und *Aktoren* notwendig. Die Sensoren haben dabei die Aufgabe, den *Maschinenzustand* zu erfassen, während die Aktoren die notwendigen Reaktionen auf diesen Maschinenzustand veranlassen. Folgende Größen können an den Maschinen erfaßt werden: *Position, Geschwindigkeit, Drehmoment, Temperatur* und *Druck*. Für jede dieser Aufgabe stehen spezielle Sensoren zur Verfügung. Als Reaktion auf diese Meßgröße müssen mit Hilfe von Aktoren entsprechende Maßnahmen eingeleitet werden. Diese können sein:

- Ventilsteuerung für
  - Wasserkühlung,
  - Hydrauliköl und
  - Gas,
- Verriegelungen und
- Drehzahlsteuerung.

Das Bindeglied zwischen Sensor und Aktor ist dabei die *SPS* (speicherprogrammierbare Steuerung, Abschn. H.3). Sie stellt dabei die programmierten Verknüpfungen zwischen den Eingangssignalen her und leitet daraus die notwendige Ansteuerung der entsprechenden Aktoren ab. Der Steuerkreis ist damit geschlossen.

E.1
Sensoren

E.1.1
Grundlagen

Ein *Sensor* (lat.: sensus, der Sinn) wandelt eine *physikalische Größe* (z. B. Kraft oder Temperatur) mit Hilfe eines *physikalischen Effekts* in ein *elektrisches Signal* um. Dies kann beispielsweise ein elektrischer Widerstand, Strom oder Spannung sein. Diese Wirkkette ist in Bild E-1 dargestellt. Das Sensorelement erfüllt dabei folgende drei Funktionen: *Aufnehmer, Wandler* und *Verstärker*.

In modernen Sensoren sind diese Funktionen durch elektronische Schaltungen integriert. Die Ausgangssignale, die dabei erzeugt werden, sind genormt und können so durch eine große Anzahl von Steuerungen weiterverarbeitet werden. Darüber hinaus sind sie unabhängig gegenüber Temperatur- und Spannungsschwankungen. Direkt steuernde Sensoren, die ein hydraulisches oder pneumatisches Ausgangssignal erzeugen, verlieren wegen ihrer begrenzten Einsatzmöglichkeit immer mehr an Bedeutung.

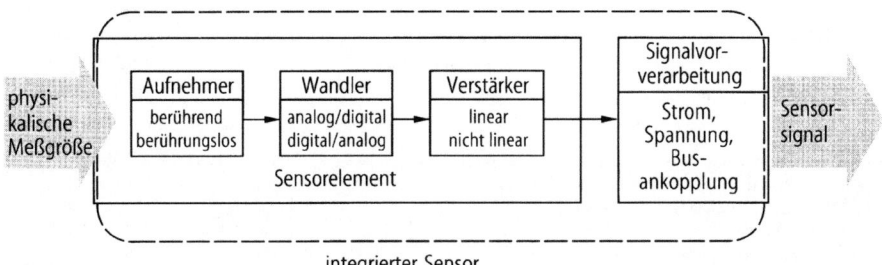

Bild E-1. Aufbau eines Sensorelementes

Sensoren werden zweckmäßigerweise nach den physikalischen Meßgrößen und nach dem verwendeten physikalischen Effekt eingeordnet. Meßgrößen sind beispielsweise

- mechanische Größen, wie
  - Weg, Position,
  - Winkel,
  - Geschwindigkeit,
  - Kraft und
  - Moment,
- mechanische Größen in Flüssigkeiten, wie
  - Druck,
  - Durchflußmenge und
  - Viskosität sowie
- Temperatur.

Darüber hinaus gibt es noch akustische Größen, optische Größen und chemische Größen, die jedoch im Maschinenbau keine große Bedeutung haben. Eine vollständige Übersicht zeigt Bild E-2 und stellt dabei die Meßgrößen und die charakteristischen Meßprinzipien gegenüber.

Der Sensorik kommt im Maschinenbau eine immer größer werdende Bedeutung zu. Die sich ergebenden Vorteile lassen sich in folgende Gruppen einteilen:

Produktivitätssteigerung

Durch den Einsatz von Sensoren läßt sich der Automatisierungsgrad und damit die Produktivität der Maschinen erheblich steigern. Die Sensoren dienen dabei zur automatischen Erfassung und Überwachung von *Fertigungsprozessen* (z.B. galvanische Bäder, Steuerungsabläufe) und *Fertigungsmitteln* (z.B. Werkzeuge). Die sich ergebenden Vorteile sind:

- optimaler Arbeitsablauf in bezug auf
  - Qualität,
  - Stückzahl pro Zeiteinheit und damit
  - Kosten,
- rechtzeitiges Erkennen von Fehlern und
- Verminderung von Ausschußteilen.

Flexible Fertigung

Es können geringe Stückzahlen bestimmter Produkte durch Anpassung der Sensorinformation kostengünstig produziert werden.

	Mechanische Größen in Festkörpern	Mechanische Größen in Flüssigkeiten und Gasen	Thermo-dynamische Größen	Schwingungen	Elektrische und magne-tische Größen
Meßgröße	• Weg, Position • Winkel • Geschwindigkeit • Drehzahl • Beschleunigung • Kraft • Drehmoment	• Druck • Durchfluß • Füllstand • Dichte • Viskosität	• Temperatur • Wärmekapazität	• Zeit, Frequenz • Zähler • Pulsdauer • Spektrum • Pegel	• Ladung • Strom • Spannung • Widerstand • Leistung • Frequenz • Phase • elektrisches Feld • magnetisches Feld • Kapazität • Induktivität

Meßprinzip	mechanisch	optisch	chemisch	akustisch	magneto-statisch	thermo-elektrisch	DMS ΔR-Δs	
	Widerstand	$\Delta R = f(F, s, T \ldots)$		kapazitiv	induktiv	piezo-elektrisch	fotoelektrisch	

Bild E-2. Einteilung der Sensoren nach Meßgröße und Meßprinzip

Qualitätssicherung

Eine automatische Qualitätsprüfung während des Fertigungsprozesses ermöglicht eine gleichbleibend hohe Qualität der Produktion und läßt fehlerhafte Qualität sofort am Ort des Entstehens erkennen.

Verbesserung der Arbeitsbedingungen

Die Automatisierung verringert die Arbeitsplätze mit erhöhter physischer Belastung und Berührung mit Giftstoffen (z.B. Lackierstraßen). Darüber hinaus werden gefährliche Bereiche besser geschützt.

Verringerung des Rohstoffeinsatzes

Durch die optimale Steuerung des Prozesses und damit der Produktentstehung können sowohl der notwendige Rohstoff als auch die dazu notwendige Energie optimal ausgenutzt werden.

Verbesserungen beim Umweltschutz

Durch die genaue Messung der Giftstoffe in der Luft, im Wasser und am Boden können die entsprechenden Maßnahmen zur Einhaltung der gesetzlich zulässigen Schadstoffgrenzwerte getroffen werden. Dies kann nicht zuletzt Rückwirkungen bis auf den Prozeß haben.

E.1.2
Weg- und Positions-Sensoren

Im Maschinenbau sind Weg- und Positions-Sensoren die wichtigsten Hilfsmittel zur Ablaufkontrolle. Dabei wird grundsätzlich in zwei Meßverfahren unterschieden:

1. *Positionserfassung* durch Schalter und
2. *Positionserfassung* durch *Wegbeobachtung*.

Die Wegbeobachtung erfolgt durch *Wegmeßsysteme*, die in folgende zwei Verfahren unterteilt werden, in die *inkrementelle* und die *absolute Wegerfassung* (Abschn. E.1.2.2 und E.1.2.3).

E.1.2.1
Endschalter

Obwohl immer noch sehr viele mechanische Endschalter eingesetzt werden, ist der *berührungslose* Endschalter (*Sensorschalter*) in nahezu allen Bereichen als Standard Bauelement zu finden und wird auch in sicherheitskritischen Anwendungen den mechanischen, *kontaktbehafteten* Endschalter verdrängen. Das bedeutet: Bei den Endschaltern lösen die *berührungslosen* Sensoren nach und nach die *mechanisch zwangsgesteuerten* Endschalter ab. Die Betätigung der mechanischen Endschalter erfolgt meist durch ein *Schaltgestänge* (Stössel) oder durch einen *Schaltnocken*.

Letzteres gab ihnen auch die Bezeichung *Nockenendschalter*. Sie sind heute noch in vielen Maschinen bei sicherheitskritischen Bewegungen, beispielsweise Achsbewegungen, als absoluter Endhalt zu finden. Sie werden in den Sicherheitskreis eingeschleift und trennen zuverlässig die Energiezufuhr zum Bewegungsinitiator. In Abschnitt G.4 wird darauf ausführlich eingegangen.

Die berührungslosen Endschalter unterscheidet man durch das angewandte physikalische Prinzip. Es gibt:

* induktive Näherungsschalter,
* kapazitive Näherungsschalter und
* optische Näherungsschalter.

Alle drei Verfahren sind berührungslos, d.h. zwischen dem auslösenden Element und dem Schaltelement besteht kein mechanischer Kontakt.

Abhängig vom Einsatz an der Maschine werden Sensoren mit unterschiedlichen Schaltfunktionen benötigt. Man unterscheidet folgende drei Schaltarten: *Schließer, Öffner* und *antivalenter* Sensor.

Wie Bild E-3 zeigt, benötigt der *antivalente* Sensor *zwei* Ausgänge. Die Antivalenz beinhaltet dabei, daß beide Ausgänge stets ungleiches Potential führen. Damit kann mit einem antivalenten Sensor sowohl die Schließerfunktion als auch die Öffnerfunktion erfüllt werden. Darüber hinaus kann bei Überwachung der Signalgleichheit auch Fehlererkennung und Diagnose durchgeführt werden.

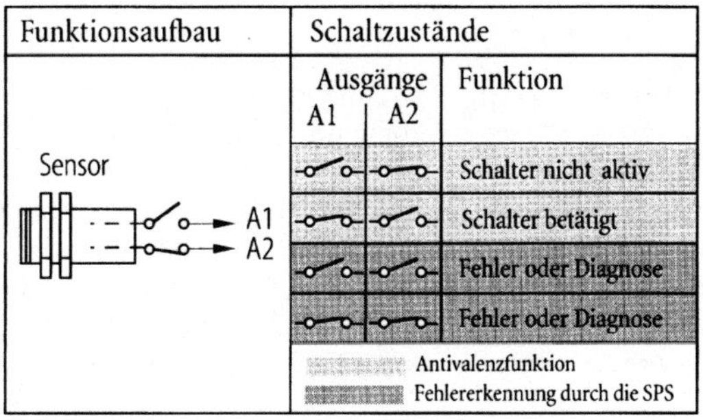

Bild E-3. Antivalenter Sensor

E.1.2.1.1
Induktive Sensoren

Berührungslose induktive Endschalter, oft auch *Näherungsschalter* genannt, erfassen die Position einer Bewegung in dem ein metallisches Element in das vom Sensor aufgespannte Magnetfeld eingebracht wird (*induktiver Näherungsschalter*). Dies erfolgt ohne Kontakt zwischen der Bewegung und dem Sensor (Schalter). Bauformen sind beispielsweise M6, M12, M18 und M30. Die Kennzeichnung erfolgt durch das *Außengewinde* des Gehäuses, das in den meisten Fällen auch für die Montage an der Maschine verwendet wird. Tabelle E-1 zeigt eine Übersicht sowie die charakteristischen Merkmale.

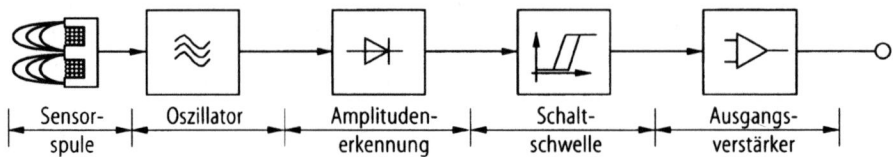

| Sensor-spule | Oszillator | Amplituden-erkennung | Schalt-schwelle | Ausgangs-verstärker |

Bild E-4. Aufbau eines induktiven Näherungsschalters

Bild E-4 verdeutlicht das Arbeitsprinzip dieses Sensors: ein Schwingkreis, der maßgeblich aus einer Induktivität besteht, erzeugt an der Stirnfläche des Sensors ein keulenförmiges Magnetfeld. Tritt in dieses Magnetfeld ein metallischer Gegenstand ein, so wird der Schwingkreis *bedämpft*, d. h. die Amplitude des Oszillatorsignals wird deutlich verringert. Die Ursache hierfür ist der Energieentzug aus dem Magnetfeld durch den metallischen Gegenstand. Ein nachfolgender *Demodulator* filtert die Basisfrequenz heraus und erzeugt so eine der Amplitude proportionale Spannung. Über einen Schwellwertkomparator werden die Amplitudenunterschiede ausgewertet und führen zu den Schaltaussagen „Schalter offen" und „Schalter geschlossen". Die gesamte Elektronik ist dabei im Endschalter integriert.

Die *Reproduzierbarkeit* dieser Schaltvorgänge ist sehr hoch, so daß nach einer einmaligen Einstellung aufgrund der *Verschleißfreiheit* keine Wartung mehr notwendig ist.

Zur Verwendung eines induktiven Näherungsschalters sind folgende Kenngrößen wichtig:

- *Schaltabstand s,*
- *Bemessungsschaltabstand s_n,*
- *Gesicherter Schaltabstand s_a,*
- *Hysterese H* und
- *Wiederholgenauigkeit R.*

Eine zeitliche wichtige Größe ist der *Ansprechsverzug.* Er ist allerdings bei heutigen SPS-Schaltungen vernachlässigbar, da er mit < 100 µs deutlich unter den Abfragezyklen (Scan-Zeiten) üblicher SPS-Steuerungen liegt.

Die *Schalthysterese* kennzeichnet die Positionen, bei der der Sensor bei Annäherung der Meßplatte einschaltet und bei der der Sensor bei der umgekehrten Bewegung wieder ausschaltet. Zur Ermittlung dieses Wertes wird die Schaltplatte axial zum Sensor bewegt. Darüber hinaus werden auch die Schaltvorgänge bei radialer Bewegung erfaßt. In Bild E-5 ist die Einschalt- und die Ausschaltkurve sowie die sich daraus ergebende Hysterese aufgezeigt.

Tabelle E-1. Beispiele für induktive Sensoren und ihre Eigenschaften

Bauform	M 5×0,5	M 8×1		M 12×1		M 18×1		M 30×1,5	
Gehäuse									
Bemessungsabstand s_n	0,8 mm	1,5 mm	2 mm	2 mm	4 mm	5 mm	8 mm	10 mm	15 mm
Gesicherter Schaltabstand s_a	0...0,65 mm	0...1,2 mm	0...1,6 mm	0...1,6 mm	0...3,2 mm	0...4 mm	0...6,5 mm	0...8,1 mm	0...12,2 mm
Nominale Betriebsspannung U_e	24 V	24 V		24 V		24 V		24 V	
Betriebsspannung U_B	10 V bis 30 V	10 V bis 30 V		10 V bis 30 V		10 V bis 30 V		10 V bis 30 V	
Max. Schaltfrequenz f	1000 Hz	1500 Hz	1000 Hz	1000 Hz	500 Hz	80/200 Hz	80/200 Hz	300 Hz	100 Hz
Wiederholgenauigkeit R	≤ 5 %	≤ 5 %		≤ 5 %		≤ 5 %		≤ 5 %	
Umgebungstemperatur T_a	-25 °C bis +70 °C	-25 °C bis +70 °C		-25 °C bis +70 °C		-25 °C bis +70 °C		-25 °C bis +70 °C	
Schutzart nach IEC 529	IP 67	IP 67		IP 67/68		IP 67/68		IP 67	

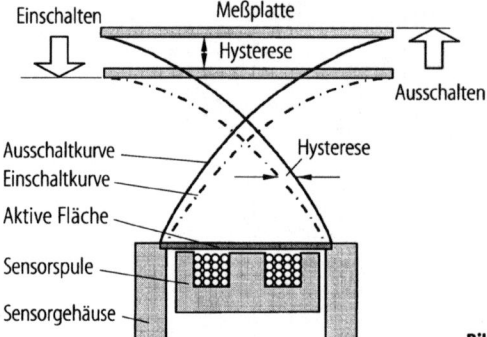

Bild E-5. Definition der Schalthysterese

Im folgenden sollen die wichtigsten Kenngrößen nach DIN EN 50010 zusammenge-faßt werden:

- Der *Schaltabstand s* ist der Abstand zwischen der *Normmeßplatte* und der *aktiven Fläche* des Näherungsschalters bei erfolgtem Signalwechsel. Beide sind in der EN 50010 festgelegt.
- Ber *Bemessungsschaltabstand* s_n ist die *Kenngröße* des Sensors. Dabei sind äußere Einflüsse, wie beispielsweise Temperaturschwankungen und Fertigungstoleranzen, nicht berücksichtigt. Vom Bemessungsschaltabstand leiten sich die folgenden Größen ab:
- Der Realschaltabstand s_r; für ihn gilt: $0{,}9\,s_n \leq s_r \leq 1{,}1\,s_n$,
- Der Nutzschaltabstand s_u; für ihn gilt: $0{,}81\,s_n \leq s_u \leq 1{,}21\,s_n$ und
- Der gesicherte Schaltabstand s_a; für ihn gilt: $0 \leq s_a \leq 0{,}81\,s_n$.

Der gesicherte Schaltabstand gewährleistet die Funktion des Näherungsschalters über den spezifizierten Spannungs- und Temperaturbereich. In Bild E-6 sind die einzelnen Schaltabstände dargestellt. Die Schaltabstände werden mit Hilfe einer *Normmeßplatte* mit einer definierten Fläche *a* ermittelt und sind in der Norm EN 50010 festgelegt.

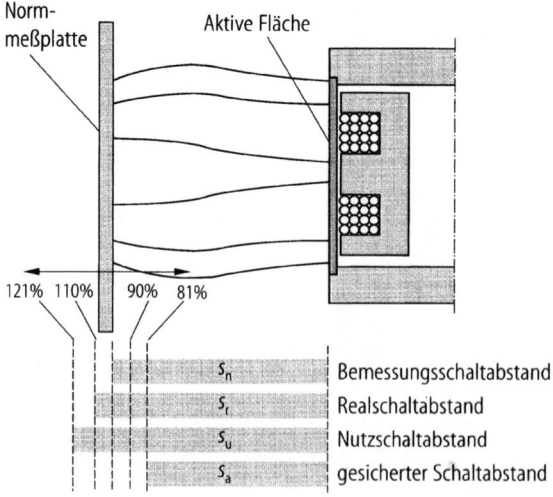

Bild E-6. Schaltabstände nach EN 50010

E.1.2.1.2
Kapazitive Sensoren

Bei *kapazitiven Sensoren* wird die Tatsache ausgenutzt, daß ein Objekt innerhalb eines elektrischen Feldes die Kapazität beeinflussen kann. Allgemein ist diese durch folgende Gleichung beschrieben: $C = \varepsilon \, (A/d)$. Dabei ist A die aktive Fläche des Sensors, d der Abstand und ε die Dielektrizitätskonstante, die sich aus der elektrischen Feldkonstanten ε_0 ($\varepsilon_0 = 8{,}854 \cdot 10^{-12}$ (A s)/(V m)) und Permittivitätszahl ε_r zusammensetzt. Der kapazitive Sensor besteht aus einem offenen Kondensator, dessen Elektroden in einer Ebene angeordnet sind (Bild E-7 a). Bei dieser Anordnung müssen die Feldlinien den längsten Weg zurücklegen, wodurch die Kapazität des Sensors ebenfalls den niedrigsten Wert einnimmt. Wird ein Gegenstand in dieses elektrische Feld eingebracht, so erfolgt eine Führung der Feldlinien (Bild E-7 b). Der Abstand d der Feldlinien verringert sich, und die Kapazität steigt entsprechend der oben beschriebenen Gleichung.

Mit kapazitiven Sensoren können auch nichtmetallische Materialien detektiert werden. Dies gilt für Glas, Kunststoffe und Flüssigkeiten, sofern deren Dielektrizitätszahl ε_r sich deutlich von ε_0 unterscheidet. Allerdings ist in diesen Fällen eine Korrektur des Bemessungsschaltabstandes s_n und des gesicherten Schaltabstandes s_a notwendig. Tabelle E-2 zeigt einige Korrekturwerte für unterschiedliche Materialien. Allgemein gilt: Jedes Betätigungselement, das in ein Sensorfeld tritt, ändert die Kapazität proportional zu ε_r und dem Abstand zur aktiven Fläche.

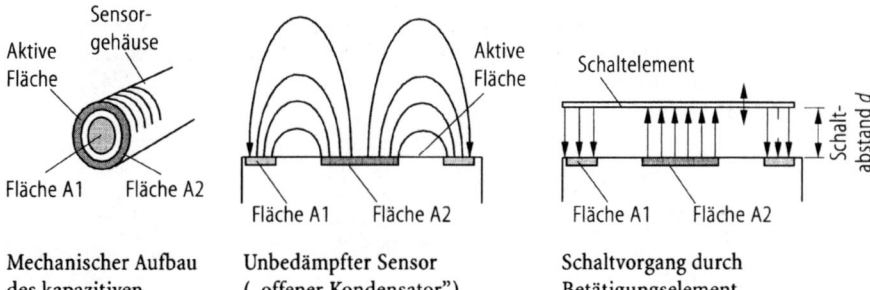

Aktive Fläche — Sensor-gehäuse   Aktive Fläche   Schaltelement

Fläche A1   Fläche A2   Fläche A1   Fläche A2   Fläche A1   Fläche A2

Mechanischer Aufbau des kapazitiven Sensorelementes

Unbedämpfter Sensor („offener Kondensator")

Schaltvorgang durch Betätigungselement

a Kapazitiver Sensor ohne Schaltelement

b Kapazitiver Sensor mit Schaltelement

Bild E-7. Arbeitsweise eines kapazitiven Näherungssensors

Tabelle E-2. Korrekturfaktoren für nichtmetallische Betätigungselemente. (Quelle: Balluff)

Material	Korrekturfaktor
Metall	1,0
Holz	0,2 bis 0,7
Glas	0,5
Wasser	1,0
PVC	0,6
Öl	0,1

! **Hinweis:** Der Bemessungsabstand kapazitiver Sensoren bezieht sich grundsätzlich
● auf ein metallisches Betätigungselement. Nichtmetallische Elemente haben stets
einen *geringeren* Betätigungsabstand zur Folge.

Anwendungsgebiete kapazitiver Sensoren sind:

● Füllstandskontrolle in Kunststoff- oder Glasbehältern,
● Pumpensteuerung,
● Qualitätskontrolle,
● Stückzahlerfassung (zählen) und
● in der Holzverarbeitung zur Erkennung des Werkstückes oder beim Transport.

Für die sichere Prozeßsteuerung mit kapazitiven Sensoren darf im Erfassungsraum des
Sensorfeldes kein metallischer Gegenstand sein.

E.1.2.1.3
Optische Sensoren

Licht als Sensormedium wird in vielen Bereichen der Prozeßtechnik eingesetzt. Damit
lassen sich eine ganze Reihe unterschiedlicher Sensorschalter verwirklichen, die im
wesentlichen in folgende drei Kathegorien unterschieden werden:

● Lichttaster,
● Reflexionslichtschranke und
● Einweglichtschranke.

Das grundsätzliche Arbeitsprinzip ist in Bild E-8 dargestellt. Als Sender wird meist eine
LED (Light Emitting Diode) verwendet, die im infraroten Bereich arbeitet. Dies hat den
Vorteil, daß Streulicht aus der Umgebung leicht ausgefiltert werden kann. Als Lichtemp-
fänger werden Fototransistoren eingesetzt.

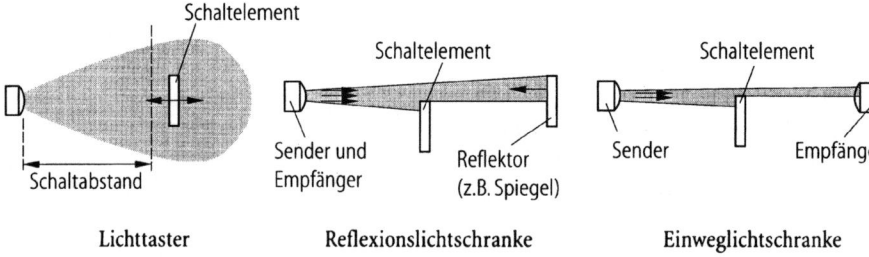

Bild E-8. Arbeitsprinzip verschiedener Optosensoren

Der Lichttaster weist ein Schaltverhalten auf, das dem des induktiven oder kapazitiven Näherungsschalters sehr ähnlich ist: In einem vom Sensor aufgespanntem Sensorfeld wird ein Schaltvorgang dann ausgelöst, wenn ein Objekt den Nutzschaltabstand s_u
unterschreitet. Auch beim optischen Sensor unterscheidet man folgende Schaltabstände:

● Den *Bemessungsschaltabstand s_n*; er ist eine Kenngröße des Sensors, die unabhängig
von äußeren Einflüssen ist, wie beispielsweise Temperaturschwankungen und Fertigungstoleranzen. Wie bei den anderen Sensoren leiten sich vom Bemessungsschaltabstand folgenden Größen ab:

- der Realschaltabstand s_r; für ihn gilt: $s_n \leq s_r \leq 1,35\, s_n$,
- der Nutzschaltabstand s_u; für ihn gilt: $0,8\, s_n \leq s_u \leq 1,5\, s_n$ und
- der Erfassungsbereich s_d, für ihn gilt: $0 \leq s_a \leq 0,8\, s_n$.

Der Erfassungsbereich s_d ist der Raum, in dem der Schaltabstand eines optischen Sensors eingestellt werden kann. Die Angaben beziehen sich dabei auf eine Normplatte, die einen Reflexionsgrad von 90 % aufweist. In Bild E-9 sind die einzelnen Bereiche eines optischen Sensors nochmals erläutert.

Weisen die zu erfassenden Objekte andere als den normierten Reflexionsgrad auf, so müssen Korrekturen vorgenommen werden. In Tabelle E-3 sind einige Korrekturfaktoren in Abhängigkeit von Material und Oberfläche zusammengestellt.

Reflexionslichtschranke und Einweglichtschranke bauen im Gegensatz zum Lichttaster eine definierte optische Strecke auf, die im nichtgeschalteten Zustand den ungehinderten Verlauf eines infraroten Lichtstrahls vom Sender zum Empfänger ermöglicht. Die wesentlichen Unterschiede zwischen beiden Verfahren sind:

- Bei der Reflexionslichtschranke befinden sich Sender und Empfänger in einem Gehäuse und somit auf derselben Seite. Damit der Lichtstrahl vom Sender zum Emp-

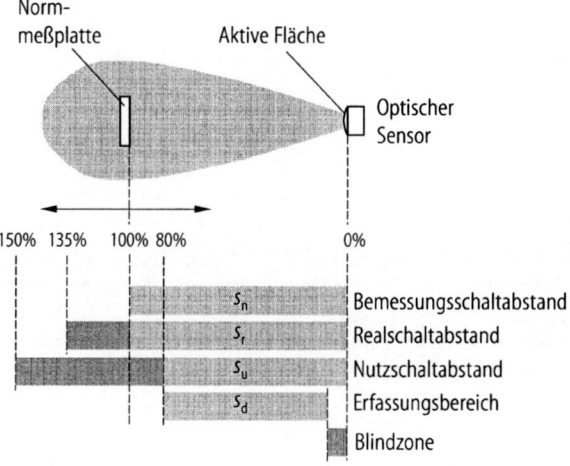

Bild E-9. Arbeitsbereiche eines optischen Sensors

Tabelle E-3. Korrekturfaktoren für Lichttaster. (Quelle: Balluff)

Material	Oberfläche	Korrekturfaktor
Papier	Weiß, matt	1
Metall	Glänzend	1,2 bis 1,6
Aluminium	Schwarz eleoxiert	1,2 bis 1,8
Styropor	Weiß	1
Baumwollstoff	Weiß	0,6
PVC	Grau	0,5
Holz	Roh	0,4
Karton	Schwarz glänzend	0,3
Karton	Schwarz matt	0,1

fänger gelangen kann, muß er mit Hilfe eines Spiegels umgelenkt werden. Der Lichtstrahl muß sowohl den Hinweg als auch den Rückweg durchlaufen, was bei der
Dimensionierung zu beachten ist.

• Bei der Einweglichtschranke sind Sender und Empfänger getrennt. Sie werden genau
gegenüberliegend angebracht, so daß der Senderstrahl direkt auf den Empfänger auftritt. Der Lichtstrahl legt somit nur die einfache Strecke zurück.

Eine Unterbrechung des Lichtstrahls bedeutet in beiden Fällen einen *Schaltvorgang*. Aufgrund der gegebenen Sendeleistung und der Empfängerempfindlichkeit sind mit Ein-
weglichtschranken doppelt so große Entfernungen zu erreichen wie mit Reflexions-
lichtschranken. Typische Werte für den Maschinenbau sind 16 m bzw. 8 m.

E.1.2.2
Wegmeßsysteme

Bei der *Achspositionierung* in NC-gesteuerten Maschinen kommt den *Wegsensoren* eine
große Bedeutung zu. Sie werden im allgemeinen nach den verschiedenen Meßprinzipien
eingeteilt:

• kapazitive Längenmessung,
• induktive Längenmessung,
• Längenmessung nach dem Wirbelstromprinzip,
• Längenmessung durch Widerstandpotentiometer,
• Dehnmeßstreifen (DMS),
• Hall-Sensoren,
• akustische Längensensoren und
• optische Längensensoren.

Kapazitive und induktive Längensensoren basieren auf dem Prinzip der Schwingkreis-
modulation, wobei entweder die Induktivität oder die Kapazität des Schwingkreises ver-
stimmt wird. Das Meßverfahren basiert auf den Grundlagen von Abschn. E.1.2.1.1 und
E.1.2.1.2. Von besonderer Bedeutung im Maschinen- und Anlagenbau sind *akustische*
Wegmessung, *Hall-Sensoren* und vor allem die Längenbestimmung durch *optische*
Meßverfahren.

E.1.2.2.1
Akustische Längenmessung

Akustische Längensensoren nach dem *Ultraschallprinzip* können von 0,3 mm bis zu
mehr als 10 m die Entfernung von Objekten mit großer Genauigkeit messen. Dabei ist
dies unabhängig von Form, Farbe und Material des Objektes; selbst Umgebungsein-
flüsse wie Staub und Feuchtigkeit beeinflussen diese Messung nicht.

Der Wegsensor sendet eine Impulsfolge aus und empfängt das Echo. Die Impulsfolge
kann beispielsweise aus 56 aufeinanderfolgenden Pulsen innerhalb einer Millisekunde
sein. Aus der Zeitdifferenz zwischen Senden und Empfangen wird unter Berücksichtigung der Schallgeschwindigkeit (330 m/s) die Entfernung zum Objekt berechnet. Die
Laufzeit entspricht dabei der doppelten Entfernung, da sie sich aus Hin- und Rückweg
zusammensetzt. In Bild E-10 ist ein solcher Meßaufbau dargestellt.

Damit eine Reflexion eintritt, muß eine definierte Grenzschicht zwischen dem
Meßweg und dem zu erfassenden Gegenstand vorliegen. In der Regel ist das Medium des

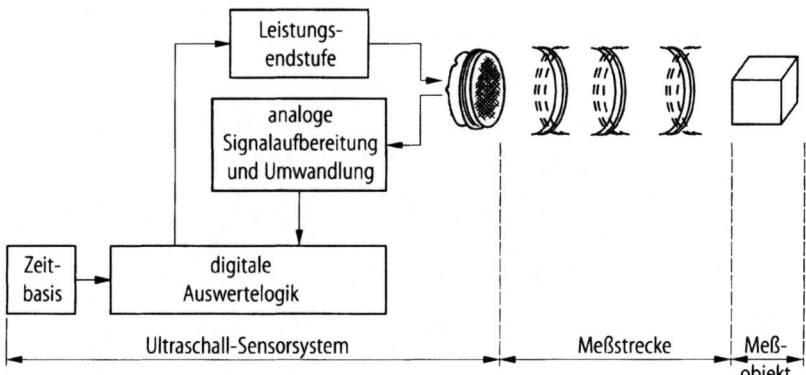

Bild E-10. Aufbau eines Ultraschall-Meßsystems

Meßwegs Luft und das zu erfassende Objekt ein *Festkörper* oder eine *Flüssigkeit*. Einsatzgebiete sind:

- Fahrzeugsteuerung (Aufzüge, Flurförderfahrzeuge),
- Kollisionsüberwachung und
- Überwachung von Flüssigkeitspegeln.

Ein solches System setzt eine sehr genaue Zeitbasis voraus. Zur Kompensation der internen Laufzeiten müssen diese bekannt sein und subtrahiert werden. Dies erfolgt in der Regel durch einen *Kalibriervorgang*.

E.1.2.2.2
Hall-Sensoren

Hall-Sensoren, oft auch *Hall-Elemente* genannt, beruhen auf dem *Hall-Effekt*. Dieser hat eine elektrische Spannung U_H (*Hallspannung*) zur Folge, sobald sich der Sensor in einem Magnetfeld bewegt. Allgemein gilt folgender Zusammenhang: $U_H = k_0 \, I \, B$. D.h., daß ein stromdurchflossener Leiter mit der Stromstärke I durch seine Bewegung im Magnetfeld B die Hallspannung U_H erzeugt. Die Konstante k_0 setzt sich aus den mechanischen Abmessungen und der Materialkonstante zusammen.

Bild E-11a zeigt den Aufbau eines Hall-Sensors. Der Hallgenerator wird auf einem Keramiksubstrat aufgebracht, das sich seinerseits wieder auf einem Permanentmagnet (hier aus Samarium-Cobalt, SmCo) befindet. Wird ein magnetisches Material in die Nähe gebracht, so werden die divergierenden magnetischen Feldlinien parallel ausgerichtet. Als Folge wird das Feld durch den Hallgenerator stärker, weshalb U_H steigt. Die Hallspannung U_H wird als Ausgangssignal linear zum Abstand des Werkstückes gemessen. Diese Elemente werden auch als *LOHET* bezeichnet, was für *Linear Output Hall Effect Transducer* steht.

Der Meßabstand von Hall-Sensoren beträgt bis zu 7 mm. Durch ein sehr schnelles Ansprechverhalten können Schaltfrequenzen von mehr als 100 kHz erreicht werden. Da er als berührungsloser Schalter keine mechanische Abnutzung aufweist, liegt die maximale Anzahl von Schaltspielen bei über 20 Milliarden.

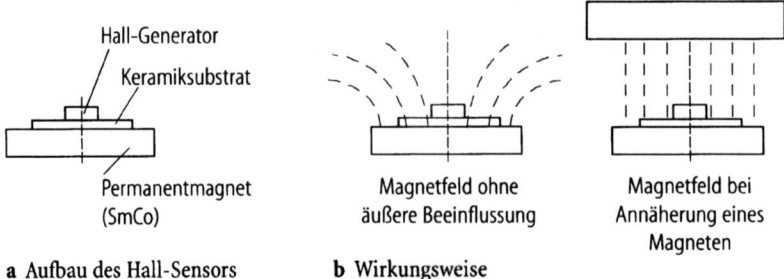

a Aufbau des Hall-Sensors   b Wirkungsweise

Bild E-11. Der Hall-Sensor und seine Wirkungsweise

E.1.2.2.3
Optische Meßverfahren

Optische Sensoren sind im Anlagen- und Maschinenbau in vielfältiger Weise anzutreffen. Ihr Einsatzgebiet erstreckt sich von

- einfachen Lichtschranken (Abschn. E.1.2.1.3) über
- Infrarot-Datenübertragungsstrecken bis zur
- Positions- und Wegerfassung.

Lichtschranken und Datenübertragungsstrecken sind in der Regel *offene* Systeme, während die Positions- oder Wegerfassung in geschlossenen Gehäusen, sogenannten *Gebern*, erfolgt.

Bei den optischen Meßverfahren unterscheidet man von der Methodik her zwei Verfahren: das *Durchlicht-Meßverfahren* und das *Reflexions-Meßverfahren*. Während beim Durchlicht-Meßverfahren die Lichtquelle und der Lichtsensor sich gegenüberliegen und einen transparenten Kodeträger voraussetzen, so kann beim Reflexionsverfahren der Kodeträger aus einem beliebigen Material bestehen. Bei ihm sind Sender und Empfänger auf der gleichen Seite angeordnet. Bild E-12 zeigt diesen grundsätzlichen Unterschied.

Unabhängig von der physikalischen Anordnung unterscheidet man weiterhin zwei Meßverfahren, die *inkrementelle* und die *absolute Abtastung*. Bei der inkrementellen

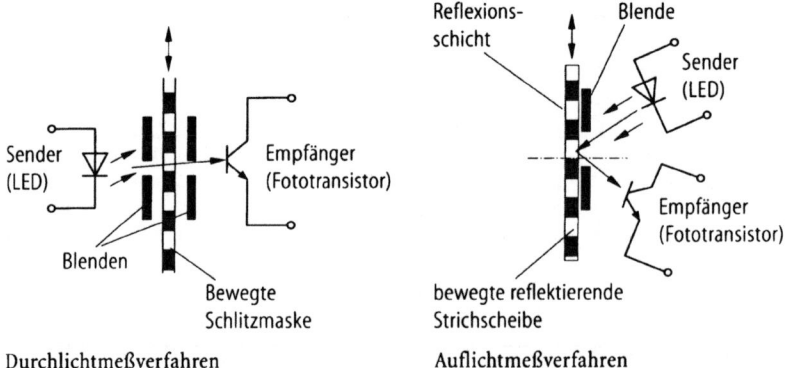

Durchlichtmeßverfahren   Auflichtmeßverfahren

Bild E-12. Auflicht- und Durchlichtverfahren bei optischen Gebern

Abtastung zählt eine nachgeschaltete Elektronik die *Kodestriche*. Dabei muß die Elektronik so zuverlässig sein, daß kein Strich verloren geht. Die absolute Abtastung erlaubt die exakte Positionsbestimmung an jedem Meßpunkt. Dafür kommen verschiedene Verfahren zur Anwendung, beispielsweise die *mehrfach kodierte Position* oder die Auswertung einer *analogen Spur*. Beide Verfahren sind Stand der Technik und werden zum Teil auch in einer Kombination angewandt. Bild E-13 zeigt für unterschiedliche Verfahren notwendigen Winkelkodierscheiben für einen Weg-/Winkelpositionsgeber (*rotatorische Auswertung*).

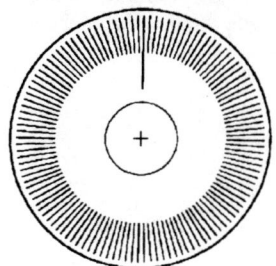  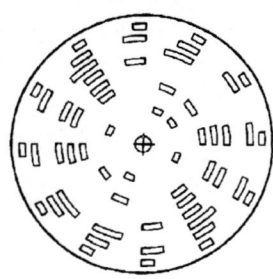

Inkrementelle Kodierung   Absolute Kodierung durch   Winkelkodierung für
mit Referenzmarke   Gray-Kode   Schrittmotoren

Bild E-13. Kodierscheiben für rotatorische Geber

Optische *inkrementelle* Wegmeßsysteme gibt es sowohl für *lineare* Wegmessung als auch für *rotatorische* indirekte Wegmessung, beispielsweise an einem Motor oder Getriebeabgang. Diese Systeme erzeugen drei Auswertungssignale:

- Sinus-Ausgang,
- Cosinus-Ausgang und
- die Referenzmarke.

Die Referenzmarke dient bei rotatorischen Gebern zur Identifikation eines Umlaufs. Das Sinus-Signal und das Cosinus-Signal werden durch zwei optische Elemente erzeugt, die zueinander um ein 1/4-Segment versetzt sind. Dies entspricht genau der 90°-Phasenverschiebung zwischen Sinus und Cosinus, wie Bild E-14 verdeutlicht. Aus der sinusförmi-

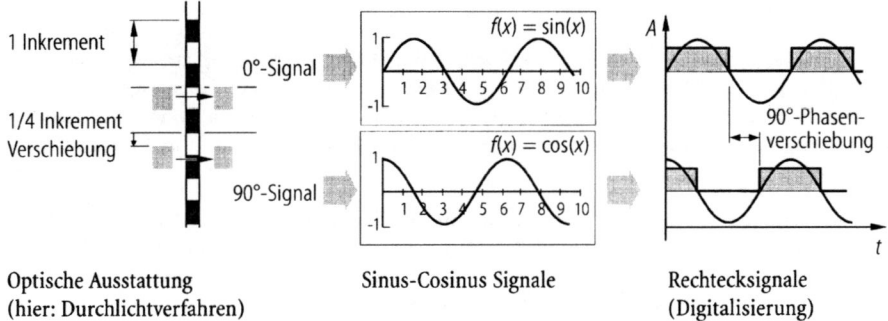

Optische Ausstattung   Sinus-Cosinus Signale   Rechtecksignale
(hier: Durchlichtverfahren)   (Digitalisierung)

Bild E-14. Signalerzeugung in einem Inkrementalgeber

gen Signalform wird mit Hilfe eines Komparators eine Rechteckspannung erzeugt die zur weiteren Auswertung einer Elektronik zugeführt wird.

Die Elektronik übernimmt dabei zwei Aufgaben:

- Vervielfachung der Rechtecksignale und
- Vorwärts-Rückwärts-Auscheidung.

Im einfachsten Fall ist mit Hilfe der Sinus- und Cosinus-Signale eine Vervierfachung des Taktes und damit der Auflösung möglich. Dabei werden die beiden digitalisierten Signale ausgewertet, die durch die 90°-Phasenverschiebung die vier Kombinationen in Tabelle E-4 einnehmen können. Bild E-15 zeigt die Signale sowie die Position der Referenzmarke. Sie gibt bei Winkelgebern den Nulldurchgang an.

Tabelle E-4. Binäre Zustände der beiden Gebersignale

Position	Sinus-Signal	Cosinus-Signal
1	0	0
2	0	1
3	1	0
4	1	1

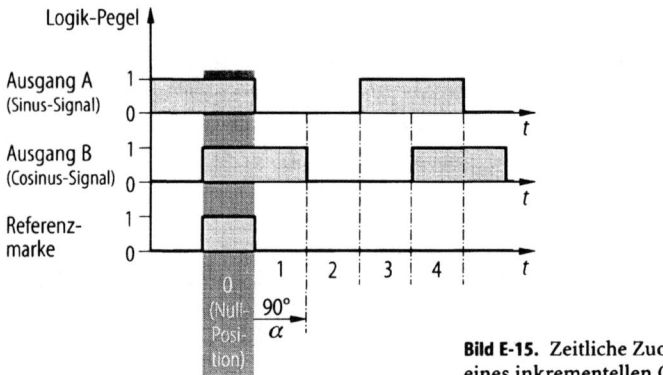

Bild E-15. Zeitliche Zuordnung der drei Signale eines inkrementellen Gebers

Eine weitere wichtige Aufgabe kommt der Richtungserkennung zu, die ebenfalls aus den beiden Signalen abgeleitet werden kann. Der Signalablauf ist in Bild E-16 dargestellt. Der Richtungsdiskriminator arbeitet nach einer einfachen Weise. Mit Hilfe des Ausgangssignals A wird der aktuelle Zustand von Ausgangssignal B in ein Register eingetaktet.

- *Vorwärts*: Bei einer Vorwärtsbewegung (Drehrichtung im Uhrzeigersinn) ist zum Zeitpunkt der ansteigenden Flanke von Signal A das Signal B auf Null-Potential und wird vom Ausgangsregister übernommen. Dementsprechend führt das V/R-Signal (V/R: vorwärts/rückwärts) ebenfalls 0-Pegel.
- *Stillstand*: Bei Stillstand wird der augenblickliche Zustand „eingefroren". Dies ist unabhängig davon, aus welcher Bewegungsrichtung gestoppt wird.

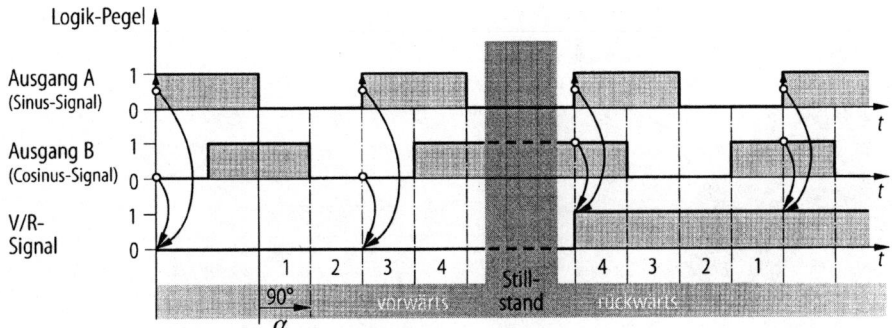

Bild E-16. Vorwärts-/Rückwärtserkennung

- *Rückwärts*: Bei der Rückwärtsbewegung ändert sich die Phasenlage des Ausgangssignals B zum Ausgangssignal A. Beim Durchlaufen der Signale hat das Ausgangssignal B nun „1"-Pegel zum Zeitpunkt der ansteigenden Flanke, wodurch das Ausscheidungssignal V/R ebenfalls den Logikpegel wechselt.

Die nachfolgende Elektronik wertet das V/R-Signal aus. Es wird zur Steuerung des Inkrementalzählers benötigt, der je nach Pegel entweder aufwärts oder abwärts zählt. In Bild E-17 ist dies dargestellt. Die nachfolgende Steuerung wertet die Zählerstände aus und berechnet daraus die aktuelle Positionen.

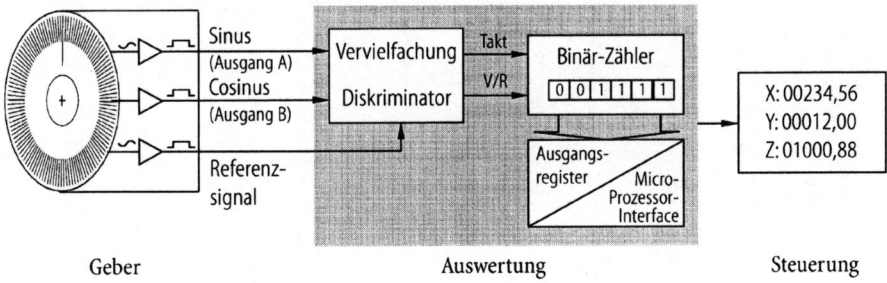

Bild E-17. Vorwärts-/Rückwärts-Auswertung

Bei absoluten Winkelgebern wird die augenblickliche Position direkt vom Geber mitgeteilt. Dies hat folgende Vorteile:

- kein Referenzsignal notwendig,
- Position direkt nach dem Einschalten bekannt und
- Störungen führen nicht zu Inkrementverlusten und somit zu falschen Positionen.

Absolute Winkelgeber sind mehrspurig aufgebaut. Dadurch ist es möglich, einen Kode darzustellen, der von der Winkelposition abhängig ist. Die gebräuchlichsten Kodes sind der Dual-Kode und der Gray-Kode. Bild E-18 zeigt am Beispiel von vier ausgewerteten Spuren den Aufbau eines dualkodierten Winkelgebers. Neben dem Kode ist auch ein Taktsignal abgelegt, das den Zeitpunkt für das richtige Einlesen festlegt. Ebenfalls in Bild E-18 dargestellt ist ein Ausschnitt einer solchen dual kodierten Scheibe.

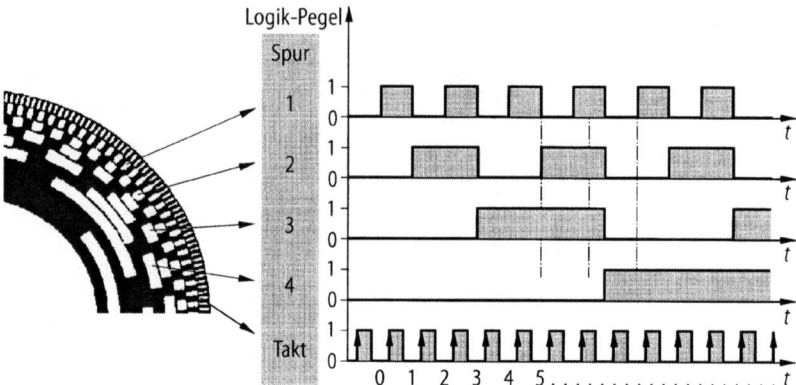

Bild E-18. Dual kodierer Absolutgeber

Tabelle E-5. Dual- und Gray-Kode im Vergleich

Dezimaler Wert	Dual-Kode				Dezimaler Wert	Gray-Kode			
	D3	D2	D1	D0		D3	D2	D1	D0
0	0	0	0	0	0	0	0	0	0
1	0	0	0	1	1	0	0	0	1
2	0	0	1	0	2	0	0	1	1
3	0	0	1	1	3	0	0	1	0
4	0	1	0	0	4	0	1	1	0
5	0	1	0	1	5	0	1	1	1
6	0	1	1	0	6	0	1	0	1
7	0	1	1	1	7	0	1	0	0
8	1	0	0	0	8	1	1	0	0
9	1	0	0	1	9	1	1	0	1
10	1	0	1	0	10	1	1	1	1
11	1	0	1	1	11	1	1	1	0
12	1	1	0	0	12	1	0	1	0
13	1	1	0	1	13	1	0	1	1
14	1	1	1	0	14	1	0	0	1
15	1	1	1	1	15	1	0	0	0

Der Gray-Kode zählt zu den *einschrittigen* Kodes und gilt daher als besonders sicher. Beim Übergang von einem Inkrement zum anderen ändert sich nur ein Bit. Damit können Störungen bei der Taktübernahme vermieden und auftretende Fehler erkannt werden. Tabelle E-5 zeigt die Vorteile des Gray-Kodes gegenüber des Dual-Kodes auf. Am Beispiel eines Schrittmotor Gebers ist in Bild E-19 ein Ausschnitt einer Gray kodierten Scheibe und der zugehörige Signalverlauf zu sehen.

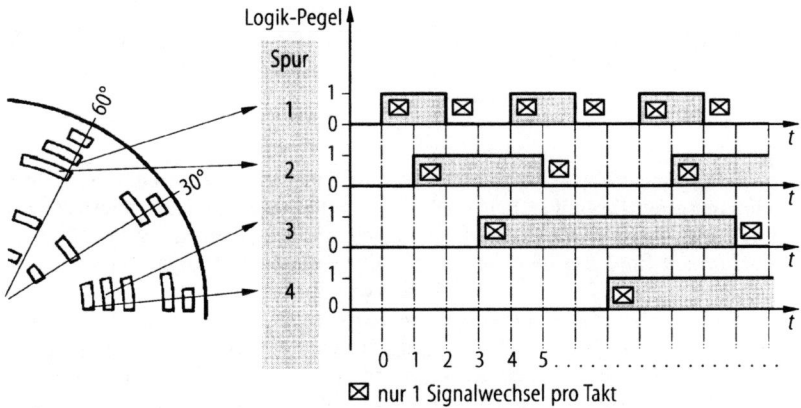

☒ nur 1 Signalwechsel pro Takt

Bild E-19. Absolutgeber mit Gray Kodierung

E.1.2.2.4
Hochauflösende Absolutgeber

Unter hochauflösenden Absolutgebern werden in diesem Abschnitt digitale Längen-
und Winkelmeßsysteme verstanden, welche die absolute Position von Translations- oder
Rotationsbewegungen in numerischer Form ausgeben. Zur Automatisierung von Pro-
duktionsvorgängen setzt man numerisch gesteuerte Maschinen ein. In diesen Maschinen oder Anlagen gibt es linear bewegte oder rotierende Teile, deren Position, Geschwindigkeit bzw. Drehzahl und Beschleunigung nach ganz bestimmten Zeitprofilen
gesteuert oder geregelt werden. Solche *Servosysteme* benötigen *Meßsysteme*, die den
absoluten *Istwert* der Lage (*lineare oder Winkel-Position*) und der Geschwindigkeit bzw.
die Bewegung von Schlitten, Drehtischen oder Schwenkarmen erfassen und an die
Steuerung rückmelden. Moderne Steuerungen sind fast ausschließlich digital, so daß
man überwiegend Meßgeräte verwendet, die die Position direkt digital abgreifen.

Bei kleinen Weg- bzw. Winkelbereichen setzt man noch analoge Lage- oder Bewe-
gungsmeßverfahren ein, beispielsweise lineare oder Winkel-Potentiometer, Resolver,
Dehnungsmeßstreifen, kapazitive und induktive Positionsgeber, Hallsensoren, differen-
tielle Feldplatten und Differentialtrafos. Analoge Messungen haben aufgrund ihrer kontinuierlichen Meßwertumformung eine theoretisch unendliche Auflösung. Wird der
Meßwert an einen Rechner oder an eine digitale Steuerung geliefert, muß das analoge
Signal (z.B. die Spannung eines Längenmeßpotentiometers) zuvor durch einen *Analog-
Digital-Converter* (ADC oder A/D-Umformer) quantisiert bzw. digitalisiert, d.h. in
einen numerischen Wert umgewandelt werden. So gibt es beispielsweise kapazitive
Meßumformer, deren Meßbereich von <0,1 mm bis in den Zehntelnanometerbereich
(nm = 10^{-9} m) quantisiert werden kann. Derart extrem hohe lineare Wegauflösungen
werden beispielsweise in der *Piezostelltechnik* (Abschn. E.2.3 und F.5.3) benötigt. Im
Gegensatz zu den *analogen Gebern* liefern Längen- und Winkelmeßsysteme mit *direkt
digitalen Meßverfahren* von Grund auf quantisierte Meßwerte, so daß keine A/D-Wand-
ler erforderlich sind. Man unterscheidet *inkrementale* (schrittweise Meßwertvariation)
und *absolute digitale* (kodierte) Meßsysteme (Abschn. E.1.2.2.3). *Inkrementalgeber*
(Schrittgeber) bzw. *absolute Winkelkodierer* (Kode-Meßsysteme, Enkoder) besitzen Auf-
lösungen in der Größenordnung von 0,1 mm bis 10^{-5} mm im Meßbereich von 100 mm

bis zu mehreren Metern bzw. 0,1° bis 0,01 arcsec (1 arcsec = 1/3600° = 2,91 · 10^{-5} rad = 29,1 µrad) entsprechend 27 Bit. Der Werteumfang von 27 Bit ist $2^{27} \approx 134 \cdot 10^6$ Inkremente (Schritte, Digits) pro Vollkreis. Aus dynamischer Sicht ist noch wichtig, daß das Meßsystem sehr schnell, d. h. in Echtzeit, mißt.

Definitionen

Messen einer Länge oder eines Winkels bedeutet, eine lineare Translation oder eine Rotation als Vielfaches einer Einheit (z. B. m, rad oder °) durch Vergleich mit einem Normal zu ermitteln. In der *linearen Meßtechnik* haben sich Standards wie die Wellenlänge des Helium-Neon-Lasers (in Laser-Interferometern der Genauigkeitsklasse bis 10^{-8}) oder Normale (Maßstäbe) mit der Genauigkeit von etwa 1 µm/m = 10^{-6}) durchgesetzt. Die Einheit des *Winkels* ist der *Radiant* (rad). Ein Kreisbogen hat 360° oder 2π rad, d. h. ein Radiant entspricht 180°/$\pi \approx$ 57,296 Winkelgrad oder 1 U/min = 1 min^{-1} entspricht etwa 9,5493 rad/s (30/$\pi \approx$ 9,5493). Außerdem werden noch die Einheiten Bogenminute (1 arcmin = 1/60°) und Bogensekunde (1 arcsec = 1/3600°) verwendet. Um Winkelwerte leicht im Rechner verarbeiten zu können, rechnet man zunehmend in dualen Bruchteilen des Umfangs (360°/2^n). Man spricht dann von *n bit* Wertebereich oder *n bit* Winkelauflösung: 1 Bit (1 Schritt, 1 Inkrement oder 1 Digit) entspricht dann einem Winkel von 360/2^n Grad bzw. 2π/2^n Radiant.

Der digitale *Sensor*, auch Bewegungsmelder, Meßumformer/wandler, Positionsaufnehmer oder Lagedetektor genannt, basiert meist auf einer periodischen Struktur, d. h. es werden nach bestimmten physikalischen Meßprinzipien (Abschn. E.1.2.2.3) periodische Signale, z. B. Spannungsimpulse erzeugt. Dazu gehören ein linearer Maßstab bzw. eine Codierdrehscheibe, ein Abtastkopf mit Ausgangsverstärker und Steckverbindung und eine Kupplung. Das übergeordnete *Meßsystem* leitet aus den Impulsen numerische Meßwerte ab. Zu einem *Meßsystem* gehören beispielsweise neben dem Sensorsystem ein Interpolator, ein Zähler und ein Rechnerinterface, z. B. eine Netzwerk- oder Datenbus-Station, um die numerischen Daten an die Steuerung oder einen Rechner zu übertragen (*Datenkommunikation*).

Meßverfahren und Meßprinzipien

Bild E-20 zeigt eine Übersicht über verschiedene Meßverfahren nach dem *photoelektrischen* und dem *induktiven Meßprinzip*. Für beide Meßprinzipien gibt es *inkrementale* (Schrittgeber) und *absolut kodierte* Verfahren sowohl für *Translation* (lineare Geber mit Linearmaßstäben) als auch für *Rotation* (Drehgeber mit Kodierscheiben). Wird eine Linearbewegung über Spindel/Mutter oder Zahnstange/Ritzel erzeugt, kann sie an der Spindelwelle auch mit *Multiturn*-Drehgebern ermittelt werden. Ein Winkelschritt entspricht einem von der Spindelsteigung abhängigen Translationsschritt (Abschn. F.5.4.6).

Inkrementales Meßverfahren zur Messung von Bewegung und Position

Während der linearen oder rotierenden Bewegung werden Einzelsignale (z. B. Spannungsimpulse) richtungsabhängig in einem Auf-Ab-Zähler gezählt (Integrator) und daraus die Position (Verfahrweg) ermittelt. Prinzipiell kann man an jedem Punkt mit dem Zählen beginnen (Start des Zählers). Daher muß nach dem Ausschalten des Systems beim Wiedereinschalten ein Referenzpunkt angefahren werden (*Initialisierung*).

Photoelektrische Abtastung eines Glasmaßstabs (Durchlichtverfahren)

Bild E-21 zeigt das *Abtastprinzip* (s. auch Bild E-12): Von einer *Lichtquelle* und einer nachgeschalteten *Kondensorlinse* geht ein paralleles Lichtbündel aus. Dieses fällt durch

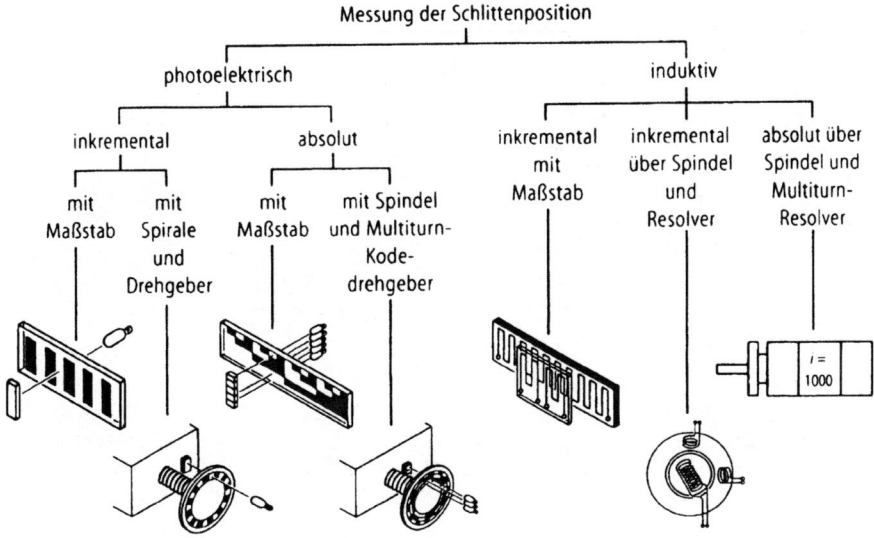

Messung der Schlittenposition

photoelektrisch

inkremental

mit
Maßstab

mit
Spirale
und
Drehgeber

absolut

mit
Maßstab

mit Spindel
und Multiturn-
Kode-
drehgeber

induktiv

inkremental
mit
Maßstab

inkremental
über Spindel
und
Resolver

absolut über
Spindel und
Multiturn-
Resolver

Bild E-20. Systematische Ordnung der Wegmeßsysteme (Werkfoto Dr. Heidenhain)

vier Fenster der *Abtastplatte* und durch den mit einem Strichgitter versehenen Maßstab. Das Strich-Lücke-Verhältnis ist normalerweise 1:1. Die so geteilten Lichtstrahlen gelangen dann auf vier *Siliziumphotoelemente*, die ein *lichtsensitives* (lichtempfindliches) Schaltverhalten besitzen. Findet eine Relativbewegung zwischen Abtasteinheit und Glasmaßstab statt, bewegt sich beispielsweise die mit dem Schlitten der Werkzeugmaschine verbundene *Abtasteinheit* längs des Maßstabs, so wird der Lichtstrom durch die Maßstabsteilung abwechselnd freigegeben und unterbrochen. In den Photoelementen entstehen nahezu sinusförmige elektrische Signale.

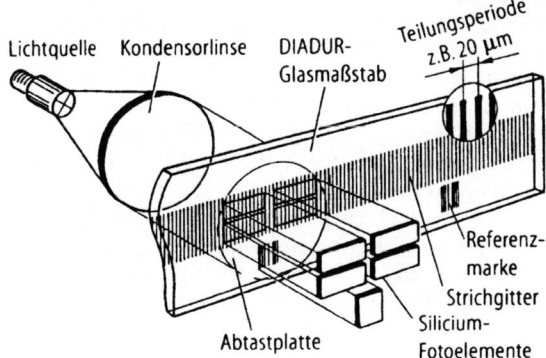

Lichtquelle Kondensorlinse DIADUR-
Glasmaßstab

Teilungsperiode
z.B. 20 μm

Referenz-
marke

Strichgitter

Silicium-
Fotoelemente

Abtastplatte

Bild E-21. Fotoelektrische Abtastung eines Glasmaßstabs (Werkfoto Dr. Heidenhain)

Aufbereitung der Abtastsignale

Die Teilung in den vier Fenstern der Abtastplatte ist jeweils um 90° phasenversetzt. Durch Zusammenschaltung der beiden jeweils um 180° phasenversetzten Signale entstehen zwei um 90° zueinander versetzte nullsymmetrische, sinusförmige Signale I_{el}

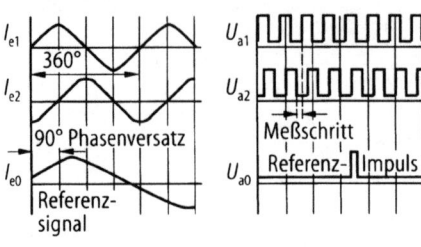

a Abtastsignale des
    Längenmeßsystems

b Digitalisierung der
    Abtastsignale mit
    5facher Interpolation

Bild E-22. Meßsignalaufbereitung
(Werkfoto Dr. Heidenhain)

und I_{e2} (Bild E-22, s. auch Abschn. E.1.2.2.3 bzw. Bild E-14 und Bild E-15). Durch die differentielle Zusammenschaltung von zwei Gegentaktsignalen werden Gleichtaktstörungen bzw. Gleichstromanteile eliminiert. Die zwei resultierenden Differenz-(Gegentakt-) Signale der beiden Photoelementepaare stellen ein Sinus- und ein Cosinus-Signal dar. Es gilt:

$I_{e1} = I \cdot \sin \varphi$ und $I_{e2} = I \cdot \cos \varphi$, I als Signalamplitude und $\varphi = 2\pi \cdot s/P$
(s = Weg, P = Signalperiode).

Das Abtastsignal I_{e0} nennt man das *Referenzsignal*. Dieses wird im fünften Photoelement erzeugt. Das fünfte Abtastfeld trägt ein nichtperiodisches Teilungsmuster. Wenn dieses mit dem identischen Teilungsmuster auf dem Glasmaßstab koinzidiert (übereinstimmt), entsteht eine ausgeprägte Signalspitze, das *Referenzsignal*.
    Die drei *Abtastsignale* werden in einem geschirmten Kabel zu einer *Elektronikeinheit* geführt. In der Elektronikeinheit werden die Signale fünffach interpoliert, indem aus den beiden um 90° versetzten Abtastsignalen und einem *invertierten* (umgekehrten) Signal durch Addition *Hilfsphasen* entstehen, die jeweils um 18° zueinander versetzt sind (s. *Interpolation* und Bild E-26). Daraus werden zunächst Rechtecksignale (Impulse) geformt. Aus diesen werden in einer *logischen Schaltung* zwei Rechteckimpulsfolgen (*Impulsfreqenzen*) U_{a1} und U_{a2} mit der fünffachen Frequenz der Abtastsignale gebildet. Bei der üblichen Auswertung aller vier Flanken der beiden Rechteckimpulse im Zähler entspricht in Bild E-21 bzw. in Bild E-22 ein Meßschritt (*Inkrement*) einem Schlittenweg von 1 µm. Die logische Schaltung erzeugt außerdem ein *Richtungssignal* durch vergleichende Flankenauswertung der phasenversetzten Rechtecksignale in Abhängigkeit von der Laufrichtung. Bei Richtungswechsel ist das Abtastsignal, das zuvor voreilend war, gegenüber dem anderen Abtastsignal nacheilend (Abschn. E.1.2.2.3). Diese Tatsache wird zur Gewinnung des Vorzeichens logisch ausgewertet und dem Auf-Ab-Zähler zugeführt (Bild E-16 und Bild E-17). Durch das vorzeichengerechte Auszählen der Impulse (Meßschritte) ermittelt der Zähler ausgehend vom Referenzpunkt den Verschiebeweg bzw. die *absolute Position* (Bild E-17). Aus dem *inkrementalen Sensor* wird somit ein *absolutes* und *hochauflösendes digitales Positionsmeßsystem*.

Photoelektrische Abtastung eines Stahlmaßstabs (reflektives Meßprinzip, Auflichtverfahren)
Eine Variante des *photoelektrischen Meßprinzips* ist das *reflektierende* oder *Auflicht-Meßverfahren*. Bild E-23 zeigt das *Abtastprinzip* (s. auch Bild E-12): Das Längenmeß-

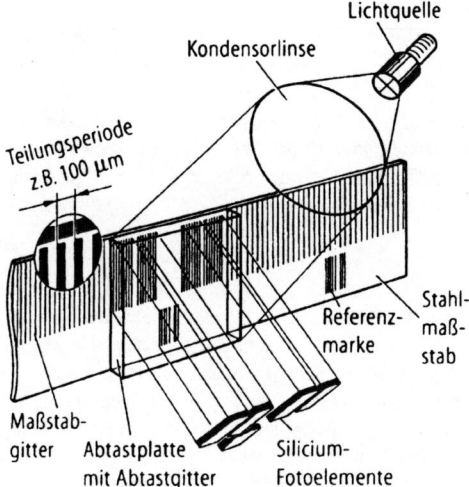

Bild E-23. Fotoelektrische Abtastung eines Stahlmaßbands (Werkfoto Dr. Heidenhain)

system mit Stahlband arbeitet prinzipiell genau so, wie das System mit durchleuchtetem Glasmaßstab in Bild E-21. Auf dem Stahlmaßband sind Goldstriche mit hohem Reflexionsgrad und mattgeätzte Lücken angebracht. Die mattgeätzte Stahloberfläche zwischen den Strichen reflektiert sehr gering. Die Abtastplatte ist in geringem Abstand zur Teilung angeordnet. Die reflektierten Lichtstrahlen fallen auf die Photoelemente und erzeugen die bekannten sinusförmigen Abtastsignale. Es gibt auch Anwendungen, bei denen ein Stahlband mit einer Inkrementalteilung auf den Umfang eines Rundtisches aufgespannt und photoelektrisch abgetastet wird (Bild E-24). Solche Maßverkörperungen sind möglich mit einem Bandauflage-Durchmesser bis herunter zu 600 mm.

Bild E-24. Winkelmeßeinrichtung mit Stahlmaßband: LIDA 360 (Werkfoto Dr. Heidenhain)

Meßlängen linearer Meßsysteme
Die Längenmeßsysteme mit Glasmaßstäben sind bis zu Meßlängen von etwa 3 m erhältlich. Die Längenmeßsysteme mit Stahlmaßstäben werden bis zu 30 m und darüber gefertigt.

Inkrementale Drehgeber (Inkrementalenkoder)
Inkrementalenkoder enthalten eine Teilscheibe mit einer *Radialteilung.* Diese besteht aus lichtdurchlässigen und lichtundurchlässigen Sektoren gleicher Breite. Das Verfahren

arbeitet photoelektrisch, wie beim linearen Längenmeßsystem mit Glasmaßstab. Auf der Teilscheibe befindet sich zusätzlich eine Referenzmarke, die bei jeder Umdrehung einen exakt reproduzierbaren Referenzimpuls erzeugt. Mit dessen Hilfe und mit Hilfe eines Nockenschalters wird der Zähler für die Winkelinkremente genullt. Dabei dient der Nockenschalter zur Identifizierung genau eines Referenzimpulses bei sogenannten *Multiturn-Enkodern*, d. h. der Enkoder dreht sich innerhalb des gesamten Bewegungsbereiches mehrfach. Das ist beispielsweise bei einem Spindelantrieb der Fall. Die Spindel transformiert eine Drehbewegung in eine lineare Bewegung.

Kode-Meßverfahren

Wird unmittelbar nach dem Einschalten des Systems die *Absolutposition* benötigt, setzt man *kodierte Maßverkörperungen* ein: kodierte Linearmaßstäbe und Kreisteilungen. Diese sind vom Abtastprinzip gleich aufgebaut wie Inkrementalgeber, haben jedoch eine höhere Anzahl von Spuren. Es gibt auch kombinierte Systeme, bei denen die hohe Auflösung durch das inkrementale Meßprinzip und die gröbere Genauigkeit absolut (kodiert) ermittelt wird. Kode-Linear- oder Drehgeber benötigen keine *Initialisierung*, also keinen Zähler, keinen Referenzimpuls und keine Elektronik zur Richtungserkennung. Der Meßwert wird vielmehr direkt aus dem Teilungsmuster der Teilscheibe abgeleitet und als *codiertes Meßsignal* (numerischer Wert) ausgegeben. Dieses Meßsignal kann dann als *normierter Zahlenwert* direkt im Rechner verarbeitet werden.

Bei Drehgebern unterscheidet man zwischen *Singleturn-* und *Multiturn-Gebern*:

* *Singleturn-Kodedrehgeber* lösen eine Umdrehung (0 bis 360°) in eine bestimmte Anzahl von Positionen auf. *n bit* entsprechen *n Teilungskanälen* und 2^n Werten. Nach 1 Umdrehung wiederholen sich die Winkelwerte wieder.
* *Multiturn-Kodedrehgeber* erfassen im Gegensatz dazu nicht nur die Winkelpositionen innerhalb einer Umdrehung, sondern unterscheiden auch mehrere Umdrehungen. Dazu werden weitere codierte Kreisteilungen über ein internes Übersetzungsgetriebe mit der Drehgeberwelle verbunden.

Die heute überwiegend verwendeten Kodes sind fast nur noch *binär* (Abschn. E.1.2.2.3 und Bild E-13): der *Dual-Kode* (Bild E-18) oder der *Gray-Kode* (Bild E-19). Der Dualkode bildet den Zahlenwert aus Potenzen zur Basis 2: Der *Dezimalwert 227* beispielsweise bedeutet in *dualer* Darstellung:

$$1 \cdot 2^7 + 1 \cdot 2^6 + 1 \cdot 2^5 + 0 \cdot 2^4 + 0 \cdot 2^3 + 0 \cdot 2^2 + 1 \cdot 2^1 + 1 \cdot 2^0,$$

d. h. die Dualzahl für 227 lautet: 11100011

Beim *Dualkode* können im Gegensatz zum *Gray-Kode* (*einschrittig*) mehrere Spuren gleichzeitig wechseln, so daß wegen der Fertigungstoleranz (Ungenauigkeit) die Flanken der Spuren nicht genau zueinander fluchten und bei der Ablesung der Teilung an den Übergangsstellen mit Falschinformationen gerechnet werden müßte. Dies läßt sich jedoch mit der *V-Logik* vermeiden (Bild E-25). In jeder Spur 2^v mit $v = 0$ bis m werden (außer bei der feinsten Spur $v = 0$ also 2^0) zwei Ablesestellen X_v und Y_v installiert, die mit steigender Wertung 2^v *V-förmig* angeordnet werden. Werden die Signale jeder Spur von X_v auf Y_v geschaltet, wenn in der nächst feineren Spur das Signal von *logisch 0* auf *logisch 1*, d. h. von X_{v-1} auf Y_{v-1} gewechselt ist und umgekehrt, dann sind die zugeschalteten Abtastsignale stationär (konstant), also *eindeutig*. Die Flanken aller gerade wechselnden Spuren $v \geq 1$ werden mit diesem V-Abtastverfahren somit elektronisch simultan und synchron mit dem Signal $v = 0$ (LSB: *least significant bit*, niedrigstwertiges Bit) umgeschaltet bzw. zeitlich definiert. Fehlinformationen sind dadurch ausgeschlossen.

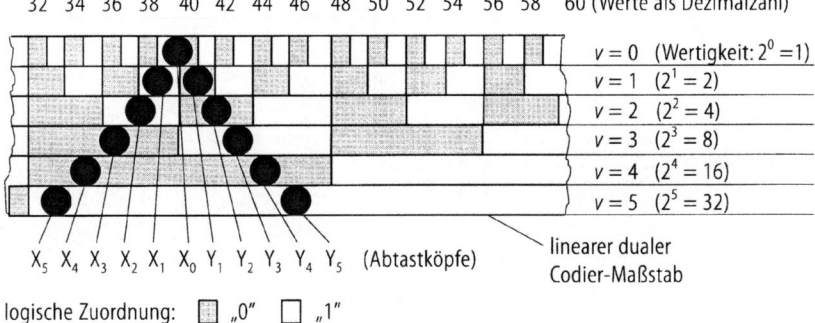

Bild E-25. Anordnung der Abtastvorrichtung in V-Logik beim Dualkode

Der *Gray-Kode* ist der einfachste der *einschrittigen Kodes*, bei denen pro Meßschritt immer nur *ein* Signal wechselt. Hier kann auf eine V-Logik verzichtet werden. Der Gray-Kode kann durch eine einfache Logikschaltung in den Dualkode umgewandelt werden und umgekehrt.

Betreffend *Datenausgang* unterscheidet man zwischen *paralleler* und *synchronserieller Datenausgabe*:

- Beim *parallelen Datenausgang* hat jede Spur eine separate Datenleitung. Die logischen Daten sind entweder ständig verfügbar oder liegen auf ein Freigabesignal hin am Ausgang an.
- Bei Kodierern mit *synchronseriellem Datenausgang* erfolgt die Datenübertragung synchron zu einem vorgegebenen Taktsignal. Diese Version ist besonders bei Gebern hoher Auflösung vorteilhaft, da lediglich 4 Signalleitungen erforderlich sind: TAKT, TAKT negiert, DATEN und DATEN negiert. Je nach Taktfrequenz sind Leitungslängen bis zu 100 m möglich.

Der Meßbereich von *Multiturn-Kode-Drehgebern* entspricht der Anzahl von unterscheidbaren Umdrehungen. Beispiel: Der *ROC 424* (Fa. Heidenhain) unterscheidet 4 096 (2^{12}) Umdrehungen und gibt zusätzlich 4 096 Positionswerte pro Umdrehung aus (insgesamt 2^{24}, d. h. 24 Bit-Enkoder). Beim Einsatz des *ROC 424* an einer Spindel mit 4 mm Spindelsteigung ergibt sich ein Meßschritt von ca. 1 μm und eine Meßstrecke von ca. 16,4 m.

Einbau-Winkelmeßsysteme

Einbau-Winkelkodierer sind typisch bei beengtem Einbauraum, wenn eine große Innenbohrung verlangt wird oder jede Reibung und jede zusätzliche Elastizität (durch eine Kupplung) vermieden werden muß (hohe Dynamik). Diese *Direkt- oder Singleturn-Einbaukodierer* werden wie ein Direktantrieb (Abschn. F.5.1.2 und F.5.1.3) direkt in die Arbeitsmaschine integriert. Sie werden als Einzelbaukomponenten (Teilkreis mit Strichzahlen bis zu 36 000, mit Nabe und Abtasteinheit, inkremental und absolut) bis zu Drehzahlen von 40 000 min^{-1} für schnellaufende Hauptspindeln, luftgelagerte Rundtische und NC-Maschinen angeboten. Mit einer 400fachen elektronischen Interpolation (Bild E-26) erreicht man eine Auflösung von 0,09 arcsec. Beim Einbau des Teilkreises muß besonders auf möglichst geringe *Exzentrizität* geachtet werden. Je nach Teilkreisdurchmesser bewirkt eine Exzentrizität von 0,3 bis 0,6 μm eine Meßungenauigkeit (Abweichung vom idealen Meßwert) von ± 1 arcsec. Der Exzentrizitätsfehler läßt sich jedoch

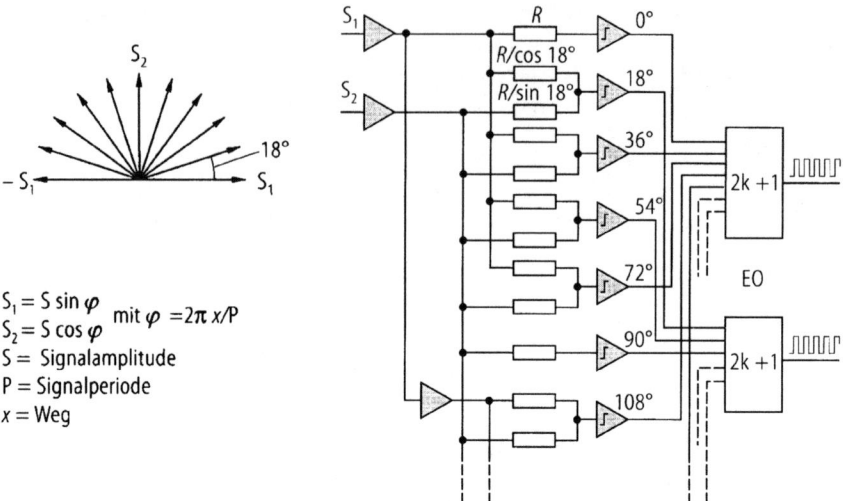

$S_1 = S \sin \varphi$
$S_2 = S \cos \varphi$ mit $\varphi = 2\pi \, x/P$
$S =$ Signalamplitude
$P =$ Signalperiode
$x =$ Weg

a Phasendiagramm   **b** Elektronische Schaltung

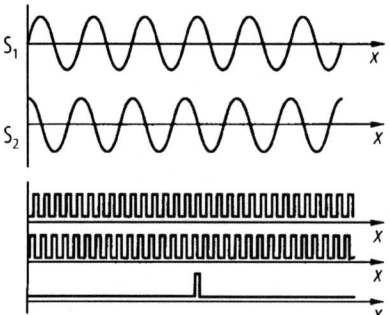

c Sinus- bzw. Cosinus-Eingangssignale
S_1 und S_2 sowie rechteckförmige
Ausgangssignale mit fünffacher
Frequenz der Eingangssignale
(EO: Exclusiv-Oder-Gatter)

Bild E-26. Elektronische Interpolation mit Hilfsphasen (Werkfoto Dr. Heidenhain)

eliminieren, indem man zwei Abtastköpfe an dem Teilkreis diametral gegenüber anordnet und im Rechner den Mittelwert bildet.

Dynamik
Um bei drehzahlgeregelten Antrieben ein gutes dynamisches Verhalten zu erreichen, sollte die Abtastzeit zwischen 0,5 ms und 50 µs gewählt werden, und die Signalverarbeitungsdauer, das ist die Zeit zwischen *Istwert-Erfassung* und *Sollwert-Ausgabe (Stellsignal)*, sollte möglichst kleiner als 25 % der Abtastzeit, d.h. ca. 12,5 µs bis 125 µs betragen. Bei Vorschubantrieben mit Spindeln werden heute Drehzahlen von 12 000 min^{-1} gefordert. Bereits bei einer Drehzahl von 6000 min^{-1} und 500 000 Meßschritten/Umfang ergibt sich bei der oben erläuterten 4fach-Auswertung der Rechteck-Impulsfolge in der Folgeelektronik eine Eingangsfrequenz von 12,5 MHz. Der Flankenabstand beträgt weniger als 0,02 µs, die Meßauflösung beträgt $2 \cdot 10^6$ Schritte/Umdrehung.

Elektronische Interpolation
Um extrem hohe Anforderungen an die Auflösung erfüllen zu können, ist eine digitale
Unterteilung des analogen Abtastsignals erforderlich. Heute werden solche *Interpolatio-
nen* bis zu 4096fach erreicht. Wird beispielsweise ein Drehgeber mit 2500 Strichen
4096fach unterteilt, so erhält man über 10 Millionen Meßschritte pro Umdrehung. Die
Interpolation beispielsweise der beiden *Sinus- und Cosinus-Abtastsignale* des oben
beschriebenen *inkrementalen Abtastprinzips* erfolgt, indem durch analoge Addition der
beiden Signale Hilfsphasen gebildet werden, die phasenversetzt sind. Im Beispiel in Bild
E-26 werden auf diese Weise 10 Signale mit den Phasen 0° bis 162° erzeugt. Sie werden
von Komparatoren in Rechtecksignale umgeformt und von zwei Exclusiv-Oder-Gattern
(EO) zu zwei Rechteck-Impulsfolgen zusammengefaßt. Die beiden Ausgangs-Impulsfol-
gen sind um eine viertel Periode zueinander phasenversetzt und haben die fünffache
Frequenz der Eingangssignale. Der Abstand zwischen benachbarten Rechteckflanken
entspricht einem Meßschritt, in diesem Fall also 1/20 einer Teilungsperioden des Maßstabs bzw. der Teilscheibe (d. h. der Interpolationsfaktor ist 20).

Induktive Meßprinzipien (drei Beispiele)

Resolver
Eine mit Wechselstrom gespeiste Rotorspule induziert in zwei um 90° versetzte Stator-
spulen zwei um $1/4$ Periode phasenversetzte Spannungen gleicher Frequenz, aber unterschiedlicher Amplituden, die von der Stellung des Rotors abhängig sind. Mit einem
Amplituden-Auswerteverfahren mit hohem Interpolationsgrad stellt der *Resolver* innerhalb einer Umdrehung ein *absolutes Winkelmeßsystem* dar.

Inductosyn
Es ist als Abwicklung eines *Resolvers* in ein *Linearmeßsystem* zu verstehen (Bild E-27).
Der Inductosyn-Maßstab trägt ein mäanderförmiges elektrisch leitendes Teilungsmuster, quasi als Windung, die von einem Wechselstrom mit der Trägerfrequenz f_T
durchflossen wird. Die Abtastplatte hat zwei gleiche um $1/4$ Teilungsperiode versetzte
mäanderförmige Teilungen, in die zwei um 90° phasenversetzte Signale der Frequenz f_T
induziert werden. Liegen sich die Leiterbahnen von Maßstab und beweglicher Abtastplatte exakt gegenüber, hat das zugeordnete Signal eine maximale Amplitude. Liegen die
Leiterbahnen der Abtastplatte exakt über den Leiterbahnlücken des Maßstabs, ist das
Signal null. Die Signalauswertung erfolgt nach dem gleichen Verfahren wie beim Inkrementalgeber oder beim Resolver.

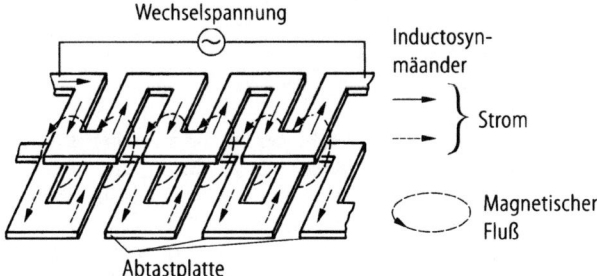

Wechselspannung

Inductosyn-
mäander

} Strom

Magnetischer
Fluß

Abtastplatte

Bild E-27. Aufbau eines
Linearinductosyn (Werk-
foto Dr. Heidenhain)

Magnetisches Meßprinzip

Ein Permanentmagnet-Maßstab mit alternierender magnetischer Polarisierung, wird von zwei versetzten Spulensystemen mit einer Trägerfrequenz f_T abgetastet (Bild E-28). Die beiden Spulensysteme haben je eine Erreger- und eine Empfängerwicklung. Die Erregerspulen werden mit Wechselstrom der Frequenz f_T magnetisch erregt, so daß in den Empfängerspulen Wechselsignale induziert werden, deren Amplituden in Abhängigkeit von der relativen Lage zur magnetischen Maßstabsteilung variieren. Diese *Amplitudenmodulation* zweier um $^1/_4$ Periode versetzten Signale werden nach dem bekannten Verfahren (Inkrementalenkoder, Resolver) zur Lagebestimmung ausgewertet.

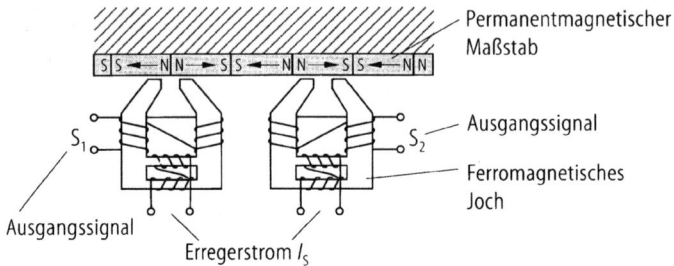

Bild E-28. Magnetisches Prinzip eines Lineargebers (Werkfoto Dr. Heidenhain)

Interferentielles Meßprinzip

Es handelt sich hier physikalisch um ein Gitter-Interferometer mit einem hochaufgelösten Phasengitter als Maßstab und einem Abtastgitter. Das Licht einer Halbleiter-Lichtquelle wird beim zweimaligen Durchgang durch das Abtastgitter und bei der Reflexion am Phasengitter mehrmals gebeugt, wobei die Lichtbündel zur Interferenz (Überlagerung) kommen. Die drei interferierenden Strahlen werden von einer Linse gesammelt und auf drei Photoelemente gelenkt, die die Lichtintensität in Signale umwandeln. Dabei verschieben sich die Wellenfronten um genau eine Wellenlänge, wenn man das Gitter um eine Periode (Gitterstreifenabstand) bewegt. Aus den drei Interferenzsignalen werden in einer Elektronik die beiden um $^1/_4$ Periode phasenversetzten sinus- bzw. cosinusförmigen Abtastsignale erzeugt und weiter verarbeitet. Anstatt des körperlichen Maßstabs wird beim *Laser-Interferometer* die Wellenlänge eines *Helium-Neon-Lasers* als immaterielles Teilungsmuster benutzt. Damit können Meßauflösungen bis in die Größenordnung von wenigen 10 nm erreicht werden.

E.2
Aktuatoren

Aktuatoren oder auch kurz *Aktoren* genannt, sind Befehlsgeräte, die eine Funktion der SPS, ausgelöst durch ein elektrisches Signal, in eine mechanische Aktion umsetzen. Das Arbeitsprinzip ist dabei allen Aktoren gemeinsam: Mit Hilfe eines elektrischen Schaltvorgangs wird ein physikalischer Effekt erzeugt. Dieser kann sein: Druck, Temperatur, Licht und Volumensteuerung von Gasen und Flüssigkeiten (wird am häufigsten genutzt und ist daher ein Schwerpunkt in den weiteren Betrachtungen). Bild E-29 gibt eine Übersicht. Der Ventiltechnik kommt dabei im Maschinenbau eine besondere Bedeutung zu.

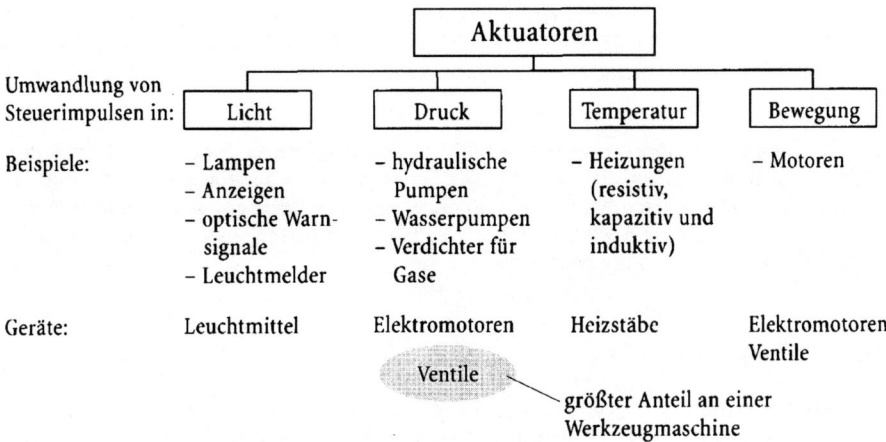

Bild E-29. Aktuatoren zur Umformung physikalischer Größen

E.2.1
Hydraulische Aktuatoren

Aus historischen Gründen gilt die Hydraulik auch heute noch als der Muskel der Maschine. Überall dort, wo große Kräfte notwendig werden, werden hydraulische Aggregate eingesetzt. Die Vorteile sind:

- Arbeitsdrücke von mehr als 300 bar,
- inkompressibles Medium und daher
- hohe Reproduzierbarkeit von Arbeitsabläufen.

Beispiele für hydraulische Aggregate sind:

- hydraulischer Motor,
- Hydraulikzylinder und
- Pumpen.

Das Bindeglied zur SPS-Steuerung bildet in allen Fällen das *elektromagnetische Ventil*, das den mehr oder weniger gesteuerten Durchfluß des Hydrauliköls erlaubt. Man unterscheidet

- Schaltventile, die nur zwei Positionen einnehmen können (geschaltet und nicht geschaltet) und daher ähnlich wie ein *binäres* (digitales) *Schaltglied* arbeiten und
- Proportional-Ventile, die eine kontinuierliche Steuerung der Durchflußmenge und in der Folge der angestrebten Drücke zuläßt.

Beide Ventilvarianten gibt es in sehr vielen Ausprägungen, so daß in den nachfolgenden Abschnitten nur auf die elektrotechnische Schnittstelle eingegangen werden kann.

E.2.1.1
Schaltventile

Das Ventil selbst besteht aus einem Schieber, der durch zwei Magnetspulen bewegt wird. Ist keine der Spulen aktiv, verharrt der Schieber in der Mittelstellung.

! **Hinweis:** Neben der Doppelspulentechnik gibt es auch Magnetventile mit nur einer Spule. Die zweite Endlage wird dabei durch eine Feder sichergestellt, eine Mittellage gibt es nicht. Diese Ventile werden vorwiegend für einfache Schaltvorgänge verwendet.

Die Magnetspulen werden auf einem Rohr seitlich aufgesteckt. Innerhalb dieses Rohres befindet sich der *Anker*, der den Schieber betätigt und in der Ruhelage außerhalb der Spulenmitte liegt. Wird die Spule von einem Strom durchflossen, baut sich ein Magnetfeld auf. Die Feldlinien üben daher eine Kraft auf den Anker aus und ziehen ihn in die Spulenmitte. Das Ventil hat geschaltet.

E.2.1.2
Proportionalventile

Proportionalventile ermöglichen eine kontinuierliche Steuerung von Öl, Wasser oder Gas. In Abhängigkeit eines *analogen* Signals oder eines *binärkodierten* Steuerwortes wird ein variables Magnetfeld erzeugt, das eine einstellbare, definierte Kraft auf den Schieber (*Steuerkolben*) des Ventils ausübt. Die Einsatzgebiete von Proportionalventilen sind:

- Bewegungssteuerungen durch hydraulische oder pneumatische Zylinder,
- Drehzahlsteuerung bei hydraulischen Motoren,
- variable Spannkräfte für unterschiedliche Werkstücke und
- Erzeugung unterschiedlicher Druckstufen bei Kühlmitteln zum
  - Kühlen während der Bearbeitung,
  - Spülen des Werkzeuges und
  - Freispülen des Werkstücks von Spänen.

Zur Ansteuerung eines Proportionalventils werden heute unterschiedliche Schnittstellen verwendet. Die gängigsten sind:

- Stromschnittstelle: 4 mA bis 20 mA,
- Spannungsschnittstelle: 0 V bis 10 V und
- BCD-Schnittstelle: 3 bis 4 Bit, entsprechend 7 oder 15 Stufen

Die Umsetzung zur Ansteuerung des Magneten erfolgt mit Hilfe einer Elektronik. Diese ist durch die fortschreitende Miniaturisierung heute meistens in einem Stecker untergebracht. Die Ansteuerelektronik übernimmt dabei folgende Aufgaben:

- Verstärkung des Nutzsignals (einschließlich Umsetzung auf das interne Format),
- Abgleich der Nulllage (z. B. 4 mA oder 0 V),
- Modulation des Ansteuersignals (in der Fachsprache als *Dither* bezeichnet),
- Überwachung der Position,
- gegebenfalls Nachregelung,
- Anzeigen und
- Diagnose sowie Störungserfassung und -meldung.

Die Überlagerung der Ansteuerspannung, die in der Regel eine Gleichspannung ist, mit einer niederfrequenten Wechselspannung, wird als *Dither* bezeichnet. Diese *Brummüberlagerung* verbessert das Hystereseverhalten und somit die Wiederholgenauigkeit für gleiche Eingangsbedingungen. Der Kolben des Magnetventils wird durch diese Brummüberlagerung ständig in Bewegung gehalten. Wird der Schieber durch eine

Tabelle E-6. Einstellparameter bei Proportionalventilen

Parameter	Einstellungsbereich	Typische Einstellungen
Aussteuerbegrenzung	0% bis 100%	0%
Nullpunktverschiebung	0% bis 80%	0%
Rampenanstiegszeit	0,1 s bis 7,0 s	0,1 s
Rampenabfallzeit	0,1 s bis 7,0 s	0,1 s
Dither	0 bis 30%	10%

Änderung der Eingangsspannung aus seiner augenblicklichen Lage bewegt, muß *keine Haftreibung* überwunden werden. Ein Rucken und damit *Drucksprünge* werden vermieden. Die Amplitude der Brummspannung ist üblicherweise einstellbar und beträgt maximal 30% der höchsten Aussteuerspannung. Tabelle E-6 stellt die wichtigsten Einstellparameter für die Ansteuerelektronik zusammen. Die gesamte Regelelektronik befindet sich in einem Stecker.

E.2.2
Pneumatische Aktoren

Die Aktoren in der Pneumatik sind im wesentlichen dieselben wie bei der Hydraulik. Die drei Hauptbereiche werden durch folgende Geräte abgedeckt: *Schaltventile, Proportionalventile* und *Zylinder*.

Neben der Standardpneumatik mit einem Betriebsdruck von 7 bar bis 10 bar gibt es die *Niederdruckpneumatik* oder *Fluidik*, die mit Drücken < 1 bar arbeitet. Auf sie soll hier nicht nähers eingegangen werden. Aufgrund der geringeren Anforderungen in bezug auf *Druckfestigkeit, Durchflußvolumen* und *Ansteuerleistung* ist die Bauform pneumatischer Ventile gegenüber den hydraulischen Aktuatoren erheblich kleiner.

Bei der Pneumatik ist ein sehr starker Trend zu *Feldinseln* mit integrierter Elektronik zu verzeichnen. In den letzten Jahren haben sehr viele Firmen diesbezüglich Produkte auf den Markt gebracht, die neben der pneumatischen Funktion auch einen vollständigen Feldbusknoten beinhalten. *Aktoren* und *Ansteuerung* rücken näher zusammen (Abschn. E.5). Bild E-30 verdeutlicht dieses Migrationsstreben. Die wesentlichen Bestandteile sind:

- pneumatischer Ventilträger,
- integrierte Ansteuerung,
- Feldbuskoppelbaugruppe (z.B. Profibus, InterBus-S, CAN-Bus) und
- optionale Eingangsmodule zur Erfassung von
  - Ventilstellungen,
  - Endschaltern,
  - Drucksensoren und
  - zur Diagnose.

Der Ventilträger erlaubt die Montage unterschiedlicher Ventile, wie beispielsweise Schaltventile und Proportional-Ventile.

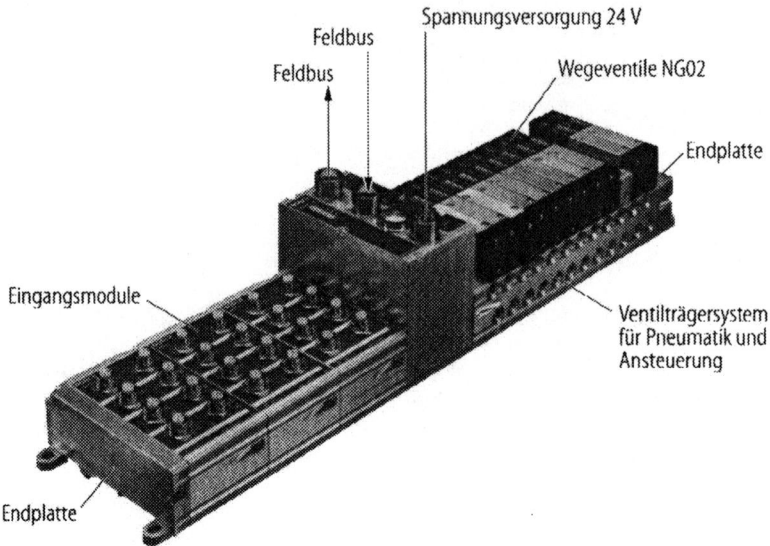

Bild E-30. Pneumatische Feldbusinsel und ihre Komponenten (Werkfoto: Bosch)

E.2.3
Piezo Steller

Die *Piezostelltechnik* ist ausführlich in Abschn. F.5.3 behandelt. Hier wird das *Piezostell-element* (*Piezo-Translator PZT*) und einige typische Anwendungen wie Kippspiegel, Mikrostelltische, das *Hexapod*, ein Vibrationsisolator und die Mikrometerschraube beschrieben.

E.2.3.1
Piezoelektrische Translatoren

Wie in Abschn. F.5.3.2 beschrieben, sind *Piezoelektrische Translatoren* (*PZT*) elektrisch steuerbare Festkörperstellglieder, deren Funktion auf der Grundlage des *piezoelektri-schen Effekts* beruht. Das ist die Eigenschaft bestimmter Kristalle, elektrische Energie direkt in eine lineare Bewegung umzuwandeln. Damit können feinste Positionierungen von federleichten bis zu tonnenschweren Komponenten im Subnanometer- bis in den Millimeterbereich mit höchster Genauigkeit ausgeführt werden. Neben den klassischen Anwendungen in der Mikrostelltechnik gewinnen PZTs in der Lasertechnik und Optik zunehmend an Bedeutung. Die Integration von PZTs in Systeme wie aktive und adaptive Optiken erlauben die Steuerung und Stabilisierung von (Laser)lichtstrahlen in unter-schiedlichsten Applikationen.

Die besonders vorteilhaften Eigenschaften von *PZT's* lassen sich in folgenden Punk-ten zusammenfassen:

- *Extrem hohe Auflösung* (theoretisch unendlich, praktisch durch die Elektronik begrenzt, im sub-nm-Bereich);
- *Keine innere Reibung, kein Stick/Slip-Effekt, spielfrei*: keine reibungsbedingte Begren-zung der Wegauflösung;

- *Sehr hohe Steifigkeit* (bis zu 2 Mega N/mm für 20 μm Aktuator);
- *Große Dynamik* (Beschleunigungen von einigen tausend *g* ermöglichen schnelle Sprungantworten mit Zeitkonstanten im $<0,1$ ms-Bereich bzw. Bandbreiten bis in den 10 KHz-Bereich);
- *Hohe Belastbarkeit* (*High-Load*-Elemente mit Belastbarkeiten bis zu 50 000 N);
- *Kein Verschleiß* (der Piezoeffekt unterliegt keinem Verschleiß in der Keramik, d.h. keine Alterung. Nach 500 Mio Ausdehnungszyklen konnte keine Änderung im Ausdehnungsverhalten festgestellt werden);
- *Hoher Wirkungsgrad* (*PZT* elektrisch eine Kapazität, benötigt nur während der Längenänderung Energie);
- *Stellbereich von* $> 10^6$ (vom Subnanometer (sub-nm) bis zu etwa 1 mm mit Makrotranslatoren).

Der für PZTs charakteristische Nachteil der *Nichtlinearität* und *Hysterese* (Bild F-116) der Ausdehnung gegenüber der Steuerspannung macht in speziellen Anwendungen mit hohen Genauigkeitsanforderungen den Einsatz von Positionssensoren (Dehnungsmeßstreifen, Differential-Feldplatten und -Transformatoren, kapazitive Sensoren mit Auflösung besser als 0,1 Nanometer) mit dynamischer Lageregelung erforderlich (Bild F-118a).

Ein *PZT* besteht aus einem Stapel von Keramikscheibchen mit Dicken zwischen $<0,1$ mm und >1 mm, die mechanisch in Serie geschaltet (gestapelt) und elektrisch parallel angesteuert werden (Bild F-119a). Zu diesem Zweck liegt jede der gestapelten piezokeramischen Scheiben zwischen zwei Elektrodenflächen mit elektrischen Anschlüssen, von denen eine mit der Steuerspannung, die andere mit Masse verbunden ist. Die einzelnen Scheiben und Elektroden sind durch Epoxikleber miteinander verbunden und an der Außenseite mit hochisolierendem Material hermetisch abgeschlossen. Das polykristalline keramische Material ist ein ferroelektrischer Werkstoff auf der Basis von Blei-Zirkonium-Titanat-Verbindungen. Die Keramik bildet durch Erhitzen über die sogenannte *Curie-Temperatur* eine kubische Gitterstruktur der Elementarzellen, die sich zu *Domänen* (Weisssche Bezirke) ordnen, deren Polarisationsrichtungen im Kristallgefüge statistisch verteilt sind. Deshalb ist das Material zunächst isotrop und zeigt keinen Piezoeffekt. Erst nach dem *Polarisationsprozeß* werden die Momente der *Domänen* in eine Vorzugsrichtung orientiert, was die Grundvoraussetzung für den *Piezoeffekt* darstellt. Der *Piezoeffekt* ist linear von dem angelegten elektrischen Feld abhängig. Für eine maximal mögliche Ausdehnung sind Feldstärken bis zu 2 kV/mm notwendig, um eine Ausdehnung von etwa 1,5 μm (0,1 % bis 0,15 % relative Längenänderung) zu erzielen. Die dafür erforderliche Steuerspannung hängt von der Schichtdicke der verwendeten Keramik ab. Die Steuerspannung bei 0,1 mm-Keramik beträgt etwa 100 V (*Niedervolt-PZT's*). Im Gegensatz dazu benötigen die dicken Keramiken typischerweise 1000 V (*Hochvolt-PZT's*). Bei geringen Schichtdicken steigt die Kapazität der Elemente quadratisch an. Das bedeutet, daß der Ladestrom, der während des Ausdehnungsprozesses fließt, bei Niedervolttypen wesentlich höher ist. Der Vorteil von Niedervolttypen liegt in der wesentlich einfacheren Ansteuerelektronik (Verwendung von IC-Verstärkern).

E.2.3.2
Hauptanwendungsgebiete, Eigenschaften und Ansteuerung

Die Eigenschaften und Hauptanwendungsgebiete sind in den Abschnitten F.5.3.1 bis F.5.3.4 beschrieben. Ansteuerung und Positionierung sind in Abschn. F.5.3.5 und F.5.3.6 erläutert. Abschn. F.5.3.7 beschreibt die Erwärmung des PZT's und in Abschn. F.5.3.8

sind verschiedene Bauformen von PZT's aufgelistet und gezeigt (Bild F-119). In Abschn. F.5.3.9 wird der für bestimmte Anwendungen interessante *Piezo-Wander-Antrieb* vorgestellt.

E.2.3.3
Piezoelektrische Kippspiegel

Piezoelektrische Kippspiegel findet man auf dem Gebiet der schnellen aktiven Optik: ein Zweiachsen-Kippspiegel, bei dem vier PZTs zum Verkippen der Optik in zwei orthogonalen Achsen, die in der Spiegeloberfläche liegen, eingesetzt werden. Jeweils zwei diametral gegenüber liegende Elemente pro Achse arbeiten im Zug/Druck-Betrieb. Festkörpergelenke, die in den Metallkörper hinein erodiert (Funkenerosion) und nach der *Finite-Elemente-Methode* computerberechnet sind, sorgen für optimale Führungsgenauigkeit und gegenseitige Entkopplung der beiden Achsen. Integrierte, differentielle Positionssensoren erlauben eine Winkelreproduzierbarkeit von < 1 µrad. Solche Piezokippspiegel werden in der Astronomie (zur Verbesserung von Teleskopauflösungen), in Optiken für die Weltraumtechnik und für Bild- und Laserstabilisierungen eingesetzt. So konnte beispielsweise die unerwünschte Strahlbewegung eines Lasers von 0,13 mrad auf 20 µrad eingegrenzt und die Laserleistung entscheidend gesteigert werden. Anwendungen zur Bildstabilisierung oder zur Verbesserung der Bildauflösung von CCD-Detektoren (CCD-Videokameras) nutzen die hohe Positioniergenauigkeit und extrem schnelle Reaktionszeit der PZTs aus. Selbst bei einer Bildrate von 30/s kann noch eine Interpolation durchgeführt werden, indem der CCD-Sensor so schnell und genau positioniert wird, daß Bildinformationen zwischen den einzelnen Bildpunkten aufgenommen werden können.

E.2.3.4
Hexapod, Mikropositioniersystem mit sechs Freiheitsgraden

Eine sehr innovative Anwendung von PZTs ist mit dem *Hexapod* gelungen, einem Mikropositioniersystem mit 6 Freiheitsgraden im Stellbereich von 70 mm bzw. 50°. Es handelt sich um ein Gestänge zwischen zwei Plattformen mit sechs ausdehnbaren Streben, deren Längen computergesteuert durch PZTs sehr feinfühlig variiert werden können. Damit kann die obere Plattform relativ zur unteren in folgenden sechs Freiheitsgraden bewegt bzw. gesteuert werden. Die 6 Freiheitsgrade des Aktuatorsystems sind:

* dreiachsige lineare Bewegungen im räumlichen, kartesischen (rechtwinkligen) $x/y/z$-Koordinatensystem,
* Zweiachsen-Kippbewegungen im α/β-Winkelkoordinatensystem, bei dem die orthogonalen Drehachsen α und β in der Plattformoberfläche liegen, und
* die Azimutachse φ, d.h. Drehbewegung um die z-Achse.

Das System in Bild E-31 zeichnet sich aus durch eine Steifigkeit von 150 000 N/mm, eine Belastbarkeit von 200 kg, eine lineare Auflösung von < 1 µm, eine Winkelauflösung von ca. 1 µrad oder 0,2 arcsec (1 arcsec = 1 Bogensekunde = 1/3600°) und eine Reproduzierbarkeit von < 0,7 µm linear bzw. 1 arcsec angular.

Die Transformation der einzelnen Freiheitsgrade in die sechs Längenänderungen in dem *Hexapod* erfolgt zunächst mathematisch in einem in die Elektronik integrierten Mikrocomputer nach ganz spezifischen trigonometrischen Algorithmen. Der Rechner berechnet (*in Echtzeit*) aus den Vorgaben des übergeordneten Systems die 6 linearen Sollwerte (*Stellgrößen*) und liefert diese an die sechs Hardware-Ansteuerungen der PZT-

Linearantriebe. Jeder Piezoantrib besitzt einen Lagesensor und einen Servoregler. Im Zusammenwirken mit dem Realzeitcomputer ergeben sich sechs individuelle, genaue und dynamische Lageregelungen, deren kombinierte Bewegungen über den Algorithmus die 6 Freiheitsgrade verifizieren. Eine typische Anwendung findet das Hexapod als aktiver Sekundärspiegel in astronomischen und Laser-Teleskopen, um relevante optische und atmosphärische Fehler wie Defokusierung oder Koma bzw. Refraktiion und Luftturbulenzen (Korrektur der Wellenfront mit Hilfe einer CCD-Kamera im Strahlengang und einer anschließenden Bildverarbeitung) zu korrigieren.

E.2.3.5
Aktive Piezo-Schwingungsisolierung mit einem Hexapod

Bild E-31 zeigt das *aktive Vibrationsunterdrückungssystem AIF*. Der Mechanismus entspricht dem *Hexapod* (Abschn. E.2.3.4) mit 6 piezogesteuerten Streben und 6 Freiheitsgraden $x/y/z/\alpha/\beta/\varphi$. Jeder Linearantrieb umfaßt einen PZT und eine Kombination von Weg, Kraft und Beschleunigungssensoren. Es erreicht bei einer Belastbarkeit von 3000 N Isolierungsgrade von 20 bis 30 dB im Frequenzbereich von 10 bis 200 Hz. Zusätzlich zur Vibrationsisolation sowie Geräuschunterdrückung bietet das *AIF* auch die Möglichkeit der Feinjustage im Mikrometerbereich (weltraum- und erdgebundene Anwendungen).

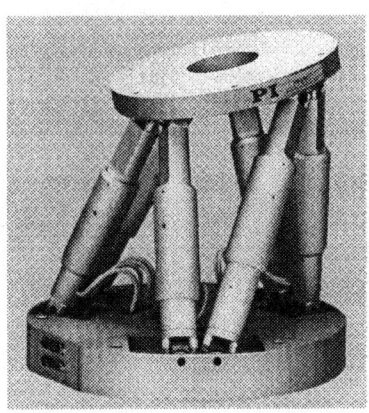

Bild E-31. Aktives Vibrationsunterdrückungssystem mit 6 PZT's (Werkfoto Physik Instrumente PI)

E.2.3.6
200 µm Piezo-Lineartisch

Besonders typische Applikationen von Piezostellern sind Präzisions-Linear- und Drehtische. Die hervorragende Geradführung mit Winkelgenauigkeit im Bogensekundenbereich wird durch die spielfreien erodierten Festkörpergelenke gewährleistet. Stabilität und Reproduzierbarkeit zwischen 50 nm und 1 nm (mit kapazitivem Sensor) sowie eine Resonanzfrequenz von 350 Hz und Einschwingzeiten von etwa 5–10 ms werden durch Piezo-Servoantriebe ermöglicht. Weitere Anwendungen findet man in der integrierten Optik und Mikrolithographie. Ein dreidimensionaler Miniatursteller ist in Abschn. F.5.3 bzw. in Bild F-150b dargestellt.

Außerdem gibt es *piezoelektrische Mikrometerschrauben* mit einer zweistufigen Positionierung. Sie kombinieren eine manuelle Voreinstellung im Bereich von 25 mm mit einer anschließenden elektrisch steuerbaren Feineinstellung mit dem integrierten Piezostellelement über 20 µm. Solche hybrid aufgebauten mechanisch-elektrischen Steller erlauben Positionierungen im cm-Bereich mit Submikrometer-Auflösung bzw. Genauigkeit.

E.3
Eigenüberwachte Aktuatoren und Sensoren

In den vergangenen Jahren hat sich ein Arbeitskreis unter der Leitung des VDW (Verband Deutscher Werkzeugmaschinenfabriken) gebildet, der sich im speziellen mit der Installationstechnik an Maschinen befaßte. Dabei war die Definition von *eigenüberwachten* Komponenten ein Schwerpunkt.

> Unter *eigenüberwachten* Komponenten versteht man Bauteile, die sowohl Sensoren als auch Aktuatoren sein können, die sich selbst überwachen, Fehler erkennen und der vorgelagerten SPS melden.

Im Maschinen- und Anlagenbau erwartet man durch diese *intelligenten* Bauteile folgende Vorteile:

- Diagnose auf Komponentenebene,
  - in der Folge kürzere Service Zeiten,
- Fehlererkennung durch die Komponente und nicht durch die Aktion,
  - dadurch Vermeidung von Fehlfunktionen,
  - Vermeidung von Schäden an Werkzeug und Werkstück und
  - geringere Stillstandszeiten,
- Verringerung der unnötigen Instandhaltungsmaßnahmen.

Dafür ist in jedem Sensor und Aktor ein Mehraufwand notwendig, der sich allerdings durch die erhöhte Betriebssicherheit und Verfügbarkeit der Maschine rechtfertigt.

Bei den induktiven Näherungsschaltern werden folgende Funktionen überwacht:

- Drahtbruch,
- Funktion des Sensorfeldes,
- Zustand der Ausgangsschaltstufe und
- die Betriebsspannung.

Ein Defekt des Sensors wird als Diagnosesignal ausgegeben, welches den Gut-Zustand durch einen High-Pegel (24 V) anzeigt. Der Fehlerfall wird durch das 0 V Potential repräsentiert und ist somit unabhängig von der Versorgungsspannung (*fehlersicherer* Zustand). Die nachgeschaltete Auswerteeinheit meldet den Zustand des Diagnosesignals an die SPS.

Bei eigensicheren Sensoren kann die Vielfalt auf nur noch einen Typ reduziert werden. Öffner und antivalente Sensoren, die bislang für sichere Schaltvorgänge eingesetzt wurden, können nun durch einen überwachten Schließer ersetzt werden.

Auch die Überwachung der Aktoren hat die frühzeitige Erkennung von Störungen zur Aufgabe. Da nicht immer eine Erfassung des Zustandes mit Hilfe der Aktorelektronik möglich ist, muß oft ein Sensor in das Bauelement mit eingebracht werden, um beispielsweise eine Bewegung zu überwachen. Am Beispiel eines Magnetventils sollen die einzelnen zu überwachenden Funktionen erläutert werden:

- Betriebsspannung,
- Nennstrom,
- Schaltfunktion,
- durch Schieberüberwachung mit Hilfe eines Sensors und
- Drahtbruch.

Auch bei den Aktoren wird der Fehler durch ein *Diagnosesignal* angezeigt und durch eine Auswerteeinheit an die SPS weitergemeldet. Damit ist erstmalig eine durchgängige Lösung vom Sensor/Aktor bis zum Leitstand möglich. Das Ziel, Fehlererkennung auf Komponentenebene wird so möglich.

E.4
Anschlußtechnik

Die Vielzahl von Sensoren und Aktuatoren hat in der Vergangenheit auch eine Vielzahl unterschiedlicher Anschlußmöglichkeiten entstehen lassen. Erst in jüngster Vergangenheit kommen Bestrebungen auf, eine Vereinheitlichung durchzuführen. Diese betrifft im wesentlichen die *Steckerausführung* (Mechanik) und die *Steckerbelegung* (Signale). Auf diese Festlegungen soll weiter unten noch eingegangen werden. Zunächst soll hier die noch gängige Anschlußtechnik bei pneumatischen und hydraulischen Ventilen und bei Sensoren vertieft werden.

E.4.1
Aktuatorstecker

Im Bereich der Aktorik hat sich der *Würfelstecker* nach DIN 43 650 durchgesetzt. Er wird in den Bauformen A, B und C eingesetzt. Im Bereich der Hydraulik wird der DIN Stecker *Bauform A* bevorzugt, während in der Pneumatik die kleiner *Bauform B* Verwendung findet. In Bild E-32 sind alle drei Bauformen gegenübergestellt.

Bauform	A (DIN 43650) 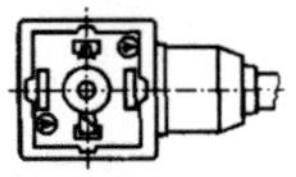	B (DIN 43650) 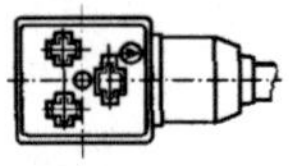	C (DIN 43650) 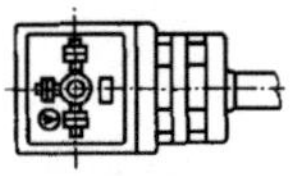
bevorzugter Einsatz	hydraulische Ventile	pneumatische Ventile	verschiedene Aktuatoren
Beriebs-spannungen	24 V, 110 V bis 230 V	24 V, 110 V bis 230 V	24 V, 110 V bis 230 V
Nennstrom	10 A	10 A	10 A
maximaler Kabelquerschnitt	$1,5\ mm^2$	$1,5\ mm^2$	$1,5\ mm^2$
Abmessungen	Breite: max. 28 mm Tiefe: max. 28 mm Höhe: ca. 33 mm	Breite: max. 22 mm Tiefe: max. 29 mm Höhe: ca. 33 mm	Breite: max. 17 mm Tiefe: max. 17 mm Höhe: ca. 24 mm

Bild E-32. Aktuatorstecker nach DIN 43 650 in der Bauform A bis C

Tabelle E-7. Pinbelegung der Würfelstecker nach DIN 43 650

Pin	Bauform A	Bauform B	Bauform C
1	24 V	24 V	24 V
2	Schaltfunktion	Schaltfunktion	Schaltfunktion
3	Schutzleiter		n. c.
Schutzleiter	Schutzleiter	Schutzleiter	Schutzleiter

n. c.: not connected.

Die Signalbelegung der Stecker ist in Tabelle E-7 zusammengestellt. Wie bereits ersichtlich wird, ist bislang kein *Diagnose-Signal* definiert, wie es bei eigenüberwachten Aktoren notwendig ist. Der Schutzleiter (allgemein mit grün/gelb gekennzeichnet) wird nicht durch eine separate Nummer ausgewiesen, sondern durch seine Funktion.

Neben dieser *singulären Anschlußmöglichkeit* der Aktoren, d. h., daß beispielsweise jede Spule eines Doppelmagneten einen eigenen Stecker hat, ist vor allem in Amerika die *Doppelanschlußtechnik* verbreitet. Dabei werden die Anschlüsse der *beiden* Magnete in einem Stecker zusammengefaßt und können so mit nur einem Kabel an die Ein-/Ausgabegeräte oder an die Feldbusinsel angeschlossen werden. Die Vorteile sind:

• nur ein Anschlußkabel,
• keine Verwechslung der Spulen A und B und
• Verwendung von vorkonfektionierten Kabeln.

Letzteres ist in erster Linie der Standardisierung des M12 Steckverbinders für diese Anschlußart zu verdanken, die sich allerdings in Europa noch nicht durchgesetzt hat. Zu den Nachteilen zählen:

• aufwendige Steckbrücke notwendig,
• einfacher Austausch der Magnetventile oft nicht möglich und
• kein freier Pin für Diagnose.

Obwohl die Bestrebungen in Deutschland auch in Richtung M12 Steckverbinder gehen, wird von einer Zusammenführung beider Spulenanschlüsse abgesehen, wie in Abschnitt E.4.3 nähers ausgeführt wird.

E.4.2
Sensorstecker

Im Bereich der Sensorik hat sich, im Gegensatz zur Aktorik, der M12-Stecker durchgesetzt. Er ist ein wasserdichter Steckverbinder der Schutzart IP67, der durch eine Überwurfmutter auf den Sensor aufgeschraubt wird. Als Quasi Standard hat sich die Pinbelegung nach Tabelle E-8 im Bereich der Werkzeugmaschinen-Industrie etabliert. Neben diesem Stecker findet man auch noch Ausführungen mit $7/8''$-16UNF und $1/2''$-20UNF-2B Anschlußgewinden.

E.4.3
Standardisierung der Steckerbelegung und die Vorteile

In einem Arbeitskreis des VDW beschäftigten sich Zulieferer und Anwender von 1996 bis 1997 mit der Standardisierung in der Installationstechnik. Die Ziele waren:

Tabelle E-8. Belegung des M12-Steckers bei Sensoren

Pin	Öffner	Schließer	Antivalenter Sensor
1	24 V	24 V	24 V
2	–	Schaltfunktion	Schaltfunktion $\bar{S}$
3	0 V	0 V	0 V
4	Schaltfunktion	–	Schaltfunktion S
5	PE	PE	PE

- Vereinheitlichung der Stecker,
- Vereinheitlichung der Anschlußbelegung,
- damit Standardisierung der Kabel und
- in der Folge Kostenreduzierung durch
  - Einschränkung der Vielfalt und
  - Steigerung der Restvolumen.

Der vom Arbeitskreis ausgearbeitete Vorschlag sieht dabei folgende Anschlußtechnik für Sensoren und Aktoren vor:

- Einheitlich M12 Steckverbinder für *Sensoren* und *Aktoren*,
- einheitliche Pinbelegung und
- somit einheitliches 4poliges Kabel für Sensoren und Aktoren.

Damit können auf der Aktorseite gleich *drei* unterschiedliche Kabel ersetzt werden (Würfelstecker nach DIN 43650 Bauform A, B und C), wobei sich das Sensorkabel künftig vom Aktorkabel *nicht* mehr unterscheidet. Die Vorteile sind:

- Reduzierung der Logistik,
- Verringerung der Maschinenstillstandszeiten durch den Einsatz identischer vorkonfektionierter Kabel,
- Ausschalten der Fehlerquellen durch Handkonfektionierung und
- einfache Austauschbarkeit.

Darüber hinaus wird durch die höheren Stückzahlen aufgrund der Vereinheitlichung eine deutliche Preisanpassung nach unten erwartet. Kabel, die diesen Anforderungen genügen, werden durch eine *gelbe* Mantelfarbe gekennzeichnet.

! **Hinweis:** Wie bereits im Abschn. E.3 beschrieben, weisen eigensichere Sensoren nur noch einen Schließerausgang auf, dessen Funktionssicherheit durch das Diagnosesignal validiert ist.

Weiterführende Literatur

Bonfing KW (1997) Sensoren und Sensorsignalverarbeitung. Expert Verlag, Renningen
Eißler W (1996) Praktischer Einsatz von berührungslos arbeitenden Sensoren, 2. Auflage. Expert Verlag, Renningen
Fa. Gebhard Balluff GmbH & Co (1997) Der Sensor Katalog Firmenschrift
Festo Didactic KG (1997) Elektrohydraulik. Springer Verlag, Berlin
Festo Didactic KG (1997) Elektropneumatik. Springer Verlag, Berlin
Festo Didactic KG (1997) Proportionalhydraulik. Springer Verlag, Berlin

Hering E, Bressler K, Gutekunst J (1998) Elektronik für Ingenieure, 3. Auflage. VDI Verlag GmbH, Düsseldorf

Hesse S (1996) Lexikon Sensoren in Fertigung und Betrieb. Expert Verlag, Renningen

Mosolf R, Cramer P (1993) Steuerungstechnik für Metallberufe. Vogel Buchverlag, Würzburg

Schmersal GmbH, Firma (Herausgeber) (1996) Sicherheit für den Maschinen- und Anlagenbau. Verlag H. Ameln, Ratingen

Weck M (1995) Werkzeugmaschinen Fertigungssysteme, Band 1 bis 4. VDI-Verlag GmbH, Düsseldorf

Lösungen der Übungsaufgaben

A Grundlagen der Elektrotechnik

Ü A.1-1: $I = \dot{N} \cdot e, \dot{N} = \dfrac{I}{e} = \dfrac{1\,\text{A}}{1{,}602 \cdot 10^{-19}\,\text{As}} = 6{,}24 \cdot 10^{18}\,\text{s}^{-1}.$

Ü A.1-2: $U_{12} = \varphi_1 - \varphi_2, \quad \varphi_1 = \varphi_2 + U_{12} = -9\,\text{V}.$

Ü A.1-3: $R_{20} = \rho_{20}\dfrac{l}{A} = 1{,}81\,\Omega, R_{50} = R_{20}(1 + \alpha \cdot 30\,\text{K}) = 2{,}03\,\Omega, \quad I_{20} = \dfrac{U}{R_{20}} = 1{,}65$

A,

$I_{50} = \dfrac{U}{R_{50}} = 1{,}48\,\text{A}, \quad P_{20} = I_{20} \cdot U = 4{,}96\,\text{W}, \quad P_{50} = I_{50} \cdot U = 4{,}44\,\text{W}.$

Ü A.1-4: Weil an den Eckpunkten keine Ströme zu- oder abfließen ist der Strom in Masche konstant. Strom I soll im Gegenuhrzeigersinn umlaufen, Maschenregel: $U_{q1} + IR_1 + IR_2 + IR_3 - U_{q3} + IR_4 = 0$, daraus ergibt sich der Strom

$I = \dfrac{U_{q3} - U_{q1}}{R_1 + R_2 + R_3 + R_4} = -250\,\text{mA}.$

Der willkürlich gewählte Umlaufsinn war falsch, der Strom läuft im Uhrzeigersinn um. Potential an Spannungsquelle 3: $\varphi_3 = \varphi_b + U_{q3} + IR_2 = +\text{,5 V}.$

Ü A.2-1: a) $R_i = U_L/I_K = 3{,}21\,\Omega,$

     b) Spannung am Verbraucher: $U = U_s - IR_i \geq 8\,\text{V},$

$I \leq \dfrac{U_s - U}{R_i} = 0{,}405\,\text{A}, \quad R_a \geq \dfrac{8\,\text{V}}{0{,}405\,\text{A}} = 19{,}7\,\Omega.$

Ü A.2-2: a) $I = \dfrac{nU_s}{R_a + nR_i} = 457\,\text{mA},$

     b) $I = \dfrac{U_s}{R_a + R_i/n} = 47{,}9\,\text{mA},$

     c) $I = \dfrac{nU_s}{R_a + \dfrac{n}{m}R_i},$

mit n = 2 und m = 5 ergibt sich: $I = 95{,}6$ mA, mit n = 5 und m = 2: $I = 237$ mA.

Ü A.2-3: Stern-Dreieck-Transformation nach Gl. (A-49) bis (A-51): $R_1 = 40\ \Omega, R_2 = 20\ \Omega,$ $R_3 = 20\ \Omega$. Im neuen Ersatzschaltbild ist in Reihe zu R_1 eine Parallelschaltung von R_2 und R_{24} mit R_3 und R_{43}. Widerstand der Parallelschaltung $R_p = 58{,}3\ \Omega$, Gesamtwiderstand $R_{14} = 98{,}3\ \Omega$.

Ü A.2-4:

$$\text{Spannungsteilerregel:}\quad \frac{U_L}{U_0} = \frac{\dfrac{R_2 R_L}{R_2 + R_L}}{R_1 + R_3 + \dfrac{R_2 R_L}{R_2 + R_L}}, \quad \text{mit}\quad R_1 = \frac{x}{l}\,R,$$

$$R_2 = \frac{R}{2} - R_1 = R\left(\frac{1}{2} - \frac{x}{l}\right) \quad \text{und}\quad R_3 = \frac{R}{2}.$$

Daraus folgt für die Spannung am Lastwiderstand:

$$U_L = \frac{U_0}{1 + \dfrac{\left(\dfrac{1}{2} + \dfrac{x}{l}\right)\left[1 + \dfrac{R}{R_L}\left(\dfrac{1}{2} - \dfrac{x}{l}\right)\right]}{\dfrac{1}{2} - \dfrac{x}{l}}},$$

dies ist die Gleichung der Kennlinie in Bild A-19.

Spezielle Stellungen: $U_L(x = 0) = 5{,}65$ V, $U_L(x = l/2) = 0$, $U_L(x = l) = -7{,}38$ V. Für $R_L = \infty$ ergibt sich eine lineare Abhängigkeit:

$$U_L = U_0\left(\frac{1}{2} - \frac{x}{l}\right).$$

Ü A.2-5: Nach Gl. (A-56) ist $R_{v,1} = 1{,}5$ kΩ, $R_{v,2} = 6$ kΩ und $R_{v,3} = 13{,}5$ kΩ.

Ü A.2-6: $R_x = \dfrac{U}{I} - R_{i,A} = 330\ \Omega$, Näherungswert: $R_x \approx \dfrac{U}{I} = 333\ \Omega$, relativer Fehler: 0,9%.

Ü A.3-1: Feldstärke im Zentrum herrührend von Ladung Q_1:

$$E_1 = \frac{Q_1}{4\,\pi\,\varepsilon_0\, r^2} = 998{,}6\ \frac{V}{m}, \text{ nach links, entsprechend ist } E_2 = 1997{,}3\ \frac{V}{m},$$

nach oben; $E_3 = 2995{,}9\ \dfrac{V}{m}$, nach links; $E_4 = 3994{,}6\ \dfrac{V}{m}$, nach oben; durch vektorielle Addition folgt für die resultierende Feldstärke:

$$E = \begin{pmatrix} -3995 \\ 5991 \end{pmatrix} \frac{V}{m}, \ |E| = 7201\ \frac{V}{m}, \text{ Richtung: } \alpha = 123{,}7°.$$

Ü A.3-2: a) Gesamtkapazität $C_{ges} = \dfrac{C_1 C_2}{C_1 + C_2} + C_3 = 2{,}333$ μF,

Gesamtladung $Q_{ges} = C_{ges}\, U_s = 256{,}7 \cdot 10^{-6}$ C.

b) $Q_3 = C_3 U_s = 110 \cdot 10^{-6}$ C, C_1 und C_2 tragen dieselbe Ladung (gleicher Verschiebungsstrom) $Q_1 = Q_2 = Q_{ges} - Q_3 = 146,7 \cdot 10^{-6}$ C;
Spannungen: $U_3 = U_s = 110$ V, $U_1 = Q_1/C_1 = 73,3$ V, $U_2 = Q_2/C_2 = 36,7$ V.

c) Ladestrom: $i(t) = \dfrac{U_s}{R} e^{-t/\tau}$ mit

$\tau = RC_{ges} = 2,333$ ms, $i(t) = 0,11$ A $e^{-t/2,333 \, ms}$.

d) $W_C = \dfrac{1}{2} C_{ges} U_s^2 = 14,12$ mJ.

e) Beim Laden wird nicht nur das elektrische Feld aufgebaut sondern auch Verlustwärme im Widerstand erzeugt:

$W_R = \int\limits_0^\infty i^2 R \, dt = 14,12$ mJ, Gesamtenergie $W_s = 28,24$ mJ.

Ü A.4-1: Durchflutungsgesetz auf Feldlinie mit Radius r angewandt:

$2\pi r H = j \pi r^2$ mit der Stromdichte $j = \dfrac{I}{\pi R^2}$, damit gilt: $H = \dfrac{I}{2\pi R^2} \cdot r$.

Ü A.4-2: $H = \dfrac{NI}{l} = 4 \cdot 10^6 \dfrac{\text{A}}{\text{m}}$, $B = \mu_0 H = 5,03$ T.

Ü A.4-3: Kräftegleichgewicht zwischen Lorentzkraft mit Zentrifugalkraft $\dfrac{mv^2}{r} = evB$

liefert für den Radius: $r = \dfrac{mv}{eB} = 7,11$ cm;

Umlauffrequenz: $f = \dfrac{eB}{2\pi m} = 22,4$ MHz.

Ü A.4-4: Flußdichte im Innern: $B = \mu_0 \dfrac{NI_S}{l_S} = 15,7$ mT, Kraft: $F = BI_L l_L = 2,35$ mN.

Ü A.4-5: Für die Durchflutung gilt $\Theta = \Phi \left(\dfrac{l_{Fe}}{A \, \mu_{Fe}} + \dfrac{l_L}{A \, \mu_0} \right) = 89$ A $+ 2984$ A $= 3073$ A,
Strom: $I = \Theta/N = 0,768$ A.

Ü A.4-6: Scherungsgerade: $B_M = -\mu_0 \dfrac{\sigma l_M}{\gamma l_L} \cdot H_M = -1,285 \cdot 10^{-5} \dfrac{\text{Vs}}{\text{Am}} \cdot H_M$; durch Eintragen der Scherungsgerade in das Diagramm der Entmagnetisierungskurve (Bild A-39) folgt der Arbeitspunkt $H_M = -25$ kA/m und $B_M = 0,32$ T. Flußdichte im Luftspalt: $B_L = B_M/\sigma = 0,21$ T.

Ü A.4-7: Feldstärke $H = \dfrac{NI}{l} = 2500 \dfrac{\text{A}}{\text{m}}$, Flußdichte aus Bild A-35: $B = 1,57$ T, Zugkraft
bei zwei Flächen: $F = 2 \dfrac{B^2 A}{2 \mu_0} = 785$ N.

Ü A.4-8: Induktionsspannung: $U_{\text{ind}} = vBl$, Induktionsstrom: $I_{\text{ind}} = U_{\text{ind}}/R$, Bremskraft:

$$F = I_{\text{ind}} lB = \frac{B^2 l^2}{R} \cdot v, \quad \text{s. Gl. (A-117).}$$

Ü A.4-9: Induktivität: $L = \frac{N^2 \mu_0 A}{l} = 0{,}0251$ H, Zeitkonstante: $\tau = \frac{L}{R} = 1{,}14$ ms,

Endwert des Stromes: $I_{\infty} = \frac{U_S}{R} = 0{,}545$ A,

Zeitfunktion: $i(t) = 0{,}545$ A $(1 - e^{-t/1{,}14\,\text{ms}})$,

Energie: $= \frac{1}{2} HB \cdot Al = \frac{1}{2} L I_{\infty}^2 = 3{,}73$ mJ.

Ü A.5-1: a) $\bar{u} = 0$,

      b) $U_{\text{h}} = \frac{2}{T} \int\limits_{0}^{T/2} \hat{u}\, dt = \hat{u}$,

      c) $|\bar{u}| = \hat{u}$,

      d) $U = \sqrt{\frac{1}{T} \int\limits_{0}^{T} \hat{u}^2\, dt} = \hat{u}$,

      e) $k_{\text{s}} = \frac{\hat{u}}{U} = 1$,

      f) $F_{\text{g}} = \frac{U}{|\bar{u}|} = 1$, $F_{\text{h}} = \frac{U}{U_{\text{h}}} = 1$.

Ü A.5-2: $\underline{U}_1 = 24$ V $e^{j0} = 24$ V, $\underline{U}_2 = 12$ V $e^{j\pi/4} = 8{,}485$ V $+ j \cdot 8{,}485$ V;

      a) $\underline{U} = \underline{U}_1 - \underline{U}_2 = 15{,}51$ V $- j\,8{,}49$ V,

      b) $U = 17{,}68$ V, $\varphi_{\text{u}} = -28{,}67°$.

Ü A.5-3: a) $C = \frac{I}{U\omega} = 5{,}54$ µF,

      b) $X_{\text{C}} = -\frac{1}{\omega C} = -575\ \Omega$,

      c) $B_{\text{C}} = \omega C = -\frac{1}{X_{\text{C}}} = 1{,}74$ mS,

      d) Wirkleistung $P = 0$, Blindleistung $Q = X_{\text{C}} I^2 = -B\,U^2 = -92$ var,
         Leistungsfaktor $\cos \varphi = 0$, Blindfaktor $\sin \varphi = -1$.

Ü A.5-4: a) Scheinwiderstand: $Z = \frac{U}{I} = 78\ \Omega$, aus $Z = \sqrt{R^2 + X_{\text{L}}^2}$ folgt

        $X_{\text{L}} = \sqrt{Z^2 - R^2} = 72\ \Omega$, damit ergibt sich $\underline{Z} = R + j\,X_{\text{L}} = 30\ \Omega + j\,72\ \Omega$
        $= 78\ \Omega\, e^{j\,1{,}18}$, Phasenwinkel $\varphi = 1{,}18$ rad $= 67{,}4°$.

      b) $\underline{Y} = \frac{1}{\underline{Z}} = 12{,}8$ mS $\cdot e^{-j\,1{,}18} = 4{,}93$ mS $- j\,11{,}8$ mS.

Ü A.5-5: $B_p = \omega C = 1,571$ mS, $G_p = 1/R_p = 10$ mS,

$$R_r = \frac{G_p}{G_p^2 + B_p^2} = 97,6 \ \Omega,$$

$$X_r = \frac{B_p}{G_p^2 + B_p^2} = -15,33 \ \Omega, \ C_r = -\frac{1}{\omega X_r} = 208 \ \mu F.$$

Ü A.5-6: Widerstand der Reihenschaltung R_1/C_1: $\underline{Z}_1 = R_1 - \dfrac{j}{\omega C_1}$, Widerstand der

Parallelschaltung R_2/C_2: $\underline{Z}_2 = \dfrac{1}{\underline{Y}_2} = \dfrac{1}{G_2 + j\omega C_2}$; nach Spannungsteilersatz gilt:

$$\frac{\underline{U}_2}{\underline{U}} = \frac{\underline{Z}_2}{\underline{Z}_1 + \underline{Z}_2} = \frac{1}{1 + \underline{Z}_1/\underline{Z}_2} = \frac{1}{1 + \underline{Z}_1 \cdot \underline{Y}_2}, \text{ also ist } \underline{U}_2 = \underline{U} \cdot \frac{1}{1 + \underline{Z}_1 \cdot \underline{Y}_2}.$$

Zahlenwerte: $\underline{Z}_1 = 9$ kΩ $-$ j $7,955$ kΩ $= 12,01$ kΩ $e^{-j\,0,724}$, $\underline{Y}_2 = 8,333 \cdot 10^{-5}$ S $+$ j $6,283 \cdot 10^{-5}$ S $= 1,044 \cdot 10^{-4}$ S $e^{j\,0,646}$, $\underline{Z}_1 \cdot \underline{Y}_2 = 1,254$ $e^{-j\,0,0778} = 1,25 - j\,0,0974$.

$$\underline{U}_2 = \frac{12 \text{ V}}{1 + 1,25 - j \cdot 0,0974} = \frac{12 \text{ V}}{2,25 - j \cdot 0,0974} = 5,32 \text{ V} + j\,0,23 \text{ V} = 5,33 \text{ V } e^{j\,0,0433},$$

$U_2 = 5,33$ V, $\varphi_{U2} = 0,0433$ rad $= 2,48°$.

Ü A.5-7: Aus Gl. (A-216) folgt mit $P = \dfrac{Q}{\tan \varphi}$: $\tan \varphi = \tan \varphi_v \left(1 - \dfrac{\omega C U^2}{Q}\right) = 0,115$ und $\varphi = 6,54°$, $\cos \varphi = 0,993$.

Ü A.5-8: a) $I = \dfrac{U}{\sqrt{R^2 + \left(\omega L - \dfrac{1}{\omega C}\right)^2}} = \dfrac{24 \text{ V}}{\sqrt{100^2 + (94,25 - 677,3)^2} \ \Omega} = 40,6$ mA.

b) Resonanzfrequenz $f_0 = \dfrac{1}{2\pi\sqrt{LC}} = 134$ Hz, $I_{max} = U/R = 240$ mA.

c) Güte $Q = \dfrac{1}{R}\sqrt{\dfrac{L}{C}} = 2,526$, $U_{max} = 24$ V $\cdot 1,526 = 60,6$ V.

Ü A.5-9: Leitwert der Parallelschaltung: $\underline{Y}_p = j\omega C - \dfrac{j}{\omega L} = j\left(\omega C - \dfrac{1}{\omega L}\right)$, Widerstand der

Parallelschaltung: $\underline{Z}_p = \dfrac{1}{\underline{Y}_p} = -\dfrac{j}{\omega C - \dfrac{1}{\omega L}}$,

Gesamtwiderstand der Schaltung:

$$\underline{Z} = R - \frac{j}{\omega C - \dfrac{1}{\omega L}} \ ; \ \underline{Z}\,(\omega = 0) = R, \ \underline{Z}\,(\omega = \omega_0) = R \pm j\,\infty \ ,$$

$\underline{Z}(\omega = \infty) = R$. Die Ortskurve ist in der komplexen Ebene eine Gerade parallel zur imaginären Achse durch den Punkt $R/0$.

Ü A.5-10: a) Kurzschlußimpedanz $Z_k = \dfrac{U_{1k}}{I_{1N}} = 23\ \Omega$,

b) relative Kurzschlußspannung

$$u_k = \frac{U_{1k}}{U_{1N}} = 0{,}1 = 10\%,\ \text{Dauerkurzschlußstrom}\ I_{kN} = \frac{I_{1N}}{u_k} = 10\ A,$$

c) Kurzschlußwiderstand $R_k = \dfrac{P_{1k}}{I_{1N}^2} = 10\ \Omega$,

d) Kurzschlußreaktanz $X_k = \sqrt{Z_k^2 - R_k^2} = 20{,}7\ \Omega$,

e) $\Delta U' = U_R \cos\varphi_2 + U_X \sin\varphi_2$, $\varphi_2 = 0$, $U_R = I_{1N} R_k = 10$ V, damit wird $\Delta U'$ = 10 V und mit dem Übersetzungsverhältnis $\ddot{u} = 9{,}58$ ergibt sich $\Delta U = \Delta U'/\ddot{u} = 1{,}04$ V. Die Ausgangsspannung unter Last ist damit $U_2 = 23$ V.

f) Verlustleistung $P_v = P_{10} + P_{1k} = 12{,}5$ W, abgegebene Leistung $P_2 = U_2 I_2$ = 207 W, aufgenommene Leistung $P_1 = P_2 + P_v = 219{,}5$ W, Wirkungsgrad $\eta = P_2/P_1 = 94{,}3\%$.

Ü A.6-1: a) Strangspannung $U_Y = 230$ V, Sternstrom $I_Y = U_Y/R = 0{,}697$ A $\approx 0{,}7$ A.

b) Leiterstrom $I = I_Y = 0{,}7$ A.

c) Neutralleiterstrom $I_N = 0$ (symmetrischer Anschluß).

d) Wirkleistung $P = \sqrt{3}\ U I = 483$ W, oder $P_{Str} = U_Y^2/R = 160$ W, $P = 3\ P_{Str}$ = 480 W.

Ü A.6-2: a) Aus $P = \sqrt{3}\ U I$ folgt der Leiterstrom $I = \dfrac{P}{\sqrt{3}\ U} = 10{,}4$ A und

der Strangstrom $I_\Delta = \dfrac{I}{\sqrt{3}} = 6$ A.

b) Ist beispielsweise Stab 2 durchgebrannt (Bild A-89), dann liegt an R_1 und R_3 unverändert 400 V. Die Ströme I_{12} und I_{31} sind dieselben wie oben, nämlich $I_\Delta = 6$ A. Die Leistung pro Stab bleibt gleich, die Gesamtleistung ist $P = \frac{2}{3} \cdot 7{,}2$ kW = 4,8 kW.

Ü A.6-3: $I_{12} = \dfrac{U_{12}}{R_1} = 0{,}4$ A; $I_{23} = \dfrac{U_{23}}{Z}$ mit $Z_2 = \sqrt{R_2^2 + X_2^2} = 524\ \Omega$, $I_{23} = 0{,}763$ A,

Phasenwinkel $\varphi_2 = \arctan \dfrac{\omega L}{R_2} = 17{,}4°$;

$I_{31} = \dfrac{U_{31}}{Z_3}$ mit $Z_3 = \sqrt{R_3^2 + X_3^2} = 815\ \Omega$, $I_{31} = 0{,}491$ A,

Phasenwinkel $\varphi_3 = \arctan - \dfrac{1}{R_3 \omega C_3} = -23°$; aus einem Zeigerdiagramm der

Ströme erhält man für die Strangströme $I_1 = |\underline{I}_1| = |\underline{I}_{12} - \underline{I}_{31}| = 0{,}845$ A, $I_2 = |\underline{I}_2| = |\underline{I}_{23} - \underline{I}_{12}| = 1{,}09$ A, $I_3 = |\underline{I}_3| = |\underline{I}_{31} - \underline{I}_{23}| = 0{,}829$ A.

Ü A.7-1: $\rho = \dfrac{1}{e n_A \mu_p} = 1{,}3\ \Omega\,\text{cm}$.

Ü A.7-2: $\rho = \dfrac{RA}{l} = 5\ \Omega\,\text{cm}$, $\mu_n = \dfrac{1}{\rho e n_D} = 1248\ \dfrac{\text{cm}^2}{\text{Vs}}$.

C Halbleitertechnik

Ü C.7-1: a) Flußstrom: $I_F = \dfrac{U_s - U_F}{R_v}$, Ableitung: $\dfrac{dI_F}{dU_s} = \dfrac{1}{R_v}$, wenn $U_F \approx$ const., damit ist

$\Delta I_F \approx \dfrac{\Delta U_s}{R_v} = -1,36$ mA und $\dfrac{\Delta I_F}{I_F} \approx -6,1\%$. Aus dem Diagramm wird abge-

lesen $I_F \approx 22,4$ mA, die Flußspannung an der Diode ist damit $U_F = U_s - I_F R_v$
$= 1,61$ V.

b) Für gleichbleibenden Diodenstrom muß der Vorwiderstand sein:

$R_v = \dfrac{U_s - U_F}{I_F} = 151\ \Omega$.

Ü C.7-2: a) Die Widerstandsgerade in Bild C-75b) ist bereits gezeichnet für $R_L = 33$ kΩ. Der Fotostrom wird abgelesen zu $I_{ph} = 85$ μA.

b) Spannung am Lastwiderstand $U_L = I_{ph} R_L = 2,81$ V.

Ü C.7-3: a) 60 Ω

b)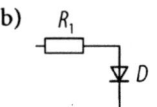

c)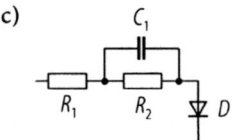

d) $R_1 = 30\ \Omega$, $R_2 = 30\ \Omega$, $C_1 = 2$ nF

e) $R_1 = 33\ \Omega$, $R_2 = 27\ \Omega$, $C_1 = 2.2$ nF

Ü C.7-4: a) Die Numerische Apertur ist der Sinus des Akzeptanzwinkels

b) $A_N = 0,47$

c) 27,8°

d) es handelt sich um einen Kunststofflichtwellenleiter (POF)

Ü C.7-5: Unter Monomodefaser versteht man einen Lichtwellenleiter, der nur eine Mode übertragen kann.

Ü C.7-6: a) 2 dB bei minimaler Ansteuerleistung des Senders,

b) 1 dB bei maximaler Ansteuerung des Senders;

c) die maximale Entfernung ergibt sich aus der maximalen Sendeleistung und der minimalen Empfindlichkeit. Für diesen Fall sind auf dem Übertragungsweg 21 dB maximale Dämpfung zulässig. Daraus lassen sich folgende Längen bestimmen:
POF mit einer Dämpfung von 200 dB/km: 105 m
GCS mit einer Dämpfung von 2 dB/km: 10,5 km

d)

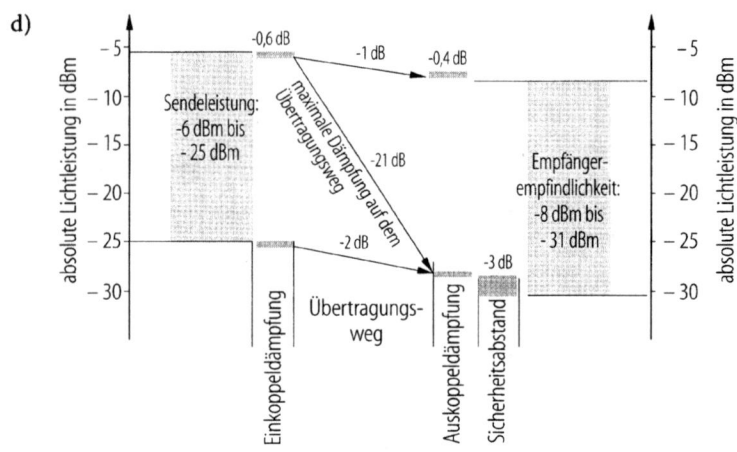

Ü C.7-7: Das Bandbreiten-Längen-Produkt gibt die maximale Übertragungsrate in Abhängigkeit der Länge der Übertragungsstrecke an.

Ü C.8-1: a) $Y = M \cdot N \cdot K \cdot L$;

b) $Y = M + N + K + L$;

c)

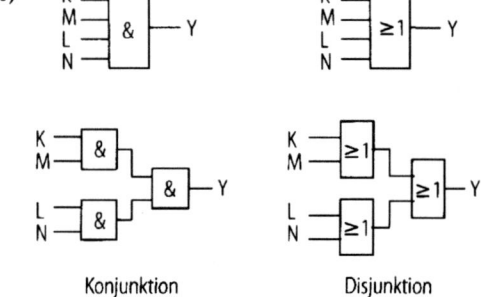

Konjunktion   Disjunktion

Ü C.8-2: Der Rauschspannungsabstand.

Ü C.8-3: a) Sie haben unterschiedliche Eingangspegel;
b) Pull-Up-Widerstand;
c) Nein;
d) Nein, der Störspannungsabstand verbessert sich.

Sachverzeichnis

Springer
und
Umwelt

Als internationaler wissenschaftlicher
Verlag sind wir uns unserer besonderen
Verpflichtung der Umwelt gegenüber
bewußt und beziehen umweltorientierte
Grundsätze in Unternehmens-
entscheidungen mit ein. Von unseren
Geschäftspartnern (Druckereien,
Papierfabriken, Verpackungsherstellern
usw.) verlangen wir, daß sie sowohl
beim Herstellungsprozess selbst als
auch beim Einsatz der zur Verwendung
kommenden Materialien ökologische
Gesichtspunkte berücksichtigen.
Das für dieses Buch verwendete Papier
ist aus chlorfrei bzw. chlorarm
hergestelltem Zellstoff gefertigt und im
pH-Wert neutral.

Springer

Druck: Saladruck, Berlin
Verarbeitung: Buchbinderei Lüderitz & Bauer, Berlin

Lightning Source UK Ltd.
Milton Keynes UK
02 June 2010

154980UK00005B/60/A